改变，从阅读开始

John M. Barry

[美] 约翰·M.巴里 著

王 毅 译

Rising Tide

The Great Mississippi Flood of 1927 and How it Changed America

大 浪 涌 起

1927年密西西比河大洪水怎样改变了美国

山西出版传媒集团 山西人民出版社

图书在版编目（CIP）数据

大浪涌起：1927年密西西比河大洪水怎样改变了美国 /（美）约翰·M.巴里著；王毅译 . -- 太原：山西人民出版社，2019.1

ISBN 978-7-203-10585-5

Ⅰ.①大… Ⅱ.①约… ②王… Ⅲ.①密西西比河—水利史 Ⅳ.① TV-097.12

中国版本图书馆 CIP 数据核字（2018）第 241463 号

著作权合同登记号：图字 04-2018-039

Rising Tide: The Great Mississippi Flood of 1927 and How it Changed America

Copyright © 1997 by John M.Barry

All Rights Reserved.

大浪涌起：1927 年密西西比河大洪水怎样改变了美国

著　　者	（美）约翰·M.巴里
译　　者	王　毅
责任编辑	李　鑫
复　　审	贺　权
终　　审	秦继华
选题策划	北京汉唐阳光

经 销 者	山西出版传媒集团·山西新华书店集团有限公司
承 印 者	鸿博昊天科技有限公司
开　　本	655mm×965mm　1/16
印　　张	41.75
字　　数	540 千字
版　　次	2019 年 1 月　第 1 版
印　　次	2019 年 1 月　第 1 次印刷
书　　号	ISBN 978-7-203-10585-5
定　　价	148.00 元

如有印装质量问题请与本社联系调换

本书所获赞誉

这是我这些年读过的最好著作。

——詹姆斯·卡维尔,《沙龙》

诺亚方舟之后,世界上最大一场洪水的精彩编年史,巴里不仅写出,而且一丝不苟地发掘其深远影响。它既是一个已消逝社会的残存,又是一个新萌生社会的基础……真是激情与真相的熔铸。

——吉姆·斯夸尔斯,《洛杉矶时报》

《大浪涌起》是一部极为新颖、精彩纷呈的著作,让人爱不释手。作者对1927年密西西比河大洪水的描述,出色地再现了那场混乱、那种绝望感,再现了美国历史上前所未有的自然灾害造成的苦难。

——大卫·赫伯特·唐纳德
两度普利策奖得主、《林肯》一书作者

1927年密西西比河大洪水,有着全国性的深远影响,导致了种族、阶级、权力、政治和社会结构的重大改变……作为对这场灾难及其影响美国社会的宏伟描述,本书引人入胜。

——艾伦·J.沙雷,《路易斯维尔信使报》

不同凡响之作……巴里的描述视野广阔，读来如同一部长篇小说。

——史蒂文·哈维，《亚特兰大宪法报》

如果为身陷荒岛准备一些书籍来读，那就一定要带上这本《大浪涌起》。

——拉里·D.伍兹，《纳斯维尔旗帜报》

如同密西西比河本身一样，约翰·M.巴里的这本书也征服了他的读者。关乎狂妄、高贵与堕落，本书将美国的复杂历史编织起来，恰与这条大河的壮丽相映生辉。

——大卫·利弗·刘易斯

普利策奖获得者、《W.E.B.杜波依斯》一书作者

这部精彩的新著，对密西西比河的那场汪洋泛滥，做了及时、富有启示而又令人着迷的审视……巴里娴熟地将读者带入当时各种政治和科学因素的复杂情境之中，同时又展现得如此明白晓畅……读了这本《大浪涌起》，你再也不会以从前的目光看这条大河了。

——苏珊·拉森，《新奥尔良时代花絮报》

本书可称奇书，充满张力、扣人心弦……实为佳作。

——哈里·梅利特，《列克星顿先驱领袖报》

谁能想到，对1927年密西西比河那场大洪水的讲述，竟展现出如此丰厚的美国历史，而且展现得如此惊心动魄！密西西比河未得到控制之前的这场暴怒，约翰·巴里从容讲来，展示出一场自然灾难如何揭露社会的脆弱运作，甚至也会从此永远地改变这种运作。

——杰伊·托尔森，《威尔逊季刊》编辑

从一位衰老的诗人，到那些被虐待的佃农，再到这条河本身，书中故事多多，个个精彩——一部出色的史著……巴里的这部大作，具有鞭笞般的力量。

——比尔·鲁尔巴赫，《每日新闻》

如同密西西比河自身，约翰·M.巴里的这部史著宽广深厚，充满力量，令人着迷……

——彼得·罗，《圣迭戈联合论坛报》

《大浪涌起》将我们带入美国最惨烈的自然灾难的深处。他的引人入胜的叙事，不仅仅描述了自然灾害，也描述了治河引发的权力斗争。本书犹如一扇窗户，透视着一个时代的结束和另一个时代的开启。

——历史学家丹·T.卡特

《大浪涌起》是美国南方最大自然灾难的一部精彩传奇。密西西比河这场大洪水，被约翰·巴里很好地用作了此河两岸种族与阶级严酷关系的背景。

——"南方文化研究中心"主任威廉·费里斯

一部极其令人如痴如醉的著作。

——温迪·史密斯，《文明》

巴里对这场洪水的史诗般描述，极为丰满，以这条河本身的力量吸引着读者……这部情节生动的讲述，对我们自己这个时代也大有启示。

——比尔·华莱士，《旧金山纪事报》

扣人心弦之作……关于贪婪、权力政治、种族冲突和官僚无能的非凡叙事之作……一部有分量的编年史，校正着我们对现代美国如何形成的认识。

——《出版人周刊》重点书评

政治控制之下的工程滥用，作者精彩地讲述了这部史诗。这场洪灾，既是其中的主角，又是它的背景。

——《柯克斯》重点书评

这样一部书，我以为，将作为这十年中最好的书之一，被人们记住。

——基思·鲁尼恩，《路易斯维尔信使报》

献给安妮、罗斯和珍

詹姆斯·布坎南·伊兹，被美国工程学院的院长们提名为有史以来五位最伟大的工程师之一，与达·芬奇和爱迪生相提并论。在治理密西西比河的政策上，他与陆军工程兵团相争。一个朋友认为，"他是一个冷酷而又坚韧的对手……对他来说，展现伟大而正确的原理，这远比个人友谊重要。对他而言，自身的信念就是自己的朋友。"

安德鲁·阿特金森·汉弗莱斯，撰写了一本研究密西西比河的著作，赢得了国际科学界的赞扬，也让他得到了陆军工程兵团主管的位置。他也是美国内战中最为嗜血的将军之一。在一场不成功的冲锋中，他这支部队兵员在 15 分钟内就损失了 20%，然而他写道："我感觉自己如同一个 16 岁少女第一次参加社交舞会……我感觉自己更像一个神而非凡人。"在与伊兹对抗之前，他说："我们必须做好准备……这场战争必须锐利无情。"

伊兹与汉弗莱斯的分歧，首先爆发在怎样打开密西西比河河口航运通道的问题上。伊兹所修防波堤（见下图），其核心就是用柳树枝干联结而成的护桩树垫。类似的树垫后来被用于保护河岸免受河水侵蚀。伊兹开始建造防波堤的那年，从圣路易斯运往欧洲的货物只有 6 857 吨；工程结束后的那年，这条通道运送的货物已达 453 681 吨。

本质而言，堤坝是泥土堆积起来的山丘，但它们必须是精心建造的工程。这是一条河堤基构，它将河堤与地面无缝地融合起来。伊兹与汉弗莱斯之间的争执，最终导致出一种妥协版本的"堤防万能"政策，这意味着只使用河堤来束缚住密西西比河。

利莱·珀西是美国参议员，是泰迪·罗斯福总统打猎时的同伴，是美国最高法院两位大法官的好友，是一家联邦储备银行的董事，还是卡内基基金会和洛克菲勒基金会的受托人。他推动密西西比河三角洲成为一个辽阔"帝国"，并抵御一切敌人来保护这个"帝国"。

这是三 K 党在密西西比州哥伦布市中心的一次游行，时间是 1922 年或 1923 年。当时三 K 党人被选为俄勒冈州波特兰市、缅因州波特兰市的市长，并且支配着印第安纳和科罗拉多等州。珀西在三角洲的核心地区与三 K 党对峙并击败他们。

伊利诺伊州的一次决堤，淹没了数千英亩的土地。这种狭窄的河堤，在这处河段很常见。再往南去，如下一幅照片所显示的，河堤就要宽得多和坚固得多了。

阿肯色州雷克波特外的河堤，人们正在抢工固堤。河堤上面建起木墙以抵御水浪冲击，用沙袋堆高河堤的高度，人们在堤坡铺上木板，并堆砌沙袋，以防止崩塌。这处河堤在自然河堤的后面，距离它大约1英里远，河水早已将自然河堤淹没。这处护堤成功了，但这靠的是珀西的三角洲出现了一处决堤，有18万人成为灾民。

路易斯安那州一处决堤开始时的情景。洪水过后，梅尔维尔镇被厚达 20 英尺的泥沙覆盖。

就在密西西比州维克斯堡的上游，路易斯安那州凯宾蒂尔在河堤决口之后很快溃堤。洪水立即将这片森林连根拔起，冲出了自己的道路，并马上拓宽。单是这处决口就淹没了西边 70 英里的土地，直至路易斯安那州的门罗市，又造成了 12 万灾民。

如同其他地方一样，在路易斯安那州，随着洪水涨入屋中，成千上万的人们不得不砍出一条通道爬上屋顶，或是爬到树上，等待救援。反季节的寒冷和连绵阴雨，导致许多人死去。

阿肯色州的水淹地区，大部分是因密西西比河支流洪水所致。在克拉兰敦，洪水涨至屋顶。几座房屋在水中漂浮。

密西西比州，格林维尔以南豪利布拉夫的情景。

一边是河水，一边是灌进陆地的洪水，河堤自身就成为了唯一的高地。灾民们把能够抢救出来的所有东西，都堆在堤上。

刚刚逃到维克斯堡的灾民。一群黑人灾民，在被允许下船上岸之前，被命令齐唱黑人圣歌。他们拒绝了。最后，国民警卫队军官让他们上了岸。

小詹姆斯·皮尔斯·巴特勒夫妇。巴特勒是南方最大银行和精英阶层"波士顿俱乐部"的主席。他操控本州和联邦政府对新奥尔良城外的河堤实施了爆破，淹没了数千民众的家园，以此减轻新奥尔良的压力。巴特勒夫人是1927年"神秘俱乐部"的王后，她穿的这件礼服据说价值15 000美元。当时州长的年薪是7 500美元。

美国最为优雅的林荫大道之一，新奥尔良市的圣查尔斯林荫大道，街角有一条私人街道奥杜邦区，它的2号就是这座萨姆·扎穆拉大厦。扎穆拉是一个移民，开始是在码头收购将要腐烂的香蕉，后成为美国联合果品公司的总裁。他从未被允许加入这座城市的任何一家私人俱乐部。住在奥杜邦区的还有J. 布兰克·门罗和鲁道夫·赫克特。

20 世纪 20 年代的新奥尔良市，三家男性俱乐部——被称为这个国家中最为专属的路易斯安那俱乐部、波士顿俱乐部和匹克威克俱乐部——不仅代表着社会和金融权力，而且代表着政治权力。这是匹克威克俱乐部的门厅。

每年的狂欢节，高峰时刻就是狂欢节的公众之王"雷克斯"离开自己的舞会，去出席"科摩斯"舞会。居于社会塔尖的"科摩斯"，其身份是保密的。"科摩斯"的格言是"只要我想，我就下令"。

1927 年 4 月 29 日，新奥尔良下游 13 英里的卡纳封炸堤。这次炸堤淹没了路易斯安那州两个区数千民众的家园。为了获得联邦政府对实施这次炸堤的许可，新奥尔良市的市长和 50 位商界领袖承诺，将补偿炸堤灾民的所有损失。这次炸堤也粉碎了堤防万能的政策。

曼纽尔·莫莱罗，几乎没什么文化，但非常聪明。他是南方最为出名的私酒贩子之一。在炸堤一事的过程，他率领被淹的两个区与新奥尔良的权力圈子对抗。他后来设计了一套复杂的办法来减少石油税，美国大通曼哈顿银行仿效了它。这张照片摄于他对抗梅罗势力去竞选警长期间。

J. 布兰克·门罗，祖辈出过两位美国总统，是新奥尔良最有势力的律师。他在路易斯安那州高等法院上争辩说，新奥尔良市关于补偿炸堤受害者的承诺"与本案无关"。

1927 年密西西比河洪水的新闻，占据美国报刊头版长达数周。它将这个社会的真相揭示出来，它留下的遗赠影响了地方和全国的政治形势、种族关系、人口统计数据，甚至是地质学。

红十字会副主席詹姆斯·费舍尔、商务部长赫伯特·胡佛和陆军部长德怀特·戴维斯。胡佛领导的一个内阁特别委员会，来应对这次危险情况。在这次洪水之前，胡佛的总统之路处于低潮，但这次洪灾对他有利的新闻报道，让他成为了总统竞争中的领先者。他说："我会是被提名者，很有可能。这几乎是必然的。"

威廉·亚历山大·珀西，一位诗人和战争英雄。在密西西比州格林维尔，他下达的命令几乎导致出一场丑闻，威胁到胡佛入主白宫之路。

威廉·珀西、胡佛和利莱·珀西，走在格林维尔洪水之上的木板路上。

格林维尔一片混乱。当地种植园主拒绝疏散他们的劳工，于是13 000名黑人灾民就挤在河堤上长达7英里的灾民营中。此刻他们在等待接种疫苗。

帐篷太少，食物不足，没有干衣服。这是洪水到来几周之后从河堤上望去的城市景象。

格林维尔河堤上，一群男性在等待工作指派。他们衣领上的标签，注明他们的疫苗接种情况、指派的工作、属于哪个种植园的人。河堤变成了一个劳动营，5万人的食物和供应品，数千头家畜的饲料，都在这里卸货，然后分发到三角洲各处。黑人不能离开，他们被迫无偿劳动。

有关虐待灾民的丑闻消息传到北方，胡佛请塔斯基吉学院院长罗伯特·诺萨·莫顿，组织一个委员会来对这些指控进行调查。

黑人咨询委员会合影。它的一个成员说，这个委员会由"这个国家中最为保守者中的一些"组成。掌管"黑人美联社"的克劳德·巴奈特，位于第一排左二。他们之中一些人相信，胡佛正计划去做"比起解放黑奴之后发生的任何事情，对黑人都更有意义"的事情。作为回报，这个委员会就尽力去帮助胡佛当上总统。

在格林维尔，黑人以组织"黑人总务委员会"来回应虐待。这是它的领导人之一利维·查皮。

1927 年 7 月，美国副总统查尔斯·道斯，在前来出席密西西比州美国退伍军人协会大会之后，在这列火车残骸上过了一夜。这列火车的司机死了。柯立芝总统不顾州长们、参议员们、众议员们和一些个人的再三请求，从来没有造访过洪灾地区。

在洪水急流最强之处，它席卷房屋和城镇而去，将它们撕开，留下了 8 英寸厚的淤泥、蛇、蛙和数以吨计的数百万只小龙虾。这是格林维尔洪水遗留残迹的一部分。

埃德加·杰德温将军。他告诉国会，处在自然状态时的密西西比河，不会淹没亚祖河—密西西比河三角洲。来自三角洲的众议员答道："这对我们可真是个新闻！"然而，这个杰德温洪水控制方案成为了立法。

在大萧条时期，威廉·珀西花了 25 000 美元，在他父亲墓前建了这座雕像。它标志着一种文化的结束。

胡佛和他的妻子罗·亨利，1928 年总统竞选期间。在白宫，他采用洪灾期间用过的思路来应对大萧条。

休伊·朗（左）在路易斯安那州州长就职典礼上。在洪灾数月之后举行的选举中，由于全州范围内民众对现有权力结构的反感，他轻松击败现任州长 O.H. 辛普森（右）——正是辛普森批准了炸堤。

目　录

第一部　工程师们

　　在圣路易斯，伊兹是引人关注的人物。他的打捞事业已经让他在整个密西西比河流域为人所知，而现在更是声名远播。

　　埃利特年龄与汉弗莱斯一样大，但为人与他颇为不同。他很迷人、体格强壮、富有才气、长相英俊、自大傲慢，为了争出风头可以冒生命危险。

　　汉弗莱斯认为自己的工作正在剥去遮蔽着密西西比这条大河的各种面纱，也在发布自己管制这条大河的那些法则。

　　汉弗莱斯与这个竞争者很快就会对密西西比河的控制权发生猛烈冲突。这个竞争者就是詹姆斯·布坎南·伊兹。他们的冲突始于一座桥梁。

第九部 洪水退去

雨淋，水冲，风吹，
撞着那房子，
房子就倒塌了，而且倒塌得很大。

《马太福音》第 7 章 27 节

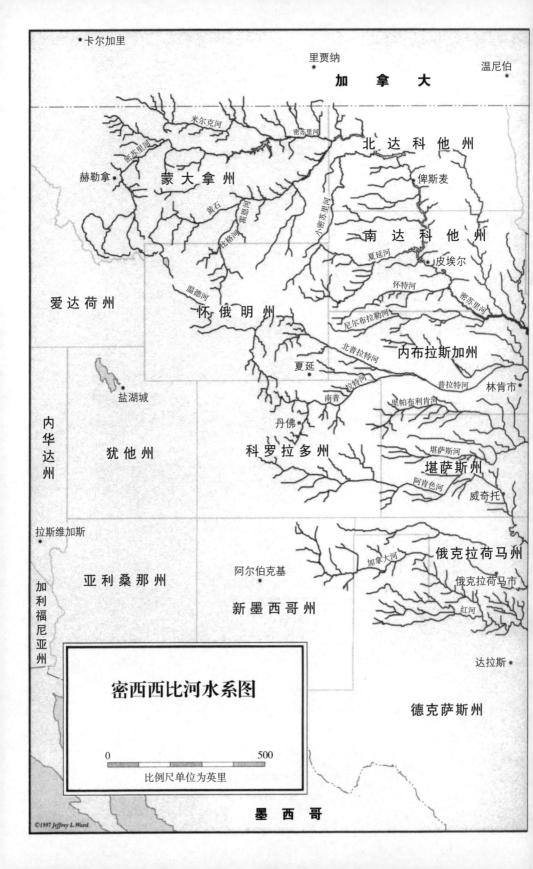

卡尔加里

里贾纳

温尼伯

加 拿 大

北 达 科 他 州

米尔克河

密苏里河

俾斯麦

蒙 大 拿 州

赫勒拿

密苏里河

黄石

小密苏里河

南 达 科 他 州

霍格河

皮埃尔

夏延河

北特河

爱 达 荷 州

怀特河

怀 俄 明 州

温德河

密苏里河

尼尔布拉勒河

内 布 拉 斯 加 州

北普拉特河

盐湖城

夏延

拉特河

普拉特河

林肯市

南普

里帕布利肯河

犹 他 州

丹佛

内
华
达
州

科 罗 拉 多 州

堪萨斯河

堪 萨 斯 州

阿肯色河

威奇托

拉斯维加斯

加
利
福
尼
亚
州

亚 利 桑 那 州

阿尔伯克基

加拿大河

俄 克 拉 荷 马 州

俄克拉荷马市

新 墨 西 哥 州

红河

达拉斯

密西西比河水系图

德 克 萨 斯 州

0   500

比例尺单位为英里

©1997 Jeffrey L.Ward

墨 西 哥

序　言

1927 年 4 月 15 日，耶稣受难日的这天早上，密西西比州格林维尔市，13密西西比河堤坝董事会的主任工程师贝圭英·艾伦（Seguine Allen），被雨声惊醒。倾盆大雨鞭打着他这座靠近密西西比河的房屋的高窗，屋顶排水沟里的水已经溢了出来，卧室的窗前出现了像小瀑布般的水帘。他有点不安。本打算组织个聚会，不过，他担心的倒不是客人可能无法参加。事实上，他很清楚，这样的大雨，除了让人难以访客外，对本地所有人都会造成影响。像他一样，所有人都在为河水的最新变化而焦虑。

从西边的俄克拉荷马州和堪萨斯州，到东边的伊利诺伊州和肯塔基州，密西西比河的那些支流早已泛滥，造成了数十人死亡，威胁到数百万英亩的土地。密西西比河本身，几周来也一直在涨水。它已经超过了人们所知的最高水位，仍在上涨。上午的《孟斐斯商业诉求报》（*Memphis Commercial–Appeal*）发出警告："从圣路易斯到新奥尔良，密西西比河的咆哮已让所有河岸和堤坝处于最猛烈的暴怒之中了……沿河各地，都可以感受到人们担心有可能爆发有史以来最大规模洪灾的恐惧心情。"[1]

现在，雨又下了起来。几小时后，尽管雨下得更大，但客人们都出现在艾伦家门前，甚至利莱·珀西（LeRoy Percy）也来了。

在密西西比河三角洲，乃至于这条河的任何地方，没有人比珀西更有分量。他 67 岁，依旧威严，胸肩宽厚，富有活力，目光炯炯，胡须齐

序　言 i

整，一头银发，穿着双排扣的长礼服，看起来仿佛上一个时代的人物——如果是这样的话，那么也是那个时代的统治人物。而在密西西比河三角洲，他现在也是一个统治人物。他不仅是农场主和律师，还担任过国会参议员，是泰迪·罗斯福（Teddy Roosevelt）[1]和威廉·霍华德·塔夫脱（William Howard Taft）[2]的密友，也是多家铁路公司、卡内基基金会和洛克菲勒基金会以及一家联邦储备银行的董事，其在政治圈与金融圈的人脉从华盛顿和纽约延伸至伦敦与巴黎。他那些最亲密的朋友只称他的名字。

贝圭英·艾伦的这场下午聚会，处处可听到的是"珀西参议员，您好""珀西参议员，真高兴见到您"和"珀西参议员，您觉得堤坝能守得住吗"。对什么都要调侃一番的珀西正要回答，突然，雷声撼动了房屋，狂风摇动着窗户，雨一下子又变得急猛了。聚会安静下来。端着食物和鸡尾酒的男男女女都在静听——格林维尔市的这些精英与丘陵地带的浸礼会教徒们不同，重大活动时并不在乎禁酒令，但此刻手中的食物和酒还没来得及品尝。雨击打着屋顶和窗子，室内黑人乐手的声音低沉回响，隆隆雷声和猛烈雨声中，乐手们也沉默了。

大雨已经下了数月。身份介于珀西家的朋友与管家之间的亨利·华林·鲍尔（Henry Waring Ball），在日记中一直对此做着记录：3月7日，"下雨"；8日，"倾盆大雨几乎持续了一天一夜"；9日，"雨差不多下了整整一晚"；12日，"在昨天的暴风急雨之后，黄昏时又开始倾盆大雨，雨下得惊心动魄，直至晚上10点……天亮后，持续的急雨从天而降，又下了4个小时。我觉得我从未见过这样多的雨"；18日，"昨晚暴雨倾注，电闪雷鸣，整夜狂风……今天天色阴沉，持续下雨，感觉很冷，一阵阵

---

[1] 即西奥多·罗斯福，美国第26任总统。"泰迪"是他的昵称。——译注
[2] 美国第27任总统。——译注

大风"；19日，"整整一天的雨"；20日，"晚上还是大雨不断"；21日，"很冷。昨夜大雨不停"；26日，"又是讨厌的冷雨"；27日，"依然是寒冷加阵雨"；29日，"天色很阴暗，一直下雨"；30日，"阴暗的雨天，什么都做不成"；4月1日，"几乎整晚都是暴风，急雨不断，电闪雷鸣，风刮得厉害"；5日，"今晚雨可真大"；6日，"整夜雨就没有停过"。[2]

到了4月8日，鲍尔这样写道："12点时，开始下大雨。此前，我很少见过这样持续不断和如此猛烈的倾盆大雨。我看到河水水位已经很高了，但雨还一直在下……几乎每天每晚都是阵雨和猛雨……河水已经与堤坝齐平了。"[3]

从那之后，格林维尔市的密西西比河水就超过了历史最高水位。现在，大雨又来了，而且其猛烈程度超过了此前。

当然，在艾伦屋中聚会的客人此刻不会知道，1927年耶稣受难日这天的暴风雨，其猛烈程度和波及范围之广是异乎寻常的。这一天，北至密苏里州和伊利诺伊州，西至德克萨斯州，东边几乎抵达阿拉巴马州，南至墨西哥湾，在数十万平方英里的范围内，暴雨的降水量达到了6英寸至15英寸。[4]格林维尔市的雨量是8.12英寸。小石城、阿肯色州，以及开罗[1]和伊利诺伊州，降水量达到了10英寸。新奥尔良则出现了从未有过的最大雨量，在18个小时内足足下了14.96英寸，有些地方还要更多。[5]不到一天的时间内，这样的降水量，超过了新奥尔良年平均降水量的四分之一。

"珀西参议员，你觉得堤坝守得住吗？"

艾伦提出了这个问题。这让每个人想起，堤坝已比从前坚固得多了。1922年的那场创纪录洪水，它就守住了，这次也应该守得住。堤坝将经

---

[1] 这是美国伊利诺伊州亚历山大县的一处地方，位于该州最南端，得名于埃及首都开罗。——译注

受严峻考验，但会守得下来——作为密西西比河堤坝董事会的主任工程师，艾伦让大家放心。

珀西提出，现在就去查看一下堤坝，也许暴风雨会把应该加固的那些堤坝薄弱之处暴露出来。大家点头赞同。包括艾伦在内的20多个人，穿上雨靴和雨衣，挤进几辆汽车，驶过几个街区，直奔市中心处，堤坝就是在这里陡然升高的。[6]几十年前，堤坝更靠西边，但后来河水吞没了它，也淹没了大片原来的市中心。从那以后，格林维尔市就在紧挨市中心处用混凝土修建了堤坝，以防河水进一步侵蚀，同时也将其作为一个码头。

车直接开上了堤坝斜坡，在坝顶停下来，停在了办公楼的三层楼窗户下，这里远高于下面的城市街道，远高于富饶的三角洲数百万英亩平坦土地。混凝土堤坝朝上游延伸100英尺就没有了。在那里，一个白人工头正领着百余名黑人在急风暴雨中装沙袋固堤。河两岸数百英里内，还有其他黑人也在做同样的事情。珀西、艾伦和其他人下了车，顶着风雨，在湿漉漉的混凝土上尽力站稳，望向大河。

眼前的景象如同眺望一片阴沉怒海。今天的风实在太猛了，房顶被掀掉，窗户被击碎，A. G. 瓦恩曼父子木材厂的那根巨大烟囱——直径54英寸、高130英尺——竟被刮倒，芝加哥磨粉和木材公司一根高110英尺的烟囱也被摧毁一半。被狂风卷起的褐色巨浪击打着堤坝，浪花飞溅，击到人们的腰部，让人站立不稳，几乎要滚落至堤下的街道。大河急流裹挟着各种东西飞掠而过：整棵的树、屋顶、篱笆木桩、翻倒的船只、一具骡尸……当时站在这坝顶的一个人，数十年后仍回忆道："我看到一整棵树一下子就消失了，被急流吸入，然后猛射出来，离我有百尺之远，如同一艘潜水艇发射鱼雷。"[7]

密西西比河似乎是世界上最有力量的东西。这片水域，从科罗拉多州的落基山，从加拿大的亚伯达省和萨斯喀彻温省，从纽约州和宾夕法尼亚州的阿勒格尼山，从田纳西州的大烟山，从蒙大拿州的森林、明尼苏达州的铁矿区域和伊利诺伊州的平原，汇聚而来。这片水域漫于大陆，从大地流过，没有蒸发于空气之中，也没被土壤吸收，而是穿过一个漏斗，倾注于一条如巨蟒般蠕动的大河——密西西比河——之中。

甚至在这场暴风雨之前，密西西比河每条重要支流的堤坝内就已经水满为患。在东边，匹兹堡市的街道上水深 8 英尺；在西边，俄克拉荷马市城外，14 个墨西哥工人淹死了。现在，密西西比河仍在膨胀、漫开，威胁着要彻底冲决那个想要控制住它的堤坝系统。

1993 年密西西比河大洪水的高峰期，爱荷华州（Iowa）境内的河水流量是每秒 435 000 立方英尺；在圣路易斯，由于有密苏里河水的注入，达到了每秒 100 万立方英尺；整个美国中西部地区水流漫溢，成为了世界新闻的头条。

然而，1927 年，在珀西等人坝顶眺望的一周之后，在靠北几英里的地方，密西西比河的水流量超过了每秒 300 万立方英尺。[8]

利莱·珀西不知道奔涌而去的洪水流量的具体数字，但他知道必是巨量。如同与所有阻碍因素进行搏斗一样，他的家族与这条河搏斗了几乎一个世纪。这个家族把这片河区转变为一个帝国，这个帝国让它的统治者在仅仅一代人的时间内，就从在种植园边缘的丛林中猎杀美洲豹，进化到去欧洲参加歌剧节。珀西家族与"重建"（Reconstruction）[1] 搏斗，与黄热病搏斗，努力建造堤坝，所有这些都是要创造出这个帝国。仅仅 5 年之前，为了保住这个帝国，利莱·珀西也与三 K 党（Ku Klux Klan）[2]

---

[1] 美国南北战争结束后，为解决遗留问题，"重建"提出了南方分离各州如何重返联邦、南方邦联领导人的公民地位，以及黑人自由民的法律地位等议题的解决方式。这些问题应如何处理引起了激烈的争论。——译注

[2] 缩写为 K.K.K.，美国南方一个奉行白人至上和歧视有色族裔的民间排外团体。——译注

对峙。他战胜了所有的敌人。

现在，河水威胁着这些胜利，威胁着他的家族所创造的这个社会。珀西下定决心，即使河水冲决了堤坝，这个社会也要生存下去。他有力量，他可以去做保住这个社会所需要做的任何事情。

从格林维尔市顺流而下400英里，密西西比河流经新奥尔良。在新奥尔良，珀西有一些好朋友，他们一起狩猎、投资、打牌，都属于同样的俱乐部。这些人中有一些是老南方人，拥有数十万英亩的林木，或者是甘蔗田或棉花田；也有一些是新南方人，是金融家和企业家；还有一些人如同珀西，联结了新旧两个世界。几十年来，他们掌控着新奥尔良和路易斯安那全州。

现在，密西西比河也威胁到了他们的社会。像珀西一样，他们也会做任何事情来保住自己的社会。

如同珀西，他们的搏斗以人对抗自然而开始，但却变成了人对抗人，这是因为洪水也带来了人间的暴风雨。荣誉与金钱发生了冲突，白人与黑人发生了碰撞，地区的权力结构与国家的权力结构发生了对立。这些矛盾撼动了美国。

在格林维尔市中心的堤坝上，这些人望着滔滔河水，又凝视了几分钟。大雨在鞭打这片土地。河已经实实在在的很可怕了。然而，对于这条河的可怕，对于它的壮观，这些人仍感骄傲。面对着它，仿佛他们自己也变得伟大了。呆呆地凝视着它，他们又矗立眺望了好一阵子。

他们离开后，无论是珀西参议员还是其他人，甚至包括主人贝圭英·艾伦，都没再回去聚会。几个小时内他们都不会回家，有些人甚至几天都不会回家。他们有要紧的事要做。

第 一 部

工 程 师 们

第1章

　　密西西比河流域朝北延伸至加拿大，南至墨西哥湾，东边出自纽约州和北卡罗莱纳州，朝西延伸至爱达荷州和新墨西哥州。它比中国的黄河流域要大 20%，是非洲尼罗河流域和印度恒河流域的两倍，比欧洲的莱茵河流域大 15 倍。这片流域占到了美国大陆面积的 41%，有 31 个州的全部或部分区域位于这片流域之中。欧洲的河流、东方的河流、古代文明世界的河流，都不能与之相比。只有亚马逊河，再勉强算上刚果河，流域面积超过了它。如同其他任何河流的逻辑起点一样，从其支流的源头算起，密西西比河是世界上最长的河流之一，它犹如美国心脏地带的动脉一样流动着。

　　想要治理密西西比河——不是临时应对一下，而是控制住它，掌控它，让它顺从，这绝非易事。这需要的不仅仅是自信，而简直是狂妄了。在 19 世纪，这是一项极具诱惑的任务。19 世纪是一个钢与铁铸造的世纪，是信心和进步的世纪，人们坚信如钢铁般坚实和严格的物理法则支配着自然，而且也可能支配着人性。所以，人类相信只需要去发现这些法则，就可以去支配这个世界了。这是一个欧几里得几何学、线性逻辑、巨大成就和辉煌技术的世纪，是属于工程师们的世纪。

有两位工程师，用自己一生中的大部分时间——也是 19 世纪的大部分时间，试图控制住密西西比河。安德鲁·阿特金森·汉弗莱斯（Andrew Atkinson Humphreys）花了 11 年的时间，对这条河做了规模宏大的透彻调查，再加上他在内战中浴血奋战并取得胜利，这使他得到了美国陆军工程兵团（U.S. Army Corps of Engineers）主管的位置，并且赢得了国际性的声誉。维也纳、巴黎和罗马的皇家科学学会授予他荣誉职位或直接聘请他为通讯院士。在美国，他成为了美国国家科学院（National Academy of Sciences）的一位发起者，哈佛大学授予他荣誉博士学位，《美国科学与艺术杂志》（*American Journal of Science and the Arts*）称他对密西西比河的调查报告是"有史以来所发表的最为精深的科学成果之一……是一座勤奋劳作和精确的纪念碑"。¹

另外一位是詹姆斯·布坎南·伊兹（James Buchanan Eads），他的名声更大。1876 年，《科学美国人》（*Scientific American*）赞扬他的"超凡才华和卓越智慧"，称他为"天才之人、勤奋之人、纯粹之人"，呼吁他竞选美国总统。²1884 年，英国皇家艺术学会（Britain's Royal Society of the Arts）授予他阿尔贝特勋章（Albert Medal），曾获此荣誉者包括拿破仑三世、路易·巴斯德（Louis Pasteur）^[1]、开尔文男爵（Lord Kelvin）^[2] 和亨利·贝西默爵士（Sir Henry Bessemer）^[3] 这样的人物。1932 年，美国工程学院的院长们提名他为有史以来五位最伟大的工程师之一，将他与达·芬奇和爱迪生相提并论。³

汉弗莱斯和伊兹，就是有史以来致力于掌控密西西比河的两位最有权力、影响最大的工程师。他们二人都想在这条河、这片土地和两岸人

---

[1] 法国化学家及微生物学家。——译注

[2] 国际单位制中温度单位的发明者。——译注

[3] 英国工程师、发明家和商人。——译注

民中留下印记——但都只想留下自己的印记。就密西西比河的治理而言，几乎在每一件事情上，二人都意见不合。

这两个人，一个有才华，一个有权力。伊兹要的是让这条河服从他的意愿，汉弗莱斯则要阻止他，实施自己的治河方案。他们的争斗变得刻毒起来，他们的歧见在密西西比河流域造成了分裂，那些有关工程技术的争论登上了全国各地报纸的头条。直到今天，二人争斗的余响在密西西比河仍然能够感觉到。

对于詹姆斯·伊兹而言，生活从一开始起就不友善，但他却不是一个逆来顺受的人。1833 年冬天，13 岁的伊兹随母亲和两个姐姐来到圣路易斯。他的父亲是个流浪者兼梦想家，此后才到这座城市。他们坐的轮船靠近码头时，锅炉爆炸，船沉了。人们落到水中，吓得要死，冻得打颤，在混浊的水中拼命挣扎，翻腾起来的沙子呛到嘴里，咳嗽不已。伊兹一家人被从水中拖了出来。这是伊兹与密西西比河的第一次亲密接触，他一辈子也忘不了。据说，多年之后，他是特地选择了那个晚上他被拖上岸的地点，开始了他对这条河的伟大征服。

来到圣路易斯的第一个冬天，一家人饥寒度日。为了帮着维持生计，詹姆斯到街上去卖苹果，从此再也没有去上学。然而，他学到了东西，圣路易斯这个地方就是他的老师。

圣路易斯市是个独特的万花筒，美国边疆的粗犷之气与欧洲式的精明世故在此融合，它赋予人们大胆、信心和开阔的视野。密西西比河在圣路易斯的前面流过，放眼望去有绵延千里的绿色大草原，密苏里河则在它的后面朝西逶迤而去，这座城市正处于北方与南方、东部与西部的连接点上。它的位置早已显示出吸引力，得以造就诸如平底货船年代的河上之王迈克·芬克（Mike Fink）、开拓边疆的基特·卡尔森（Kit

Carson），以及约翰·雅各·阿斯特（John Jacob Astor）[1] 这位曼哈顿的建造天才——他在西部的产业使得他成为这个世界上最富有的人——这样的传奇。在圣路易斯的街上，人们讲法语、波兰语、意大利语、德语；到1860年时，居于此地的德国人已有4万。新近从巴黎回来的克里奥尔人（Creoles）身着法国时装，从落基山区刚刚返回的白人和印第安人则身披鹿皮。圣路易斯总是被看作西部，但华盛顿·欧文（Washington Irving）[2] 却被市内花园中流光溢彩的树和花、从窗户中传出的拨弦古钢琴的美妙声音、古老的法国街区、众多的咖啡屋和台球厅所打动。4 他和其他来自东部的人震惊于此地竟有这种闲散之情，人们就带着这种闲散之情前往落基山区。

伊兹就在码头一带的街道上学习，各种货物在这里交易，小贩、马车和各种拍卖，街面上车水马龙、人流涌动，一派繁忙。他先学的是做生意：推销货物；探知诚实交易与卑鄙交易的不同；懂得了如果足够机敏老到，有足够勇气来承担风险，一条信息就可以让一个人马上发财。他目睹财富在人们手中倏忽而来又倏忽而去，领会到一个人的性格可以让自己反败为胜，也可以由胜转败。

伊兹也从书本上学习。雇他跑腿的一家商行老板，很欣赏他的聪明，允许他在工作之余到自己的书房去读书。伊兹成夜成夜地苦读，对数学和几何最感兴趣，痴迷于物体的角度和它们之间的关系。他解各种方程式，研读自己能够找到的每一篇数学论文，书房里的这些书被他读尽了。他还自己搞了一个作坊，做了一个6英尺长的轮船模型，里面有引擎和锅炉，另外还有锯木厂的工作模型、消防车的工作模型，以及可运转的

---

[1] 此人是发明家、瑞吉酒店创始人，是当时世界上最富有的人之一，也是"泰坦尼克"号最有名的遇难者之一。——译注

[2] 19世纪美国最著名的作家，被誉为"美国文学之父"。——译注

电铸板设备。

伊兹耐得住寂寞，全神贯注于自己感兴趣的事物之上。他还自学了国际象棋，成为这座城市里最厉害的棋手之一，甚至可以同时与多人盲棋对弈。下棋需要独自思考，而且要当机立断，不留情面。得益于棋艺和机械，当他面对某个事物时，就仿佛能洞穿其深处，并在脑海中把这个东西先拆开然后再合上。那些弱处、缺陷、紧张的局势和潜藏的力量，他都看得清清楚楚。他对事物的理解不仅仅停留在机械层面，而且还看到了事物的内在逻辑，甚至把握到致使出现某种结果的根本原理。

伊兹的父亲托马斯终于在圣路易斯露面了。托马斯的成年生活一直处于游走状态，先是去了俄亥俄河流域，现在又来到了密西西比。他在一个地方待一段时间来尝试一种生计——农夫、公寓管理人、商人，然而都失败了。于是，他继续游走，一路向西，越来越靠近边疆。这就是他一辈子的人生模式。在圣路易斯住了 3 年后，他又再次上路了。和自己的家人一道，他又上了一条轮船，这次是带着妻女，朝荒野之地进发，再次去尝试新生活。

詹姆斯选择独自留在了圣路易斯。与父亲不同，他要深挖，要扎根，要坚持，这一辈子要以圣路易斯和密西西比河为中心。不管要付出什么样的代价，他都决心要成功。有人给了他第一份成年人的工作——当一名排泥手（mud clerk），是轮船上职位最低的职员。此人还记得伊兹的"雄心大志"。[5]

伊兹当时只有 16 岁。

伊兹的第一个成功本应让大多数人感到满意。在取得这个成功的过程中，他获得了一种与众不同的对密西西比河的理解——他搞的是打捞。当时，锅炉爆炸、河中各种障碍物、着火、巨大的旋涡，这些都会吞噬小型轮船，而且海盗也让这条河上危险重重。一个法国来的人，称密西西比河上的航行"比大洋中的航行更危险，其危险程度不仅仅超过了从美国到欧洲，也超过了从欧洲到中国"[6]。一位货主说："世界史表明，任何地方的财产和生命损失，都比不上每年美国西部河流引发的损失。"[7]

五大湖区和某些河上有打捞业务，但密西西比河没有，因为这里搞打捞特别困难：混浊的密西西比河，光线只能照进去几英寸，人们得在黑暗的水中干活；在河中对沉船进行定位又几乎不可能，湍急的水流会很快把船体带到很远的下游，而河水携带的巨量泥沙也会很快将沉船埋葬。

伊兹认为自己可以解决这些问题。伊兹仿照亨利·施里夫船长（Captain Henry Shreve）建造的清障船，设计了一条新的救助打捞船。施里夫作为密西西比河上的一位卓越人物，以设计出一种引擎和锅炉位于甲板之上的船型而开创了密西西比河上的轮船时代。这种船吃水很浅，即使是一英尺深的水也可以拉货，无论是在密西西比河还是它那些浅得多的支流上都可以航行。施里夫的另一项创举，更是改变了密西西比河的河道本身——也引发了长达一个世纪的争论。他搞了一种"取直"（cutoff）的策略，也就是在河的S形弯曲处挖出笔直通道，缩短和拉直河道，加快河水流速。施里夫建造的清障船上有一根吊杆，能够从水中拔出大树。他用它来清理河道，清干净了一段40英里长的沉积了大量木材的河道，红河（Red River）[1] 就曾因这样的沉积物而被阻塞。

类似于施里夫的清障船，伊兹设计的打捞船也用一个浮动平台连接两个船体，上面也有吊杆。不过吊杆远离船首，两个船体也分得很开，这样船就可以用一种骑跨姿势来打捞，利用改良后的杠杆作用将位于两个船体之间的沉船打捞起来。为了让人能够在河底待足够长的时间来寻找沉船，伊兹还设计了一种钟形潜水器——尽管人们早已使用各种管状装置来进行水下作业，但人们普遍认为伊兹是这种装置的发明者。[8]

---

[1] 也被称为雷德河，发源于美国新墨西哥州东部的一条可航行河流。——译注

此时刚刚 22 岁的伊兹，手中没有任何人的介绍信，只是握着图纸，走进了圣路易斯造船商卡尔文·凯斯和威廉·尼尔森的办公室，把自己的设计展示给他们看。矮小、瘦弱、衣着一丝不苟、精悍的伊兹给人以深刻印象。他的一位崇拜者写道："从青年时代开始，他就意识到要靠自身、靠朋友看到自己的优势，认识到以精神焕发的形象示人很有好处。"[9]

伊兹请两位造船商免费为他建造一艘这样的船和几套钟形潜水器，作为回报，他提出让他们成为自己创立的这项打捞事业的合伙人。他的热情、精力和严密的逻辑，使得他的说服成功成为必然。安德鲁·卡内基（Andrew Carnegie）后来也惊奇，"这个人的个人魅力……大部分人都不可能不被他的看法所征服，至少是暂时不能。"[10]

凯斯和尼尔森同意了伊兹的提议。在打捞船没有完工之前，有人就向伊兹提出了一份打捞几百吨铅的合同。他接受了这份合同，很快就显示出他要把自己的全部精力，甚至是生命用于实现这个想法上。

由于他的船还没有造完，于是他在另一条船上临时安装了起重机，找了一个自带装备的专业潜水员。此人有着五大湖区的潜水经验。遗憾的是，当他下到河里，水流就把他冲到河边，尝试了几次都不成功。伊兹去附近一个小镇，买了一个 40 加仑容积的威士忌酒桶，将它改造为钟形潜水器。然而，潜水员拒绝钻到这个潜水器中去潜水，伊兹只好自己钻入其中，下到了水底。[11] 这次经历改变了他，也从此改变了人们与密西西比河打交道的方式。

由于没有光线，伊兹在河水中看不清楚，只能靠感觉。在一片静寂黑暗之中，水流裹挟着他，河底仿佛要把他吸下去。急流在击打他、鞭笞他、恐吓他，要席卷他而去。一个潜水员必须利用这股力量，同时与之对抗。不同于风，急流是永不减缓的。伊兹后来写道："我曾经下到河底，水流是那样急，所以不得不采取不同寻常的方法把钟形潜水器放稳……在河底，沙子如同一片暴风雨一样漂移……水面之下 65 英尺，我触到了河底，它至少有 3 英尺深，整体在移动，非常不稳定。我想方设法在钟形潜水器之下找到一个立足点，把脚插入河底泥沙中，直到触底。虽然我站得笔直，但泥沙从我手边飞快流过，河底的水流显然如同河面一样湍急。我可以感觉到，在河底表面 2 英尺之下都有泥沙流动，越靠底部，流速越慢。"[12]

触到了河底，他确定了沉铅的位置，然后每次用一根绳索绑住一块 75 磅重的铅锭，把它吊出来。他的打捞事业很快就兴旺起来。作为打捞船的主人，人们现在都称他为"伊兹船长"，他很快就有了一支打捞船队。对于这些打捞船，他一直在加以改进，其中有些可以用他设计的离心泵把沉船里面的水抽空，然后将整条船吊捞出来。南到密西西比河在墨西哥湾的入海口形成的一些巨大沙洲，北到爱荷华州，都有伊兹的身影。伊兹亲自来打捞这里的沉船，在这一区域内密西西比河的河底行走。较之任何船长、任何水手、任何工程师，他以一些更为亲密的方式懂得了这条河和它的水流。这条河向他一个人展示了秘密。他的眼界已经超越了机械装置。他开始构思关于这条河，关于它的那些伟力的一些想法。

1845 年，26 岁的伊兹结婚了，暂时离开了这条河。他把自己的打捞事业出售给合伙人，在密西西比河西边创办了自己的一家玻璃厂。玻璃厂很快倒闭，这是他一生中唯一一次真正的失败。27 岁时，已经欠债 25 000 美元的他，索性又借了 1 500 美元，买回了打捞事业中的部分股份，回到了密西西比河上，他的经济状况很快就好转起来。他告诉妻子玛莎，他们用不着加入前往加利福尼亚的淘金热潮，因为他已经在河底发现了黄金。[13]

他似乎不愿意与妻子分开。如果远离妻子，他就不停地工作，圣诞节如此，无论天气好坏都是如此。"简直可以说，只有飓风才能让我停止工作。"[14] 他在信中这样对妻子说。妻子以诗回应他，向他发出呼唤。在《致不在家的丈夫》一诗中，她恳求道："回到我们的小屋中吧——我的丈夫回家吧……回到孩子们身边……回到妻子身边。"[15]

然而，伊兹离不开这条河。他的公司已经有了 12 条船，通常分布在不同的地方工作。他自己掌管一条船，聘请别人管理其他船。实际上，他也可以雇人管理自己手中这条船，从而有较多的时间与妻子在一起。然而，他仍然在河上工作，还亲自潜水。他的激情现在看来已经一分为二了，一部分给家庭，另一部分给了密西西比河。

他常常数周不回家，有时是数月。他唯一的儿子夭折时，他也在河上。妻子生病了，他给她写信："我真希望我的爱妻赶快痊愈，我为此祈祷。我离开你后，你病成这样，我希望，只要我的生命还延续，我就再也不会离开你哪怕是一天！离开你，这简直是不可原谅的。"[16] 然而，他还是没有回来。后来，他们去佛蒙特州度假。1852 年坐轮船回家时，玛莎因霍乱死去，此时的伊兹 32 岁。他把自己的两个幼女托付给妻姐，自己又回到了河上。

他比以前更全身心地投入到工作之中。尽管他已经有了几十条船和数百名工人，但他还是亲自潜水。他以一种新的激情投入其中，如同一个助手担心的那样，"那些别人不愿意去的危险处和荒凉处"，[17] 他只身前往。他的财富在陆地上积聚，而他却行走在河底，独自行走在寂静的黑暗急流之中。1853 年，在妻子死去一年之后，据说他病了，从此永远地放弃了潜水，立足于陆地世界。

在圣路易斯，伊兹是引人关注的人物。他的打捞事业已经让他在整个密西西比河流域为人所知，而现在更是声名远播。1856 年，联邦政府停止在密西西比河清除障碍，他用 185 000 美元买下了政府的那些清障船，提议由自己来做此事。第二年，他为获取政府合同在华盛顿进行的游说工作失败了，密西西比州参议员杰弗逊·戴维斯反对把合同交给一个"从此前的工作来看，并不保证其有能力来解决土木工程中的问题"[18] 的人。于是，伊兹组织了一个财团，由从纽约到新奥尔良的 50 家保险公司组合而成，为他的行动提供财力。也是在 1856 年，他母亲的堂兄詹姆斯·布坎南（James Buchanan）——伊兹的名字就是随他——被选为美国总统。

一年之后，37 岁的伊兹终于因健康不佳而退休，此时他的财富超过了 50 万美金。不过，他仍然很活跃。他现在是一位举足轻重的人物，在康普顿山上拥有一所宅邸，拥有公园般的大片土地，朋友包括国会众议员、参议员、出版家和大商人。更多的是为了显示责任感而非出于爱情，他娶了自己寡居的表妹——她已有 4 个孩子。他俩没有孩子，待在一起的时间也很少。伊兹成了圣路易斯交响乐团的创办负责人，在圣路易斯商人汇兑所（这座城市的商会）中他也颇为活跃，还参与了数条铁路的运作，当了一家大银行的董事。从当年在街上卖苹果的男孩走到今天，他的确走得很远了。

1860 年，40 岁的詹姆斯·布坎南·伊兹，头顶已秃而胡须旺盛。他对自己的秃顶很敏感，公共场合一般都戴着一顶无边便帽。尽管他看起来虚弱，但如同有人吃惊地注意到的那样，当年的河中劳作让他有"钢铁般的肌肉"。[19] 他面前的任何东西，从衣服到书桌，都摆放整齐、干干净净，整洁有序达到了强迫症的程度。"他看来显然极讲究精准。"[20] 他的外孙这样评价他："有些天才以不拘小节来显示天赋，他正好与之相反。伊兹从不马马虎虎，哪怕是在家里。"从当时的一张照片中可以看到，伊兹智慧而宁静，然而也显得紧张而克制，散发出一丝不苟、发愤图强的气息。

他很强硬，这种强硬在他周围造成了一些动荡。有些人说他不讲理又顽固。在任何事情上他都不退让，竭尽全力来达到自己的目的。哪怕是与外孙下棋，他也一步不让，并告诫外孙"一兵一卒都不要让人吃掉"。[21] 在那些晚年照片中，伊兹多半是嘴唇紧闭。有人形容他的嘴巴"如此断然闭锁，反而让他的意图显示得清楚，他认为可以做什么、应该做什么，都明明白白。[他的嘴巴]从不说一些无关紧要的话，谈正经事时，

总是一锤定音"。²²

他仍然愿意自己去冒各种险。带着自己愿意付出代价的快乐，他写道："财富总是青睐勇者。'勇往直前'是我的座右铭。"²³

他将自己塑造成了一具强大而有力的机器，可以做出种种不同凡响的成就。爱默生·古尔德是一位水手和发明家，与伊兹相识 60 年。古尔德后来写道："伊兹作为一个工程师获得的声誉，或者是他的机械和发明天才，如果与他作为一个金融家的能力相比，就都显得无足轻重了。他的所有成功都依赖于此……他能够从自己接触的所有人身上获得技能、经验和思考上的助益，他的这种能力很惊人，使他能够在所提出的任何机械命题上都取得成功……就计划和执行力而言，无人能胜过他。"²⁴

伊兹身上的这种机制一直休眠，没有使用，没得到满足。然而，内战要对此加以改变了。

密苏里州有人在谈论脱离联邦，伊兹和其他一些有势力的人，包括爱德华·贝茨、弗朗西斯·普勒斯顿·布莱尔、本杰明·格拉茨·布朗和詹姆斯·罗林斯，定期在各家聚谈，讨论用什么办法能让密苏里州留在联邦里，如果打起仗来又怎么办。贝茨后来担任了林肯的司法部部长，布莱尔的父亲是《华盛顿环球报》的主编（他的家即布莱尔大厦，就在白宫的斜对面，隔一条街，现在已用作来访外国首脑下榻的宾馆），布朗和罗林斯后来都成为美国参议员。伊兹提出建造铁甲轮船，治理密西西比河，分裂南方。其他人倾听了他的这个建议。²⁵

1861 年 4 月，萨姆特要塞（Fort Sumter）^[1] 开战后，此时已进入林肯内阁的贝茨，给伊兹送来一个标有"机密"字样的便条："若突然有电报

---

[1] 这是南卡罗莱纳州查尔斯顿港的一处防御工事。1861 年 4 月 12 日，它被南军炮轰，南北战争第一枪打响。——译注

召唤，万勿吃惊。电报一到，速速前来。"[26] 几天之后，伊兹到了华盛顿，向林肯和内阁提交了他关于铁甲轮船的详细计划，陆军部和海军部都认真听了。陆军部就建造 7 艘铁甲炮艇进行招标。伊兹投标开价很低，并且承诺在 65 天内交付。他得到了合同。

伊兹从来没有建造过炮艇或任何铁船，他需要 35 个锅炉、21 个蒸汽机、数百吨钢铁，以及数千立方英尺的木材。他还没有船坞，没有机械车间，没有铸造车间，没有工厂，也缺乏启动资金。然而，两周之内，他就找来了 4 000 人，在圣路易斯每周 7 天加班加点地干了起来，远在辛辛那提的机械车间里更有数千人在干活。政府未能按照合同付款，伊兹就用自己的资金和从朋友那里募集的钱来给分包商付工程款项。

尽管他未能做到在 65 天内交付 7 艘炮艇，但他在 100 天内交出了 8 艘。这第八艘是他把自己打捞舰队的母船改成了一艘巨大的战舰，舰身长 200 英尺，横梁达 75 英尺，超过了任何远洋航行的轮船。当这艘战舰和其他船于 1861 年送到伊利诺伊州开罗市进行最后舾装时，海军准将安德鲁·富特向军需局局长报告说："它比我所见过的任何炮艇都要强得多，这里的每位军官都断言它是联邦最好的炮艇。"[27]

伊兹自己也随这些船来到了开罗市，领着将开赴南方的陆军准将尤利西斯·S.格兰特和他的军官们参观这些铁甲船。格兰特没有什么求知欲，有时显得沉闷呆滞，但却与伊兹合得来，两人有相同的特点。格兰特追逐自己的目标时，也是激情四射，充满活力，什么都能冲破。这些铁甲船也有点像格兰特：笨重厚实、样子难看、显得怒而凶。它们朝上游开时缓慢而困难，但却有着不可阻挡的力量。军队称这些船为"乌龟"。格兰特很感激伊兹让这些仍属于他的船——陆军还没有付款给他——去投入战斗，这些船表现得非常出色。1862 年 2 月，在格兰特很少步兵的配合之下，这些船炮击田纳西河上的亨利要塞和昆布兰河上的道格拉斯要塞。这些要塞投降了，这标志着联邦在这场战争中首次取得的重大胜利，也极大地提升了格兰特的声望。

伊兹的声誉也提高了。在战争中，他建造了 25 艘战船。在莫比尔湾战斗之前，海军上将大卫·法拉格特曾向海军部长吉迪恩·威尔斯请求："只要给我伊兹先生建造的铁甲船，我们就能看到普罗维登斯会多么快地归入我们手中。"[28] 伊兹还设计了一种由蒸汽驱动的旋转炮塔，成为工程史上的经典之作，它是现代舰炮的前身。海军很快选用它，以之取代了约翰·爱利克森设计的炮塔"监测者"，因为后者尽管广为人知，但装甲较弱。海军还请伊兹去欧洲考察海军船坞。他在欧洲处处受到热情接待，包括普鲁士的俾斯麦。而且伊兹很可能参观了保密的克虏伯船厂，这里正在进行钢铁武器的试验和新型钢的生产。与伊兹一道工作的美国军火专家肯定看到了这些。[29]

战争结束之后，詹姆斯·伊兹成为了整个密西西比河流域最著名和最有权势的人物之一。1867 年他的女儿嫁给一位前市长的儿子，有 800 位宾客出席婚礼；甚至需要出动警察来挡住众多未被邀请的好奇者。他组织一个财团买下西部的最大银行"密西西比国家银行"，担任了芒德市人寿保险公司的总裁，控制了一条西至堪萨斯城、北至爱荷华谷物地带的铁路，并与人联合成立了一家公司，要在密西西比河上建桥。1871 年，《花开富贵》(*Great Fortunes and How They Were Made*) 一书，在"资本家"这一部分中，用整整一章的篇幅来讲伊兹，[30] 而这一部分其他章节介绍的人包括科尼利厄斯·范德比尔特 (Cornelius Vanderbilt)[1]、约翰·雅各·阿斯特和丹尼尔·德鲁 (Daniel Drew)[2]。

战争让伊兹星光灿烂、令人敬畏。不过，战争也为另外一个人创造了机会。伊兹与此人展开了一场私人战争，来竞争对密西西比河的控制权。

31

---

[1] 19 世纪末 20 世纪初的亿万富翁，著名的航运、铁路、金融巨头。——译注
[2] 美国商人、轮船和铁路的开发者、金融家。——译注

第 2 章

　　安德鲁·阿特金森·汉弗莱斯生于 1810 年，是费城一个权势之家的独生子。从童年起，汉弗莱斯就认定自己出人头地是理所应当的。他上学时常违反校纪，拒绝回到学校，因为校长"使用教鞭毫无怜悯"。于是，父母就给他换了学校，接下来又一再转学。父亲后来去了欧洲，母亲无法管束他，他就"失去了控制"。[1]16 岁那年——伊兹 16 岁时已经在圣路易斯独自谋生了——汉弗莱斯进入了西点军校。家人想用这所美国陆军军官学校来驯服他，可这并非易事，全靠他家族的关系才能做到。然而这个策略成功了。

　　当时是美国陆军工程兵团掌管西点军校，而汉弗莱斯喜欢工程上的智力挑战。事实上，他热爱挑战和各种战斗，喜欢辩论，活力四射地去竞争。与伊兹不同——伊兹的内在信念能让他独自屹立对抗世界，而汉弗莱斯则重视别人对他的看法。他想与众不同，想鹤立鸡群，想因此而被世人认可。他的内驱力是对荣誉的渴望，荣誉则反映着这个世界对他的看法。在西点军校，他唯一的毛病还是违纪问题，这拉低了他在班级中的排名。不过，在 33 人的班级中，他还是以第 13 名的排序毕业。

　　毕业之后的生活令人失望。毕业时还不到 21 岁的他渴望行动，但陆军的日常生活却满足不了他。他被派到了马萨诸塞州的普罗温斯敦，这个地方很荒凉，周围都是巨大的沙丘，面对着灰暗寒冷的大西洋。他觉得自己的智力和勇气在这里都一无所用。他独自钻研各种科学问题来打发沉闷，对日常工作毫不上心，认为这些"对我而言很是无聊。我一直渴望回到那些沉思中去，我希望这些思考会导出一些重大的有益结论……我已经抵达了一个一切尚待解决之点，我感觉自己如同一个人站在地面看了一眼美丽的天空，一阵温柔之风吹来……我的日常职责却总是把我拉回去，去做一些我觉得无足轻重的事情……这就使得我把自己的工作视为沉闷无趣之事，我带着厌恶去做"。[2]

汉弗莱斯的这种沮丧感一直在滋长。1836年，他被派去与佛罗里达的塞米诺尔印第安人打仗，他实在无法忍受下去了，不得不从军队退役。这并非耻辱，但却让他痛苦。他当了一名工程师，有时搞搞民用爆破。不过，1839年他想方设法得到了当时作为独立军事单位的测绘工程兵团中的一个中尉职务。这又给他带来了新的沮丧。此时他已经30多岁，大多数男人在这个年龄已经做到了三十而立——伊兹30多岁时已经很富有，并成为密西西比河上的一个传奇，而汉弗莱斯却是一无所有。

他越是没有成就，等级和头衔对他就越显得重要。他被派到了华盛顿，靠与政客们搞好关系和在军队中的活动来获得晋升。他先是指责一个竞争对手的行为与军官身份不符，阻止了此人获得一个大家都想得到的任命，然后又抢夺自己顶头上司的职责。[3]这位上司是著名探险家J.W.艾伯特（J.W.Abert），他曾激烈向陆军部长反映汉弗莱斯的行为构成了"严重的违纪……是对测绘工程兵团纪律和服从的严重损害"。[4]不过，汉弗莱斯那些地位很高的朋友保护他未受惩罚。肯塔基州的约翰·克里滕登参议员很可能记住了汉弗莱斯，当时他正严厉批评华盛顿基地的陆军工程师们是"朱庇特神殿的看守，半是军人半是百姓，'花花公子般漂浮'，围绕着国会众议员的裙边跳舞……危险时刻从不见人影，有好处时一拥而上"。[5]

不过，汉弗莱斯的确有能力，也想展示出来。1845年，他运作到了另外一个职务，当了A.D.贝奇（A.D.Bache）教授的助手。贝奇是一位国际知名的科学家，领导美国海岸调查署（U.S. Coastal Survey）。汉弗莱斯后来回忆说："我之所以走向科学研究，是因为军队日常的那一套几乎要杀了我，我非常烦躁不安，所以任何需要思考的事情对我都是可以接受的改变。"[6]

美国海岸调查署的工作远不止于对海岸线制图。它和其他的类似机构为美国的发展制定蓝图，尤其是基础工程如港口、道路、运河、铁路、桥梁的建设。汉弗莱斯终于得到了这样一个他可以热情拥抱的职务。在6年的时间里，他做得极好，让贝奇成为自己一个很有影响力的朋友。

然而，尽管他在海岸调查署干得非常好，这世界似乎还是要绕他而去，即使他在军队里，也要与他擦肩而过。他曾有两次机会去打仗，一次是打塞米诺尔印第安人，一次是打墨西哥。他的军官同伴都考验了自己的勇气，因胜利尝到了甜头，而他第一次是因病回家，第二次则是与贝奇一起待在华盛顿。

40岁的他一头棕发，阳光的映衬下散发出金黄的光泽，一双蓝色眼睛透出坚定严肃。在当年的照片中，他肩膀宽厚，胡须挺立，双手硕大，手指粗壮，全身上下都显得挺拔有力。他总是充满张力，好像随时都会爆发。后来担任陆军部助理部长的查尔斯·A.德纳，形容汉弗莱斯"如果不与他作对，人很好相处；如果相反，那他就不怎么和气了"。德纳还称汉弗莱斯"不宽容"，带着军队中"那种最有代表性的、最巧妙的咒骂"。[7]

1850年，汉弗莱斯的巨大机会来了。

数十年来，密西西河流域那些人口越来越多的州，一直要求中央政府处理密西西比河上的航运和洪水问题。1842 年辛辛那提、1844 年孟斐斯、1847 年芝加哥（当时这座 10 000 人口的城市涌进了 16 000 名会议代表）都召开大会，给华盛顿施加压力，迫使它采取行动。最终，为了保住西部这片密西西比河上游流域，不让它与南方结成政治同盟，同时也因为 1849 年一场淹没了密西西比河下游流域（包括新奥尔良等许多地方）的洪水，东部的政治家们同意了这些要求。国会把数百万英亩属于联邦的"沼泽和水漫之地"给了这些州。*这些州打算出售这些土地，将收益用于治理洪水。然而洪水并非密西西比河的唯一问题。在这条河的河口，有一些巨大的沙洲，常常阻挡船只出入墨西哥湾。有时，会有 50 条船在等候沙洲退去，这样才能有足够的航道让它们进入或驶出密西西比河。那些最大的船，有时需要等上 3 个月。这些沙洲阻塞了整个流域的贸易。没有什么显而易见的解决办法。关于河道治理的每一个方面都有不同意见，包括怎样才是治理洪水的最佳方案，怎样打开河口，全都看法各异。

35

于是，国会于 1850 年 9 月 30 日批准对从伊利诺伊州开罗市至墨西哥湾的密西西比河下游进行调查测量。它的主要目的是发现支配密西西比河的自然规律，判明怎样才能驯服它。

这项调查测量是非凡的工作，世界上任何地方都从未进行过如此重大的调查测量，它将在科学领域开辟新的天地。如果它成功了，它也会规划出事实上是整个密西西比河流域的发展框架——从北达科他州的俾斯麦市到宾夕法尼亚州的匹兹堡，以及从开罗市到墨西哥湾这片茂盛的冲积平原，这片世界上最肥沃的土地的开发计划。

汉弗莱斯亟欲在这次密西西比河调查测量活动中有所作为。他以相当低调的姿态正式申请这次任务。"这是我很渴望的一项工作，因为它非

---

* 路易斯安那州得到了 950 万英亩，阿肯色州得到了 770 万英亩，密苏里州获得了 340 万英亩，密西西比州获得了 330 万英亩。——作者原注

常困难又非常重要。"他如此写道。[8] 私下里，他则恳求那些他早年结交的国会众议员，利用家族以前的政治关系，用上各种表现忠诚的手段。贝奇本人也向内阁替他说好话，给陆军部长查尔斯·康拉德写信道："［汉弗莱斯］将扎实的知识做了实用性的转化……他在获取数据上非常仔细，一旦获取之后则精力充沛地使用它们，既不会搞那些不必要的精致化，也不会用粗糙的猜测来代替精确的结论。"[9] 康拉德把汉弗莱斯从现在的职务上召回，任命他来主持这次调查测量。

汉弗莱斯狂喜不已，现在他在军队中找到了归宿，发现了"我这一生的事业"。[10]

不过，汉弗莱斯将会成为军队工程师与平民工程师之间战争的一个人质，这场战争会持续一个世纪。这场冲突威胁到汉弗莱斯个人，也威胁到了陆军工程兵团自身，它反映出一个专业日益增长的重要性——技术规程的头等重要，这在很大程度上界定了 19 世纪和 20 世纪前期。

在 19 世纪 30 年代之前，西点军校主导着美国的工程学。西点军校提供着美国这方面唯一的学术培养，军队工程师是精英分子。各班级排名前二的学员才能进入工程兵团，排名前八的学员可以进入与它相独立的测绘工程兵团。（汉弗莱斯的班级排名没有进入前八，但在他当了一段时间的平民工程师后，测绘工程兵团的指挥官亲自选用了他。）

然而，数量很少的这些人无法满足国家的需要。离开了军队的工程师是竞相争抢的人才，这方面人才的民间培养通过学徒制的方式发展起来，尤其是在开挖伊利运河（Erie Canal）的过程中。1835 年，伦斯勒理工学院（Rensselaer Polytechnic Institute）最早授予了工程学位。[11] 到1850 年时，密歇根大学、哈佛大学、耶鲁大学、联合大学和达特茅斯学院也都授予工程学位了。与此同时，工程技术知识也呈现指数级的进展，平民工程师们开始批评他们的军队同行那种僵硬和过时的培养机制。

在美国所有平民工程师中，最有名气的是小查尔斯·埃利特（Charles Elite, Jr.）。埃利特年龄与汉弗莱斯一样大，但为人与他颇为不同。他很迷人、体格强壮、富有才气、长相英俊、自大傲慢，为了争出风头可以冒生命危险。未来埃利特将会显示出超凡魅力。

17 岁时，埃利特已经是一位运河助理工程师了。他曾经抱怨"美国让人可以联想到科学的工程师不会超过 3 个"。[12] 所以，他自学法语，省吃俭用，请求并得到了拉法耶特（Lafayette）[1] 和美国驻法国大使的帮助，在汉弗莱斯就读西点军校的这段时间，他去读了世界上最好的工程院校——法国国立路桥学校（École des Ponts et Chaussées）。埃利特于 1829 年回到美国，成为美国唯一一位受过欧洲教育的工程师，并很快就提议在波多马克河和圣路易斯的密西西比河上建桥。这两座桥都未能开工修建，但他的确在费城的斯库基尔河上建了桥，接下来又建了一座长达 1 010 英尺、横跨西弗吉尼亚州威灵市的俄亥俄河吊桥——当时是世界上最长的（后来倒塌了）。建造这座桥时，埃利特成为了第一个穿越尼亚加拉大瀑布峡谷的人。开始时，他在峡谷之间系了一条钢丝绳，上面吊了一个吊篮，自己钻到吊篮里面，扯着钢丝绳过去。他描绘当时的场景说："风很大，天气很冷，但这趟旅程对我而言很有意思——置身于急流之上 240 英尺高的空中。"[13] 后来，他造了一条没有护栏的木板桥，也是第一个走过它，驾着由一匹马拉的车。他站在车上，如同一个战车的驭手，还加速和摆动车身。[14] 这些行为让他变成了一个传奇。

1850 年，埃利特既建成了威灵吊桥，又完成了对俄亥俄河的测量。他自信自己在俄亥俄河发展出来的理论也可用于密西西比河，因此要去弄到已经给了汉弗莱斯的那项任务。

整个民用工程行业以及它在国会的支持者们，都要求政府把这件差 37

---

[1] 法国贵族，志愿参加美国独立战争。——译注

事交给埃利特。陆军部和它的盟友们则起劲游说，要让汉弗莱斯继续做下去。最终，米勒德·菲尔莫尔（Millard Fillmore）总统指示将这项调查测量的 5 万美元拨款分给两人，各自独立工作，分别给出调查测量报告。

汉弗莱斯不仅代表他自己，而且代表着整个美国陆军进入到这场竞争之中。他下定决心要赢。

"在密苏里河河口，密西西比河首先形成了它典型的混浊激荡、水量丰沛、力量巨大的外观……这让它具有了一种庄严气势。"[15] 汉弗莱斯这样写道。他这样形容这项调查测量的目的："然而，密西西比河实实在在是由自然法则支配的，这些调查的首要任务就是把这些法则挖掘出来。"

河的力量的确因其巨大而显得庄严。质量和速度决定了任何运动事物的力量，体积决定了一条河的质量，坡度则是决定它流速的主要因素。朝向海洋的坡度越大，河水的流面就越陡，因此水流的速度就越快。工程兵团以密西西比河和伊利诺伊州开罗市俄亥俄河的影响来确定密西西比河下游的起点，它们高于海平面 290 英尺，于是河就以一种自然态势从那里流动 1 100 英里，流入墨西哥湾（河的许多弯曲将它 600 英里的直线距离拉长了）。计算它的平均坡度，就是用 290 英尺的高度除以 1 100 英里的长度，大致是水平距离每英里变化 3 英寸多一点。在漫长的延伸河道，坡度下降为每英里不到 2 英寸。密西西比河，尤其是下游，穿越了世界上一些最为平坦的地势。水量巨大的密西西比河以这种平缓坡度流向大海，这意味着它是懒洋洋地穿过美国腹地。然而，这种看法是错误的。

这条河的特征是湍流效应的不同寻常的动态组合，河水的急速流动超过了那些简单的因素合成。事实上，20 世纪 70 年代对于流动之水的研究促进了新的混沌科学的发展，詹姆斯·格莱克在他以此为主题的书中引用了物理学家韦纳尔·海森堡的观点。[16] 海森堡说他临终之时想问上帝两个问题：为什么会有相关性？为什么会有湍流？他说："我的确认为上帝对第一个问题会有答案。"

从温度变化到风，再到河底部的粗糙程度，任何因素都可能急剧改变一条河的内在动力机制。表面流速、底部流速、河流中间和中层的流速，所有这些都会受到发生摩擦或缺少与空气的摩擦，以及河堤和河床的影响。

然而，密西西比河的复杂性又超过了几乎所有其他河流的这些因素影响。它不仅受到这些因素的影响，还自主行动。它以自身的体积、输沙量、深度、底部的千变万化、能够让数英里河堤倒塌和侧面滑动的能力，乃至于受潮汐的影响——潮汐对它的影响可以朝北远至路易斯安那州首府巴吞鲁日——从而产生了自身的种种内在力量。可以应用于其他河流的工程理论和技术——包括应用于一些大河，如波河、莱茵河、密苏里河，甚至是密西西比河上游的工程理论和技术，在密西西比河下游就不管用，它总是流动得更深，携带的水量更多。[17]（比如，1993 年密苏里河和密西西比河上游洪水泛滥，造成了毁灭性的后果，但对密西西比河下游的堤坝却没有影响。）

密西西比河从不安分，从不循规蹈矩，总是动荡喧闹，它的水域和水流从不始终如一。相反，它形成层层叠叠的浪头和旋涡朝南奔流，如同解开一根由多股纤维扭成的绳索，每股纤维都会独立而无法预测地伸展开去，每股都单独存在，然而拧成一股却能像鞭子般抽打。它永远不是单一水流、一种速率。即使密西西比河没有发洪水，人们有时也可以看到某处河面比附近河面高一二英尺，旋涡翻滚，似乎要吞食什么。极大的旋涡形成了，有时伴有水中巨大的盘旋穴洞。汉弗莱斯曾观察到一个旋涡"以一小时 7 英里的速度朝上游涌动，伸至半个河面，如同涡流一样盘旋和冒泡"。[18]

河的弯曲也产生了巨大的力量。密西西比河如同一条蛇，在连续的一串串 S 形弯曲中流向大海，有时弯曲程度接近 180 度。河与土地在这些弯曲处的碰撞，形成了巨大的动荡，水流可以直接冲向河底，把河面一切东西都吸入，冲刷形成的坑常常有几百英尺深。所以，密西西比河就是一系列的深水池加浅水带的"交叉路口"，而水流从深到浅的流动也激出了更多的力量和复杂性。

高水位——洪水——让这条河的动力机制更加反复无常、更显神秘。在这条河的某些地方，高水位会把河面抬得比低水位高出 70 英尺。将河面的抬高与海平面联系起来，那么，高水位就将这条河的坡度增加了25% 或者更多。水的流速与坡度相关，这条河的主要水流可以达到 9 英里的时速，但有些水流却快得多。在洪水暴发期间，冲涌而来的波峰咆哮而下，可测量到的时速会达到将近 18 英里。[19]

而且，密西西比河水流的最后 450 英里，河床是低于海平面的——在维克斯堡处是低 15 英尺，在新奥尔良更是低得超过了 170 英尺。[20] 对于这 450 英里而言，河底的水根本不会流动，但上面的水仍会流动。这就形成了一种"翻筋斗效应"，水在自己上面溢出，如同一个巨大的永远在翻滚的内在之波。这种"翻筋斗效应"会冲击河岸或者是一条堤坝，就像一架圆锯在锯动。

不过，下游密西西比河的复杂性更在于它的输沙量，所以搞懂这一点就是搞懂怎样治理这条河的关键。每天，这条河都将数量从几万吨到几百万吨的泥沙带入墨西哥湾，历史上还有几位地质学家估计的数字更高，认为平均值超过了每天 200 万吨。[21] 就地质学标准而言，密西西比河下游还是一条年轻，甚至是幼儿期的河流，穿过所谓的"密西西比湾"（Mississippi Embayment）—— 一个覆盖了大约 35 000 平方英里的下坡，从开罗市以北 30 英里至密苏里州的开普吉拉多——这是地质学意义上密西西比三角洲的开端，流向墨西哥湾。有一段时间，墨西哥湾自身也伸向开普吉拉多，后来，海平面降了下去。在几千年的时间内，密西西比河及其支流朝这个下坡倾倒了 1 280 立方英里的泥沙，这相当于 1 280 座一英里高、一英里宽和一英里长的土山。[22] 再加上海平面的下降，这些泥沙就注入密西西比湾而沉积下来。[23] 在整个密西西比冲积河谷，这种泥沙沉积的平均厚度达到了 132 英尺，有些地方更是达到了 350 英尺。一些地质学家认为，由这种重量造成的下推压力，挤高了周围的土地，形成了山丘。

怎样使这片流域免于洪水侵袭？历史上，工程师们有两种基本的、在某种意义上相互冲突的思路：筑堤或泄流。筑堤是要束缚住密西西比河，泄流则是释放它。筑堤代表着人的力量要战胜自然，泄流则代表着人顺应自然。哪种思路是正确的？这在很大程度上依赖于对一个问题的回答：什么导致了这条河携带了这么多的泥沙？什么导致了这条河要把自己携带的泥沙沉积下来？

一条堤坝无非就是用土堆出山来阻挡住水。巴比伦人就曾在幼发拉底河上建造堤坝，罗马人也在台伯河和波河上这样做过。到 1700 年时，多瑙河、罗纳河、莱茵河、伏尔加河和其他欧洲河流，都出现了堤坝，荷兰建造的堤坝数量最多。

密西西比河形成了自然的河堤。当它溢出来时，那些最重的泥沙首先沉积下来，于是筑高了离河最近的土地。逐渐地，这些自然形成的河堤在河岸上就从半英里延伸至一英里。较远的"滩地"则低洼，常常是湿地和沼泽。新奥尔良就建在一片自然的河堤上，它的"法国区"是这片区域的最高处。到 1726 年时，人们又修建了 4 英尺到 6 英尺高的堤坝来保护这座城市。

堤坝建造一直没有停止，它延伸至新奥尔良河段的上游和下游，然后在河对岸也有修建。河对面的堤坝对原有的河堤增加了压力，其原因很简单：如果河只是一侧有堤，那么洪水自然就朝另一侧漫流；如果两侧都有了堤，河就不能漫流了，河水就只能升高。两岸河堤虽束住了河水，却迫使河床升高了。相应地，人们为了挡住不断上涨的洪水，又修建更高的堤坝。1812 年，路易斯安那州紧挨着新奥尔良开始朝下游修堤，在河的东岸朝北修了 155 英里，在西岸修了 180 英里。到 1858 年时，密西西比河两岸的河堤总长度已经远远超过了 1 000 英里。

有些河段，堤的高度达到了 38 英尺。这样的高堤改变了河两岸的力量均势。没有河堤，哪怕是出现巨大的洪水——巨量的"高水位"，也只意味着逐渐且柔和的水位上涨和铺开。然而，如果有高达 4 层楼的河堤挡住了水，一旦堤坝崩溃，河水便会以强劲的力量和迅捷之势向陆地袭来。

从一开始起，就有一些批评者认为河堤越修越高，这不过是增加了溃坝决堤的危险性，他们坚持认为筑堤要与降低洪水高度联系起来使用。降低洪水高度主要有三种方法。一是在支流上修水库，在洪水暴发期间不让水流入密西西比河。二是在河的那些 S 形弯曲处挖出笔直河道，这种"取直"可以让河水进入较短较直的通道，河道的坡度增加了，河水也就流得快了［后来有一本赞同此方法的书就题名为《加快洪水流入大海》(*Speeding Floods to the Sea*)］。[24] 三是通过泄流让水从河中流溢出去。这三种思路都有批评者，而泄流思路受批评最多，同时，倡导者也最多。

41 　　早在 1816 年，就有人提议在靠近新奥尔良的密西西比河东岸开挖人工泄流口，也称为泄洪道或退水堰。有一项建议提出在这座城市的上游挖泄洪道，把洪水泄入庞恰特雷恩湖。另一项建议则主张在城市下游挖，让洪水流入博恩湖。这两个"湖"其实更接近于盐水海湾，流入大海，在所建议的这两个地点，河水流入其中 5 英里。

所以，有泄流的想法就很自然。这种想法的支持者们认为，从河中放水，就会降低洪水的高度，这就如同拔掉浴盆的塞子，浴盆中的水位必然会下降。

然而，那些坚持筑堤，认为筑堤才能解决问题（这很快就被称为"堤防万能"），所以反对泄流的人则普遍认同一种工程理论。这种理论是 17 世纪一位意大利工程师古列尔米尼（Guglielmini）观察波河后提出来的。根据古列尔米尼的理论，像密西西比河这样的冲积河流，总是携带着尽可能多的泥沙，河水流得越快，它所携带的泥沙就必然越多。他的设想进一步提出，增加这类河的水量，也会增加水流的速度，因此也就使河流卷起更多的泥沙。沉积泥沙主要来自河床，用河堤束住河流，增加水流，形成冲刷，才能把河底挖深。这种理论的拥护者认为，河堤事实上可以将河变成一部机器，使其对河底进行疏浚，这样才能够承载更多的水而不至于漫溢。

"堤防万能"想法的倡导者们争辩说，泄流把水从河中放了出去，这是达不到预期目标的，因为它减少了河的体量，降低了坡度，导致水流速度变缓。这不仅阻止了水流对河底的冲刷，而且还导致了泥沙的沉积，其结果是抬高了河底，也抬高了洪水的高度。根据这种"堤防万能"的理论，泄流如同把水从浴盆中放出来，然后倒进去那么多的泥沙，浴盆最终盛水就很少了。这种"堤防万能"的设想认为泄流不但不能降低洪水高度，反而会带来相反的效果。

一位工程学教授在 1850 年向路易斯安那州议会提交了一份报告，就采用了这种假设："力量的集中会增加冲刷的力量……河堤约束和集中了水流，集中和增加了力量，所以就加剧了冲刷；泄流道则分散了河水的力量，减少了冲刷的力度，因此也就降低了河道本身的功能。"[25]

古列尔米尼理论的坚定支持者们认为，水量的增加会增强其冲刷效果，因此呼吁把自然形成的泄流道也堵上，迫使更多的水进入密西西比河主水道。

实际上，无人怀疑堤坝的确增加了河水体量，它也的确增强了对河道的冲刷。然而，问题在于：这种冲刷作用有多大？洪水带来的水量可能是低水位时河水量的 20 倍。堤坝增加的冲刷效果足以容纳这样大的水量吗？

如同汉弗莱斯来到新奥尔良后不久就观察到的："这里的公众被此州工程师们提出的对立意见弄糊涂了，不知道什么应该做、什么不应该做。一方说'取直'是保护这片家园的唯一办法，另一方则说'取直'会毁掉这片家园，认可"堤防万能"……第三方则提出泄流。每一方都援引外国工程师的意见和关于密西西比河的局部事实甚至虚假事实来支持自己的观点。所以，议会什么也做不了就不足为奇。"[26]埃利特和汉弗莱斯——毋宁说，或是埃利特，或是汉弗莱斯，这二人中的一个，如能打消他们的怀疑，就赢得了这个问题的决定权。

当时，任何竞争中都很少有人与查尔斯·埃利特相争。然而，对密西西比河的调查测量却不是他的毕生使命，他也不打算在这上面花很长时间。他已经形成了要去研究俄亥俄河的想法，即使妻子和孩子都在身边，他也不喜欢新奥尔良。1851 年 3 月，就在他回北方去写报告之前，他告诉母亲："我们见到了珍妮·林德[1]（P.T. 巴纳姆是她的经纪人），我必须承认，我们为这音乐付出的代价可不低……我差不多要得出结论：与其去治理这些洪水，倒不如去把新奥尔良连同它所有那些公寓、酒馆和音乐一扫而空。"[27]

汉弗莱斯是与埃利特同时来到路易斯安那的，但他是独自来的，没带家人。他也没见珍妮·林德，而是一心扑在工作上。在埃利特打算离开时，汉弗莱斯在给一位同事的信中写道："我很难理解，如果一个人不致力于把一件事物从头到尾弄清楚，怎么会愿意去承担这项工作呢……要干一件事，我就打算彻彻底底把它弄明白。"[28]

接下来的几个月，是汉弗莱斯一生中的高峰时期，他细心工作，仔

---

[1] 瑞典著名女高音，在欧洲大陆享有盛誉，被称为"瑞典夜莺"。——译注

细探索每个问题，收集海量数据，排除任何有损自己发现之真实性和完整性的因素——他始终坚守自己发现的真实性和完整性。他顶住了压力，拒绝雇用一个助手，因为此人是"'堤防万能'的积极拥护者，排斥泄流，头脑偏执，对有利于另一方的任何因素或论据都不会认识到其力量"。[29]

此时的汉弗莱斯，坚信还原真实会给他带来声誉。他问自己这样一些问题："为什么波河和密西西比河不像书上说的那样，洪水的速度足够快但却不能把泥沙带至河口？答案是什么？把河底搞清楚再来看吧。"[30]他实实在在地苦思这个问题，还亲自尝了尝从150英尺深的河底捞上来的泥巴，似乎泥巴会揭示秘密。他这样写道："牙间感觉这泥中多沙，有一种特殊的味道。"[31]

他也挑选了两位出色的副手：迦勒·弗舍（Caleb Forshey）和G.K. 沃伦（G.K.Warren）中尉。弗舍是一位数学和工程学教授，是研究密西西比河的一位顶尖专家。沃伦后来成为一位出色的探险家，此时刚从西点军校毕业，他拒绝留校教数学，而愿意到这项调查测量中工作。汉弗莱斯给这两个人以详细指示，他们三人各自负责一个工作团队，独立工作，彼此相距数百英里，各自把严格的测量和观察记录下来。

这是艰苦的工作，扎扎实实的工作，需要一直待在河上。汉弗莱斯是个严格的人，总是全身军装齐整。在河上工作，无处可躲太阳的暴晒，春季就已经很炎热了，而夏天更是火热难耐。酷热几乎要把人逼疯，但这项工作却令人兴奋。19世纪的中期，站在密西西比河的岸上，在茂密的野藤、树蔓和柳条中穿行，听到野兽吼叫声与河水奔涌声相呼应，看到一英里宽的河面在沸腾、阴沉咆哮，河水深达200英尺或更深，看着它电闪雷鸣般地一路向南奔去，速度如此之快，一条船上的6个水手拼命划船也无法逆流而上，这是一种什么样的感觉？对于一个要找到办法来掌控这条河的人来说，这种感觉必定如同上帝的俯瞰！

汉弗莱斯仔细地检验那些被普遍接受的理论，发现它们全都有欠缺。

"堤防万能"的想法看来尤其问题多多，这些问题表明泄流可以最好地治理洪水。比如，他发现，不同于古列尔米尼理论和"堤防万能"的假设，密西西比河并非总是携带最大数量的泥沙，而水流速度快也并不一定就会带走更多的泥沙。他报告说："弗里西、冈奈特、古列尔米尼和其他人都援引莱茵河、意大利河流、波河、罗纳河等河流的情况而反对泄流……但这些河与密西西比河的情况并不吻合。"[32]

汉弗莱斯越来越坚信自己的调查会在科学领域留下伟大的印记。他在1851年3月这样写道："令人极感兴趣的事实持续被发现，这些新的事实在水力学上也具有头等重要性。"[33] 到了4月，他又补充说："对人而言，再没有比这更好的领域了！"[34] 进入5月，他同样兴奋："你会看到，我将如何撼动那些成见。"[35]

不过，他也变得有点古怪了。他高强度地工作，到了无以复加的地步。工作迷住了他，让他失去平衡，把他推向了极限。怕造成分心，他不再给妻子写信。仅仅是为了探测几个水深点，他打算买一条轮船；他的助手与几个外人交谈，其实是想要打听一点埃利特的情况，却遭到了他的严厉责骂。接受记者采访，必须由他自己来，他们的关注让他感觉舒服，他们把他描绘为重要人物，大肆宣扬，以至于他的上司申斥他对新闻界谈得太多了。[36]

这种申斥是突如其来、让他不安的打击，然而更严重的打击接踵而至。盛夏之时，路易斯安那州传言四起，说埃利特的报告马上就要完成了。之后没多久，汉弗莱斯就倒下了，回到费城去长期休养。

他的病看来是一种精神崩溃，看病的医生诊断出"整个神经系统的衰弱和损害，因过量的精神兴奋和高强度的工作所导致"。[37]

1851年10月，汉弗莱斯仍躺在床上，而埃利特却已正式提交了他的报告。

时间证明埃利特的这份报告颇为奇特，它缺乏过硬的数据，但很精彩，显示着直觉的洞察。埃利特的报告一开始就说，如果控制住洪水，那么"现在每年都被淹没的那些土地……将具有巨大的价值，这种价值对一个州来说简直太奢侈了……而现在洪水泛滥造成的损失和居民苦难，也是罕有匹敌的，仅次于国家战争"。他还警告说："随着上游那些州的社会发展，近河地区人口的增长，水淹低地的价值增长，未来的洪水将穿过整个三角洲，沿着那些巨大的支流流入密西西比河，注定是越涨越高。"[38]

埃利特接下来讨论了治河工程，汉弗莱斯预料自己可以得到的科学荣耀被他抓住了。他也表明那些欧洲名人的理论"与已经认识到的事实并不能吻合。所以，看来就应该，而且是必须从范围更广的试验中开发出新的更好方案"。[39]

他批评"堤防万能"的想法是"一种让人产生错觉的希望，具有让人沉迷的极大危险性，因为这鼓励了一种虚假的安全感"。[40] 的确，他认为一味筑堤使问题恶化了："水因自然而来，但水的高度却因人为而增加，其原因就是堤的延伸（这一句他用斜体字加以强调）。"[41]

最后，他提出了一种综合思路来治理洪水，包括去除堤坝，扩大自然泄洪道，增加人工泄洪道和水库。[42]

汉弗莱斯曾希望自己的报告可以为治理密西西比河奠定政策基础，然而他现在却躺在床上不能动弹。他没有对埃利特的报告作出回应。他的上司史蒂芬·朗中校只能这样写道："［队长汉弗莱斯］一病不起，看来他不适合这项工作所要求的整理和编制报告的繁重劳作。"[43]

陆军的密西西比河调查测量办公室于是关闭了。那些记录、仪器和数据被运往路易斯维尔，束之高阁。

然而，汉弗莱斯发誓要完成自己的工作。他现在不仅仅是埃利特的竞争对手，简直是埃利特的仇敌了。

第 3 章

　　埃利特以一本书的形式出版了他的报告，遍送全国各地的政治家和工程师们。他的名望和成就又增长了。这让汉弗莱斯无法再忍受，他更坚定了要自己做出一份杰作的决心。

　　1853 年，为了避开埃利特的胜利，尚未完全康复的汉弗莱斯运用自己的政治人脉，得到了去研究欧洲的三角洲河流的指令。他在欧洲待了18 个月，到处观察，与欧洲顶尖的水力工程师们交谈。不过，这些人也对埃利特的报告感兴趣。回到美国后，他自己出钱，出版了一本小册子，批评埃利特使用的方法、进行的计算和得出的结论。

　　汉弗莱斯于 1854 年回国后，他的密友、陆军部长杰弗逊·戴维斯给了他一份重要的差事：负责监督修建州际铁路的调查测量。这件事他做得很好，他的办公室规划了 4 条穿越山区的路线，每一条在后来修铁路时都用上了。然而，密西西比河仍让他无法释怀。他继续追踪每一个进展，收集信息，一直想着要写出自己的报告。1857 年，在经过几年的大量政治运作之后，汉弗莱斯成功地让华盛顿的密西西比河调查测量办公室重新开张。

　　他一方面仍然需要把大部分时间用于其他任务，一方面却把他原来的所有数据都从仓库弄了过来。他重新审视它们，认真挑了一个名叫亨利·阿博特（Henry Abbot）的年轻中尉，把他派到密西西比河去进行新的测量，从肯塔基州测量到路易斯安那州。1860年，汉弗莱斯终于能够开始撰写自己的报告了。当时美国内战即将爆发，他把自己关在新修整的温德尔五层大楼的办公室里，这座楼位于十七街和F街——就在陆军部的背后。1860年的整个冬天，他都待在那里，通宵达旦、夜以继日地工作，很少走出办公室。寒冷的冬季变成了春天，一个个州退出了联邦，华盛顿人人都在谈论战争，汉弗莱斯却在做他的工作，他只是偶尔看看外面的景色——一张迷人的绿色地毯，点缀着巨大的森林橡树和松树，弯曲的小径穿过草丛和花坛。西点军校的同学和朋友在握手道别，他们知道有可能被征召到战场上去彼此屠杀。汉弗莱斯可没有时间参加这些道别，尽管他已经清楚地告诉上司，他"渴望在可以的时候尽早参加军事行动"，但他还是将全部精力集中在这份报告之上。[1]他决不想"把我一生的事业留在一种未完成的状态中。我急于完成它——在这种情势下，再多几个小时也是很有用的"。[2]

对此，杰弗逊·戴维斯又一次具有讽刺意味地帮助了他。对于戴维斯与汉弗莱斯的这种友情，联邦陆军中出现了非议。1861年4月12日，联邦军队朝萨姆特要塞开炮，战争爆发了。然而，汉弗莱斯没有马上被分配战斗任务。

整个国家进入了战争状态，汉弗莱斯也参与到战争之中，用的是个人的形式，他的报告就是他的武器——对于竞争者，他是从不宽容的，他现在已冷酷无情。如果说较早时期汉弗莱斯收集信息时追求的是纯粹的真相，那么现在他视自己受到了埃利特的错待。汉弗莱斯的儿子承认，他父亲"封闭"着自己，"不去感受爱、友情或同情，而是感受错待、不公和歪曲"。[3]埃利特"偷"走了他的荣誉，如果自己能够证明埃利特是错误的，那会是什么情况？

1861 年 7 月 21 日，联邦军队在第一次布尔溪之役中失利。这场战败后不久，汉弗莱斯就向陆军部长提交了他的报告。为了防止报告在战争混乱中丢失和自己可能战死，他让费城的一家出版商马上印刷了 1 000 本。

这份报告很快在欧洲引发了关注和赞扬。然而，在美国，联邦军队和密西西比河沿岸的南方各州更关心别的事情。不过，战争最终还是给了汉弗莱斯这份报告以他所能够想象出来的最重分量。

如同所有西点军校毕业生一样，汉弗莱斯也晋升得很快，8 个月内就从工程师队长升为准将和一个战斗步兵师的指挥官。在战斗中，汉弗莱斯展现出一种将他人视为达到自己目的之手段的冷酷。在给妻子的那些
48 信中，可以看出他的性情：极为高傲，对地位极为敏感。他对荣誉的渴望，在战争中深有体现。

一位年轻的联邦军官希欧多尔·莱曼第一次遇见汉弗莱斯时，发现这是"一个极其整洁的人……不停地洗手，不停地把纸胸衬扶正……一个极有绅士派头的人……再没有比他更讲究的老绅士了"。此时的汉弗莱斯已 52 岁，"他非常孩子气和暴躁，当着他的面我就几乎憋不住哈哈大笑"。[4] 然而，到了 1862 年 12 月 14 日，在弗吉尼亚州的弗雷德里克斯堡，莱曼却见到了一个不同的汉弗莱斯，一个冰冷的汉弗莱斯。他这样评说此时的汉弗莱斯："我的确愿意看到勇敢的人，但当一个人冲出去就是要表现自己不怕被枪击中，这在我看来就是疯子了。"[5]

弗雷德里克斯堡战役是汉弗莱斯第一场真正的战斗。李将军指挥下的南军位于一处陡峭高崖上的石墙之后，俯视面前的开阔地。北军将军安布罗斯·伯恩赛德（他那标志性的胡须后来使他以"连鬓胡子"而出名）下令部队冲锋。这是战争中重大的残酷失误之一。在这场战斗中，汉弗莱斯被一股奇特的力量所包围——他原始自我中阴酷的一面。

一批又一批的部队发起冲锋，又一批批地被击退。轮到汉弗莱斯的部队了。他的士兵们装上刺刀，一个军官让那些最年轻的刚刚入伍的新

兵跟在后面，汉弗莱斯却称他们为"游逛者"，命令他们与其他士兵一起向前冲。他向自己的参谋人员微微鞠了一躬，说："先生们，这次冲锋由我带领。当然，我猜想你们会愿意和我一起骑马冲锋吧！"[6] 由他带头，他们开始朝山上冲。

战斗结束后，汉弗莱斯给妻子写信道："我领着我的部队进行了一场殊死战斗，想用刺刀夺下一道石墙，墙后有着密密麻麻的敌人。头顶上的高地满是敌人的大炮，一轮轮地朝我们开炮，弹片横飞，石墙后的步兵也射出一片片火海。我们每次都冲到了离石墙只有 50 码的地方，但实在无法坚守。"他还告诉妻子："我这支部队的冲锋……被一些将官们形容为从未见过的最壮观景象。我带头冲锋，裸露着头，右臂朝向天空，落日照在我脸上，我仿佛是一个神祇的形象……我感觉无上荣耀，弹雨呼啸着落在我身边，每个方向都有炮弹和弹片呼啸着在身边炸开，这种兴奋带来了更大的荣耀之感。啊，这才叫崇高！"[7]

在给一个老朋友的信中，他还写道："我感觉自己如同一个第一次参加社交舞会的 16 岁少女……我感觉自己更像一个神而非凡人。我现在懂得查尔斯十二世的话是什么意思了：'从此就让呼啸的弹雨成为我的音乐吧'。"[8]

事后回想，他注意到："在 10 分钟或 15 分钟内，我失去了一千多名军官和士兵。"[9] 这场战斗的伤亡人数超过了他这支部队兵员的 20%。他的 7 个参谋，有 5 个在马背上被击中而跌落。然而，对他而言，唯有荣誉最重要。"这支部队创造了这样的声誉，它会成为许多军官的财富。"[10] 他这样写道。

似乎只有一件事让他不安：战斗之后，有一位军官同僚注意到："汉弗莱斯将军带着他惯常的冷漠微笑，骑在一匹灰色的小马上，这与他以前相反，显得有退缩的味道。不过，将军解释说，他身下已经有 3 匹珍贵良马被杀死了，现在他只骑那些劣等马。"[11]

更为激烈的战斗随之而来。他的部队从 7 000 人打到仅剩下 3 684 人。在给妻子的一封封信中，他没有提这些人和他所经历的恐怖，只讲对他自己的赞扬。"全军都知道，"他写道，"从来没有服役时间像我这么短的军官与部队一起这样浴血奋战……没有人会或者可以这样做。"[12]

他又得到了一个新的师。葛底斯堡发生了更为惨烈的血战。一位从远方观察的北军军官这样报告说："由汉弗莱斯师部占据的那片地方，是火海的涡流，是毁灭火山的火山口……浴火之中，每一匹马都倒下了，每个人都倒下了。南军冲击着汉弗莱斯已被削弱、正在死战的一排排士兵，带着激昂的喊声压了过来，将北军的人踏在他们脚下。"[13]

没有受伤的汉弗莱斯，带着自豪感写道："报纸记者们也向我表示祝贺，说了好多动听的话。"[14]几周之后，汉弗莱斯被提升为少将并调走了。他对自己的部队发表告别演说时，没谈士兵们，没谈他们的流血，甚至没谈他们共同获得了什么，而是只谈自己："是的，任何熟知我的人都知道，在我的身上，军人气概多于科学家气质。我并不追逐纯粹科学或书本科学，因为那很快就让人不能忍受，我追求的是具有实际应用性的科学，并且期待着更大的应用性……最终会用于开发这个国家的资源。"[15]

50　　汉弗莱斯的新岗位是担任乔治·米德将军的参谋长，米德将军是波多马克河部队的指挥官。不过，参谋们得不到什么荣誉，汉弗莱斯很快就不满意了，他抱怨说："我真是宁可指挥部队也不当这个参谋长。它对我来说一点都不合适，与我的习惯、我的希望、我的口味都不搭。我讨厌做任何人的副手。"[16]

他还写道："看到有人在我之上，命令我——他们其实远在我之下，这种屈辱摧毁了我的所有热情，我已变得麻木了……有多少话我可以说！可以说我还没有开始呢！"[17]

又如："我知道，作为师长我做了那么多其他师长从未做过的事，我知道我的榜样作用已经教给其他人该去做什么。"[18]

再如："我有充分的理由相信，如果让部队中的每个士兵来决定由谁指挥他们，我会优先于其他任何人而被选中。"[19]

后来，他甚至不顾曾患有让自己长时间脱离现役的疾病，自夸起身体优势，宣称："我不相信在整个陆军中有身体比我更强健的人，像我一样强健的人也很少。"[20]

1864 年，格兰特将军被置于米德之上，汉弗莱斯变得更为幻灭："声望来自苦干，但职责和功绩会归于格兰特将军，而不是米德将军，更不会归于我。格兰特将军会拿走所有的荣誉、成功的所有声望。如果有什么因灾难引发的耻辱落到我们身上，他是一点儿也不会分担的。"[21]

如果说汉弗莱斯的希望在战争中未能实现，那么他的担心也没有变成现实。他并不是作为格兰特的参谋人员，而是作为格兰特兵团的指挥官之一去追击李将军而结束这场战争的，他在陆军中已经有相当大的权力了。他关于密西西比河的那份报告则更给他增添了威望。

战争期间，他的报告在欧洲得到了众多好评。现在，战争结束了，他自己的国家也给了他足够的荣誉，连他自己也感到满足了。美国所有重要的科学学会都把他选为会员，而欧洲的许多学会他早已加入。无论是专业科学期刊还是社会上的报刊，都不遗余力地赞扬他。有几十家报纸如同《新奥尔良新月日报》（*New Orleans Daily Crescent*）那样赞美他："这份报告创造了水文地理学上的一个新时代……此前有那么多著名科学家在这个问题上经历过那么多失败，但汉弗莱斯将军成功了。"[22]

汉弗莱斯的这份报告，事实上成为在密西西比河问题上撰写过的唯一一份最有影响的文件。而且，它也将成为在相关领域撰写的最有影响的单篇工程报告之一。由于汉弗莱斯很快就要获得的位置，也由于报告本身的质量，它才会具有这样的影响力。这份报告包含数百页关于沙洲、河岸、堤坝，以及每一种可以想象得到的河流现象的画图、图表和原始

51

数据，还有对几个世纪以来相关科学文献的批判性分析。

报告的标题本身就是显示透彻研究的不朽之作：标题的前面部分是《关于密西西比河之物理学和水力学的报告》，后面还有 90 个字。[23] 简短起见，人们称它为"汉弗莱斯与阿博特：物理学与水力学"（他仁慈地将自己的助手亨利·阿博特中尉作为合作者列入），或者干脆称《三角洲调查测量报告》。

更为关键的是，这份报告出现在人类历史上第一个伟大的科学时代。科学正在重新确定这个世界，人们相信自然界是可以掌控的，科学家们每天都在公布新的法则来征服它。电报已经使即时通讯变成现实，已经有计划铺设横跨大西洋的电缆，欧洲与美洲将难以想象地紧密联结起来。1859 年，查尔斯·达尔文的《物种起源》面世。在欧洲，路易·巴斯德正在探索一个微生物学的世界，他写道："我正在接近各种神秘，遮蔽之物正变得越来越薄，越来越薄。"[24]

汉弗莱斯认为自己的工作正在剥去遮蔽着密西西比这条大河的各种面纱，也在发布自己管制这条大河的那些法则。他宣布他已经发现了，"确切的新公式的最终证据，这公式可用于自然河道中水的流动……这公式已超越那些有理由的怀疑而确立：首先，无论是最大的河流还是最小的溪流，水的流动都遵循同样的法则；第二，新公式的确体现了这些法则；第三，迄今为止的其他公式甚至都未能粗略地体现这些法则。"[25]

汉弗莱斯认为他使用的方法、观察和结论是无可辩驳的。在他那份报告的扉页上，他间接地指责其他工程师——尤其是埃利特——没有数据就得出理论。他引用了本杰明·富兰克林的话："我最为欣赏你的理论归纳方式，这是由实际观察而得到的，收集了大量的事实，结论有着这些事实的保证。"[26]

不过，科学本质上是一个过程，而汉弗莱斯认为他的工作是终结性的，宣称："每种河流现象都实验性地进行了研究和阐明。所以，与这条河各种物理状态相关联的每一个重要事实，把这些事实联结起来的那些法则，全都查明了。避免洪水泛滥的这个严峻问题已经解决了。在这条河的河口，以这些法则的发现为依据……一条类似的水道已经形成，在此基础之上，将制定出加深这些水道的计划。"[27]

为了治理洪水，"堤防万能"的倡导者们呼吁把河束缚起来以增加水量，从而增加流速和冲刷力度，这样水道就变深了。

埃利特提倡相反的思路，要开挖泄流道和修建水库，以减少密西西比河携带的水量。

汉弗莱斯自己的考察似乎也赞同泄流。他的报告一再反驳"堤防万能"的思路，"三角洲调查测量的研究已经表明，只使用堤坝……来把河床冲得深而降低洪峰的立场是站不住脚的。"[28] 同样，"由古列尔米尼理论而得出的结论也与实际考察完全相反。""那些研究连一定程度确切性的测量都很少有，这些论者提出的看法完全是错误的。"[29]

有一点很重要，汉弗莱斯对那些"堤防万能"拥护者要求关闭密西西比河，尤其是阿查法拉亚河的自然泄流道提出了警告："如果实行的话，必将带来灾难性的后果。"[30] 就人工泄流道而言，他认为："三角洲调查测量的研究表明，在一些可行地点开挖泄流道，可以在这条河的某些地方将洪水降至任何人们想要的程度……就这条河本身而言，这具有极大的实用性。这样一种积极的解决方案不会导致多少实际问题。"[31]

由于这种分析表明埃利特是对的，汉弗莱斯就对埃利特本人进行了嘲弄。"批评的任务总是不被领情的，"他油腔滑调地写道，"如果埃利特的报告是由一个默默无闻的作者所提出，那就不会引起人们的关注。然而，它出自埃利特先生这样一位如此著名的土木工程师之手，并且说人们一直相信的那些实用结论的基础非常错误、非常有害，它就不可能无人注意地默默消失。"[32]

然后他进行攻击，以一种嘲弄的含糊赞扬来责骂埃利特，称埃利特在俄亥俄河上的工作"就实地测量而言做得很好，但是……其计算……似乎是德斯特摩误用普罗尼算法（Prony's rule）[1]的重复"。[33]他还进一步抨击："埃利特先生显示出他不懂那些基本要求"；"对这次调查测量行动至关重要的精确测量，埃利特先生似乎并不追求"；"埃利特先生的意见建立在错误的测量之上"；"埃利特先生对密西西比河排水量的计算并不能作为很精确的东西而依赖"。[34]

最后，在考察了三个世纪以来意大利、法国、瑞士、奥地利、英国和美国工程师们提出的那些治河建议之后，汉弗莱斯得出了结论："埃利特先生的建议最为糟糕。"

埃利特提出了泄流，如果他的建议是所有建议中最糟糕的，汉弗莱斯又怎么去推荐泄流呢？

他不会这样做。

他带着求知欲和诚实开始了他的调查测量，但同时对撰写一篇大师之作也念念不忘。大师之作就不能只是简单地肯定他人的发现。他曾说过"我讨厌做任何人的副手"，他不会去当副手。于是，他就变得不诚实了。这种不诚实并没有影响他的数据——直到今天，他的数据仍被认为是可靠和富有启发的，但却影响了他的推论和他的建议。[35]

推论是至关重要的。他说服自己去相信两个新论点的有效性，这两个论点与泄流相对立，但即使是"堤防万能"的倡导者们对此也不表赞同。如同一个解围者，这两个论点使他偏离了他自己的科学考察原本会指出的方向。

首先，汉弗莱斯宣称泄流有导致密西西比河形成新的大水道的危险。然而，他自己的助手弗舍——正是弗舍提供了可供分析的原始数据，以

---

[1] 用指数函数的一个线性组合来描述等间距采样数据的数学模型。——译注

前说过这种担心"没有根据"，[36] 但战后的弗舍要依赖汉弗莱斯的关照，因此也就不再表示异议了。

第二，汉弗莱斯坚持认为泄流需要投入太多成本，消耗掉河流治理所产生的收益。这在 1861 年可能有相当的合理性，但投入产出比的计算结果会随着更多土地被开发而改变，汉弗莱斯对此只字不提。

所以，他反对泄流，因为埃利特对此表示赞同。"*业已表明，*"他得出了结论，使用斜体字来强调，表示凡有理性者都应同意他，"无论是对支流进行改道或修建水库，都不会得到什么好处；'取直'的方案，以及挖新的扩大的泄流道将水导入墨西哥湾，都过于昂贵和过于危险，不能尝试。与它们相反，筑堤的方案因其简便易行，而且投入马上就有回报而常被推荐，它对于保护开普吉拉多下游容易洪水泛滥的所有冲积低地是有效的。"[37]

汉弗莱斯反对支撑"堤防万能"想法的工程设想，他警告说，堵塞自然泄流道将引起灾难性的后果。可是，他却又推荐堤防——唯有堤防——才能把密西西比河及其洪水约束住。他用一种未经深思熟虑的方式来把他的结论与显然相互冲突的分析和数据调和起来。

谁又能来挑战他呢？南方肯定没有人这样做。沿河一带的人们在身体上、情感上和财政上已是疲惫枯竭。或是因为水流侵蚀，或是因为北军的破坏，战争已在堤坝上撕出了巨大的缺口。汉弗莱斯战后的第一个任务就是检查密西西比河的堤坝，他建议联邦政府拨款数百万美元来重建堤坝。尽管国会不会赞同拨出这笔款，但南方人不会反对这位新朋友。在汉弗莱斯背后，还有美国军方的分量。

埃利特无法反对了。他已经在战争中战死——当时在密西西比河上指挥北军一艘有撞角的军舰。汉弗莱斯独自屹立，这正是他一直期望的。他很快就有权力来对这个国家实施自己的意愿了。

54

第 4 章

　　1866 年，由于捍卫军方战胜了民间的批评，也由于被世界各地的科学学会授予荣誉，安德鲁·阿特金森·汉弗莱斯担任了美国陆军的主任工程师。富有讽刺意味的是，此时的汉弗莱斯已经没有科学家气质，只有战士气概留存了。

　　他现在只在意服从、权力和等级，尤其痴迷于等级。战后陆军缩编，军官降回到了他们的实际等级，有些名誉晋升的虚衔少将又变成上校了。汉弗莱斯就是虚衔少将，他只降到了准将，这个等级随他的职务自动而来。然而，他仍然对此不满。他开始游说国会众议员们，要把主任工程师的军衔提为少将，他说自己的职责"远比任何部门指挥官繁重、繁琐、承担的责任多"。[1] 他没有成功，于是又请求陆军部长"解除主任工程师的职务，以我的虚衔来授职"，不过又很快写信"恳请撤回"这个要求。[2]

　　在工程兵中，他的统治是绝对的。他想让所有的工程军官都正式"分离于"陆军，从而使其只听命于他。[3] 这种努力导致他受了申斥，可他仍然向自己的部下传递着令人寒心的信息。工程兵团中的那些平民工程师，有一个叫丹尼尔·亨利的人，发明了一种测量水流量的仪器，比起汉弗莱斯自己为三角洲调查测量而开发的测量方式，它得到的数据要准确得多。一位科学家必然会欢迎这个进步——这个创新因其重要性，后来在1876年费城百年纪念展上展出，但当亨利在军中使用这种新方式时，汉弗莱斯则因亨利的上司——一位将军——允许亨利使用它而解除了此人的指挥权，并且迫使亨利离职。[4]

56

汉弗莱斯不能容忍批评，更不能容忍竞争者。然而，一个比他以往遇到过的任何人都可怕得多的竞争者马上就要出现了。

汉弗莱斯与这个竞争者很快就会对密西西比河的控制权发生猛烈冲突。这个竞争者就是詹姆斯·布坎南·伊兹。他们的冲突始于一座桥梁。

要建造的这座桥梁位于圣路易斯，它后来被称作"伊兹桥"，是一项宏伟工程。此事因金钱和贸易而启动。内战之前，从圣路易斯出发的轮船可以航行 15 510 英里的水路，巨大而且还在增长的水路贸易看来确保了这座城市的未来，使得它的人口从 1850 年的 77 860 人增长为 1860 年的 160 773 人和 1870 年的 310 864 人。1854 年《密苏里共和党人报》（*Missouri Republican*）谈到铁路时，曾这样表述："可以很有把握地说，贸易、运输或商业都不会被纯粹的人工手段所转移，大自然所赋予的通道是替代不了的……任何数量的资本投入都取代不了这些河流，它们构成了了不起的高速公路。"[5]

然而，资本家修建了铁路，铁路使得芝加哥急剧膨胀，它的人口从 1840 年的 4 479 人猛增至 1850 年的 29 963 人、1860 年的 109 260 人，而 1870 年的官方数字则是 298 977 人[6]（芝加哥人有一种指责很可能是对的：圣路易斯的支持者们对 1870 年的人口数字做了处理，以免芝加哥的人口超过圣路易斯）。

这两座城市的竞争，以及轮船与铁路的竞争，相当激烈。当铁路的建设需要在河上架设桥梁时，这种竞争就达到高潮。密西西比河上的第一座桥梁于 1856 年在爱荷华州的达文波特出现。它设计很糟，很快就被

第 4 章　43

一艘轮船撞上，轮船沉了（伊兹把它打捞出来）。圣路易斯的利益相关方资助了一场著名的官司，说桥造成了航行危险，想拆掉它。亚伯拉罕·林肯为铁路说话，他的成功——实际上陪审团并未做出裁决，对于河运和圣路易斯是一次重大打击。

不过，作为这次官司的一个结果，工程兵团要求——国会也授权——它有权检查密西西比河上未来的桥梁，以确保航运安全。[7]

与此同时，内战也把圣路易斯的密西西比河贸易切断了很多。芝加哥抓住了这个变化，而且还抓住了更多机会。1860 年时，芝加哥没有一家商号一年能做成 60 万美元的生意，到了 1866 年，随着几座横跨密西西比河上游的桥梁建成或处于建造之中，就有 22 家芝加哥公司的生意额超过了 100 万美元。[8] 圣路易斯商人汇兑所终于认识到，如果自己的城市没有铁路桥穿河而过，生意就会流失。商人汇兑所请求伊兹主持一个小组委员会来兼顾桥梁和轮船的利益。

尽管长期以来一直认同轮船，但伊兹仍对在密西西比河上架桥很感兴趣。比起任何人来，伊兹都更懂这条河。他制造铁甲船和舰炮的经验也让他很懂得铁，甚至懂得当时尚处于试验阶段的钢。[9]

在仔细研究了这个问题之后，伊兹提出一个钢拱桥的方案，建一个跨度至少 600 英尺的拱，或者是修两个拱，每个拱的跨度至少是 450 英尺。当他提出这个方案时，世界上还没有任何地方建过钢桥；另外，他提议的拱也将是世界上跨度最大的。1866 年 4 月 18 日，在商人汇兑所大楼，这个小组委员会一致通过，接受了他的方案。这表明了圣路易斯商人对伊兹的信心。

当时已经有一家公司拥有州政府颁发的建桥特许状，但过了一年，这家公司根本没有开始实际建造。于是伊兹和他的助手们就把这家公司买了下来，他担任了公司的首席工程师。事情一下子就快速运转了。

首先，伊兹会见了他的老朋友——密苏里州参议员本杰明·格拉茨·布朗。此人战胜了有着各种人脉的渡轮、轮船和铁路方面的反对者，以及芝加哥政治力量中的反对派，赢得了国会对建造这座桥梁的批准。布朗说，国会之所以会批准，完全是因为它设计了一个跨度至少为500英尺的拱或两个跨度至少是350英尺的拱，而这被认为是"不可能的。……事实上，当时国会就有人公开地说，这个世界上还没有这样的天才，能够建起这样的桥梁"。[10]

伊兹从未建过任何桥梁，而这又是从未建过的最长的拱桥，况且钢这种材料也从未用于这种目的——事实上，当时英国禁止在桥梁上使用钢。这座桥要在密苏里河河口横跨密西西比河，在此密苏里河的巨大水量已经汇入密西西比河上游。无论是密西西比河上游本身，还是其他任何地方，都没有桥横跨类似的水流。

然而伊兹以一种看似几乎是自取灭亡般的自信表态了，他决定亲自设计这座桥。他的确聘请了一些出色的助手，包括亨利·弗拉德和 W. 米尔诺·罗伯茨——这二人后来都担任了美国土木工程师协会（American Society of Civil Engineers）的主席。但基本设计是由伊兹完成的，许多计算是他做的，许多技术发明也是他想出的。

伊兹的设计需要一个宽达 520 英尺的中心拱，落在沉入岩床的支墩上，以及两个宽达 502 英尺的侧拱。成功的关键就是钢材。如同他的设计一样，使用钢材也是革命性的。尽管伊兹可能比当时世界上任何工程师和大部分冶金学家更懂钢，但这毕竟是一种新的材料。到了1867年——伊兹是在这一年研究钢的，平炉炼钢法才发展出来。

钢也并不能让人消除疑虑。由一些包括埃利特在内的有经验的工程师建造的桥梁，建在小一些的河流上，已经倒塌了，造成了人员伤亡和财产损失。事实上，这一时期建造的桥梁中，约有四分之一倒塌了。[11]建圣路易斯大桥的代价估算接近 600 万美元。几乎可以肯定，必须要去筹款。伊兹不仅需要在纽约和波士顿找到资金，还需要到伦敦和巴黎去。

为了让投资者有信心，伊兹聘请雅各·林维尔为顾问工程师，此人原是宾夕法尼亚铁路的桥梁工程师和"拱心石桥梁公司"的总裁——这家公司是林维尔与安德鲁·卡内基一起创建的。然而，1867年7月，林维尔研究了设计方案后，说道："我不能同意拿我的名誉冒险，不能表现出鼓励或赞同这样一个方案的实施。我认为它完全不安全，完全不可行。"[12]

林维尔的批评只是打击之一。几周后，一个参与竞争的桥梁建筑商又想进一步破坏伊兹的筹款行动，他在圣路易斯召开了一个有27位工程师参加的会议。这些人的报告宣称："对500英尺的跨度绝对不赞同……从来没有过这样的工程先例。"[13]这份报告印成了一本小册子，在全国散发。

然而，伊兹从来就没有后退过。对于伊兹，他的第三位助手埃尔默·库塞尔（他后来也担任了美国土木工程师协会的主席）这样写道："绝对没有任何工程上、财力上或其他任何方面的障碍哪怕是片刻地干扰或阻止过他。他对各种情况和自己与之打交道的种种力量都有充分的认知，这使得他对这项工作的计划有着坚定的信心。然而，还不止是知识……他有着一种最高等级的天赋，这给了他一种决不动摇的决心……他还有一种崇高的信仰，坚信造物主清清楚楚将自然法则写了出来。"[14]

伊兹以三种方式来回应对他的批评。

首先，他解除了对林维尔的聘用，取消了顾问工程师这个职位。

第二，他立即着手将各种财力资源汇集过来——绝大多数投资者对他本人很信任——并且于1867年8月21日开始了围堰的建设，而此时那27个工程师正在开会。如同可以预料的那样，他选择了自己首次在这座城市的登陆之处来造桥。30年前，他落水于此，赤贫的他浑身湿透地被拖上岸来。

第三，他向桥梁公司的董事们提出了他的第一份报告。这份报告其实是给投资者们的一封公开信，这是典型的伊兹做法。他这个人的巨大力量，就在于他能够用聪明的外行可以把握的语言，把深奥的科学道理讲清楚。这份报告的开头是这样的："任何能够理解各种简单机械原理如杠杆原理的人，都必能理解我下面要进行的解说。"[15] 他一步一步地解说，每一步都以上一步的数学确定性为依据，将自己的方案呈现出来。世界各地工程学报上的反应最终是一片赞扬。报纸刊发了这份报告，人们都在谈论它。

伊兹使用了自己的魅力，他迷住了建造这座桥的那些最为粗野的男人——尽管与他们打交道时，他总是带着一把刀和手枪。[16] 这些人称他为"J.B."[1]，他与这些人在铁匠船上玩举重比赛，得了第二名。他很专业，极其专注。比如他曾解释说："一个雇主必须持续控制自己的脾气，在以最严厉的方式申斥一个人之后，下一分钟要能够愉悦地与另一个人交谈；几分钟后，当被申斥的那个人纠正了错误，也要能够给他以愉悦的回应。人本身要完全剥离出去，对一个人或一个孩子说话，只针对他的行为。控制者对被控制者的权威，只能在绝对必要时才使用，而一旦要使用，就必须当机立断。"[17]

更为重要的是，他迷住了那些纽约、伦敦和巴黎的投资人。他的逻辑使得这个最为大胆的目标显得可以实现，而他的激情又让成功显得必然。连安德鲁·卡内基也被迷住，第一个参与了国际金融在伦敦出售这座桥梁的债券。

大桥在一天天地升高。19 世纪 60 年代后期和 70 年代初期，有将近2 000 人聚集在 24 条装有起重机的大型驳船、其他船只和棚架上干活，桥的钢结构和砌体结构逐渐成形（在深达 125 英尺的水中作业者，有 13人因潜水病——后来称为减压病——而死去，这是血液在压力下形成氮气泡所致。这个问题一直没有解决，直到伊兹的私人医生将每次潜水的

---

[1] 称人名字的首字母以示亲切。——译注

时间减少为 45 分钟后才得以避免）。在新英格兰的采石场，以及匹兹堡、威灵和费城的机械厂与铸造厂中，还有数千名工人在工作。

不过，资金上的压力一直很大，原来估计的费用很快就上涨为 900 万美元，并出现了一场危机：桥拱必须在确定的一个日期合龙，否则这个工程在财务上就会崩溃。工地的气温是华氏 100 度，这样的高温导致钢材膨胀，一英寸的长度也变得过长。伊兹当时正在伦敦与朱尼厄斯·摩根（Junius Morgan）——他是 J. 皮尔蓬·摩根（J.Pierpont Morgan）的父亲——谈一笔新的借款。他的助手打电报告诉他，已经用了数百吨冰，但仍然无法让钢材冷却收缩。伊兹已经预料到了这个问题，他用电报告诉了解决办法（就像一个人调整浴帘杆一样，先让钢材缩着进去，再用螺丝把它拧到位）。伊兹对于成功是那般自信，这让摩根震惊。没有等候摩根的答复，伊兹就去巴黎了。

伊兹只做了一个让步：那个被他解雇了顾问职务的雅各·林维尔是"拱心石桥梁公司"的总裁。这家公司是一家钢铁承包商，林维尔的合作者是卡内基。林维尔和卡内基都与宾夕法尼亚铁路关系密切，宾夕法尼亚铁路代表着这家公司的董事会。由于伊兹也需要卡内基的财政关系，所以伊兹让"拱心石桥梁公司"来做这个桥梁工程的主承包商。卡内基知道伊兹压力很大，于是不断进逼，要求伊兹在财政上让步，而且秘密运作，想要控制——以及榨取——每一个分包商。卡内基的典型做法是：给一个钢材生产商打电报，让他不要告知伊兹"我们的私下努力，让这份钢材合同按你的想法来……此事在圣路易无人知道，也不能让任何人知道"。[18]

不过，伊兹也有力地回击了卡内基。伊兹提出要求——向每个人都提出要求，强调看起来不可能达到的质量标准：关键材料的每一块——并非生产过程中随机抽出的样品，都必须进行检验。伊兹的助手弗拉德发明了一种检验仪器，可以检出钢材上二十万分之一英尺的变形。在此之前，这是难以想象的误差。比如，"拱心石"的工厂花了 6 个月，生产出一块质量够好的钢板来进行检验，结果却没通过。

伊兹名义上只是主任工程师，卡内基向这家桥梁公司的总裁威廉·陶西格（William Taussig）抱怨："制造这些原材料的机械在很大程度上要新造……你的这个绝对具有真正天赋的属下，实际上却是最难打交道的人……东西已经够好了，其他工程师都会满意，但他却通通不满意。伊兹船长只能要求行规之内的东西……你必须让伊兹只要求那些合理的东西、符合行规的东西。"[19] 伊兹才不管什么行规，他继续严苛要求，又转向另一家公司。这家公司在铬合金钢材制造上处于领先地位——这种钢材也是伊兹帮助开发出来的。[20] 终于，大桥屹立起来了，将要横跨大河。

突然，在国会专门批准修建这座大桥的 6 年之后，在工程兵团批准了造桥方案并开工建造的数年之后，工程兵团却威胁要把桥拆掉。

事实上，军队的反对与桥本身基本上没有关系。问题在于是由谁来控制密西西比河。

这场争夺控制权之战开始于 1873 年 5 月 13 日，当时伊兹在这座城市那些商人的支持之下，在圣路易斯召开的一个盛大的河流大会上宣读了自己撰写的一个决议案。出席这次会议的有十几位州长、一百多位国会众议员，以及代表密西西比河流域各种商业利益的几千位代表。

这座桥让伊兹成为这次会议上最引人注目的嘉宾。屹立起来的大桥极为壮观，代表们都在谈论它。它的桥墩早已打入岩床，现在它的钢拱如同几位舞者已经伸出了手臂，只是尚未彼此牵手，正在穿越这条大河，数百名工人正在巨大的起重机和庞大的工作船上忙碌着。

然而，在这次会议上，伊兹撰写的决议案不谈这座桥。他谈的是密西西比河河口的问题，这里的沙洲正在阻塞航运。

这些沙洲并不是新问题。1718 年，法国人就注意到："有必要采用一切方法来打开这条河的入海口。"[21]1859 年，陆军司令温菲尔德·斯科特将军考察了这些沙洲，他当时看到密西西比河里有 38 条船在想办法进入墨西哥湾，墨西哥湾中则有 21 条船等着进入密西西比河，已有 3 条船搁浅在沙洲上。另外还有 50 条船等待着驶离新奥尔良。沙洲处的这些船，有一条已经等了 83 天。情况已是如此糟糕，而且这个问题就如同洪水问题一样，还在恶化。一条条的大船被阻塞，且越来越频繁。

工程兵团 40 年来想了各种不同办法来解决这个问题，但没有一个办法奏效。最近，他们又宣称沙洲是永久的、不可改变的障碍。所以，工程兵团计划修建一条运河把密西西比河与墨西哥湾连通，以绕过沙洲。从路易斯维尔到达文波特，尤其是新奥尔良——沙洲是这里至关重要的问题，这个修运河的想法在这些地方，在密西西比河流域几乎得到了普遍的支持。

62　　然而，伊兹的言论带来了争议性，甚至具有了煽动性。伊兹反对修运河的主意，他认为："可以相信，通过一个防波堤体系……这个问题是可以解决的。"[22]

他提议建造两条平行的防波堤朝墨西哥湾深入，这样河道就变窄了，河水的流动也随之加快。伊兹坚信，这种集中起来的水流会在沙洲中间冲出自己的水道。1837 年，伊兹在圣路易斯观察到了这种情况的发生。当时沙洲发展成为一些绿树覆盖的岛屿，这些岛屿如此之大，以至于产生了把这座城市与密西西比河切开的威胁。当时陆军工程兵的一位上尉罗伯特·E.李修了一道防波堤伸入河中，导引主河道的水流力量来冲刷这些岛屿。这些岛屿很快就消散了。现在，伊兹想在密西西比河河口做同样的事情。

在这次大会上，伊兹未能成功转变大多数人的想法。然而，会后有许多代表，包括伊兹本人，还有国会众议员和密西西比河流域及东部各大报纸的记者，一起赴新奥尔良去实地考察沙洲。

在那里，工程兵团的查尔斯·豪厄尔上尉——那份呼吁修运河报告的作者，带领他们往返200英里去了密西西比河河口。在整个行程中，伊兹一直向对自己的方案感兴趣的那些听众解释为什么修防波堤比挖运河好。豪厄尔上尉越来越恼怒：这个平民工程师质疑陆军工程师的判断和权威，于是他马上就把这种干扰报告给了汉弗莱斯。

汉弗莱斯已经在阻止一些提议了。这些提议由一些批评者提出，想创建一个美国地质调查局（U.S. Geological Survey），把陆军勘查西部的权力转交给它，更为严重的则是想把密西西比河的控制权从工程兵团转到一个由军方和地方工程师组成的新的委员会手中。为了抵挡这些提议，汉弗莱斯已经告诫一个下属："我们必须做好准备，在下一次国会会议上作战——不仅是防御性的，如果必要的话，要进攻……这场战争必须锐利无情。"[23]

他赢了这些战斗，带着胜利姿态，他现在转向了伊兹。

伊兹认为自己关于运河和防波堤的意见是客观的，是一个事关科学、效率和真理的问题。汉弗莱斯则认为这是一种个人侮辱，直指工程兵团一个最大的失败和尴尬。

然而，汉弗莱斯从未与伊兹这样的人打过交道。伊兹有自己的方式，他比汉弗莱斯更冷酷，他的视野要宽广得多，所以也就客观无情得多。一个朋友说，伊兹是一个"冷酷而又坚韧的对手……对他而言，揭示那些伟大而正确的法则，这远比友谊重要。他的信念才是他的朋友"。[24]

汉弗莱斯打算给伊兹一个教训，他的武器就是陆军对密西西比河上航行障碍物的处置权威。基奥卡克轮船公司和几家渡轮公司——它们都会因架桥带来的竞争而利益受损——将针对此桥的一封正式投诉信交给陆军部长威廉·贝尔纳普（William Belknap）之后，汉弗莱斯就挥舞起这件武器。后来因另一件事遭到议会投票弹劾而辞职的贝尔纳普，家乡就是基奥卡克，他也是轮船航线拥有者的一个合伙人。轮船公司的指控说，一些轮船的烟囱较高，在桥下无法通过。其实，早在10年前，解决这个问题的办法就已经找到了：烟囱可以装上铰链，过桥时把它降低就行了。

尽管建这座桥严格遵守了国会此前的相关立法，它的设计也经历了数年的广泛讨论，并且得到了贝尔纳普的前任和汉弗莱斯本人的批准。可现在，在伊兹率先批评修运河的想法的数周后，汉弗莱斯就派了一个由军队工程师组成的委员会，就轮船公司的指控来展开调查。

G.K.沃伦少校是这个委员会中与汉弗莱斯关系最密切者。他自己的事业也曾充满了希望，然而，在阿波马托克斯胜利[1]之前几天，他却被不公正地解除了指挥权，从而失去了这种可能。他不仅在三角洲调查测量中于汉弗莱斯手下工作，而且在战争中与他并肩作战。汉弗莱斯曾帮助他去说服一个调查委员会，不应该解他的职。另外，沃伦也可能对伊兹有一种个人敌意。伊兹曾指控沃伦的姐夫华盛顿·罗布林这位建造了布鲁克林大桥的伟大工程师剽窃他的设计——伊兹让罗布林参观过自己的工程，罗布林后来使用了与伊兹设计相类似的沉箱。最后一个原因是：沃伦自己也在伊利诺伊州的岩岛建造一座铁路桥，这可能会与圣路易斯的桥形成竞争。

1873年9月2日，这个军方委员会在圣路易斯开会，但它并没有正式向桥梁公司告知自己在进行调查，伊兹本人则正在英国筹集资金。在一个小房间里，沃伦做了诱导，反对建桥者用整整两天的时间来展示精心安排的证词，然后沃伦为反对者们起草了一份声明让他们签署，说"河流利益各方"认为这座桥"对航行是一个严重的障碍"。[25]

只是到了此时——已经是周五下午很晚了，离这次听证会预定的结

---

[1] 1865年4月9日，罗伯特·李将军指挥的南军在阿波马托克斯法院投降，一般视此为美国内战的终结。——译注

束时间只有几分钟了，才让桥梁公司总裁陶西格发言。陶西格请求听证会再延长一天，以便让专家和那些并不反对修桥的轮船主来作证。他要求："反对者用了多少周来准备他们的证词，不妨就给这些人多少小时来发表他们的意见。"[26]

沃伦不屑一顾："即使有一千个轮船主前来，说这座桥不是障碍，也不会改变我的看法。"[27] 陶西格要求再给一天时间，被拒绝了。

一周后，这个委员会发布了报告，汉弗莱斯很快批准了它。这真是冷酷无情。伊兹曾批评在河口附近挖运河的计划，现在工程兵团就要用一条运河来让他无法辩驳：这份报告不仅得出结论说大桥会妨碍航行，而且宣称"委员会非常仔细地考虑了改变现在桥梁结构的各种提议方案，发现它们全都不符合要求。所以，他们建议在这座桥的东桥墩后面挖一条运河"。[28]

汉弗莱斯下令伊兹修一条有着可开闭吊桥的运河，这样船就可以绕过他的桥了。这很荒唐，但汉弗莱斯有权要求这样做。唯有陆军部长或总统下令，或者是国会通过法案，才能阻止汉弗莱斯。

伊兹在欧洲就开始了他的反击，发动了轮船主们和船长们对工程兵团的谴责声潮。然后，他回国了，与陶西格一道，去了华盛顿。

1873年秋天，一个热得不合时令的上午，他们走进了白宫，带着某种忧虑感要求见格兰特总统。南北战争爆发前，陶西格曾经阻止过聘请当时状况窘迫的格兰特来担任圣路易斯县铁路的主管。而具有讽刺意味的是，这是因为格兰特的岳父是一位出名的南方同情者（southern sympathizer）。第二年，伊兹也曾公开支持贺拉斯·格里利与格兰特竞争总统。不过，伊兹与格兰特一直惺惺相惜。伊兹已经打通了格兰特私人秘书贺拉斯·波特将军的路子。波特在战争结束时俘虏了杰弗逊·戴维斯[1]，现在打算离开政

---

[1] 此人是美国内战期间南方"美利坚联盟国"的首任也是唯一一任总统。——译注

府。他不久就与伊兹达成了一个秘密协议，伊兹在一个将要开办的事业中把利润分一部分给波特。[29]

格兰特热情地接待了伊兹，两人双手紧握。[30] 但是，格兰特称陶西格为"法官"，这是当年陶西格拒绝他求职时的头衔，这表明他还记得当年之事。陶西格呆若木鸡。然后，格兰特笑了，说自己并没有留下怨恨，"因为我更喜欢现在这个职位而不是当年那个。"

他们在格兰特的办公室坐下，管家送来了咖啡。伊兹讲述了发生的事情，以及一些技术方面的东西。格兰特放松地坐着，仔细倾听。他已经通过战争非常了解汉弗莱斯这个人了。半个小时后，格兰特让人把陆军部长叫来。

65　　　片刻之后，贝尔纳普来了。一见伊兹，贝尔纳普脸色陡然变白。格兰特简略发问：这座桥不符合国会立法吗？它是不是早已从陆军部得到了批准？贝尔纳普承认了这两点，但请求格兰特再看看与此事相关的一些文件。格兰特冷冷地说："我没兴趣看这些文件。你肯定不能凭你自己的判断来拆掉这座桥……如果你那些基奥卡克朋友感觉受到了侵害，就让他们起诉这座桥。我觉得，将军，你最好别管这件事。"

贝尔纳普满脸通红，微微鞠了一躬，走了。

几周之后，格兰特来到了圣路易斯。他到桥梁工地去看伊兹。巨大的桥拱已经完成，但只有窄窄的木板架在上面——这里应是铁路的路基。11 月的这一天，又冷又潮湿，他们在大风吹袭之中沿着木板路单列行走，每个人都用手扶着帽子。他们从风中呼啸的钢缆中走过，翻卷着白色浪花的密西西比河就在他们脚下远处。格兰特兴致很高。他们回到了工棚。伊兹打开了白兰地，大家喝着酒，抽着雪茄，打着牌，畅谈往事。

尽管有了格兰特的阻止命令，但汉弗莱斯并不停止。1874 年 1 月，工程兵团发布了一份新的报告，以运能不足为由排除了自己先前建议的挖运河，但称这座桥是"一个设计很糟的……怪兽……法律要求这座桥必须拆掉"。[31]

桥是不会拆掉的。伊兹干脆就不理这道命令。1874 年 7 月 4 日，大桥如期开通，届时举行了一场盛大的庆祝仪式，有 30 万人参加。桥以简捷矫健的对称外形横跨大河，其设计如同密西西比河本身一样简朴利落，在接下来的一个世纪它将通火车。这是一个不同凡响的建筑和工程成就，理查德·卡比和菲利普·劳尔森在他们那本《现代民用工程的早期岁月》（*The Early Years of Modern Civil Engineering*）中称此桥为"卓越进步之一，加快了艺术或科学的进步……是一项其规模令人惊叹的成就"。[32] 人们对这座桥梁如此关注，于是马上就让人们对钢有了信心，促进引发了社会对钢的爆炸性需求。1867 年，伊兹开始修建此桥时，美国生产了 22 000 吨钢板；1874 年此桥完工时，美国的钢产量达到了 242 000 吨。不过，对桥评价最到位的还是路易斯·沙利文，他是第一位伟大的现代建筑师，也是那句名言"形式跟随功能"的发明者（对他而言，功能不仅包括效用，也包括人的志向与理想）。作为芝加哥的孩子，他说，他的"灵魂沉浸到"这座桥中，"我以强烈的个人认同欣赏着每一个设计细节、每一个尺寸……这里就是传奇，这里再一次证明了这个伟大的探险者，敢于去想，敢于去相信，敢于去做。"[33]

甚至在这座桥尚未开通时，伊兹就开始了另外一项伟大的探险。他以在密西西比河面上行船而开始了自己的生涯，然后又进入到河水深处，行走于它的底部，他的桥梁在河底扎得很深，扎到河底之下的岩床中，同时又升入空中。现在，他想要更多了，想让这条河服从他的意愿，把河变成一个供他自己使用的工具。如果在这个追逐过程中新的冒险者汉弗莱斯凑巧被毁灭，如同新奥尔良人所说的一样，就算一个小小的赠品吧。

第5章

　　伊兹与汉弗莱斯的争斗已经变成了个人恩怨，满是仇恨与轻蔑。远比两人各自声誉更重要的，甚至远比工程师如何处理密西西比河口的沙洲更为重要的，是居住在这片自然泛滥平原上的数百万人的未来。更为重要的还有财富。这条河就意味着金钱——整个密西西比河流域贸易带来的钱，这片洪涝平原得到开发后带来的钱。这条河本身就在这片泛滥平原中创造了巨大的潜在财富——它旁边这片土地、这片淤积的泥沙，是世界上最深厚、最肥沃的土地之一。1857 年，一位地质学家预言：“尼罗河三角洲曾经有过的东西，与密西西比河这片冲积平原将会有的东西相比，不过是一个小小的影子而已。密西西比河将成为中心点——北美大陆的膏腴之地，这里将会培育出财富和繁荣。”[1]

　　然而，只要这条河的河口被沙洲阻塞着，它的贸易就受到限制；只要河水肆意泛滥，这片土地就没有价值。19 世纪 70 年代的密西西比河，面临的就是这样的糟糕情形。战争是一个原因。格兰特在进行维克斯堡战役时，曾经把防洪堤挖开，其中就有美国唯一一条最坚固的河堤。“［1863年］2 月 2 日，这道水坝，或者说河堤，被挖开了，”格兰特后来写道，“水位很高，河水冲出豁口时形成了那么高的激流，短时间内整段堤坝就被冲得无影无踪……结果就是一片泽国。"[2]

他这个行动导致几千平方英里土地被淹没，之后一直荒凉地被弃置在河边。南方各州的贫穷使得州政府既无力去整修被毁坏的河堤，也难以维护那些完整的堤坝。在新奥尔良上游几英里的邦内特卡尔（Bonnet Carre），密西西比河于 1871 年溃堤，接下来的几年中，这个缺口一直敞开着，每当汛期来临时，河水都灌入附近的庞恰特雷恩湖，这种情形一直持续到 1882 年。

战争开始后，流域中那些低地就被荒废了，那些曾经生产出财富的土地又变成了一片丛林。当北方的投资者们产生兴趣之后，这里的开发就变成了一个全国性的问题，甚至连马萨诸塞州众议员、联邦将军纳撒尼尔·班克斯也呼吁行动起来："如果我们让这条河流变成它应该有的那个样子，我们就能够在地球的表面得到 4 000 万英亩最好的棉花和甘蔗用地，只要对这条河进行必要的改造就能做到。本应有 4 000 万英亩的良田，现在只开发了 1 000 万英亩。只有对密西西比河进行改造，才能得到它们。"[3]

尽管有着伊兹的存在，但汉弗莱斯看来处于一个可决定治河方略的位置之上。他一直在培育自己与国会的关系，而且有陆军部作为坚强后盾。1874 年 1 月，一个由军方工程师组成的委员会，开始正式考虑豪厄尔上尉提出的开挖运河将密西西比河导入墨西哥湾的报告。沃伦在这个委员会中，而且豪厄尔本人也不避嫌地位列其中。报告首先排斥了伊兹修建防波堤的建议，因为这个想法已经被汉弗莱斯在他的《物理学和水力学》中"彻底批驳了"，"没有什么可以再说的了。"[4] 然后，委员会表示支持豪厄尔的想法。

委员会的投票结果是 6 比 1，唯一的反对者是委员会主席约翰·巴纳德上校，他要求对防波堤的想法做进一步研究。事实上，巴纳德曾拒绝了担任主任工程师的任命，推荐自己的导师弗雷德·德拉菲尔德担任这个职务。随之，德拉菲尔德被任命，等到他退休后，接替其职务的是汉弗莱斯，而非巴纳德。汉弗莱斯马上就给巴纳德小鞋穿。巴纳德后来称对汉弗莱斯的任命"对我是致命打击……通向晋升和认可的每一道门都被关死了"。[5]

巴纳德的异议后来对伊兹颇有帮助，但此刻汉弗莱斯却不加理睬。1874年1月15日，就在工程兵团要求拆掉圣路易斯桥时，汉弗莱斯告诉国会："运河是唯一可以满足美国商业、航行和军事需求的项目。它的可行性无人可以怀疑，倘若仅从其代价考虑，还有其他方案可以推荐，不过那些方案一直被认为是试验性的，可靠性尚未得到验证。如果这些方案失败了，运河作为最后的方案就确定无疑了。我相信，看起来有把握的方案应该首先尝试，这个时刻已经到来了。"[6]

工程师们事实上已经尝试了各种方案，然而都失败了。密西西比河面临的难题可谓很罕见。河口有沙洲阻塞，并非只有密西西比河如此，其他的三角洲河流也有这个问题，包括多瑙河、罗纳河、维斯瓦河和马斯河。然而，密西西比河却是世界上唯一有"泥丘"（mud lumps）的河流。[7]这可能由沉在河底的新泥沙的极重分量所致。这些泥丘会在船只通过时突然升高，抬升船体，而且它们通常也有着火山般的圆锥口，喷出气体和泥浆。汉弗莱斯的《物理学和水力学》将这些泥丘描述为"大量的坚韧黏土，大小不一，从仿佛自水中冒出的一根根原木般大小，到数英亩大的岛屿，什么样的都有。它们冒出海湾水面的高度从3英尺到10英尺不等。它们上面还有盐泉，盐泉冒出可燃气体"。[8]

工程兵团于1837年开始了在沙洲中开挖航道的努力。如同此前的法国人、西班牙人和路易斯安那州所做一样，工程兵团也试图在沙洲中拖耙，把它搅松，然后挖泥。看到18年来工程兵团劳而无功，一本新奥尔良杂志《德博评论》（De Bow's Review）在1855年呼吁建造防波堤，提出：

"即使每天有一支 1 728 条船的船队，每条船装 500 吨泥土，驶出密西西比河，把泥土倾倒在墨西哥湾，也超不过这条河自己每天的平均泥土输送量。一条精心建造的 16 马力（horse-power）的挖泥船，在良好的条件下工作，每小时也不过挖出 140 吨泥。"[9]

最终，在 1856 年，由于西部和南方全票赞同，国会推翻了总统的一项否决，拨款 33 万美元来打通这条河。工程兵团先是找了一家承包商来尝试防波堤方案，但在挖了两年之后，一个军方检查者发现，"只有一些零零散散的堆集……那道要去治理这条'强力之河'的大坝，其位置仍有待于显示。"[10]

带着厌恶，《新奥尔良闲话报》（New Orleans Picayune）骂建防波堤是"一种愚蠢的尝试……极为无用，工程的停滞不前应该唤起抗议，唤起其利益与新奥尔良市商业繁荣相关的所有人的抗议"。[11]

陆军解除了与这家承包商的合同，雇用了一条著名的挖泥船"伊诺克火车"（Enoch Train）来进行开挖。此船的船体如同一条现代潜水艇入水般把水排开，两个巨大的螺旋桨插入沙洲，开始搅动，轻松地把泥挖走。然而，它的发动机没有足够的力量让螺旋桨在硬泥中搅动。接下来，陆军又用上了一条由一位陆军工程师设计的刮刀式挖泥船，但它也损坏了。1860 年，陆军又尝试了耙泥，也没有成功。

战争刚一结束，南方人和西部人要求打通密西西比河河口的诉求又⁷⁰开始出现。1867 年，在圣路易斯召开的一次河流大会上，伊兹要求："改善密西西比河和它那些主要支流……如果密西西比河不被治理，那么此流域的代表们不要为任何公共工程的拨款投票，哪怕是一美元的拨款。"[12]两年后，在路易斯维尔又召开了一次会议，前北军将军威廉·瓦德纳警告说："西部正在醒来！孩子已经长大成人，成为强有力的人！……密西西比河就是我们的制度……我们告诉那些政治家，如果你们不忠于它，我们就会废掉你们……北方与南方可以在这条河上握手言和。"[13]

由于强大的政治压力，汉弗莱斯把宝押在两条新的巨型挖泥船上，这两条船是专门为对付沙洲而建造的。第一条船"伊赛昂斯"（Essayons）号于 1868 年建成，这个名称的意思是"让我们一试"，工程兵团徽章上的格言就是这句话。它的确试了，但也只是试试而已。

就在这条船离开新奥尔良码头前往沙洲的初次起航中，它的发动机坏了，漂进了一个码头，撞碎了一艘小艇。两周后，在又经历了两次不成功的起航之后，它终于离开了新奥尔良，顺流而下，两周时间里才走了 100 英里，终于抵达密西西比河口，而一根原木漂下来也不会超过一天半的时间。到达河口后，这艘挖泥船工作了两天，然后就回新奥尔良去修理了。可是，一个军队工程师报告说："我非常满意，因为在我看来，不需要再去证明它最终能完成这个任务了。"[14]

在接下来的 10 个月中，有 3 个月它连一天也没有在沙洲工作，另外 7 个月中，每个月的工作时间从一天半到 15 天不等。1869 年 3 月，《新奥尔良闲话报》嘲笑道："我们真是呆傻，依赖政府的挖泥机器……它最会做的事情就是弄坏自己的螺旋桨，然后逆流开回来更换。"[15]

两年过去了，陆军的挖泥船仍然时不时坏掉。1871 年，新奥尔良一位商人写信给汉弗莱斯："'伊赛昂斯'号什么也没做……从去年 10 月 28 日到今年 4 月 28 日，它在 11 月工作了 47 小时零 30 分钟，12 月工作了 18 小时零 55 分钟，1 月工作了 27 小时，2 月工作了 13 小时零 55 分钟，3 月工作了 20 小时零 15 分钟，如今它回到新奥尔良已经 70 天了……西部和密西西比河这类状况不断，难道陆军部对此一无所闻吗？"[16]

汉弗莱斯在这封信上批道："通篇都是谎言。"[17] 然而，信中的这些数据却是来自"伊赛昂斯"号自己的航行日志。

⁷¹不管这条河道什么时候开通，工程兵团都宣称获得了成功。然而，一位著名的新奥尔良商人却并不那么确信。他问一位工程兵军官："一条船的船长昨天告诉我，西南通道的水深有 18 英尺了。我问他原因，他的

回答是'上帝'。你对此怎样解释？"[18]

主管这项工作的查尔斯·豪厄尔上校将失败归咎为拖船的妨碍，拖船将船只拖过沙洲，收取贵得离谱的费用，如果水道打通了，它们就没有生意了。有一次，豪厄尔向汉弗莱斯抱怨有一艘拖船想"把'伊赛昂斯'号撞沉"。[19]"伊赛昂斯"号在躲避过程中损坏了更多的螺旋桨叶片。"伊赛昂斯"号成了一个笑话。这激怒了汉弗莱斯。

新奥尔良商会很有势力，它背后是密西西比河流域各地的商业团体，它要求采取新的思路。由于防波堤没有成功，它就要求工程兵团尝试1832年首先提出的那个想法：挖运河将密西西比河与墨西哥湾联结起来。由军方工程师组成的委员会在1838年曾认真地考虑过这个方案。商会现在宣称："对于密西西比河流域的商业而言，它的开挖已成必要。"[20]

最终，被失败弄得精疲力竭的豪厄尔和工程兵团，把这个运河方案作为他们自己的方案而加以采纳。实际上，整个密西西比河流域都支持这个方案。

1874年2月12日，伊兹从圣路易斯去了华盛顿，他做了一个不同寻常的承诺。运河方案的支持者们说可以开通水深18英尺的航道，而伊兹告诉国会众议员和记者们，他建造防波堤可以形成水深28英尺的航道，这足以承载最大的远洋轮船。几乎同样重要的是，他还承诺水道将宽达350英尺，有足够的空间让船只随意通行，而运河只能让船只一艘接一艘地单行通过。他还提出，他建防波堤只需要1 000万美元，而修运河的预估费用则是1 300万。

而且，伊兹进一步提出了超过前面一切的异乎寻常的条件：他提出由自己承担风险来建防波堤，政府先不要给他钱，当防波堤形成的水道达到20英尺深时——比运河的目标已深2英尺时，政府付他100万；水深再增加2英尺，他就再得到100万；以此类推，直至水深28英尺为止。

剩下的 500 万在未来的维护工作中再支付。

可是，伊兹的提议在整个密西西比河流域受到了责难，尤其是在新奥尔良——这座城市极为迫切地想建设自己的港口。之所以如此，路易斯安那州的国会众议员 J. 黑尔·西弗尔表达了一种被普遍采纳的观点。他警告说，密西西比河流域的人民，"已经没有心思来忍受更多的废话……国会遵循的安全规则业已建立，并且遵循了 25 年，这就是依据国会批准了的［陆军］工程师们的报告来行事。"[21] 在新奥尔良，汉弗莱斯进行三角洲调查测量时的那个助手迦勒·弗舍，这样质问《新奥尔良闲话报》："35 年来使用挖泥船、防波堤甚至搅动河底来治河，这么长时间了，国会还能够被任何人的建议牵着鼻子走吗？尤其是一个自己从未对此进行过调查研究的人？这可能吗？"[22]《新奥尔良闲话报》在社论中回答道："从来没有一个真诚的建议如此不合时宜。"[23]

甚至密苏里州的国会代表团也反对伊兹的防波堤方案，支持修运河。

如果这个建议是来自其他人，那么它很可能就此搁浅。然而，它来自伊兹。此前，面对所谓桥梁专家那么激烈的反对，伊兹尚能坚持下来，现在桥梁已经开通数周，已经作为这个世纪的工程胜利成果之一屹立在那里，他当然更会坚持自己的意见。

"谈论任何东西，他都会做长期而详尽透彻的考察，从各个方面来考虑它"，伊兹的一个助手这样说，"一旦打定了主意，他就决不会改变；一旦迈步朝前，他就永远不会后退一步；不管他面对的障碍是什么，他的信念永远不会动摇……不管前景看起来多么黑暗，他永远不会沮丧片刻。"[24]

为了说服国会接受他的提议，伊兹首先要保住自己在密苏里州代表团中的影响力。为了做到这一点，他短暂地回到了圣路易斯，会见报纸编辑、记者、银行家、企业家和运货商，把他们拉到自己这一边。带着大量的公开宣传和密苏里州那些最有权势者的支持电报，他回到华盛顿，开始了巧妙的游说行动——技巧之高明放在 20 世纪也毫不逊色。成果马上就显示出来了。

1874 年 2 月 9 日，密苏里州国会众议员威廉·斯通提出呼吁修运河的提案；到了 2 月 22 日，他呈交提案，为伊兹提议的修防波堤大声疾呼。斯通的转变标志着整个州代表团的转变。[25] 由这么一个坚实的核心点出发，伊兹朝外扩展，去说服密西西比河流域的其他国会众议员，去说服其他报纸。与此同时，布莱尔家族中他的那些密友——有一个是参议员，另一个掌管着《华盛顿环球报》，以及密苏里州参议员卡尔·舒尔茨——原是一位北军将军，很了解汉弗莱斯这个人并讨厌他，也发挥了作用。伊兹不知疲倦地向国会人物解说自己的方案，与他们一起打牌，与他们一起进餐，与他们一起喝酒，与他们一起开玩笑，必要时还在他们面前作证。"在社交上，伊兹先生是那些来到华盛顿的人中最有魅力者之一，"[26]《新奥尔良时代—民主党人报》(New Orleans Times-Democrat) 这样评说，而《纽约时报》则报道说，"伊兹使用了所有那些独特方式——那些长期游说立法机构的人熟知这些方式，他现在也想去张罗着安排……进餐、昂贵的宴会和送给权贵们夫人的花篮了。"他还去购买影响力。比如，作为帮助游说的回报，他私下答应把自己的利润分给一个与贝尔纳普关系密切的工程师詹姆斯·威尔逊，此人还与许多国会成员，乃至于汉弗莱斯本人过从甚密。[27]

他慢慢地积聚着支持，一张又一张地拿下赞同票。

汉弗莱斯也在反击。伊兹和汉弗莱斯都知道，在是否建防波堤这场战斗中的胜者，将决定整个密西西比河流域上的政策。所以，汉弗莱斯也想推动运河法案的尽快通过，引用了一个事实来加以强调：3 月 31 日，有 47 艘船在密西西比河口等待，有的要入河，有的要出河。

工程细节的争论吸引了全国的注意力。1874 年春夏两季，报纸的头版全都关于各种水力学理论，不仅那些临河城市如圣路易斯、新奥尔良、达文波特和辛辛那提是这样，而且芝加哥、波士顿和纽约的报纸也如此。堪萨斯州的国会众议员史蒂芬·科布说，对他的选民而言，密西西比河状况的改善是唯一一件最为重要的事情。[28] 马萨诸塞州国会众议员罗克伍德·霍尔也要求采取行动。

争论逐渐变成了平民工程师与军队工程师的对抗。甚至有一些军队工程师私下里也惊骇于汉弗莱斯的立场，其中一人就是巴纳德——那个推荐运河方案的委员会中唯一投反对票的人。他对 C.B. 康斯托克将军透露："我不必强调，此信是只供你自己阅读的……这个方案是豪厄尔递交主任工程师的，也是他递交给委员会的，它完全忽略了今天的工程科学……此事从头到尾［交给工程兵团办］显示出缺乏能力，现在已经无可挽回地扔到了政客们的手中。"[29]

平民工程师视此事为一个剥夺工程兵团权力的机会。多年来，他们一直攻击这种权力很死板，甚至是无能。从 1837 年起，西点军校的工程学教科书就没有换过（1874 年后还用了两年），[30] 而这是一个技术变革快速而剧烈的时代，出现了诸如电话这样的发明。现在，带着这个具体问题和一种优胜感，美国土木工程学会的会员们站在伊兹这方使出了他们的全力。[31]

与此同时，一位参议员表示："迄今为止，每个想让工程兵团倾听这个国家中那些最有能力的平民工程师所提建议的尝试，都被难以相信的执拗所阻。我在这里说这个话，是凭我自己的知晓——主任工程师拒绝与任何持不同看法的平民工程师接触。"[32]

另一位参议员也呼应他："37 年前，陆军的工程师部门把这件事抓到了手中……今天，水已经没有当年那样深了。换句话说，他们发挥不了什么作用了……平民工程师……这些人把隧道挖过了群山，在海拔数千英尺高处铺设我们铁路的轨道，建造我们宏伟桥梁的基础，这些胜利是我们这个光荣共和国最为壮丽的成就之一。我们坚信，他们应该有机会来为国家贡献他们的天赋和才能。"[33]

然而，要求让平民工程师拥有更多权力的呼吁，只会让汉弗莱斯更为固执己见。他坚持认为防波堤方案会因几个原因而失败。他强调，靠近河口的土地太软，无法承受防波堤的重量，所以防波堤就会沉入海底。即使没有沉，他的第二个论点是："流动沙洲之下的真正的河床"是由"坚硬的蓝色或浅褐色泥土"构成，它们"几乎是不能溶解的，多少年来抵御着密西西比河的强大激流"。[34]如果这个观点被证明是错误的，那么汉弗莱斯还有第三个：即使防波堤导致沙洲中冲出了很深的水道，河流还是会把它的泥沙倾入海湾较远处，在这些防波堤之外形成新的沙洲，于是防波堤就不得不永远地延伸。汉弗莱斯告诉国会，这种延伸"每年不会少于 1 200 英尺"。[35]

然而，伊兹对密西西比河的独特了解，使得他不同于汉弗莱斯和所有其他人。汉弗莱斯可能尝过由挖泥船从河底挖上来的泥土，但伊兹却是多年在河底行走过。他被密西西比河拥抱过。为了能够完成工作和生存，他尽可能地接近这条河，甚至使自己成了河的一部分，他在沙洲中打捞过沉船，也在那里的河底行走。他懂这条河。他称汉弗莱斯的这些观点"荒谬"。[36]

一些反对伊兹的人认为防波堤会束住河流，从而导致新奥尔良的洪水水位上涨——这也是"堤防万能"政策反对者们的理由。路易斯安那州的前州长保罗·赫伯特和一位西点军校毕业生，向参议员们这样请求："我们已经把科学和经验的结果摆在你们面前了，我们现在带着祈祷而来。尊敬的参议员们，你们会不会、你们能不能在这样一个时刻思忖或容忍陌生人的一个近乎疯狂的提议？这些人对我们面对的不可阻挡的敌人一无所知，要用防波堤在河口把水挡起来，这必定不可避免地把洪期水流送回来，如同大潮一样扑向新奥尔良这座城市或者更远……我们祈祷，不要导致我们被毁灭。"[37]弗舍承认，在他自己的那些项目中，密西西比河导致了"灾难和失败"。他警告国会，这条河也同样会教给伊兹"面对巨大激流的稳重和谦卑"。

伊兹以嘲笑来回应："灾难和严重的事故总是证明着工程的糟糕。我没有制造过需要我忏悔的灾难或失败，在我与密西西比河打交道的过程中我没有经历过这些……我肯定，我不会学会'面对巨大激流的稳重和谦卑'。我也不相信这条河可以仅凭稳重和谦卑来控制住……我相信［人］能够抑制、控制和引导密西西比河，让它随人所愿。"[38]

然后，在参议院委员会的一场听证会上，伊兹仔细地、富有逻辑地反驳了反对他方案的每一个观点，在广泛散发的书面材料中也这样做了。他仍然坚持他那让人无法与其争辩的承诺：如果他没有成功，政府就不必付款。

就在伊兹的听证会之后，路易斯安那州的参议员罗德曼·韦斯特，这位长期以来一直提倡修运河者，宣布了自己对防波堤的支持。新奥尔良商会谴责他是叛徒，要尽力击败他。与此同时，韦斯特的转变也标志着汉弗莱斯在参议院内的彻底溃败。

汉弗莱斯在众议院仍有力量。众议院投票表决那天，他散发了一封信，说近期测量证明了他的理论：在防波堤之外会有新的沙洲形成。而且，尽管他原先说防波堤要花费2 300万美元，但现在他宣称伊兹1 000万美元的开价仍会让他有700万利润。[39]

众议院否决了防波堤，通过了运河法案。参议院拒绝考虑修运河。参众两院最终妥协，成立一个由军方3人、平民3人、美国海岸调查署1人组成的新的工程师委员会。这个委员会用了6个月的时间来研究欧洲的沙洲和防波堤。伊兹尽管与他们不直接接触，但跟随他们走遍了欧洲。1875年1月，这个委员会以6比1的投票结果建议修防波堤。

不过，这并没有给伊兹以完全的胜利。在即将入海处，密西西比河分成了3股主水道或通道。伊兹提出用1 000万美元在西南通道建防波堤，因为大部分河水从这里流过，所以它的潜力也最大。这个委员会估计它的建造费用和 20 年的维护费用将达到 16 053 124 美元，所以建议在南通道来建，估计费用是 7 942 110 美元。[40]

伊兹不想在南通道建造，因为它是这三条通道中最小也最浅的。他担心能够冲刷出 28 英尺深和几百英尺宽水道的急流不仅会动摇防波堤本身，而且会摧毁通道。在西南通道，沙洲上已经有 14 英尺深的水，而南通道则只有 8 英尺深。另外，河中有一个浅滩堵在南通道的前面，挖掉这个浅滩比建造防波堤还要难。

伊兹提出了一个反对建议：还是在较大的西南通道来建防波堤，费用降为 800 万美元，比原来的开价降低了 200 万，比委员会的估价少了一半还多。他还保证水道的水深由原来的 28 英尺增加到 30 英尺。

伊兹现在已经赢得了建造防波堤的定调，汉弗莱斯和他那些国会盟友散布更多关于伊兹将获得暴利的流言，而且撰写了一个新的防波堤法案，条件非常苛刻，认为伊兹一定会拒绝它。在一份给汉弗莱斯的备忘录中，一个助手解释说："与伊兹先生的项目相关的讨论，主要反对理由看来是因个人偏好而提出的……它对解决科学问题没有帮助……当然，这份法案本身并不是想获得通过，而是仅仅提出一些修正，而这些修正有要挫败这个项目倡导者的目的，所以提出的条件让人无法接受。"[41]

这个法案要求伊兹使用南通道，开出 30 英尺深的水道，费用只给 600 万美元，其中 100 万由第三方托管，托管期为 20 年。在军队工程师确认已经有了水深 20 英尺——这比运河目标已经深了 2 英尺——的水道之前，他得不到一分钱；军队工程师确认了这一点，他也只能拿到 50 万美元，剩下的钱随着水深每增加 2 英尺而拨付，直到水深达到 30 英尺。接下来，伊兹每年得到 10 万美元用于水道维持，持续 20 年。

如果伊兹拒绝接受这些条件，那么就由工程兵团来建防波堤。如果伊兹在这件事情上搞错，他在经济上和专业上就毁了；即使他的工程理论是对的，这种财政上的苛刻也会让他的成功变得不可能。然而，如果他成功了，他就是完全彻底地成功。

　　伊兹接受了。

　　1875 年 3 月 23 日，在圣路易斯举办的有 400 位强力人物参加的庆祝宴会上，伊兹发表了一个演讲，典型地体现了 19 世纪那种线性进步观及其狂妄："如果工程师的职业不是建立在精确的科学之上，我对结果可能会有疑虑……然而，在这条河中流动的每个原子……都由自然法则所控制，这些法则如同引导天界壮丽行程的法则，同样确凿、同样肯定。这条河的每一个现象和古怪之处，它的冲刷和沉积，它河堤的坍塌，它河口处沙洲的形成，海浪和大潮对它水流和沉积的影响，都必然受自然法则的控制，这就如同造物主在掌控一样。工程师只需确保他没有忽略这些法则中的每一个存在，就可以对自己期待之目的有乐观的把握了。"[42]

　　然后，伊兹承诺："以对上帝自身永远不变之规则的信念来从事这项工作。我很肯定，上帝会再给我两年的生命和能力，我将以他的恩典，通过对他法则的应用，给密西西比河一条深而开阔、永久安全的通道，流入海洋。"[43]

　　这个目标很宏伟，然而要面临激烈的斗争。汉弗莱斯这个睚眦必报者，并没有就此罢休。

第 6 章

1874 年春天，也就是伊兹这次庆祝宴会的一年之前，密西西比河洪水由伊利诺伊州南部溢出，在它的下游区域造成满目疮痍，导致全国的注意力都集中在这条河上。作为回应，政府设立了美国堤坝委员会（U.S. Levee Commission）来制定治河方略，以防止爆发更多的洪灾。

汉弗莱斯那个忠实的追随者 G.K. 沃伦——他曾试图拆掉伊兹的桥，成了这个委员会的主席，委员会中其他成员包括亨利·阿博特——汉弗莱斯那本《物理学和水力学》的合作者，以及保罗·赫伯特——路易斯安那州前州长，当时正游说反对防波堤方案。尽管任务很重要，但这个委员会没有进行过实地调查，没有搞过测量，什么地方也没有去过。它唯一的信息来源就是汉弗莱斯和阿博特的那份报告。它甚至没有去看其他人的观察或测量结果。所以，毫不令人吃惊，它的结论与汉弗莱斯以前那些结论是一致的。

与汉弗莱斯的意见一致，委员会也反对水库、"取直"，反对与"堤防万能"相联系的工程理论。它说，"认为把这条河约束起来就可以将河床冲深的看法是……错误的。"如同汉弗莱斯一样，委员会也强调保持所有自然泄流道敞开的重要性，但考虑到代价，它"被迫不情愿地"不赞同开挖人工泄流道。也如同汉弗莱斯一样，它断然宣称："密西西比河的冲积区域只能用堤坝来改造。"[1]

委员会的这份报告于 1875 年 1 月发表。1874 年的洪水和这份报告都没有与防波堤的相关辩论发生直接关系，伊兹在自己的防波堤合同落实之前，克制自己未对这份报告发表评论。合同落实之后，他就开火了。他否定了这整份报告以及它的那些推荐，他事实上是要求在整个密西西比河段全都使用防波堤。

79　伊兹的推论表面上类似堤坝理论：这会增加水的流速，从而把河底冲深。然而，这二者之间有重大区别。堤坝的修建是放在河流自然河堤的后面，有的时候可能后撤一英里。发洪水时，河水首先要漫过自然河堤，然后才受到堤坝的约束。因此，堤坝导致的水流加速冲刷力量，在一个比河流自然水道要宽得多的漫水区域内就消散掉了。另外，堤坝只是在洪水暴发期间束缚河流，它每年只能在几个星期的时间里增加水的流速，而且未必每年都发挥作用。

这就是关键点。无论汉弗莱斯还是埃利特，都不否认较快的水流会增加对河底的冲刷这个事实，但问题在于冲刷的程度。与低水位相比，洪水期间密西西比河的水量增加了几个数量级。堤坝的确能够约束住洪水，的确增加了冲刷，但堤坝能不能带来强劲的水流和有足够力度的冲刷，从而确保洪水被收纳住？

汉弗莱斯、埃利特和伊兹都承认堤坝实现不了这个功能。所以，伊兹提出持续地、整年地将河水力量集中起来。他的想法是侵入河中去建防波堤，而不是在自然河堤后面去建堤坝。这些防波堤会整年束住河水，低水位时也是如此，于是就对河底产生了持续的冲刷。他还呼吁搞"取直"，创造出笔直得多、流速快得多的河道。他很肯定，所有这些举措会强有力地加深河道。

他宣称："靠着这种修正，洪水……就会永久地降低……以这样一种方式，从维克斯堡到开罗市的整个冲积盆地就会升高，因为它已经高于所有洪水了。河流这一区域的堤坝就显得多余了……对于这个事实不会有什么疑问，那些最感兴趣者在反对它之前先好好思考一番，这是很有必要的。这种改造给这片土地增加的价值，怎么估计都不会过分。"[2]

伊兹与汉弗莱斯、美国堤坝委员会和整个工程兵团直接对抗。如果南通道的防波堤成功了，那么伊兹很明显就会把他的理论用于整条密西西比河，让工程兵团出局。

1875 年 5 月初，伊兹来到了新奥尔良。他已经延迟了开工时间，直到洪水季结束。这座曾经反对过他的城市，现在急切盼着他的到来。他一到，就在威廉·默瑟博士的运河街大厦受到了款待。3 年前的狂欢节那天，默瑟博士曾用黄金餐具接待过俄罗斯的亚历克西斯大公，今天他也以此来接待伊兹。市议会正式赞扬伊兹的"伟大企业"，与此同时，商⁸⁰会、棉花交易所、商人汇兑所、船只与轮船联合会以及其他重要团体则在圣查尔斯宾馆——此宾馆自称是全美国最高雅的宾馆——举行了一场招待会。枝形吊灯下，克里奥耳人（Creoles）[3] 和美国人、战争结束后赶到南方来的投机家与南方邦联党人，与聚集于这次盛事的宾客们挤成一团，精致的菜单成了他们手中的扇子。有一样东西把他们聚在了一起——金钱。

赛勒斯·伯西将军发表了既坦率又优雅的祝酒词："伊兹船长以言辞、活力和勇气打开了自己的路，这应该得到无限的钦佩。顶着让任何人的努力都必受困扰的最为顽固的误传，顶着无知、恼怒和虚假见证，他终于把自己的努力带到了成功的终点……他在胜利的此刻、在这项事业的开始之时，对这个群体抱有的同情，非常适宜而正派；而当他最迫切需要同情的时候，他却没有得到。伊兹船长会大度地将此忘却。那场斗争已经结束了。"[4]

斗争并没有结束。

伊兹热爱这条河，他对它的熟知超过了他对任何男人和女人的知晓。他以一些个人的方式而懂得了这条河，这条河上的任何船长、任何渔民、任何堤坝建造者、任何工程师都不可能了解得这么深。他曾把双手深埋在河底厚厚的淤泥里，曾行走于河水深处一片漆黑之地，如同对待一个人那样与它共同呼吸。这条河把他从家人那里夺走，让自己包裹于他周围。现在，带着巨大的骄傲，他终于可以断定要由自己来管它了——掌管这条宏伟壮阔的密西西比河。

但是，汉弗莱斯曾经说过：*任何熟知我的人都知道，在我的身上，军人气概多于科学家气质……我们必须做好准备……这场战争必须锐利无情。*

招待会和伯西致祝酒词之后的第二天上午，伊兹、他的承包商詹姆斯·安德鲁斯——这是一个坚定而大胆的人，曾与伊兹一起建桥，以及其他两个工程师，把这座城市的高雅留在身后，坐上一条小船顺流而下。在新奥尔良下游，密西西比河如同一条 100 英里长的手臂在肘部弯曲，逐渐收窄，流向那些通道的前端。在那里它分成了 3 条主要水道：西南通道、阿尔奥特通道和南通道，每条通道如同一根长长的手指伸入墨西哥湾，将这些通道与大海隔开的土地窄得只有几百码。

81　在这些通道的前端，这群人穿过了一片浅滩，进入了南通道这根手指。河水在这里以 700 英尺的宽度几乎笔直地流 12.9 英里。河岸两边是密不能入的芦苇，有 10 英尺到 12 英尺高，上游段偶尔有低矮的柳树丛。从地质学上讲，这里就是这条河的三角洲，由大量的泥沙积聚而成。这里是北美最新形成的土地，是水与土的混合，它是那般稀软，除了紧挨通道的河岸外，其他地方都站不住人。麝鼠和貂，鹭、鸥、鸭和蛇在这里生活，这些野生动物的生活都很原始。越靠近墨西哥湾，湿地就越显荒凉和孤独，芦苇和草就越苍白。

快到海湾时，他们抛下锚，划小船登岸，走到了海滩上。墨西哥湾的海浪轻柔地拍打着岸边，但要建的防波堤却必须承受最猛烈的飓风。已经是又潮又热的天气了，大片蚊子、蠓虫和沙蝇开始围着他们聚集。他们登上了灯塔。

这是方圆100英里内唯一的高地。站在灯塔上，他们可以看到整个荒野，河流、土地和海洋几乎分辨不出来。眼睛能够看到的每一英寸土地，都被潮水或河水所漫过。越过这条通道，在墨西哥湾中，沙洲和泥丘处在慢慢变为陆地的过程之中。沙洲以外数英里的大海里，密西西比河仍能辨识出来。半个世纪前，一个欧洲来客曾这样形容这片景象："我们接近陆地的第一个标志，就是出现了这条浩荡的大河，它倾泻出混浊的河水，与墨西哥湾的深蓝海水交织起来。我从来没见过如密西西比河入口这般极度荒凉的景色。如果但丁见到了，他会因它的可怖而描绘出又一幅恐怖画面。"[5]

南通道正在消逝，要变成陆地了，它的出入口已成浅滩。伊兹需要开出一条深度一直保持在30英尺的水道，但现在在12 000英尺、超过2英里的河道内，水深达不到这个程度。高潮水位时，沙洲上的水最深为9英尺，而沙洲却有3 000英尺厚。[6]

不过，在3天的研究之后，伊兹一行带着比以前更坚定的信心离开了。沙洲由粉质细沙构成，伊兹认定强大的水流可以轻松地切开它。同样重要的是，沙洲之外有深水，还有强劲的沿岸流冲蚀着它，所以沉积下来的泥沙会被防波堤形成的水流冲开，或者是下沉入海，或者是被卷走。伊兹心里原来担忧在防波堤之外会形成新的沙洲，现在这种忧虑消失了。

在回新奥尔良的路上，伊兹非常自信。他给自己在新奥尔良的律师亨利·勒奥韦——此人的客户中包括杰弗逊·戴维斯——写信，谈自己想修一条通向河口的铁路的计划："在市里用起卸机把谷物从驳船上转运，费用可以很便宜，对于节省港口收费很有意义……我相信，铁路股票会变得很有价值。我想做一些双赢的安排，我可以用伊兹港的土地换铁路股票，因为我拥有通道两侧各自前方入海 10 英里的水道河岸权。"[7]

他还承诺 1876 年 7 月 4 日，也就是 13 个月之后，就会有水深足够的水道投入使用。一位助手告诉《闲话报》，（伊兹）"对成功的确信是绝对的"。[8]

工程本身姑且不论，倘若伊兹弄不到足够的资金，就不得不付出过高的代价来吸引资金，那么，他一定会失败。这就是他的短板，而汉弗莱斯也是从这一点发动了对他的攻击。

为了募集资金，伊兹组建了"南通道防波堤公司"。这里面的投资者只有在防波堤成功后才能得到回报，但回报是他们投资额的两倍外加 10% 的利润。伊兹这家公司的资本额为 75 万美元，但他打算只募集让工程能够进行的钱，然后就会有政府的首笔付款。募集资金绝非易事，他穷尽了自己的人脉关系，然后又让埃尔默·库塞尔——这个年轻人毕业于布朗大学，当时仍在新英格兰，后来担任了防波堤的驻地工程师——去游说"任何有意介入此事的'傲慢的债券持有人'或'金钱贵族'"，告诉他们，谁投资 10 万，伊兹就可以与他商谈一个比公开价码更有利可图的私下协定。[9]

伊兹拥有少量股份的"安德鲁斯公司"（Andrews & Company），同意供应所有的设备——打桩机、驳船、蒸汽机、工棚、办公室、各种材料和劳工，并且进行建造，打所有的桩，另带提供 45 万立方码的石料和木材填料，所有这些总价为 250 万美元。伊兹认为，对于开掘出深度 26 英尺的水道而言，这些已经足够了。

在"安德鲁斯公司"把 6 万立方码的材料运到之前，伊兹不用付款，材料运到后，他也只需付 30 万美元。伊兹保证这家公司在此后每笔政府付款中可分得一半，直到欠款被付清。[10]

如同伊兹自己一样，这家公司的大股东詹姆斯·安德鲁斯很快就行动了。安德鲁斯是 1875 年 5 月下旬第一次去看沙洲的，到了 6 月 12 日，他就带着几十个人和一条蒸汽拖轮，拖着一部打桩机和三条平底船——其中一条供工人居住，另外两条装有建造工棚的材料，离开新奥尔良出发了。他们来到了一片热气腾腾的湿地，马上就被一群群密集飞舞的蚊虫所包围。

安德鲁斯的第一个行动就是与新奥尔良建立电报联系，设备和供给很快就开始运到这个后来被称为"伊兹港"的地方——它后来有了宾馆、办公楼和可容纳 850 人的公寓，成了一个小镇。眼下，这些人住在生活船上，禁止喝酒。即使在水中干活，人们也躲不开蚊虫和炎热，而水蛇让他们不敢游泳。

6 月 17 日，也就是安德鲁斯到达河口的仅仅 5 天之后，他就把第一根桩打进了海底。工程进展很快，一天的时间，他们就可以打入 176 根桩。木材从密西西比和新奥尔良运来，碎石料作为轮船的压舱物一船船地从新奥尔良运来，石灰岩采自上游 1 400 英里处印第安纳州罗思克莱尔的俄亥俄河边蓝色和灰色石灰岩峭壁，每次用 12 艘到 24 艘不等的驳船组成船队运来。

9 月 9 日，东岸的引导桩已经打完，一条寂寞的木桩曲线朝墨西哥湾伸入大约 2.3 英里。工程执行得异乎寻常的严格：距离陆地尽头最远的那些木桩，与它们的计划位置只差几英寸。西岸防波堤的建造也早已开始了。

接下来就是防波堤的核心：护桩树垫（fascine mattresses）。它们用细直而韧的柳树枝干联结而成，沉到水中，用来保护引导桩，伊兹希望河流能把泥沙附着在它们上面，最终使其变得不渗水。然后，它们就可以发挥作用了。

采集柳树是最艰苦的工作，它们来自上游 30 英里处一片 6 000 英亩的柳林。这片林子的形成时间只有 40 年。当年渔民们想找一条便捷一些的路进入墨西哥湾，就在这里挖出了一条水道。河水很快就将它冲开，形成了一个 1 400 英尺宽的敞口。它最初有 80 英尺深，被称为"坑"。不过，在第一次大潮之后，河流就开始把泥沙积淀于此，将它变成了陆地，树在这片陆地上长得很快。

人们乘驳船到达这片区域，晚上就睡在驳船的多层铺位上。伊兹已是尽可能地把驳船设计得通风，但近乎热带的高温，加上成群的蚊子，晚上还是难熬。然而，白天更可怕。工人们半裸身体，头顶烈日，把树砍倒，拖到 200 码外等候的驳船之上。他们每一步都会陷于软泥之中，有时候会陷到齐肩深。水蛇和水蛭更使水中和湿地变得让人毛骨悚然。

驳船一旦装满，拖船就会把它们拖往沙洲处。那里有一个 100 码长的倾斜平台，人们在这里把柳枝制作成护桩树垫。

伊兹的成功就依赖于它，制作得不好的树垫会被河水撕破。另外，这个制作过程伊兹也有利可图。

工程师委员会预见到伊兹会使用柳枝做的护桩树垫，它们以荷兰人发明的技术来估计其费用。即把柳枝缠到一起，事实上是编织到一起。

伊兹和安德鲁却设计了一种不同的方法——后来还申请了专利：他们先把联结在一起的黄松枝条铺成 20 英尺到 40 英尺长、6 英寸宽、2.5 英寸厚的一片，把柳枝放在它们中间。这样一层层地叠加，每一层都与前一层直角相交，横竖交织，最后形成一块 100 英尺长、35 英尺到 60 英尺宽（具体宽度依据放在什么地方使用而定）、2 英尺厚的树垫。

工人们可以在 2 个小时内制作完成并放入水中，而荷兰人的方式需要 2 天。[11] 正是这个创新，使伊兹能够提出用比委员会估价少一半的代价在西南通道建造防波堤。

拖船拖着驳船前往引导桩处，工人们把树垫放入水中，用石头覆盖它们，让它们一层层地沉下去，一共要沉入 16 层。

　　不到一年的时间，安德鲁就完成了所有的引导桩，树垫铺设也完成了大部分。防波堤现在已经是未完工的柳树墙了，还没有被泥沙填实和加固，但已经在接近成功了。它们正在挤压水流，增加水流的力量，将河道冲深。

　　然而，伊兹没有得到付款，他最初的资金就要用完了。为了吸引更多的资金，1876 年 5 月 2 日，他雇用豪华轮船"大共和号"进行首航，送投资者和报界去参观防波堤。在这条豪华轮船的魅力中航行，吃着精心烹调的牡蛎、虾和牛肉，在这趟从新奥尔良出发的航程中，旅客们感受到的只有善意和兴奋。

　　此时，新近被汉弗莱斯提拔为少校的查尔斯·豪厄尔，正在 30 英里外对西南通道进行疏浚，还在努力挖出 18 英尺的水深。豪厄尔肯定知道"大共和号"的这次航行及其目的。他并不参与对防波堤的检查，伊兹签的合同规定了官方检查，由一个测量师巡视小组来进行，几天前就安排好了。然而，豪厄尔派了一个助手坐上一艘汽艇，当着伊兹这么多宾客的面，在南通道反复测量水深。这个助手没有回到豪厄尔那里去，而是赶到伊兹港下船。几小时后，"大共和号"也抵达了伊兹港。豪厄尔的这个手下带着海图也登上了"大共和号"。在船返回新奥尔良的漫长航行中，他坐在会客室里，假装并不情愿，有意让记者从他这里打探他发现的结果。

　　伊兹宣称南通道在满潮时水深可达 16 英尺，但由军队工程师进行的官方测验却显示只有 12 英尺深。更为重要的是，军方测量还表明，在防波堤之外 1 000 英尺处，一个新的沙洲正在形成。[12] 如果这些是真的，那就证明汉弗莱斯是对的，也就宣布了防波堤注定要失败。

　　这个新闻迅速北上，传遍了密西西比河流域。防波堤公司的股票应声而跌。豪厄尔在新奥尔良的报纸上加强攻势，指控伊兹欺骗投资者。[13]自从妻子死后，伊兹第一次感到绝望了。

他想商谈到一笔贷款，没有这笔款子，这个项目会崩溃。然而，要得到这笔款子，他就需要有官方核验的数据来反驳豪厄尔。测量水道的那位军队工程师拒绝把结果给伊兹，坚持说只能把它们交给 C.B. 康斯托克将军一个人。康斯托克为了这次测量已经专门从底特律赶到了伊兹港。伊兹跟他要测量结果，他也拒绝了，说"无权泄露我的报告"。[14]

伊兹立即给陆军部长阿方索·塔夫脱打电报："请指示现在伊兹港的康斯托克将军，与我一起对防波堤之间的水深进行测量……并且马上提交结果。豪厄尔少校已经发布了一个虚假的陈述，影响到了公众对我工作的信心。要求得到这个数据是寻求对我的公正，以及对公众的公正。"[15]

塔夫脱没有回答。康斯托克离开了。伊兹向美国海岸调查署的主管请求，希望他们独立测量并得到结果，让他们使用伊兹自己的汽艇来进行测量，也被拒绝了。伊兹又向财政部部长请求，却被告知："康斯托克将军将提供法律要求的全部信息。"[16]

法律要求康斯托克的报告提交给汉弗莱斯，然后交给陆军部长，接下来到国会，最后才向公众公布。这个过程需要几个月的时间。

伊兹的贷款商谈早就泡汤了。等到官方测量结果公开时，防波堤公司可能都不存在了。

伊兹只有最后一个机会来辩驳了。1876 年 5 月 12 日，海轮"哈得逊"号预计要到达河口。这艘船有 280 英尺长，重 1 182 吨，吃水深度为 14.7 英尺。[17]

船长 E.V. 加格尔是伊兹的朋友，曾经说过希望亲自指挥第一艘海轮穿行防波堤之间的水道。再也没有比这更好的时机了。"哈得逊"号抵达河口后，伊兹、领航员和几位记者在沙洲外登上了船。领航员报告说，他早先的测量表明防波堤之间已经有了足够的水深，可供"哈得逊"号通过，但从那以后开始落潮，水位下降很快。他现在不推荐进行这次尝试。

每一分钟，水位都在下降，加格尔没有迟疑。他让领航员走人，下令："将船驶入防波堤之间。"

驾驶员照办。

300 人明白将会发生什么以及这项命令的意义。每个地方——正将柳枝树垫放入水中的驳船上、伊兹港的岸上、小汽艇上、"哈得逊"号上，人们都停止了手中的事情，静静地观看着。一片平静的海面上，几乎没有涌浪撞击防波堤，没有白色的浪花溅起，一切都安静了下来，只有巨轮在行驶。

"我们是不是要开慢一点？"驾驶员问道。

"不！"加格尔断然说，"让船全速前进。"

发动机轰鸣声大作，船看似要飞跃起来。全速前进，库塞尔后来写道："它如同一个有生命之物一样前进。"

速度还在加快。如果豪厄尔的测量结果是正确的，它就会自取灭亡，船底会被撕出一道巨大的裂缝。速度越快，白色冲击巨浪就越高地撞击船体。巨轮的尾迹消失在墨西哥湾的涌浪中，它冒着蒸汽前进，追逐着落潮，穿过了这条大约 2.3 英里长的水道。如同库塞尔回忆的那样："一直是'牙齿咬着白骨'——它骄傲的船头推开自己前面的巨浪，加速前进。我们知道，它证明了此航道的深度远远不止豪厄尔少校公布的 12 英尺。"

就这样，它开过去了！"哈得逊"号上、驳船上、伊兹港上，人群爆发出欢呼声，他们喝彩、欢呼、持续欢呼。"哈得逊"号在伊兹港停下，举行了一个简短的庆祝。记者们把消息用电报发了出去，传遍全国四面八方。水道通了！

"在关于防波堤的全部历史中，从来没有过任何事情给予我们如此强烈的喜悦和满足。这条美丽的大船成功地穿行了防波堤，"库塞尔说，"怎样赞颂加格尔船长都不过分，他进行了这次冒险而又负责任的胜利之行，在这项事业处于最黯淡之时，极大地帮助了它；他的勇敢举动揭示出来的顽强事实，是什么都否认不了的。这些事实恢复了人们对于防波堤的信心，迫切需要的贷款随即有了保证，用于这项工作的继续推进。"[18]

与此同时，伊兹施加压力以得到国会的帮助。国会通过了一个要求公布官方测量结果的法案，财政部部长执行了。

官方测量结果表明，水道中的水深为 16 英尺，防波堤外也没有形成中的新沙洲。

然而，伊兹财务状况的紧张，以及他与政府之间的问题，仍在持续。尽管他使航道达到了所要求的水深，政府还是几次拖延了付款，直到内阁就此发生了争论为止。有一次这样的争论持续了 3 天，最后司法部部长告知内阁，政府必须得付款了，争论才告结束。[19]

施工过程中，有一次，由于钱用完了，伊兹给库塞尔打电报："除了必不可少的用于保护资产设备的人员以外，其余所有人都解除工作——除非他们愿意领欠条继续工作，我一旦收到为水深达到 22 英尺所付的款就立即支付工资。"[20]76 个人中有 74 个表示愿意。

唯有工程是进展顺利的。对南通道进行测量已经有 150 年了，此前的任何测量都显示沙洲上的水深不超过 9 英尺，但伊兹的这条水道却测量显示水深 22 英尺。1876 年 10 月 4 日，海船开始常规性地使用他这条尚未完工的水道。

伊兹当时还建了一系列新的堤坝，它们把河的坡度从每英里 0.24 英尺增加到每英里 0.505 英尺。于是相应地，用军方报告中的话，就产生了"这条水道中的明显冲刷"。[21]1877 年 3 月 7 日，康斯托克报告说这里的水深达到了 23.9 英尺。

国会法案规定，当防波堤的作用形成了水深 18 英尺的水道后，豪厄尔在西南通道的疏浚就要结束。不顾法案的这个要求，豪厄尔继续挖泥。

然而，到了 1877 年 8 月 22 日，给他的拨款用完了，不会再有拨款了，挖泥工程于是终结。

不过，即使这样，伊兹财务上的压力还在持续。最终，他游说国会加快付款安排，他给帮自己进行游说的那些人增加了费用，比如格兰特将军的前秘书、俘虏了杰弗逊·戴维斯的北军将军波特，以及 P.G.T. 博勒加德这位炮击萨姆特要塞而打响内战的南军将军——他付了博勒加德5 000 美元。[22] 国会终于加快了付款流程。

现在，伊兹把自己的注意力转向了汉弗莱斯。

伊兹想要一个独立于工程兵团的平民委员会来管理密西西比河。尽管平民工程师和他们的支持者对此已经呼吁多年，但现在这群人被称作"伊兹委员会"了。

作为回应，汉弗莱斯带着盲目的仇恨加以痛斥。罔顾所有那些数据的存在，他在给国会的一封信中坚持说防波堤之外有新的沙洲正在形成："在南通道获得的实际结果反驳了伊兹先生的观点，证明了工程师部门的看法。所以，任何要将密西西比河的治理权交托给伊兹的呼声，如果以目前他所取得的结果作为基础，那么是没有确切的合理性的。"[23]

伊兹受够了。他给《范诺斯特兰工程杂志》（*Van Nostrand's Engineering Magazine*）写了一封信，并把这封信印成一本小册子，将它散发给全国各地的国会众议员、报刊记者和工程师们。这封信的标题是《重新审视汉弗莱斯和阿博特的报告》。

这是一篇措辞激烈的文章。伊兹为文章各节内容加上了具有嘲讽意味的小标题："重力法则的忽略""那个奇妙的发现是怎么来的""因果全无关系"。[24] 他使用汉弗莱斯自己的数据，发出了一个又一个抨击，将汉弗莱斯的结论形容为"完全错误""数学上的大错……让高中学生都会觉得丢脸"，最后更是声称"汉弗莱斯和阿博特犯的错误，哪怕是出自动力学科学中一个完全的新手，也不可原谅"。

两年之前，曾有一位普鲁士工程师也在这本杂志上写过一篇文章，也是批评汉弗莱斯和阿博特的那份报告。当时汉弗莱斯和阿博特写了一篇 43 页篇幅的反驳文章。[25] 现在，阿博特提出干脆不要回应伊兹了，他认为，"回应对他有利……让事情结束吧。"[26]

在汉弗莱斯的坚持之下，阿博特最终还是写了一篇反驳文章，但除了汉弗莱斯那些最忠诚的支持者，无人关注这篇文章。

在这些交锋中，汉弗莱斯又受到了更多的抨击。美国国家科学院提议建立美国地质调查局来调查西部——这项工作原来是由工程兵团负责的。汉弗莱斯是美国国家科学院的发起人之一，他愤而辞职退出了国家科学院。如同以前所做的那样，他也在国会反对这项提议，然而他已经没有以前那种可以阻挡这项法案的力量了。

1879 年 6 月 28 日，国会建立了密西西比河委员会来管理整条河，它由陆军工程师和平民工程师共同构成，平民个人和各州政府都必须服从于它。随着这项法案的通过，汉弗莱斯辞去了工程兵团主任工程师的职务，从陆军退休，从 6 月 30 日起生效。

正好是在一周之后，美国陆军上校迈卡·布朗确认南通道水道已经达到了最终的目标——水深 30 英尺。7 月 11 日，《新奥尔良每日时报》（*New Orleans Daily Times*）宣布："工作已经结束。以不屈不挠、永不倦怠的意志来支撑，因人的技能而知晓和指导，人的耐心、勇气和勤勉已经将自然的力量变成了一个目标的完成——单就人为力量而言，这个目标是那样宏大。这条以前未受控制的大河，一直是它自身的压迫者和囚徒，现在人类利用河流自身的力量，使它变成了自己的解放者和拯救者。就这一举措在经济收获上的壮观或其成果的重要程度而言，没有什么机械天才的成就能够与之相比。在人以自己双臂来应用大自然惊人能量的那些发明创造中，也没有什么能与此相比。在这些方面，它傲然挺立，

89

它给我们带来了几乎无可估量的丰富可能性。"[27]

1875 年，当伊兹开始建造防波堤时，圣路易斯有 6 857 吨货物通过新奥尔良运往欧洲；到了 1880 年，也就是防波堤完工一年之后，这同一条水路运输了 453 681 吨货物。[28]新奥尔良从美国的第九大港口上升为第二大港口，仅次于纽约[29]（1995 年，就货物量而言，新奥尔良是世界上最大的港口）。*

然而，防波堤对密西西比河的影响，远远超过了河口所发生的任何事情的影响。这种影响可以通过密西西比河委员会而感觉到。

无论是正式地还是非正式地，这个委员会从来没有变成"伊兹委员会"。尽管汉弗莱斯和陆军部未能阻止这个委员会的成立，但却成功地让国会规定了委员会成员中军人要多于平民，比例为 3 比 2，而且是由军官担任主席，并且这名军官向自己的军方上司——工程兵团主任工程师——报告。伊兹被提名进入这个委员会，但他不能主导它。1882 年，他退出了这个委员会，以抗议它的妥协。

他知道，科学是不能妥协的。相反，科学要促使不同想法在动态过程中竞争，这种竞争会完善或替代那些旧的假定，逐渐接近更为完美的真理呈现方式，而人对真理的接近是无止境的。

90

<hr>

* 工程兵团很快也因这些防波堤而获取声望。早在 1886 年，就有了说法："现在这个成功的结果，如果不是国会阻碍了工程兵团的话，其实早在伊兹先生掌管这项工作几年之前就可以得到的……责备工程兵团肯定是不公正的，因为它的那些建议没有被遵循。"[30]1924年，它的主任工程师正式告知陆军部："陆军工程师们没有反对防波堤。事实上，建造防波堤的方案是工程兵团提出的，伊兹先生只不过是实施了一些事先已经讨论过的方案。"有一点很快也清楚了：如同伊兹预见的那样，南通道过小，无法容纳繁重的航运交通，较大的西南通道必须打开。1893 年，伊兹原来的助手库塞尔提出与伊兹一样的条件来做这个工程：不成功他就什么也不要。工程兵团用计谋击败了库塞尔，得到了这个任务。然而，21 年后，这里水道的水深仍然只有 27 英尺。"证明这个方案没有成功。"工程兵团的主任工程师兰辛·比奇少将承认。[31]——作者原注

可是，这个密西西比河委员会从来就没有成为一个科学机构，它是一个官僚机构。与科学机构相比，一个官僚机构自然倾向于在相互竞争的想法中进行妥协。于是官僚机构就把妥协当成真理，将其融入到自己的存在之中。密西西比河委员会中的军事层级，更加重了这种官僚主义的倾向。随着时间推移，军队工程师几乎占据了所有的关键职位，委员会丧失了所有相对于工程兵团的独立性。除了很少的例外，军方甚至把控了对平民委员的任命权。

这个委员会形成了一些立场，但这些立场变得越来越僵硬和死板。而且不幸的是，这些立场是把伊兹、埃利特和汉弗莱斯想法中那些最糟糕而不是最好的东西拼合到一起。

伊兹和汉弗莱斯都反对泄流道，埃利特反对他们两人，埃利特是对的。然而，委员会却反对泄流道。

伊兹和汉弗莱斯都反对建水库，埃利特反对他们两人，埃利特是对的，但委员会却反对水库。

伊兹想搞"取直"，认为"取直"对治理洪水会有重大影响，汉弗莱斯和埃利特反对"取直"，伊兹是对的，而委员会却赞同汉弗莱斯和埃利特。

不过，密西西比河委员会最大和最危险的错误，还不是这些，而是它对"堤防万能"想法的立场。几乎可以说不可思议，委员会竟然形成了一种伊兹、汉弗莱斯和埃利特都会激烈反对的立场，这种立场因妥协和模糊不同时期的分析而来。它采纳了汉弗莱斯的"堤防万能"观念，并引用《物理学和水力学》来论证它。然而，几年时间已经过去，委员会的工程师们忽略了汉弗莱斯的推理，信奉的是那种堤坝会使河水将水道冲刷很深，从而可以容纳洪水的理论。埃利特称这种想法为"欺骗人的希望，沉迷其中则最为危险"。汉弗莱斯已经证明这种理论"站不住脚"。伊兹也反对它。在河流水道之中建造"收缩工程"——防波堤，这能够形成冲刷作用，而在河堤之外很远处建堤坝就起不到冲刷作用，他对这二者进行了区分。

就在这一点上，伊兹、汉弗莱斯和埃利特是意见一致的。堤坝建起来了，把河束缚起来了，但河水却没有增加足够的流速来冲深水道。没有如同埃利特希望的那样去修水库，也没有如同埃利特所希望的那样去挖泄流道——汉弗莱斯对此也会愿意接受，因为成本效益的计算会随着开发而改变；也没有如同伊兹希望的那样去搞"取直"。只有堤坝建了起来。

所以，河水就升得更高，反过来又导致了更高的堤坝。随着更多的土地被利用，河水被排了出去，水面也在升高，如此恶性循环。[32] 路易斯安那州的大学岬（College Point）位于新奥尔良上游 40 英里，这里的一道 1.5 英尺高的河堤就挡住了 1850 年的洪水——汉弗莱斯曾对这次洪水进行了详细调查。而到 20 世纪 20 年代中期，这道堤已经超过了 20 英尺；在此州的莫甘扎，1850 年的洪水被一道 7.5 英尺的河堤挡住，到了 20 世纪 20 年代中期，这道堤已经高达 38 英尺，几乎是四层楼的高度了。20 世纪 20 年代，密西西比河委员会走得更远了。为了增加河的水量，它不建造伊兹建议的束河工程，而是开始堵塞所有的自然泄流道。汉弗莱斯曾经警告，这种做法"如果实施，将带来灾难性的后果"。

密西西比河狂野而又随意，高水位更是滋长了它的野性，加强了它的力量。在此河的前段，如同陆军工程师 D.O. 埃利奥特所言，"由于贸易山（Commerce hills）的峡谷……它尚安其位。它位于墨西哥湾的河口，也被人造工程束缚住了。在这开端和终点之间，它就如同一条被囚之蛇，总想形成和维持一种扭动翻滚的均势状态，它的长度、它的坡度，它排水的体量和速度，都这般显示。"[33]

在一个工程师大放异彩的世纪，对这条扭动翻滚之河的研究，开始成为一项科学事业，但导出的政策却是侵蚀科学精神的。当然了，若只是在开始了一次巨大的——未必是有意识的——对此河力量之试验的意义上，这个政策算是具有科学性。

千百万年中，这条河漫流于它的冲积流域，漫流于它那广阔的自然冲积平原。密西西比河委员会坚信自己的那些理论，用堤坝把这条河束起来，认定单靠堤坝——用不着其他任何的释放河水张力的措施——就可以在狭窄的河岸内控制住它的力量，控制住这足以淹没数十万平方英里——其中有数百万人居住——的力量。

密西西比河委员会承诺要保护这片广袤流域，这里有着世界上最肥沃的土地。此地如此丰沃，以致人们为它甘冒任何风险。单凭这种保护的承诺，大量民众就愿意相信这片流域将会充满财富、文明和产业。他们在等着见证"堤防万能"这个宏大的无意识试验到底会成功还是失败。

第 二 部

参 议 员 珀 西

第7章

　　1841年，20岁的查尔斯·珀西（Charles Percy）放弃了阿拉巴马州一座价值25万美元的种植园，深入到亚祖河（"死亡之河"之意）—密西西比河三角洲郁郁葱葱的荒野之中。他把家具、设备、物资、骡群和奴隶装在驳船和平底船上，沿田纳西河而下，前往俄亥俄州，在肯塔基州的帕迪尤卡附近短暂停留，又继续沿田纳西河前往密西西比河，在密西西比河上又顺流行驶了200多英里。最后，他和他的随从在后来成为密西西比州格林维尔市的这个地方卸货下船，然后又穿过一片高达20英尺的蔓藤丛林，走了15英里，来到了鹿溪。这是整个三角洲最好的土地之一。他们很快建造了一座天花板非常之高的房屋，即使是在能热死人的盛夏，房屋的中厅也是"一个凉爽而空旷的洞穴"。[1] 他们也早已从新奥尔良订购了成桶的威士忌，还有橙子、白兰地和牡蛎，正等着这些东西送来。

　　珀西一家到家了，到达了这个位于亚祖河—密西西比河三角洲——美国各地都简称为"三角洲"——的家。这是一个会让人们想起一些幽暗之事的地方。它被称作"南方的南方""密西西比的密西西比""土地上的最南端"。就在这里，在接下来的一个世纪中，珀西家族成为了巨人，它的一代代男性成员领导着南方和整个国家。这些巨人中又相应地衍生出一代代的作家，其中包括威廉·亚历山大·珀西，他的作品在他死后还畅销了半个世纪，以及沃克·珀西这位一流的小说家，他的重要性使得他进入了文学家列传。珀西家族的故事还包括一些生活状态如同福克纳[1]家族小说般的人，只是这个家族更大一些，福克纳熟知这些人。珀西家族中无疑也有藏着黑暗秘密的人，其黑暗其复杂都足以被写进福克纳的小说，其中有些人咎由自取，被死亡纠缠，年纪轻轻就死去。

96　　T.S.艾略特[2]曾写道：海围绕着我们，河在我们之中。密西西比河贯穿了珀西家族所做的每一件事情。珀西家族的故事不仅与这条河交织起来，而且与种族、权力、金钱和邪恶交织起来。这些都是野性的力量，但珀西家族并不是简单地代表着某个时代和某个阶级，他们试图给这些力量套上缰绳，控制它们。其他人统治着大得多的私人帝国，如同治理封邑，但珀西家族却是所有种植园主中最具权威者，而且用他们自己的方式表现出最大的野心，甚至超过了伊兹和汉弗莱斯。

　　伊兹和汉弗莱斯相互争斗，要掌管这条河，而珀西家族则在伊兹和汉弗莱斯所做之事的基础上，将这条河创造出来的可能性转化到一个社会中去，延伸至远远超越了他们自己的财产，让这个社会符合他们自己的特定想象。这个巨大的任务要求他们把这条河和一些席卷这个国家的巨大社会力量掌握在手中。至少曾经一度，他们做到了。

　　珀西家族从这条河的潜力中塑造出来的这片领地，就是亚祖河—密西西比河三角洲。如同一颗长长的钻石，这片三角洲从田纳西州孟斐斯

---

[1] 美国文学史上最具影响力的作家之一，1949年获诺贝尔文学奖。——译注

[2] 英国诗人、剧作家和文学批评家，出生于美国密苏里州圣路易斯，1948年获诺贝尔文学奖。——译注

市的下方伸展开来，在靠近密西西比州格林伍德的亚祖河（这个名称的意思是"死亡之河"）的前端已经宽达近 70 英里，然后朝南延伸 220 英里来到维克斯堡，亚祖河就在这里注入了密西西比河。密西西比河创造了这片土地，千万年来自然而然地把肥沃的表层土壤沉积于此。这些土壤富有营养，自美洲大陆的其他地方冲刷而来，形成了一个 7 000 平方英里的苍翠浅碟形盆地，其面积几乎是康涅狄格州的两倍。所以，似乎是要显示自己的所有权，这条河朝三角洲处处展开，太阳花河、塔拉哈奇河、亚洛布沙河、鹿溪，现在全都成了密西西比河的支流，都与密西西比河相交汇，都曾成为过密西西比河或俄亥俄河的主水道。

三角洲是野性的，河流让它保持这样的状态。1837 年，一位欧洲来客观看密西西比河奔腾穿过这一地区，深感害怕地说："它不同于绝大多数河，景象壮观……当它急流而去时，凝视会颇感吃力，也无法沿着河岸行走，必定会对这急流感到恐惧。这急流狂怒、迅急、蛮荒，裹挟着冲下来的泥土……将它那鲁莽水流倾注于荒野大地，水冲倒整片森林，林木东歪西倒、轰然消失，被裹起了树根上大量泥土的河水卷走，这常常阻塞和改变了这条河的河道。如果河水被阻，河就会愤怒地泛滥，完全毁灭整个区域……这是一条蛮荒之河，它不像别的河流那样能让人联想到一位由天而降的天使来赐福人间，而是让你联想到了恶魔。"[2]

关于这片土地，另外一位旅行者写道："是一片可与任何非洲丛林相比的丛林"，有着蔓藤和"巨树"的森林，树上挂着"野葡萄和圆叶葡萄的长蔓"。[3] 植物生长之茂密常常闷住和阻塞了空气，锁住了湿气和产生的热量。植物是如此稠密，人骑着马无法进去，即使步行也需要砍出一条路来。只有那些树——它们有些高达 100 英尺，能够突破透不过气的蔓藤高耸出来，伸展在阳光之中。叮人的苍蝇、蠓虫和蚊子集聚在任何来访者身边。一位拓荒者报告说 8 天内杀死了 14 只熊。[4] 另一个人谈到了狼和"发出恶臭的鳄鱼，而豹子在河边的藤丛中晒太阳，对人几乎不加理睬，体型几乎有小牛那么大。它们是我所见过的最面目狰狞的野兽。它们肌腱发达的腿上长着类似猫爪的巨大钩爪，如果它们发怒的话，片刻之间可将人撕成碎片"。[5]

野兽、响尾蛇和水蛇，黄热病和疟疾，这些让一个定居者担心："在这片湿地中赌一把，几乎会把一个人的命押上。"[6]

然而，这条河让人值得冒这个险。这条河在三角洲留下了黄金。这黄金是褐色的，不在泥土中——而是泥土本身。在别的地方，人们以英寸为单位来测量肥沃的表层土；在这里，沃土有数十英尺厚。1901 年，美国经济学会（American Economic Association）发表了一份报告说："大自然都不知道怎样再调和出更肥沃的土。"[7]1906 年的一次科学评估认为，这片土地中的养分之丰富，世界上没有任何土壤可以超过。[8]

不过，这片三角洲已经充满了个体农户的身影。要从河水泛滥区域开拓土地，进行清理，排水成田，保护农田，就需要大量的资金和劳动力。从一开始起，三角洲就渴求着开发者带来组织、资金、企业家精神和赌徒的直觉。这是一个建立帝国的地方，珀西家族打算把河流滋养的这片区域转变为帝国。

开始时，他们和其他一些人只是守在一些条状的高地，也就是自然形成的河堤上，这些地方通常距离密西西比河和它的支流有半英里左右。他们在丛林中开出田地，筑起通常不会超过两三英尺高的堤坝，种植棉花。辽阔而难以穿行的三角洲腹地，这片大自然的馈赠之地一直无人触及。

到 1858 年时，已有 310 英里的堤坝保护着三角洲免遭密西西比河水患。它们之所以能够起到足够的保护作用，很大程度上是因为阿肯色河的河堤较弱，或者干脆没有河堤，发洪水时水就往阿肯色河那边流去。这样，三角洲的种植者们就开始多了起来。在河堤得到改善之后，三角洲中 5 个县所估定的价值从 1853 年的 7 792 869 美元跃升为 1857 年的

23 473 115 美元。[9]

不过，这一区域基本上还是一片荒野，它那些有定居者的区域也更类似于边疆，而不是南方较成熟区域的种植园社会。它基本上没有纳奇兹那种建立在下游地区棉花财富之上的庄园，也没有路易斯安那类由巨大甘蔗种植园利润带来的巨大橡树林荫覆盖的府第。1861 年，一片后来成为三角洲 3 个大县的区域，尚无一所学校，也没有一所教堂。[10] 也是这一年，汉弗莱斯的报告将整个三角洲称为"那个大坑"。[11] 一个或许把三角洲看得过透的人警告说，三角洲仍然是"一个沸腾的苍翠地狱"。[12]

来到三角洲已经 10 年，刚刚 30 岁的查尔斯·珀西死了，他的弟弟 W.A. 珀西接管了家族事务。如同他们那个毕业于普林斯顿大学并且在弗吉尼亚大学获得了法律学位的父亲，弟弟 W.A. 珀西也懂得权力的作用，没有什么幼稚的幻想。他曾反对南方脱离联邦，但当密西西比州宣布脱离之后，他马上就拉起了一团南军志愿兵，自己当了兵团的上校团长，并在战争中赢得了"灰鹰"的绰号。这个绰号适合他。从战场回到家中的他已经 28 岁，嗓音低沉，头发花白，表情冷漠，眼光严厉，但仍然富有魅力。在这种魅力之下，有一种冷冰冰的对效率的追求。

他回到家隐居。北军事实上已经夷平了三角洲的每个镇子。格兰特在征服维克斯堡的过程中摧毁了大量河堤，剩下的也因得不到维护而破裂。1865 年春天，密西西比河发洪水，又导致数英里的河堤被冲决，未遭北军摧毁的东西有很多被冲走。在整个玻利瓦尔县，连一个镇子都没有剩下。三角洲人口最多的普伦蒂斯镇位于河边，被冲得一丝痕迹都没有留下，仿佛从未存在过。荒野很快替代了清理出来的农地，蓝藤长得有 15 英尺高，有时达到了 20 英尺；野葡萄甚至柳树占据了棉田——这里的棉花曾经长得高过人头。归乡的士兵们发现，"一片荒野，一片废墟……我们的土地已是榛莽遍布……触目皆是荒凉"。[13]

最重要的事情就是重建堤坝。1865 年 12 月，W.A. 珀西对堤坝系统进行重组，说服州长和州议会建立了一个新的堤坝董事会，它在法律上不受原来堤坝董事会的债务或公债的约束（州里也同时成立了一个"堤坝清算董事会"，这个董事会不建堤坝，只负责募集资金来偿还以美元计算的老债务）。这是一种要在战争留下的混乱中创造出秩序的努力。珀西自然而然地控制了堤坝董事会的活动，这给他以权力。较之其他任何事业，这个董事会在这一区域花钱最多，从律师公费、债券佣金到印刷合同（这种合同规定，签了合同的这些报纸在其他报纸反对董事会时必须支持董事会，而且要把自己的存款放在指定的银行里——尤其是珀西担任董事的银行），什么事都归它管。

堤坝是绝对不会被遗忘的，但珀西同时也开始关注其他的需求，帮助铺设了一条从东到西穿越本州的铁路。它几乎马上就成为密西西比州 16 条铁路中最为赢利的，这在很大程度上是因为珀西也帮助它获得了公共债券的发行，用于它的扩展。[14] 最终，J.P. 摩根的"南方铁路"公司买下了它。

堤坝董事会和铁路很快就将珀西——而且在很大程度上是通过他——与三角洲的所有利益方、综合经济体、纽约和伦敦的金融市场、华盛顿的政治市场联结起来了。与此同时，他在密西西比州的影响力也在拓展，尤其是在种族关系、金钱和权力上。1879 年，当伊兹正在完成他的防波堤修建时，珀西的影响力还没有显示多少。当时三角洲只有不到 10% 的一小部分得到了开发。然而，一连串的事情正在打通珀西的道路。

这是一个镀金年代，是强盗大亨和华尔街操纵者的时代，是巨额财富和东部资金支配的时代。这种时代精神传播到南方，感染了南方的财富追逐者，他们现在希望用商业来做南方军队没做到的事情——击败北方，创造出一个"新南方"。由新奥尔良《德博评论》的主编詹姆斯·德博和《亚特兰大宪政报》（*Atlanta Constitution*）主编亨利·格雷迪这样的人主导，南方人把经济开发变成了一种神圣的呼唤。

武器仍然是棉花，既种植棉花，现在又把大型纺织厂弄到了南方。《孟斐斯每日呼吁报》称："较之以往任何时候……今天的棉花更具有重要地位。"[15] 格雷迪宣称棉花使南方"繁荣即将开始，其灿烂将超过以往任何时期"，[16] 他的报纸在头条赫然宣布："美国工业最为重要的分支就是棉花的生产和文化。"[17]

1880 年，格雷迪估计，从孟斐斯到巴吞鲁日，这一带密西西比河的 20 个县如果得到充分开发——未开发的土地主要在亚祖河—密西西比河三角洲，那么它们生产的棉花将超过 1880 年美国农作物的总产量，而这一年还是美国农业的创纪录大丰收，比战前的高峰年还要多收了 100 万大包。[18]

伊兹的成功使得格雷迪做出了这样的预言，密西西比河委员会的建立对防御洪水做出了承诺。这个委员会将制定标准，监管施工，向已经接近财政破产的各州和地方堤坝董事会提供资金。于是，那些在南北卡罗莱纳州建造纺织厂、在阿拉巴马州建造钢铁厂、在佐治亚州建造铁路枢纽站的北方资本和外国资本，突然在三角洲的棉花田里看到了利润。

伊兹的眼光看得更远。当他开始建造防波堤时，他注意到："要促进商业，两个巨大的中介是绝对不可少的……运输和金融，它们是如此的不可分离……运输或许可以还算合适地比喻为商业的骨头和筋络，金融则是商业的神经和大脑。"[19]

的确，在 19 世纪，运输和金融事实上是同一的。铁路就是资本，就是华尔街的物质化身和呈现。由于把新奥尔良变成了一个巨大的港口，伊兹的这些防波堤就迫使这种资本躬身来接近它，来建造一个与那些南方之河并行的铁路网络。哪里铺设了铁路，发展就跟到哪里。

对密西西比河沿岸土地最为重要的一条铁路就是"伊利诺伊中央"（Illinois Central）铁路，这家公司的总部位于纽约，那里的高管都是华尔街的重要人物。这是一种共生关系。19世纪70年代中期，这家铁路公司陷入了绝望的财政困境，于是它的董事们把一切都押在伊兹防波堤的成功上，将公司所剩不多的资源投在一条通往新奥尔良的铁路上。随着伊兹的胜利，"伊利诺伊中央"铁路公司的运输量在3年的时间内增长了5倍，利润也成倍喷涌。这条铁路的总裁施托伊弗桑特·菲什，称铁路伸向新奥尔良是"拯救"[20]了这家公司，承诺要把铁路伸向三角洲地区。（几年之后，"纽约中央铁路"公司的琼西·迪普要求知道菲什把生意从纽约"偷"到了新奥尔良的原因，菲什回答说："我只不过想为新奥尔良夺取回来，夺回纽约和其他北方港口在内战中和内战刚结束后从它那里偷走的东西。"）[21]

同时，珀西也帮助制定税收和土地政策，将各条铁路——尤其是"伊利诺伊中央"铁路——直接与河流创造的富饶土地联结起来。在"重建"时期的经济混乱中，三角洲的2 365 214英亩土地——几乎是所有的未开发土地，面积占到了整个三角洲的一半还多，因欠税而被州政府没收。[22]1881年，随着河流委员会激发了新信心以及棉花价格上涨，加上珀西在后台推动，州里就做了两笔巨大的土地交易。

首先，它把三角洲的774 000英亩土地卖给了一家尚未铺设一英里铁轨，也没有一台火车头的铁路公司。不过，这家铁路公司的确已获得了特许权和价值数百万美元的州税豁免。它最终成为了"亚祖河与密西西比河流域铁路"公司，简称Y&MV——因它的车厢为黄色，后来在蓝调音乐中被戏称为"黄狗"。"亚祖河与密西西比河流域铁路"公司完全属于"伊利诺伊中央"铁路公司，两个公司的董事也都是同一群人。

在第一笔交易完成的几周之后，州里又把706 000英亩的三角洲土地出售了，价钱是现金2 500美元，外加已几乎没有价值的原堤坝董事会的债券，而它们的面值也不过 45 954.22 美元。[23] 这片土地几经转手，最后归于"南方铁路"公司，由 J.P. 摩根控制。现在，大资本家们拥有了这片土地。这些人创造了巨额财富，现在又打算用三角洲来创造更多的财富。三角洲开始如鲜花怒放。

一个接一个的镇子围绕着小小的火车站台出现了。《玻利瓦尔县史》（*History of Bolivar County*）读起来如同是对"亚祖河与密西西比河流域铁路"公司发展史的单调讲述："1884 年铁路的修建，标志着玻伊尔社区的开始"；"1889 年 11 月 18 日，火车站台奠基于阿尔文·甘尼森的种植园，甘尼森首次看到了棉花田的明亮前景"；"伯诺特伊镇的生命开始于 1889 年，'亚祖河与密西西比河流域'铁路公司的铁路修过来了"。[24] 如果一个镇子不能吸引到铁路，或者是不能围绕着一个站台发展，它很可能就得搬家："整个孔科尔迪亚镇朝南搬了 3 英里，以接近大受欢迎的铁路。"[25]

发展是有回报的。这条河沉积下来的这片呈现出巧克力般色泽的肥沃土地上，出现的这些铁路动脉，就意味着金钱。这完全不同于那些穷白人在南方其他地方勉强度日的简朴生活，那种生活很贫穷，他们失去了自己的土地，被迫到工厂里去干活。在这里有实实在在的钱：运营铁路得到的钱，种植园主得到的钱，供应商得到的钱，棉花代理商得到的钱，甚至是黑人得到的钱。即使经历了 19 世纪 80 年代的一次萧条，"亚祖河与密西西比河流域铁路"公司仍然大获其利。它在扩张。1890 年时，它有 235 英里的铁路穿过三角洲；到了 1903 年，已有 816 英里铁路在三角洲内纵横相交，而且这种扩张仍在持续。铁路的一处延伸被称为"豌豆藤"，因为它的路线迂回，从一个种植园绕到另一个种植园，每个种植园都有自己的车站。如果某个种植园举行舞会，一个火车头就拖着一两节车厢在晚上开来，在其他种植园车站停下，让美女或她们的年轻男伴上车；如果她们还没有准备好，就等一等，然后把这些人送到举办舞会的种植园车站去，黎明时又把她们送回家。即使这看起来没有运输效率，但仍然利润丰厚。"亚祖河与密西西比河流域铁路"公司很快变得更为赚钱了，菲什透露这"超过了'伊利诺伊中央'铁路整体。"[26]

世界棉花供应的三分之二来自美国南方。密西西比河让三角洲土地那般肥沃，用不着施肥，它的产量就远远超过其他使用肥料的土地，甚至超过了阿拉巴马州的黑色沃土。三角洲的产量常常是其他土地的两倍乃至于三倍。由于气候和土壤的原因，三角洲的棉花甚至对棉铃象鼻虫有某种抵抗性。这种虫害于 1892 年从墨西哥进入了德克萨斯州，以每年 40 英里到 70 英里的速度朝东传播，对其他的南方农作物造成了灾难。

20 世纪初，世界各地的纺织厂主开始担心棉花短缺，英国和美国北方的投资者把更多的钱投入到三角洲。这里的发展需要三件事：防御洪灾，运输系统进入到腹地，以及劳动力。劳动力短缺越来越制约三角洲的发展，南方最缺劳动力的就是这一区域。

当然，在南方，劳动力问题避免不了与种族问题紧密联系在一起，也难解难分地与珀西家族要去创建的那个社会联系在一起。就劳动力问题而言，珀西家族比其他任何人都发挥了重要作用。

三角洲一直非常荒凉，一个人或一个家庭难以征服。从一开始起，定居者们就带来了奴隶和奴隶制。内战刚刚结束，密西西比州和其他南方州就试图以通过事实上是恢复奴隶制的"黑人法令"（Black Code）[27]来解决劳动力问题和种族问题。密西西比州的一项条款要求黑人必须签订每年的劳动合同，否则就以流浪罪逮捕。逮捕之后，地方政府又向合约商出售他们的劳动。国会对这样的法律表示愤怒，制定了"激进重建"（Radical Reconstruction），设立新的州政府抛弃这些法律，在南方白人与黑人之间用联邦军队设置了缓冲区。

珀西既意识到了经济上的问题，也知道必须接受新的秩序，于是提出一种解决方案。种植园主有土地但没有钱，黑人有劳动力但没有土地，他们也反对在工头的带领下集体干活，这类似于奴隶制和监工。所以，知道资金短缺，也知道让劳动力满意从而提高效率之重要性的珀西，就提出了分成制（sharecropping）。有人甚至认为是珀西发明了这种制度，当时其他南方州的报告也的确认为这种制度开始于密西西比州。[28] 种植园主提供土地，黑人提供劳动力，也获得一些独立。耕作得到的收益在理论上是五五分成（如果耕作者自己有骡子的话，则分得多一些），黑人与白人成了合伙人——尽管只是相对而言，未必真正平等。不管分成制后来被如何滥用，但由于这种制度暗示着白人与黑人的合伙关系，所以开始时白人不愿意而黑人表示欢迎。[29]

分成制可能有助于用另外一种方式缓解三角洲严重的劳动力短缺问题。种植园主和他们的劳动力中介找遍本州和南方的其他地方，招募那些原来的奴隶，承诺——也的确兑现——比其他地方要优厚一些的工钱和待遇。这种新的制度有助于吸引黑人，所以他们源源而来。密西西比州位于三角洲之外的一个县，单是一个三角洲种植园就从这里招募走了500名工人。密西西比州的哥伦布县靠近阿拉巴马州，一周之内就有100个黑人工人离开此地前往三角洲。阿拉巴马州的尤宁敦，有250个黑人搭乘一列火车前往三角洲。从弗吉尼亚州、南北卡罗莱纳州，到佐治亚州，数以千计的黑人奔向了三角洲。[30]

珀西对于种族仇恨带来种种低效率的敏感，还不限于提出了分成制。"激进重建"迟缓下来，联邦政府变得越来越不情愿用军队的刺刀来维护黑人权利。珀西如同绝大部分南方白人领袖一样，在努力从共和党人和黑人那里夺回权力上也变得越来越咄咄逼人，然而他不想把劳动力和北方投资者吓跑。在南方其他地方，民主党人靠杀害数以百计的黑人来夺回权力，三角洲民众也杀害了数十人；同时还恐吓成千上万的黑人不敢去投票，搞了大量的选举舞弊。不过，珀西却阻止了三K党在他自己的华盛顿县活动，这里没有杀害黑人的报道。有一次，珀西挤入人群，制止对一个据称杀了一个白人的黑人用私刑处死。他还以"融合"的标签向黑人提供了一些县政府的低级职位，征募卡西乌斯·克莱——肯塔基州的一个记者、战前的废奴主义者——去劝说黑人投票赞同他的计划。然后，他组织了一个"纳税人联盟"，它在密西西比州快速扩张，要求取消税收。尽管并不比选举舞弊要好，但珀西认为暴力只能是适得其反，造成了不必要的干扰。所以，比其他地方要平顺一些，民主党人这样"赎回"了华盛顿县。[31]

现在已是全州内一个强大力量的珀西，准备了一批捏造出来的弹劾状，用它们逼迫"重建"时期的最后一任州长阿德尔伯特·艾姆斯离开了密西西比州。不过，在当了一个任期的州议会议长之后，珀西就再也不去竞争公职了，甚至拒绝了让他担任美国参议员的任命（但他随后进行运作，让一个密友得到了这个提名）。他更喜欢在后台行使权力，集中精力于将这片河流孕育的土地转变为一个新的南方帝国。

就三角洲总体而言，尤其是就珀西的华盛顿县而言，黑人一直得到了较好的对待，至少与南方大部分地方相比是这样。珀西的一个黑人雇员杀了一个白人，但并没有被私刑处死，而是在法庭受审，后被无罪释放。1877年，一个黑人夸口杀了一个白人，结果一群白人暴民动用私刑处死了他，而县政府所在地格林维尔市的《时报》宣称："对于这次私刑，公众情绪给予了原谅。"[32]

对于公众情绪，一次更为重要的考验发生在1879年。当时出现了黑人离开南方的第一次大移民，他们"出埃及"前往堪萨斯州的"乐土"。在三角洲之外，密西西比州的白人对黑人的离开很高兴，一份报纸希望"成千上万的黑人最好仿效……让白人在密西西比州的每个县都占人口优势吧。"[33] 然而，在三角洲，种植园主们威胁要夺走船只和驳船，以阻止劳动力渡过密西西比河而离去。一个前州长呼吁创建地方委员会，

"用持续的警觉"来保护黑人权利，种植园主们的一次大会警告黑人，说黑人"在美洲大陆的其他任何地方，都将成为程度严重得多的被侵害对象"，这会远远超过三角洲。[34]

堪萨斯州被证明并非乐土。最终，从南方其他地方进入三角洲的黑人，超过了这里"出埃及"时离开的。危机结束了，这里的发展持续下来。

1888 年，53 岁的"灰鹰"——W.A. 珀西上校去世了。他用自己的手运作过这一地区的几乎每一种权力和投资。他的儿子利莱出来替代了他，而且，要做的将不只是那些。

父亲去世之前，利莱就已经是一个引人注目的年轻人。如同父亲，他通晓事务，也不是一个感伤主义者。他从田纳西州希瓦尼的南方大学（University of the South）毕业后，又就读于父亲和祖父曾求学过的弗吉尼亚大学法学院，并在一年时间内完成了三年课程，在自己 21 岁生日时当上了律师。巧得很，他的第一个重要客户就是本州的第二个堤坝董事会（第一个的总部设在格林维尔市）。这个堤坝董事会是在三角洲北部组织的，聘利莱担任律师，尽管他才 24 岁，而且并不住在委员会掌管的这一区域。到了 20 世纪初，他已经是一个著名律师了，自己几个种植园的面积已超过 2 万英亩，在父亲做过的任何事情上，他差不多都做到了。

利莱胸肩宽厚、八字胡须很神气，然而尽管才 40 岁出头，却已经满头银发。论长相不过是中人之姿，论个头是中等，但他就是引人注目。他的目光犀利冷静，情绪好时炯炯有神。他在长大的过程中已经习惯于人们原来是服从他父亲，后来则是服从于他了。他的举止暗示着自己的优越地位以及对方的服从。当他说话时，他希望别人重视他说的话，如果他们没有做到，那就是他们的错，而不是他的错。

在他的所有交易中，他都要寻求各种好处，包括很小的好处，而且从不留情。他兄弟的妻子曾经把她的手提袋忘在火车上了，他要求卧车公司的总裁偿还手提袋里放的 8 美元。[35] 他在威尼斯买了一件商品，后来觉得上面的字母组合图案"令人失望"，于是要求赔偿。去北卡罗莱纳州的一个度假地，他要求对方"价钱打折"，以"如果让我高兴了，这地方就会有很多人来光顾"作为回报。[36] 当他把第一条水泥路带到华盛顿县时，他确保道路必须直接经过自己的种植园。他也有期待：他哥哥自杀，当侄子考上斯坦福大学后，利莱用父亲般的口吻给他写了一封长信，信的最后说："好吧，如果你将来需要帮助，如果我处在一个可以提供帮助的位置上，觉得你应该得到这个帮助，我会帮助你的。不过我从不觉得自己有义务去照顾任何健全的成年人。"[37]

虽然他关注细枝末节的事情，可他也能够以宽广角度来看这个世界。他偶尔会陷入深深的闷闷不乐，有时会爆发不可解释的狂怒。他有激情，也能冷静，要看什么是人们所称的"最大的好处"，看牺牲什么东西或什么人来得到它。他具有一种反讽感，由此而有一种能够退后、远距离观看自己和自己这个阶层的能力。他反对律师必须去读法学院的规定，因为"它容易培养这个职业的势利，把穷人排除在外"。[38] 他曾建议他另一个要去欧洲的侄子："我觉得坐三等舱绝对是对的。我坐过许多大船，三等舱的那些乘客大部分是学校老师和年轻学生，他们比其他阶层的人要有趣得多。三等舱里能体会到友爱之情，也能见识到聪明才智，这在上面的高等级船舱中不多见。"[39]

106　利莱的父亲曾做过"伊利诺伊中央"铁路公司的律师，帮助建设了一条小小的铁路；而"伊利诺伊中央"铁路后来付给利莱的薪酬超过付给任何外部律师的，只有一个几乎是全职为公司服务的华尔街律师除外。利莱后来担任了 J.P. 摩根的"南方铁路"公司的董事。[40] 他的父亲曾担任过密西西比州议会的议长，还拒绝了美国参议员的职位；而利莱将与泰迪·罗斯福总统一起打猎，将成为美国最高法院三位法官（其中有两位是首席大法官）的密友，将成为美国参议员，成为一家联邦储备银行的董事、洛克菲勒基金会的董事和卡内基基金会的受托人。

1885年，利莱有了自己的第一个孩子——一个儿子。他以自己父亲的名字来为孩子起名：威廉·亚历山大·珀西。年轻的威廉与父亲的关系从来不亲密，但却崇拜父亲。他曾这样回忆父亲："他一年读一遍《艾凡赫》[1]……他类似于莽汉，更像'狮心王'查理，他看上去就很像……直到他临终那一天，他仍然神采奕奕。他是福玻斯·阿波罗[2]和天使长米迦勒[3]的融合。除了钉一颗钉子或开汽车，他什么事情都能做好。他对手枪和鸟枪都很内行。他是最客观最智慧的思考者。他能够像伊莉莎白时代的英国作家那样开怀大笑。他能够沉思和悲悯至额头流汗，你可以感觉到他的心在流血。他热爱生活，但也从来没有忘记生活是难以承受的悲剧。"[41]

儿子还回忆说："从来没有人会错误地以为他不危险。"[42]

年轻的威廉当然知道。他的父亲处于一张自己编织起来的巨大权力之网的中心，这张网从格林维尔市的中心出发，不仅延展至杰克逊和新奥尔良，而且更外扩至华盛顿、纽约，甚至伦敦。在三角洲，这张网从孟斐斯的陡岸重重地垂落下来，垂至维克斯堡的陡岸，密西西比河的水汽在它上面闪光。年轻的威廉也将躺在这张网中，他将陷在其中，被它所毒害。

---

[1] 19世纪初英国作家司各特创作的长篇历史小说，以12世纪末英国"狮心王"理查时代为背景。——译注

[2] 希腊神话中的太阳神。——译注

[3]《圣经》中提到的天使。在基督教的绘画与雕塑中，米迦勒常以金色长发、手持红色十字架或十字形剑与巨龙搏斗或者立于龙身上的少年形象出现。——译注

第8章

　　利莱·珀西对于自己打算去建造的这个社会有清晰的概念。它将是一个巨大的农业工厂，昂然进入新南方的最前部。它会仁慈一些，但在讲求效率上丝毫不会弱于北卡罗莱纳州的纺织厂或阿拉巴马州的煤矿。它会有富人、穷人和小小的中产阶级，但它会提供机会。它将是一个优越文明的繁荣之地。尽管珀西并非多愁善感之辈，但他期待这个社会将坚持荣誉准则，如果它由一个精英阶层来统治，那么这个精英阶层就要照顾这个社会中不那么幸运的人。

　　建造这样一个社会似乎是可能的。它的中心就在格林维尔市，这是一个从灾难中获得了优势的市镇：19世纪头十年的后期，大河洪水泛滥，一片接一片的老城区塌入河中。律师和棉花经纪人把他们的办公地点朝后撤，堤坝董事会和密西西比河委员会建造了一条新的堤坝，然后在上面浇铸水泥以防御河水冲击，这就形成了一处巨大的有几百码长的斜坡码头，使得这里成为孟斐斯与新奥尔良之间最为繁忙的港口。20世纪初，对棉花的需求持续增长，单是1900年到1904年这一时期，世界棉纺锭的数量就跃升了12%。1904年，新奥尔良贸易商的"多头集团"（bull clique）[1]就把每磅棉花的价格抬高到17.5美分，这是几十年来的最高价格，是6年前棉花价格的4倍。与此同时，格林维尔市的年轻绅士们终日戏弄，戏仿沃尔特·司各特爵士的作品[1]，把女士的围巾系到他们的长矛上，在骑马长矛比赛中疾驰狂欢，这样的生活直到第一次世界大战爆发为止。

不过，在珀西的理想社会实现之前，有一个问题一直存在：资金和运输上的需求正在得到满足，劳动力已经变成关键因素了。这条河创造了太多的财富，这片世界上最为肥沃的土地仍然是丛林。堤坝越来越高，资金正在流入三角洲，但却没有劳动力来开垦土地，而开垦出来的土地也没有足够的劳动力来耕种。尽管黑人从珀西所做的事情中拾得了一些好处，但缺乏劳动力的情况仍然存在。较之美国其他任何地方，三角洲中黑人拥有农场的比例可能是最高的，这些黑人农场主中，大量的人自己也有参与分成制的佃农。[2] 然而，即使是这样的机会，也没有吸引到三角洲所需要的劳工。珀西宣称："南方决不能把它的繁荣寄托在黑人身上。黑人的人数是不够的，而且工作质量有待提升。"[3]

所以，珀西开始寻找白人劳工的来源。他之所以这样做，不仅想要满足这一区域的劳力需要，而且想多多少少避开"黑人问题"。有一类白人他不招募：阿拉巴马州、佐治亚州或密西西比州山区中那些小农场里的穷苦白人，这些人因贫穷而被迫离开自己的土地。珀西不招他们有两个原因：他认为他们干活不如黑人；他也认为这些人的到来不但不会缓解种族关系，反而会恶化它。

于是，他和查尔斯·斯科特——此人可能是三角洲最大的种植园主——一起请求"伊利诺伊中央"铁路公司总裁施托伊弗桑特·菲什帮忙："我们没有足够的劳动力在已经清理出来的土地上工作。这种情况每年都在加剧……[我们]必须转向别的地方去寻找新的农场劳动力供应。"[4]

菲什大有理由帮忙。此时他与珀西已成为朋友，他们相互利用。菲

---

[1] 司各特在代表作《艾凡赫》中描写了骑士比武场面。——译注

什在权力和财富的氛围中长大，他是最早创建纽约市的荷兰人的后代，父亲汉密尔顿曾担任纽约州州长、美国参议员和国务卿（从 1910 年到 1994 年为止，在国会中，荷兰人后代一直是纽约一个区的代表）。菲什自己也掌管着几家银行、保险公司和铁路公司，是华尔街最精明、最有影响的人物之一。对于珀西来说，他的用处很多。反过来，珀西也在法律上和政治上帮助过菲什在密西西比州和路易斯安那州的铁路，这里是菲什的铁路公司赚钱最多的地方。当菲什和几个合伙人——合伙人中包括美国众议院议长"乔大叔"坎农，他是美国历史上最为独断专行的议长；还有参议员威廉·艾利森这位参议院拨款委员会主席——在三角洲开办一个大种植园时，他个人也帮过菲什的忙。[5]

除了个人关系，菲什还认识到，三角洲只有不到三分之一的面积得到了开发，开垦更多的土地将会大大增加"伊利诺伊中央"铁路公司的利润。这条铁路本身仍有几十万英亩的三角洲土地供出售；公司自身也有一个从 19 世纪 50 年代开始运作的土地处理部门，当时它得到了 250 万英亩的联邦土地划拨，这是联邦政府首次把土地给一家铁路公司。

菲什向斯科特和珀西承诺，"伊利诺伊中央"铁路公司将"想尽一切办法"[6]来寻找劳动力。另外，菲什还指示一个副手去收集可刺激移民前往"三角洲三个领先的种植园主处——约翰·M. 帕克、查尔斯·斯科特和利莱·珀西"的相关建议。[7]

珀西、帕克和斯科特都拥有位于格林维尔市城外的种植园，他们也常去欧洲，也都在纽约、华盛顿和新奥尔良的最高政治圈和社交圈中活动。斯科特要竞选密西西比州州长，帕克后来当了路易斯安那州州长，珀西后来成为美国参议员。他们的友谊，尤其是帕克与珀西的友谊，将成为一种轴心，三角洲发生的许多事情都是围绕这个轴心而转动。

这三个人有想法，"伊利诺伊中央"铁路公司的土地专员也有想法，他们一起交谈。土地专员在铁路通告上把这一区域的名称由"亚祖河三角洲"改为"亚祖河流域",[8] 以避免让人联想到洪水。他劝说荷兰、英国和德国的股东向自己的同胞介绍这里的机会。他派出了一列装载着三角洲土地物产的展览火车前往中西部。他让铁路公司赠送中西部农民数千张免费车票来考察三角洲。他去了爱荷华州、密歇根州、俄亥俄州、威斯康星州和其他地方,力赞三角洲的土地,散发了数万份宣传册。这个宣传册名为《冲积帝国的呼唤》,举的例子有齐人高的棉花和"一个示范性的展示——1英亩土地出产了220蒲式耳玉米"——在中西部,一英亩能产40蒲式耳粮食已经很不错了。

然而,这里的荒野仍未改变。创建农场仍然需要大量的经济投入,而铁路公司则忙于把自己的土地按照中西部农场的大小整块出售。密西西比州又有一些黑暗的东西,一些黑暗且深不可测的东西,人们不想冒险进入。所以,尽管经过了10年的努力,却仅仅只有几百户白人农民搬进了三角洲。

当时数百万外国移民涌入美国,填满了北方的城市和工厂,提供着廉价而优质的白人劳动力。珀西决定招募意大利人。19世纪70年代,三角洲种植园主们曾联合起来从香港和洲际铁路工地的劳工群中引入中国人。然而,中国人离开了田野,许多人去开起了小杂货店,单是在格林维尔市就超过了50家[9](顾客几乎全是黑人,中国人不会说英语,就给黑人一个指东西的小棍,去指所要买的商品)。不过,珀西并没有被这种失败所阻止。他决定招募大批意大利人到三角洲来。如果他们能够参与分成制并获得成功,那么成千上万人便随之而来。到了那个时候,三角洲就会如他所设想的那样成为一个人声鼎沸的巨大工厂,劳动力问题就迎刃而解,黑人问题也不复存在了。意大利政府同意合作,约翰·帕克劝说泰迪·罗斯福总统听一听珀西"在这个问题上的雄辩"。[10]

帕克和罗斯福有着相似的童年经历，两人是朋友。帕克当年是一个患有气喘的体弱孩子，学了柔道，从事繁重的体力劳动，饲养斗鸡，不去教堂。[11] 他长成了一个高而自傲、富有决断的人，发展得很成功，当上了新奥尔良棉花交易所和新奥尔良商业董事会的主席，还是"伊利诺伊中央"铁路公司的董事，来往于密西西比与他位于新奥尔良市花园区的府第之间。

通过帕克，珀西也成为了罗斯福总统的朋友。罗斯福了解南方，他的母亲出身于佐治亚州的一个贵族之家，他的两个叔叔曾为南方而战。他和珀西都喜欢打猎，珀西可以远至阿拉斯加去打猎，而罗斯福跑得更远。他们两人都坦率、幽默、迷人，有超凡魅力。无人能像罗斯福那样主导聚谈，其活力马上就充满了房间。不过，珀西的气场也没被完全盖过。利莱的儿子威廉就读于哈佛大学法学院时，见过罗斯福，评价道："并不算天才……但却是我在私人生活之外见过的最巨大的存在。"[12] 在私人生活中，威廉认为自己父亲更巨大一些。

珀西在帕克组织的一次猎熊活动中见到了罗斯福。这是三角洲荒野中一次金钱和权力的聚会，参加者包括总统、两位内阁部长、珀西、菲什和其他几个人（安德鲁·朗基诺州长原来也被邀请，但珀西与他就哈特福特保险公司的事情在议会发生了不快，所以就没有告诉他打猎的具体时间和地点，于是他就被抛下了）。[13] 这次打猎的向导是霍尔特·科利尔，他是出生在珀西家的一个奴隶。

打猎很残忍，但氛围亲密。猎狗把第一只熊逼入了一个高藤环绕的潟湖之中，使其进退两难。科利尔和帕克发现熊在这里，想让罗斯福首先开枪。所以，科利尔就缚住这只熊，以防它逃跑。罗斯福来了，但他拒绝开枪。帕克也不屑于远远地射杀。当猎狗在熊的前方跳跃时，帕克绕到熊的后面，把自己的猎刀刺入熊的胸部，刺中了它的心脏。[14] 当时是寒冷干燥的 11 月份，帕克站在那里，胸部起伏，双手滴血，靴子上满是泥，熊已经死了。*

　　这次打猎之后，珀西只要去华盛顿，就经常与罗斯福在一起吃饭了。在华盛顿，珀西和帕克可以在他们的朋友中看到一个极有权势的圈子：兼任众议院共和党发言人和众议院民主党领袖的约翰·夏普·威廉姆斯——来自亚祖市的一位种植园主，还有参议院拨款委员会的共和党主席和总统。帕克吐露他从来"没有直接向罗斯福总统提出过任何要求，因为这会让他尴尬"。相反，他和珀西都是走私下渠道去找坎农议长，"需要什么会明白的"。[15]

　　珀西引入意大利劳动力的尝试，很快就使得他必须去找自己这些有权势的朋友了。

　　这次尝试是在阿肯色州奇科特县那个面积超过 11 000 英亩的巨大种植园"桑尼赛德种植园"进行的，它从格林维尔市直接穿越密西西比河。1898 年时，这个种植园已经有了通往格林维尔市的铁路和电报线路，当时由格林维尔市的棉花代理商 O.B. 克里滕登公司接管。这家公司的合伙人是克里滕登、珀西和莫里斯·罗森斯托克。珀西并非是第一个引进意大利劳工的人。桑尼赛德种植园原来的主人在 1895 年就开始这样做，但仅仅几个月后，他就在纽约发生的一次事故中死了。当时疟疾和黄热病在三角洲肆虐，于是那个小小的意大利劳工群就解体了。

　　珀西打算接着做。他和斯科特亲自去意大利招募劳工，并且雇用中介来招人。所有这些加在一起，他们给三角洲带回来了数千名意大利人，这并不全是为桑尼赛德种植园招的。这些人被组织得很好，所以珀西在

---

*《华盛顿邮报》的一位漫画家画了总统拒绝射杀一只可爱的熊崽。这只熊就变成了"泰迪熊"。一家德国玩具制造商把几十只这样的填充玩具小熊送到了白宫，从而推出了这款产品，一直销售至今。——作者原注

1914 年就对《生产者记录》(*Manufacturer's Record*)夸口说，意大利人"在各个方面都优于黑人……如果鼓励这些人移民，他们就会逐渐取代黑人的位置，不会造成激烈的改变以至于让这个国家的一代繁荣瘫痪"。[16]

时间不长，三角洲 47 家种植园就有了多达 180 户的意大利农民。[17] 珀西的朋友和邻居阿尔弗雷德·斯通是一位农业科学家兼社会科学家，此前曾在《美国经济学会出版物》(*Publications of the American Economic Association*)上写道："这一区域的每一步发展都依赖于黑人人口的增长，并以此为标志。"[18] 现在，斯通则复制珀西的看法："让一个黑人很好地种植和管理自己田地的边缘——庄稼的尽头、沟渠的边等等，这是很困难的。而意大利人则精明地利用自己所租的每一英尺土地，哪怕是没法使用犁的狭小地方，他也会用锄来耕种。"[19]

然而，意大利人并不认为这次尝试很成功，因为南方不欢迎他们。最为痛苦的事情发生在 1891 年，当时一个腐败的新奥尔良警察局长卷入黑手党内部的竞争，结果被杀。审判此案的陪审团可能是被贿赂或被吓住了，无罪释放了那些凶手。第二天，这座城市的许多年轻领袖——包括约翰·帕克——发出了"行动号召"。于是人们冲进监狱，把 11 个意大利人以私刑处死了，包括那些刚刚无罪释放者。这起事件并非孤例。一年后，路易斯安那州的哈恩维尔又有 3 个意大利人被私刑处死；1899 年，路易斯安那州的塔卢拉又有 5 个意大利人死于私刑；1901 年，就在珀西自己的格林维尔市外边，又有 2 个意大利人被杀。[20]1907 年，在密西西比州的又一起暴力事件之后，意大利政府要求进行调查。州长告诉美国国务院：这个死者罪有应得，因为他是"一个非常肮脏、下等的意大利人，属'达戈'[1]一类，爱说闲话……导致［其他人］不满意自己的工作"。[21]

---

[1] Dago，这是对意大利人、西班牙人和葡萄牙人的蔑称。——译注

尽管桑尼赛德种植园的一些意大利人赚了钱——在6年时间内,一个家庭就积攒了15 000元现金,但大多数人却陷入了债务泥潭,生活越过越穷。珀西对他的佃农也不客气,不管他们是借1个月还是借12个月,对任何预付款都收取"公平"的10%的年息。这在密西西比州是常规,但在阿肯色州则属违法。不过,当他的经理人警告他,"我觉得我们有点冒险……[佃农们]在对这件事进行深入调查",他就不再这样做了。[22]

一个意大利人写了标题为《不要到密西西比来》的小册子进行抗议,说意大利人在那里只会发现"奴隶制和黄热病",并在新奥尔良和意大利散发这本小册子。[23]1906年12月,桑尼赛德种植园的一座谷仓爆炸起火。[24]这是纵火,意大利人学会了那些贫穷白人的报复举动。

作为回应,人们开始带着枪在桑尼赛德种植园巡逻。一些意大利人被殴打,一些人跑掉了。紧张态势持续升级。

一个劳工中介想帮助桑尼赛德种植园中一些心怀怨恨的意大利佃农到别处去,珀西警告他:"对我这一方的不友好态度,将是对你自己的伤害。"[25]当珀西得知桑尼赛德种植园的一些意大利劳工已经到了格林维尔市火车站台后,他告诉其他的种植园主不要接收他们,并派人去把他们恐吓回来。[26]

联邦法律禁止"劳役抵债"——也就是逼迫人干活来偿还债务,珀西对此打擦边球。联邦法律还禁止以合同的形式预付旅行费用将外国劳工带进来,珀西觉得自己找到了其中可加以利用的漏洞,但更有可能是违反了此法。

于是,珀西的合伙人克里滕登就越过法律的边界。一天,两个意大利佃农走进他的办公室,告知要走,去阿拉巴马的煤矿干活,并答应把欠的钱赔上。这两个人出来后,克里滕登带着一个格林维尔市警察跟上他们,强行把他们从火车上拖下来,送回了桑尼赛德种植园。

1907年春天,意大利劳工的抱怨被意大利大使巴龙·埃德蒙多·德斯·普兰契得知。为了说服他，夺回自己所习惯的对局势的控制，珀西、查尔斯·斯科特、施托伊弗桑特·菲什和其他人邀请大使到桑尼赛德种植园来看看。珀西向大使展示那些种地有利可图的意大利农户，向大使一一指点现代轧棉机、铁路、医生办公室——医生出诊去了——还有专用于天主教仪式的场所。其他人则巧妙地让大使得知珀西的妻子卡米尔也是天主教徒。接下来，在成熟程度已经超过了其小小面积的格林维尔市，珀西在"镜子饭店"宴请这群人。这家气派的饭店就是两个意大利人开的——他们在此地的地位类似于新奥尔良的安托万家族。珀西这个高雅迷人的主人优雅地款待客人，看来是赢得了大使的心。大使走时，握着珀西的手说："珀西先生，我向您保证，我们会给你送意大利人来的。他们不仅会成为优秀的农民，而且会成为很好的第一流的美国公民。"[27]

大使向珀西展示的是外交面孔，他还有另外一面。他目光锐利，看得深入。他看到了意大利佃农中许多人住的是棚屋，看到了指配给每户的长长棉垄，还停下来尝了尝几乎是不能喝的水。他知道了很多内幕。回到华盛顿后，他报告说："桑尼赛德种植园的意大利移民是一架活人生产机器。他们比黑人的经济状况要好一些，比黑人的待遇要完善一些，但如同黑人一样，他们仍然是一架机器。"[28] 他要求美国司法部进行调查，特别要求由玛丽·格雷丝·奎坎波丝来进行这次调查。

玛丽·奎坎波丝坚强、非常公正，然而又奇怪地天真和脆弱。她继承了一份中等程度的财产，在纽约创立了"人民法律事务所"（People's Law Firm）来保护外国移民，作为一个个体，承担着很大的个人风险。她曾在佛罗里达州的松节油与木材劳工营中发现那里实际上是处于奴隶制，并把证据交给了司法部。司法部对此立案起诉，然后聘请她担任了美国第一位女性检察官。[29] 她与利莱的斗争将导致联邦法律被用来对抗珀西与罗斯福的友谊，而且事实上是针对整个南方社会。

从一开始起，珀西与奎坎波丝就是一种互感魅力、相互欺瞒、相互试探，甚至又相互尊重的关系。奎坎波丝于 1907 年 7 月来到格林维尔市，出于个人和职业两个方面的原因，珀西殷勤待她，特地为她举行了宴会，并写了一些热情的介绍信，介绍给阿肯色州州长 X.O. 宾达尔和查尔斯·斯科特。不过，珀西也给斯科特写了一封私信警告他，说奎坎波丝的询问将是"没完没了，单调乏味"，要想办法阻止她"随意与意大利人交谈"。[30]

在饭桌上，奎坎波丝也同样以伪装示人，想欺瞒已经解除防备和正在解除防备的这些客人。她说自己很欣赏珀西夫人，想知道珀西夫人能不能陪她去桑尼赛德种植园。然而，她已经派了一个秘密调查员到桑尼赛德种植园去了，去寻找对宴会主人不利的证据（这个调查员因擅自进入被抓了起来）。不久，她亲自去了这家种植园，晚上睡在佃农那种门窗都没有玻璃的棚屋里，被蚊子围着咬，喝因铁锈而变红的水。

她带着对不道德行为的指控回来了，但告诉自己的上司："珀西先生看来是一个正常行事的人。"[31] 她要求珀西改善种植园的条件，重新拟定与佃农们的合同，珀西也答应做一些改变。不过，当奎坎波丝要求珀西做更多时，他拒绝了。与此同时，奎坎波丝威胁珀西的一个劳工中介，说此人违反了契约劳工法，会被判长期监禁，除非他从实招来，帮助她的调查。这个人如实招了，他的招供涉及珀西本人。

珀西对此马上作出反应。奎坎波丝的笔记，包括与一些潜在证人的交谈记录，在她位于格林维尔市考恩宾馆的房间里不翼而飞。然后，这些材料被"重新找到"（珀西的嘲弄之语），归还给她。找到这些材料并归还给她的人叫托马斯·凯金斯，是一个退休的国会众议员，是珀西的亲密助手。珀西看来是要告诉奎坎波丝，她动不了他，她没这个能耐，不仅在三角洲动不了，在华盛顿也动不了。

此刻，珀西本人正与罗斯福总统一起，在孟斐斯参加有史以来最大的河流大会。参加这次大会的人数超过了一万，密西西比河上游流域每条河沿岸的支持者们，都在期待巴拿马运河的开通，梦想着与南美和东方的直接货运。罗斯福的高亢声音回响在会议大厅内，他赞许那些帝国的基础建设，呼吁修建宏伟大坝来发电，搞灌溉工程来开发干旱的西部和治理洪水。罗斯福宣布："国家的整个未来已到关键之时。"[32] 人群爆出一阵接一阵的欢呼。然而，罗斯福自己的陆军工程兵团却试图——而且会——阻止议会通过他的计划。

接下来，罗斯福在帕克的种植园休息了一周，打猎、钓鱼、聊聊政治。珀西也与总统一起待了几天。[33]

奎坎波丝知道珀西与罗斯福的友谊，这对她形成了很大的压力，但这也迫使她做下去。她不会被吓住。相反，她义无反顾。此前，她给司法部部长查尔斯·波拿巴写信，说"桑尼赛德种植园的情况并非是我所理解的劳役抵债。佃农们有利可图，而且常常利润颇丰"。[34] 一位司法部部长助理也来调查桑尼赛德种植园，没有发现任何系统性的残忍与邪恶。"我们在这里看到的一些事情，在别的州也存在。"[35]

现在，奎坎波丝又回到桑尼赛德种植园，与一户佃农家庭住了一个晚上。一个工头喝止她进入这处种植园主的地产，她拒绝服从，说除非珀西本人书面告知她离开。清晨天亮之前，一个年轻黑人带来了珀西写的纸条，让她离开。

她走了，但也给珀西写了一张纸条，谴责他这种"不值得信赖、没有绅士风度的行为"。这样两条谴责是最能激怒珀西的，但也揭示了奎坎波丝作为女性与职业角色间的一种微妙平衡。不过，奎坎波丝仍然宣称："我完全有权利走进桑尼赛德种植园，任何时候都有"，她警告珀西不要干涉"我作为政府官员的职责"。[36]

9 天后，奎坎波丝作出了一个更为强烈的反应。她于 1907 年 10 月 25 日这天给司法部部长查尔斯·波拿巴打了一个电报："O.B. 克里滕登因劳务偿债被逮捕。"[37]

一年之前，三角洲经历了密西西比河的一场大洪水。尽管数万英亩的土地被水淹没，但堤坝总体来讲守住了。珀西要尽力抵挡住前面这个洪水敌人，同时也知道奎坎波丝现在是他身后的敌人了，她不仅能够威胁到他个人，而且能威胁到整个三角洲与金融市场及华盛顿的关系。

奎坎波丝证明了自己是一个强有力的对手。她并不满足于司法部的分量，还用上了媒体。北方和华盛顿的报纸对奎坎波丝那些坦率的爆料很敏感。这是一个"扒粪"时代[1]，而且如同所有时代一样，媒体都愿意揭丑闻，曝光邪恶，把权势者拉下马。这让珀西忧虑。

不过，玛丽·奎坎波丝只是抓住了一件把柄，而且在当时算是相对较小的把柄。为了阻挡她的进攻，珀西会使用一种大得多的东西当作盾牌，这个盾牌就是密西西比州黑人的命运。她原本指控他的那件事严重得似乎是一颗超新星，但实际上只是像一盏街灯那样微不足道。

珀西在种族问题上并非改革者。去年圣诞节时，佃农们签 1907 年合同，他警告自己的工头：黑人认为他"对劳工粗暴……此时的错误对于让这个地方有足够劳动力会是致命的……现在就要避免你以后不会想去做的事情"。[38]珀西曾经让他放过"一个对这个地方做了很多伤害、名叫托勒的黑人。你如果当场发现他那样做，我并不反对你对他狠"。如同其他种植园主一样，珀西事实上也买卖黑人佃农，以替他们付清债务来要求他们当自己的佃户。他曾这样给另外一个种植园主写信："如果你愿意让他离开的话，我愿意付清他的债务。我其实不愿意就此事给你写信，但

---

[1] 19 世纪下半叶，美国报刊出现了 2 000 多篇揭露实业界丑闻的文章。美国总统西奥多·罗斯福把从事揭露新闻写作的记者挖苦为"扒粪男子"，记者们也就自称"扒粪者"。——译注

此人说你的惯例是，任何时候只要他们感觉不满意就可以离开。如果你同意让他走，就给我打电话吧。"[39]

如同这个时代他这个阶层的许多人一样，他虔信社会达尔文主义，认定黑人无法与白人竞争。他曾说："即使是那些接受了较高教育的黑人……随着时间的推移，因'适者生存'的无情作用，也必然会失败。"[40]

这使得珀西与当时的主流思想相对立。罗斯福则将社会达尔文主义与社会福音运动调和起来，谴责"恶性竞争"，倡导社会福利工作，但仍然用竞争来界定一切，即使是友谊。他曾这样谈到一个网球伙伴："如果是一种只能有一个人活下来的情况，他知道我很可能会把他作为二人中的较弱者杀了。所以，崇拜我这一点吧。"[41]尽管他与布克·T.华盛顿[1]一起在白宫吃饭时，因南方之事而起了怒气，他还是对布克说，自己想"看到南方回到［与国家其他部分的］完全共融之中"；又补充说，与社会达尔文主义相一致，"黑人……也必须与其他人一样，抓住自己的机会"。[42]

珀西同意这样一种情感。正如同阶层其他人一样，认为黑人享有平等社会地位的想法是不可接受的。如果说他认为黑人会输掉这场竞争，那么，他也相信每个人都必须加入到这场竞争中来，他也将黑人视为这样的人。

117　　这使得他与众不同。他的"特雷尔湖种植园"发生了白人管理者与黑人佃户之间的冲突，他找来了被他称为有荣誉感和值得信赖的黑人佃农刘易斯·利瓦伊，对他说："我指望你为这个地方的利益，用你的手发挥影响，你说过会这样做的。我希望当我回来时会发现事情已经解决了……"对于那个白人经理，珀西则居高临下地指示他："你得让尽可能多的人感到满意……对待利瓦伊和其他你认为与你作对的黑人，要如同

---

[1] 美国黑人政治家、教育家和作家，曾任塔斯吉师范及工业学院的首任校长。——译注

待其他人一样，给他们平等的机会来做按日计酬的工作，诸如此类。"[43]

这样一种对公平竞争的强调，很快就失去了支持。1903 年，密西西比州选詹姆斯·K.瓦达曼这个"伟大的白人首领"当了州长。他成为密西西比州第一个在"说到做到"的意义上实现了种族仇恨之政治的人。此人个子很高，头颅硕大，一头黑色长发如披风垂到肩上，总是身着洁白的西装，各方面都拿捏得很到位，对所有人都具有超凡魅力和煽动性，对自己的许多竞争对手和敌人则像恶魔般恐怖。

作为州长，瓦达曼提高了对白人教育的支出，对铁路和公司这些珀西的客户进行监管。但珀西开始时是支持他的，因为他们在堤坝董事会任命上意见一致。不过，珀西也看不起瓦达曼，他曾对一个朋友说："与瓦达曼的根本麻烦，就在于他发自内心地认为金钱是一种必须提防的邪恶……认为斯巴达人般的简朴、品德和贫穷，这些是要努力去争取的美德。这些全都出自一个没有受过训练的头脑，但要与经济问题搏斗，还要显得有原创性……在野蛮原始与华尔街的行事作风之间，我相信他宁可倾向于野蛮原始。"[44]

瓦达曼的确开始展示出真正野蛮原始的一面了。他指责让黑人受教育是"真正的不仁慈，因为这反而让黑人显示出他们不适合规定给白人的工作，被逼着去干"。另外，他认为让黑人接受教育也没有意义，"如果让黑人去享受公民的那些特权，就会让他们不满足，结果会害了他们。"他称黑人是"懒惰、撒谎、好色的野兽，不管什么训练都无法把他们转变为可以容忍的公民。"[45]

珀西不仅被瓦达曼的这些话，也被这些话赢得的支持所震惊，他觉得该是作出反应的时候了。在密西西比州律师协会于维克斯堡举行的一次会议上，珀西做了一个引人注目的演讲。在这次演讲中，珀西为将要到来的一场漫长的种族战争有意做了准备，这场战争将持续到他生命的结束乃至其后。他认为自己的立场代表着文明和正派，而瓦达曼的立场则代表着邪恶。不过，他的立场中也有着个人利益的考虑——即使引入意大利佃农的尝试成功了，三角洲也仍然需要黑人劳动力，而瓦达曼却在威胁要把黑人赶走。不过，珀西认为这种利益上的考虑与道德上的考虑是完全一致的。

最终，密西西比河将显示出，在种族问题上，珀西的个人利益与道德准则并不一致，这条河将迫使他在这二者之间做出选择。此时，珀西在种族问题上的看法，如同这个国家中任何主流人物的看法一样进步。

珀西以这样的话来开始他的这次演讲："一个人应热爱他的国家，一个真正的爱国者将谦卑地致力于自己的职责，在可能是命运给他定下的地方担负起公民的义务。"所以，他现在要行动起来。他接着说："一种错误的言论，常常被身处高位者重复，如果允许它长期传播而不被否定的话，很快就会成为不证自明的真理而流传……很多这样的错误言论在南方都变得流行开来，尤其是在密西西比州，尤其是在黑人及其教育问题上……'教育在毁了黑人'，这样的言论每天都可以听到……我不认为任何人会因磨炼自己的智力、拓展自己的精神视野而变得更坏。"珀西的演讲很长，它肯定了让黑人接受教育以及公平和诚实地对待他们的道德理由，也指出了虐待黑人也是在毒化白人的事实。对黑人要进行教育的另一个原因就是经济。"黑人必须得到教育，"他最后说，"这不仅仅关乎公正，也关乎南方的工业化发展。"[46]

他的演讲产生了影响。雅各·迪金森，这位前美国司法部长助理和"伊利诺伊中央"铁路公司的法律总顾问——珀西形容他为"典型的南方人"[47]——把珀西的这场演讲的抄本送给了罗斯福。

罗斯福早就信任珀西，并且尊重他。珀西也喜欢罗斯福。就在几周之前，珀西曾到白宫短暂停留，与罗斯福见面。罗斯福很友善地接待他，请他第二天午餐再聚。吃饭时，罗斯福聊打猎，聊自己与爱德华·哈里曼的斗争——珀西也很了解哈里曼，从此人担任"伊利诺伊中央"铁路公司的副总裁时就了解他。总统最后笑了："珀西，的确，我喜欢这位凯撒大帝，他是个好人。如果你在芝加哥把他压了下去，他还会率领他的选区，而那位沙皇就不会。那人只能做一个超然派的总统。"[48] 罗斯福完全理解南方正在活跃的那些政治力量，完全理解珀西正在给自己头上招来的风暴，他把珀西的这个演讲交给了《展望》。《展望》是这个国家的进步刊物，它发表了珀西的演讲。1907 年 8 月 11 日，罗斯福给珀西送去一张便条，说："我由衷地为你的文章欢呼。我很长时间以来就相信，这个国家的每个地方都有一些错误要补救……补救它们的唯一有效办法……［就是］支持一个脚踏实地、做得很好、很有智慧的人。亲爱的先生，作为一个美国人，我觉得我欠你一个人情债。"[49]

就是在这样一种关系中，发生了对珀西合伙人的逮捕事件。

助手被捕后不久，珀西去了华盛顿。当他需要在华盛顿采取行动时，他通常或是依赖自己的国会代表团——里面有众议院民主党领袖，或是去找议长坎农。但是这一次国会帮不上忙，只有两个人管用——司法部部长或总统。

所以，珀西首先见了司法部部长查尔斯·波拿巴。这次见面结果不佳。珀西给家里写信道："我相信他在这件事中一定是尽量找麻烦。"[50] 只剩下罗斯福了。

珀西从未求总统办过事，如同他曾对一个来找自己帮忙的朋友所说过的那样，他不想"让社会交往成为得到政治好处的基础"。[51] 不过，他对去与罗斯福讨论政策问题没有犹豫。就在几天之前，珀西曾劝说帕克和他一道去请求罗斯福帮助南方那些银行渡过 1907 年的大恐慌。[52] 无论是不是因为他们的请求，罗斯福的确拨了 5 000 万联邦存款放入这些银行。[53]

现在，他来拜访白宫了。[54] 罗斯福知道他这次来访的主题，马上就接见他。珀西为这次会见所做的精心准备不亚于任何法庭辩护。他不会把生意与友谊搅在一起，不会去谈关于打猎和双方共同朋友的任何事情。他递上一份概要，解释说："您已经充分意识到了引入移民的必要，将他们引入密西西比州、路易斯安那州和阿肯色州的三角洲部分是绝对必要的。这里的田野只有不到三分之一得到了开发，它的开发完全受制于劳动力的缺乏。"

他指责说，玛丽·奎坎波丝正在威胁这样的移民引入，这是由于她"根本上和显而易见的无知……她仅仅得到了很有限的信息，然而并不存在与这种有限信息相一致的任何基本状态、任何习惯做法、任何形式的合同，或者是任何谷物交纳制度"。珀西引用了她报告中的一些具体错误，包括对桑尼赛德种植园收益的很夸张的过高计算，这是因为她令人震惊地错误认为这个种植园一年能种两季棉花。

珀西没有请求总统撤销要起诉他合伙人的那个大陪审团，他说他不害怕法律，但奎坎波丝也无视法律。珀西这样说："她的态度就是一位'大方夫人'散发施舍的态度，是一个博爱的人道主义者、一个空谈家，想要去清除她所发现的任何贫困……但没有去分辨这种贫困是由于不公正的待遇或压迫，还是由于不可避免的条件和环境所导致。这个世界就是这样，是一个严峻的世界，移民的痛苦根源在此。"珀西这样强调，"甚至不仅仅是南方，整个世界都这样，适者生存。"珀西接着说，他并不害怕法律程序，但却忧虑于媒体。奎坎波丝正在把她的报告一点一点地透露给媒体，华盛顿的报纸已经在暗示会有一场"轰动性"起诉，南方的报纸也在转载这样的文章。

珀西提出了三项要求。首先，他认为"此时发表一份不利的政府报告，对于确保引入移民的任何机会都会是致命打击"，所以要求"不要发表［她的报告］，在事实查清之前，政府不要采取任何行动。"第二，他要求派"拥有实际理解的人"来进行一次调查。第三，不要再把奎坎波丝派去南方了。[55]

罗斯福认真听着。他还是欣赏奎坎波丝的,当佛罗里达州的国会众议员对她关于松节油劳动营的调查大发怒火时,罗斯福一边倒地支持了她。就在不久之前,他还把报道奎坎波丝触犯南方木材商利益的剪报送给司法部部长波拿巴,并加上了一条批语"很有意思"。[56] 不过,罗斯福也信任珀西,这种信任不容易建立,也不会那么轻易放弃。

思考片刻,他给了珀西想要的回答:奎坎波丝将被移出这次调查,在证实之前不会公布她的报告。[57] 接下来,总统邀请珀西一起进餐,珀西谢绝了。[58] 很少有人会谢绝与总统一起进餐的邀请,能够得到这种邀请的人本来也就不多。这也正是罗斯福喜欢珀西的地方之一。[59]

狭义而言,珀西成功了。密西西比州杰克逊市的一个联邦大陪审团拒绝起诉克里滕登,尽管来自法官的控告几乎是要求他们要这样做。奎坎波丝被重新分配工作,她那份报告的所有副本都从司法部档案中撤除了。

几周之后,珀西邀请施托伊弗桑特·菲什和雅各·迪金森到他的桑尼赛德种植园去玩,"鱼儿正肥,薄荷茂密,暖风吹拂",[60] 他这样召唤他们。

与此同时,罗斯福也请哈佛大学历史学家艾伯特·布什内尔·哈特来调查桑尼赛德种植园。在一封同时表达着对女权主义之疑虑、对调开了奎坎波丝之忧虑、对自身力量有限之焦虑的信中,罗斯福这样写道:"我对〔她〕判断不坚实,过于兴奋和感情用事很不安……问题在于,在这些南方种植园,我们面对着一种非常令人迷惑的情况。有着声名狼藉的暴行——这些暴行如果发生在牡蛎湾或剑桥,就一定要采取严厉措施;然而在它们的实际发生之地,那里的环境,那里的生活习惯,当地人的心理感受,都是如此鲜明的不同,以至于我们事实上是生活在不同的年代。在努力去实施法律时,这些是不得不考虑在内的,光靠陪审团无法保证这一点。"[61] 哈特进行了调查,认定珀西无罪。

然而，实际上珀西还是失败了。国务院把奎坎波丝的报告秘密转给了意大利政府。意大利政府在全国各地的铁路站台上贴出公告，警告移民不要前往美国密西西比河三角洲。奥地利政府则干脆禁止移民前往那里。

1892 年至 1906 年，有 800 万外国移民来到美国，但只有 2 697 人声称密西西比州是自己的目的地。[62] 大部分意大利人是被珀西的努力所带过来的，此后人数将会变得更少。

对于密西西比，人们感觉到一种黑暗面，这黑暗面甚至超过了南方其他地方。不过，这里还会变得更为黑暗。

珀西得出了结论："意大利移民没有成功……这主要是因为三角洲的人太多年习惯于与黑人劳动力打交道了，不再适合与其他任何人打交道了。"[63]

可是，三角洲仍然急需劳动力。1907 年，棉铃象虫肆虐于密西西比河一带，三角洲也遭灾，但却没有其他地方那样严重，因为三角洲的气候和土壤使得棉花对这种虫害有一定的抵抗力。对三角洲棉花的需求一个劲地在增长，珀西挖苦地说道："没有劳动力了……没有劳动力来开发［本州］了。密西西比人自己压根儿没有干活的想法，而上帝的这片绿色大地上又没有其他任何人想要来，也没有人静下心来想想这种所说的可怕前景到底是什么。"[64]

珀西要从河的手中夺取土地，要创建他的社会，他比以往任何时候都更需要劳动力。然而，在南方，劳动力总是以这种或那种方式归结到种族问题上。珀西想要避开这个麻烦黑坑，但无论是从中西部招募独立的白人农民，还是从欧洲招募同意分成的佃农，他都失败了。三角洲的未来，珀西这些白人的未来，都比以往任何时候更为需要黑人种族，不管白人或黑人中有多少人反对，都是这样。

第9章

1903 年，也就是瓦达曼被选为密西西比州州长的那一年，甚至连
W.E.B. 杜波依斯这位当时被视为激进分子的黑人伟大领袖，也称赞这是
"最好的南方白人公众意见的代表"，还补充说，"某些部分未充分发育的
民族，应该由他们较强大较优秀的邻人中最佳者来管理，这对他们自己
有好处，直至他们能够单独启程去打一场世界竞争之战时为止。"[1]

事实上，杜波依斯是呼吁像利莱·珀西这样的人来保护黑人，免受
正在出现的南方煽动性政客和暴民之害。为了吸引劳动力来创建他的社
会，珀西也是这样做的，而且有所成功。珀西的朋友阿尔弗雷德·斯通
告诉美国经济学会："如果有人问我，对维护三角洲种族关系的良好，最
有效的单一因素是什么，我会毫不犹豫地说，这里缺乏一个白人劳动阶
层，尤其是农业劳动者……这里没有小型［白人］农场，没有城镇，没
有制造业工厂，没有贫穷白人的立足之地。如果不说是完全不存在的量，
他们在这里也是微不足道。"

这使得三角洲不是乐土。这里私刑猖獗，甚至珀西自己的华盛顿县
也有发生，它们存在于这一地区数目呈压倒性的黑人人口之中——黑人
在某些地方超过了人口的 90%。三角洲堤坝劳工营中的残忍在整个南方

也是少见的，这些劳工营常常位于丛林之中，与世隔绝，一两个白人掌管着 100 个所谓的"世界上最鲁莽、最恶劣的黑人"。[2] 这个评价出自威廉·亨普希尔，他是一个来自北方的年轻工程师，曾在格林维尔市上游和巴拿马运河工作过。他发现这些劳工营如同地狱："如果你见过一大群蠓虫聚集在一起，你就可以想象这里有多少蚊子……我在我的铺盖中打死过一只蓝纹蝎子。"不过，他发现最为暴力的是"这些黑人堤坝劳工相互射杀的方式，真是令人害怕。昨天晚上就有一个黑人在掷骰子游戏中被射杀了，而这甚至没有使游戏停止。如果一个白人工头在干活时射杀一两个黑人，这绝非骇人听闻之事或罕见之事，干活不会停下来……法律的长臂没有伸到这里"。[3] 曾有一个堤坝承包商甚至把一个"仁慈者"——因他虐待骡子而罚他款的一个白人——杀害了。在堤坝工地，骡子比黑人值钱。黑人堤坝劳工中流传着这样的说法："杀了一匹骡子，再买一匹；杀了一个黑人，再雇一个。"[4]

不过，三角洲至少给黑人提供了相对的希望。印第安纳州的罗伯特·R. 泰勒法官是密西西比河委员会的成员，他指出这些堤坝能使民众在开采这条河所带来的财富的同时，也让"黑人可以改善他们的处境……不少的黑人、越来越多的黑人正在购买土地，正在变为独立的耕者……南方没有其他任何地方给黑人提供了这样好的机会，唯有这片被开垦的密西西比低地在提供，也没有其他地方的黑人会如此努力工作以求改善自己的处境"。[5]

珀西和那些与他一道支配此地的人——尤其是掌管华盛顿县的人，的确做了一些特别之事——至少在那个时代而言是如此。在很大程度上是由于珀西——他是一家银行的董事会成员，而且对其他成员有影响力——放款人在向黑人提供贷款上相当痛快。到 1900 年时，黑人已经拥有了三角洲所有农场的三分之二，这可能是整个美国境内黑人拥有土地的最高比例。[6] 在很大程度上也是因为珀西，格林维尔市有了黑人警察，有了一个黑人治安法官，市里的邮差也全部是黑人。[7]1913 年，美国人口统计局得出结论：种植园体制在"亚祖河—密西西比河三角洲较为坚实地固定下来，超过了南方其他任何地方"。[8]不过，即使是佃农分成制也提供着机会。阿尔弗雷德·斯通建立了一个农业试验站来开发较好的棉花。作为一个社会科学家，他一直对自己这些佃农的情况进行一丝不苟的记录（他后来还使得密西西比州成为美国第一个实施了制定销售税的州）。1901 年，斯通这个种植园中的佃户，在扣除了所有费用之后，平均收入为 1 000 美元，1903 年也大致有 700 美元。[9]

三角洲之外的密西西比州，就与这幅画面明显不同了。在那些地方，白人将黑人逐出土地，烧掉黑人的谷仓，鞭打他们，逼迫他们贱卖财产，杀害他们。[10]密西西比州的一个县，有包括警长在内的 309 个白人因此被起诉，有些镇子自夸"没有黑人了"。更为严重的是私刑以几乎难以理解的恶意而爆发。

对这种仇恨，州长瓦达曼一再地火上浇油。尽管他曾派出军队去阻止过一次私刑，但他竟然说，黑人受到私刑，是否有罪无所谓，"因为好的［黑人］极少，坏的太多，很难说是哪些人……对于支配种族的荣誉造成了危险，要把这种损害消灭掉为止。"[11]他有一次宣称："杀掉地球上每一个阿比西尼亚人[1]，我们这样做是正当的。这是为了维护高加索人[2]家园的荣誉不被污染。"还有一次他说："如果必要的话，本州的每个黑人都应该被私刑处死。这样做是为了维持白人至上。"

珀西此前就批判过瓦达曼的种族迫害行径，最为坦率的就体现于罗斯福非常喜欢的那篇演讲。然而从那以后，瓦达曼的调子越来越凶狠。当瓦达曼开始角逐美国参议院的位子时，珀西就行动起来阻止他得手，

---

[1] 指黑人。——译注
[2] 指白人。——译注

抨击他的种族主义观点"邪恶",谴责他利用种族言论"来点燃他那些听众的情绪和仇恨,期望由此得到一些卑劣的选票"。[12]

开始时,瓦达曼想与珀西和解,给他写信道:"我亲爱的珀西……我相信我能够以很突出的多数票当选,我不想被逐出这次机会……我希望你来看看我。"[13]

不是去帮瓦达曼,相反,珀西致力于帮助约翰·夏普·威廉姆斯在1908年击败瓦达曼。威廉姆斯是国会众议院的民主党领袖,在民主党全国大会上发表了主旨演讲。他也能打动群众。然而,在118 344张选票中,他只以648票的微弱优势胜出。单是三角洲一地,当时的黑人至少就有171 209人,白人人数为24 137人。当然,只有几百黑人——如果有这么多的话——去投票了。

尽管瓦达曼输了,但他改变了密西西比州的力量对比。这个改变并不那么非常明显。在三角洲和华盛顿特区,珀西的力量仍然可以感觉到,如同一块人们可以摸到的强健肌肉。甚至连本身在三角洲也拥有一个种植园的威廉姆斯也向他表示敬意。当威廉姆斯的儿子——一个在麻省理工学院获得了学位的工程师,需要介绍业务时,他觉得自己的影响不够,于是给珀西写信:"我希望你能[为我的儿子]给三角洲的人写一些信……这样他就可能有一个公平的机会来提出他的主张。"[14]在华盛顿,密西西比州的另外一位参议员安塞姆·麦克劳林,也请珀西就一件私人事务向罗斯福总统打招呼。[15]珀西也乐于让总统给这位参议员一个人情。即使罗斯福离开了白宫,珀西的影响力也没有结束。尽管有着来自工程兵团的反对,珀西仍然能够安排格林维尔市堤坝董事会的工程师查尔斯·韦斯特被任命为密西西比河委员会的五个成员之一。[16]国会众议院议长坎农和参议员艾利森也一直倾听他的意见,尤其是在堤坝问题上。有一次,基于珀西的要求和保护堤坝的需要,坎农甚至不惜违反资历原则,将一位国会众议员从一个委员会中调出,用另一人来代替。[17]

吊诡的是，在三角洲与华盛顿之间，在密西西比州首府杰克逊市，珀西的力量却变得受限了。在密西西比州的东部山区，在这个州东南角的松树林区，在这个州的中部和西南部，那些白人小户农民在山区农场中艰难度日，他们要付出双倍的努力才能产出三角洲土地上棉花产量的一半。所以，他们怨恨那些三角洲大种植园主，怨恨那些拥有了数万英亩冲积土地的外国和北方投资者，而且也因为这些种植园主的饮酒——密西西比州于1908年通过了禁酒法令——和赌博等对上帝缺乏敬畏的普遍行为，而怨恨他们，还因知道那些种植园主看不起自己而怨恨。这些选民选出来的州长很少会与珀西结盟。一位州长曾被劝说使用他的职位来"鞭打"珀西和他的那些朋友："你不能与他们调和，要保持你的自尊。他们不需要任何东西的。"[18]

于是，珀西就被迫后撤到三角洲。他在这里有足够的选票来轻松击败任何对手。他只想从这些州长手中得到一件东西：他们任命堤坝董事会的成员，他想对这些任命有发言权。一般而言他有发言权，尽管不得不通过第三方来表达诉求。

然而，河流并非唯一正在兴起的威胁要淹没珀西的三角洲的力量。不是用堤坝，而是珀西自己必须把这股新力量挡住。

1910年，参议员麦克劳林在任上去世，留下两年任期没有完成。密西西比州议会要选出他的继任者，当时靠前的候选人就是瓦达曼。

珀西仍然尽其所能来阻止瓦达曼升入参议院，因为他想要建造的一切都会因瓦达曼而陷于危险。瓦达曼威胁到了"这个州的幸福和种族之间业已存在的和平关系"，珀西抗议说。击败瓦达曼将是一场"生死之战"。[19]这一次，珀西决定自己来竞选这个位置。

竞争的关键在于：并非公开投票，而是密室交易和背后运作才决定谁是赢家。为了与瓦达曼的压倒性分量抗衡，珀西与瓦达曼的那些竞争者和敌人在一种共同战略上联合起来了。首先，他们决定，尽管州议会中没有一个民主党人，尽管议员们使用议会大厅来投票，但议员还是要作为党团正式开会选出一个民主党的提名者，这可以无记名投票，所以一个议员就可以投票反对瓦达曼而不引起他那派的愤怒。只有在正式选举参议员时——此时选举已经批准了，他们在法律上才作为一个立法机构而开会。瓦达曼的支持者们马上就谴责这种做法是"秘密党团会议"。第二，为了削弱瓦达曼的力量，他们鼓励那些受拥戴的当地候选人也来竞选。第三，他们同意那些出局的竞选者劝说自己的支持者，不要转为支持瓦达曼，而是团结在那个看来最强的瓦达曼的对手身边。

在第一轮投票中，瓦达曼得到了 71 张票，比票数最接近的对手多出两倍还多。珀西得了 13 票。然而，瓦达曼的对手们一共得了 99 票，瓦达曼没有赢得多数。

战斗开始了。

这在杰克逊市成为大景观。密西西比州的这个首府也是刚刚成为一个城市，1900 年时它的人口为 7 000 人，1910 年达到了 21 000 人。尽管街道还未经铺砌，但汽车已很常见，马匹和骡子对其已不再害怕。街面上也有了木板人行道，在腐烂之前能用上几年。巨大的石头建筑正拔地而起，百货公司里的西装最贵的卖 125 美元一套——这是绝大部分密西西比州教师一年的工资。在爱德华兹宾馆住宿一夜要 2 美元，这可不便宜，珀西的竞选团队在这里要了几个套房。尽管州法令禁止饮酒，但无论是珀西的总部还是柠檬宾馆——瓦达曼这个禁酒主义者将此地作为总部，威士忌都畅行无阻。然而，只有珀西才有真金白银。他与他的兄弟沃克和威利——两人是伯明翰市和孟斐斯市的著名律师，特地到杰克逊市来帮珀西——他们代表着许多在南方做生意的大公司。

这里是有生意可做的。密西西比州议会是一片沼泽，"胆小而三流"，[20]满是贪图小利的猥琐人物。然而，正是这种猥琐和贪婪才让反瓦达曼联盟聚合起来达 6 周之久。这些人进行投票,平均每天一次还多。这 6 周是狡辩、饮酒、出卖灵魂、做交易、出售选票和腐败的 6 周。议会因狂欢节而暂时休会,数十名议员坐"伊利诺伊中央"铁路公司的火车回新奥尔良,有些人无疑是拿着珀西提供的车票——虽然这样做是违法的。到了一个节点,议员们把党团会议休会,改成立法机构开会,通过了一项法律,设立了 79 个新的县级检察官职位,这样,反瓦达曼的州长就有更多的职位可用来买选票。然后,它作为立法机构休会,再开党团会议。

瓦达曼得到的选票从未少于 65 张,但也从未超过 79 张。不过,支持者开始朝珀西靠拢了。竞选者一个接一个地出局,但他们仍然在对抗瓦达曼。在珀西得到了 57 票之后,这个反瓦达曼联盟决定一致支持他,珀西现在单独与瓦达曼对阵。他坐在议会的地板上,对身边自己的竞选经理说:"克伦普,让我们见个分晓吧。"[21]

珀西赢了,票数是 87 比 82。瓦达曼在大厅里奔突狂叫,说他的对手们"如同吞没了我的黑夜一样黑暗"![22] 接下来,党团作为立法机构开会,正式选出珀西担任参议员,票数是 157 票赞同、1 票反对。反对的这一票并非来自瓦达曼,而是来自约翰·C.凯尔,他不想留下分裂民主党的先例。

第二天,也就是 1910 年 2 月 25 日,珀西在晚上 7 点零 5 分回到了格林维尔市。有两个铜管乐队在火车站迎接他,男人和女人们挥舞着牛铃欢呼,烟花爆响。游行开始了,手举火炬的男人走在前面,身后是铜管乐队,其后跟着格林维尔市当时拥有的全部 26 辆汽车组成的车队,最后是游行者。成千上万的人站在街道两旁观看,似乎整个三角洲的人都聚集于此了,大大超过了格林维尔市本身的人口。场面一片混乱,"人群如一片海洋,从楼上阳台的栏杆上危险地大幅度晃动,大声欢呼格林维尔市的这位受拥戴者",[23]《孟斐斯商业诉求报》这样报道。有十几个人发表了讲话,但一个也听不清。奇怪的是,这种狂热并没有让珀西感到兴奋，他坐在汽车中，精疲力竭，朋友们都担心他会倒下。当他站起来时，人们的欢呼震撼了欢迎大厅。珀西让人们平静下来，举起双手说道："我今天晚上不打算做一场政治演讲，这并不是因为我累了，而是因为我没有必要做。我在家乡是跟朋友们在一起。我离开你们已经7周了，这几周就像几年那么长。今天晚上我懂得了以前我不懂的东西，我从来没有想过我竟然能够以这般方式懂得'甜蜜之家'真正意味着什么。"

在华盛顿，不仅约翰·夏普·威廉姆斯，而且罗斯福和雅各·迪金森（他原是"伊利诺伊中央"铁路公司的法律顾问，现在担任陆军部长），以及爱德华·怀特（最高法院首席法官，在新奥尔良那家不对外开放的波士顿俱乐部中与珀西是常年牌友），这些人都让珀西感觉自在。

然而，就三角洲事务而言，他并没有赢得多少喘息的时机。一年半之后，他将不得不再次面对瓦达曼，这次是在全州范围内初选。

当珀西开始在华盛顿感觉如同在家时，瓦达曼开始在让人害怕的巨大人群面前进行竞选了。他宣称："这是一场两类人到底谁才至高无上之争。一种人辛辛苦苦生产了这个国家的财富，另一种是收割了这财富的少数宠儿。我期待以密西西比州从未有过的最大优势来取胜。"[24]

与此同时，《杰克逊民主党星条报》（*Jackson Democrat-Star*）称："秘密党团会议……是我们州府中以前从未上演过的最可耻的政治闹剧。"《哥伦布电讯报》（*Columbus Dispatch*）宣布——它说得并不错，瓦达曼的败选"是因代表着这个州的各家公司……掌管着这个州财富的那一百来号人所致"。《月桂分类账》（*Laurel Ledger*）谴责道："多重影响在［瓦达曼的落败中］达到了顶峰。"[25]

接下来，一个叫希欧多尔·比尔博的州参议员登场了。这个后来当了全国参议员的人曾公开使用诸如"犹太佬"（"kikes"）、"拉丁佬"（"dagos"）和"黑鬼"（"niggers"）这样的语言（在1995年的"百万人大游行"中，路易斯·法拉堪将比尔博的名字作为种族主义的象征），他指控珀西的一位支持者曾想贿赂他去投珀西的票。被指控者轻轻松松就被宣布无罪——陪审团只用了18分钟就做出了裁决，但这个案件本身加重了人们对党团会议的反感。比尔博宣布自己要参选副州长。竞选开始了。

这里面潜藏着种族问题。要坚守参议员席位的珀西，却与他人不同。在几个月的时间里，珀西一直没有组合竞选组织，一直显示出政治上的迟钝。《纽约时报》的一位记者形容珀西与其对手相比是"温和而高贵，彬彬有礼"，对这些人是"居高临下而又友善"，而在这一切之下是"他对自己身份和金钱的估计"，可是，"他因这种显赫而对大众傲慢"。[26] 更为糟糕的是，利莱在一次演讲中将黑人与贫穷白人相提并论："他们说我是格林维尔市的一个大贵族，对普通民众毫不关心。我的地盘上的老百姓，白人、黑人都有，他们一辈子都生活在我那里。我一直照顾他们，我会继续照顾下去。"[27]

在三角洲之外，愤怒的人群质问珀西，他的那些黑人仆人是怎么回事，为什么要在安息日打猎，是不是常去教堂，是否饮酒，他的妻子为什么信天主教，等等。

珀西对此报以蔑视。这些人是农民、盎格鲁—撒克逊人，而珀西家族的人则认为自己出身贵族，是征服盎格鲁—撒克逊人的诺曼人的后裔，是莎士比亚笔下"热刺"哈里·珀西[1] 的后裔。[28] 的确，在一次集会中，珀西的儿子威廉"俯视这些衣衫褴褛而粗蛮无礼的听众，他们无知而又猥琐，听他呼吁他们公正对待黑人……他们就是那些对黑人实行私刑的人，把恶行当成才智，把狡猾当成聪明，出席了宗教仪式之后就到丛林中打架和私通"。[29] 珀西自己的一次演讲，就曾被这些人呼喊："瓦达曼真棒！""比尔博真棒！"所打断，他称这些人为"蛮牛"和"红脖子"

---

[1] 莎士比亚剧作《亨利四世》中助亨利四世登基的贵族哈里·珀西爵士。——译注

（redneck）[1]。

于是，瓦达曼就用戏讽来回应。他坐着牛车来出席集会，他的支持者也开始戴红色领巾。"我们就是没文化！我们就是红脖子！瓦达曼就是棒！"[30]这些人这样欢呼。

1911 年 7 月 4 日，珀西在劳德黛尔泉向一群极为愤怒的人们发表演讲。他很不愉快地与比尔博共用此地的一个讲台。5 000 人在他面前狂呼。他的儿子威廉曾这样形容当时的场面："当父亲站起来讲话时，他遇到的是一片嘘声、喝倒彩、嘶叫和'瓦达曼！瓦达曼！'的吼声……这喧嚣已是疯狂，无法忍受……我欣慰地看到比利·哈迪膝盖处佩带着手枪。父亲面对着这片下流的混乱，礼貌地停下来等待安静，然而他没有等到，他皱起了眉头。紧接着，他爆发出愤怒的冰冷斥责，他嘲笑他们是不敢听他讲话的胆小鬼，让他们继续下去。"[31]

130 最后，人群安静下来。珀西很熟悉竞选中所有这些下流卑鄙，他没再演讲，而是释放出一串串尖锐言辞，首先针对的是瓦达曼。然后他尖锐地转身对着比尔博，称他为撒谎者，严厉斥骂他。比尔博的脸红了。珀西将自己站在比尔博旁边，比作从一堆垃圾中捡起了一只"斑纹毛毛虫"要咽下去，"试一试我的胃有多坚强"。[32]最后这个嘲弄，引发人群的一阵阵哄笑。[33]

瓦达曼在 1911 年的初选中得了 79 369 票，在珀西显出弱势时参选的查尔顿·亚历山大得了 31 490 票。现任参议员珀西得了 21 521 票。比尔博相对轻松地竞选成功。

一个人承受的压倒性失败莫过于此了。泰迪·罗斯福给珀西写信说："我亲爱的参议员，我肯定，如果你知道那些在公共生活中名副其实是绅

---

[1] 美国南部的贫穷白人农民，脖子晒成红色。一般认为他们无知又顽固，所以此词意为"乡巴佬"。——译注

士的人——他们在这个国家一些完全不同的地方，比如马萨诸塞州的亨利·卡伯特·洛奇……是怎样谈论你在参议院的表现，你一定会感到高兴。从这个国家的角度来看，你的落选是一个灾难。"[34]

在南方的其他地方，像瓦达曼这样的人——或者是比他更糟糕的人——也在赢得选举，比如佐治亚州的汤姆·沃森、阿拉巴马州的托马斯·赫夫林、南卡罗莱纳州的本·蒂尔曼。（罗斯福与布克·T. 华盛顿在白宫共同进餐时，蒂尔曼却在警告说："我们可能有必要杀一千黑人，他们才会重新找准他们的位置。"[35]）

珀西这个阶层的人是以他们自己的利益和阶级利益来进行统治的，但他们有荣誉准则，他们顶多只有一些针对个人的憎恨。他们胜过那些将要替代他们的人，那些人的灵魂阴暗。这个世界中的珀西们，这些贵族，这些"波旁家族成员"，这些"最好的"白人——甚至杜波依斯也期待他们给黑人提供保护——仍然控制着南方的金钱，但只是在三角洲一条窄窄的区域内，只是在路易斯安那州仍然控制着政治。1911 年，在密西西比州的 79 个县中，珀西只保住了 5 个县，这些县全在三角洲，不到三角洲的一半。只是在华盛顿县，珀西才赢得了绝对多数票。珀西的帝国，南方所有旧贵族的帝国，全都收缩为一个县。

其至密西西比河也给家乡带来了变化。1912 年，河水的上涨超过了以往任何一年，在许多地方都溢了出来，在别的地方则是冲决而出。在格林维尔市，珀西帮助组织了与洪水的搏斗，坚守在抵挡洪水的前线。然而，就在华盛顿县上游，《纽约时报》报道说，一个手头的沙袋全部用完了的工程师"命令……几百个黑人……躺在堤坝上面，紧紧挤在一起。黑人服从了。尽管水浪一阵阵从他们身上冲过，但他们挡住了河水溢出，那可能会发展成为可怕的决口。他们就这样躺了一个半小时，直到新的沙袋运来"。[36]

这些黑人是罪犯，《纽约时报》称这个做法"漂亮"。然而，珀西不赞同。对他而言，人作为经济单位（economic units）是与其他人竞争，而不是与沙袋竞争。他不会让类似的事发生。当地的报纸对此不提。带着新的精力，珀西致力于在三角洲坚守自己想要的那个社会，至少是在华盛顿县。

在最后那次离开参议院后，珀西给一位朋友写信："如果我能够保持我居住于此的美国这个小小一角——它在政治上相对干净和正派，适合每个人在此居住，在这样一种状态中，他可能不羞愧于将此传给他的子孙后代。我将完成所有我已经开始在做的事情。关于'射星星'（shooting for the stars），人们写了很多，但我从来没有多想过这样的射击术……我更认为，瞄准一件你可能射中的东西是最好的。在今天，保持密西西比州的任何一部分的干净正派，不会有人认为这件事过于微不足道。"[37]

第 10 章

利莱·珀西事实上已经塑造出了一个引人注目的世界，一片位于毁坏和混乱之海中的一个孤岛。然而，它并非没有内部矛盾，而是同样有着开拓与世故的不同侧面。

第一次世界大战爆发时，三角洲仍然是南方的荒凉西部，这片土地的 60% 以上仍是荒野，仍有熊出没于玉米田，仍有狼攻击牲畜。[1] 如同美国西部，而不同于南方那些早已有人定居的地方，这里教堂很少、学校很少，酗酒的人很多（尽管有着全州范围的禁酒法令），暴力事件很多。暴力与冲动到处都是，在这片无边无际的沃土上繁殖。站在这片开发出来的土地上，一个人看到的是辽阔天空，他得站直了，挺起胸脯，让自己与天空比高，否则就可能陷到泥淖中去。无论黑人白人，三角洲的人一般都不逆来顺受。密西西比州的凶杀率高于全国其他地方，而三角洲的案发率又要高于密西西比州的其他地方。[2] 州监狱中，75% 的三角洲黑人囚犯是因杀人或企图杀人被定罪，这个比例比三角洲之外黑人中的囚犯比例还要高一倍。[3] 白人也杀人。珀西·贝尔法官注意到，在州禁酒令颁布之前，"开枪杀人相对集中地发生于［格林维尔市］酒吧一带，但几乎没有任何白人被起诉或受审"。[4]

与此相矛盾的是，棉花却也创造出来了一个精英阶层，这些人把儿子送往哈佛大学、普林斯顿大学和康奈尔大学，自己也去周游世界。1914年，格林维尔市的几位种植园主去德国拜罗伊特观赏每年一度的瓦格纳艺术节，因一战爆发而滞留那里。[5] 一战结束之后，随着棉花价格飞涨，最好的三角洲土地每英亩能卖到1 000美元，让珀西的土地一下子——虽然只是短暂地——具有了按今天美元折算的几十亿美元的价值。即使是新奥尔良的社会精英也认为格林维尔市与众不同。列奥尼达斯·普尔是新奥尔良一家银行的总裁，也是波士顿俱乐部中珀西的常年牌友，有时还与珀西一起打猎，他是"国王"，是1925年的"狂欢节之王"。他的女儿搬到格林维尔市去时，他对她说："你就要和这个世界上极有贵族派头的人在一起了。"[6]

20世纪20年代，格林维尔市已是"三角洲的女王之城"，有了12英里的铺砌街道，人口达到了15 000人，傍河而居。市中心充满活力，满载货物的驳船停靠在那片水泥码头，货栈堆满了棉花，货车和跛骡拉来了各种日常用品。城里有一家法国餐厅和两家意大利餐馆，有24小时营业的咖啡店、保龄球馆、台球室和电影院。那些最大牌的演艺界人士，包括恩里科·卡鲁索和艾尔·乔逊[1]定期到市里的歌剧院乃至更大的人民剧院演出。[7]格林维尔市的华人不少，形成了帮派之争。[8]四层楼的考恩宾馆是密西西比州最好的。"盔甲包装公司"（Armour Packing Company）是孟斐斯与新奥尔良之间区域内最大的肉类加工商，把新鲜肉类送到三角洲各地，乃至于山区乡村。市里的三家棉花交易所各有专用电报线通往利物浦、新奥尔良、纽约和芝加哥。"格林维尔棉花打包厂"（Greenville Cotton Compress）是珀西拥有的一家大厂，将原棉打包，然后直接卖给国际买主。每天有14列火车抵达格林维尔市"亚祖河与密西西比河流域

---

[1] 前者为著名的意大利男高音歌唱家，后者是美国著名歌手、电影演员。——译注

铁路"公司的车站，另有 6 列抵达"哥伦布与格林维尔"铁路公司的车站。4 家榨油厂——最小的那家也占了城市两个街区——把棉籽压碎榨油。6 家锯木厂忙于加工顺河放排至此的大堆原木，最大的两家每天生产 15 万英尺的木板。[9]

此市最专属的娱乐场所就是"天鹅湖俱乐部"（Swan Lake Club），这是一家位于市区外的射击俱乐部。三角洲内任何一个具有会员资格的人都已经是它的会员，方圆 100 英里内的其他人都不被允许入内。"格林维尔乡村俱乐部"（Greenville Country Club）新开张，它与"密西西比俱乐部"（Mississippi Club）为社会地位优越的家庭服务，而且不同于其他城市——包括附近的格林伍德市，这两家俱乐部都有犹太人会员（只有"花园俱乐部"不接纳犹太人）。"乐土俱乐部"（Elysian Club）是一幢两层楼的黄砖建筑，有宽大的门廊，以舞会而享誉整个三角洲。它举办舞会时，电扇前放上 300 磅重的冰块，通过吹风给舞厅降温，前面还设有树篱用来藏玉米酿制的威士忌酒，布鲁斯音乐的创始人之一 W.C. 汉迪常来这里演奏。"埃尔克斯俱乐部"（Elks Club）在社会等级上则要低一点，主要是打牌者聚集，一家"旋转"俱乐部也大致如此。违法经营的酒吧很少，但酒却很多。人们用褪色纸袋装威士忌，悄悄走到街角暗处，或者是直接喝，或者是掺上一点可乐或水。有一家俱乐部是只有珀西和少数一些绅士光顾的：市郊有一位美丽的浅肤色黑人女性，她的女儿们也同样美丽，而且肤色更浅。[10] 这位女士优雅迷人，珀西常常光顾她家。珀西和其他绅士常常在这里待到很晚，通常是打牌。

格林维尔市的人口一半以上是黑人，有两个黑人街区。如果这个街区的年轻人进入了另一个街区，就会惹出麻烦来。新城位于市中心以北，按照一个黑人的说法，这里的"黑人也想染上城市风尚，自命不凡"。[11] 城市的南边更多的是工人阶级。大部分黑人在河上干活，或者在锯木厂，要不就是在白人家当仆人。早上 6 点钟，街面上就忙碌起来了。女仆、

134

厨子和司机忙着赶往白人家去干活。市中心边缘的两座建筑中，也有几位黑人医生和牙医的诊所在内。还有一家黑人开的印刷店，一个黑人经营的报摊——主顾全是白人——几家黑人殡仪馆经营者，以及黑人补鞋匠。有一家黑人银行，主要存款来自只为白人服务的黑人妓女。这些妓院位于市中心东边，靠近"百老汇"和"纳尔逊"，就在黑人社区为之骄傲的那座小而华美的石质建筑——西奈山教堂——的对面，生意繁荣。走过去一个街区，就是黑人的电唱机音乐酒吧、台球房和赌博房了。这里有酒，有女人，有布鲁斯音乐，也有刀子、剃刀和手枪。[12]

每逢周六，市中心挤得水泄不通，来自本县四面八方的白人和黑人都涌来购物或看热闹——融入社会生活，一家杂货店可以卖出 1400 个冰淇淋筒。年轻人领着自己的女朋友到"康提厨房"（Kandy Kitchen）去买糖果吃，这家店的对面则是一个叫"激情之角"（"passion corner"）的地方。[13]

在 20 世纪 20 年代，格林维尔市是一座繁荣兴旺的小都市，而且如同大部分港市一样，比起附近那些社区更具世界性。不过，真正让格林维尔市与众不同的，是珀西和那些愿意与他结盟者在这里留下的独特印记。

格林维尔市的学校体现着这种与众不同。1920 年，这座城市在每个白人学生身上投入 85 美元，是密西西比州教育开支第二慷慨之地所投入费用的两倍，而 5 个山区县在每个白人学生身上的支出不到 5 美元，有一个县只有 2.75 美元。[14] 格林维尔市学校的教师和设施都很出色，这样一个小城市培养出来了数量超乎寻常的作家，其中包括利莱的儿子威廉·亚历山大·珀西和侄孙沃克·珀西*，还有大卫·科恩、艾伦·道格拉斯、贝弗利·劳里、查尔斯·贝尔和谢尔比·富特。[15]

---

* 沃克·珀西及两个兄弟是利莱侄子的孩子，他们是孤儿。利莱的儿子威廉收养了他们。——作者原注

就黑人而言，格林维尔市的学校相对而言还要更特别一些。城市在每个黑人学生身上支出 17 美元——另外一个地区只有 68 美分。[16] 当时许多密西西比州的政客反对教黑人孩子算术和阅读，而格林维尔市的公立学校甚至教黑人学生拉丁文。[17] 黑人高中的校长莉齐·科尔曼想尽办法让教师和学生出色，她让每个教师每年为学校募集 150 美元，还说"我并不相信什么种族熔炉之说"。[18] 但她知道怎样让学校生存下来。周一到周五，她从两家黑人店铺购买食品，周六则从华盛顿大街的白人威尔·里德那里买牛排。这家店的牛排要贵一些，不过她不是太在乎。由于她与白人建立了良好关系，当黑人教师们向校监 E.E. 巴斯提出，在学生面前不要叫他们的名字时，巴斯同意在学校里称他们"先生""夫人"或"小姐"。格林维尔市也是好几个黑人兄弟会组织的州总部所在地，包括"皮提亚人"（Pythians）和"共济会"（Masons）。珀西甚至代表这些黑人兄弟会组织与一个白人兄弟会组织打了一场官司，而且赢了。

另外，在决定支持何人竞选公职之前，珀西和其他几个白人通常会与黑人社区领袖见面谈谈，征询一下他们的意见。尽管格林维尔市很少有黑人能够投票，但这个过程的确让他们在选举中有了一定的发言权。[19]

不过，如果说格林维尔市体现了珀西的价值观念，那么这种体现却是胶合板中最薄的那层。到了 20 世纪 20 年代，这座城市的发展已经超越了他。他曾对一个搬走的朋友说过："我们这座城市在人口上增加了一些，在舒适性和吸引力上增加了很多。然而，在你所知道的那个可爱的已逝年代，却有更多的男人和女人有个性、有性格、有魅力，今天是比不上了。"[20]

人口上的一个改变，就是密西西比州山区白人的到来。三角洲的繁荣把他们吸引来了，榨油厂、锯木厂、办公用品店和肉类加工厂把他们召来了。山区是那些选举了瓦达曼和比尔博的白人的家乡，他们带来了不同的价值观念，三 K 党随他们而来了。

20世纪20年代，三K党在美国有很深的根基，因为其种族主义、反天主教和反犹太人的立场。不过，它不仅代表着偏执，而且代表着一种要在变化的海洋中找到锚定之地的愿望，一种要把广阔世界缩为立锥之地从而自己可以理解的愿望。那些生活在20世纪20年代的中年男女，他们经历了太多的变化，超过了美国历史上其他任何一个时代的人们。

这个国家正在跨入现代，又在抵挡现代：罗伯特·戈达德正在展示火箭的实用性，有声电影来到了银幕上，收音机第一次将这个国家联结到了一起，甚至电视都要出现了。还有全国性的广告宣传、全国性的品牌、全国性的时尚和连锁店——1923年麻将牌的销量超过收音机，而伍尔沃斯公司开了1 500家分店。[21]

与此同时，美国似乎又是另外一个国家：原教旨主义者正在排斥科学，想要把讲授进化论定为非法；全国性的禁酒令来到了，它的通过体现着一些最奇特的人和事的结合；道德家和强健派基督教的力量正在出现，而相信人的可改造性、相信合理的"人类工程学"[1]可以控制人之行为的进步派，其力量濒临死亡。

这个国家的两种特性之间存在着张力——一方面蓬勃进取，另一方面因循守旧，由此产生了一些更为基本的变化。19世纪也有巨大的变化，但那是一个确定和规则的时代，自然法则显得确凿和肯定。虽然科学开始威胁到了对上帝的信念，可是进化论仍然承诺了一个美好的未来。名言"适者生存"的提出者赫伯特·斯宾塞宣称："理想之人的终极发展就是逻辑上的确定。"[22]

然而，20世纪则是一个没有确定性的世纪。1905年，阿尔伯特·爱因斯坦发表了相对论，倾覆了机械论宇宙观。很快地，工程的可靠性让

---

[1] human engineering，此词多译为"人体工程学"，此处译为"人类工程学"较吻合所指。——译注

位于物理学的"不确定性原理"（uncertainty principle）。1909年，西格蒙德·弗洛伊德来到美国马萨诸塞州伍斯特，在克拉克大学演讲，向美国人展示了没有什么事情是它表面上看起来的那样。与此同时，美国女性正在赢得选举权，大量女性进入劳动力队伍，迫使人们甚至对性别也要重新认知。

随着这个世界原有智力基础的改变，它的精神支柱倒塌了。一种新的性快感在这个国家弥漫。1908年时，妇女长裙及地；1915年，出现了"轻佻女子"一词；[23] 到了1924年，已有及膝短裙。[24] 汽车和收音机改变了人们对时间和距离的感受。汽车也为人们的寻欢作乐创造了更多机会。1919年，只有10%左右的汽车是封闭式的；到了1927年，封闭式汽车已占到82.8%。[25] 爵士乐挑逗、粗野、淫荡。19世纪时，美国的每所学校实际上都使用《麦加菲识字课本》（*McGuffey's Readers*），这个课本对道德教育也同样重视，里面就有乔治·华盛顿和樱桃树的故事。泰迪·罗斯福任总统期间，《麦加菲识字课本》不再受欢迎了，奥玛·海亚姆的《鲁拜集》热销了数百万册，而它歌唱的是诱惑、青春和无限的存在。社会评论家马克·沙利文曾说："20世纪20年代，许多美国成年人都把自己读到奥玛那句'我自己就是天堂和地狱'的那天作为一个标志而铭记。"[26]

美国的基本特点也在改变。1870年，美国人口为4 000万，其中72%居住在小镇或农场。1900年至1915年，1 500万移民涌入美国，绝大部分来自东欧和南欧。这些新移民与大部分美国人颇为不同。他们是名副其实的外来者，信仰不同，肤色较深。1920年，美国人口已达1亿1千万，其中有一半以上居住于城市。与传统纽带的断裂速度让人感到惊恐。

20世纪20年代，这时的中年美国人不再熟悉自己生长于斯的这个美国了。这个国家的基本特征似乎受到了侵蚀，出现了对形成共同体的渴望。这种渴望第一次有组织地于1905年出现在芝加哥：一群想要重获小镇社区感觉的人创办了"扶轮社"（Rotary Club）。这个组织要求其成员彼此之间以名相称。

一战期间，伍德罗·威尔逊总统更是把这种对共同体的渴望变成了某种邪恶之物，操纵利用这个国家民众的恐惧心理：他的政府警告人们，隐藏敌人就是危害国家，故此必须把敌人找出来，赶出去。掌管威尔逊宣传机器的乔治·克里尔要求"100%的美国主义"。在他的巅峰时期，有15万人在他手下工作[27]（约翰·帕克曾走进白宫告诉威尔逊，在整个文明世界中，再没有"比这更武断的统治者"了）。一位报纸编辑抱怨说："政府操纵公众舆论，如同征召男人、女人和物质材料一样……他们鼓动公众舆论，把它置于军训官的掌管之下，让它走正步。"[28]

克里尔的言论造成了一种集体性的歇斯底里，美国各地都出现了暴力事件。圣路易斯附近，有一个德裔美国人在辩论中为德国辩护，于是人们剥光他的衣服，用一面美国国旗把他裹住，在街道上拖行，最后用私刑处死。

138　　国会不顾宪法，通过了"煽动罪法案"（Sedition Act），凡"言说、印刷、撰写或发表任何对美国政府不忠、亵渎、毁谤或侮辱的言论……或者是任何意在……鼓励对抗美国的言论"都属犯法，可判处20年监禁。威尔逊的司法部部长A. 米歇尔·帕尔默，这位"好战的贵格会教徒"（"Fighting Quaker"），起诉了2 000多人违反此法及相关法律。他还帮助建立了"美国保护同盟"（American Protective League），把这个国家变成了一个告密者横行的世界。这个同盟有12 000个地方分支，其成员对邻人和同事进行暗中侦察。其他的组织如"国家安全同盟"（National Security League）和"同盟忠诚联盟"（Allied Loyalty League），也向政府提供可疑者名单。[29]

在密西西比州格林维尔市，利莱·珀西带着轻蔑看着这一切。他在给自己的朋友、前陆军部长迪金森的信中说："如果这个国家生活在现任政府这种学者派头的摆布之下，那么天意一定会要我们好看的。我们要是能够把这些华丽句子换成克利夫兰或林肯的朴素智慧就好了。"[30] 不过，他仍然相信让联邦禁止私刑的立法得到通过的机会还存在。他长期以来一直支持这项立法。"战争结束时，将会表现出这个国家对黑人种族的友好之情。"[31] 然而，珀西错判了这个时代。

尽管有了和平，但 1919 年却以凯纳索·蒙顿·兰迪斯法官判处威斯康星州的国会众议员维克多·伯杰和其他几个人 20 年监禁而开始——其罪名就是"煽动"（国会以 309 票对 1 票驱逐了伯杰。他赢得了一次特别选举来继任一个空出来的议席，但国会拒绝让他宣誓就任）。最高法院此前支持了几宗对"煽动"的定罪，包括判处社会主义者尤金·德布斯的 10 年刑期——此人在第二年的总统选举中得了 915 000 张选票。奥利弗·温德尔·霍姆斯发表意见，认为"煽动罪法案"是合乎宪法的，坚称宪法第一修正案不保护"言辞被用来……造成一种明显且现实之危险"的言论。暴力随之而来了。在华盛顿，在芝加哥，有 26 个大城市都爆发了种族骚乱，死去的黑人远远多于死去的白人。从格林维尔市穿过密西西比河的北边，是阿肯色州的伊莱恩市，这里的黑人佃户一直受到有组织的欺骗，于是他们组织了一个工会。当他们在一座建筑内开会时，当地副警长朝他们开枪。他们反击，射杀此人。一场屠杀就此开始，直到 500 名正规军赶来宣布戒严为止。5 个白人死亡，11 个黑人死去——这是官方宣布的数字，但"全国有色人种协进会"（NAACP）则宣布有 200 个黑人被杀。没有一个白人因此受审，但法庭却判决 54 个黑人坐牢，另有 12 人死刑（阿肯色州阻止了死刑的执行）。在对这些人的审理中，没有一个陪审团的商议时间超过 7 分钟。[32]

罢工也招来了暴力。在一战期间，没有什么工会举行过罢工。到了 1919 年，罢工撼动了美国，其中有两次罢工尤其显得危险，先是以混乱威胁着美国，然后又给德国、波兰和意大利带来了动荡。这两次罢工，一次是西雅图 100 多个工会的大罢工，另一次是波士顿的警察罢工。

罢工的那些工会被指责为反美。《芝加哥论坛报》警告说："这是从彼得堡[1]到西雅图的中间那一步。"[33]《盐湖城论坛报》断言："言论自由已经到了绝对威胁的程度。"[34]《华盛顿邮报》写道："让煽动者的暴力行动平息下来……把法律亮出来……现在就行动！"[35]

在纽约，有 400 个军方人员洗劫了一家社会主义倾向的报纸《呼唤》（The Call），殴打了那里的每一个人。6 天后，州长阿尔·史密斯签署法令，禁止展示红色旗帜。

在印第安纳州，一个陪审团只商议了 2 分钟，就宣布一个人无罪——此人杀了一个高喊"美国去下地狱"[36]的移民。

在西弗吉尼亚州的威尔顿市，警察强迫 118 个移民——他们是"产业工人世界"（Industrial Workers of the World）的成员——亲吻美国国旗。

排外情绪如此强烈，以至于渲染了所说的国际共产主义者，美国有了两个共产党组织，一个主要以美国人为成员，另一个则 90% 为外来移民。[37]

美国退伍军人协会（American Legion）成立了，它的章程宣布："维护法律和秩序""培育和保持百分之百的美国主义"。仅仅几个月的时间，它的成员就达到了 100 万。它的指挥官命令这个组织"随时做好行动准备……去击败那些想要推翻政府的极端分子"。[38]

在华盛顿州的森特勒利亚市，当地的美国退伍军人协会袭击"产业工人世界"的办公室时，有 3 个会员死亡。随后，其他会员把同为退伍军人但却是"产业工人世界"成员的韦斯利·艾弗里斯特从监狱里拖了出来，殴打他。艾弗里斯特哀求："看在上帝的份上，伙计们，开枪打死

---

[1] 暗指 1917 年俄国十月革命。——译注

我吧，别让我遭这个罪！"他们先是把他从一座桥上吊下去，然后开枪射杀。验尸官竟然声称这是自杀："他……脖子上套着一条绳索跳了下去，然后开枪射得自己浑身是洞。"[39]

左派也有反击。司法部部长帕尔默位于华盛顿的住宅附近发生了炸弹爆炸，森特勒利亚市市长和几个法官家的旁边也发生了爆炸。在纽约市，一个邮局员工发现了 16 枚炸弹，收件人为 J.P. 摩根、J.D. 洛克菲勒、奥利弗·温德尔·霍姆斯和几位参议员。

在一次内阁会议上，威尔逊总统对司法部部长说："帕尔默，不要让这个国家见到红旗。"[40]

帕尔默提名一个年轻人 J. 埃德加·胡佛去掌管司法部中一个新成立的情报部门。几个月的时间，胡佛就建立了 20 万个"激进"组织的档案卡片。[41]帕尔默本人希望趁着这波反共主义浪潮一路入主白宫。他说："我自己是一个美国人，我喜欢在百分之百的美国人面前传播我的信念，因为我的讲坛就是毫不掺水的美国主义……每一个和所有的［激进分子］都是潜在的杀人犯或潜在的盗贼……他们中许多人贼眉鼠眼，流露出来的是贪婪、残忍、疯狂和犯罪；从他们的歪脸、斜眉和畸形容貌，就可以认定犯罪类型，不会有错。"[42]

这些狂乱于 1920 年 1 月 1 日临近结束。当时司法部对 33 个城市进行了突袭，逮捕了 6 000 名"危险的异己分子"，只找到了 3 支枪，但没有发现爆炸物。不过，在康涅狄格州首府哈特福特市，任何去探望这些被抓起来的异己分子的人，都被抓了起来。

共和党人沃伦·G. 哈丁赢得了 1920 年总统选举。他说："美国现在需要的不是英雄般的壮举，而是治疗；不需要秘方，而是寻常药物；不是动手术，而是静养。"

新的国会想防止对百分之百美国主义的进一步稀释，通过了"紧急"

法案来限制移民。一直担心劳动力供应问题的珀西，未能成功地劝说一些自己原来的参议员同事去阻止这个法案，虽然珀西说他们的担心是"想象出来的，无疑是很遥远的"，而"削弱这个国家的人力则是一件必将阻止它繁荣的事情，会严重和无限期地阻止它繁荣"。[43]

不过，这个国家的大多数人都想抑制改变。《基要信仰》（*The Fundamentals*）这样一本由一个石油大亨资助、对《圣经》进行字面解释的书出版了，"世界基督教基要协会"（World's Christian Fundamentals Association）组织起来了，基督教基要主义开始了一场反对进化论的战争。

在美国历史上似乎从未有过任何时候——甚至是 20 世纪 60 年代，坚守其确定性的主流文化与美国知识分子之间出现了如此深广的裂缝。辛克莱·刘易斯嘲弄"大街"[1]，而 F. 司各特·菲茨杰拉德[2] 则宣布"所有的神已死，所有的战争已爆发，人心中的所有信仰都已动摇"。[44]

主流则要捍卫自己。美国商会（U.S. Chamber of Commerce）的一本杂志发表社论说："要敢于做'巴比特'……优秀的扶轮社员要过有秩序的生活，要节俭，要去教堂，要打高尔夫，送他们的孩子去读书……这个世界如果有更多的'巴比特'而不是那些叫骂'巴比特'的人，难道不是更好一些吗？"[45]

《美国杂志》（*American Magazine*）上的一篇文章攻击任何标新立异的东西，它的标题是《为什么我从来不雇用才子》，其理由是"事业和人生都建立在成功的平庸之上"。[46]

平庸让人安心，相同感觉舒服，普普通通意味着稳当。

牙医海勒姆·韦斯利·埃文斯博士成为了三 K 党的"帝国奇才"

---

[1] 辛克莱·刘易斯是美国著名作家，1930 年获诺贝尔文学奖，《大街》（*Main Street*）是其成名作。下文的"巴比特"是其同名小说的主人公，代表自满、守旧、庸俗的中产阶级。——译注

[2] 美国著名作家，代表作为《了不起的盖茨比》。——译注

（Imperial Wizard），但他却将自己定义为"美国最为普通的人"。[47]

D.W. 格里菲斯导演的电影《一个国家的诞生》（*Birth of a Nation*）于1915 年面世，它那史诗般气势、强有力的叙述、电影技术上的辉煌，以及它的长度，彻底改变了好莱坞。在它之前，电影很少有半个小时以上的，票价只要五分镍币或者更少［于是它有"五分钱戏院"（nickelodeon）的绰号］。《一个国家的诞生》票价是 2 美元，放映时间长达 3 个小时。然而，在一个个城市中，买票的队伍仍可延伸几个街区。到一战结束时，它卖出了将近 2 500 万张票。[48]

这部电影依据托马斯·狄克逊创作的长篇小说《族人》（*The Clansman*）改编而成。小说把南方"重建"时期的黑人描绘为丛林野兽，从白人那里偷盗，残忍对待白人，强奸白人妇女，而将三 K 党描绘为正派和为荣誉而战的传奇英雄。他解释说："我这部电影的真正伟大目标是：通过［我们］对历史的呈现，彻底改变北方人的多愁善感……每一个从我们电影院中走出来的人，都将是终生的南方党人。"[49]

这部电影招致了很多批评，引发了很多示威。为了抵销批评，狄克逊在白宫给自己的大学同学伍德罗·威尔逊总统放映了这部电影，告诉他这部电影标志着"世界历史上对公众舆论进行塑造的最强大引擎的发动"。看完之后，威尔逊这位对原为一体的联邦官僚机构做了分拆的南方人，对狄克逊说："这像是用闪电书写了历史。我唯一的遗憾就是它实在是可怕的真实。"[50]

1915 年，这部电影在亚特兰大上映之前几天，威廉·约瑟夫·西蒙斯上校爬上了斯通山（Stone Mountain），点燃一个十字架，宣布三 K 党的重生。

当时，西蒙斯是在"丛林人世界"（Woodmen of the World）中以销售会员资格为生，是这个"丛林人"组织——并非军方——授予他上校军衔。他还参加了类似的其他 11 个组织。当人们问他的职业时，他回答说："我是一个同胞兄弟主义者（fraternalist）。"[51]

他在这个新的三 K 党中销售会员资格并不顺利，直至 1920 年他与爱德华·克拉克和玛丽·伊丽莎白·泰勒签订了合同才出现转机。这两人的"南方宣传协会"（Southern Publicity Association）为红十字会和"美国反酒吧联盟"（Anti-Saloon League of America）募集资金。三人商定，这个新三 K 党的成员要付 10 美元的入会费，其中 8 元归克拉克和泰勒，他俩从这 8 元中拿出钱来付给"三 K 党高级人员"（"kleagles"）。这些专职的委任销售员每招入一个新成员就可以得到 4 美元，而其他的三 K 党官员也可以得到小笔佣金。于是，有 1 200 个"三 K 党高级人员"到处奔走招人，它的成员爆炸性增长。[52]

高亢的爱国主义和道德派基督教的力量，蔑视精英阶层、城市和知识分子的排斥力量，这个三 K 党将二者结合起来。当然，它也宣扬对天主教、黑人、外国人和犹太人的仇恨。它说，这个世界正在瓦解，但一个十字军般的三 K 党将匡正天下。一个三 K 党成员这样宣称："它将一劳永逸地把那些造私酒者赶出这片土地，它将带来干净的电影、干净的文学……护卫家园。这意味着旧日南方骑士精神和尊重女性之规范的回归，这意味着'结婚男人还搞暧昧'在我们中间无存身之地。"[53]

这种信息触及到了人们的敏感点。到了 20 世纪 20 年代初期，至少有 300 万美国人属于这个"无形的帝国"（Invisible Empire），有些人估计这个数字可能高达 800 万。[54] 它在俄亥俄州有 30 万成员，在宾夕法尼亚州有 20 万。[55] 它获得了对科罗拉多州和印第安纳州州政府的控制：一个学者估计，这两个州所有本地白人男性中约有四分之一到三分之一是它的成员。俄勒冈州的波特兰市和缅因州的波特兰市，市长都是它的成员。它撤掉了俄克拉荷马州的州长，支配着加利福尼亚州的一些地方，在俄勒冈州通过了一个要求天主教家庭的儿童必须去读公立学校的州法令。[56]

现在有两个美国了。对一个不确定的时代加以接受，并在它带来的不安全感中前行，这是一个；墨守成规，想找到能够抓住的什么东西，这又是一个。这两个国家越来越分裂了。"这个世界在 1922 年分裂为二，或几乎如此，"[57] 薇拉·凯瑟[1] 这样说。

1922 年，这个"无形的帝国"的触角伸到了利莱·珀西的领地。

---

[1] 20 世纪上半叶美国著名女作家。——译注

第 11 章

在格林维尔市，种族关系的基调正在改变。一战之前，一个华盛顿县之外的法庭命令格林维尔市的一个黑人律师南森·泰勒与黑人被告一起站在走廊里，格林维尔市的白人律师对此表示反对；当一个警长想殴打这个黑人律师时，这个白人律师则保护他的黑人同行。1920 年，泰勒被选为"全国平等权利联盟"（National Equal Rights League）的主席。一天晚上，4 个白人把他的双手绑在背后，弄上船，划到密西西比河中间的急流旋涡处，问他想用哪种方式离开格林维尔市。[1]之后，泰勒去了芝加哥，成为那里第一个竞选国会众议员的黑人——虽然没有成功。

"泰勒事件"发生一年之后，一个三 K 党地方支部在华盛顿县成立了。它的领导人是一些野心勃勃的人，想利用三 K 党发展势力。

珀西掌管此县时间之长超过了任何人的想象，他那位于温伯格大楼中的律师事务所常常是深夜灯火通明，他与几个人坐在那里商讨谁来做县里的主管、市议会成员、市长，或者是州参议员。利莱的儿子兼律所合伙人威廉不参与这些商讨，这颇令人好奇。威廉是一个战争英雄，也是一个诗人。经常出席讨论会的是富有的犹太银行家乔·温伯格、种植园主阿尔弗雷德·斯通和比利·韦恩。比利比威廉年轻，也是一个战争英雄，带着自己的法律事务所来到了格林维尔市，他还拥有一艘密西西比河上的渡船，乘客可以在这艘船上玩老虎机。他们的支持几乎总是意味着胜利，他们的反对则意味着失败。"珀西几乎确定着自己想要的人选，"有人回忆道，"我从楼旁走过，看着灯光明亮的窗户，心想，他们就在那里掌管着这个城市。"[2]

那些组织了三K党本地分部的人觉得，已经到了改变这一切的时候。1922年年初，三K党已经控制了密西西比州的山区、中部，并且深入到三角洲的一些县，比如格林维尔市北边的玻利瓦尔县和科厄霍马县、东边的桑弗劳尔县和南边的伊萨奎纳县。

这个三K党地方支部开会数周而珀西毫不知情，这本身就是他力量变弱的信号。几年之前，凡有点影响的事情，没有珀西不知道的。接下来，这个地方支部又安排三K党最为成功的组织者之一约瑟夫·坎普上校，来县政府大厅搞一次招募新成员的集会。

1922年2月，珀西从他的办公室窗户朝外眺望，目光越过堤坝，看到密西西比河水正在上涨。距离上一次洪水暴发已经好几年了，现在河让他忧虑，这比其他事情都重要——除了眼下的三K党。

三K党形成了个人威胁。珀西的妻子卡米尔是天主教徒，她父母从法国移民到新奥尔良，在内战后溯流而上来到了格林维尔市。那些参加了三K党的人，被他儿子威廉形容为"一些没受过教育的易怒白人，我们一生中最好的时光就用在控制他们之上"。[3]这些人在他那次参议员竞选中已经羞辱过他一次。

在那次参议员竞选之后，珀西就退回到华盛顿县。现在，三K党又在他自己的家园向他挑战了。即使是在"重建"时期，他父亲也曾把三K党挡在了县外。现在，不管密西西比州其他地方发生了什么，甚至不管三角洲其他地方发生了什么，珀西都不会容忍在华盛顿县出现叛乱。

如果三 K 党在这里蔓延，就会粉碎他努力多年要创建的那个社会。

得知三 K 党要搞这次招募集会后，珀西马上向自己那些也同样反对这个组织的权势人物发出呼吁。[4] 他们决定，当这位招募者讲话时，由珀西来回答他；他们还打算动员反对三 K 党的人来占满会场。有一个原本计划出城办事的种植园主，珀西以他一贯的做法，派人送去一封快递，解释这个计划："一个三 K 党演讲者预定在县政府演讲，时间是星期三晚上 7 点……我们决定通过谴责三 K 党的决议……你最好能够参加……我们要以绝对优势通过这个决议，这至关重要。"[5]

三 K 党预定了 1922 年 3 月 1 日的县政府大厅。这天晚上，敌友难辨的人群把这座巨大的维多利亚式建筑挤得水泄不通。黑人街区、供白人消费的黑人妓院、黑人自动唱机酒吧、黑人台球室，这些全都在几个街区的距离之内，但却看不到一个黑人。珀西让县警长来主持这次集会。警长的主持只有简短的一句话："坎普上校现在给你们讲话。"[6]

坎普高而瘦，肩膀挺直，有一种吸引人的精力。他甩动双臂，用拳头敲击讲桌，在讲坛上来回大步走动，宣讲骄傲：美国的骄傲！密西西比的骄傲！白人种族的骄傲！接下来宣讲仇恨：是谁杀害了加菲尔德和麦金莱？一个天主教徒。是谁买走了西点军校对面以及华盛顿的土地？是罗马教皇。犹太人已经组织起来了！天主教徒已经组织起来了！黑人已经组织起来了！美国唯一没有组织起来的种族就是盎格鲁—撒克逊人！放荡、好色、酗酒、恐惧，这些他简直不敢谈及的东西正在华盛顿县蔓延开来。上帝想让它停下来。三 K 党会让它停下来。他们要强大一百万倍，而且每天都变得更为强大。

坎普在一片乱哄哄中结束了发言。许多人鼓掌，朝他欢呼；其他人则突然大声齐呼："珀西！珀西！珀西！"[7]

坎普做过数百场演讲，招募过数千人，从来没有人上台来驳斥他。

这次珀西出现了。珀西讲了一个小时，语言逻辑清晰又满含讽刺。

他传递的信息很简单：这里是一个大家彼此相爱的地方。他讥讽地微笑，伸手指着坎普说："这位有名的演说家，这位上校，他在哪面旗帜下赢得了他的头衔，他在哪片战场上驰骋过，我们不得而知呀。"他谈到了自己的犹太人合作者，嘲笑着说坎普是对的，"有时候我也觉得他需要被修理修理"。听众哄然大笑。这个犹太人给华盛顿县的非犹太人贷款15万美元，而利息不到市场利率的一半。"你们不觉得这个犹太人应该被管制吗？"珀西也说自己"警觉"于"天主教对我们政府的侵蚀……你们不知道吗？在教会最高层掌控了十年之后……他们终于想方设法支配了我们的县政府……他们脚登靴子，当上了治安官……他们用了10年时间走到了这一步。给他们100年，他们能走到哪一步"？

他说，自己关注的不是"对天主教和犹太人的这场战争……这些人自己会管好自己的。然而，我知道这个组织给黑人民众带来的恐惧，我在这里呼吁对抗它……从南方到北方的人口迁移变化，你们无法阻止这种趋势。这是工业呼唤着较好机会所带来的结果。你们无法阻止它。然而，你们却可以进一步加快它。不是让这种变化30年或50年才能完成——在这样长的时间中，南方可以重新调整自己，你们可以在一年的时间内就让人大批离去……你们可以在华盛顿县组织你们三K党的三次游行，然后再也不用多说一个字，你们就可以开始让格林维尔市的大街长草了"。 146

珀西愤怒地结束了自己的讲话，谴责这个"密探和审问者的帮派"，然后是呼吁："朋友们，让这个三K党去别的地方吧，在那里它不会造成在这里必然造成的危害。让他们在那些不比我们这样团结的地方去播种不和吧，让它这种秩序去别的地方吧——如果真有什么地方它能带去好处的话。它在我们这里带不来好处。"[8]

J.D.斯迈思——珀西担任董事的那家银行的一个官员，抓住机会，马上站起身，拿出他和珀西起草好的决议："决议如下：密西西比州华盛顿县的公民，在举行的群众集会上，以此方式谴责这个自称为三K党，但与真正的三K党没有关系的组织。真正的三K党，在完成了它的作用之后，已经于许多年前解散了……这个三K党不恰当地假设自己有权利评判美国公民的私人生活，这违反了自由制度与自由传统的精神，违反了我们国家的法律。这是反美国的。"[9]

随着响亮的欢呼声，这项决议就以口头表决通过了。坎普被震住了，请求保护。市里以友好的姿态，特意安排了一个来自爱尔兰的天主教徒警察护送他回考恩宾馆。

珀西的演讲被刊发在从纽约到休斯顿的众多报刊上。格林维尔市的黑人领袖写了一封致他的信："如果我们这个州的每个县都有珀西先生这样的人，就不会有三K党了，那些不这么幸运的人也不会成为被恐吓的对象了……有色人种会感觉安全得多，会更愿意生活在这里，努力去开发我们的密西西比州。"[10]"哥伦布骑士会"（The Knights of Columbus）把珀西的演讲印了几千份散发。《大西洋月刊》（*The Atlantic*）的编辑埃勒里·塞奇威克——他曾作为珀西和威廉的客人来过格林维尔市，把它作为一篇文章刊登出来。来自全国各地的赞扬信件和请珀西去演讲的邀请如雪片般飞来。珀西总是谢绝，告诉那些邀请者，如果由你们"当地人来讲""效果要强大得多"。[11]

然而，珀西知道他的战斗并没有结束。为了准备一场漫长的战斗，他订购了3家报纸的剪报服务，来收集三K党的消息。看来他把这场战斗视为自己这个阶级的背水一战了。[12]他向一个朋友透露："这些三K党蠢货在南方得到的热切欢迎……反映了南方古老贵族的逐渐消失。这个古老贵族尽管有自身的许多毛病和劣势，但无疑是南方迄今为止产生的最好之物。从前，我们作为绅士是成功的；后来，我们作为追求金钱者，与东部那些受过训练的头脑和西部那些更强健更肆无忌惮的家伙竞争，成了一些悲伤之人……今天如果谁还能够说出或指出哪一天或以哪种方

147

154

式（三 K 党消失），那他一定是个乐观之人。"[13]

的确，被珀西羞辱后的第二天晚上，坎普就在位于格林维尔市上游的玻利瓦尔县发表演讲，宣称"哥伦布骑士会"给妻子为天主教徒的珀西 1 000 美元来对抗他。[14] 两周之后，位于华盛顿县三 K 党大本营的"利兰企业"（Leland Enterprise）发表了一封来自三 K 党的信："致所有热爱国旗和自由的人、所有遵守法律的公民：以我们崇高死者的名义……我们要让此地成为一个你们乐于在此养大你们孩子的地方……对于那些造私酒者、赌博者和所有破坏法律者，我们此刻发出清除的号召……这个镇上有一些结了婚却待妻子不好的男人，我们知道你们是谁……你们要改了……那些开车带女孩出去兜风却把车停在公路边的男孩们，你们想过自己在做什么吗？其他的男孩也在与你们的姐妹做同样的事呢……至于黑人，我们是你们最好的朋友，但我们希望你们要正确行事……我们用自己的眼睛看着你们，我们的人很多，我们无处不在……将此作为致命之日、哭泣之周和悲伤之月吧……为了一个更好国家的我们，三 K 党的骑士。"[15]

梅鲁日镇位于格林维尔市以南 60 多英里，在密西西比河对岸的路易斯安那州东北部。离它不到 10 英里就是巴斯特罗普镇。这两个镇都在莫豪斯区（路易斯安那州把县称为区），然而它们之间的敌意却是显露无遗。梅鲁日镇有着与格林维尔市一样的冲积土地，这里是种植园主的乐园，他们游玩、赌博、嫖黑人妓女、嘲笑禁酒令、嘲笑浸礼派，也嘲笑三 K 党。然而，这个区的政治权力已经从种植园主转移到了民粹派手中，而且这个区又位于路易斯安那州一位正在崛起的政治家休伊·朗[1]的根据地之中。

---

[1] 美国政治家，任路易斯安那州州长期间提出了宏伟的公共工程计划和福利法案，参议员任内提出分享财富计划，后遭暗杀。——译注

巴斯特罗普镇位于一道坡脊之外。这道坡脊不高不低——大约15英尺高，正好容纳了河水，从而把肥沃的沉积土挡在了外边。这个镇体现着工业化的新南方，有一些顽强坚持的工厂，被迫离开了土地的贫穷白人，一些思想狭隘的中产阶级。[16]三K党对巴斯特罗普的接管显示得也并不那么鲜明充分，J.K.斯基普威思这个当地的三K党人，是这里的前任镇长。从1889年起，按人均计算，莫豪斯区发生的私刑数量超过了美国其他任何县。一群暴民把一个黑人的手脚捆住，塞进一头死牛的肚子里，只让他的头伸出来，这样他就会慢慢被折磨死，虫子和鸟会被他眼中、口中和鼻中的水气吸引过来，还会爬进他的耳朵里。[17]

巴斯特罗普镇的三K党专门警告梅鲁日镇两个种植园主的儿子瓦特·丹尼尔和托马斯·理查兹，让他们停止饮酒和嫖妓，尤其是嫖黑人妓女。丹尼尔和理查兹以公开嘲笑三K党来回应。

1922年8月24日，巴斯特罗普镇的一场棒球比赛兼烤肉会吸引了4 000名兴高采烈的观众。三K党设置路障，逐车搜查这两个人，挡住的汽车排了一英里半长，在一辆汽车中发现了这两个人和其他3人在一起。于是，这5个人全都遭到了鞭打。那3个人后来被释放，但丹尼尔和理查兹再也没有回来。[18]

两人的妻子请求州长约翰·帕克进行调查。帕克做了努力，但此区警长坚持说两人还活着。帕克请求联邦政府的帮助，向美国司法部长哈里·多尔蒂这个政客提了出来（多尔蒂是哈丁的竞选经理，在1920年2月预测共和党全国代表大会将会陷于僵局，共和党领袖将于深夜在一个"烟雾弥漫的房间"内开会，将选择哈丁。他的预测变成了现实，他的这个短语也进入了英语词典）[1]。一年后，多尔蒂因陷入丑闻而辞职，他对让

---

[1] "smoke-filled room"有"密谈室"之意，指少数权势人物的幕后政治谈判或决策。——译注

白宫卷入三 K 党之事没有兴趣。他拒绝了帕克的请求，除非帕克正式宣布自己失去了对此州的控制。

帕克是高傲之人。数月之前，密西西比河洪水淹没了路易斯安那州百万英亩的土地，4 万人无家可归。整个路易斯安那国会代表团恳求他去请求联邦帮助，或至少是全国红十字会的帮助，他都拒绝了，说"路易斯安那州没有呼吁帮助，将来也不会"。[19]

然而，现在帕克却宁可羞辱自己，他按多尔蒂的要求做了。他还发誓"［与三 K 党］战斗到底……鞭打他们，这是我现在的庄严职责……若有一个外来组织想在政治上控制路易斯安那州，想成为检察官、法官、陪审团和执法者，想让这些合而为一，想取代已有秩序的地位，那么我告诉你们：如果你们的执行官是个男人，那么他就该义不容辞地粉碎这个组织。"[20]

司法部调查员发现了谋杀的证据，还有证据表明此区执法机关和法官属于三 K 党。然而，多尔蒂拒绝继续调查下去，除非路易斯安那州立法机构通过决议要求这样做，而这是不可能的。1922 年 11 月，帕克去了华盛顿，以个人身份请求得到更多的帮助，但一无所获。[21]

与此同时，路易斯安那州的三 K 党邀请媒体出席了一场盛大的三 K 党活动，在州长官邸前的草坪上立起木质墓碑，把帕克的狗吊了起来。他们的信息很明显：他们可以做任何事情。[22]

接下来，在莫豪斯区的拉福什湖发现了两具尸体：死者的手臂和腿都被打断，手和脚被砍掉或砍碎，阴茎和睾丸也被切掉。

没有获得任何可以定罪的证据，而巴斯特罗普镇的三 K 党党员斯基普威思，已经开始穿过密西西比河到珀西的三角洲去展开竞选了。

1923 年 2 月，芝加哥一场盛大的反三 K 党集会的组织者，邀请帕克州长和珀西来讲话。珀西谢绝了，但帕克却直率地表明，如果珀西拒绝，就是想让他尴尬。帕克发了这样一封电报给珀西："你一直在催促要和我一起演讲……我将在黑石宾馆与你见面。不要失约。"[23] 珀西没办法拒绝这位老朋友。不过，他的讲话很平淡，而且从此以后再也没有在华盛顿县外做过演讲。

在华盛顿县内，他在战斗。三K党的出现威胁着他在三角洲创建的每一件事物，威胁着他对三角洲所抱的每一个希望。他告诉自己的老同事雅各·迪金森："我对劳动力问题极感不安，非常担心黑人可能都不会留下来收割这一季庄稼……我觉得棉铃象鼻虫的威胁尽管曾经是那样吓人，但与黑人离开南方相比还是要弱一些。"[24]

一个朋友认为他的对抗强化了三K党，如果不反对的话，三K党就会因自身的荒谬而分崩离析。珀西回答他："没有任何建立在纯然荒谬之上的东西能够长存，但是……三K党在印第安纳州没有遇到反对。据说它在那里有 36 万成员。那个州最新的美国参议员和所有的州公职都是它提名的。它在俄勒冈州也没有遇到反对，席卷了那个州。它未遇反对地越来越靠近我们的家园，进入了玻利瓦尔县、科厄霍马县和海因兹县……在美国，它只在两个地方遇到了公开的反对：一个是格林维尔市，一个是约翰·帕克的路易斯安那州。"[25]

尽管遇到了反对，它却已经蔓延于华盛顿县。县检察官拉伊·图姆斯是当地的三K党党员，三K党已经占据了县里一些重要公职如各个学校的校监、巡回法庭的书记员、衡平法庭的书记员、道路监管员、估税员、县议会 5 个成员中的 2 个，甚至是县里的传染病检查员。没有人是作为三K党候选人而当选的，但他们现在想要公开地夺取这个县。在这里如同在全国各地一样，三K党使用了一种类似于"十进位"[26]的技巧：要求每个三K党党徒劝说 10 个人来投三K党候选人的票。

1923 年 3 月，三K党开始在华盛顿县周围搞竞选集会，其目标直指珀西本人。"本县没有人应该听他发号施令，"一个支持三K党的牧师在集会上对听众说，"尤其是一个10年中都没有打开过《圣经》的人。"

珀西、银行家兼医生的J.D.斯达思以及其他人，组织了一个"华盛顿县50人新教委员会"（Washington County Protestant Committee of Fifty），来对抗三K党。这个委员会排除了天主教徒，而且声称与珀西没有关系，宣布珀西并不是它的官员，说"珀西参议员从来没有写过本委员会发表的任何文章中的任何一个字"。[27]

这个声明没有骗住任何人。这群人背后的力量正是珀西。它开会的房间就在珀西律师事务所的那座建筑内，只隔了几道门。在这个委员会的一次早期会议中，珀西列举了所有人都必须肯定的5个要点，最后一个是："所有人都同意坚持到底。"[28]

三K党的集会仍在举行。图姆斯在利兰举行的一次集会中将珀西称为"那个大人物"，宣布"国王们的时代已经过去了"。[29]

作为回应，珀西宣布要在1923年4月23日举行一次公众集会。这一天，是个三角洲特有的酷热天，然而男人和女人带着期待，一大早就从四处涌入城中，有坐汽车的、坐马车的、骑马的、骑骡子的。他们与棉花经纪人或农场供应商有生意要做，或者是在冷饮小卖部排起了队，或是爬到埃尔克斯大厅的台阶上打牌小赌一把，或是去寻花问柳。

然后，他们涌向"人民剧院"，面无表情地站在那里等候，聚集的人数超过了两千。剧院门一打开，他们就涌进去在板凳上坐下来、挤在过道里、靠在后面的栏杆上。有些人是来看热闹的，有些人是来听讲并做出决定的，有些人知道自己是怎么想的并带来了枪。剧院内摩肩接踵，吸烟、吐痰和汗流不止，让人们烦躁不安。酒精也在起作用：那些违法饮酒者变得更为粗野，那些对此斥骂的禁酒主义者几乎按捺不住将要爆发的怒火。集会开始时，人们已是戾气满满，一触即发。

珀西出手了。他进行了一场充满博爱又强有力的演讲。如同每一次演讲一样,他穿得很正式,笔直坚定地站在那里,胸肩宽厚,一幅绝不妥协的姿态,眼中的怒火显示着他的激情。他说:"尽管国王们的时代可能已成过去,但巫师们掌管华盛顿县的时代永远不会到来!"

他谈到团结,谈到正派,谈到公平,谈到人性。他提醒听众,几年之前当黑人去打仗后,"我们向同一个上帝祈祷,希望他们能够平安回到我们身边……仅仅一年之前,当我们与密西西比河洪水战斗时,我们与黑人并肩作战。现在,你们能不让我们对那些想留下与我们在一起的黑人说'我们永远不想去伤害你们'?我们团结地站在这里,我们誓言这是一个你们可以度过一生的安全之地!"

天气如此炎热,汗水在珀西脸上流淌,电灯照在他身上,让他显得光彩奕奕。对于那些想让三K党自生自灭的人,珀西警告说:"当密西西比河巨流撞击堤坝时,如果你们不抵挡,它就会恣意妄为,然后将冲毁田野。"站在讲台上,珀西如同站在讲道坛上,手指着三K党的领导人图姆斯和其他人,人们都凝视着。然而,珀西并没有谴责他们,而是恳求他们:"大家认识你们,一直尊重你们,你们和我们生活在一起,我们一直把你们当作朋友。你们之中难道没有人可以说'我这样做是犯了一个错误?'……难道你们不能重新回来,与我们一起生活在这个社群之中?我向你们说,回来吧,回来,让我们回到我们曾经的状态,回到你们父辈的家园。"

猛然,珀西转为严肃地警告道:"但是,如果你们不回来,那么我告诉你们,我们将从头到脚把你们清理干净。"

他怒斥三K党邪恶与荒谬,嘲笑他们竟然宣称梅鲁日镇的谋杀是爱尔兰天主教徒按照教皇的命令所为。然后,他的语调转为嘲讽:"[三K党]因一个严重的缺陷而有罪,他们太缺乏幽默感了。"听众大笑起来,珀西告诉听众:"你们知道,幽默可以弥补人类生活的缺陷,它让你得到一种适宜的视野，用事物自身的比例来加以衡量。"他调侃三 K 党的领导人物：两个人自称是帝国奇才，要为成千上万的美金而争夺。他读了一封三 K 党宣称是教皇写给"哥伦布骑士会"的信，挑战在场的三 K 党，问有没有人敢说相信这封信是真的？"他们不敢说，因为他们知道这会使他们作为胡说八道的白痴的证据被记载下来。"他把三 K 党的那些花哨头衔比作"一个五颜六色的社会……鬼、巨龙、九头蛇、地精、泰坦巨神和命运复仇之神、巨人、独眼龙和恐怖的三 K 党人……然而，应该是一个小喽啰把这秩序搞乱了，他才是唯一真正享受这些的人。因为没有一个成年白人应被允许沉迷这类东西，你们不知道吗"？

听众哄笑起来，一再大笑。最后，珀西谴责三 K 党是密探、撒谎者、胆小鬼。他申斥道："如果我关于三 K 党的这些话有任何虚假，如果这里有任何三 K 党党员有哪怕一丝勇气，他就应该站起来加以批驳。"

珀西目光炯炯，凝视着人群。人群一片静默。他的话讲完了。人们离开了剧院。

珀西不知疲倦地继续战斗，一次一次地争取民众的支持，坚定地依靠着他们。他在给阿尔弗雷德·斯通的信中这样说："你给三 K 党这些人写封信可能会有用……除了你本人之外，再也没有其他人能够写这样一封或许有可能起到积极作用的信了。"[30]斯通立即发表了一本小册子，它是这样开头的："珀西参议员并不知道我说下面这些话的目的是什么……事实上……我是冒着触犯他的风险而采取这一步骤的。"[31]

珀西一次又一次地谴责梅鲁日镇的谋杀和斯基普威思，而斯基普威思也继续在三角洲展开竞选。一个暴风雨之夜，有个人走进了珀西的家门，说自己的汽车抛锚了，请珀西去帮帮他。珀西虽然此前从未见过此人，但还是打算去帮他。就在此时，包括警长在内的几个人到他家来打牌，此人马上跑掉了。[32]

珀西的儿子威廉·珀西私下里给图姆斯送去一个信息。威廉与父亲很不相同，尽管已经37岁了，他仍然住在家里。虽然他是父亲的律所合伙人，但他尚未在格林维尔市产生什么影响，父亲怀疑他很可能是同性恋。[33] 不过，父子都面临着暴力威胁。威廉这样告诉图姆斯："如果我父亲或我的任何朋友发生了任何事，你就死定了。我们用不着去寻找犯罪团伙。就我们而言，这个犯罪凶手就是你。"[34]

与此同时，珀西本人也在利用这件事。他写了一封给图姆斯的公开信，发表在格林维尔市的报纸和《孟斐斯商业诉求报》上。他指控三K党在策划"对我个人的伤害或谋杀……你宣称三K党到处都安插了眼线，什么事都知道，说与执法官员合作是职责。那么，你能不能与尼科尔森警长合作来找到这个人呢"？[35]

珀西搞得三K党精疲力竭。在图姆斯最后的预选宣言中，他这个三K党的"尊贵独眼龙"，甚至也含蓄地与三K党撇清关系，呼吁本县"犹太人［和］天主教徒中的朋友"投他的票。[36] 这次投票的人数是县里有史以来最多的。[37] 反三K党的候选人赢得了对县议会、县公职和各个法庭的控制。不过，赢的差额并不大——有一场只赢了一票，图姆斯又被重新选上了。在县教育负责人的选举上，一个三K党党员击败了把格林维尔市的学校建设成了全州最好的E.E.巴斯。竞争警长一职的有5个人，最后是珀西的候选人与一个三K党党员对决。这场竞选以从未有过的强度持续了3周。到了最后计票的时候，一群人聚集在县政府大厅外。这里正是对峙开始的地方。人们漫无目的地乱转，一语不发而又忧心忡忡。珀西在县政府中的一个办公室坐了一会，接下来与支持者们聊聊天，然后就回家打牌去了。晚上9点，有一个人冲下县政府大厅的台阶，大吼："我们赢了！我们赢了！三K党完蛋了！"

威廉后来回忆说："巨大的喧嚣从街上朝我们涌来。我们冲到外边的走廊上。从这边到那边，大街上满是狂喜的游行民众，他们举着火炬，

153

边走边唱。他们挤满了街面，走进了我们的院子……父亲，颇感困窘……笑道'他们看来根本就不想回家，我家里一滴威士忌也没有了——至少，我不把我的美酒浪费在他们身上了。'"[38]

尽管有着禁酒令，但"艾达和查理从他们的车中冲下来，带回来4小桶酒。父亲对人群喊道：'到屋里来，孩子们，'进到屋里，他们就开怀畅饮。这是一场永远不会忘的聚会……我们的三K党邻居站在他们的门廊里看着这一切——这证明和预告着审判日"。[39]

全国各地的祝贺信朝珀西涌来。一封祝贺信来自曾任总统的首席大法官威廉·霍华德·塔夫脱。他与珀西相知甚深，两人曾与前国务卿伊莱休·鲁特一起为美国律师协会（American Bar Association）的一个项目工作过。塔夫脱告诉珀西："你不能在华盛顿继续代表你的州，对于这个事实，我感到悲伤。但是你在自己那个地方所做的工作也许更为重要。"[40]

珀西回信说："你很难体会到，当三K党被击败的结果出来时，这里的民众所感觉到的轻松……它令人吃惊地传播，看来是民主的一声怒吼，对值得维护的任何政府形式的维护，至少也意味着一场持续的战斗……美国民众的任何阶层都对三K党的兴起负有责任，但就对自己职责的不忠而言，最过分的就是这个新教教派［原文如此］了。这个只会生闷气、胆怯、没有美国精神、没有基督教精神的组织，拒绝将自己作为新教教义的战士，这会猝发和广泛传播，这样一种拒绝将敲响它的一次丧钟……［不过］浸信会和卫理公会教派的普通信众已经或是默许了它，或是积极地支持它。"[41]

20世纪20年代的三K党代表着美国某种让人恐惧的东西，之所以让人恐惧是因为它已经离主流是如此之近。美国各地，律师、医生和牧师们——这些成功人士、雄心勃勃者和中产阶级，都支持三K党。

三K党的目标并非真的是黑人。三K党的目标是改变。基于担忧，三 K 党想实施一种民粹主义的整合。另外，如同在格林维尔市那样，三 K 党想从社群中那些最强、最富者手中，从那些一直掌管事情者手中撬得权力。珀西对于打这场战感到累了，他甚至阻止了把新的"三角洲大学"（Delta State College）———一所师范学院——放在格林维尔市的计划，因为他担心这会把贫困白人吸引过来，从而强化他的敌人。于是，这所学院于 1925 年落在了克利夫兰，邻近玻利瓦尔县。

在更广的层面上，珀西讽刺性地把"三 K 党病毒"[42]与"威廉·詹宁斯·布赖恩（William Jennings Bryan）[1] 被视为煽动者的旧日好时光"相比，而 20 世纪 20 年代的三 K 党令人不舒服地与美国民粹主义传统相接近。

美国的民粹主义一直是一种复杂现象，它内含丑恶因素，排外和分裂的因素，它总是有一个"我们"来对抗一个"他们"。这个"他们"常常不仅包括了上层的敌人，也包括了底层的敌人。上层的敌人就是被视为老板的人，无论是珀西这样的人，或者是华尔街，或者是犹太人，或者是在华盛顿；而底层之敌在 20 世纪 20 年代则是天主教徒、外来移民、黑人和政治激进分子。

尽管出现了珀西这种罕见的胜利，但三 K 党仍然在全国各地兴盛。1924 年，俄勒冈州的波特兰市和缅因州的波特兰市，两市市长都由三 K 党党徒担任。[43] 也是这一年，珀西决定要去即将召开的 1924 年密西西比州民主党大会上讲话。经过复杂的议会运作，大会最终达成了对他的认可，然而却在会中爆发了混乱，他被轰下台来。[44]

要让民主党在全国代表大会上"回避关于三 K 党的话题变得更为困难"，[45] 珀西把注意力转向这个问题。如同共和党一样，民主党也的确

155

---

[1] 此人为 19 世纪 90 年代至 20 世纪前十年美国政坛的活跃人物，数次代表民主党竞选总统，但都没成功，后任国务卿，被视为 19 世纪 90 年代平民运动的一个代表。——译注

想回避这个问题。然而，缅因州司法部长威廉·帕塔格尔却提出了一份谴责三 K 党的纲领。他的纲领被 542 比 541 的票数所否决。这场争斗分裂了民主党，使得民主党的总统提名不再具有价值。它原以 103 票提名约翰·戴维斯，却又被柯立芝取代了。帕塔格尔自己在下一轮选举中也落败了。[46]

一年之后，三 K 党仍然强大。1925 年，科罗拉多州法官本·林德赛给珀西写信——珀西曾向他提出过反三 K 党的策略建议，他在信中写道："我的确相信，在南方的整个历史上从未出现过如同［三 K 党］在科罗拉多州所做到的，那般突然而又毁灭性的席卷。它的秘密指令已几乎从州国民部队到最底层的治安官，在整个州政府系统发挥着作用。"[47]

然而，三 K 党却在 20 世纪 20 年代倒台。之所以如此，是因为在人们看来，它已不再是一个政治团体，而变成了一个通过出售会员资格和徽章来捞钱的组织。它把一些可怕的力量聚集到一起，如同放大镜积聚了太阳光，但它从未有过具备政治视野的领导人来聚焦这种力量，让它爆发为火焰。相反，它的领导人令人愤慨地在牟利上争斗，让它的成员倍感尴尬。积聚了 300 万美元的印第安纳州三 K 党领导人大卫·斯蒂芬森，因强奸和谋杀被定罪。他希望能有赦免而未得到，于是报复性地揭发了数十个受三 K 党支持的政治家的腐败，这些人中包括印第安纳州州长和印第安纳波利斯市的市长，其中几个人也被抓起来了。[48] 三 K 党逐渐消失。

珀西属于一个更大的世界。1925 年，他担任了位于圣路易斯的联邦储备银行行长，是卡内基国际和平基金会的受托人，也是洛克菲勒基金会董事会的成员，还是北方一些著名大学校长的好友。尽管他是民主党人，但却经常与共和党全国委员会主席一起吃饭。密西西比州的黑人共和党人经常就共和党人总统要在这个州任命的人选征询他的意见。[49]

然而，他最关心的仍然是三角洲。在与三 K 党的斗争上，他显示出来了绝对的专注和一定程度的冷酷无情，这使得他成为全国各地许多人心目中的英雄。他创建了一个社会，为保护它不惜对抗任何敌人，哪怕这会让他受到辱骂。当然，最难以征服的敌人还是那条河。

第 12 章

密西西比河涨水是别处没有的景象。人们看着它不可能不敬畏，看着它上涨、击打堤坝，也不可能不害怕。此时的它颜色变得更深，更暴怒，更混浊，河面形成猛烈的涡流和旋涡。水面上满是被裹挟而下的树木、屋顶，时不时夹杂着一具骡尸。急流汹涌，飞速驶过，猛烈地击打着堤岸。一段河堤溃于河中，几英亩的地面顿时塌陷，被撕扯的树木发出重炮般的巨大爆烈声，在水面上这声音可以传出去几英里之远。

不同于人类敌人，这条河没有弱点，不犯错误，很是完美；不同于人类敌人，这条河会找到并冲决河道的任何薄弱之处。想要击退它，需要付出高强度、近乎完美的持续努力。约翰·李少校在20世纪20年代是维克斯堡地区的陆军工程师，后来于1944年作为第二次世界大战中一位重要的将军登上了《时代》杂志封面。他曾这样说："就身体和精神紧张而言，洪水威胁堤坝带来的持久战斗，完全可以与真正的战争相比。"[1]

1922年，密西西比河发洪水了。当利莱·珀西开始与三K党战斗后不久，河水就达到了极高的水位，威胁着它冲积平原上的几万平方英里土地。较之三K党，它对利莱·珀西创建的那个社会威胁更大。它让珀西的注意力和三K党对手的注意力都转向了这条河，又一次暂时地让他们统一起来。

这次洪水有一些新的、让人恐惧的东西。在 40 多年的时间里，密西西比河委员会制定了修建堤坝的标准，拨了资金。居住在密西西比河流域的绝大多数民众，这几十年大部分时光都信任这个委员会和它的治河策略。现在，一些人指责它的治河策略有问题，导致流域面临危险。

要想理解三角洲和整个冲积平原面临的威胁，就必须懂得这种批评，还要知道在詹姆斯·伊兹战胜了安德鲁·汉弗莱斯之后的这些年中，人们做了什么。

尽管基于非常不同的理由，伊兹和汉弗莱斯都反对那种单靠堤坝就可以让水道大大变深的理论——这是两人意见唯一一致之处。然而，在两人离开几年之后，密西西比河委员会的工程师们，就开始把汉弗莱斯支持堤坝的观点与伊兹关于水流效果的观点合并起来。这样做的结果就是两人观点的交流变异，产生了一种伊兹和汉弗莱斯不仅反对而且谴责的理论。1885 年，委员会断然宣布——而且此后还一再重申："堤坝旨在限制河的水流宽度，通过将洪水集中于河道而下泄……就确保了洪水巨大的能量来冲刷和扩大水道。"[2]

堤防万能理论的这种纯粹表达，现在变成了政策。密西西比河下游一带，很少有人对这个政策提出争议，因为国会在整个 19 世纪和进入 20 世纪之后，都依据财政和宪法来反对把钱花在各地的"内部改善"之上。所以，那些想为堤坝弄到钱的人，就赞同堤坝可以将水道冲刷变深，从而有助于航运和跨州贸易的说法，因为这显然就是联邦政府的责任了。在 40 年的时间内，国会众议员和参议员们、州长和各州及地方的政治家们、地方的堤坝董事会、工程承包商、种植园主和棉花经纪人，全都欢迎并且捍卫委员会的这个政策。

与此同时，尽管委员会本身是特地为在军方思维中掺入平民因素而创建的，但仍然处在军队工程师的影响之下。它的主席是一个陆军军官，向陆军主任工程师报告。委员会中的确有两个平民，也雇用平民，但由军队工程师——他们对密西西比河的问题既无专门背景也没有受过相关训练——来做所有的重要决定。他们不是研究问题的科学家，而是定期执行任务的士兵。20 世纪 20 年代，在坚持堤防万能的政策几十年之后，已经没有什么军官来质疑它了。

所以，在几十年的时间内，河流委员会就遵循将这条河"锁住"，隔绝于它那些自然水库和自然泄流道的政策。这样做既弄到了几百万英亩土地来开发，加强了对堤防万能的政治支持，同时又增加了水流在河中的体量。不过，增强了的水流似乎并没有把河底冲刷得足够深，可以抵消水位的上涨。较之先前水量较多的洪水，水量少了的洪水反而水位更高了。比如，1912 年的一场洪水蹂躏了密西西比河下游地区，尽管它的水量远逊于 1882 年的大洪水，但冲毁了从开罗市到墨西哥湾 18 座河流水文观测站中 17 座的水深标尺。

这与堤防万能理论的预料相冲突。然而，工程兵团忽略了这个事实。在 1912 年这场洪水之后，几个平民工程师试图重新启动对堤坝政策的讨论，他们之中的主要人物就是詹姆斯·F. 坎伯。这个瘦削而充满精力的年轻人痴迷于弄清楚原因，而河流委员会嘲笑他。坎伯后来这样回忆："我不习惯于这种嘲弄，它让我痛彻心扉。"然而，与他坚持研究相伴而来的是辱骂替代了嘲弄。"我倒是更喜欢这个。我宁可去战斗。"[3]

他在新奥尔良的一次工程师会议上把自己的观点提了出来，阿塞纳·帕里莱特将军高傲地教训他："冲积水流本身就是一艘巨大的吸扬式挖泥船……如同你经常使用你的手臂，聪明地训练它，它就会长出肌肉一样，如果密西西比河由一种堤防万能政策……来聪明地加以引导……它也会在一些地方成长，从而把洪水带向我们希望它去的大海，而不会损害我们。"[4]

接下来，是 1913 年的洪水。《纽约时报》估计，单是在俄亥俄州一地，就造成了 2 000 人死亡。汉密尔顿有 50 人死亡，赞斯维尔死了 150 人，代顿的死亡人数是 200，而哥伦布也死了许多人，至少不比代顿的少。[5] 洪水抵达密西西比河下游时，死亡人数不多，但经济损失很大。

不同于南方黑人佃户的死亡，北方白人的死亡震动了美国。珀西利用这场灾难推动国会来增加堤坝拨款，而且首次明确就是为了治理洪水，不再使用以前那种有助于航运的借口。他在华盛顿待了几周，领导一个各方利益组成的财团。在写给家里的信中，他说自己"成功地弄到了一份有利的报告……［有助于］它的通过"。[6]

几位平民工程师也启动了对河流委员会和工程兵团的猛烈攻击。委员会最终屈服于这种压力，同意对"取直"、水库和泄流道进行"新的"研究。然而，这种重新审视却缺乏科学上的诚实。

比如，对"取直"的所谓"研究"，只是审看原来的观点和路易斯安那州两处"取直"的观察结果——而这些是 1831 年到 1848 年间做的——并不去搜集新的数据，并未进行任何试验。它的结论肯定了老的政策："取直"不可行。

在水库的问题上，也是同样的处理方式。水库曾经是汉弗莱斯主要敌人查尔斯·埃利特最得意的建议。1874 年，汉弗莱斯曾经召集了一个陆军工程师的委员会对水库进行调查。这个委员会反对修建水库，但承认"只有进行一系列广泛而深入的调查，才能判断其完全的实用性，而现在既没有时间也没有资金来做这件事"。[7]

在随后的 40 年中，没有进行过一次这样的调查，而现在"新的"研究还是明确地反对修建水库的想法。刚刚遭受了洪灾的俄亥俄州人不理睬这些意见，修建了自己的水库系统。军队工程师对此反对，警告说这不会成功。然而，既然不涉及联邦的资金投入，他们也就无法阻止（在接下来的四分之三世纪中，这些水库被证明是成功的）。

接下来就是泄流道——也称溢洪道——的问题了。1913 年洪灾的死亡人数让新奥尔良很害怕，这座城市要求对泄流道问题进行新的研究。密西西比河委员会秘书克拉克·史密斯少校的确收集了新的数据，并且承认："溢洪道无疑能够降低新奥尔良洪水的极端高度。"然而，他还是推荐不修建泄流道，因为"它很少会用得上……而且费用巨大"。[8]

委员会发布了他的结论，但不顾平民工程师们一再要求，拒绝公布他的新数据。委员会对修建溢洪道之呼吁的正式回应，是委员会成员 J.A. 奥克森在 1914 年做出的。奥克森倒是显示出自己头脑开放，说自己独自进行了研究，以此安抚新奥尔良人："无论他们的担心有没有根据，无论是否依据事实，重新审视这个问题是必要的。"他不提委员会的新数据，也不管汉弗莱斯的老数据，而是宣布："古列尔米尼证实了一种看法：溢洪道对于降低洪水高度没有什么实用性……现在若要改变这种看法，难以找到理由。"[9]

古列尔米尼几个世纪前曾对波河得出了他的观察结论。汉弗莱斯自己曾说过，依古列尔米尼的理论而预测的结论，"与实际观察完全相反"。[10]

于是，对这些问题的重新审视，还是只得出了堤防万能政策是有效的。1912 年和 1913 年洪灾带来的唯一政策影响，就是迫使密西西比河委员会为堤坝制定新的标准，让堤坝更高更厚一些。所以，在 1920 年，依据增加密西西比河水流量的理论，委员会开始堵塞柏溪（Cypress Creek）入口，不让河水流入其中。

柏溪位于密西西比河的西岸，在格林维尔市的上游，沿河走大约 35 英里（如果取直线的话，则不一半不到），阿肯色河河口位于它的上游 15 英里处。柏溪的水流入一个盆地，这盆地深入到新墨西哥州和科罗拉多州的山区。

1916 年的密西西比河洪水并不是一场大洪水，但它每秒钟有 336 000

立方英尺的水从密西西比河流入柏溪。这个流量超过了多瑙河发洪水时的流量，更远远超过了洪水期间尼亚加拉大瀑布的水量，比科罗拉多河洪水暴发时水量的两倍还多。[11]

从密西西比河泄入柏溪的水淹没了一个巨大的自然水库，又最终流入伯夫河、沃希托河，或者是红河，从那里或者是重回密西西比河而入海，或者是直下密西西比河那条最大的自然泄流道——阿查法拉亚河——而入海。

堵塞柏溪入口引发了争议。詹姆斯·坎伯和其他几个人认为，让密西西比河水量每秒增加30万立方英尺或更多，这完全是疯了。他坚信这个堵塞将使洪水水位再升高6英尺。[12]

为了证明自己的观点，他和其他人试图说服工程兵团建造一个水力学试验室，来研究这条河。这个想法以前就有人提出过，但工程兵团主任工程师兰辛·比奇将军反对这个想法，解释说："我们国家的大坝建造艺术已是如此先进。对于推进这门科学来说，建一个国家水力学试验室已经不必要了……我还特别想强调我的意见：所提议的水力学试验室，对于解决洪水治理而言，不会有任何价值。"[13]

如同坎伯后来所言："比起思考来，相信要容易得太多；比起思考者来，盲目相信者的数量要多得惊人。更令人吃惊的是，并没有因为［堤防万能政策］导致的情况而导出诚实的科学研究。不仅基本的数据没有得到，而且看来是有意识地不去获得这些数据。要实施这种不可能的理论是如此坚定，对于很多人来说，这已经成为了一种痴迷。"[14]

这种痴迷将被证明是危险的。工程兵团和密西西比河委员会于1921年堵塞了柏溪泄流道，密西西比河水再也不能泄入柏溪了。1922年3月中旬，也就是利莱·珀西首次发表抨击三K党的演讲后不久，坎伯预测将会出现创纪录或近乎创纪录的大洪水。当时，只有他一个人这样预测。

4月10日，格林维尔市，密西西比河水位已出人意料地超过了水深标

161

尺上的 50 英尺刻度，只比有记录以来的最高水位 50.8 英尺低几英寸。*水已经"看见了"——也就是说，上游或各条支流的水将使得密西西比河水的上涨至少再持续两周。[15]

4 月 11 日，在格林维尔市下游 400 多英里的新奥尔良，运河大街下面的水深标尺也表明水位临近历史最高纪录了。在整个密西西比河下游，人们变得紧张，担心自己要进行一场保卫生命之战了。[16]

第二天，路易斯安那州发出呼吁，号召志愿者夜晚上河护堤。密西西比州则早已开始这样做了。武装起来的人们细看大堤的每寸地方，寻找薄弱之处，同时也防备放炸药者——如果河岸在一边决堤，那么未决堤这边的人马上就安全了。[17]

4 月 15 日，格林维尔市的水位升至 51 英尺，打破了纪录，而且仍在上升。

每个小时，这条河都在吞噬沿河民众的更多资源和更多精力。沙袋的供应已经枯竭，那些堆垛沙袋的人已精疲力竭，经费也耗尽了。

4 月 19 日，珀西再次在人民剧院举行的一次群众大会上讲话。与三 K 党的战斗暂停，应对河流成为当务之急。他这次讲话不使用语言技巧，也没有多少恳求，他只是陈述事实。堤坝董事会已把它的所有资金用尽，已经没有钱来购买沙袋、驳船燃料、木料，以及与洪水搏斗所需的任何东西了。珀西说，为了这场搏斗，他们需要合作，需要把他们所有的东西集中起来，需要献出他们所有的劳力，献出他们所有的资源。数百人听了珀西的讲话，他们又组成了较小的小组，每个组都同意补充堤坝劳工，或者是去弄木料，或者是提供铁铲工具。

珀西把自己棉花打包厂和种植园的劳工调来，由自己的经理查理·威

---

* 水深标尺上的 0 读数，是标示低水位，并不指河的深度。50 英尺的读数是指水已经高于低水位 50 英尺了。——作者原注

廉姆斯这个抗洪老手率领上了河堤。数万人在与这条河搏斗：装沙袋，堆沙袋，搭"泥箱"——把厚木板钉在一起，放在河堤上面，后面堆上沙袋，以对抗水浪的冲刷，以及查找河堤坍塌的征兆或河水造成的其他危险。

与此同时，珀西向全国各地的银行家们请求资金支援。他还与三角洲其他9个大种植园主——每人来自一个受洪水影响的县——组织了"西密西西比抗洪委员会"（West Mississippi Flood Committee）来促进在华盛顿展开的紧急游说。于是，下游各市市长、各地堤坝董事会领导人、各家银行行长给国会的电报如雪片般飞去。一封电报是这样写的："守住堤坝，防止历史上最高水位造成的毁灭，我们已经做了能做的一切事情。然而，河流委员会和堤坝董事会已经耗尽资金，它们对坚守下去已经不抱希望了……"另外一封是这样的："没有200万资金……这一区域的抗洪搏斗是没有希望的。如果有足够的资金，我们就很有希望赢得这场战斗。"[18] 几天之内，国会就拨款100万美元用于应对紧急情况。

堤坝守住了，然而由于河水太高，各条支流的水无法进来，相反是密西西比河的水倒灌进入支流。洪水覆盖了三角洲6个县的一些地方，两万三角洲民众变成吓怕了的灾民。"从贝尔佐尼到维克斯堡，人们被回水淹没，"一封新的电报向国会恳求支援，"没有食物，没有逃生手段，情况令人绝望……苦难每天都在扩大和加剧，政府组织大范围救援已刻不容缓。"[19]

没有更多的联邦救援了。在格林维尔市，远远高于原有记录的洪水还在上涨，最后是数英里之内的每一个黑人男性都到堤坝上来抗洪。与此同时，洪水又朝南灌。

1922年，新奥尔良已是一座有45万人口的城市，在它的后面是庞恰特雷恩湖。此湖纵22英里、横50英里，它的前方就是密西西比河。在这里，河上没有桥，湖就更不必提了。在最好的情况下，它周围的那些道路也很糟糕；如果下了大雨，简直根本无法行走。能够走出这座城市的唯一道路就是铁路，而洪水很可能将这条通路也切断。如果出现紧急情况，这座城市的居民就可能无法撤离或逃跑。

密西西比河委员会在新奥尔良的官方水文观测站，位于卡罗敦河湾，靠近杜兰大学，这里的圣查尔斯林荫大道是美国最优雅的大街之一，与卡罗敦大街相交。1912 年的洪水在卡罗敦水深标尺上留下了水位 21 英尺的记录，而 1922 年 4 月 14 日的洪水已高达 21.3 英尺，而且继续上涨。洪峰仍在数百英里外的上游。

新奥尔良运河大街的下面，美国气象局（U.S.Weather Bureau）也有自己的水文观测站。4 月 25 日，它测得了 22.7 英尺的水位，而此时洪峰仍远在上游尚未下来。河水上涨没过了屋顶，与堤坝齐平，在有些地方没过了堤坝。城市工程师约翰·克劳尔在给市长的一封高度机密的报告中警告："奥克塔维亚的堤坝低，它的横断面还有问题……路易斯安那大街的堤坝被塞莱斯特大街的棚屋所占，已经比现在的水位低 18 英寸到 20 英寸了……河现在是被一条沙袋墙加上松散泥土挡着……现在的各种努力没有带来足够的好转。"[20]

3 000 名城市劳工和国民警卫队正在疯狂地拼命加高堤坝。[21] 在新奥尔良的远方上游，一个堤坝董事会主席发现堤坝有处险情，请求帕克州长派些人来巡查。帕克拒绝了："我们这里正在进行最为绝望的搏斗，需要我们能够叫到的每一个人。"[22]

法国区边上的河滨大道码头处，密西西比河在这里拐了一个超过 90 度的急弯，冲下来的河水在此处以压倒性的重量和力量直接撞击堤坝。这个弯是如此陡急，在它之外的水面比它之中的水面要高起一英尺——如同赛马在跑道拐弯时会倾斜一般。水流在这里产生了如此巨大的力量，以至于这个湾成为密西西比河的最深之处——深达 240 英尺。距离堤坝 100 码的河滨大道上，鹅卵石路面突然崩开了，圆锥形的一堆土如同微型火山口一样突然冒起，河水开始从它中间喷涌出来。[23] 这叫管涌，因河堤下面水的巨大压力而导致。管涌中冒出来的是泥浆，说明河堤的泥土正在迅速被掏空。一个抢修队围着管涌垒出一圈沙袋把水围住，从而让水的压力平衡。

新奥尔良有 4 家相互竞争的日报，每家的老板都把自己的报纸作为工具来赢得影响与权力。《新奥尔良时代花絮报》(*New Orleans Times-Picayune*) 规模最大、历史最悠久、最为保守，也最有影响。前些时候，当河水在卡罗敦达到历史最高水位时，它只是在第 15 页刊登了一条只有一段文字的新闻。被封闭的柏溪泄流道下方 10 英里处，阿肯色城被洪水淹没，它根本就没有报道。[24] 现在，河滨大道上的管涌也没有报纸报道。

然而，这种平静并没有让这座城市心安。《新奥尔良时代花絮报》必须报道与它相竞争的《议事报》(*Item*) 业已刊登在头版的东西：备受尊重的艾萨克·克莱因——美国气象局本地分局局长，预测卡罗敦观测站的水位将达创记录的 22.6 英尺，并警告说："我还不能说现在这个预测是不是最终结果。"[25] 很快，卡罗敦的水位就超过了他的预测，达到了 23 英尺，比历史记录高了几乎 1.5 英尺。

164　　　新奥尔良市市长安德鲁·麦克沙恩宣布城市没有危险。与此同时，他通知所有城市工人做好准备随时应对紧急情况，说已经在城市上游 100 英里的范围内 24 小时不间断巡查。[26]

新奥尔良港命令所有船只进港必须慢行，以防激起波浪冲击河堤和河堤上面的沙袋。一封发给帕克州长的未具名电报刊登在报纸上，它的警告更为骇人："通知内河航运线，如果州里不能让它停航，我们可以做到。下一艘以如此高速驶来的船将需要两个驾驶员，第一个会被我们射杀。我们的警卫装备了温切斯特步枪，得到了命令可射杀开船者。"[27] 洪峰距离此市至少还有一个星期的路程，这一星期内水位会持续上涨。密西西比河委员会的新奥尔良地区工程师 R.T. 科特纳少校保证说："现在的河堤比历史上任何时候都更好更坚固。"[28] 然而，面对如此强劲的洪水，它们是否足够坚固呢?

4月24日，新奥尔良下游50英里的路易斯安那州的默特尔克里克决堤，所幸这一区域居民很少。4月26日，路易斯安那州靠近费里迪的地方——与密西西比州的纳奇兹隔河相望，两个小小的管涌——直径不过一英寸，涌出来的水只有一英尺高——炸开了，不到5分钟，河堤就突然坍塌入河，决口的宽度很快就超过了1 000英尺。河水巨浪翻腾，呼啸冲入决口，浪头有树梢那么高。2万人被迫撤离家园。[29]

工程师们震惊了。这处决堤发生在距离河自然堤岸的一英里之外，这里的水势看似平静，并没有急流冲击河堤。单是河水的重量压迫河堤，施压数周，就导致了这次崩溃。

新奥尔良爆发了极度的恐慌。不再相信报纸所言，成百上千的民众亲自涌上河堤去看，他们带着恐惧而离开。河水在河堤上面拍打，很长一段河堤，河水都超过了它的高度，靠着沙袋来挡水。河水还在上涨。

4月27日，上游的几处决堤迫使《新奥尔良时代花絮报》首次在头版报道洪水。它的社论想要安抚这座恐惧中的城市："就目前的高水位局势而言，州和联邦的工程师们给了我们一些可以安心的报告。河堤比以往任何时候都要坚固……本报认为，专家和经验丰富的河堤守护者们说这些话是负责任的。在我们看来，官方的保证显示了一种有道理和理智的信心。"[30]

新奥尔良下游12英里，圣伯纳德区有个地方叫波伊德拉斯，密西西比河在直行了几英里之后在此处又拐了个急弯。路易斯安那州的工程师们形容这一区域是"密西西比河一处大弯中的弯，强劲水流的巨大力量在这里可以充分感受到"。[31]

就在这里，也是在4月27日，也是毫无征兆——一个巡视员巡查河堤没有发现问题，然而不到一个小时，河堤就崩溃了。[32] 这个地点距离河流入墨西哥湾的一个出口将近 5 英里，几乎正是长期以来人们考虑要挖一个人工溢洪道的地点。圣伯纳德区和邻近的普拉克明区都被淹没了。有人搞破坏的流言传遍了这两个地区。

完全是靠幸运，波伊德拉斯的被淹尚未导致人员死亡——决堤最终达到了 1 500 英尺的宽度，水冲出了一个 90 英尺深的大坑。[33] 这里的河堤本身已经增高到 25 英尺，这就意味着有一座将近 1 500 英尺宽、115 英尺高——将近 11 层楼高——的洪水之山瞬间爆发，流入原野。

波伊德拉斯发生决堤之后，如同一个水池拔掉了塞子，新奥尔良的水位迅速下降。看着水位下降，新奥尔良所有人都感到了巨大的轻松。从圣查尔斯林荫大道和花园区中距离河道只有几个街区的那些最为时尚的住宅，到市中心的商业区，再到法国区的工人阶层陋巷，再到它下游的码头和工业区，再越过世界上最大的甘蔗制糖厂，这个城市的临河面，水位全都下降了。尽管由于上游的洪峰，水位仍在上涨，但这里的水位每天降下来 6 英寸，3 天的时间，水位就下落了 2 英尺。等到洪峰抵达时，因为已经有大量的水通过波伊德拉斯决堤泄了出去，故而，这里的水位甚至比此前的记录还要低了。

与此同时，远在河上游的格林维尔市，洪峰却创造了高达 52 英尺的水位新纪录。三角洲的民众进行了一场殊死搏斗，回水造成了成千上万的灾民，但堤坝毕竟守住了。

洪水之后，工程师们对这些事有不同的解说。

密西西比河委员会和工程兵团认为，1922 年的洪水证明他们与密西西比河的古老搏斗临近终局了，他们很快就会看到自己戴上胜利者的桂冠。他们认定路易斯安那州发生决堤，是因为那些地方的河堤质量较差。

166

他们夸耀说，一场创纪录的密西西比河洪水从伊利诺伊州到墨西哥湾一路流过，凡是按照委员会标准修建的河堤，没有一处破损，这在历史上是第一次。3个州的7万名无家可归者，被认定为河堤质量不合格的受害者，或者是回水造成的受害者。

于是，密西西比河委员会更将自己的注意力放在完成自己的工作之上：监督所有的堤坝在等级和截面上达到它的标准，制定计划来封闭密西西比河最后也是最大的那个自然泄流道——阿查法拉亚河。

然而，如果说委员会在庆贺自己，看到了自己在不远将来的最后胜利，那么其他的工程师——尤其是詹姆斯·坎伯，却在审视1922年的这场洪水，并且看到了迫在眉睫的危险。1922年的洪水没有打破柏溪上游的最高水位记录，也没有对河堤形成威胁，但却打破了柏溪下游每一处水文观测站的历史水位记录，从格林维尔到墨西哥湾，一路如此。军方的批评者们认为，正是因为封闭了柏溪入口，才导致洪水水位达到了危险的高度。[34]

位于格林维尔市的堤坝董事会负责人沃尔特·西勒斯爵士，警告珀西和查尔斯·韦斯特——珀西促成了他在密西西比河委员会的任职："密西西比河堤区（Mississippi Levee District）的上游部分已经形成了一种局势，在我看来，对于这一区域的所有县来说……这种局势是一种威胁和危险。"[35]坎伯指出："密西西比河委员会封闭了普拉克明河口，又封闭了拉福什河口，他们封闭了他们能够封闭的一切。他们封闭了柏溪，所有这些都依据同一个政策，结果每一处封闭都抬高了洪水水位，达到了超过从前水位的程度……1850年，拉库尔西的堤坝只要求8英尺高，而现在已经远远超过了30英尺。在莫甘扎，7.5英尺的堤坝就挡住了1850年的洪水，而这一年是38英尺高的河堤来挡洪水。新奥尔良上游40英里处的河堤，挡住1850年洪水的堤高只有1.8英尺，如今已经是不能低于20英尺了。"[36]

水流入海，如果遇到障碍——比如大坝或河堤——来阻止重力对水流的驱动，那么水的体量和内在能量就会积蓄起来。用于阻挡水自然流动的力量越大，被阻挡之水的体量就越增大，能量的潜在威力就越大。格林维尔市以北河堤区的工程师说："我们面对的是一种真实的状态而非理论推测。"[37]

然而，工程兵团却要坚守它的理论推测。

如果上游的人表达了忧虑，那么新奥尔良的人则是绝望。

坎伯曾响亮地警告过新奥尔良人，他们之所以逃脱了1922年的洪灾，完全是因为尽管洪水水位创纪录，但水量却远远未达到。他指出，以每秒立方英尺来测量，此前40年中有12次洪水的水量超过了1922年这次。[38]

1882年那场可怕的洪水达到了每秒 2 250 000 立方英尺，1912年和1913年的洪水也都达到了 2 000 000 立方英尺。1922年却甚至不到 1 750 000 立方英尺。坎伯认为，1922年的这场洪水，甚至没有暗示出密西西比河可以释放的力量。

如果出现了1912年和1913年那样的洪水——它们尚远不如1882年那样大，在柏溪被封闭的情况下倾流而下，会是什么情况？如果河流委员会继续实施封闭最后一个泄流道阿查法拉亚河——这会使流经新奥尔良的水量增加大约三分之一，又会是什么情况？

坎伯越来越相信，新奥尔良需要一条溢洪道来应对紧急情况。他认为，波伊德拉斯决堤的情况证明了他的看法。他开始为自己的看法努力去争取支持，而且有一些更具有力量的盟友加入了他。

吉姆·汤姆森就是这样一个。汤姆森长期以来就对河的问题感兴趣，他在新奥尔良拥有两家报纸——《清晨论坛报》(Morning Tribune)和午后发行的《议事报》。他与华盛顿也有密切的关系，曾在几届总统竞选班子里工作过。他还如同中世纪统治者巩固联盟一般，做了国会众议院议长的女婿，与一位参议员成了连襟，自己的侄女也嫁给了一位参议员。他与新奥尔良每家银行的行长、棉花交易所、同业公会、商会和工会的领导人联系，把他们组织到"安全河流百人委员会"（Safe River Committee of 100）之中。这些人的关系网更是从华盛顿延伸到华尔街。在接下来的 5 年中，汤姆森推动哈丁总统和柯立芝总统，以及陆军部和国会，要求密西西比河委员会开挖溢洪道。军队工程师的负责人比奇将军做出了回应，他指责新奥尔良的利益集团想要溢洪道完全是为了省钱。这座城市的港口基础设施——船坞、铁路、谷物升降机、棉花货栈、码头——全都是依据密西西比河委员会原来的标准修建的，把这些提高到委员会新的标准，要花费几百万美元，而联邦政府不会付这笔钱。比奇还警告说："有些人显然开始了一场宣传，从送到我办公室的那些信件上就可以看出……对已被采用的治河方式的任意指责，只能带来损害。"[39]批评没有停止下来，于是比奇又威胁这座城市，巧妙地暗示他可能会建议"资本家"到那些有竞争关系的港市如莫比尔或巴吞鲁日去投资，而不是来新奥尔良。[40]

168

然而，他的批评者仍在坚持。最后，在 1922 年 8 月于新奥尔良召开的一次关于溢洪道的会议上，比奇告诉与会的商人："如果这是我的财产，那我宁可把河堤炸开；如果情况真的严重，那么就听任洪水之自然，而不是［花钱去］挖溢洪道，这每年都要［为发行的公债］付 25 万美元的利息，另外还有维护它的费用。"[41]

军方的这位主任工程师建议他的听众炸开河堤，让洪水去淹邻居们。他持这样一种立场似乎是令人震惊的，而他之所以这样说，等于他承认他们是对的——溢洪道可以起作用。

后来，就在这一年，汤姆森让一位新奥尔良的国会众议员提出了一份法案，要求对治河的"综合性"思路——包括水库、"取直"和溢洪道——进行研究。在听到这份法案之前，利莱·珀西曾有过不成功的运作，想要把下游各个堤坝董事会的立场统一起来。[42]

针对这个法案而召开的那些听证会非常尖刻，工程师们互骂对方是撒谎者。[43]珀西介入了。在所有技术问题上，他一直倚重查尔斯·韦斯特这位他安排在河流委员会的人。韦斯特反对修溢洪道，于是珀西让格林维尔市商会联系维克斯堡市、阿肯色州的海伦娜市、路易斯安那州的塔卢拉市和其他地方的商会，来游说反对溢洪道。[44]经过了4年的激烈争辩，国会建立了一个"溢洪道委员会"来进行新的研究，以解决这个问题。这个委员会计划于1927年春天到新奥尔良去看看，随之而来的将是前所未有的大洪水。

第 三 部

大 河

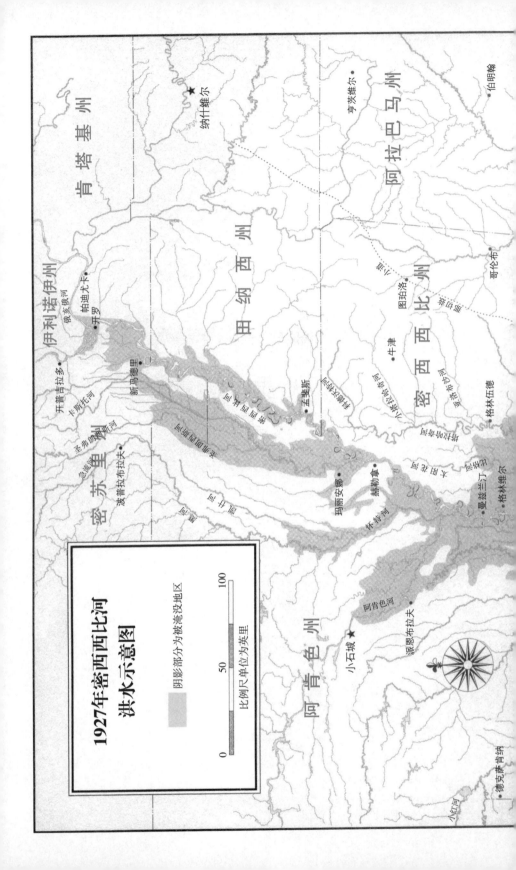

1927年密西西比河
洪水示意图

阴影部分为被淹没地区

0   50   100
比例尺单位为英里

肯塔基州

伊利诺伊州

纳什维尔 ★

田纳西州

阿拉巴马州

亨茨维尔

伯明翰

哥伦布

图珀洛

密西西比州

格林布德

牛津

格林维尔

阿肯色州

开普吉拉多

帕迪尤卡

密苏里州

开罗

新马德里

孟菲斯

玛丽安娜

赫勒拿

曼兹兰汀

小石城 ★

派恩布拉夫

德克萨斯纳

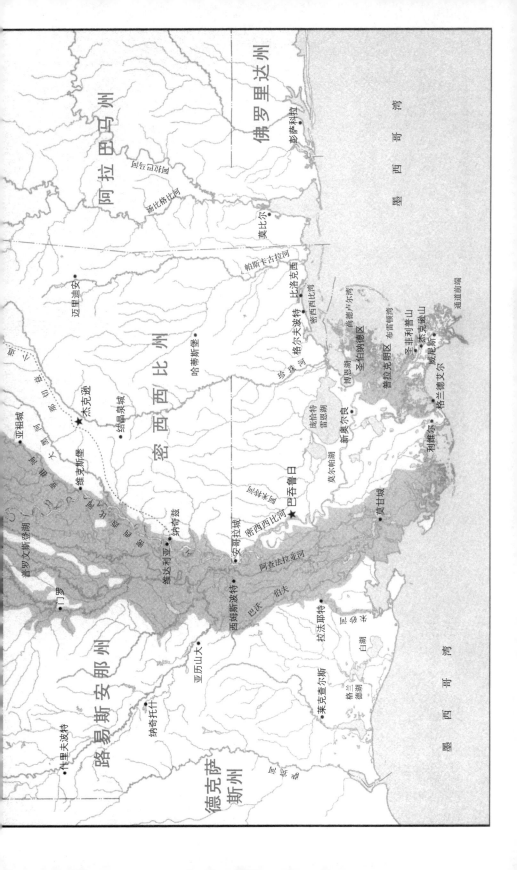

第 13 章

1543 年，埃尔南多·德·索托（Hernando de Soto）[1] 探险队的成员加尔西拉索·德·拉·维加是第一个看到密西西比河的白人。他记下了此河的威力："上帝啊，我的主，我们的工作被这条大河的滔滔之水所阻……它巨量涌来，不断增长，开始之处就淹没了河与陡岸之间的宽广之地。"这是指河的两岸，当水位低时，河岸显得很高。"然后，一点一点地，水升至与陡岸齐平，很快就以巨量之水淹过原野。这里的原野一马平川，没有山丘，所以没有任何东西可阻挡洪水泛滥。1543 年 3 月 18 日……河水凶猛地冲进了艾米诺加［靠近现在密西西比州格林维尔市的一个印第安人镇子］的大门。原野变为一片汪洋，场面颇为壮观。河的两边，水都漫至 20 里格（将近 60 英里）之外。这片土地，这一区域所有东西……什么都看不到了，只有那些最高大之树的树梢依稀可见……这些洪水每 14 年爆发一次，一个印第安人老妇这样告诉我们。如果这片地区被征服的话——我希望它被征服，就可以查清楚是不是这样了。"[1]

---

[1] 文艺复兴时期欧洲探险家，曾用三年时间对今天美国东南部进行探险，所到地区为密西西比河以西。——译注

1926 年 8 月下旬，美国中部大部分地区的上空都被乌云覆盖，一场持续的暴雨开始了。大雨首先倾注在内布拉斯加州、南达科他州、堪萨斯州和俄克拉荷马州，然后向东进入爱荷华州和密苏里州，接下来是伊利诺伊州、印第安纳州、肯塔基州和俄亥俄州。闪电不停，似要撕裂天空；雷声大作，让建筑颤抖；狂风击打窗户，刮得物件东歪西倒。暴雨如注如

174　幕，即使暂停，阴垂之天也无透亮，仍是深黑一片，连乌云自身也消失在灰暗之中。

暴雨持续了数天。最终，天透亮了，太阳出来了。然而，仅仅 48 小时之后，又一片携带大量水汽的低压带进入密西西比河流域，暴雨又在这片区域倾注下来。继它之后，又出现了第三次低压带袭击。1926 年 8 月的最后 14 天，这片数十万平方英里的地方暴雨倾盆，几乎就没停止过。

暴雨淹没了庄稼，毁了收成。尽管此时为旱季，但大量降水还是浸透了土壤，填满了河床。各条河的河水都开始上涨了。9 月 1 日，几十处河水漫过了河堤，淹没了从爱荷华州卡罗尔到伊利诺伊州皮奥瑞亚这一片宽达 350 英里的城镇。湿漉漉的庄稼一片倒伏，灰色水面上，倒映着泡在水中的绿色庄稼和绿草。

还有更多的雨袭来。9 月 4 日，洪水淹没了内布拉斯加州、堪萨斯州、爱荷华州、伊利诺伊州和印第安纳州的大部分地方，导致 4 人死亡。密西西比河在中西部上游水位上涨很快，冲垮了桥梁和铁路。几天之后，又来了一场暴雨。洪水从印第安纳州的特雷霍特泛滥至伊利诺伊州的杰克逊维尔，又有 7 个人死亡。

雨还在下，暴风雨就停留在这一区域上空。9 月 13 日，尼欧肖河冲入堪萨斯州东南部，5 人死亡，经济损失高达数百万美元。在伊利诺伊州，洪水将一棵树冲入石油管道，导致管道着火，着火的石油随着水流扩散。

在爱荷华州西北部，弗洛依德河流域、苏奥克斯河流域和干溪流域 3

天的降水量达到 15 英寸。由于土壤早就浸满了水，河溪早就溢水，所以这场雨导致大河漫堤，淹死了 10 个人，淹没了包括苏奥克斯市在内的 5 万英亩土地，又造成了数百万美元的经济损失。9 月 18 日，美国红十字会全国总部把它的救灾小组派往爱荷华州，而靠近内布拉斯加州奥马哈市的洪水也上涨至危险水位。

暴雨开始时，首先是解除了这一地区的夏季炎热；当雨持续不断时，烦恼随之而来；其后是压抑，现在则是让人恐惧了。人们束手无策，只能眼睁睁地看着自己的庄稼被淹、河水上涨，想着自己的无能和上帝与大自然的力量，进行祈祷。

许多教堂里，祈祷者们把这场雨作为上帝因人之邪恶而发出的警示。即使没有神父的布道训诫，教区那些善良正派者也会想到诺亚方舟，想到世界末日，想到最终审判的到来。

整个 9 月，直到 10 月初，雨一直在下。洪水在内布拉斯加州、南达科他州、俄克拉荷马州泛滥。位于堪萨斯州的尼欧肖河，以及东边 600 英里外伊利诺伊州南部的伊利诺伊河，都达到了历史最高水位。这两个州的洪水最大，造成的损失也最惨重。在 10 月份这是不同寻常的，因为这个时候河流水位一般都偏低。

密西西比河本身也涨得厉害，终于在开罗市上游漫出来了，数万英亩土地淹没于水下。

从开罗市到墨西哥湾，密西西比河下游沿河 1 100 英里，只有堤坝在承受大河的力量。对于如此长度的河堤而言，这样宏大的土方工程如同一座铜墙铁壁般的堡垒，在平坦的三角洲平原上屹立着，有两三层楼那样高。密西西比河委员会引以为豪，对它很有信心。

这一年，即使吓人的乌云在密西西比河流域盆地大部分地方形成，工程兵团新的主任埃德加·杰德温将军在他的年度报告中仍然首次正式宣布，堤坝终于可以"阻止洪水的毁灭性后果了"。[2]

然而，水文观测站的读数却让人不安。美国气象局指出，北美最大的 3 条河——俄亥俄河、密苏里河以及密西西比河本身——囊括了将近 100 万平方英里的面积，在北美大陆的宽广土地上延伸，就 1926 年最后 3 个月平均而言，每条河每个水文观测站的水位读数都是历史上最高的。美国气象局后来说："既不需要先知般的预见，也不需要生动的想象，第二年春季密西西比河下游会有大洪水是不言而喻的。"[3]

然而，这年秋天，无论是美国气象局还是密西西比河委员会，都没有人对这些信息进行关联甚至是整理。那些观测水位的人只是记录读数，然后报到华盛顿。

维克斯堡的水文观测站位于三角洲下部，大致处于开罗与墨西哥湾之间，它的读数更让人不安。每年 10 月份，维克斯堡水文观测站的水位通常是在稍高于 0 刻度处波动，是低水位。历史上维克斯堡只有 6 次在 10 月份观测到了超过 30 英尺的水位。每一次出现这样的水位，第二年春天就会有创纪录或接近历史记载的洪水。[4]

一般而言，水深标尺上的记录是以英寸为单位来打破的，极少会超过一英尺，从来没有过 10 月份的水位读数超过了 31 英尺。1926 年 10 月，维克斯堡水文观测站的水位超过了 40 英尺。[5]

10 月的下半月，雨停止了。那些看守着大河的人们终于轻松了。

可 6 周之后，异乎寻常猛烈的暴风带着强降雨又开始击打密西西比河流域。12 月 13 日，在南达科他州，18 个小时内气温下降了华氏 66 度，接着是一场强暴风雪。蒙大拿州的海伦娜，下了 29.42 英寸的雪。明尼苏达州被风刮在一起的雪堆高达 10 英尺。随着暴风朝东南袭去，小石城一天的降水量就达到了 5.8 英寸，孟斐斯的报告是 4.11 英寸，而靠近弗吉尼亚线（Virginia line）的田纳西州约翰逊城则是 6.3 英寸。到 1926 年圣诞节时，大洪水开始了。

在西边，由于持续的降雨使得小溪变成了激流，阿肯色州有 3 个孩子淹死了。在东边，将西弗吉尼亚州与肯塔基州分开的大沙河（Big Sandy River）溢出了河床。坎伯兰河的水位达到了历史最高纪录，淹了纳什维尔。田纳西河水位接近历史记录，淹了查塔努加。田纳西州至少有 16 人死亡，数千人在圣诞之夜无家可归。穿过密西西比河三角洲腹地的亚祖河也漫出河床，造成成百上千的人逃离家园。密西西比州的古德曼，出现了 30 年来的最高水位。经营南北方向线路的"伊利诺伊中央"铁路公司，经营东西方向线路的"哥伦布与格林维尔"铁路公司，都暂停了穿越密西西比州的铁路运输。

　　一场洪水的危险有多大，虽非唯一但主要的决定因素是洪峰高度。洪峰并非一个浪头，而是逐渐膨胀，就定义而言，是指洪水水位升高的最高点。洪水的高度由几个因素决定，而最为明显的就是水的体量。另外一个因素是洪峰顺流而下的速度，它流得越慢，就越危险。流得慢的洪水对堤坝的压力会持续较长时间，相同水量的洪水如果流得慢，水位就会更高。

　　常识可以解释这一点。洪水以每秒立方英尺来测量，也就是所称的"秒立方英尺"（"cfs"）。这是对水的体量和力量的动态测量（如果是水的储存和灌溉，工程师们就用"英亩/英尺"的静态测量标准。1 英亩/英尺的水指 1 英亩的面积，水深 1 英尺。尽管 1 秒立方英尺的水流动一天几乎正相当于 2 英亩/英尺，但这两个术语代表着不同的概念，并不好等同）。

　　秒立方英尺的数量由水流的平均速度乘以河的"横截面"而得出。一条大河可能宽 1 000 英尺，平均深度为 10 英尺，那么它的横截面就是 10 000 平方英尺；如果它的流速是每秒 10 英尺——时速将近 7 英里，这个速度大致是一个人必须奔跑才能跟上顺流而下之浮木的速度，这两项相乘，这条河就是每秒 10 万立方英尺。如果流速降到每秒 5 英尺，那么

177

河的横截面就必须翻倍才能让这 10 万立方英尺水通过。所以，流速一慢，河就不得不扩宽或升高，或者是既变宽又升高。同样，如果流速加快到每秒 15 英尺，那么这 10 万立方英尺的水只需要四分之三的横截面就够了。所以，水流越慢，就需要越大的河流横截面——洪水的高度就越高；水流越快，所需要的河流横截面就越小——洪水高度也就越低。

河水的流速由河流朝向海平面的坡度决定，也看河流如何延伸。有些河段，河以直线流动，速度就较快；别的河段，经常有弯曲，或者是河底有阻碍，流速就会慢下来。风、河岸、河床、河底被推行或悬浮于河中的沉积物，由这些产生的摩擦力都会影响到河水的流速。潮汐也起着作用，它们对巴吞鲁日以北的密西西比河有着影响。此外还有一些其他因素。

即使某一河段，水的平均流速一样，是一个平均值，但河流正中遇到的阻力小于近岸水流，所以就会流得快一些；20 英尺深的水，底部遇到的阻力也小于水面，所以也流得快一些。密西西比河中，水流上的种种巨大不同，可以形成深度 100 英尺的下层逆流，或者是 800 英尺长、200 英尺宽的巨大旋涡，足以吞噬树木、漂浮货物或船只。如同埃利特观察到的那样："南岸边是激流和相应的下落，北岸边则是缓流和看得见的坡起，这很常见。"[6]

洪水增加了河的高度——在密西西比河的某些河段，平均的高水位可能比低水位高 50 英尺，所以就增加了河的坡度和流速。如果河流水位低，突然有大量的水灌入其中，水流就会加速。然而，如果河水已经很高，此时又有更多的水进来，那么河就如同一道堤坝，迫使新进来的水堆积起来，速度慢下来。回水洪灾的产生，就是因为主河已经如此之高，支流无法注入其中，主河实际上已经迫使水往上走，进入支流。

178 　　一项经典研究揭示了洪峰在非常不同的流速下会如何流动。1922 年，这项研究对两次不同的洪峰流经同一段 307 英里长的河段——从伊利诺伊州开罗至阿肯色州海伦娜——做了比较。[7]

一次是密西西比河水位低的时候，洪峰在开罗注入，它以几乎是河水平均速度的两倍奔腾而下。洪峰实际上成为单独一层水，在原来的河面上滑行而下，3 天时间跑完了这 307 英里。

另一次洪峰是在密西西比河水位已经很高、已经出现了洪水时注入下游密西西比河的。河如同堤坝一样挡住了新来的洪峰，新的洪峰只能以整条河流平均速度的三分之一流动，用了 8 天才走完这 307 英里。这个洪峰实际上是一层等待河道腾空的水，然后它才能朝南流去。因此，它就上升得更高。[8]

洪水没有标准流速，工程师们观察到密西西比河最大的持续流速为每秒 13 英尺，时速大致为 9 英里。水宽几英里、深 100 英尺或更深，如此水量以 9 英里的时速流动，其力量实在可怕。工程兵团的一项研究得出结论，下游密西西比河的一次大洪水，其"洪水位"流动的平均值达到了一天 419 英里（"洪水位"是指河上下游水文观测站所测得的水面高度）。这并不是说洪峰一天可以跑 419 英里，而是指一个正在逼近的洪峰的某些力量——它的某些迹象——几乎以每小时 18 英里的速度顺流而下。[9] 最危险的洪水有几次洪峰，第一次洪峰填满了河流的蓄水能力，导致后面的洪峰升得更高。与此同时，水流对堤坝的压力也加剧了。1927 年，美国气象局设在伊利诺伊州开罗市的观测站，记录到 10 次明显的洪峰在密西西比河顺流而下。

第14章

　　1927年新年那一天，密西西比河在开罗市达到了洪水位，比以往记录的任何时间都早。然后，暴风减弱了。当国会再开会时，来自密西西比州、阿拉巴马州和田纳西州的代表打电报给本州州长，询问是否要为洪灾地区寻求联邦援助。这些州长们全都回电说不需要援助。

　　与此同时，本年早些时候发生的几件事情却预示了一个时代的消逝。密西西比河古老邮船中的最后一艘"凯特·亚当斯"号，在孟斐斯起火烧掉了。即使是那份激烈反南方的黑人报纸《芝加哥守卫者报》(*Chicago Defender*)也充满感情地写道："对于种植园的人们来说——不管白人黑人，'凯特'是一个有生命之物，它那响亮的汽笛，陆地上20英里之外也能听到，是引发欢乐尖叫的信号。听到这汽笛，地里摘棉花的人们直起腰来，冲着田野笑着叫喊'你那可爱的凯特来了'。"

　　在格林维尔市，一个名叫格兰维尔·卡特的黑人退休了。他不识字，但从1880年起就在市中心经营着一家报摊和书店，顾客中黑人白人都有。《格林维尔民主党人时报》(*Greenville Democrat-Times*)在一篇社论中说："卡特是在前街还繁荣的时候就开始做这一行的。那条街和桑树街都已被河水淹没了……他卖课本给女孩们学字母。人们总是信任他。许多人说

［有色人种］在密西西比州受到欺凌，没有任何机会，而卡特的例子就是对这种说法的一个彻底驳斥。格林维尔市的人总是愿意承认和感谢他人的服务，无论这是黑肤色者还是白肤色者所提供。"然而，无论是黑人还是白人，却无人接手卡特的店，它关门了。

在纽约，"美国电话和电报公司"（American Telephone & Telegraph Company）的总裁沃尔特·吉福德架设了第一条从纽约到伦敦的普通长途电话线，而美国商务部长赫伯特·胡佛参加了第一次公开的电视播出，图像和声音从纽约传到了华盛顿。

在华盛顿，关于 1928 年总统竞选的谈论早就开始了。如果柯立芝选择不再竞选，那么伊利诺伊州的前州长弗兰克·洛德就是热门人选。其他的人有大佬党（Grand Old Party）[1] 的候选人伦纳德·伍德将军——人们曾希望他赢得共和党 1920 年的总统竞选人提名，还有参议院多数党领袖查尔斯·柯蒂斯，以及副总统查尔斯·道斯。有一个人，人们并不认为他是有挑战性的竞争者，这就是赫伯特·胡佛。

在加利福尼亚州，查理·卓别林的离婚成为轰动新闻，美国各家报纸纷纷在头版报道这位名人的这件新闻。

与此同时，在阿肯色州，州参议院以压倒性多数否决了一项众议院已经通过的法案，那项法案将讲授进化论定为非法。

在肯塔基州的富尔顿，一个警官到"伊利诺伊中央"铁路公司的一个车站去清除那些"游荡不定、占用这个地方的流浪汉和漂泊者"，结果被一个黑人开枪射杀。这次枪击发生在午夜。在随后的枪战中，这个黑人被打死。[1]

在密西西比州哥伦布市，一个黑人用一把冰锥袭击了一个警察。据《杰克逊号角—账目报》（*Jackson Clarion-Ledger*）报道，这个警官在警

---

[1] 美国共和党别称。——译注

局"讯问"这个黑人一件盗窃案的事，人们听到这个黑人吼道："世界上并非只有你的这把枪。把那个冰锥给我，我让你知道谁能活着走出去。"[2]也是在哥伦布市，《杰克逊号角—账目报》报道："本地的三K党最近掌握了一条可靠信息，一个被称为'蓝雁'的声名狼藉的低级酒馆被本市居民厌恶，于是他们便在几天前的晚上来到这里，但只发现了很少量的酒。"[3]

在路易斯安那州的阿密特——位于新奥尔良以北50英里，几个农民被指控用枪指头绑架了一家黑人，把这家人带到了密西西比州，总共卖了20美元。这家人被武装警卫看守着，干了好几周的活，没有分文报酬。[4]

《孟斐斯商业诉求报》对"三角洲与松林地公司"做了长篇报道。这家棉花种植园有6万英亩土地，是世界上最大的。这家报纸说，英国的一些投资者几年前把这家种植园拼合起来，将这片肥沃之地变成了一个高效率的巨大工厂。"几乎是第一个被这家产业雇用的人是一位医生，指示他在尽可能短的时间内消灭疟疾和性病……而能干的平民工程师也几乎与医生一样迅速被雇用……这家公司里面有31座黑人教堂……几所小学……正考虑建一个农业高中……一个现代的装备齐全的可住院的医院……一份报纸，每周一期，供黑人们阅读……付费发行量达到了每年1 300份，订户几乎全是这家产业的佃农。"[5]

这家种植园的总部在密西西比州的斯科特，在格林维尔市以北15英里左右，靠近密西西比河一处危险的急弯，就在已被封闭的柏溪泄流道的下方。密西西比河的巨量之水在斯科特这里与此弯相撞，产生了巨大而复杂的种种力量，对河堤形成了极大的压力。事实上，此处一直被视为密西西比河堤坝系统中最薄弱的地方之一。

在新奥尔良，狂欢节期间的第一波舞会在1月份就开始了，这些舞会完全是为这个季节最美好的初入社交界的少女们举办的。不幸的是，一场盛大的狂欢节游行不得不中途取消。"短号、长号、低音号，都被倾盆大雨灌满了水,"《新奥尔良时代花絮报》这样报道,"海神普罗透斯的阅兵距离结束还远不到一半,就因这场倾盆大雨太猛而决定打道回府了。"[6] 这是一场 52 年来最大的雨。狂风席卷了半个美洲大陆,当时报纸的头版新闻是:"从落基山到奥沙克山,今天晚上会铺上一张雪毯……有些地方会下今冬最大的雪。"[7]

狂风又返回来了。

匹兹堡——阿勒格尼河和莫农加希拉河在这里交汇成为俄亥俄河,于 1 月 23 日被洪水淹了。5 天之后,洪水又淹了下游的辛辛那提。洪峰用 29 天的时间从匹兹堡流到了新奥尔良;而匹兹堡 3 月 1 日的第二场洪水用了 38 天才走完同样的距离。密西西比河的蓄水能力已经用完。[8]

伊利诺伊州的比尔兹敦,伊利诺伊河在这里于 1926 年 9 月 5 日达到了洪水水位,在接下来的 307 天中,它将有 273 天处于洪水水位。从开罗市到新奥尔良的沿河每一座水文观测站,都显示密西西比河本身也是很早地达到了洪水水位,多半都是有记录以来最早的,而且洪水水位将持续长达 153 天。[9]

上游的水下来了,水位越来越高,水流击打着早已被浸透的河堤。去年秋天反季节的高水位,使得许多地方在低水位时通常会做的堤坝维修未能进行。现在,整个堤坝系统全线承受着河水上涨的重量,这重量朝外推挤河堤,要冲开去攻占冲积平原。

2 月 4 日,怀特河和小红河在阿肯色州决堤,淹没的土地超过 10 万英亩,水深达到 10 英尺至 15 英尺,导致 5 000 人无家可归。[10]

一周之后,新奥尔良在 24 小时内降雨量达到 5.54 英寸。同样,暴雨也肆虐于密西西比河流域的大部分地区,致使各地爆发巨大洪水,导致 32 人死亡。[11]

在新奥尔良,密西西比河委员会主席查尔斯·L.波特上校安抚人们:

"尽管密西西比河沿岸水位与去年同期相比偏高，但除非河的上游流域和各条支流有不同寻常的降雨，否则今年春天不会出现重大的洪水麻烦。"[12]

3月一开始，猛烈的暴风雪就袭击了怀俄明州、科罗拉多州、堪萨斯州和内布拉斯加州，以及俄克拉荷马州、密苏里州和德克萨斯州的一些地方。这场暴雪之后朝东，打破了弗吉尼亚州、北卡罗莱纳州和田纳西州的降雪记录，那些地方的房屋被雪压塌。在更远的南边，则是猛烈降雨。[13]

田纳西河在几周之内第二次发洪水，淹没了公路，冲走了一座铁路桥，切断了交通。在密西西比州，3月15日的《杰克逊号角—账目报》报道："周六下雨造成了事实上的洪水，给公路和铁路带来了相当的破坏，让全州各地的服务大大受损。"[14]第二天，也就是3月16号，又下了4英寸的雨，需要调动密西西比州国民警卫队来守护河堤。

狂风变得更为猛烈。3月17日到20日，密西西比河下游流域3个地方的龙卷风导致45人死亡。大风刮得密西西比河白浪翻滚，巨浪撞击着河堤。巨浪造成了严重的损害，事实上掀掉了一些河段的堤顶。[15]

沿河各个堤区都在准备防洪物资，人们在开会部署防洪力量。密西西比河堤坝董事会的总部在格林维尔市，负责184英里的河边地区，它的主任工程师贝圭英·艾伦，1月份时曾向密西西比河委员会维克斯堡办事处的负责人约翰·李少校请求资金，以加高自己这一地区那些较低的河堤。[16]3月23日，艾伦安排运来了几十台发电机、几百英尺电线、4节车厢的棉袋——有几十万条，每条宽20英寸、长36英寸。[17]发电机和电线是供晚上河堤电灯照明之用，这样就可以24小时不停地干活。棉袋是作为沙袋之用，如果没用上的话，堤坝董事会可以退还回去，不用付钱。利莱·珀西作为圣路易斯联邦储备银行的行长，与纽约的大通银行和新奥尔良的运河银行——这是南方最大的银行——以及其他地方的银行家已经谈过，当几个地方的堤坝董事会需要资金时，向它们提供紧急贷款。他不想因为缺少资源而输给这条河。

183

唐纳德·康纳利少校负责密西西比河委员会在孟斐斯地区的工作。这一段河从密苏里州的开普吉拉多到阿肯色州的怀特河河口，长达450英里。他宣称："如果水位不超过孟斐斯气象学家所预告的，美国的堤坝系统就不大可能出现严重的麻烦。"[18]

　　对于沿河各地的人们来说，康纳利的这番话并不能让他们安心。他们知道美国气象局的政策限制气象学家们预告"看得见的"[19]河水水位——也就是已经落下的降水。所以，气象局的预告一般都低估了河水的实际水位。另外，康纳利谈的只是由联邦政府帮助维护的密西西比河本身的那些堤坝，而州的、地方和私人的堤坝还有几百英里。就在康纳利说了这番话的一天之后，圣弗朗西斯河的河堤就有3处决口了，水灌进了密苏里州和阿肯色州。

　　这看来就像是正在升高和膨胀的密西西比河蓄势待发，在自己准备来一场大攻击之前，先派一些小洪水作为散兵来试探人的力量。那些懂得这条河的人，一直觉得它像是一个精灵，有自己的意愿和个性。1927年，它的意愿看来是要把自己这个流域的人清除干净。

　　从开罗市到墨西哥湾，它表现得最为强大也最为愤怒的这1 100英里河道沿岸，人们已经做好了准备。约翰·李少校只是从去年7月才开始负责维克斯堡地区，对密西西比河毫无经验。而且，他是一个循规蹈矩之人（每天都参加圣公会仪式，周日更是一天3次），也是一个出色的组织者。几个月来，他一直为自认为等同于一场战争的这件事做着准备。他手下的工程师们已经对这一地区的800英里河堤——两岸合计——做了彻底勘查，把那些薄弱地点画在地图上，这样他就可以配置资源。他的军队有1 500人——全职的河堤工人，包括6家河堤承包商，他们都有自己的营地，由一两个白人指挥100个到200个黑人劳工。这些营地都是一些暴力野蛮的与世隔绝之地（一处营地的管理者名叫查理·赛拉斯，184

他可能就是一些布鲁斯歌曲中俚称的白人老板"查理先生"的原型，以经常杀害黑人劳工，将他们的尸体扔入密西西比河而臭名昭著）。[20] 不过，河堤承包商已是在陆地干活了。10 台堤坝机器，每台都似巨大的恐龙，几天之内就可以搬走土山。舰尾小艇被用作高度机动的堤坝营地。10 个工人小组覆护河堤，用类似于伊兹当年在防波堤上所使用的柳枝树垫来覆盖河堤，以抵御水流对堤岸的冲击。工程兵团也开始试验用沥青和水泥来覆护河堤。如果出现紧张情况，约翰·李少校和地方的堤坝董事会事实上可以调用沿河几英里之内所有种植园的劳工，这样一支劳动力队伍———一支军队——总数约有 3 万人。

4 月 11 日，约翰·李少校就调用了几乎所有这些力量，把他们派遣在河堤上干活。他还调来了海军的水上飞机和陆军的侦察机，以便迅速查看几英里的河堤，与河堤上那些无法通过电话联系到的人沟通。[21] 武装守卫也在整条河堤上巡逻，这是必要的。

暴力事件时有爆发。阿肯色州的马克德特里是圣弗朗西斯河边的一个加工粗木料的小镇，周围是肥沃的冲积土地。2 月初，这里的河堤顶上发现被挖了一处 4 英尺深的切口。武装的人们开始在这里巡逻。4 月 16 日，武装守卫对 4 个人开枪射击，他们正打算放置 105 捆炸药。这个镇悬赏 500 美元捉拿他们的"上级"。[22] 这并非河堤上唯一的开枪射击，仅仅是个开始而已。

与此同时，在格林维尔市，珀西再一次将自己的种植园和棉花打包厂的全部劳工调到河堤上，由打包厂经理查理·威廉姆斯带领，投入抗洪。威廉姆斯是打猎和钓鱼好手，也是堤坝专家，他在年初就启动了一个训练营，进行抗洪技巧的培训。这是第一次在密西西比河举行这样的正规训练。威廉姆斯视此为自己的生死之战，已经做好了准备。他还打算在河堤上搞"集中营"，[23] 搭建野战厨房和帐篷，让数以千计的种植园劳工住在堤上与洪水搏斗。如果发生了最坏的情况，那么安置灾民的供食点与帐篷就会要多得多。

1月17日，新奥尔良有数百人开始上堤。靠近一处渡口的河堤出现的一个洞恶化很快，但被人们及时填实了。放置在圣约翰河口里的一块紧急防水装置被冲坏了，人们马上做了修补。3月开始了24小时不间断的巡逻。[24] 市议员约翰·克劳尔是一位有经验的河流工程师，他秘密地报告说，有7 000纵尺（linear feet）的河堤——远远超过了1英里，已经越过了安全限度。危险区域包括市中心的波伊德拉斯大街和法国区的比安维尔、图卢兹、杜梅因和"尼科尔斯总督"等一些中心区域。[25]

詹姆斯·坎伯和吉姆·汤姆森——他们的"安全河流百人委员会"代表着新奥尔良的各方利益，又前往华盛顿施加压力，再次要求改变政策。他们一起再次抗议密西西比河委员会要封闭阿查法拉亚河的计划，这是密西西比河最后一条自然泄流道了。坎伯警告说："对于任何一个胜任工作的工程师来说都很明显……这个封闭将导致阿肯色河以下堤坝系统遇到第一场大洪水就会崩溃……现在面临的局势是，若不抗争就会被淹。"[26]

到了3月下半月，分别有4次洪峰经过开罗市。3月25日，开罗的水文观测站达到了历史最高水位。3月29日，阿肯色州最老的拉科尼亚圈河堤崩塌到密西西比河中。这条河堤虽然不是联邦负责的堤坝，但它质量并不差。它的崩塌是不祥之兆。工程师们想探测河底从而弄清楚河深，可是他们谁也没有做到。[27]

就在同一天，地方、地区和全国的红十字会官员在密西西比州的纳奇兹开会，筹办建立灾民营的事项，他们预计地方资源已不足以处理预料将会到来的灾难。亚祖河和葵花河已经在三角洲肆虐了，而怀特河和圣弗朗西斯河在阿肯色州又有几英里宽。[28]

孟斐斯的康纳利说："所有河堤都状态良好，我们预计不会出现问题。"[29] 维克斯堡的约翰·李说："人们并不认为能看见的河水上涨必然带来任何地点的紧急漫堤。所有河段的组织都在完美地发挥功能。"密西西比河委员会在新奥尔良的地区负责人 W.H. 霍尔库姆上尉说："不会有什么严重的麻烦。"[30]

然而，约翰·李私下却在做着最坏的打算，要求 11 个邮政局长提供"他们周边地区万一（决堤）所需救济的报告"。[31] 支流和回水造成的洪灾使得数千人无家可归。密西西比州州长丹尼斯·默弗里已经给陆军部拍了专电，请求帐篷和补给品。[32]

在西边，3 月 31 日的暴风雨导致俄克拉荷马市 2 人死亡，铁路被毁，公路被淹。在圣路易斯，密西西比河 24 小时内上涨了 6 英尺，并且在南边灌入了开普吉拉多。在东边，俄亥俄河从西弗吉尼亚州的卡那瓦河河口到肯塔基州，每 24 小时就上涨 2 英尺。"亚祖河与密西西比河流域铁路"公司向纳奇兹发出了 24 节货车供灾民暂住。在肯塔基州的哥伦布，3 000 人在密西西比河堤上堆沙袋。[33]

从开罗市向南，每个地方的堤坝董事会都在日夜运作。天气是反季节地寒冷，气温跌到华氏 30 度以下，连三角洲都是这样。那些在河堤上干活的人们围着火缩成一团，趁着几分钟的休息时间赶紧喝咖啡。武装守卫对河堤每一英尺都巡查，寻找薄弱之处或破坏者的征兆。数千人——主要是从田野调来的种植园劳工，或者是警察从格林维尔市这样的城镇大街上随机征召的黑人——就住在河堤上的营地里或河堤旁的驳船上。雨还在下，他们浑身湿透，寒意刺骨。一天又一天，一个小时又一个小时，他们装填沙袋，背着它爬上河堤的斜坡，堆垛在河堤上。湿泥让沙袋比平常更沉重，超过了 100 磅。

4 月初，已经有 35 000 名灾民，几乎全在支流沿岸。然而，密西西比河自身，这个正在醒来的巨人，也在朝外推挤河堤，它正在膨胀。

4月，一直在下雨，雨越下越大，越下时间越长，没有人能够回忆起曾有过范围如此之大、如此猛烈的雨。除了那些黑乎乎的天，即使是去年的雨也没有今年的大。

《孟斐斯商业诉求报》首次开始刊登文章表示对军队工程师一再保证的怀疑。看得见的河水已经导致了创纪录的水位，而雨仍然在下。4月18日，这份报纸评论道："现在看来前景令人沮丧……昨天有两艘大拖船顺流而下，它们很靠近，差点冲开了河堤。它们是在河中间行驶的，但激起的浪高达5英尺至10英尺。"即使如此，康纳利少校仍然坚持说："政府的河堤是安全的。相信我们的河堤上不会有任何地方决口，尽管有些私人河堤可能会被冲开，但局势尽在掌握之中。"[34]

然而，这一天的暴风雨又淹没了大片地方。《纽约时报》的头版新闻详尽报道："在中西部的洪水中，11人死了，许多人受伤了；俄克拉荷马州和堪萨斯州的大片地区被淹了；[铁路]运输瘫痪了，3列火车失事……密苏里—堪萨斯—德克萨斯之间运行的22次客车，从圣安东尼奥市北行，在堪萨斯州的圣保罗因塌方出轨，车头和10节车厢冲进了洪水沟……在昨天晚上和今天早上的大雨之后，堪萨斯州东南部的许多河流达到了所记录的最高水位……堪萨斯州伊利市的大街成了4英尺深的狂暴急流……今天下午，莱希霍布河河堤决口，几千英亩土地被淹……在堪萨斯州的独立城，韦迪格里斯河达到历史最高水位，而且仍在上涨；莱希霍布河也继续上涨……铁路服务已经瘫痪，'密苏里太平洋''弗里斯科''岩岛'、密苏里—堪萨斯—德克萨斯和圣达菲的许多线路都停运了……来自肯塔基州哥伦布的后续报告讲述了居民前往地势较高处，因为密西西比河的水实际上已达河堤之顶……连手提包[原文如此]都被用上阻挡河水的漫堤，河在这里现在已经有5英里宽了。"[35]

在俄克拉荷马市之外，加拿大河导致14个墨西哥人死亡；在阿肯色州的埃尔多拉多，沃希托河导致一家四口死亡。[36]

187

从 1927 年 4 月 19 日起，从爱荷华南部开始的密西西比河上游就发洪水，绿河河口下面的俄亥俄河也发了洪水，从堪萨斯城朝东的密西西比河也水位很高，圣弗朗西斯河、黑河和怀特河都接近历史水位，阿肯色河的水位为 1833 年以来最高。在阿肯色河的下面，沃希托河、黑河和红河在涨水，亚祖河、葵花河和密西西比州境内的塔拉哈奇河，洪水已经持续 3 个月了，而且还在上涨。阿肯色河河口之下的密西西比河也是洪水持续了很长时间，而且仍在涨水。[37]

超过 100 万英亩的土地早就被淹了。辛辛那提和匹兹堡的市中心发了洪水，俄克拉荷马市受到威胁，超过 5 万的洪水灾民住在俄克拉荷马州、密苏里州、伊利诺伊州、肯塔基州、田纳西州、阿肯色州和密西西比州的帐篷或棚车里。

柏溪下方的密西西比河全线水位记录都达到了 1922 年的程度。大部分河堤那一年倒是守住了——勉勉强强，但毕竟是守住了。然而，今年各条支流不同寻常的同时涨水，就使得密西西比河的水位肯定要超过 1922 年。

雨还在下，康纳利仍然坚持己见："我们可以守住所有看得见的水……人们有一种与 1922 年时感觉大不相同的感受。当时每个人都很焦虑，但仍然坚持不懈地防止更多处决堤；现在他们看来有轻松的信心，相信河堤守得住，即使一旦有某处决了堤，他们也会给予一切帮助。"[38]

在新奥尔良，新奥尔良堤坝董事会的负责人盖伊·蒂诺秘密地告知身为市议员的克劳尔工程师："从预报来看，我们倾向于推断河水将……达到极高的水位。依据法律，堤坝董事会有权在这种紧急情况下采取措施。"[39]

公开而言，新奥尔良官方的每个人都表示有绝对信心，当地的报纸也是如此。《新奥尔良时代花絮报》很少提到当地的局势，也不重视其他

188

地方的河流新闻。早些时候，吉姆·汤姆森的两份报纸曾使用高水位作为武器来增加对溢洪道的支持；现在，随着洪水危险变成现实，他的报纸也变得安静了。

4月13日，龙卷风席卷了12个州，与之相伴的是暴雨。就在这种暴风骤雨之下，阿肯色州的一条河堤被人悄悄地放置了炸药，尽管这次爆炸没有造成太大损害——就在这些破坏者把炸药放好之前，河堤守卫及时开枪了。[40]

1927年4月15日是耶稣受难日，《纽约时报》报道说："密西西比河两岸受大洪水威胁，巨量洪水南下，有可能淹没大片地区……今天晚上，从开罗市到大海，一场多年来最为险恶的洪水正在密西西比河及其各条支流涌下。从印第安纳州的埃文斯维尔到伊利诺伊州开罗市的高水位，由于开罗上方那些小河的汇入而增加了水量，还有阿肯色河和怀特河巨大水量的泄入，这都预示了一场与1922年记录相同或者超过它的高水位……河堤守卫者们报告说那些大堤都处于良好状态，但他们已经把人力和机械部署在一些关键地点，以加固任何薄弱之处——处在这种不可测量的压力之下，它们的情况可能会恶化。"[41]

《孟斐斯商业诉求报》则直接说道："咆哮的密西西比河，从圣路易斯到新奥尔良，河岸和河堤都已水满为患，正在承受着大河最为剧烈的暴怒。"它补充说，"政府工程师们对政府河堤承受住洪水是很有信心的。"[42]

从西边的俄克拉荷马州和堪萨斯州，到东边的伊利诺伊州和肯塔基州，各条河流都已漫溢。密西西比河正在上涨，涨得又高又快。陆军向纳奇兹拨了275顶兵营规格的帐篷，用于安置灾民。深达15英尺的水淹没了阿肯色州200万英亩的土地。

阿肯色州参议员T.H.卡拉韦给陆军部长德怀特·戴维斯打电报说："海伦娜每一所可用的房屋和棚车，菲利普斯县的所有地方，都用来安置来自洪水淹没地区的灾民了，可仍然有数百人无法安置……局势要求马上采取措施。"[43]

田纳西州参议员肯尼思·麦克凯拉也给戴维斯部长打电报："洪水突破了这一地区的河堤，许多人无家可归……你能多快地把［物资］送到这里？……请于今天晚上回答。"

第二天上午，也就是格林维尔市堤坝工程师贝圭英·艾伦准备举办耶稣受难日聚会，款待利莱·珀西和其他人的那一天，这场暴风骤雨开始了。

189天从来没有像这样低沉过。在俄克拉荷马州和德克萨斯州的一些地方，气温在几小时内降到了华氏 30 度。在密西西比州和路易斯安那州，空气又湿又冷，如同 1 月份。方圆几百英里，朔风怒吼，鞭打着平坦的土地，鞭打着密西西比河，激起一阵阵巨浪撞向河堤。男人们和女人们瑟瑟发抖，惊恐于这阴沉的天色和狂风，躲在家里。天空变得更暗了，暗得如同发生了日蚀。然而，日蚀只持续一会儿，而乌云却是几个小时地遮蔽太阳，唯一的光线来自闪电的亮光，唯一的声响是雷声的巨大轰鸣。

4 月 15 日，新奥尔良在 18 个小时内下了 15 英寸的雨，城市的一些地方甚至更多。不到一天的时间，总雨量超过了这座城市年平均降雨量 55 英寸的四分之一。这让人们惊恐于大自然的力量。街上是 4 英尺深的水，积水的照片出现在全国各地，即使是《纽约时报》也错误地在照片的文字说明中说密西西比河淹没了新奥尔良市。

从 1916 年到 1926 年的 10 年之中，从来没有一场暴风雨有过 1927 年头 4 个月中袭击新奥尔良的这 5 场暴风雨中任何一场的雨量。[44]

雨也不是局部的。10 英寸到 12 英寸的降雨量朝北远至开罗市，朝西越过了小石城，东边越过了杰克逊。靠近肯塔基州的希克曼，密西西比河上涨到前所未有的程度——比原来高出了 7 英尺。[45]

河水挤压河堤已经数周，许多地方已经有数月，水浸透了河堤，压迫着河堤。整个堤坝系统已经出现了渗流。密西西比河的几十条支流，大的和小的，东边的和西边的——东边的田纳西河、坎伯兰河、亚祖河、俄亥俄河，西边的阿肯色河、怀特河、圣弗朗西斯河、加拿大河和密苏里河，以及上百条其他河，都漫灌淹没了田野。如同一条软管被打了许多洞，河水从围护系统中喷发出来。密西西比河仍在膨胀，威胁着要把这个围护系统完全冲决。支流上那些私人堤坝和州堤坝已经崩溃了。只有美国政府标准的堤坝还在坚守。然而，密西西比河现在才开始接收下游流域的巨大流量，接收它那些支流的巨大洪水。

1882 年的洪水淹没了 34 000 平方英里——超过了新罕布什尔州、佛蒙特州、康涅狄格州、马萨诸塞州和罗德岛州的面积总和，平均水深达 6.5 英尺。现在，密西西比河的水量远远超过了 1882 年的水量。

第 15 章

　　如果不是面对一条暴怒咆哮之河，"政府"河堤的确显得宏伟、坚固、牢不可破。它们是巨大的土方工程，厚度超过以往任何时候，高度比起沿河各段所知最高水位还要高出 3 英尺。1882 年，1 英里的堤坝平均是 31 000 立方码的土量；1912 年，这个数字已达到 240 000 立方码；到了 1927 年，河流委员会提出的标准是每英里平均 421 000 立方码，是 1882 年标准的 13.5 倍，也是 15 年前标准的几乎两倍。达到这个标准的河堤在密西西比河下游占到了绝大部分。[1]

　　尽管是土堤，但它们有精确的设计。在河与堤之间有淤高河床、手推车坑和坡台。淤高河床是自然河岸与河堤之间的陆地，常常有 1 英里甚至更宽。这里通常是树林（即使这需要植柳），以减少对河堤的水流冲刷和水浪冲击。手推车坑则是采土筑堤留下的坑——早期筑堤采土使用手推车，于是有了这个名称，尽管也称为"借土"坑。它等于是一条干的护城河，河水在触到河堤本身之前，首先得填满它。这种坑通常有 300 英尺宽，最深处有 14 英尺深，离河很近。它有一个缓坡，以十分之一的坡度升至坡台。坡台是平地，通常是 40 英尺宽，位于手推车坑与河堤底部之间。

河堤本身是要塞，是巨大的堡垒，它的基体精确无缝地楔入地面挖出的一条基沟内，然后在这上面建造河堤。河堤的顶是平坦的，至少有 8 英尺宽，两个斜边都有三分之一的坡度，所以如果堤高 30 英尺的话，那么它至少有 188 英尺宽——顶宽 8 英尺，外加两个斜边各宽 90 英尺。整条河堤建造时使用质地粗糙、根须茂盛的百慕大草来加固泥土。堤上不允许有其他的种植。这样，高水位时，检查者容易发现河堤的薄弱之处。[2]

在河堤的内陆一边，有一条台坎抵达距离堤顶的一半处，同时也支撑河堤，就如同一个人斜靠着门来把它顶死一样。这条台坎以十分之一的坡度靠近堤顶，以四分之一的坡度靠近堤底，所以，如果堤高 30 英尺，那么它的台坎就将近一个足球场宽，这还不包括手推车坑或坡台。河堤建造的费用，密西西比河委员会支付三分之二，地方坝董事会支付三分之一，另外它还提供地役权和土地，所以筑堤费用事实上是两家各付一半。

低水位时，人站在堤上甚至看不见遥远之处的河，这个河堤系统的确显得是不可攻破的。然而，它并非不可攻破。

许多事情都可以导致河堤崩溃。筑堤时，如果有一块木头、一根树枝留在堤内，它们腐烂，造成空洞，就会带来灾难。穴居动物，甚至小龙虾，也会造成空洞。河水会找到这些弱处，会扩大它们，导致一段大堤崩塌。

泥土也可能是弱处。没有哪个堤区能够承受从外边运送所需要的巨量泥土，于是都就地取材。如果一个地方的泥土轻而多沙，那么这里的堤就需要更多的支撑，这种土质的堤面对河浪冲刷和水漫过堤顶时也很脆弱。

咆哮而下的奔腾急流，时速可达 10 英里，会冲刷堤基，掏空它。大风或驶过驳船激起的浪头也会冲击河堤，冲掉大块泥土，掏出深及膝盖的洞穴，冲毁沙袋墙。

然而，最大的危险还是压力，毫不松懈的持续压力。河水漫过顶点时，并不是简单地漫过一个容器的顶，而是挤压这个容器的边。上涨的密西西比河水以巨大并且在增加的重量挤压河堤。河水紧靠河堤的时间越长，河堤就越浸透，变得越脆弱，它的某个部分就越有可能崩塌。这样的崩塌就增加了河水巨大重量推开河堤的可能性。压力也会导致沙涌，这是因为河的重量推挤着河堤下面的水，于是水就如同微型火山一样在河堤背后喷出，有时可能距离河堤 200 码之遥。如果沙涌冒出了清水，那很危险；但冒出泥浆也不妙，说明沙涌正在侵蚀堤心。

　　所有这些危险都可以处理，至少在理论上可以。然而，人得把一切都做对，而且必须是一天 24 个小时都不犯错误。只要洪水持续，河就越来越强大，堤就越来越脆弱。由于河水无情，人也必须无情。由于大自然不漏掉任何细节，不犯任何错误，它是完美的，人也必须不错过任何东西，不犯错误，做到完美。

　　即使如此，即使人的所作所为与大自然的完美可堪匹敌，即使人做到了像河一样无情，如果河水升到足够之高，它仍然会压倒人所做过的一切。

　　堤筑得越高，就越以数量级增加崩溃势能。1922 年在波伊德拉斯，河水急流掏出了一个很深的洞穴，结果形成了一座 115 英尺高、1 500 英尺宽的流动水山。它的力量堪比大坝坍塌。可以想象，高堤如果崩塌，势必产生更大的力量。

　　几周之前，查理·威廉姆斯对格林维尔市附近的河堤进行了划分，每半英里为一段，每段有一个队长来组织自己的守卫和劳工。总体而言，劳工人数接近 1 万人。在那些已知的薄弱地段，能够容纳数千人的帐篷城在河堤基部处搭建起来了。突击队伍住在驳船上，上面可供 400 人食宿，可以迅速赶到要出问题的地方。电线已经布上，用于接通电灯和电话，以便 24 小时干活和迅速联系。珀西和其他人在幕后工作，确保后勤保障的顺畅，与河流委员会的韦斯特商谈，确保委员会去做一切可能要去做的事情。

随着河水的上涨，即使是在耶稣受难日那场大雨之前，河堤守卫也换人了。守卫原来是黑人。一个黑人比尔·琼斯回忆道："他们给我一把猎枪，说：'不要让阿肯色州那边的任何人过来。'"然而，琼斯曾允许阿肯色州的渔夫靠近河堤，没有对他们开枪。"他们把猎枪拿走了。'你不行'，他们说我。"[3] 现在，守卫换成了白人，绝大部分是一战的退伍老兵。这些强硬、坚忍不拔的人守卫自己的家园，他们是会开枪的。《格林维尔民主党人时报》报道说："一次靠近这里想要炸毁［河堤］的企图……昨天晚上被国民警卫队队员发现了。随之爆发一场激战，3 人被击中。"[4]

不过，虽不让黑人守卫河堤，但要他们在堤上干活。白人愿意把抗洪想象为代表着一个地方的最好一面，所有人都团结起来了。事实上，抗洪只是反映着一个地方的权力性质，是一种自炫的巧取豪夺。利莱·珀西明白这一点。1922 年，就在与三 K 党的斗争开始之后，他邀请《大西洋月刊》的编辑埃勒里·塞奇威克来访问，对他这样说："就种族研究的深入而言，看看五六千自由的黑人在 10 个或 12 个白人带领之下，在河堤的薄弱之处干活，没有比这更有意思的了。没有哪怕是最小的摩擦，当然也没有任何法律权力来驱使他们干活，然而活就是干了。这不是出于任何被迫之感，而是出于对白人的一种传统服从。"[5]

单是巡查河堤就是很累人的活。不仅是堤顶，而且堤坡也必须检查。湿泥会把人穿的靴子吸掉，光是行走就让人精疲力竭。进行巡查的，一般是白人。

黑人加高河堤。在水浪侵蚀堤顶的地方，他们就搭建"泥箱"——几英尺高的厚木板墙，后面堆上沙袋来支撑；有时干脆就是堆垛沙袋，如同砌砖那样仔细地垛好。每个薄弱之处都需要数以千计的沙袋，每个沙袋都要人来装填、搬运、堆垛。装填沙袋时，2 个人撑开沙袋，1 个人铲起泥土装到里面，然后系好。如果是干土，一个装满的沙袋重 60 磅到 80 磅，如果是湿土则要重得多。一个人不停地弯腰装填，一会儿就腰酸背痛了；背着它爬上长长的堤坡，也让人很快就精疲力竭。在 800 英里的河堤上，只有 10 台运土的堤坝机械；骡子也不多，只有黑人。然而，白人对待他们却不像对待人。

比尔·琼斯还记得，在猎枪被拿走之后，他就开始朝堤上运沙袋。他身边的一个黑人脚滑摔倒，摔到了河水那边，掉进河里，消失在水中。他的尸体再也没有发现，也从来没有人去找过。干活是不能中断的。[6]

一个白人工头邓肯·科布回忆道："他们在那个地方有一群黑人……用棍子打他们，用手枪指着他们，都不起作用了……他们问我是否需要一把手枪和一根棍子，我告诉他们不需要。我了解这些黑人……我将他们分成小组，让一个小组装填沙袋，一个小组搬运沙袋，一个小组堆垛沙袋。我让他们边唱歌边干活，大约用一天的时间，我就把这段河堤堆起来了。"[7]

让黑人边唱边干，把棍子和手枪放在一边，这个白人学到了这么多。

劳动强度是不会减轻的，丝毫没有。河也没有休息。黑人干着最辛苦的累活，其他人也都在工作。美国退伍军人协会（American Legion）负责河堤营地的厨房，一天要做数千人的饭。工头全是白人，河堤守卫基本上都是白人，河堤劳工全是黑人，在这荒野之中，休息时都能得到一杯咖啡。然而，休息时间很短。人们一个小时接一个小时地干活，一天接一天地干活。

河水还在上涨。所有的河流都在上涨。它涨高、膨胀、漫过河堤、冲决河堤。

4 月 16 日是个周六，在密苏里州的多里纳——它在开罗市下游 30 英里处，密西西比河上的政府河堤有 1 200 英尺倒塌了。密西西比河委员会曾一再坚持："在按照政府关于等级与截面之规格而建造的河堤上，从来

194

没有过一处决口，从来没有因为决口而淹过一英亩土地。"[8]

现在它再也不能这样说了。河水从决口冲泄而出，冲倒了树木，卷走了房屋，毁掉了人们的信心。

多里纳的决堤，将寒意沿密西西比河顺流而下送到了新奥尔良。这一次决堤就淹了 175 000 英亩的土地，没有人再因康纳利的保证而放心了，尽管他还在说："我们有信心，其他的［政府］河堤将承受住洪水。"[9]实际上，除了新奥尔良，密西西比河下游的所有地方，人们都曾相信河流委员会和军队工程师们的判断。现在，这些人看着尽管已经每秒有数十万立方英尺的河水从那处决堤泄出，但河还在一个劲儿上涨，都感到害怕了。

阿肯色州参议员卡拉韦给陆军部长戴维斯打电报："在森林城……5 000 人没有住处没有食物。居住设施和食物都要马上运来。类似的援助也要扩展至田纳西州，尽管就洪水淹没面积而言，它还不到阿肯色州的十分之一。"[10]"密西西比河洪水治理联盟"（Mississippi Flood Control Association）给戴维斯打电报，说阿肯色州海伦娜的另外 6 000 名灾民已"极端缺乏食物"。[11]

这一天，《纽约时报》报道说："密西西比河一带又死了 7 人……密苏里州和伊利诺伊州今天又都发生决堤……是在阿肯色州的大湖和阿肯色州东北部的怀特霍尔兰汀，以及圣弗朗西斯河上……密苏里河和上游流域新的降雨有可能带来更高的水位……一所房屋今天漂过孟斐斯，一路漂向墨西哥湾……在圣路易斯，数以千计的疲惫人们今晚还在继续奋斗着加固河堤，以应对看来是下游流域从未有过的最大、最有破坏力的洪水。另有几千名男人、女人和儿童灾民处在红十字会的照料之下。"[12]

美国红十字会负责灾难救援的人来到了洪水地区，给华盛顿总部打电报，说他们面对的是"历史上最大的洪水"。[13]事实上，洪水还未正式开始。

4月16日是周六，随着密西西比河在多里纳开始决堤，在格林维尔河流董事会办公室，利莱·珀西与查理·威廉姆斯、柯蒂斯·格林将军——他是密西西比州国民警卫队的指挥官和州长的发言人，以及董事会的所有成员——其中包括珀西在这一地区唯一真正的政治对手沃尔特·西勒斯，一起开了一个紧急会议。珀西和西勒斯已经请求密西西比州州长丹尼斯·默弗里把帕尔希曼监狱的犯人调到河堤上赶工。

默弗里在政治上欠这二人的情，尤其是欠珀西的情。几年前，默弗里是瓦达曼反对珀西的坚定支持者，州长因癌症去世的第二个月他就接替了职位。当时比尔博有意竞选州长，然而珀西愿意原谅他，马上表示支持他，建议他立即宣布举行再选："这是一个对你有利的心理时期。在这个时期采取行动往往会带来有利的结果，超过其他任何的因素。那些这样做而成功的人被称作幸运，其实应该称为聪明。"[14]

默弗里调来了犯人，并且承诺会全力帮助三角洲。现在，以默弗里的名义，格林就提供了州里所有的资源。第二天，默弗里本人向陆军部长戴维斯请求运送物资和帐篷到格林维尔市。[15]

维维安·布鲁姆在堤坝董事会总部工作，一直在驳船的电话上与各地联系，调动人力，保证沙袋的供应。"堤坝董事会已是疯人院了，"布鲁姆说，"'河堤要崩了吗？河堤要塌了吗？'主任工程师助理埃兰先生一直说不会不会……那个地方真是疯人院，薪工单雪片般飞出，一群群的人跑进跑出，电话响个不停。"[16]

弗洛伦斯·西勒斯·奥格登的父亲沃尔特·西勒斯，当时在堤坝董事会。弗洛伦斯回忆道："他们不断派人去找劳工。他们派来了犯人，他们派来了能够找到的每一个人。到处都是劳工，[满载工人的]卡车到处奔驰。"[17]

河两岸的镇子里，警察每天上午都在黑人区巡逻，从街上抓黑人送往河堤。如果黑人拒绝，就会遭到殴打或关起来，或者是既打又关，不止一个黑人因为拒绝上河堤而被枪杀。在格林维尔市，从百老汇街角到纳尔逊大街，每天上午都有满载黑人的卡车驶离，把一批新的劳力配备在上游 15 英里处。卡车一天 2 趟或 3 趟开往那里。[18] 黑人温·戴维斯是一名司机，他说："4 月份的第一天，我就开始把人运往那里。从来没见过有任何白人在河堤上干活。我只看见了我运来的那些人。"[19]

白人工程师弗兰克·霍尔当时只有 24 岁，他说："他们让我负责一段河堤。当我赶到那里时，河水已经漫过了堤顶。要把活干起来很难，因为我们没有组织起来。有些地方简直连一点吃的也没有。农民们有自己的营地和人员，带来了他们自己的劳工，干活就比我们强，因为我们的劳工是警察局抓来的。"[20]

在两岸河堤之间，密西西比河已是 3 英里之宽，颜色越来越深，越来越混浊，越来越狂暴，无论是印第安人、黑人或白人，都从未见过这种景象。洪水裹挟的那些东西——树枝以及整棵的树、地板的一部分、屋顶、鸡舍残骸、篱笆桩、倾覆的小船、骡子和奶牛的尸体——飞驰而下。

堤坝工程师们在公开场合一直表示有信心，但灾难性的决堤已不可避免，问题只是在何处发生。如果密西西比河在阿肯色州那边决堤——那边的堤平均要比密西西比州这边低 18 英寸，或者是在格林维尔市以南足够远，那么华盛顿县或许可以保全。[21] 各个地方传来的决堤消息增加了他们的希冀。靠近阿肯色州的派恩布拉夫，阿肯色河的一处决堤又淹了 15 万英亩土地。这是好消息，因为这股水不会威胁格林维尔市了。4 月 19 日，美联社报道说："拯救怀特河河堤的尝试事实上是放弃了。"不管怎样，对于格林维尔市来说，这又是一个好消息。也是在这一天，密苏里州的新马德里附近，河堤被冲开了一个 1 英里宽的口子，密苏里州和阿肯色州超过 100 万英亩的地方会被淹。对于格林维尔市，这仍然是好消息，至少暂时减轻了压力。然而，这股水大部分还会回到密西西比河中。时间就是一切，这股水何时返回至关重要。

至少3周之内洪峰不会抵达新奥尔良。然而，也是在4月19日这一天，靠近1922年波伊德拉斯决堤的地方，圣伯纳德区的河堤守卫对3个被怀疑是放炸药者开了枪，射杀其中1人。[22]

查理·威廉姆斯下令停止格林维尔市上游十几英里的曼兹兰汀到阿肯色城的汽车轮渡，因为这对河堤不利，不再允许轮渡穿行了。30年前，曼兹兰汀曾是一个名叫亨廷顿的小镇所在地，这里有火车轮渡，然而，一场洪水把整个镇和火车渡口冲毁了。[23]

在这个地方，河堤格外而且是不可避免地脆弱。就在它的上方，河流直泻好几英里，然后是一个90度的急弯，积蓄起来的力量和势能直接撞在这里，波涛汹涌，水声如沸，冲击河堤，形成了骇人的激流。旋涡激起的浪头横冲直撞，它们来自相反的方向，相互撞击。这一处，那一处，河面高低不同，水流爆炸为涡流与涡旋。如同埃利特1851年报告的那样："由于河流弯曲的影响，随处可以看到明显的水流坡面，当河水冲击这些弯处时，就产生了巨大的离心力，对岸则形成了旋涡。所以，河面不再是一个平面，而是有着特别复杂的起起伏伏。"[24]

曼兹兰汀在阿肯色河河口下游不远处，就在密西西比河委员会已经封闭的柏溪泄流道的下方。

怀特河长720英里，阿肯色河长1 459英里，两者流经189 000平方英里的土地，然后相距数英里流入密西西比河。到4月1日时，这两条河之间的土地已经完全淹在水下了。

在这两条河的河口，对密西西比河的最大压力开始了。早在耶稣受难日那场雨之前，怀特河和阿肯色河就已经决堤，并且达到了历史最高水位。降雨更带来了难以想象的压力。

在小石城，由于阿肯色河的急流冲击桥墩，"密苏里太平洋"铁路公司的一座铁路桥开始摇晃。为了稳定它，工程师们把一个火车头和21节煤车压在它上面，然而桥还是晃动，震动导致火车头煤炉中的火着了起来。火刚起，桥就崩塌到河中，冒起了巨大的蒸汽云。然而，蒸汽巨大的嘶嘶声却淹没在河水的如雷咆哮中。桥拱和车厢都被冲得无影无踪。[25]

在1993年密西西比河的那场大洪水中，爱荷华州基奥卡克的密西西比河上游，水量达到了每秒435 000立方英尺。这里曾有过一个记录——1851年的记录，是每秒365 000立方英尺。在密苏里河河口，1993年圣路易斯密西西比河的水量达到了每秒103万立方英尺（1844年的记录是每秒130万立方英尺）。伊利诺伊州开罗市之下的密西西比河下游水道，通常能够轻松地容纳每秒100万立方英尺的流量。1927年，开罗市密西西比河的流量至少达到了每秒175万立方英尺，甚至有可能是200万立方英尺。阿肯色河达到了每秒813 000立方英尺，较之它之前的水量多了几乎三分之一；而怀特河也达到了每秒40万立方英尺。詹姆斯·坎伯亲自对这一区域做了调查，美国铁路工程协会（American Railway Engineering Association）的工程师们也做了调查。他们独立地得出了估计结果：阿肯色河河口的密西西比河水量超过了每秒300万立方英尺。[26]

由阿肯色河河口往南，密西西比河两岸河堤都在震动。在那些最糟糕的河段，河堤之外已是数十处沙涌喷水，河正在蓄积力量挤压每一个薄弱之处。

每个地方，人们都奔忙于加高河堤，与上涨的河水和升高的对岸河堤赛跑。一层沙袋平均厚6英寸，人们已经把格林维尔市上游河堤的大部分地段至少增加了3层沙袋那样高，而密西西比河水已经在冲刷堤顶，这就意味着河水已经比河堤高了1.5英尺。[27]堤坝工程师们首次大规模地采用了一种绝望的措施：他们从河中抽取亿万加仑的河水放到内陆这边，希望增加的水之重量可稳定和支撑河堤，防止沙涌和坍塌。[28]在那些进行了这种尝试的地方，这项新技术的确起了作用。然而，暴风骤雨仍在持续。4月19日，龙卷风掠过4个州向西，导致31人死亡。4月20日，同样的暴风雨又袭击了密西西比河下游区域。[29] 珀西的朋友亨利·鲍尔在他的日记中这样记载："风雨之夜，狂风劲吹，大雨不停，时时刻刻都感觉到威胁。河堤很难顶住。上帝，放过我们吧！"[30]

比起暴雨来，狂风更糟，它所造成的巨浪击打着沙袋与河堤。人们想用原木堰挡住浪头，但巨浪冲断了连接原木的铁链，将原木甩到空中，于是一根根原木就如同打桩机一样反复地猛烈撞击河堤。冷雨还在下。水涌出了阿肯色河，涌出了怀特河，而这两条河仍在上涨。上游，在孟斐斯上方，密西西比河本身也继续上涨。

沃尔特·西勒斯负责一段河堤，女儿陪伴他对家附近的一段河堤进行巡查。她被所看到的景象吓坏了："眼前的景象我从来没有见过——我其实目睹过许多高水位了……许多溪流……在堤坡上上下下到处奔流……我们房屋的前面，你就可以看到河堤，河水已经到堤顶了，已经在堤顶奔流了。小船驶过，人们站在船上，你可以看到他们的膝盖，已经与河堤齐平……他们在那里堆垛沙袋，但河水仍然漫流，在他们中间漫流。我母亲说她站在那里，看到芦苇在河堤上飘动，于是她就去看看怎么回事，原来是水漫过了河堤。"[31]

第二天，西勒斯去查看曼兹兰汀处的河堤。女儿问他："是不是情况已经与米利恩湖一样糟糕了？不至于吧，至于吗？"

"还要更糟糕呀！"父亲说。

"唉，我看不出它怎样能挺下去。"

"它不行，它挺不下去的。"[32]

《杰克逊号角—账目报》报道："今天下午，格林维尔市北边河堤的压力再次加倍，因为大风吹得密西西比河更为狂暴，巨浪撞击大堤……倾盆大雨之中，5 000人在水几乎已经淹过堤顶的那些地方堆垛沙袋。'还没有出现物质损失，'驻格林维尔市国民警卫队的指挥官 A.J. 帕克斯顿宣布，'我们希望能守住河堤。'"[33]

事实上，曼兹兰汀的上游，河水已经漫过了堤顶。沙袋墙似乎守住了，但 2 个小时后，一段 2 英里的河堤上，河水又漫过了沙袋墙。[34]

这天晚上，贝圭英·艾伦告诉种植园主 B.B. 佩恩："把你所有的劳工都找来，带他们到堤上堆沙袋。"

佩恩冷笑："这对你一丁点儿用处都没有！道理很简单：河水 1 小时涨 1 英寸。华盛顿县的所有劳工对你没有任何用处了。"[35]

比尔·琼斯和摩西·梅森当时在曼兹兰汀附近堆沙袋。琼斯回忆说，河堤"感觉就像果冻。堤坝正在颤抖"。他抬头看了看浑浊的河水，"水像是在沸腾。"[36]

"水完全像是煮开了，"梅森回忆说，"河堤开始晃动。你可以感觉到它在晃动。你可以看看河水，尽管一切都是湿漉漉的，但河水似乎在扬起尘土。"[37]

这一天早些时候，开罗市的水文观测站达到了 56.4 英尺的水位，比起几周前的记录几乎高了 2 英尺。这个读数还不体现由阿肯色河和怀特河灌入密西西比河的创纪录水量。

在维克斯堡，约翰·李少校对那个晚上做了记录："从天黑到天亮，[整个堤岸线]一直是请求增援的呼叫。晚上一直下大雨，天亮后我们想把我们海军的水上飞机发动着，但它被水泡了，我们花了一个多小时才把它发动起飞。"[38]

弗洛伦斯·奥格登回忆："整个晚上我们就听到军靴在屋里走动。那些河堤守卫到家里来弄咖啡。大雨整晚不停。你一辈子都没听到过这样的雨声。他们开始呼叫'劳工——劳工——劳工，给我们派劳工来'，一直到清晨，天亮之前。"[39]

在曼兹兰汀，一个河堤营地中的 450 个劳工拼命加高了 6 英寸的沙袋墙。密西西比河马上就要漫过堤顶了。人们已经来不及搭建一个合适的基部，干活时，浪头击打着堤顶，水溅到他们身上。他们浑身发抖——气温是华氏 40 度出头。1 英里之外的北边，形势看来更为险恶，几千人正在赶工。

凌晨 3 点 30 分，负责部署于曼兹兰汀的国民警卫队"雷克斯营"分遣队的 E.C.桑德斯中尉，巡查 2 英里半的河堤时，不断踏进水浪冲出来的洞穴，深及膝盖。数不清的地方，水已经漫过堤顶了。在他这一段的北端，一个守卫报告发现了一处沙涌。桑德斯马上去察看，发现喷出来的水柱如同人腿那么粗。他已经没有人手可用了，于是打电话告诉下一个营地快来处理。他们赶来处理了。桑德斯还注意到，堤上有一个汽车压出来的浅坑。

4 点 30 分，又调来了一支新的分遣队。桑德斯让他们赶紧搭帐篷去供更多的人宿营。6 点 30 分，有消息传来——大堤某处出现了小小的决口。

桑德斯马上乘车赶去。就是他先前注意到的那个浅坑处，现在有 12 英寸深、24 英寸宽的水流正在奔涌。

他冲过去叫醒劳工，让另一个马上去附近的一个种植园，把那里的"劳工都叫来"，[40] 同时通知堤上的其他营地。这些营地尽管自己也在拼命，但都派了人来。半个小时后，已经有 1 500 人在这处浅坑干起来了。此时，水流已经发展为一条咆哮的小河。

"黑人们也冲向决口，"桑德斯在他的正式报告中写道，"但当他们到达后，很快就泄了气，开始逃走。那些平民工头和我的人不得不用枪逼着他们回到决口去干活。"[41]

数百黑人，被枪逼着，冒着生命危险为一个他们视为傻瓜的白人干活。在枪口之下，他们装填沙袋，将沙袋投入决口中，排成一队把沙袋递给那些站在水中的人。决口的水流越来越急，沙袋一投进去马上就被冲走了。大堤在他们脚下颤抖晃动。决口更宽、更深了。几英里的堤面都出现了河水漫堤。[42]

查理·威廉姆斯来到了现场。他什么也干不了。河水还在上涨。

梅森回忆："你可以看到地面也开始沸腾。一个人吼道：'注意！要决堤了！'所有人都在喊'快跑'。如同消防栓被打开，河水喷射出来。"[43]

人们开始逃跑。每个人都在拼命叫喊。此时，桑德斯正在给格林维尔市的上司 A.G. 帕克斯顿少校打电话："我们坚持不了多少时间了。大洪水要来了！"[44]

威廉姆斯还记得，大堤"似乎朝前移动了，似乎被河挤出去了100英尺"。[45]

一个名叫约翰·霍尔的人负责在堤坝董事会办公室接听电话，传递消息，配送物资。当决堤的消息传到他那里时，他马上去见主任工程师贝圭英·艾伦。"我把这消息告诉他时，这位老人坐在那里，大哭起来。"[46]

消息马上在混乱中传开。许多报纸起初报道决堤发生在北边几英里外的斯托普斯兰汀。科拉·坎贝尔告诉历史学家皮特·丹尼尔："我就在……决口处。我丈夫，他就在那里的堤上干活……我跑啊跑啊跑啊……各处的钟都响了，汽笛也都响了。唉，真是一个可怕的时刻。我们逃到了大堤上。"[47]

大堤现在是唯一的陆地，其他地方很快就变成了一片汪洋。这一地区的所有种植园里，钟都在敲响，狗都在叫，牛都在吼，人们赶紧收拾必须带的东西，许多人早就在自己家里搭起了架子，此时慌忙把家具抬到架子上去。早上 8 点，格林维尔市，火灾警笛和每座工厂的汽笛都拉响了，每座教堂的钟都敲响了。就在数千人正用澡盆储备饮用水时，水压一下子没有了。

中午 12 点半，约翰·李少校给工程兵团的指挥官埃德加·杰德温将军打电报："上午 8 点，曼兹兰汀的渡口码头处决堤。崩溃处洪水将泛滥于整个密西西比河三角洲。"[48]

许多事物再也不会像从前那样了。

第 16 章

　　决堤之水的咆哮淹没了所有的声音。它带着上下数英里的河流，裹挟着数英里的陆地冲决而去，它的咆哮如同一群巨兽在宣告它们的统治。几英里之外的人们在自己脚下感觉到了大堤的颤动，为自己的性命担忧。

　　决堤后被洪水淹死的人数没有确切数字。红十字会列举了两个死者。《孟斐斯商业诉求报》报道说："数千劳工正在拼命堆垛沙袋……大堤突然决口了。那么急的水流，是不可能发现被卷走者的尸体的。"[1]《杰克逊号角—账目报》报道："昨晚，来自格林维尔市的灾民涌入杰克逊市……他们说，没有丝毫疑问，种植园几百名黑人劳工在这场席卷了全县的洪水急流中失去了生命。"[2] R.C. 特林布是一位法官，也是一位目击者，他说几天之内不可能发现这些尸体，甚至可能永远都找不到了。[3] 美联社引用负责救援的国民警卫队分队长亨利·贝的话："估计超过 100 个黑人在这场洪水中被淹死。"[4] 唯一的官方统计结果是国民警卫队军官在决堤处发布的，他只是宣布"军方无人死亡"。[5]

　　决口很大，翻腾的巨浪与树梢齐平，撞击它们，与此同时，急流的力量又在冲凿地面。决口又变宽了，变成了一道宽约四分之三英里的水墙，高度超过了 100 英尺——后来它的深度估计达到了 130 英尺，在三角洲的土地上冲撞肆虐。几周后，工程师弗兰克·霍尔对仍然敞开的决口做了测深："我们用了一根 100 英尺长的测深绳，但我们没有探到底。"[6] 水的力量在内陆 1 英里内冲出了一条 100 英尺深、半英里宽的水道。[7]

流量大得惊人。曼兹兰汀的这处决口每秒有 468 000 立方英尺的水量灌入三角洲，这是洪水期间科罗拉多河流量的 3 倍、尼亚加拉大瀑布流量的 2 倍还多，比整个密西西比河上游的流量还多——包括后来的 1993 年那次洪水时期。这处决堤泄水量如此之大，10 天时间它就可以用 10 英尺深的水覆盖将近 100 万英亩土地。密西西比河通过这处决口泄流长达数月。

密西西比河本身也因这处决口形成了一个巨大的旋涡。决口下方，数百劳工爬上一只驳船逃命，一艘拖船拉着它朝下游驶去。两船的引擎开到了最大马力，驳船和拖船都在震颤，然而它们却被那个巨大旋涡吸向上游，朝向决口处。"我们把所有黑人都放到驳船上，断开驳船，让它漂吧。"一个人这样说。一个退休的堤坝承包商查理·吉布森已经虚弱到要坐在椅子里让人抬了，但他的建议很有价值，所以也被弄到堤上来了。此刻正在船上的他喝令："我们不能断开驳船。谁敢那样做，我就对谁开枪。要死，我们一起死。"[8]

他们靠着调整角度，驶向阿肯色州那边的岸，才逃过了这一劫。这天晚些时候在阿肯色河一个小得多的决口处，密西西比河委员会的一艘汽船"鹈鹕"号，就没有这样幸运了。在数千劳工和灾民的注视之下，急流将"鹈鹕"号吸向决口处。船长绝望地想让船停下来，于是让船首撞向河堤。河堤垮了，"鹈鹕"号翻了，被冲入决口，连连翻滚。此时，发生了这次洪水中最为英勇的举动之一：一个名叫山姆·塔克的黑人，独自跳入一条小船中——没有人加入，独自朝决口处划去。急流冲得他的船腾空，把他甩到湍流之中。他没有死，跟着那艘汽船，在内陆 1 英里远的地方从水中捞出了 2 人。这 3 人活了下来，其他 19 人都淹死了。与曼兹兰汀相比，这处决口泄出的水量算少了，但《孟斐斯商业诉求报》仍然形容为："［这艘汽船］如同从尼亚加拉大瀑布上跌落下去。"[9]

与此同时，从曼兹兰汀决口涌出的洪水正咆哮于大地。E.M. 巴里回忆："水看起来在跳跃，股股急流高达 30 英尺。决口的正前方是老摩尔种植园的房子、一个很大的骡棚和两棵巨大的参天老树。我们［几个小时后］回到那里，一切都不存在了。"[10]

从曼兹兰汀深入内陆 3 英里，洪水冲刷着陆地——今天这里仍然有一个又大又深的湖留了下来，即使是巨大的水山铺平下来，扩散开来，也仍然保持着可怕的力量。它拔起树木，把数千佃户的薄板小屋击成碎片，把房屋和谷仓冲垮或推倒，然后席卷而去。

黑人妇女科拉·沃克住在决口以南数英里处，她的房屋就在大堤基部旁边。"一架飞机一直飞来飞去，飞得真低，来来回回……喊着告诉我们最好是到河堤上去。一位女士朝河堤来了，头上顶着一捆衣服，腰间系着的绳子上拴着一头牛。"突然，水就来了，朝南边冲去。"她和那头牛都淹死了……当我们上到堤顶后，转过身来，看见我们的房子已经被冲翻了。我们可以看到我们的家园在毁灭，听到我们的东西在跌落，发出尖利刺耳的声音。又有一座房屋漂过去了。水堆了起来，浪头很高，实在很高。如果浪头击中什么东西，什么东西就摔落下来。每当大浪冲过来时，河堤就会摇晃，好像你坐在摇椅里一样。"[11]

更靠近内陆几英里的地方，有一个种植园主站在他的游廊上，沿地平线望去："洪水涌来，就像是一堵褐色之墙，有 7 英尺高，声音如同大风咆哮。"[12]

距离决口 25 英里远的利兰，D.S. 弗拉纳根夫人看着洪水涌来，"浪头有五六英尺那么深，旋转起伏。我见过那么多的洪水，从来没见过这样涌来的，看起来实在危险。有一个黑人站在老榨油厂下方的铁路上，当洪水击中铁轨时，把铁轨下面的一切都卷走，黑人也被卷在其中。之后，再也没有见到这个人。"[13]

洪水本身不停翻滚，把树木、骡子、房顶、狗、牛和尸体都冲起来，翻滚而去。水是肮脏的泥浆，正在搅拌，喷出褐色的泡沫。萨姆·哈金斯回忆："当河堤决口时，河水带着嘶嘶声飞快而来，你可以看到它来，看到它的大浪涌来。它来得那么快，你马上就兴奋了，因为你根本没有时间去做任何事，什么都做不了，唯有赶快在天花板上砸个洞钻出去——如果你能做到的话……它上涨得非常快，人们根本没有机会去拿东西……人和狗还有一切活物都站在屋顶。你可以看到牛和猪正努力逃到人们能够救它们的地方……牛吼叫着在游动……那些农舍有许多没有天花板，根本就站不住人。"[14]

纽曼·博尔斯说，水的力量那样猛，以至于一棵大树背水处的地面竟是干的——激流从它两侧急驰而过，背水处那片地方一时还没来得及打湿。[15]一头牛和它的牛犊站在那里低吼，声音悲哀。后来，急流变缓，水又灌入这个地方，这两头牛淹死了。淹死的不止这两头，在一片汪洋归于寂静后，几百具动物的尸体浮在水面。[16]

那些知道此河力量的人逃离房屋，把门窗敞开，让水流过去以减少阻力。门窗关严，就使得房屋承受激流的全部力量。在温特尔维尔，几家人躲在一个看似坚固的房屋中，激流围着它打旋，在它下面冲出了一个 25 英尺深的洞，它坍塌了。美联社报道说："23 个白人女性和儿童，孤立无援，待在一所房屋里……在这场密西西比河洪水中淹死了，[贝圭英·]艾伦今天公开发布的一份报告这样说……艾伦少校发布了对此地到维克斯堡之间将近 100 英里内的……所有居民的紧急警告：'正在朝南推进的水墙非常危险，人们必须迅速到河堤上去，否则就会被淹死。'"[17]位于格林维尔市的"伊利诺伊中央"铁路公司的负责人，已经把几十节棚车分派到三角洲各条支线，用于紧急安置。在格林维尔市之外，弗雷德·钱尼得到了决堤之水进展情况的电话报告，搬到了一节棚车里。"9点钟，我们听到了我们棚车避难所北边1英里的树林中，传来沙沙的水声。这声音与那种正在到来的暴风打头的阵风声音颇为相似。随着这声音越来越响，我浑身颤抖，想到它意味着什么，我不寒而栗。"[18]

三天后，洪水抵达了三角洲腹地 L.T. 韦德所在的地方。它抵达时仍然覆盖了地平线，仍然强有力。"水还是以巨浪袭来，如同大洋中的一道巨浪，涌上这片土地。看到如此景象，真是吓人。它并不是慢慢跟随而来……它突然出现在这里，翻滚而至。"[19]

"比起外界所能够想象到的，这里的情况要糟糕得多，"格林将军从格林维尔市发布消息，"这是从未有过的降临这一区域的最大灾难，我们需要联邦政府的救援，以防止那种最糟糕的苦难来临。"[20]

"看在上帝的份上，给我们送船来吧！"这是《新奥尔良时代花絮报》头版醒目的通栏标题，它是引用密西西比州州长丹尼斯·默弗里的呼吁："看在上帝的份上，给我们送船来吧。本州那些受灾地区的不幸，是怎样估计都不会过分的。河堤的后面，土地被回水淹没，人们待在屋顶上，爬到树上，在难以形容的可怕状态中苦熬着。我们能把他们从那里救出的唯一方式就是用船，但我们现在没有船。请让新奥尔良的人们意识到这有多么紧急。"[21]

事实上，这几乎是不可描述的。曼兹兰汀溃堤是密西西比河任何一个地方从未发生过的最大的单一决堤。[22] 它使 50 英里宽、100 英里长的一片土地水深达 20 英尺，导致 75 英里之遥的亚祖城的房屋被水没顶。共有 185 459 个居民生活在被它淹没的这一区域，实际上他们所有人都被迫逃离家园，其中 69 574 人要在灾民营里居住，有些人甚至住了 5 个月。红十字会要照料灾民营外的 87 668 人，他们拥挤在从高级宾馆到棚车各类安置点中。剩下的 30 000 人中，大部分逃离了三角洲。

还将有许多其他的决堤，导致下游数十万人受灾。

格林维尔市似乎仍然安全。正面河堤保护这座城市免受密西西比河之害，而一道后面的保护堤又保护它免受决堤之水的祸害。早在曼兹兰汀决堤之前，这座城市实际上就把数百黑人从正面河堤上撤下来，让他们去赶工筑高这道保护堤。不过，人们还是害怕。在决堤之后的 3 个小时内，特别列车开始把人们运出城外。[23]

这一天从早到晚，警察又围捕了数百黑人，把他们带到这条保护堤上干活。堤坝董事会的工程师们向市民保证守得住，向他们保证这座城市本身不会被淹。[24]

在等待之中，这座城市既焦虑不安又持续行动。利莱·珀西的这一天如同前几天一样，待在堤坝董事会办公室的电话旁。他给那些拒绝将自己的佃农送往河堤干活的种植园主打电话，要求他们同意。他与兼任纽约欧文信托公司（Irving Trust Company）和美国商会（U.S. Chamber of Commerce）二者主席的路易斯·皮尔森电话交谈，商讨组织一场全国性的运动，争取以立法方式一劳永逸地解决密西西比河问题。他与自己在新奥尔良的那些同事联系，与那些一起打过猎、一起在波士顿俱乐部打过牌的银行家和律师联系，商量这件事。他再一次向纽约和圣路易斯那些紧张的银行家们保证：那些借来用于购买沙袋、木料和发放工资——黑人在河堤上干活，每天付 75 美分，这少于他们摘棉花的工钱——的款项都会还上的。他与"伊利诺伊中央"铁路公司的高管们通电话，安排物资和更多的棚车，在出现最坏情况时用于安置灾民。他的儿子在所有这些方面协助他。

现在，堤坝董事会总部更像一个蜂巢了，而国民警卫队总部则像一个准备打仗的大军营。大型军用帐篷送到了河堤上，巨型厨房也搭建起来，供数千灾民和劳工吃饭。满载劳工和物资的卡车在街上飞驰，匠人们在木材厂里打造船只。警察和守卫抓住他们看到的每一个黑人男性，将他们押往保护堤上干活。

决堤之水那天深夜首先遇到了格林维尔市的这道保护堤。"水在翻滚，如同海浪，"[25] 正在保护堤上堆沙袋的黑人社区领袖利维·查皮这样说。它的撞击如同海浪撞击岩石一样，带着蛮力，大声咆哮，激起的浪头高达 12 英尺到 15 英尺，跃过大堤，卷走沙袋，接着又再打来，激得更高。短短瞬间，水就升到 8 英尺的深度，而大堤也是如此——在一片汪洋包围着它的同时，它也在增高上升。更深的洪水仍在涌来。绝大部分劳工都跑了。查皮以及其他几十个人因为被枪指着，只好留下继续干活。洪水在他身边冲过，把沙袋冲走了，冲刷在堤顶上。最后，当河堤眼看顶不住时，他大喊起来："都跑吧，保命！"[26]

凌晨 3 点 10 分，格林维尔市的火警汽笛和教堂钟声都响了，街道上突然挤满了人，人们奔向教堂，奔向市政厅，奔向县政府，奔向那些商业建筑，奔向留下来的唯一高地——河堤本身。

在城市街道上，洪水开始时仍保持着城外的那种狂暴力量。城市北部"标准石油"油库的巨大油罐在街道上翻滚。黑人妇女拉马尔·布里顿回忆说，"你可以看到如同你自己那样大的浪头涌过来，五六英尺那么高的浪，翻滚而来，如同大海在咆哮。鸡舍、骡子和牛，都卷在里面。"[27]

布里顿的街区是处于洼地的黑人区，暴怒翻滚的洪水在这里很快就达到了 15 英尺深。建筑起着防浪堤的作用。在几个街区之外，白人妇女亨利·兰塞姆看到的是仍然猛烈但已稍平静的景象："水带着旋涡而来，里面有很多牛，还有大捆棉花……在那些棉花捆上有鸡站着……还有马和骡子随水流漂到街上……急流……水四散开来。"[28]

深达 10 英尺的水淹没了市中心。[29] 几周之内，急流穿行城市心脏地带，布劳德路与梅因街、纳尔逊街和华盛顿街交会处的水流，一直猛烈而致命，十字形的激流撞起水浪，把船打翻，淹死了好几个人。

那些最好的街区，位于最高的地势，水的到来就比较温柔了。它蛇

208

行于这里的街道上，首先流入水沟，将它们灌满，然后涌上街道，缓慢地上升，慢慢升至台阶和门廊处，但一般到门口就不再涨了。城市这处最高的地方，水深只有 1 英尺。

当第一声汽笛鸣响时，珀西一家知道它意味着什么。格林维尔市每个人都知道它意味着什么。

在凌晨的黑暗之中，在自己这所安静的大宅里，利莱·珀西不得不面对这场他一直担心也一直努力阻止的大灾难。现在，它来了。它威胁着要终结他所熟悉的生活，终结他想要去建造的生活——那不仅是他个人的生活，也是三角洲的生活。密西西比河要把三角洲夺回去。利莱已经 67 岁了，但他从未向任何东西退让，即使对这条河也不例外。不管付出什么代价，他下决心要保存他业已创建出来的东西。

与此同时，河水朝南席卷而去。

尽管曼兹兰汀决堤导致的灾难那样惨重，但这场洪水甚至还没有开始使出它的力量。所有泛滥于三角洲的洪水，都会被山丘所逼而在南边 100 英里处的维克斯堡重回密西西比河。从那里，洪水重新获得动能继续下涌，扫荡两岸河堤。《孟斐斯商业诉求报》发出警告："路易斯安那州带着害怕和不祥的预感在等待……在新奥尔良下面的圣伯纳德区，1922 年发生决堤的那个地段，河堤已有携带猎枪的守卫巡逻，陌生人一律不许上堤。"[30] 这些守卫是诱捕皮毛动物的猎人，对谁都不相信，开枪毫不犹豫。他们至少已经对 4 个过于靠近河堤者开过枪了。[31]

不过，那些掌管新奥尔良的人——事实上是掌管整个路易斯安那州的人，或至少是掌管此州他们感兴趣之部分的人，现在并非全神贯注于防止破坏活动。如同利莱·珀西，他们也有权力，要用这种权力来保护他们自己的利益。

从缅因州波特兰到加利福尼亚州圣迭戈的报纸，这一天都在头版刊登三角洲的困境，而新奥尔良《清晨论坛报》的大字标题却是"柯立芝出席溢洪道大会"。[32] 报道内容没有提及几年前的那次会议，当时工程兵团的负责人建议新奥尔良的商人们，与其去挖一条溢洪道，不如在紧急情况时炸开河堤。现在，新奥尔良这些说话算数的人想起这个建议了。当然，长期以来考虑的一个开挖溢洪道的地点就是圣伯纳德。

与密西西比河的斗争，开始时是人与自然的斗争，现在要变成人与人的斗争了。

第 四 部

俱 乐 部

第 17 章

新奥尔良的运河大街被本地骄傲的人们称为世界上最宽的大街，它的每一根街灯桩上都钉着一个小牌，上面刻有"法国统治，1718—1769""西班牙统治，1769—1803""南方联盟统治，1861—1865""美国统治，1803—1861、1865—"。[1] 这些铭文暗示着这座城市的一些秘密——新奥尔良表面上愿意屈服，但在这座城市的深层，在一张面具背后可以看到一切它想要留存下来的东西。

没有哪座美国城市类似新奥尔良。密西西比河给它以财富和蜿蜒迂回的秘密。它是一座有其内在本质的城市，一座难以理解的城市，一座多面的城市。外来者会在它的那些微妙和复杂中迷失自己，在光与影和容易拐错路的迷宫中迷失自己。房屋面对街道的一面使用人造石，其他的面就不用了；[2] 纸牌游戏中最为神秘的现代扑克，发明于此地；[3] 新奥尔良不仅有白人和黑人，还有法国人、西班牙人、卡津人（Cajuns）[1]、美国人（白人新教徒）、克里奥尔人、有色克里奥尔人[2]（他们的人数足够多，

---

[1] 加拿大境内法语区阿卡迪亚人的后裔。——译注
[2] 法国人与黑人的混血儿。——译注

在 1838 年组织起了自己的交响乐队）和四分之一混血儿以及八分之一混血儿。[4]

每个群体都有自己鲜明独特的生活状态。在 20 世纪 20 年代中期，法国区主要是一个粗粝的工人阶级贫民窟，这里的人们讲法语如同讲英语一样普遍。女人们用绳子从楼上窗户把篮子吊到街上，商贩把食物放入篮中，再添上一品脱的杜松子酒。[5]艺术家和作家来到这个地方，因为这里的房租便宜。奥利弗·拉法基在这里写出了他荣获普利策奖的作品《大笑的孩子》（*Laughing Boy*）。福克纳的写作也开始于此，他受到了舍伍德·安德森的鼓励，而安德森还款待过西奥多·德莱塞、爱丽丝·B.托克拉斯、格特鲁德·斯坦因和伯特兰·罗素这样的来访者。[1]安德森的一位朋友没去过巴黎，却以新奥尔良为范本写了一本关于巴黎的书，安德森说，巴黎人读它读得很"开心"。[6]码头的味道弥漫于整个区域，还有腐烂香蕉的腻甜味道——联合果品公司是这个港口最大的单一用户，几十家面包店做面包的味道则更为诱人。那些最好的餐馆如"安东尼奥""加拉特瓦""阿诺德"和"布鲁萨尔"就在这里，还有很棒的工人阶级咖啡馆。杰克逊广场的比利·卡比尔多餐馆，50 美分就可以享用一大碗自制浓汤、煮牛肉、一道主菜、甜点和咖啡。广场周围有很多树篱，妓女们在那里招徕顾客。[7]

法国区的下游是白人工人阶级的居住区，这些人在码头、糖厂、木材厂和大型屠宰场干活。

那些社会精英，也就是与利莱·珀西一起打猎打牌的那些人，住在上游的圣查尔斯和花园区的大宅中，这里的女仆给大宴会厅地板打蜡的办法是坐在蜡巾上滑来滑去。专职司机把少女送到豪华舞会去，那里有黑人爵士乐队的伴奏——其中一支演奏"可爱的艾玛"。[8]衣着光鲜的年

---

[1] 罗素为英国哲学家，其他人均为美国作家，安德森当时也是成功的商人。——译注

轻人带着小姐们去"福斯特和克莱默"的市中心店，店里有点心柜台、糖果柜台、冷饮柜台，大堂中间还有一个大理石喷泉，到处挂着叫声好听的鸟笼，每包糖果上都印着"盒盒快乐"（Happy in every box）几个字。运河大街的"卡茨和贝斯霍夫"药店中，冷饮售货员跑出来把冰淇淋苏打水递给停在街上汽车中的顾客。"白楼"和霍姆斯百货公司的门童服装光鲜亮丽，他们认识所有的专职司机，当主人走出大楼时，能够直接叫名字通知这些司机。⁹

然而，在这片井井有条之下，有着某种节奏，一种沉稳而世俗的节奏。大部分街道，即使是住宅区的街道，也是碎石路面，而非铺砌路面。卖冰的人唱着歌，擦着汗，出售一块块的冰。马车从各家驶过，出售水果和蔬菜，有时马车上三个人的叫卖声形成了一种优美的对位音效。路易斯·阿姆斯特朗（Louis Armstrong）[1]说："是的，音乐就在你的身边。卖馅饼的人，做糕点的人，他们都用独特的声音来吸引人……旧货商也用长锡喇叭来欢庆圣诞节——布鲁斯和其他什么都能吹出来。"¹⁰

到了晚近，爵士乐从这座城市的腹地深处成长出来，它的节拍从非洲丛林传入刚果广场，然后传播到斯特利维尔[2]的妓院，杰利·罗尔·莫顿（Jelly Roll Morton）[3]和"痉挛"乐队——这可能是最早的爵士乐组合——在这里演奏，后来又有了路易斯·阿姆斯特朗。斯特利维尔的黄金时期，自己有两家报纸，有自己的狂欢节舞会，那些最好的妓院有自己的宣传册。其中一家宣称："毫无疑问，这是本国或其他国家中最高雅处之一……卢卢小姐鹤立鸡群，一生沉浸于音乐和文学。"¹¹这里也有不那么高雅的"一元铺"，而那些把床垫摆在门廊的女人就更不讲高雅了。

[1] 出身于新奥尔良贫民区的著名爵士乐号手。——译注
[2] 新奥尔良当时的红灯区。——译注
[3] 作曲家、钢琴演奏家，被称为"新奥尔良的爵士之王"。——译注

这个地方于 1917 年被海军部长行使战时权力下令关闭，但它的遗留之物未曾消散，只不过将女人、房舍和音乐传入到其他街区。"爵士乐全都一样，没有什么是新的，"阿姆斯特朗说，"有一个时期，他们称它为河堤劳工营音乐，到了我的时代，它就变成滑稽的拉格泰姆了。当我去了北方，开始听各种爵士乐，芝加哥风格的、迪克西兰爵士乐、摇摆——全都是我们在新奥尔良演奏过的改进翻版。我总是把它们想成看到了新奥尔良的那些美妙老家伙们——乔、邦克、蒂奥和巴迪·博登，我就在演奏我的音乐，这就是我正在听的……你想感受那味道——那色彩——那令人震颤的'哦，我的天'的感觉，那种爵士演奏、满场踏着节拍、烟气缭绕、奇香浓郁的感觉。"[12]

有一个很特别的场子叫"法国人"的聚会，爵士乐手们结束演出后来到这里，一般是凌晨 3 点以后。杰利·罗尔·莫顿回忆说："它就是后面一个房间，但所有那些最不了起的钢琴手经常来……那些百万富翁来这里听他们喜欢的钢琴手弹琴……全国各地的人都来，绝大多数时候你根本挤不进去。"[13] 街的对面有一家药房卖可卡因，一角钱可以在报童那里买 3 支大麻烟。[14]

所有这些社会群体看似各不相干，但实际上不是这样。个人的、社会的、政治的和金钱的历史之根扎得很深，将人们联结起来。也许，比起美国其他任何城市，新奥尔良更是由一群局内人所掌管，从政治到金钱再到爵士乐手的一切都依赖他们而定。如同从一面双向镜后面透视，这些局内人在观看、判断和做出决定。

局内人也分层级。层级之分和不同位置，很大程度上由狂欢节那一天来展示。"狂欢节掌管着新奥尔良，"一个社会名流这样说，"它把人区分开了。"[15]

狂欢节庆祝本身——舞会、化装舞会、街头狂欢——是在 18 世纪初开始的。到了 1857 年，那些最为富贵的家庭就组织了第一次"科摩斯"
（Comus）[1] 游行。到了 20 世纪 20 年代，这座城市的基督徒男性精英们至
少属于一个——通常是多个——排他性的"克鲁"（"krewe"）[2]，比如"科
摩斯""雷克斯""莫墨斯""亚特兰蒂斯"和"普罗透斯"。

那些老百姓，那些局外人，就只能观看游行了。即使是在 20 世纪 20
年代，也有数万人站在游行路线旁观看，"克鲁"是在晚上游行，只有"祖
鲁"——黑人游行——是在狂欢节上午，"雷克斯"则是在狂欢节下午游
行。晚间游行由一群举着火炬的领头人带领，黑人擎着烧油的火把，冒
着火的油一路滴到街道上；接下来是戴着面具的骑手，然后是一个方阵接
一个方阵，每个方阵都是与这一年主题相吻合的各种精心安排。"克鲁"
会员们就在这些方阵中，全都是男性，他们居高临下地走过观看的人群，
俯视着那些朝他们尖叫，想得到他们注意和青睐的人们。这些人用胳膊
肘推开拥挤的人们，保住自己的位置，伸出双臂来恳求，希望能扔给自
己一点小恩惠。此时，这些"克鲁"会员真感觉自己就像君王。

并非每个"克鲁"都搞游行，但每个"克鲁"都必定举办狂欢节舞会。
舞会是这个社交季的高峰，而少女初次参加的舞会更是高峰中的高峰。
男人安排舞会的各个方面，他们要弄出令人窒息的差异来。一位专门研
究狂欢节的史学家写道："美国或许没有其他城市是这样的了：男人是社
交活动的主持者……这座城市那些最杰出的绅士，放下了他们的紧急商
务，把时间用来考虑邀请哪些人参加自己的舞会。人们渴望这些邀请超
过了其他一切事务，这座城市的商业生活和职业活动变得一片混乱……
［一个'克鲁'会员］请求得到邀请，并且通过正常渠道——也没有其他
的渠道——得到邀请，否则此人在哪个方面都无足轻重。关于宾客名单

---

[1] 希腊神话中的酒宴之神和庆祝之神。——译注
[2] 新奥尔良狂欢节最后一天主持庆祝活动的民间组织。——译注

上的这种严格，有时也会招来怨恨，但这里面并没有不公平。任何被拒绝的请求者，此前已经遭人们疑虑了。如果一个'克鲁'会员请求得到邀请而遭拒，那他自己是知道原因的，所以少有人会对此不满……狂欢节是慷慨欢快的，但在社交层面却是壁垒森严。财富不考虑，血统也不考虑——除非血统已经成为活动的特征……此时人们对秘闻隐事的打探热情都降低了，狂欢节盖过了一切流言蜚语，而且闲言碎语也要从化装舞会中寻找素材和佐料。"[16]

狂欢节是重要的。全国图书奖获得者沃克·珀西——一个格林维尔市的珀西家族成员和波士顿俱乐部的会员——后来写道："［狂欢节］女王由会员均为男性的各个'克鲁'开会选出，其激烈程度不亚于通用汽车代理权之争。新奥尔良人对政治和战争开玩笑，对天堂和地狱开玩笑，但他们对社交不开玩笑。"[17]一位杰出的新奥尔良律师谈到一个朋友，此人是路易斯安那州律师协会的主席，也是商会主席，还是掌管新奥尔良港的港务局局长，"然而他最在乎的是女儿成为科摩斯女王"。[18]"雷克斯"名义上是"狂欢节之王"，是狂欢节的公众形象，他的身份是众所周知的。但是，真正的王却是"科摩斯"，他的身份是秘密的。在狂欢节午夜，"雷克斯"和他的廷臣离开他们自己的舞会，去参加"科摩斯"的舞会。身份也成了秘密。一个重要舞会的女王写道："男人常常不告诉妻子参会者的真实身份。"[19]

"雷克斯"的格言是"为了公众的利益"，"科摩斯"的格言是"只要我想，我就下令"。

约翰·帕克属于"科摩斯"。从 1888 年起，每一个"雷克斯"会员都属于波士顿俱乐部。[20]

如同狂欢节舞会一样等级分明，新奥尔良这些俱乐部的会员资格也表明谁是真正的局内人，而"克鲁"的会员资格就要宽泛一些了。这座城市的第一个俱乐部是 1832 年组织的，比纽约的"联邦俱乐部"（Union Club）要早 4 年。1842 年，取名于一种纸牌游戏的"波士顿俱乐部"成立，几位男性，包括路易斯安那州参议员约翰·斯利德尔和犹大·P. 本杰明——他后来担任了南方联盟的内阁官员，后又成为维多利亚女王的顾问，既是波士顿俱乐部的会员，也是联邦俱乐部的会员。接下来有了"匹克威克俱乐部"（Pickwick Club）和"路易斯安那俱乐部"（Louisiana Club）。所有俱乐部都是专属的，其中，"路易斯安那俱乐部"被称为美国最为专属的俱乐部，唯有会员才能进去。1905 年，泰迪·罗斯福总统来视察新奥尔良的黄热病疫情。这勇敢的行为，赢得了这座城市的心——在此前那个世纪中，单是在路易斯安那州，这种病就使 175 000 人死亡。[21] 路易斯安那俱乐部为总统举行了午宴，然而，即使是总统，即使他本人来自美国最显赫的家族之一，在进入俱乐部之前，也得先成为荣誉会员才行。当时这个俱乐部的主席是爱德华·道格拉斯·怀特，其时是一位法官，后来成为美国最高法院的首席大法官。

从一开始起，这些俱乐部就把权力与社交融合起来。1874 年，由包括怀特在内的南方老兵组织的一支部队，在一场激战中击败了主要是黑人的城市警察部队，推翻了"重建"时期的政府（联邦军队后来让政府恢复了权力）。在"匹克威克俱乐部"的 161 名会员中，有 116 人参加了这场战斗，而这场反叛的计划"基本上就是在波士顿俱乐部的屋顶下策划出来，它四面有墙，以这墙的神圣不可侵犯，俱乐部的会员们躲开了公众的眼睛"，《新奥尔良时代—民主党人报》这样报道。它还补充说："波士顿俱乐部由一些有分辨力的绅士组成……如同它长期以来的那样，它今天也仍然站在新奥尔良社会系统的最前列。"[22]

半个世纪后，唯一改变的就是犹太人的角色了。1872 年时，最早的"雷克斯"由犹太人组成。犹太人属于"乡间俱乐部"（Country Club）和"南方游艇俱乐部"（Southern Yacht Club）——这是美国第二古老的俱乐部。那些社会声望最高的律所和银行，都有犹太合伙人和董事会成员，犹太人与非犹太人社会化了。

然而，犹太人在新奥尔良社会中占据的其实是一片非真实的想象之地。到 20 世纪 20 年代时，这些俱乐部和狂欢节就把犹太人排除在外了，只有"雷克斯"的几名象征性成员除外（不过，犹太人再也没有进入它的核心圈）。这种排斥是逐渐的，开始于 19 世纪后期和 20 世纪初期。当时东欧和南欧的移民到来，里面包括哈西德派犹太人，似乎威胁到了这个国家的人种和种族同一性。新奥尔良尽管有着天主教的传统，却对意大利移民表现出强烈的偏见。犹太人移民则显得更为异质，甚至新奥尔良本地的犹太人也歧视他们。萨姆·扎穆拉是个犹太人移民，后来成为联合果品公司的总裁，圣查尔斯林荫大道上那些最宏伟的大厦，有一座就是他建造的；然而，他却从未被全是本地犹太人精英的"和谐俱乐部"（Harmony Club）接纳。这座城市中那些最古老、最富有的犹太人家庭中，有一户人家的女儿说，这是因为扎穆拉"说话带有口音"。[23]

狂欢节甚至冷落犹太人精英。一位杰出的犹太女性回忆道："妈妈以前一直得到所有舞会的请帖，但突然就没有了。"[24] 这种排斥中还夹有侮辱。"雷克斯"的游行队伍总是在沿途一些适宜的重要地方停下来接受敬酒，这些地方一直包括"和谐俱乐部"。有一年，可能是 1913 年或 1914 年，"和谐俱乐部"的一个侍者端着一托盘酒杯与一群人早早地在街上等候，然而，"雷克斯"的队伍却径直走了过去，不加理睬。[25] 犹太人再也不会来等候了，"雷克斯"也永远不会停下来了。后来，罗斯柴尔德男爵在新奥尔良时恰逢狂欢节，社交女郎们都在他面前献媚。[26] 尽管他是犹太人，但欧洲那些真正的宫廷都接待他，然而新奥尔良没有任何俱乐部，也没有任何狂欢节的顶级舞会邀请他。犹太人仍然是"雷克斯"会员、"科摩斯"会员和波士顿俱乐部主席的合伙人和密友，但一条界线已经划出来了。这些精英组织的犹太人成员对此很是怨恨，为了避免两边的尴尬，狂欢节时他们通常去城外度假。

犹太人是波士顿俱乐部的创建人之一——犹大·本杰明是犹太人，而且直到 1904 年还有一个犹太人担任俱乐部副主席。然而，到了 20 世纪 20 年代，波士顿俱乐部就没有犹太人会员了（直到 1996 年仍然没有）。波士顿俱乐部的一个会员夸耀自己俱乐部那种"地位高则责任重的精神"，[27] 然而他也谈及一种冷酷无情的种族优势论调："你的俱乐部成员必须有一种适宜之感。俱乐部的会员资格必须遵循达尔文的自然选择法则。俱乐部的生活如同所有其他活动一样，唯有适者才能生存。"

1927 年，新奥尔良市各家银行的行长除一人外——此人据信是犹太人，但他自己否认——都是波士顿俱乐部的会员了。查尔斯·芬纳——他的投资公司后来并入了美林公司，林奇、皮尔斯、芬纳和史密斯，他们先后担任俱乐部主席。约翰·帕克加入了这个俱乐部，利莱·珀西也加入了。珀西只要来新奥尔良，就有一辆豪华轿车接他，把他送到俱乐部，他到这里打牌（打牌者全是绅士，没人仔细算钱。打完后，珀西会送来一张数千美元支票来结自己输了的钱，并且注明："总金额可能少 300 元或多 300 元，不管怎样，这就算是平账了吧。"[28] 还有一次，俱乐部经理给珀西写信，问他赢的钱是多少，因为"账目出现了矛盾"，[29] 俱乐部多出来了几百元，经理想查清这钱应该是谁的）。

俱乐部的人都有权力，然而，珀西不同于那些人——珀西的视野更深更广。不同于珀西，新奥尔良的这些统治者没有主动性和创造性，不去进行培育、创造或建设。作为银行家和律师，他们对其他人培育、创造或建设的东西进行评判。他们的权力就是支配金钱，考虑是否把它给那些生产和创造事物的人。事情一直是这样。从这座城市最早的日子开始，新奥尔良就与纽约、波士顿、费城、伦敦和巴黎的金钱中心建立了紧密联系。19 世纪初期，英国银行家就开始定居在新奥尔良。

于是，内战之前的新奥尔良就人均而言，是美国最富有的城市。到了 20 世纪 20 年代，它仍然是南方最富有的城市，而且远远超过其他南方城市。它的棉花交易所是世界上最为重要的 3 家棉花交易所之一，它的港口是仅次于纽约港的第二大港，它的那些银行是南方最大和最为重要的。依据美联储的一份研究报告，新奥尔良的经济活动量几乎是南方第二富裕城市达拉斯的两倍，是休斯顿、亚特兰大、孟斐斯、路易斯维尔、里士满或伯明翰这些城市的两倍到三倍。[30]

在这座城市，权力支配金钱，其影响力甚至辐射至这座城市之外。珀西在与帕克以及其他几个人组建"长绒棉合作协会"（Staple Cotton Cooperative Association），通过限制产量来控制价格时，他自己就意识到了这一点。1926 年，珀西劝说新奥尔良几家银行的行长和金融家——他们之中只有一人不是波士顿俱乐部会员，来推行"种棉面积的强制减少"，[31] 不把钱借给那些种植面积超过了规定数量的种植者。"银行家中的这样一个协议，马上就会被接受，因为随之而来就会给予这些银行以有效和迅速的经济援助。"

一些其他组织，比如杜兰大学的受托管理委员会，则比俱乐部的会员资格更靠近新奥尔良的核心。不过，这座城市最为核心的机构，却是用一种与美国甚至是世界其他地方不同的方式来行使权力。这个非社交性质的严肃组织，有时也吸纳犹太人，它用一种绝对有效的方式来控制新奥尔良：控制金钱。

"城市债务清算委员会"（Board of Liquidation of the City Debt）开始建立时，是为了处理"重建"时期留下的巨大债务。在密西西比州，由珀西的父亲 W. A. 珀西领导，也同样建立了"堤坝清算董事会"，它不建堤坝，而是以很低的价格来回收老的堤坝债券，然后废止。然而，不出产什么物品、不种庄稼的新奥尔良，想要维持住纽约、波士顿和伦敦那些投资者的信心，就必须足额偿还它的债券。所以，新奥尔良的银行家们在 1880 年建立了这个"清算委员会",赋予它异乎寻常的权力（这些权力中的许多项,今天仍在行使）。

首先,这个城市每天都要把它的税收收入存入该委员会的银行账户中,委员会付掉一天该付的债券和利息,剩余的钱再交给市政府。在 20 世纪 20 年代,支付债券的钱占到了城市全部税收的 39% 到 45%,只留下很少让城市用于其他事项。[32]

其次,没有这个委员会的同意,城市不能再发行任何债券——学校债券、道路债券或照明债券都不行。[33]

不过,这个委员会最不同寻常的一个方面是它的构成。它有9个成员:市长和2个市议会议员,依据职位自然成为成员,另外6个财团成员才是真正的决裁者,而且是终身任职。这个委员会是"自身永存"的。当一个财团成员死了或辞职了,其他的财团成员就挑选一个继任者。

即使是市长、州长,以及选民,都对由谁担任财团成员没有发言权。财团成员们对几乎所有大额公共开销做出决定,选出来的官员们只控制当前运行的预算。财团成员不对任何人负责,只对自己——以及他们俱乐部中的那些同事——负责。

从 1908 年到 1971 年,只有 27 人担任过财团成员,这些人实际上都是银行家或银行行长。27 人中有 24 人至少是那些专属俱乐部中某一家的会员,大部分是多家俱乐部的会员,而非俱乐部会员的这 3 人中至少有 2 人是犹太人,很可能 3 人全是。[34]

在 20 世纪 20 年代,这个清算委员会中有 3 个人格外说话算数。一个是小詹姆斯·皮尔斯·巴特勒（James Pierce Butler, Jr.）,这个身材瘦高者掌管着运河银行——南方最大的银行,也是唯一进入世界最大银行名单中的南方银行,同时它与纽约的摩根大通银行也有紧密关系。巴特勒还是波士顿俱乐部的主席。第二个人是鲁道夫·赫克特。他是爱尔兰银行行长,以才华和傲慢而出名。1921 年,他获得了《新奥尔良时代花絮报》每年颁发一次的"爱心杯"，此奖旨在表彰上一年度对城市贡献最大者，赫克特因港务局局长的工作而获奖。他后来担任了美国银行家协会（American Bankers Association）的主席。第三个人是 J. 布兰克·门罗。这是一个执着的诉讼律师，掌管着惠特尼银行董事会，他将人脉与真正的能力结合起来，成为这个城市最有力量的律师。利莱·珀西与这三人都很熟，或是俱乐部里的同伴，或有生意上的往来。

　　1927 年，巴特勒稳坐在新奥尔良金钱、社交和权力世界的中心，他的位置由"神秘俱乐部"（Mystic Club）给予他的待遇而显示出来。这个狂欢节组织被称为"极度专属……在那些挑剔的人中间，也享有提供美国最为讲究、最为成功的盛装娱乐的名声"。[35] 这一年，这个俱乐部举办了一场狂欢节舞会，其主题来自一部由鲁道夫·瓦伦蒂诺和桃瑞丝·凯尼恩主演的电影。这部电影的编剧布思·塔金顿为这场舞会撰写了脚本，瓦伦蒂诺和凯尼恩在电影中戴过的珠宝将戴在"神秘"之王和王后的身上，据说王后的礼服价值 15 000 美元，是路易斯安那州州长 7 500 美元年薪的两倍。《新奥尔良时代花絮报》这家由金钱、社交和权力掌管并为之服务的报纸，在它的社交版面刊登了除"神秘俱乐部"王后之外的所有照片，而"神秘俱乐部"王后的照片则刊登在头版，她就是小詹姆斯·皮尔斯·巴特勒夫人。[36]

第 18 章

在 1922 年洪水之后，工程兵团的主任工程师曾建议新奥尔良的财经界，如果密西西比河严重威胁到了这座城市，最好是在河堤上炸开一个口。在那以后的岁月里，这些话从来没有引起圣伯纳德区和普拉克明区民众的任何注意——如果炸堤，他们将是牺牲品——也没有引起那些与新奥尔良河流打交道的人们的注意。这两部分人终年都在密切关注着这条河。早在 1927 年新年那一天，《圣伯纳德之声》就发出了警告："洪水正在涌下！"[1]1 月下旬，水利工程师詹姆斯·坎伯就河的情况给报纸出版商吉姆·汤姆森写了一份报告。

新奥尔良的非专业人士中，没有谁比汤姆森在河流政策上花的时间更多了。5 年前，汤姆森就组织了"安全河流百人委员会"，从那以后他一直全力推动华盛顿改变对密西西比河的政策。然而，看来他至少也是部分地采用河流问题来让自己在新奥尔良更有影响力，确保自己进入核心圈子。

汤姆森没被那些专属俱乐部接纳，他一直想搞清楚原因。他的一位祖先曾辅导过约翰·马歇尔（John Marshall）[1]，他在弗吉尼亚州的诺福克

---

[1] 美国亚当斯总统期间的国务卿，后任最高法院首席大法官。——译注

办过报纸，后来又买下了新奥尔良的《议事报》，并在 1907 年搬到了这座城市。他又在新奥尔良办了第二份报纸《清晨论坛报》，并成为一家中等规模银行的行长。在华盛顿，如同自己的岳父、众议院议长钱普·克拉克一样，他一直是参议员们的密友。然而，所有这些在新奥尔良都还不够。也许，之所以一直处在新奥尔良的俱乐部之外，是因为他缺乏适宜的风度。他个头很高，脑袋大得不成比例，尽管没什么军事经历，却喜欢别人称自己为"上校"。天热时，他常常在办公室里脱掉衬衫，让那些为他工作的人看到他苍白的皮肤和软塌塌的体型。也许，他被排除在外，是因为曾批评过清算委员会，相关银行存入了这个城市的数百万税收收入，却不给支付存款利息（在长时间的抗议活动之后，这些银行终于开始付利息了）；他还批评清算委员会在存款上偏向某些银行——运河银行、惠特尼银行和爱尔兰银行。

不管什么原因，被排除在外让他烦恼。他唯一的孩子死了。他在这座城市的地位至关重要。查尔斯·派·杜富尔——波士顿俱乐部的一个会员，也是一位作家，为他工作，曾经这样说："汤姆森是个野心勃勃的人，总是寻求权力圈子的接纳，但从未真正得到。他曾进入到权力圈子中，但总是暂时的……他总是处在绷紧的绳子上、跑步机上。"[2] 他就河流政策进行呼吁，以此想象自己进入了权力圈子。他曾经带着巴特勒、赫克特和朗尼·普尔——"海运银行与信托公司"（Marine Bank & Trust Company）的主席，曾在 1925 年代表"雷克斯"掌管过狂欢节——去华盛顿见哈丁总统。哈丁曾经倾听过坎伯的情况介绍，承诺采取行动，但在兑现诺言之前逝世了。

同样，在庆祝汤姆森拥有《议事报》20 周年的宴会上，州长、路易斯安那州议会代表团、现任和前任市长，甚至一位来自威斯康星州的参议员都出席了，但布兰克·门罗和小詹姆斯·巴特勒没有来。这些人中也没有一个人与《新奥尔良时代花絮报》结交。这是这群社会精英的有

223

意冷落，这种冷落只能让汤姆森更加下定决心要打入这座城市的决策圈。他对密西西比河的知识，就是他的破城槌，而坎伯1927年1月给他的这份报告并不是好消息。[3]

坎伯说，本州河堤最为薄弱之处就在新奥尔良市上游30英里处，处在新奥尔良堤坝董事会的管辖范围之外。[4]这里如果发生决堤，洪水就会从后面灌入城市，如同1849年本市所遭最近的那次严重洪灾情况一样。新奥尔良有一道后面的防护堤，但坎伯警告说："它只在名义上起防护作用。"[5]就这座城市的河堤本身而言，大河已经开始对它们施加压力了。在城市住宅区的一处渡口，河堤上的一个洞已经扩大，需要马上处理；而城市码头区有4英里半的河堤低于密西西比河委员会的堤高等级。不过，最大的问题还是那条新的工业运河（Industrial Canal），这是为了把大河与庞恰特雷恩湖连接起来而开挖的。坎伯说，它水闸的高度"所依据的坡度计算是错误的。密西西比河委员会和港务局认为，卡罗敦到这条运河之间的10英里距离有4英尺的落差，但实际上落差不到1英尺，只有8英寸。一场1922年那样规模的洪水，就会把水闸淹没4英尺"。[6]

224

由此所导致的湍流会撕开水闸，冲决河堤。这个问题需要马上重视。

吊诡的是，坎伯还解释说，一场大洪水并不会威胁到城市，因为它肯定是要在上游漫堤的，然后河水就会流入内陆，从而降低新奥尔良的洪水水位，消除这座城市的危险——尽管它会淹没密西西比河下游流域的其他地方。所以，就新奥尔良而言，坎伯的主要忧虑是一场稍小一些的洪水——只比1922年那场大一点，但其水位却能导致城市上方的河堤出问题。

在关于河流政策的许多斗争中，汤姆森都让坎伯担任自己的工程专家，用自家报纸的力量来支持自己，但这一次他选择了排斥坎伯关于大洪水并不威胁新奥尔良的看法。这个排斥将会产生重大影响。与此同时，他把坎伯关于城市河堤这一部分的看法告知了"安全河流百人委员会"

的成员们。

狂欢节过后不久，港务局的一份工程报告也提出了警告："运河大街到河滨大道的河堤，其高度和截面都没有达到密西西比河委员会的等级。"而这些地方的街区包括整个法国区。它还补充说："［这里］已经有了大量的定居人口……这次如果犯错，后果极为严重。"[7]

3月中旬时，公众已密切关注河的情况了。人们不需要读报告，他们直接爬到河堤上去观看。河的水位很高，波涛汹涌。数百人在堤上干活，另有数百人已经被雇下了。铁路公司也把它们自己的人派到了河堤干活。在一个地段，铁路上的人搭建起了一道紧急隔离壁。几周后水把它的一部分冲掉了，于是人们又修理，堆沙袋，又增加了护坡。

3月下半月，以前是河流工程师的市议会议员约翰·克劳尔，亲自来巡查河堤。他在4个星期的时间里，第三遍走完了两岸全程。尽管他是选出来的官员，但他没把自己的报告交给市长或议会，而是交给了汤姆森。他引用了河堤整体上有"决定性改进"的话，但指出有7 000英尺的河堤仍然缺乏安全余量，"应该马上处理"。[8]

225 4月4日，圣伯纳德区的河堤开始了24小时武装巡逻。[9]波伊德拉斯1922年的决堤在此区民众的脑海中还记忆犹新。与此同时，气象局预报洪水水位持续上涨，从20.8英尺上涨至21.5英尺，比历史记录只低了4英寸。

4月8日，随着洪水在上游逼近历史记录，为预防最坏情况，红十字会新奥尔良分会开始建造200艘小船，在全市各地搭建了41个可为数千人提供衣食的救助站。[10]

新奥尔良所有报纸都对此事只字不提。随着密西西比河越来越显现出威胁，新奥尔良报纸就越来越少报道。新闻关注的这种减少并非偶然。

这座城市的报纸刊登什么，由三个人决定。这三人全都不关心新闻本身，而是把自己的报纸用作大炮，轰炸他们的敌人，以达到自己的目的。汤姆森就是其中之一。《新奥尔良陈述报》的老板罗伯特·尤因——他还拥有门罗市和什里夫波特市的报纸——是另外一个。不同于汤姆森，尤因对加入俱乐部没有兴趣，他的兴趣在别的地方。他是民主党全国委员会成员和一个选区的领袖，一个市长曾形容他是新奥尔良"最贪得无厌的掠夺赞助者"。[11]

第三个人是埃斯蒙德·费尔普斯。他是波士顿俱乐部和路易安那俱乐部的会员，据说还曾当过"科摩斯"。一头红发的他，和善性格背后是争强好胜，他曾担任过路易斯安那州律师协会的主席，得过南方业余网球赛冠军，现在肚子开始发福了。在这座城市的法律界，只有布兰克·门罗的风头盖过他。费尔普斯在1924年曾经带头阻止了汤姆森的妻子吉纳维芙成功竞选国会议员，他说服那些在政治活动中很活跃的女性也反对她。不过，费尔普斯的最爱还是他这份《新奥尔良时代花絮报》，他控制着这家报纸的董事会。他的父亲阿什顿·费尔普斯曾主编这份报纸（20世纪90年代，他的孙子成为这份报纸的出版人），而且尽管名义上他的权威受限于他在董事会的席位，但他一周好几天，每天都要在报社待几个钟头。

不过，费尔普斯、尤因和汤姆森在一件事情上是合作的：压制对这座城市不利的新闻。1924年，有一个感染了腺鼠疫的希腊水手在新奥尔良的医院里医治，所有报纸都帮助新奥尔良商业协会（New Orleans Association of Commerce）来控制这个消息不在这座城市之内和之外传播。1925年，这些报纸帮助商业协会传播了72篇不同的文章来赞美新奥尔良，其中一篇宣称新奥尔良已是全美最为健康的城市之一。1926年，这些报纸和商业协会又在"避免发表任何与有争议的港口政策有关的文章"[12]上达成了一致。

4月8日，随着本地红十字会开始建造小船，汤姆森召开了"安全河流百人委员会”的一次会议，参会者也包括费尔普斯和尤因，会议的目的是“避免错误和吓人信息的传播”。[13] 第二天，每份报纸都在头版发表了一篇重申可以安心的文章。汤姆森自己报纸的大字标题是：“河流警告而非警报：河堤可以抵御超过 1922 年水位的洪水”。[14] 他们的想法是要让这座城市平静下来。

然而，这座城市却不平静。无论有没有什么报纸标题，都无法隐藏密西西比河。被称作“河鼠们”（“river rats”）的那些人，在河堤防护之外的淤高河床上搭建高脚棚屋居住，现在上升的河水已经将这些棚屋远远隔开了，驳船和轮船激起的水浪似乎要把它们倾覆。1922 年时，本地报纸刊登的一份未具名电报警告说：“下一艘以如此……高速驶来的船，将需要两个驾驶员，第一个会被我们射杀的。”[15] 今年没有这样的警告了，直接就是开枪。那些船只放慢了速度。4 月 13 日，突如其来的涨水冲走了几百座棚屋。报纸对此都只字不提，但消息以及担心却在扩散——尤其是在上流社会之中，因为许多“河鼠”就在圣查尔斯大街的那些豪宅中干活。[16]

一场逃亡开始了，尤其是逃向墨西哥湾岸区和那切兹高岸地区。商业活动停滞了。那些掌权者实施了更为严格的新闻控制，然而河水仍在上涨。

担任美国气象局新奥尔良分局局长的艾萨克·克莱因，曾是一位医生和艺术品收藏家，他就住在法国区。1900 年，他担任当时德克萨斯州最大城市加尔维斯顿气象分局局长时，一场飓风使得海水淹没了这座城市，死亡人数估计在 3 000 到 12 000 之间。[17] 海浪把克莱因自己的家也击成了碎片。房子崩塌时，他和妻子、孩子在二楼——妻子淹死了，他拼命踢蹬浮上水面，得以喘气，将自己两个小女儿拉到了屋顶上。屋顶被冲到陆地上，他们活了下来。被调到新奥尔良分局后，1903 年他发布了当时是创纪录的 21 英尺洪水水位的警告。华盛顿的上司命令他撤回这个警告，他拒绝了，坚持说自己的警告可以拯救生命。[18]尽管上游发生了决堤，但新奥尔良的水位仍然达到了20.7英尺，他的确拯救了生命。然而，即使警告起到了作用，也完全是靠了路易斯安那州国会代表团的干预，他才没有被上司解雇。1915年，克莱因又坚持就另外一场飓风发出警告，也拯救了成百上千人的生命，他自己也成了一位地方上的英雄。

现在，4月初，克莱因就开始发布"洪水公告"了。

然而，新奥尔良的报纸不予刊登。

愤怒的克莱因于4月14日——耶稣受难日那场暴风雨之前，把记者叫到了自己的办公室，质问为什么不刊登他的洪水公告。记者们说写了关于洪水的报道，但编辑不登。克莱因找到一个进行这种新闻审查的人，指斥他："你在危害男人、女人和孩子们的生命。你可以控制报纸，但却无法阻止我们写信、发电报、打电话、进行广播，你们不可能压制住洪水警告的传播。我们会确保河堤后面的人们得到警告，知道巨大的危险正威胁着他们。"[19]

克莱因并不担心新奥尔良自身，他同意坎伯的看法：一场大洪水——已经显而易见了——会在上游数百英里处形成决堤，放过新奥尔良市。然而，那些居住在有可能决堤之处的人们也阅读和依赖新奥尔良的报纸，那些地方如果得不到警告，就会造成虚假的安全感。克莱因的愤怒抗议传到了汤姆森那里，汤姆森有点让步了，这天下午他的报纸就刊出消息："大雨导致河水上涨，气象局通知水位正在升高……气象局希望所有对此感兴趣者，在接下来的两周中，对还会更高的水位进行必要的提防。"[20]

这样一篇报道并不能让克莱因满意。这天晚些时候他又与商界领袖们见面，要求今后的报道一定要诚实。这些人向他保证做到，然而，他们只是在敷衍。他们也没有讲汤姆森已经召开了关于河流情况的紧急会议。巴特勒不在城里，他派了运河银行的副行长丹·柯伦——此人也是利莱·珀西的好友——作为他的代表参会。赫克特和普尔参加了会议。

在会上，汤姆森第一次严肃谈到炸开河堤。他说，如果情况继续恶化，他就要去华盛顿面见总统。[21]

对于汤姆森这个建议的强烈不仁，没有人表示反对。这样做是非法的，它将毁掉成千上万人的生计。然而，无人质疑这次会议上提议这种非法行为者的权威、权利和能力。尽管会议讨论了很多公共事务——联邦、州、市和区政府的，但无人质疑这次会议并没有任何政府工作人员出席的这一事实。

这次会议之后，汤姆森把这个提议通知了堤坝董事会主席盖伊·蒂诺，蒂诺又私下告诉市议员、河流工程师克劳尔："紧急委员会开了会……他们已经搞出来了一些计划。"[22]

228　　这天晚上，又开始下雨了。耶稣受难日的暴风雨开始了。

在新奥尔良，雨水必须抽到河堤外面去，或是抽入庞恰特雷恩湖，而这两处常常都高于城市本身。1913 年，一个名叫艾伯特·鲍尔温·伍德的工程师设计和建造了每秒可以抽取 47 000 立方英尺水量的泵站——这大致相当于低水位时密西西比河的一半流量，通过埋在"中性区域"——也就是一些长满了树木的岛屿，它们为新奥尔良市的林荫大道输送了那么多树——之下的地下渠道把水排出去。[23] 这些了不起的巨泵被世界各地仿效，新奥尔良今天也仍在使用。

然而，4 月 15 日耶稣受难日这天，闪电导致一些泵临时出现了故障。18 小时内 14.96 英寸的降雨量导致城市一些区域的积水达到了 4 英尺。这是 1 月份以来的第 5 场暴风雨，其狂暴程度超过了此前 10 年的任何暴风雨。即使泵站最终把水排了出去，也仍然留下了一片混乱。许多街道是用木板铺的，现在木板冲走了，留下大片无法通行的水流纵横交织的沼泽地。城中心的每座地下室，包括各家银行的地库，仍然是水深几英尺。

这只是一场真正大洪水的一点征兆，它还没有显现出大决堤时会有的咆哮激流，还没有释放河水如同恶梦中的巨兽那样掏空建筑、在大街上冲涌的可怕力量。可这座城市已经因害怕而颤抖了。

当民众还在排水时，现担任港务局经理的前陆军上校、堤坝工程师马塞尔·加萨德，给港务局局长赫克特打电话，说必须马上商讨河水的情况。赫克特于是也请了巴特勒、普尔——他今年主持新奥尔良票据交换所，以及其他几个银行行长，还有商会主席艾利森·欧文来开紧急会议。

没有叫汤姆森参加会议，或许是赫克特觉得他并非核心圈子的成员，也可能是加萨德对此反对——加萨德对坎伯很没有好感，而汤姆森参会就可能把坎伯带来。加萨德行事冲动，对任何冒犯都感到愤怒，尽管这两位工程师在河流政策上看法一致，但坎伯最近指责他在工业运河的计算上出错，说他在玩"政治"，制造不和，"上校，比起你来，我在这种游戏中待的时间要长得多。长期以来，我在打一场漫长的战斗……你让我们后退了好几年。"[24]

这些的确属于核心圈子的人物，聚集在赫克特位于爱尔兰银行的办 ²²⁹公室里。室外，暴雨正击打着窗子，狂风晃动着它们。酷爱雪茄的赫克特点燃了一支，其他几个人也都点上，烟雾弥漫在办公室里。窗户玻璃因冷凝而变得不透明，将这群人与外面的世界隔开。

加萨德宣布，他刚与克莱因谈过，暴雨还将持续几个小时。"如果上游河堤守住，密西西比河水位在我们这里就将达到创纪录的 24.5 英尺，"加萨德说，"据我看，水位超过 24 英尺就很有可能导致决堤。"[25] 于是，加萨德建议，如果在别的地方炸开河堤，那么对新奥尔良安全的任何怀疑都可以排除，就看与会者是否认为这样做明智了。

参加会议的每个人都知道汤姆森已经开始策划这种可能性了，但做决定的不是他，而是现在开会的这些人。他们绝大部分是银行家，银行家负责处理城市危机是有传统的。1905 年新奥尔良爆发了黄热病疫情，没有 25 万美元的保证金，美国军医处长（U.S.Surgeon General）就拒绝帮助这座城市。[26] 市长缺乏权威来做这个承诺。当时的运河银行行长查尔斯·詹维尔——他是城市债务清算委员会的委员和本州民主党中央委员会主席，打了两个电话，然后就做了这个承诺。于是联邦的各种物资陆续到来，击退了这场疫情。

现在，所有与会的银行家都收到了各自在纽约和其他地方相应银行的电报，询问这座城市的安全。这些询问中的暗示就是他们那些投资的风险问题，一个对他们而言生死攸关的问题。

巴特勒已经取代了詹维尔在运河银行和城市债务清算委员会的位置，如果他反对的话，那就什么事都做不了——他是关键人物。

从许多方面讲，詹姆斯·皮尔斯·巴特勒都是这些与会者中最高傲的人。他身高 6.5 英尺，瘦高，秃头，声音低沉，显得咄咄逼人。他在密西西比州那切兹的自家种植园"奥蒙德"中长大，有 5 位祖先是美国独立战争中的军官，其中 2 人为将军。他母亲经常参加新奥尔良的舞会，并带他去那里看歌剧，有时会在城里住上数月。他的连襟是威廉·默瑟医生——城里最受欢迎和最富有的人之一[27]（在内战之前，默瑟经常替他的朋友亨利·克莱付账；在内战中，他利用人们都知道他同情北方来掩护自己的南方朋友；战后，他在 1872 年帮助创建了"雷克斯"这个"克鲁"组织，还以配备黄金餐具的宴会款待了俄罗斯大公亚历克西斯）。

巴特勒受到的教养非常接地气。春季，他要去种植，了解什么东西让土地闻起来是那种味道；夏季，他行走在一排排齐肩高的棉株中，周围是一片起伏的白色棉桃；到了冬天，他要杀猪，双手沾满热乎乎的猪血，把猪肉挂到熏房里面去。他成熟得很早。13 岁那年，父亲病了，哥哥皮尔斯远在杜兰大学读书，他就自己管理种植园。哥哥从杜兰大学毕业后，又要去巴黎大学，巴特勒对他说："对我，你不必过于关心，我会干得比你好。"[28]

巴特勒也去读了杜兰大学，然后就读于杜兰法学院。然而，他没有去从事法律工作，而是进入了银行界。他干得很好，不但在运河银行步步高升，而且在社会上也是如此，继承了默瑟在运河大街那座闪闪发亮的大理石府邸。这座府邸草木繁茂，装饰高雅豪华，壁灯和吊灯辉煌璀璨，天花板浮雕精美。巴特勒把它卖给了波士顿俱乐部，从那以后波士顿俱乐部就一直在这里。做了运河银行这家南方最大银行的行长之后，巴特勒也担任了波士顿俱乐部的主席"。

不过，他的社会地位完全来自他对银行的掌管和家庭背景，而不是来自个人魅力或朋友之谊。无论男女，他都没有密友或知己，甚至他那位担任了杜兰大学纽科姆学院的院长并且极受欢迎的哥哥也不是。在成为波士顿俱乐部主席之前，巴特勒曾退出过这家俱乐部，称它"与我颇不合拍。[29] 由于两人的妻子很合不来，所以巴特勒几乎不见哥哥。[30] 他对自己妻子也有保留。大学时，他们结婚，那时，巴特勒已经功成名就，年龄也大妻子不少。不过，妻子喜欢这种安全感。巴特勒的岳父是个酒鬼，喝穷了一份家产，逼得岳母搬进寄宿屋居住。因此之故，妻子变成了一个苛求、任性、贪婪的女人。[31]

巴特勒过着一种孤独的生活。女儿出嫁后，他更加孤寂。即使担任了波士顿俱乐部主席，他也并不愉快。按照惯例，俱乐部主席一年一任，连续担任两任，但惠特尼银行的会员与运河银行的会员之间不和，巴特勒对此感到厌倦，所以在俱乐部的历史上只有他一人仅担任了一届主席。[32] 赫尔曼·科尔迈尔当时是新奥尔良一位事业正在起飞的银行家，后来担任了新奥尔良棉花交易所的主席，而且是纽约证券交易所董事会的成员，他回忆道："他是个无吸引力的人，在精神层面没有吸引力。尽管我很年轻，但我宁可与其他人喝酒，也不可能与巴特勒一起喝酒。他这个人没一点趣味。"[33]

231

巴特勒以长时间工作来打发时间，如果在家，他就独自坐在圣查尔斯大街家中的阳光房里沉思，很少说话。然而，他有根的感觉，有强烈的归属之感。有一次，他从纽约的新月有限公司（Crescent Limited）回来，与新奥尔良一位著名的建筑师谈起："在我死之前，我很想建造一幢美丽的建筑。我想让它成为这家银行的标志。"[34]

1927年时，这座建筑正在建造之中，它将成为他的遗赠（70年后，《新奥尔良时代花絮报》仍称它"优雅"，"以其美妙的建造而著称"）。[35] 巴特勒的另外一项"遗赠"则是他炸开河堤的决定。

巴特勒转过身来，对房间里的人说，他们需要搞清楚若干事项，包括一些法律事项、一些技术事项。[36] 他问加萨德："你说'如果上游的河堤守住'这种可能性不大，是不是？"

"它们多半守不住，"加萨德承认，"但不管怎样，这里的压力极大。河水可能从任何决口流出去，然后又流回河中。"

赫克特提出另外一个观点：即使没有河水进入新奥尔良，洪水也会在经济上摧毁新奥尔良。人们正在建造船只，把船拴在自己的门廊前，储藏各种生活用品。对于清算存货名单中的那些物品，批发商们降价一半出售，乞求全国的主顾来买。每天都有数十万美元从新奥尔良的银行撤出。如果这种担心继续增长，如果一家银行的撤资形成，那就会损害乃至于有可能摧毁那些较弱小的银行。一段时间内，短期信贷会消失；长期而言，如果这个国家的商界对新奥尔良的安全丧失了信心，就会导致严重的后果。那些竞争的港口一直虎视眈眈。"伊利诺伊中央"铁路公司不久前从密西西比州的格尔夫波特运走了一列车糖浆，这是从来没有过的。[37] "美国钢铁"（U.S. Steel）公司计划从阿拉巴马州的莫比尔外运出口商品。

普尔的银行是这座城市中最弱小的，他在把钱贷给甘蔗种植者上很下劲。如果西岸决堤，就会毁了那些蔗农和他的银行；如果在东岸炸开河堤，他们就可能起死回生。普尔说："新奥尔良的民众已是一片混乱，凡是能够走的人都走了，每天都有数千人离开。只有炸堤才能恢复信心。"[38]

巴特勒知道这条河的力量。小时候，他曾见过父亲在圣凯瑟琳溪（St. Catherine's Creek）边的自家田地上开挖了一条水道与密西西比河连通起来，结果证明这是一个错误。[39]这条溪流自身很快就变成了一条奔涌之河，而且淹没了他家种植园的数英亩土地。这条溪流让他畏惧，而密西西比河简直如同上帝。他知道洪水意味着什么。

现在，他们在有目的地讨论把密西西比河水放入他们邻人的土地。这是一件可怕之事，一件与他长大成人而信奉的一切都相违背之事。新奥尔良的威胁到底有几分真？对新奥尔良商业的威胁是真实的，但这条河的威胁有几分真？这种威胁真的起作用吗？

"我认为，"巴特勒冷冷地说，他并非持明确的做决定口吻，但是内敛有力，"目前合适的步骤是让当局参与进来。"[40]

加萨德和巴特勒及赫克特去见了市长亚瑟·奥克夫，刚刚回来。奥克夫是一年前当选市长的，前任市长马丁·贝尔曼曾掌管这座城市24年，一年前在任期内去世。与贝尔曼相比，奥克夫是一个软弱角色。他很胖，因赢得赞助人支持而击败了其他选区领袖，他甚至不再谋求连任了。新奥尔良的社会精英颇看不起他。新奥尔良社交界的女性创建了"法国区小剧院"（Le Petit Theater du Vieux Carre），这标志着重建法国区的开始。在剧院的启用仪式上，奥克夫发表了讲话："这是新奥尔良一件美好之事，是我们应该为之骄傲的事情，就如同我们有了新的垃圾焚烧炉一样。"[41]如同前任贝尔曼，奥克夫也很容易受银行家的影响。尽管他们二人都是一种简称为"圈"（"the Ring"）的城市机制的产物，但贝尔曼是商业协会（Association of Commerce）的创始人之一，同时还是美国银行（American Bank）——所有银行中政治色彩最浓的一家银行——的副行长。奥克夫做了市长后，美国银行马上就提名他担任副行长。[42]

奥克夫知道，对付洪水犹如一场赌博，汤姆森已经跟他谈过。现在，加萨德又重复了汤姆森的警告：如果新奥尔良上游的河堤守住了，那么河水水位就会超过 24 英尺。奥克夫把克劳尔找来——堤坝董事会刚刚赋予他负责城市所有河堤的紧急权力。克劳尔谈到混乱已经淹没了城市，数百个家庭正在逃往墨西哥湾岸区。[43] 城里正在开一场皮提亚运动会（Pythian convention），许多参会者上午到来，看到各家屋顶上预备的小船，马上就坐下一趟火车走掉了。[44]

奥克夫同意做银行家们建议去做的任何事情。

与此同时，新奥尔良的报纸也继续尽力安抚城市，只报道耶稣受难日的降雨"超过了 5 英寸"，而实际降雨量是 5 英寸的 3 倍。报纸还引用了路易斯安那州主任工程师乔治·舍恩伯格的话："我今天晚上睡得很轻松。"[45]

远在新奥尔良上游，密西西比河各条支流的河堤已如多米诺骨牌般一处接一处被冲开。4 月 16 日周六那天，密西西比河干线河堤首次决口，地点在密苏里州的多里纳。

具有讽刺意味的是，这使坎伯更坚信自己的看法：上游河堤守不住，所以新奥尔良这座城市不会有危险。然而，无人关注坎伯的看法。加萨德是坎伯的激烈竞争者，是赫克特的耳目；汤姆森已经知道了坎伯的看法，但觉得没有用。即使坎伯的看法是对的，也解决不了银行家们对于投资者信心的焦虑。

4 月 17 日是星期天，城市又出现了一股逃亡潮，不过里面有些人并非逃亡。加萨德和奥克夫坐火车前往圣路易斯，他们将于周一清早与密西西比河委员会的人见面。汤姆森自己坐火车前往华盛顿，去见总统。

奥克夫曾请求巴特勒去华盛顿，但当巴特勒听说汤姆森已经去了后，"詹姆斯·P.巴特勒先生和夫人，乘车前往他们位于那切兹郊外的乡村住宅度假去了"，一份报纸这样报道。[46] 这将是巴特勒数月之内的最后一次平静。

第 19 章

　　炸开新奥尔良市下游的河堤，依据河水泄入的水量估计，这将会使 10 000 人变成灾民，会摧毁河东岸的整个圣伯纳德区和整个普拉克明区（新奥尔良市与普拉克明区就在密西西比河两岸隔河相对）。尽管地图上只有一条线——没有河口、没有水道、没有任何种类的自然边界——将圣伯纳德区与新奥尔良市分开，但二者却没有共同之处。现在，密西西比河使它们具有类似捕食者与猎物的密切关系了。

　　圣伯纳德区的阿拉比镇与新奥尔良市毗邻。它少数的几条街道没有一条是铺装的，但压碎的贝壳却使路面坚硬得如同水泥。污水沿着街边敞开的水沟流动，鳗鱼在污水沟里打洞，孩子们如果一脚滑进去，会陷得很深。就饮用水而言，人们仍然使用蓄水池，这在新奥尔良一带已经被禁用了，因为它们滋生蚊虫。[1]

　　不过，阿拉比很繁荣。世界上最大的蔗糖加工厂就在这里，雇用了 1 500 人。那些牲畜饲养场——散布了数英亩的牛和猪，也提供着几百个工作岗位，南方一些最大的屠宰场也在这里。空气中弥漫着血腥味、腐肉味和蔗糖味混合的难闻气息。到了夏天，处在路易斯安那州的酷热之中，这些味道弥漫在空气中，如同沙粒被汗水粘住，引来了成群的老鼠和成片的昆虫。

阿拉比也是一个赌窟，有"河景"（River View）、"118 俱乐部"（118 Club）、"102 俱乐部"（102 Club）、"烛光俱乐部"（Candlelight Club）（在一所文法学校的校址上改建而成），以及最好和最大的"回力球俱乐部"（Jai Alai Club）。"回力球俱乐部"如同一座摩尔式建筑风格的城堡，塔台上三角旗迎风招展，有 3 000 个座席和一个华丽的舞厅。它每周的抽奖都送出一辆汽车，亨利·詹姆斯和汤米·道尔西都在这里演出过。所有这些俱乐部都是非法的，但全都公开营业（确实，它们在报纸上做广告），全都聚集在新奥尔良的几条街区中。同属非法的吃角子老虎机，在此区的几乎每个酒吧和杂货店里都有。

在阿拉比的下游，则是乡村，然后就是沼泽地了。圣伯纳德面积为 617 平方英里，其中 544 平方英里为湿地或沼泽。[2] 在那些优质土地上，意大利人种植蔬菜和柑桔。禁酒时期这里产的柑桔酒很受欢迎，私酒贩子们对它进行碳酸饱和，然后作为香槟酒出售。湿地上的柏树、橡树很多，浑身长满了苔藓，鳄鱼和水蛇出没，河口覆盖着天鹅绒般的绿色浮渣。沼泽地长满了在风中簌簌作声的青草，看起来坚实易行，但只有富有经验的人拿着长长的棍子探路，才能行走其上，如果走错一步，就会陷入泥中，深至腰部。普拉克明区在圣伯纳德的下游，地形也与它相似：靠近弯曲的河流有一片狭窄的坚实土地，然后就是沼泽地渐渐与海相接。伊兹的防波堤就建在这里。

沼泽地看起来荒凉，但吸引了很多渔夫、皮毛兽猎人和贩私酒者，他们之中绝大部分人是"岛民"。这些人，他们的语言和名字都来自 18 世纪初期的加那利群岛，当时是西班牙统治路易斯安那。最大的岛民城镇被称为"德拉克洛瓦岛"（Delacroix Island）——实际上不是一个岛，也被称作"世界的尽头"。道路到这里就终止了。这里有一所学校，但没有电，没有邮局，没有电话。不过，到 19 世纪 20 年代时，这里的岛民已经在赚钱了——小钱通过合法途径，大钱通过非法途径。路易斯安那州出产的衣料皮毛超过了美国其他地方的总和，也超过了加拿大或俄罗斯。圣伯纳德的出产又远远超过了路易斯安那州的其他任何区。[3] 麝香鼠的皮毛，如果质量顶级，每张可带来高达 3 美元的利润，而最好的皮毛兽猎人一天可以猎到 150 只。[4] 州长的年薪是 7 500 美元，而技术娴熟的猎人从 11 月到来年 3 月就能轻松赚得这个数额。

圣伯纳德区的进口业务也很繁荣——它进口酒。此地四面环海，水路多而复杂，外人根本弄不清楚，那些皮毛兽猎人驾小船出海，靠拢近岸的货船，一次可以把多达 1 000 箱的威士忌装到他们的渔船上。这一地区满是河口和水道，每处他们都有藏威士忌的地方。阿尔·卡彭 [1] 和一些不那么著名的黑帮分子都来过圣伯纳德，他们被此地的一种做法逗乐了：对于经过本地区的所有威士忌，警长 L.A. 梅罗及其警官要收税，而南方最大的私酒贩子之一曼纽尔·莫莱罗也要收税。梅罗和莫莱罗掌管着这一地区，两人都不同凡响，又彼此仇视。

236　　　梅罗颇为老到，富有魅力，讲一口地道的巴黎法语，精通上等葡萄酒。然而，他也可能突然出口粗俗，凶狠逼人。他身高 6.4 英尺，体重至少 300 磅，头颅硕大，前额宽阔，深色眼睛，稀疏的头发为浅棕色，宽大的嘴巴和丰满的面颊让他有张娃娃脸。他举止和蔼，但会毫无征兆地突然发怒，让人战栗。"梅罗有一种精心而精致的冷酷，"一位地区历史学家威廉·海兰说，"他可以粗鲁、粗糙、卑劣和令人厌恶，但下一刻就展现出西班牙大公般的修养。"[5] 他还是一个医生，最初干这一行是决心做好事。

从杜兰医学院毕业后，梅罗又去了伦敦、巴黎和柏林，然后到约翰·霍普金斯大学做研究——这可能是当时世界上最好的医学研究机构。1905 年黄热病疫情袭击新奥尔良，他回来帮助救治，在慈善医院工作。[6]

---

[1] 美国 20 世纪 20 年代至 30 年代最有影响的黑帮领袖。——译注

然而，他自己也染上了黄热病，差点死掉，从此再也没有回到医学研究领域。他开始执业行医，观察生活。他所看到的让他不快。梅罗后来说："我曾研究过人，人类让我失望。我发现了人们可以堕落到哪个地步。"[7]

梅罗变成了一个冷酷的房地产商，成为这一地区最大的纳税人和土地拥有者。[8]他的食欲很强，早餐要吃一打鸡蛋、几堆饼干和几大片腌肉，中饭吃得清淡一点，但晚饭又要吃几乎整只鸡，然后是一整张草莓酥饼，或者是一整块奶油干酪。对于金钱和权力，他的胃口也同样大。他的家就在圣伯纳德区内，是一座建于1808年的宅第，曾经属于甘蔗种植园主亚历山大·德·雷塞布——那位苏伊士运河建造者的堂兄。这座宅第有列柱门廊，窗户上是雕花玻璃，房屋四周有大片园林，因此被称为"鲜花城堡"。它的后面有一个小小的赛马场，前面有一条走道通向河堤，河堤上有一座可以眺望大河的露台。[9]梅罗也渴望得到权力，他利用自己的行医来获得权力。他不分昼夜地去本地区那些最远的地方出诊，还常常免费治疗。不管他去什么地方，他都给孩子们送棒棒糖。"每根棒棒糖就是一张选票。"他曾这样调侃。[10]人们称他"大夫"。但他通过竞选成为治安官。

当时，他那些竞争者手下的警员设置路障，劫持运酒的车辆，然后自己来卖。对此，私酒贩子们，包括"大夫"的弟弟克劳德——前杜兰大学的橄榄球明星和律师，都公开警告说，他们再也不能容忍这种劫持了。

1923年4月20日，一个由3辆大卡车组成的车队满载克劳德·梅罗的酒，出发前往新奥尔良。在一座窄桥前，3个警官命令车队停车。车上的人开了枪，2个警官被射中，一辆卡车从他们身体上碾过，把他们压死了。[11]

克劳德被指控为此事的同谋后，逃往巴黎。接下来，"大夫"被选为警长。随后，克劳德从法国返回，第二年又竞选圣伯纳德区和普拉克明区的地方法官并获胜。梅罗家族现在控制了圣伯纳德区，而"大夫"的盟友利安德·佩雷斯，作为这两个区的地方检察官控制了普拉克明区。他们的对手不甘失败，进行反击，想以包括"施压"在内的各种指控，弹劾克劳德和佩雷斯。然而，克劳德和佩雷斯顶住了，而且巩固了他们的权力（10 年之后，又一次弹劾把克劳德赶下了台，但佩雷斯的控制一直持续到 20 世纪 60 年代。哥伦比亚广播公司的调查节目"60 分钟"对他的几个儿子做过报道）。

不过，"大夫"才是领导者。他可谓是堕落的一个典型案例：开始时是好人，后来却堕落了。一天晚上，他邀请一个禁酒侦探与他一起在新奥尔良的"叫醒服务"（Morning Call）喝夜咖啡吃面包圈。他对此人说："我听说你从人们那里拿钱。我听说莫莱罗把你收买了。"

"我在下面是有几个朋友的。"这个侦探回答说。[12]

梅罗承诺每月给这个侦探 1 万美元，让他把设置路障的情况提前告诉自己。这一数字与这个禁酒侦探刚入职时的年薪 1 186 美元相比，极具诱惑力。不过，这位侦探是个正派人。梅罗、他手下的 3 名警官、一个新奥尔良的警监，以及另外 30 个人，后来以贩卖私酒罪被捕并起诉。他的警官们服罪，但针对梅罗的那些指控却撤销了。[13]

梅罗把牢房当作发展自己势力的地方，与新奥尔良社会中最保守的势力结成了同盟。布兰克·门罗让他进入了惠特尼银行——新奥尔良市最为保守者——的董事会。他发达起来了，几乎拥有了一切。

曼纽尔·莫莱罗是梅罗的一个竞争者。莫莱罗身材矮胖，是来自"德拉克洛瓦岛"的一个几乎不识字的岛民，连英语都几乎说不流利。不过，莫莱罗很聪明，能洞察底蕴，他后来设计了一套复杂的操作来减少石油税，美国大通曼哈顿银行通过运河银行学到了这种手法并加以效仿。新奥尔良那些最杰出的银行家中，有一个人曾经这样说："莫莱罗绝对没有受过教育，说话有可怕的西班牙口音，简直听不懂。［他和他的合伙人是］

这一带最大的私酒贩子，实实在在的暴徒，一船一船地贩酒。然而，他非常聪明，非常适合做生意。"[14] 一个新奥尔良律师这样回忆："莫莱罗很有原则，小事糊涂大事聪明。他能够感知长远利益。我可以想象他吸着一支烟，把事情想透彻，然后得出结论的情形。一旦形成计划，他必会坚持，很有决心，不屈不挠。"[15]

年轻时，莫莱罗在圣伯纳德购买蔬菜，然后在新奥尔良的法国市场高价出售。他先后买了两辆卡车，组成一个车队，为新奥尔良的几十家餐馆和杂货商送货。当禁酒法令实施后，贩卖威士忌对他来说就是自然而然之事。他甚至把私酒运到了芝加哥。

1926年秋天，佩雷斯和梅罗想从岛民那里把捕猎皮毛兽的生意夺过来。皮毛兽猎人们请求莫莱罗施以援手，结果导致了"皮毛兽猎人之战"。[16] 佩雷斯和梅罗派了一艘装备了机关枪的船顺河而下，来到"德拉克洛瓦岛"，却被皮毛兽猎人击沉。战斗中，一位警官被打死，另有一些争夺者受伤。州长拒绝了梅罗的增援请求，此后，与莫莱罗友好起来。皮毛兽猎人赢得了这场战斗。不过，梅罗也从未对他们提出任何指控。

几周之后，上涨的河水把他们所有人——梅罗、莫莱罗、佩雷斯、皮毛兽猎人、渔夫和私酒贩子们——转变成了盟友。

4月18日是星期一，加萨德和奥克夫走进了密西西比河委员会的公开听证会会场。听证会很快就变成了秘密会议。奥克夫没有说话，加萨德对他们那个在波伊德拉斯——1922年密西西比河决堤之处——附近炸开河堤形成一个泄洪道的计划做了解说。委员会愿意批准这个计划吗？

委员会主席查尔斯·波特上校非正式地与他的同事们讨论此事。他暗示，如果情况恶化，他们就得批准它。然后，他正式表态，宣布委员会甚至不会考虑这个要求，除非满足三个条件：首先，陆军部必须批准；其次，由路易斯安那州来提出这个要求；第三，新奥尔良市不能让密西西比河委员会承担任何补偿责任，应由新奥尔良市做出安排，补偿决堤造成的受害者的全部损失。[17]

加萨德和奥克夫对此满意，连夜坐火车回新奥尔良去了。当他们在车上睡觉时，一艘小艇载着几个人靠近了波伊德拉斯附近的河堤。守卫开了枪，一个人被打死，另有两人受伤。《纽约时报》对此不屑一顾地表示："居民们已经得到了警告，天黑后不要靠近河堤。"[18] 新奥尔良的报纸没有报道发生在圣伯纳德区的这起开枪杀人事件。无论如何，暴力已是司空见惯了。

第二天，也就是 4 月 19 日，新奥尔良的权力机构聚集在市政厅。这是一座有着柱廊装饰的宏伟建筑，由本市最有名的建筑师詹姆斯·加利尔设计。在华丽的市议会厅中，棉花交易所、贸易委员会、证券市场、港务局、商会、堤坝董事会、所有银行、各家报纸老板，以及几位商界领袖面色严峻地坐着。只有一位市议会议员克劳尔参加这次会议，另外还有市长和两位国会议员。炸堤后将被淹没的圣伯纳德区和普拉克明区，没有代表被邀出席。

这次会议标志着不同寻常的一周的开始。会议一开始，奥克夫就提名巴特勒担任"公民救灾委员会"（Citizens Flood Relief Committee）的主席，这个特地组建的组织由与会者以公民身份组成。这个委员会没有任何一种法律权威，但它和巴特勒将负责与洪水有关以及新奥尔良从现在开始的一切事务，包括对美国政府的政策制定施加影响。

会议没有讨论有关炸堤的决策，这已经是预计要去做的事情了。在本周结束之前，路易斯安那州的国会参议员和国会众议员中的几位，都会服从巴特勒的要求；巴特勒甚至已被授权，可以在任何电报上署一位众议员的名，不必事先与他打招呼。奥克夫也说，他本人、普尔和 H. 葛勒斯·杜富尔——清算委员会的律师，也是赫克特最亲密的朋友，将去见州长奥拉梅尔·H. 辛普森。州长的连任竞选活动正在进行之中。[19]

4月21日，曼兹兰汀的决堤清楚地表明，密西西比河正在扫荡它面前的一切，正咆哮着要夺回它所有的自然冲积平原。

新奥尔良市一片混乱。《论坛报》在头版宣布："流言！一个流言正在全城传播，说本市的报纸隐藏了关于河流和大堤情况的一些真相，一些消息未向公众公布，这些消息被审查删除了。当然，这种流言毫不足信。《清晨论坛报》和《议事报》向读者提供着它们得到的所有消息。"《新奥尔良时代花絮报》对此表示同意："新奥尔良没有道理惊慌。几百条虚假报道……正在新奥尔良传播。它们无一真实，这不必多说。《新奥尔良时代花絮报》……向它的读者提供着尽可能完整和准确的消息。"[20]

然而，人们已经不理会报纸上讲的了。每天都有数百人爬上河堤去查看河的情况。大河汹涌，河面宽广，水位很高，流速很快，旋涡连着涡流，急流挟带着原木、木材和骡马尸体奔腾而下。在有些地段，水位已经高过了河堤，全靠用厚厚沙袋墙支撑的厚木板墙将水挡住。而洪峰的到来至少还得两周。

商会主席艾利森·欧文将军——他也是那个"公民救灾委员会"的成员，曾公开宣称："新奥尔良丝毫不会受到目前密西西比河高水位的影响……新奥尔良是绝对安全的，大河的洪水对它没有威胁。"[21] 不过，私下里他却焦虑："我们从来没见过这样的混乱，这样程度的歇斯底里。"[22]

曼兹兰汀的决堤还引发了另外一个反应。在这处决堤之前，红十字会就开始搭建灾民营了，在孟斐斯建立了总部，并把它所有的救灾人员调到了洪灾地区。然而，灾民的数量——在曼兹兰汀决堤之前已是7万，以及洪水的波及范围和对交通运输的损害情况，已经超出了它的应对能力。当时6位州长紧急请求卡尔文·柯立芝总统提供救援，但他什么也没做。

现在，柯立芝总统必须采取行动了。曼兹兰汀决堤的第二天上午召开的内阁会议上，总统提名商务部长赫伯特·胡佛担任一个特别委员会的主席，这个委员会由5位内阁部长组成，来协调所有的抢救和救灾工作。柯立芝总统还授权胡佛可以向陆军和海军下达命令。

汤姆森来到华盛顿时，正是这样一种局势。尽管有着危机，或者说正是由于危机，汤姆森对来到华盛顿颇感高兴。对他而言，华盛顿是一个家，一个超过了新奥尔良的家。这里没有什么波士顿俱乐部，没有路易斯安那俱乐部，没有狂欢节的"克鲁"。有的却是一条荆棘之路，正可供他钻营运作，他那些新奥尔良同事中，许多人还没走到这里。

上午的内阁会议刚一开完，汤姆森就把炸堤之事提交给了陆军部长德怀特·戴维斯和工程兵团主任埃德加·杰德温将军。杰德温反对，他说新奥尔良上游的河堤肯定会决口，预计到时候新奥尔良的水位不会高于22英尺或是23英尺——"除非没有新的决堤"。[23] 新奥尔良市的河堤肯定能抵御这样的水位。

汤姆森则坚持己见，谈了城市发生的混乱，引用了杰德温前任关于在河堤上炸开一个缺口的建议：新奥尔良市就指望这个承诺了，难道陆军部现在要撤回它说过的话吗？炸堤又会有什么代价呢？淹没的只是湿地。

最后，戴维斯说，如果他接到路易斯安那州州长关于炸堤的正式请求，联邦政府也免除陆军部的任何责任，他会"同情地"关注此事。这天下午晚些时候，汤姆森与柯立芝总统私下见面，得到了一个更为含糊的回答。[24] 不过，这已经足够好了。他打电话告知巴特勒，然后返回新奥尔良。

第二天清早，也就是4月23日，星期六，胡佛、杰德温和红十字会的执行主席詹姆斯·费舍尔，离开华盛顿前往孟斐斯。

美国各地的报纸和电台都头条报道对胡佛的这个任命和格林维尔市的困境，而汤姆森的《论坛报》头版却讲述他与柯立芝、戴维斯和杰德温会见情况的删节版本，对炸堤计划只字不提。在圣伯纳德，人们读出

241

了这些报道的言外之意，河堤守卫增加到 500 人，做到了 24 小时每隔 300 码就有一个武装守卫。他们对谁都不相信了。[25]

从巴吞鲁日到新奥尔良的河堤上，有 2 万人在赶工垒堤，《新奥尔良时代花絮报》曾报道已有 64 万条沙袋运到了这座城市，万无一失的防护应该是足够用了。现在，为了进一步给人信心，它报道说运来了 600 万条沙袋。[26] 可是，新闻没有起到安抚作用。

新奥尔良的商业活动完全消失了，大街一片空荡，一家全国连锁店关闭了它在新奥尔良的 18 家门店，那些员工都逃了。杜兰大学和洛约拉大学外地学生的家长，命令自己的孩子赶紧回家。宾馆全都空了，楼层只好关闭。医院只接待生命垂危的紧急病人，否则它们也空了。唯一的活动是在河堤上。前些日子里每天有数百人到堤上查看河水情况，现在则是每天数千人。[27]

在三角洲，洪水正在肆虐。美联社报道说："艾伦少校说，保守估计，三角洲地区淹死的总人数至少是 200 人，而实际人数很可能要多得多……财产损失估计为 5 亿美元。"[28]

仍然还有人公开展示自己的信心。"安全河流百人委员会"中的一个著名人物帕勒姆·韦莱因，坚持让自己的弟妹把系在后院门廊处的小船拿走："如果这里弄这么条船，你知道人们会怎么想吗？"[29]

4 月 23 日，周六，新奥尔良市下游 43 英里的"初级种植园"（Junior Plantation）处，一条装载糖浆的海轮撞开了密西西比河西岸的河堤，河水开始从这个缺口外泄。在新奥尔良，人们怀疑沙袋的作用；在圣伯纳德和普拉克明，人们则相信沙袋的作用。河堤守卫绷紧了弦。一个记者和一个摄影师坐着小船顺河而下来查看这处决口，结果一再遭到枪击。他们只好把头低下，低于船舷，什么都看不见，冒着与河中漂流物相撞的

第 19 章　269

风险，以避免被击中。[30]

汤姆森于周日上午回到了新奥尔良，马上就前往位于圣查尔斯林荫大道的巴特勒家，向他通报自己在华盛顿的情况。巴特勒点头表示认可，然后叫杜富尔过来——那条撞开了河堤的海轮就是杜富尔家的，让他以州长辛普森的立场准备一份报告。[31]

杜富尔住在距离圣查尔斯林荫大道几个街区的地方，他带着一个令人沮丧的消息赶来了：辛普森已于周五来到了新奥尔良，与克劳尔、加萨德和州里的工程师们交谈过了。工程师们向州长提出了炸堤的理由，辛普森问了一些尖锐的问题，抱怨说只有上游的河堤守住了，他们关于新奥尔良危险的预测才靠得住。他要求知道这些人对于上游河堤是否守得住是什么看法，工程师们的回答却避实就虚。辛普森本人也是避实就虚。他没有见杜富尔、普尔和市长奥克夫这三个人，就回巴吞鲁日去了。[32]

周六那天，杜富尔终于让国民警卫队的指挥官说服了辛普森接见他们。新奥尔良的这三个人坐火车前往巴吞鲁日，在周六夜晚走进了州长府中，此前，圣伯纳德和普拉克明的代表团刚刚离开这里。深得州长信任的马尼勒·莫莱罗，向州长抱怨有计划要炸开他们河堤的流言，请求州长不要允许这样做，不要牺牲他们。[33]辛普森认真倾听。离选举只有几个月了，洪水淹没乡村民众，这的确救了新奥尔良市，但这在路易斯安那的乡村却是政治上的不利。另外，这对政府的形象而言也很恶劣，政府应该是尽量保护民众，而不是摧毁民众生计。炸堤的想法让辛普森感觉不好。奥克夫、普尔和杜富尔未能说服州长同意他们的计划。[34]

到了周日上午，他们的请求就更显乏力了，因为《新奥尔良陈述报》引用了艾萨克·克莱因的话，他说自己对新奥尔良洪水高度的预测，依据的是城市上游所有河堤都能守住。克莱因说："有了现在正在采取的适当防范措施，这座城市出现危险的可能性，其实是非常低的。"[35]辛普森知道克莱因的历史，知道克莱因永远不会低估危险。他认为克莱因的话是一种靠谱的保证，自然而然的决堤将会解除新奥尔良之危。

这一天稍后，辛普森接到报告，说阿肯色州派恩布拉夫附近阿肯色河的河堤决口了。阿肯色河水现在如同一支入侵的军队滚滚南下，很快就会淹没路易斯安那州北部的数十万英亩土地。接着又来了报告，说巴吞鲁日上游的格拉斯卡克的河堤已经溃入河中，而洪峰一个星期之后才会到来。这两处决堤，尽管对路易斯安那州是坏消息，但却有助于解除新奥尔良之危。这两处决堤也强有力地表明后面会有更多的决堤。

巴特勒、汤姆森和杜富尔要重新考虑形势了。新奥尔良有一个辛普森信任的政治人物保罗·马洛尼，他曾是市议会议员，在最近那次市长竞选中落败。巴特勒认为他乃平庸之才，但现在却需要这个人了。他叫来了马洛尼，告诉他自己需要什么。马洛尼马上就去了巴吞鲁日，但随即就报告说自己做不了辛普森的工作，因为辛普森相信克莱因说危险"很遥远"的估计，拒绝批准炸堤计划。

克莱因成为了关键因素。普尔很了解克莱因，他们有着相同的艺术品味。巴特勒让普尔给克莱因打电话。克莱因后来回忆道："普尔请我去见州长辛普森。我告诉普尔先生，我不认为新奥尔良会有被淹的危险。"[36]

普尔坚持己见，争辩说城中的混乱和对它安全的信心受到威胁，这就如同大河本身一样，对这座城市是致命的。克莱因拒绝帮忙，把电话挂了。

普尔又把电话打过来：难道克莱因对城中"民众的害怕心理"不感到忧虑吗？当然感到忧虑，但克莱因说他不能撒谎。他不能背离他工作的诚信。普尔争辩说，这座城市的未来现在就在克莱因的手里了，他可以救这座城市。如果他的预测错了怎么办？此地民众承担的风险将是巨大的。他对自己的预测就那么肯定吗？克莱因告诉普尔，让他再想一想，又把电话挂了。

"我知道河堤是不可能一路守住让洪水流到新奥尔良的，"克莱因后来解释说，"不过，河堤是归另外一个公职部门管，所以我不能说洪水会对河堤产生什么影响。我只能说'如果河堤守住现在能够看到的水量'。"

他给汤姆森打去电话，说："你可以去见辛普森州长，告诉他我说了，河水朝本市来的路上还有一次上涨，如果要打开河堤以解除险情的话，那就要马上打开。"[37]

马洛尼把这个信息带给了辛普森。辛普森一直倚重克莱因，但现在再也不会了。就在几个小时之前，他接到了一份需要直接用手传送的秘密备忘录——这份备忘录因"极其机密和令人惊恐，所以不能打电话或电报"。[38] 备忘录说密西西比河委员会预计曼兹兰汀的决口之水"在维克斯堡回流进入密西西比河。它将转向冲击维克斯堡对面的路易斯安那州河堤，从维克斯堡到那切兹之间有可能出现决堤……［这］很可能使得一部分水流入阿查法拉亚河泄流道，因此将会解除新奥尔良的险境。"然而，如果预料的这个决堤没有发生，委员会就"的确对新奥尔良的命运感到忧虑了"。

马洛尼问辛普森他怎么能拿新奥尔良这座城市来冒险呢？这里的将近 50 万人的安全都取决于河流的情况了。

此时是周日晚上，这一天似乎非常漫长。尽管辛普森还没有同意，巴特勒已经派汤姆森和加萨德前往维克斯堡，去见密西西比河委员会的人，想要得到正式的炸堤许可。

与此同时，巴特勒、赫克特和杜富尔在巴特勒家的日光浴室里等候消息。与赫克特位于奥杜邦区的家相比，巴特勒的家显得俭朴，比几个街区之外杜富尔的家也要小一些。赫克特和杜富尔都是俏皮好奇之人，于是打趣解颐——他们二人常在一起，关系非常密切。巴特勒坐着，非常严肃，不参与他们两人的玩笑。

最后，临近午夜时分，马洛尼从州长府邸打来电话，说如果满足某些条件，辛普森将同意炸堤。辛普森要求将这些条件书面写下来：首先，由工程师们签署一份明确的声明，说明炸堤是绝对必要的，声明中不能有诸如"如果河堤守住"这类模棱两可之语；第二，关于他有权下令炸堤的法律说明文件；第三，新奥尔良市书面承诺补偿受害者的所有损失。[39]

巴特勒马上同意了这些条件。辛普森没有再打电话，说他第二天也就是周一晚些时候会到市里来。巴特勒迅速开始工作。他和赫克特及杜富尔一起，马上给其他人——这座城市权力机构中的那些人——打电话。他们相信，这座城市现在要依赖他们了。

第 20 章

245 　　决定时刻——在此之前，深思尚为可能——其实早已开始了，当巴特勒允许这个过程进行时就已经决定了。从那以后，巴特勒和那些与他在一起的人就处在持续运作之中。而一旦运作起来，巴特勒就再也没有重新考虑。现在，他和其他人开始推动一个不可避免的结局——使用他们的全部力量来推动。他们有城内混乱状态下可供利用的力量，他们有金钱的力量，他们有社会地位的力量，他们也有这个时代赋予他们的力量——这个时代认为，那些有钱人不仅比其他人知道得更多，而且还会干得更好。

　　炸堤的流言四处传播，人们的恐惧心理弥漫得比其更快。4 月 25 日，周一，红十字会要求每个护士前去登记。住宅区内橡树大街的河堤出现了沙涌。在法国区的杜梅因大街，河水开始渗出河堤。[1]也是这一天，红河首次出现了决堤，这进一步表明新奥尔良会因上游的决堤解除险境。在圣伯纳德，河堤上增加了更多的守卫。

　　在新奥尔良，周一上午杜富尔在他的办公室里与埃斯蒙德·费尔普斯、J. 布兰克·门罗和自己的合伙人蒙特·雷曼，以及其他两个著名律师一道，用了 3 个小时来起草一份法律意见，以迫使州长炸堤。他们还为路易斯安那州司法部长珀西·森特另写了一份，让他交给辛普森。

克劳尔正忙于准备那份要交给辛普森的工程师们的正式声明，这份声明由他本人、加萨德、军队工程师威廉·伍滕上校和州工程师三人委员会的主任乔治·舍恩伯格签署。州工程师三人委员会中，有一人批评炸堤是一种"歇斯底里"和"极为荒唐"的举动，抱怨说新奥尔良没有危险，州里的工程师们屈服于压力。但是，人们不让他接触州长辛普森，也没有报纸发表他的看法。[2] 246

在维克斯堡，汤姆森和加萨德在密西西比河委员会的船上与委员会的人见面了。他们说自己代表着新奥尔良市的"所有利益"，正式要求委员会批准炸堤。波特上校让他们先回到舱室里面去。然后，他私下告诉自己那些委员会同事，他"宁可等一等"，看看预计中的上游决堤是不是会解除新奥尔良的险境，但现在拒绝炸堤要求，会在这座城市导致真正的混乱。他们不得不"因为心理效应"而批准这个要求。[3]

于是，波特叫来了汤姆森和加萨德，交给他们一份要发给辛普森的电报，另有一个副本交给巴特勒。电报是这样的："为了避免有可能出现的生命和财产损失……因堤岸线有可能出现的决口而发生，密西西比河委员会认为，在路易斯安那州州长或其所授权者业已选定的一个或多个地方，于河堤上打开一个决口是可取的。"[4]

加萨德回新奥尔良去了，汤姆森留在维克斯堡，等着见正沿河而下、第二天会到的胡佛和杰德温。

这天晚上7点钟，州长辛普森、巴特勒、赫克特、杜富尔、马洛尼和加萨德，在巴特勒位于运河银行的办公室里商讨，新奥尔良市政府没有代表参加。巴特勒把辛普森所要求的那些文件放在了他面前：法律意见和工程师们的意见、密西西比河委员会的那份电报，以及补偿受害者的承诺。

然后，他们走出巴特勒的办公室，走进了银行会议室。市长奥克夫和这座城市最富有的 50 个人正坐在桃花心木的长桌旁和靠墙排列的椅子上，等着他们。[5] 比起到市政厅去，他们聚在这里是更为合适的。辛普森召集了这次会议，但谁说了算却显而易见。这就是巴特勒。

辛普森严肃而又正式，那些控制着新奥尔良的人围着他，这些人显示出他们也控制着这个州的其他地方。辛普森开始大声朗读作为一个整体的那些文件，用了几乎一个小时。他读时偶尔有咳嗽，听者一片寂静，偶尔有椅子移位之声、擦火柴之声、某人仰身靠回椅背的声音。读这些东西似乎很有必要，似乎这样才能让这些人明白。其实，他们早就明白。

巴特勒邀请了两个人代表圣伯纳德和普拉克明参加这次会议。他没有邀请莫莱罗、梅罗或者是佩雷斯，而是邀请了小约翰·戴蒙德和西蒙·利奥波德这两个有钱有势者。这两人的土地在这两个区，但并非真正这两个区的人。而且，戴蒙德还是波士顿俱乐部的会员。辛普森读完之后，戴蒙德发言。他说，如果河堤需要炸开，就应该在新奥尔良的上游炸，这可以解除最多的压力，那里也是人们筑堤投入力量最多之处。若要掘开此处河堤，并不需要炸药，只要停止加固它们，剩下的事交给河水就行。洪水将会没有损害地流入庞恰特雷恩湖。比起牺牲圣伯纳德和普拉克明来，这在道德上不是要好得多？尤其是如果这种牺牲事后被证明并无必要，那就更是如此。

然而，这间房中的所有有分量的人，这间房中的所有金钱和权力力量，全都在抵制戴蒙德。就连戴蒙德自己也是其中的一分子，实际上他的异议只是一种形式。他完全知道上游已经得到了很大的开发，如果在那里泄洪，会导致代价大得多的损失，新奥尔良市不可能去补偿这样巨量的损失。决定其实早已做出。戴蒙德要求至少要有一个补偿损失的书面保证。

"我们当然可以写，"巴特勒说，"去写吧，我们全都签字。"

戴蒙德和利奥波德离开了房间。留在会议室里的那 50 个人不舒服地等待，有些人坐到了桌子上，一言不发，另外一些人三五成群地站着，相互重申他们是在做对的事情。

20 分钟后，戴蒙德和利奥波德带着一份决议回来，大声宣读了它。这份决议规定了 3 件事情：首先，签署者们"亲自向普拉克明区和圣伯纳德区的民众保证，将用自己的影响力来确保他们会得到相关政府机构的补偿，签署者们认定他们的损失是这项紧急行动导致的结果"。第二，决议要求成立一个 5 人委员会来决策所有的补偿事宜；州长任命其中的两个成员，新奥尔良市议会任命二人，博恩湖堤坝董事会任命一人。第三，要建立一个 15 万美元的基金来照料灾民。[6]

巴特勒马上就同意了。在决定处理损失事宜的这个五人委员会中，受害者只占 1 票，而新奥尔良市占 2 票。15 万美元的基金分到每个灾民身上，他或她的家庭、财产和生命损失只能被补偿 20 美元。然而，洪水冲刷过后，什么东西都不会留下。

州长首先签字，接着是市长和新奥尔良市港务局局长，接下来是运河银行行长巴特勒和爱尔兰银行行长赫克特，然后是其他银行的行长们。一共有 57 个人在这份保证上签下了他们的名字。这些人中，只有 6 个人——州长、市长、2 个市议会议员和 2 个堤坝董事会成员——是公职人员。这些公职人员中没有一个属于波士顿俱乐部，他们也没有权力。

其他 51 个签字者中，有 35 个是波士顿俱乐部的成员；16 名非波士顿俱乐部成员中，大部分是犹太人——比如新奥尔良棉花交易所主席埃德加·斯特恩，他也是那个把"西尔斯百货"建成了世界最大商业机构之一的朱利叶斯·罗森沃尔德的连襟，他们没办法加入俱乐部。在交给州长的那份法律意见上签字——也住在新奥尔良——的 5 个律师，更是精心挑选出来的。他们之中有三人作为"科摩斯"掌管过狂欢节，另一人作为"雷克斯"掌管过狂欢节，第五个人蒙特·雷曼则是不能参与到狂欢节中的犹太人。[7]

巴特勒把一份已经拟好的电报递给辛普森，它将发给陆军部长德怀特·F.戴维斯，副本抄送密西西比河委员会主席查尔斯·L.波特上校和美国陆军工程兵团主任埃德加·杰德温将军。电报是这样的："我面前有一份密西西比河委员会今天在路易斯安那州维克斯堡召开会议并业已采纳的决议，它建议在我业已选定的某处河堤形成一个决口……我赞同这个看法和委员会的建议……所以，要求和恳请密西西比河委员会、工程兵团主任和陆军部长在完成这一紧迫之事上的合作与协助……希望得到你们的立即批准与合作。时间已是相当紧迫。"[8]

4月25日这天下午，辛普森发出了这份电报。

4月26日，周二上午，也就是新奥尔良51位地位尊崇者迫使州长同意炸开圣伯纳德河堤的第二天上午，又有一个会在布雷思韦特召开了。这是靠近圣伯纳德至普拉克明一线河堤背后的一个坚韧不拔的小村。此村有一个纸浆厂、一个邮局、一个海产品罐头厂、一个百货商店和一个棒球场及看台。这一天，将近600人坐满了这个看台，他们绝大部分是皮毛兽猎人。几个月之前，他们还忙于自相残杀，现在他们有了共同的敌人。

一个人站起来喊道："他们从哪里得到的权力来淹没我们，剥夺我们的家园和生计？我们在1922年已经受够了这个。我们再也不忍受了。我们誓死保卫我们的权利。"[9]另外一个人高喊："我们要枕着猎枪睡觉！"[10]

梅罗站了起来。他穿了一双高及膝盖的绑带靴子，下身是有些褪色的橄榄色马裤，上身是卡其布衬衫，手持一把柯尔特六发式左轮手枪。他站在那里如同一个巨人，双手叉腰，肘部裸露，显得固若金汤，不可逾越。他等着会场安静下来。会场安静后，他平静地发言了。他告诉人们，他同情他们，尊重他们的战斗意愿，但警告他们："那些人即使使用武力，也是要把堤炸开的。"他宣读了一份路易斯安那州国民警卫队指挥官的声明："如果有必要在波伊德拉斯炸堤，这项工作将由一支工程兵部队来做，支持他们的是整个州的军事力量，甚至是联邦军队。不管这些地区的民众进行什么样的干扰，我们都不会允许。"代表着博恩湖堤坝董事会的曼尼·莫莱罗，曾想说服州长和密西西比河委员会制止这次炸堤，但他失败了。战斗阻止不了它，只能是在财产损失之外再增加死亡人数。然而，他们完全可以确保新奥尔良对他们进行补偿。

梅罗没有说，对新奥尔良提出的补偿要求，将交给曾与他一起做过许多生意的布兰克·门罗来处理。

他说的是他认识那些人，那些人关于新奥尔良的道德义务的言辞不值一堆猪粪，那个 15 万美元的保障就是猪粪。现在，他们要做的就是提名一个委员会，"以保证我们能够因我们的财产损失得到适宜的补偿"。[11]

接下来，佩雷斯讲话。"新奥尔良没有与我们公平交易，"他说，"过去的几个星期中，他们一直在策划这个行动，但没有给予我们应有的考虑，没有与我们这里负责此事的官员联系。"前一天晚上，新奥尔良的银行家们开会，挑选了两个他们中意的人来代表圣伯纳德和普拉克明说话，这就是戴蒙德和利奥波德。"他们不想要我们的委员会去那里！他们甚至不想要铁路利益方去那里……这个协议是由商业协会的成员签字的，是由新奥尔良的商界和银行代表签字的……我们的河堤将由军方违背我们的意愿去炸开。我们有权利要求充分的补偿！"[12]

这场群众集会提名了一个委员会前往新奥尔良，佩雷斯名列其中，梅罗还让他的房地产合伙人和他政界傀儡中的三人也进入了这个委员会。莫莱罗的英语不够好，无法直接与新奥尔良的银行家和律师们争辩，所以没有进入这个委员会，但他的私酒贩卖合伙人进入了。

在布雷思韦特开会的这些人也发了两封电报。一封发给陆军部长："圣伯纳德区和普拉克明区的公民和纳税人，在召开的群众集会上，抗议

250

美国陆军部对新奥尔良下游炸堤给予任何许可。对新奥尔良城市险境的必要解除，可以通过让新奥尔良市上游的薄弱河堤被河水冲垮的自然决口而实现，然而那里正在投入巨大而昂贵的努力来防止这种自然决口。"[13]

第二封电报发给巴特勒——不是发给市长或州长："坚决抗议为炸堤而采取的那些行动……没有［向我们］通知这些步骤，坚决抗议那些微不足道的补偿条款，要就人员和财产损失做出充分的补偿。"[14]

巴特勒有点担心地读了这封电报，然后通知了奥克夫。奥克夫没有派警察，而是派了选区领袖手下的 350 个暴徒，带着步枪和防暴枪去守卫新奥尔良的河堤。对方搞先发制人的破坏，这种可能性是真实的。

巴特勒还有一个更为官方层面的担心。到现在为止，州长只是请求联邦政府批准，并没有发布炸堤命令。如果圣伯纳德和普拉克明的抱怨声足够响亮，他可能会拒绝炸堤。必须抚慰住布雷思韦特群众集会提名出来的那个委员会。

4 月 26 日下午，来自圣伯纳德和普拉克明的佩雷斯及其他人，与辛普森坐在了海运银行的会议室里。海运银行的行长普尔、巴特勒、赫克特、杜富尔和另外 3 个人也参加了。就在他们交谈时，巴吞鲁日上游的格拉斯卡克河堤有几处坍塌到了密西西比河中。如果这里的河堤崩溃，那么密西西比河水就会朝西南泄入，经过阿查法拉亚河盆地抵达墨西哥湾。这将解除新奥尔良的险境。

圣伯纳德的这些代表对格拉斯卡克河堤坍塌之事一无所知。他们要求有一个法律约束的补偿保证，对那笔 15 万美元的基金不屑一顾。这个数字是对这两个区每一个人的侮辱，是对充分补偿承诺之可信性的嘲弄。巴特勒建议新奥尔良的代表们到会议室外面去考虑这个要求。

巴特勒和其他银行家聚集到普尔的办公室，他们代表着这座城市的权力机构，也代表着老南方和新南方的权力。老南方一般被认为代表着荣誉,新南方则意味着金钱。巴特勒穿行于这两个世界,一个是大地、荣誉和神话的世界,一个是金钱和现实的世界。赫克特只属于后面这个世界。

他们花了一个小时拟出了一份新的提议,一份更为重视荣誉的提议。回到会议室后,巴特勒发言了。他说,除了昨天晚上提供的那些,他提供不了别的法律保障,由于现在的紧急情况,没有相应的法律程序来提供更多的保障。但是,他坚定而又正式地强调:"提供补偿,这是出席周一晚上会议的每个人、所有人的道德责任,他们以自己的签字来证明这种责任。"[15]

这个保证由州长、市长、新奥尔良同业公会、新奥尔良证券交易所、新奥尔良棉花交易所、商业协会和市里各家银行及负责人签字。他们让这个保证不仅是对下游地区的民众而言,也是对美国政府而言。巴特勒个人也以信誉担保。

不过,巴特勒同意15万美元非常不够的看法,新奥尔良各家银行将提供200万美元的基金,由新奥尔良的银行贷给那些需要的人,优先于其他任何要求。这些贷款的偿还在补偿安排中予以扣除即可,贷款的利息由新奥尔良市代付。

佩雷斯和其他人了解巴特勒,知道他的声誉,知道他的地位。从来没有人指控他进行卑鄙交易,赫克特也没有。他们或许不能相信在场的其他任何人的话,但他们可以相信巴特勒。

他们还有一个要求。他们拒绝作为被仲裁者接受补偿,而昨天晚上的委员会却接受了这一点。那个委员会中只有1个成员来自这两个下游地区,来自新奥尔良的则有2个。他们只接受一个9人委员会:州长任命2人,新奥尔良市可以任命3人,其他4人必须来自下游地区。巴特勒也马上同意了。4月26日,周二,下午3点30分,来自圣伯纳德和普拉克明的代表不太情愿地接受了相应的安排。[16]佩雷斯说:"我们还能做什么呢？看来其他的事也做不了啦，把人从受影响地区救出来，送到灾民营地吧……平静地接受这种牺牲吧。"[17]

然而，事情还没有完。

在华盛顿、孟斐斯和其他地方，这件事的许多内容泄露出去了。现在，洪水事实上已经是美国每份报纸的头版内容，从俄勒冈州波特兰市的《俄勒冈晨报》(*Morning Oregonian*) 到缅因州波特兰市的《新闻先驱报》(*Press Herald*)，从盐湖城的《德撒律新闻》(*Deseret News*) 到《里士满（弗吉尼亚）时代急件报》[*Richmond (Virginia) Times-Dispatch*]，从《洛杉矶时报》到《波士顿环球报》，都是如此。

新奥尔良市之外的电台都在广播已经透露出来的片断和零星真相。在新奥尔良市内，各种流言通过商界而传播，然后进入城市各处："河堤已经被炸开了""河堤崩塌了""新奥尔良的河堤正在坍塌""皮毛兽猎人枪击巴特勒"。整座城市都因不确定和害怕而颤抖。然而，新奥尔良的报纸和电台保持着沉默，什么消息也没有。[18]

巴特勒、辛普森、赫克特和新奥尔良其他一些人聚集在运河银行的会议室里。下午4点过后不久，陆军部长的一封电报送到了在这里开会的辛普森手中，说炸堤需要工程兵团主任工程师杰德温将军的批准。[19] 巴特勒马上给已经去了维克斯堡卡罗尔宾馆的汤姆森打电报："这里的一切已经准备好，只待杰德温将军的批准了。形势非常紧张。由于缺乏消息，城市一片不安，电台则传播一些不完整的报道。辛普森州长催促杰德温将军尽可能早一分钟地传来他的批准。给州长的消息由我转交：运河银行行长室。"[20]

给汤姆森的这封电报发出两个半小时之后，巴特勒、赫克特、州长、市长和其他十几个人仍然在会议室等消息。他们已经等得精疲力竭了。6

点半时，巴特勒建议先去吃晚饭，一个小时后回来。

在维克斯堡，汤姆森并未纯粹等待。他知道杰德温和胡佛是在密西西比河委员会的轮船"控制"号上，于是特地弄了一条快艇，在密西西比河委员会主席波特上校、路易斯安那州参议员乔·兰斯德尔、新奥尔良市众议员詹姆斯·奥康纳和路易斯安那州众议员、众议院洪水控制委员会的资深成员赖利·威尔逊等人陪同下，逆流而上去见他们。在维克斯堡上游10英里的河面上，他们找到了那条船。汤姆森和其他人登上了"控制"号。

比照片上要显得高一些又好看一些的胡佛，说话尖刻，思维敏捷，他现在是负责人。他欢迎这一行人在船尾摆放的一排躺椅上坐下。然而，汤姆森一开口讲自己的任务，胡佛就皱起眉头，嘟囔了一句脏话，站了起来。对他而言，这件事太肮脏了。"我与此事不相干，"他边说边走，"这是杰德温将军的职责。"[21]

汤姆森讲了他的来意，杰德温说他"不会反对"。这就是汤姆森所要的。轮船刚一靠岸，他就发出一切都已解决的信息。然而，一个报纸记者引用柯立芝的话，柯立芝否认他有权力来打开河堤。汤姆森、胡佛和杰德温都知道这一点。这个消息没让辛普森知道，也没有人设法与柯立芝联系来澄清他这番话，他们都害怕柯立芝会加以证实。[22]

晚上7点半，去吃饭的人回到了运河银行的会议室，他们得知了汤姆森的电报。然而，辛普森还是拒绝发布炸堤的命令。房间里充满了压抑的敌意。很明显，辛普森不想做这件事。巴特勒往维克斯堡打电话，在汤姆森下榻的宾馆找到了他，告诉他州长要一个直接来自杰德温的明确表态。他们现在就需要这个。新奥尔良从来没有如此紧张过。

一个半小时后，汤姆森把电话打过来，说杰德温就站在他身边。杰德温将去他位于巴吞鲁日的办公场所给州长发一封电报，但现在拒绝接电话。杰德温解释说："我希望把我的责任严格地以书面形式确定下来。"

253

汤姆森把这封电报内容读给巴特勒和辛普森听："在靠近波伊德拉斯原来决口处的密西西比河河堤上打开一个临时决口，密西西比河委员会和工程兵团主任工程师不提出异议……它只适用于这次紧急情况。"[23] 路易斯安那州的两个国会众议员接过电话，证实汤姆森所读内容是准确的。然而，尽管杰德温就站在他们旁边，但仍然拒绝说话。

巴特勒、赫克特、奥克夫和房间里的其他人，全都冷冷地看着辛普森。辛普森还在犹豫。但他再没有任何理由——除了他自己的判断——来拒绝发布这个命令了。他或许在琢磨，这里面有多少是对新奥尔良市债券利率的考虑？有多少是对这座城市的真正关心？然而，他自己不会提出异议了。他签署了那份早已准备好的命令。

此时是周二晚上9点45分。河堤将在周五中午炸开。

临近午夜时，梅罗与国民警卫队的指挥官见面，地点是在位于新奥尔良至圣伯纳德铁路线上的杰克逊兵营。梅罗担心仍然有人会搞破坏，这样一来新奥尔良就不会补偿他们了，所以他来请求指挥官派出更多的河堤守卫。当时还是一个年轻士兵的利昂·萨皮——据说他后来当过"科摩斯"——轻蔑地回忆说："他都要跪下了。"[24]

莫莱罗在"德拉克洛瓦岛"，劝说人们和平接受炸堤，因为反对他们的力量太强大了，这不同于那场"皮毛兽猎人之战"，他们什么也阻止不了，如果反抗的话，就只有死——以及失败。[25]

上游数百英里处的河堤决口了，20万人无家可归。那些河流仍在涨水。在新奥尔良，第二天中午，克劳尔、加萨德和州里的工程师们聚集在一起，选定放置炸药的确切地点。一群全国性报纸的记者聚集在他们的室外。州里的主任工程师承诺会公开炸堤的地点，但当这群记者出现时，加萨德严厉地对他们说："计划实施之前，我们是不会公开它们的。

在实施之前公开，可能会引起麻烦。"[26]

新奥尔良票据交换所批准了巴特勒已经承诺的那个 200 万美元的基金，又交给奥克夫一份想让市议会通过的决议，以保证银行不会遭受任何损失。市议会未进行讨论或做任何修改，就通过了这份决议。[27]

新奥尔良终于平静下来了。也许，用不着炸堤，这座城市也会是安全的，但它的声誉却不会一如既往。这座城市的商界领袖展开了大量的公关活动，强调新奥尔良已经是安全的了。

赫克特担任局长的港务局宣布："高水位对本港口的商贸不会有实质性的影响。"汤姆森的《论坛报》宣布："商贸情况表明洪水恐慌已经过去了……本市的商贸在经历了几天的下滑之后，现在已经恢复了正常。本地的股票已反弹。"[28] 巴特勒给与他有关系的那些银行打了电报："与令人不安的那些流言相反……新奥尔良已经摆脱了密西西比河洪水……我们中一些人曾过度惊慌，但密西西比河委员会决定在新奥尔良下游 12 英里处打开决口，就消除了这座城市的所有危险，商业和其他所有活动都正在回到正常状态。新奥尔良从来没有被密西西比河淹没过，在我们看来它永远也不会……J.P. 巴特勒。"[29]

巴特勒把自己这份电报的副本送给新奥尔良的每家银行，以及本市数十位商界人士，说："我想建议你们也给自己的主要商业伙伴发一封类似的电报……对于纠正那种已经传播开去的不利宣传，这样做很重要。"[30]

这天晚上，来自圣伯纳德的 20 多个人到了新奥尔良，他们分成了一些小组，在一些地方做了停留。其中一个地方就是普尔的家。他们按响普尔家的门铃，一个仆人开了门。他们大摇大摆地走进客厅，说门外还有 7 个人，都带着猎枪。普尔告诉他的家人："你们谁都不要动。"他自己走出来与这些人交谈。他们是来威胁他的。他们一一拜访所有承诺会诚实对待家园将被毁灭者的那些银行家。站在普尔门厅里的持枪者说，他们要确认这些承诺最终会兑现。他们出语愤怒，普尔则显得平静。事发后，吃晚饭时普尔的身子却在颤抖。[31]

4月28日，星期四，胡佛与加萨德一起顺河而下，去查看选定的第二天炸堤之处。他们的汽艇上飘扬着美国国旗和工程兵团的旗帜。河堤上有一个人蹲下，用步枪开火。胡佛和加萨德赶紧趴下。这个人跑了。[32]

船朝下游开了几英里，胡佛和加萨德站在驾驶室的顶上查看地图。加萨德双手挥舞地图，指着一个地方，对同行的另一条船上的报纸记者说："那就是将要炸开之处。"[33]

这个地方名叫卡纳封（Caernarvon），在运河大街下游13英里处，是1922年波伊德拉斯决口处下游四分之三英里的一个地方。

4月29日，星期五，新奥尔良市这天如同过节。在圣伯纳德和普拉克明，则充满愤怒和惊恐，但已经无力挽回了。从前两天起，如同从战区撤离，难民们就开始搬离这些地势低的区域。国民警卫队和新奥尔良市的每家大商店都派出卡车和厢式货车来疏散这1万名居民。卡车上堆满了一切能够搬动的东西。绝大部分难民撤到了新奥尔良、格尔夫波特或圣伯纳德及其他不会被水淹的地方——包括梅罗家乡——的亲戚家。对于那些无处可去的人们，新奥尔良市指定"国际贸易交流"（International Trade Exchange）的巨大仓库——它被称作"国贸库"（Intrex）——作为灾民中心，白人住第5层，黑人住第6层。几乎是同步，这座城市开始把这些人视为慈善对象，开始救助了。

飞机在将要被水淹没的区域上空盘旋，寻找流浪者和拍照。拍照是布兰克·门罗的主意。巴特勒坚持由门罗代表这座城市来处理补偿事务，他选对了人。没有人能够占门罗的便宜。洪水过后，这片地区不会有什么建筑留下了。空中拍照可以留下这里曾有哪些建筑的证据，以防人们夸大他们的损失。[34]

圣伯纳德区和普拉克明区变得越来越荒凉和空旷。"德拉克洛瓦岛" 已经空了，它的那些房屋被放弃了，杂货店的货架搬空了。警察曾伏击克劳德·梅罗的威士忌车队并付出了生命代价的维奥莱特村，房屋仍然屹立，然而人去楼空。3 天前举行过棒球场群众集会的布雷思韦特，现在唯一的声音就是鸟声。

新奥尔良却在欢庆。那些高贵家庭如同外出野餐一样，前去观看这场将扬起数百英尺高的尘土，瞬间创造出一个尼亚加拉瀑布的大爆炸。前往圣伯纳德的公路上挤满了小汽车，河面上满是游艇。

不过，并非任何人都可以去观看这场爆炸，这需要官方的批准。那些决定了这场爆炸的人掌管着这些批准。圣伯纳德的居民不能去看河堤和他们地区的毁灭。如同一位新奥尔良作家莱尔·撒克逊所观察到的那样："只有那些特权者带着官方许可才能穿过国民警卫队的警戒线……他们坐着汽车、船只和飞机而来，急于看到这场盛大演出。"[35]

当然，全国性的媒体和新奥尔良的媒体是要来的，美国各家新闻纪录片公司也架起了摄影机。来自孟斐斯的，来自休斯顿和达拉斯的，来自华盛顿的，来自纽约的，来自巴吞鲁日和圣路易斯的记者，总数达好几百人，也聚集在现场。事实上，从阿拉斯加到佛罗里达，美国每一份日报都将在头版报道此事，唯有《圣伯纳德之声》的记者未被允许来到现场。[36]

巴特勒本人没有到爆炸现场，他太忙了。这天下午两点，在运河银行的办公室，他会见了负责照顾灾民的 25 名人员。当然是巴特勒主持这次会议。圣伯纳德的灾民需要住处、食品和工作，这将持续数月之久。淹没他们家乡的洪水最快也得到 7 月才会退去。到了那个时候，这片土地上除了结块的恶臭泥巴外，什么也不会有。

此时，在汤姆森的办公室里，"紧急票据交换所宣传委员会"（Emergency Clearing House Publicity Committee）正在开会。它计划把巴特勒那份关于新奥尔良市已经安全的声明的副本送给全国 2 100 家银行和商号。它还安排了军队工程师的定期广播，声明这座城市现在已经完全安全了。宣传委员会的一个成员报告说，百代电影公司已经承诺会"非常谨慎地处理所有关于新奥尔良的画面"，国际新闻电影公司也答应"百分之百地充分配合"。这个宣传委员会甚至要把全国性的新闻机构都搞定。新奥尔良在这方面的确做得滴水不漏。[37]

到了中午，也就是预定的炸堤时间，陆军、国民警卫队和摩托车骑警撤走了，几架飞机在头顶盘旋，出现了一片混乱，人群朝后退去，然后又进一步后退。他们在等待，然后是进一步的等待。最后，有消息传来，说整个地区已经清理干净，飞机在将被淹没区域搜索，没有发现任何人。前来观看这场演出的数百人屏住呼吸。2 点 27 分，第一声爆炸响起。

河堤表面起伏，然后塌了下去，一道 10 英尺深、6 英尺宽的沟出现了，河水开始慢慢流入。

接下来又进行了两次爆破，但效果不明显。工人们用锄头和铲子进行挖掘，以加快水流。潜水员潜到河面之下去放置更多的炸药。最终，较大的水流出现了，但并非巨大的决口。河堤土壤的致密质地让人哭笑不得地想起了汉弗莱斯，他当年曾要求使用河底的"坚硬青土"筑堤，以防止侵蚀，这些河堤大量地使用了这种青土。围观的人失望地走远了。在接下来的 10 天将持续进行爆破，总共将使用 39 吨炸药，最终要形成流量达每秒 25 万立方英尺的水流。[38]

在等待第一声爆炸的同时，梅罗穿着他的绑带靴子和马裤，左轮手枪插在枪套里，站着河堤上，安静地与一群记者交谈。"我们之所以让他们这样做，是因为我们无法阻止，"他说，"你不可能与政府交战。我可花了不少时间让我的人看到这一点。他们之中有许多人还看不到这一点。他们想告诉路易斯安那州，尽可以来炸堤，但首先要踩着他们的尸体才能过去。我们想方设法与他们谈，让他们明白这是为了他们自己好……我们还没有得到任何书面写定的保证，保证我们会得到一些补偿。"[39]

　　他只得到了那些南方绅士们关于自己道德责任的公开表态。爆炸声响了，梅罗缩了一下，然后转身说道："各位，你们今天看到了对这一地区的公开屠杀。"[40]

　　在最初爆破的一天之后，密西西比河西岸格拉斯卡克的河堤坍塌了，缓解了新奥尔良河堤的压力。与此同时，气象局警告说，在接下来的一周内，沃希托河和黑河将出现"创纪录的最大洪水"。[41] 克莱因如同惯常一样，并没有说出他认为会发生的一切：这两条河的河堤将守不住，它们的水不会流到密西西比河来，而是覆盖大地，如同格拉斯卡克决堤之水一样，通过阿查法拉亚河盆地，奔涌流入墨西哥湾。坎伯和克莱因已经预见，圣伯纳德和普拉克明的毁灭是没有必要的。只要多等一天，就将证明这一点。

258

第 五 部

"伟 大 的 人 道 主 义 者"

第 21 章

卡尔文·柯立芝总统并非傻瓜。他在自传中写道，一个政治家的头脑"是虚荣心与胆怯的奇怪混合，是一时顺从与一时夸大妄想的奇怪混合，是自我优先的自私与爱国主义的牺牲精神的奇怪混合。政治家的心智是在公共生活中双重打磨的产物：既被赞扬所宠，也被辱骂所陷。他们没有什么是自然的，一切均为造作"。[1]

然而，他本人并非这样的，国家政治与他相遇并非必然。他不仅是一个意外总统（accidental president）[1]，而且是一个意外副总统。1920 年共和党全国代表大会的大佬们决定，由威斯康星州参议员欧文·伦鲁特竞选副总统。然而，代表们对最初"密室决定"将哈丁作为总统候选人强加给他们感到愤怒，于是这一次表示了抗议。所以，当伦鲁特被提名时，一个代表高喊："绝对不行！"尽管俄勒冈州得到指示，要提名马萨诸塞州参议员亨利·卡伯特·洛奇为副总统候选人，但却一直处于徘徊观望中。在 1919 年的骚乱中，时任马萨诸塞州州长柯立芝表现突出。对于当时那场波士顿警察罢工，他的回应是宣布："无论何时、何地、何人，都

---

[1] 指因美国总统辞职、被弹劾或死亡等原因而由副总统接任总统职位。——译注

没有权利通过罢工损害公共安全。"[2] 于是，俄勒冈州宣布其所支持的不是洛奇，而是"马萨诸塞州的另外一个儿子——卡尔文·柯立芝"。于是，柯立芝被提名为副总统候选人。

人们称柯立芝为"沉默的卡尔"。当哈丁总统于 1923 年去世后，柯立芝继任了总统。他是一个沉默寡言的人。他在与别人的合影照片上都显得偏离中心，因为拍照时往往要以他为中心焦点，而他不愿也不去占据中心位置。当他十几岁的儿子于 1924 年因水疱引发的感染在痛苦中死去后，他就变得更为沉默。"总统的力量和荣耀随他而去了。"柯立芝这样说。[3]

甚至在曼兹兰汀决堤之前，俄克拉荷马州、伊利诺伊州、密苏里州、肯塔基州、阿肯色州和密西西比州的州长，就请求柯立芝给予援助，请他提名商务部长赫伯特·胡佛来领导联邦专项救援行动。胡佛曾经多次解决过为数十万人提供给养的庞大后勤问题。然而，柯立芝什么也没有做。但他现在不得不采取行动了。密西西比州州长丹尼斯·默弗里绝望地给他打电报："前所未有的洪水造成了全国性的紧急状态……24 小时内将被最高深度达 20 英尺的洪水覆盖的这片区域，有 15 万人居住……公路被淹了……铁路运输瘫痪了……已经超出了地方和州政府的解救和控制能力。"[4]

最终，4 月 22 日上午 10 点半，柯立芝召开了内阁会议，提名胡佛担任一个由 5 个内阁部长组成的特别委员会的主席，其成员包括财政部部长安德鲁·梅隆和陆军部长德怀特·戴维斯，由这个特别委员会处理洪灾紧急事务。

在接下来的 71 天中，胡佛将在洪灾地区度过 60 天。这段时间几乎从头到尾，他将占据全国报纸的头版、新闻影片和电台广播的核心。这场洪水将测试他的那些社会理论，也会增进他自己的野心。就算胡佛没有柯立芝所形容的那种政治家的头脑，他也有超过了绝大多数政治家的

262

野心。这种野心曾被暂时隐藏，现在密西西比河给他提供了一个有利的机会，他决定抓住它。

赫伯特·胡佛是个"聪明的傻瓜"。他的聪明表现在他能够抓住并努力克服问题，且有能力完成艰巨的任务，从他提出来的政治哲学的原创性、综合性和深度上也能一窥其睿智。他"傻瓜"的那一面则是因为他欺骗了自己。尽管他认为自己如同科学家本身一样客观和善于分析，但在实际生活中他却排斥那些与他的偏见不相吻合的证据和真相。如同先担任总统后担任最高法院首席法官的威廉·霍华德·塔夫脱形容他的那样，他是"一个梦想者……〔有〕宏大的想法"。5

然而，当胡佛来到华盛顿时，报界称他为"伟大的人道主义者"和"伟大的工程师"。在当时那个时代，这两者在某些方面被视为是同义的。

1874 年胡佛生于爱荷华州的西布兰奇，位于距离密西西比河 30 英里的起伏群山之中。胡佛的成长受到两个传统的影响：教友派信徒的缄默和群体精神，以及工程学的理性主义和实用目的。他也是在孤独中长大的。他是孤儿，与兄弟姐妹离散，从一个亲戚处转到另一个亲戚处，童年生活处在惶恐不安之中，似乎只要做错了一点事就会被送走。这种成长经历使他形成了易紧张和羞涩的性情，总是在想别人如何看他，沉迷在自己内心的想法之中。他常去的地方是教友派的聚会，但对此的主要记忆也仍然是孤独，是"紧张的压抑"，压在"一个可能连脚趾头都数不过来的 10 岁孩子身上"。6

11 岁那年，他被送到俄勒冈州的一个叔叔家。从爱荷华州走时，他没拿别的东西，就拿了母亲给他的两幅编织语录。他把它们钉在自己新房间的墙上。一幅织的是"救我的神啊，不要丢掉我，也不要离弃我"；另一幅则是"我必不撇下你，也不丢弃你"。7

只有后来到了斯坦福大学，他才最终找到了一个家。尽管他的入学考试两次都没过，入学是有条件地录取，但一旦进入这所大学，他的感情生活和学术事业都一帆风顺地发展起来。他在这里遇到了自己后来的妻子罗·亨利，他学的是采矿，而她是学地质的唯一女生。他的同班同学和终生好友威尔·欧文说，斯坦福变成了"他的某种情结"。[8]他后来说，做这所学校的校长是他"一辈子的野心"。[9]

他也有别的野心。虽然他在一般的社交中显得笨拙无能，可是完成一项任务他则既不羞涩也不胆怯，而是充满信心且专心致志。作为一个年轻的采矿工程师，在世纪之交的澳大利亚、中国和西伯利亚那种暴力而又腐败的地域，他取得了前所未有的成功。"上帝把我从傻瓜的状态中解救出来，"他曾说，"我倒是宁可与有脑子的流氓打交道。"[10]他帮助探得并开发了一些赢利高得难以置信的矿山。在中国"义和团运动"期间，他和妻子冒着生命危险救了其他人。他27岁那年，利兰·斯坦福（Leland Stanford）[1]的哥哥称他为"世界上他这个年龄段中薪酬最高的人"。[11]27岁那年，伦敦一份矿业杂志称他为"财政巫师"。[12]40岁时，他拥有了阿拉斯加、加利福尼亚、罗马尼亚、西伯利亚、尼日利亚、缅甸、火地岛的矿业和油田的股份，其中包括"俄亚联合公司"（Russo-Asiatic Consolidated）、"阿根廷辛迪加"（Inter-Argentine Syndicate）、"西伯利亚辛迪加"（Inter-Siberian Syndicate）和"北尼日利亚锡业"（Northern Nigeria Tin Mines）。[13]

不过，钱对他已不那么重要了。几年之前，他告诉斯坦福大学校长大卫·乔丹，他已经"把专业搞完了"。[14]他仍然感到孤独。1912年，他对一位年轻朋友坦承："这个美国人总是一个陌生的异乡人。他的心在自己的国家，然而当他回来后，容纳他的生存空间却是越来越小……［在

264

---

[1] 前加州州长、美国参议员，为纪念死去的儿子，1885年与妻子一道创建了斯坦福大学。——译注

美国〕一个人期望在自己社会关系中建立的尊重不会被虚耗……我已经达到了这样的阶段，已经是为玩牌而玩牌了，发牌员对我再也不感兴趣了。我对我自己都感到厌恶。"[15] 他告诉威尔·欧文，自己"已经如同任何大有权势者那样富裕"，想要"进入到什么地方的大牌局之中，光是赚钱是不够的"。[16]

胡佛对这个"大牌局"的兴趣，部分来自他教友会的成长经历，部分来自他的工程师背景，部分来自纯粹的野心。工程学和教友会教给他自省，一种非常个人化的真实，对社会的责任；而工程学也不仅仅代表着科学，里面有着对世界的变革性审视，一种合理有序的正义。胡佛传播这种新福音，做了3个不同的工程师社团的主席。

他坚信工程师必须具有道德纯洁性。他的一位朋友写小说时把恶棍的身份写成工程师，他对此人说："你是想把他塑造成一个恶棍，而这是不可能的。"[17] 在一本采矿教科书中，他这样说："工程师是一个创造和建设的职业，是激励人努力和有所成就的职业。"[18] 他说工程就是"以精确达成真理和良知"。[19]

的确，胡佛成熟于自己的专业发展突飞猛进时期，有了救世主般的目的感。从1880年到1920年，美国的工程师数量从7 000人猛增到136 000人，1930年达到了226 000人。[20]《大西洋月刊》于1913年——富有讽刺意味的是，此时的工程确定性已经要让位于爱因斯坦和弗洛伊德的不确定性了——宣称"机械就是我们新的艺术形式"，赞扬"工程师们，他们的诗作那样精深，不能作为寻常诗作看"，工程师们"如同神灵，灵魂已得自由"。[21]

工程的爆炸般增长，改变了美国，最为明显的是改变了制造业。伊兹在这种改变中曾扮演过小小的角色，他对精确和一致性的要求是前所未闻的，这种严格让炼钢成为了科学，而这以前只是技术——卡内基

1910 年时亲自这样承认。[22] 随着雇用数千工人的大企业已成普遍现象，企业主们也开始依据"科学管理"来思考。弗雷德里克·泰勒发明了这个"术语"。他是一个讲求效率的天才，设计了自己的网球拍，拿着它赢得了全国冠军；然后又设计了新的高尔夫球发球杆和推杆，结果在比赛中被禁用。他设计了效率高得多的工厂和分配系统，他还想设计社会，说"同样的原理可以同样的强力用于所有的社会活动，用于我们的家庭管理、农场管理，无论大小生意的商业管理，我们教堂的管理，我们那些慈善机构、大学和政府部门的管理。"[23] 他提出"和谐而非冲突，合作而非竞争"的理念。[24]

"泰勒主义"（Taylorism）迅速传播开来。创建于 1908 年的哈佛商学院，讲授科学管理技能。它的创建者之一弗兰克·陶西格是一位全国知名的经济学家，是伊兹当年合作者的儿子，小时候管伊兹叫"叔叔"。

这场理性的革命显然影响了胡佛。工程师们宣称科学管理不仅意味着利润空间的增大，而且能拯救人类。它成了一种信仰，一种宗教。一个工程师社团的主席宣称："形而上学实际上已经无人问津了，经验科学已经被普遍认定是全人类进步的来源……是给民众带来欢乐的先驱……是他们摆脱绝望的苦工和繁重劳作的救星。"[25] 另一位则这样说："金科玉律将由工程师的计算尺来发挥实效。"[26]

浪费本身就是一种罪恶，是一个巨大的负担，工程师们下决心为人类的福祉而消灭它。伊兹曾称增进效率是，"一种对于人类如此有益的原则，这是一个值得慈善家付出最大努力的要紧事"。[27]1910 年，一份工程刊物宣称："人类学会消除所有无用浪费之时，也就是千禧之年到来之日。"[28]

当然，要消除浪费，技术专家们就得有更多的权力。如同泰勒所言："车间，甚至是整个工厂，都不要由经理、主管或工头来管理，而应该由计划部门管理。"[29]

作为这种新的管理哲学的一种推论，那些工程师哲学家们也反对无情而浪费的社会达尔文主义的竞争，提倡资源和物质的理性配置。胡佛本人就谴责野蛮的竞争和浪费："凭借'适者生存'之类的荒唐类比，许多人都把整个工商界理解为经济界的自相残杀……工业和商业并不建立在占他人便宜的基础之上。它们的基石是分工和产品交换……由于竞争压力和习惯使然，间接的经济失误和不道德的做法四处蔓延。"其结果就是"毁灭性的竞争、罢工与衰退、失业造成的浪费，我们那些不同产业同步不成功所造成的浪费，以及直接降低我们的生产率和就业率的其他上百种原因"。[30]

随着第一次世界大战的杀戮，有些工程师甚至重新界定了民主。泰勒一个很出名的弟子亨利·甘特，直接指责道："庸常政治家的民主概念。他们的理论是辩论协会式的政府理论……[决策]不是依据物理学的法则，而是靠多数人的选票……真正的民主由让人类事务吻合自然法则的组织而构成。"[31]胡佛认识的一位斯坦福大学教师托斯丹·范伯伦，谈到工程师们形成了一个"指挥部"，指挥着一场革命，"让这个国家的工业体系有更为胜任的管理……无疑，这个正在到来的指挥部的权力和职责将是技术性质的……就避免浪费和重复工作而言，就商品和服务消费者的公正和充分供应而言……绝大部分旧秩序已经明显不符合标准了"。[32]

除了胡佛，还有谁能更好地通过这样的文化来传播这样的理性分析精神呢？著名的工程师哲学家莫里斯·库克说，胡佛是"工程专业的人格化"。[33]

胡佛大规模地进入那个"大牌局"，首先是靠在一战中给被占领的比利时提供给养而做到的。[有若干精选出来的美国精英阶层的年轻人帮助他，其中包括几位罗德学者（Rhodes scholar）和威廉·亚历山大·珀西。]为了成功，胡佛调动了两个战时大国——英国与德国。这两个国家刚开

266

始都反对他的做法，他之所以能够做成，在很大程度上是靠使用媒体——他后来告诉《星期六晚邮报》（*Saturday Evening Post*）："这个世界的运行遵循语言。"[34]

美国参战后，胡佛回到了华盛顿。伍德罗·威尔逊总统提名他担任粮食总署署长，赋予他从定价到分配的虽不直接却巨大的权力。他做得很成功，以至于路易斯·布兰代斯称他为"战争送到华盛顿来的最显赫人物"。[35]一战结束后，他掌管一个给数百万人提供给养的欧洲救济项目。他很善于使用权力。当波兰士兵处决了 37 个犹太人之后，他命令波兰政府制止这样的事情。[36]由于他有权停止对波兰的粮食运输，波兰政府只有服从。约翰·梅纳德·凯恩斯称胡佛是"唯一一个从［巴黎和会的］严峻考验中浮现出来的声誉变好的人"。[37]

267在战争的余波之中，欧洲和美国的左右翼知识分子都在追问社会性质的问题。胡佛作为美国工程理事会（American Engineering Council）的主席，也以阐述自己的观念加入了这场辩论。他的这些观念把工程专业、教友会和埃德蒙·伯克（Edmund Burke）[1]的思想融合起来。他呼吁"放弃亚当·斯密的无限制的资本主义"，[38]谴责"利己主义的冷酷无情"，[39]呼唤"有序的自由"，[40]叹息"社会和经济之病"因"巨大财富的聚集"[41]而生，强调"单靠放纵和不智的自我利益之地基，决不可能建设文明或延续文明"。[42]他对浪费性竞争的替代方案是"协作"活动，生产者在各自的行业中合作，减少浪费而匹配供给与需求。胡佛的构想回答了左翼人士对产业主义和资本主义残酷之处的批评，同时又承认左翼人士的批评中有某些真理；与此同时，他也反对大众统治，要求有个人主动性的空间，欢迎精英管理的统治。他写道："真正的需要……只能由考虑审慎、受过教育的、建设性的领导阶层来判断……［领导者］必须能够从大众

---

[1] 18 世纪的爱尔兰政治家和哲学家，经常被视为英美保守主义的奠基者。——译注

中超拔出来，他们必须被赋予保障着他们努力的吸引力……大众容易轻信，它会毁坏，会消耗，会仇恨，会梦想——但它永远不会建设。"[43]

由于这个原因，他说，用工程那种"准确而有效的思维"就可以设计"一种利己主义融合了协作活动的计划，它既可以保存……利己主义……也能够使我们在社会和经济层面协调那架我们用应用科学建造出来的巨大机器"。[44]

这些公共言论以及许多其他言论，都表明胡佛对政治有浓厚的兴趣。然而，他在面对特定议题时的那种深深的羞涩，似乎阻止了他去竞选公职。对他而言，会见别人是一种极大的痛苦。一位写政治生活的作家后来称他"不正常地羞涩，不正常地敏感……总是忧虑自己被人弄得很可笑……他总是长时间地看着地面，偶然一见的客人对他的面容只有模糊的印象"。[45] 胡佛自己也抱怨"经常与人见面是一种折磨人的感觉"。[46]

所以，他最初的选择是要做幕后力量，于是他在首都华盛顿特区和加州首府萨克拉门托购买了报社。他谈道："一些强者并没有实际上的组织，却有明确的目的，对局势施加巨大的影响，不是从里面而是从外面。"[47] 他显然打算成为这样一个强者。

然而，他很快就转变了。民主党显示出兴趣，要招募他做总统候选人，富兰克林·德拉诺·罗斯福（Franklin D.Roosevelt）说："他无疑是个奇迹，我希望人们能够让他做美国总统。"[48] 可是，胡佛宣布自己是个共和党人。在宣称自己对公职没有兴趣的同时，他又做了各种事情来获得公职。他请教一位朋友怎样才能得到一个内阁职位。朋友建议他竞选总统。1920 年，他这样做了。

对于社会精英而言，胡佛的这场竞选显得很奇怪。他不想被人看成是寻求总统候选人提名，所以他的竞选就不是那么大张旗鼓。为了弥补不足，他的支持者们寄出了 21 210 封信以请求支持，收信人有名人辞典上的每个人、"美国采矿和冶金工程师学会"（American Institute of Mining and Metallurgical Engineers）的每个人，以及斯坦福大学的每个校友。在共和党全国代表大会上，他出版了一份日报，上面的作者包括一些重量级人物，比如艾达·塔贝尔、拉伊·斯坦纳德·贝克、罗伯特·本奇利、海伍德·布鲁恩和桃乐丝·帕克尔。路易斯·布兰代斯宣布："我百分之百地支持他。[他]崇高的公益精神，非凡的智慧、知识、同情心，年富力强和罕见的洞察力，对这个国家确实具有价值，再加上他的组织能力和鼓舞忠诚的力量，担任总统必将有精彩成就。"[49] 然而，在职业政治家中，他未能收获支持，他的竞选团队解体了。哈丁总统给他一个内阁职位，他选择了商务部长一职。对此，共和党保守派参议员们极不情愿，他们告诉哈丁只有提名安德鲁·梅隆为财政部部长，他们才会通过他对胡佛的任命。[50] 哈丁同意了，也给了胡佛所想要的职位。此时胡佛有一番说明——哪怕是安慰自己，他给哈丁发去电报，说："我的确很不想去承担公职的重压，但我没有权利拒绝您的期望，我会接受商务部长一职。"[51] 作为商务部长，他要求从经济活动到家庭生活的一切都要有理性计划。泰勒的另一位门徒爱德华·艾尔·亨特对此兴奋极了，他写道："胡佛掌管商务部是一个极好的机会，可在全国范围内提高工程师们的工作效率。"[52]

哈丁是在短暂却又严峻的衰退时期担任总统的，胡佛的首批行动之一就是召开一个讨论失业和商业周期的大会。这次会议收获了丰产的种子，将在此后发芽生长。当经济恢复之后，胡佛收获了信誉，说事实证明繁荣是可以"组织"的，这只是一个"聪明的合作群体的努力[和]国家工业计划"的问题。[53]

接下来，胡佛让自己曾任主席的"美国联邦工程学会"（Federated American Engineering Societies）去调查美国工业中的浪费。[54] 这次调查的统计方法有点荒唐，那些评审者将不符合他们心意的调查问卷都扔掉了。

269

在那些接受了这次调查的行业中，受调查者无一例外地认为糟糕管理造成的浪费高于 50%，有个行业甚至把 81% 的浪费归咎于管理。当然，只有靠更多的计划和技术专家才能解决这个问题。

人们指责胡佛要把美国的一切都标准化。然而，胡佛并不在乎这种指责，他让自己的部门为数百种产品、测量值和工具制定了标准，希望标准化能够增进效率和刺激生产力飞跃，同时也刺激大众市场。胡佛还将科学应用到家庭之中，发起（而且掌控着）"美国更好家庭协会"（Better Homes of America Association）。这是一个有 3 万女性参加的自愿团体，有 1 800 个地方分会，每个分会都有一个传播商务部之忠告的公关部门。[55] 从家务劳动的合理化，育儿和青少年违法犯罪这类事务交由专家处理，一直到建造低成本的房屋，这个团体有很多的倡导。它还促进 37 个州采纳了统一建筑规范和分区规划的规定。[56]

胡佛还推动了通讯业的发展。他掌管着设立电台的批准权，帮助广播业发展。1920 年，西屋公司在匹兹堡建立了第一家无线电台 KDKA，接下来很快就有了数百家电台。通过说服"西尔斯百货"的创建者朱利叶斯·罗森沃尔德，胡佛促进了将二次抵押作为一种新的融资平台，利息只有 6%，那些利息高达 15% 的银行很快跟进，降低了利息。[57] 他把矿业局和专利局从其他部门兼并过来。他告诉美国商会（U.S.Chamber of Commerce）："我们正从一个充满极端利己主义行为的时代，进入到一个协作行动的时代。"[58] 然后，他想迫使司法部重新解释反托拉斯法，与他的观点相适应。

最后，胡佛创建了一个庞大的公共关系机构。广告成了一个新的行业，期待它具有塑造公众意见和工程师们想法的强大力量，J. 沃尔特·汤普森对此进行了理论化。全国性的广告将这个国家连接成了一个网络。通过广告，诞生了许多家喻户晓的品牌，其中就包括"象牙肥皂"（Ivory Soap）、"家乐氏玉米片"（Kellogg's Corn Flakes）、"科瑞起酥油"（Crisco）、"老荷兰清洁剂"（Old Dutch Cleanser）、"金宝罐装汤汁"（Campbell's soup）、"米奇威牛奶巧克力"（Milky Way）、"波普西克尔冰棍"（Popsicles）、"亨氏泡菜"（Heinz pickles）和"思高牌胶带"（Scotch tape）。这个复杂的网络调动着人的情绪，典型例子如："总是当伴娘，永不成新娘？治口臭，用李施德林漱口水。"

胡佛认为公共关系可以改变行为。他大胆地使用媒体。他当粮食总署署长 500 天，举行了 1 840 场新闻发布会。他使用媒体也很老到。私下里透露消息和展开公关活动是他威吓钢铁工业接受 8 小时工作制的手段（他认为，工作时间再长就没有效率而且是浪费了）。与此同时，他让人将自己担任商务部长头两年所取得的成就，写成一个全国性杂志的封面故事，并确保所有的共和党参议员都能看到这本杂志，还要确保"不要有来自［自己］这个办公室的标志"。[59]1922 年，他的著作《美国的个人主义》（American Individualism）面世。在这本书中，他明确表达了他的信念，这种信念很多取自埃德蒙·伯克。《纽约时报》认为他的这本书"是美国少数几本伟大政治理论构想中的一本"。[60]

然而，尽管有着所有这些举动——或者是因为这些，到 1927 年时，他的政治命运却衰退了。公众对他的花样频出厌倦了，职业政治家和共和党大佬也看不起他。

如果柯立芝不寻求连任——尽管美国总统两个任期的传统暗示他不会寻求连任，但 1927 年春季时这一点并不明确，那么 1928 年共和党总统候选人提名的靠前竞争者有伊利诺伊州前州长弗兰克·劳登——他曾是 1920 年总统大选的热门人物，还有副总统查尔斯·道斯和参议员威廉·博拉。

在这场洪水之前，一家被认为是颇为进步的全国性杂志《调查》（Survey），评析了这些人以及其他竞争者（包括一些黑马）的获胜机会，但压根儿没提及胡佛。即使在洪水暴发之后，《文学文摘》（Literary

Digest）刊登的一篇关于共和党候选人竞争党内提名的文章和漫画上，也没有提到胡佛。[61]

然而，1927 年的耶稣受难日，也就是倾盆大雨袭击密西西比河流域的同一天，柯立芝在对一群白宫记者讲话时侮辱了胡佛。《纽约时报》的头版是这样写的："胡佛与总统的关系出现了重大困惑。"[62] 私下里，称胡佛为"奇迹男孩"（"Wonder Boy"）的柯立芝说，"这个人 6 年来一直给我提供不请自来的建议，全都不是什么好建议"。[63]

但是，胡佛的野心仍然在翻腾。这场洪水正在灌进美国的腹地，接下来数周它将持续出现在美国每份报纸的头版。胡佛负起处理此事之责时，他不可能没意识到这种可能性。自从参与公共事务后，他就把做好工作与自己的野心融合起来了。现在，他将这二者再次融合起来。

胡佛的密友尤金·迈耶是一位金融家，后来是《华盛顿邮报》的老板和美联储主席及世界银行行长。他的妻子艾格尼丝·迈耶在自己日记中写道，胡佛"被野心所折磨……他朝向权力的意愿几乎是一种狂热。要获得良好的声誉，要取得伟大成就，在他身上表现得很强烈；然而他对好事由他人来完成，甚至是好事由他人帮助完成却不感兴趣。只有亲自去实现，才对胡佛有意义。他是一位卓越的人物，但不能忍受任何形式的竞争"。[64]

如同伊兹一样，他很有信心。小说家舍伍德·安德森 1927 年与他有过一场谈话。谈过之后，安德森说："看着他，我觉得他从来不知道什么是失败。"[65]

第 22 章

4月22日那次柯立芝提名胡佛负责洪灾事宜的内阁会议，午饭时休会。两个小时后，胡佛与这个特别委员会中的其他部长，还有美国红十字会副主席詹姆斯·费舍尔及一些高级成员，一起坐到了他的办公室里。胡佛与在场的几乎每个人都有竞争。陆军部长戴维斯是一个潜在的总统候选人，他还怨恨柯立芝授权胡佛可以直接对陆军发号施令。财政部部长安德鲁·梅隆在华盛顿之外的政治圈中远比胡佛知名，对胡佛的观念也大加嘲讽。胡佛曾几次想要夺取几任农业部长的权力。现在，为了达到会议目的，胡佛要搁置这些竞争了。每个人都坐下后，胡佛要求报告一下当前的局势。

红十字会的德威特·史密斯报告了当前局势。正好是一个星期之前，关于不同寻常之暴雨的报告传来，红十字会高级官员们就在深夜开会商讨如何应对一场灾难。他们很快得出结论：他们可以应对伊利诺伊州、密苏里州、肯塔基州和田纳西州的危机，但阿肯色州、密西西比州和路易斯安那州极有能出现的严重情况，他们是没有能力应对的。那些地方至少会出现20万灾民，如果其他河堤决口——这很有可能，那么灾民的数量将上升到50万以上。

胡佛转身看看戴维斯。戴维斯脸色阴沉，继续报告："陆军工程师认为不可能做什么事来阻止进一步的决堤，洪水情况每小时都在恶化。"[1]

他们已经把问题弄清楚了。胡佛很快就把讨论转到了组织救灾之上。红十字会已经在孟斐斯建立了一个总部。史密斯请求每个政府部门指定一名高级联络员，可以直接与部长联系。于是事情就这么定了。而且胡佛更进一步，他很快就给红十字会在孟斐斯的救灾负责人亨利·贝克打电报，授权他可以"使用有必要使用的政府设备，征用所需要的任何私人财产"。[2]

273

最后是钱的问题。戴维斯说陆军已经花了 100 万美元，还不知道从什么地方补上。红十字会有一个很成熟的资金募集机构，戴维斯建议红十字会主席开设专项捐款，从全国募集资金。大家同意初期目标设定为 500 万美元，尽管与会者都知道这远远不够，还必须再次号召捐款。

与此同时，一列专车，其中有一节车厢搭载记者，正在由"伊利诺伊中央"铁路公司编组。一旦准备好，胡佛、费舍尔和杰德温就将乘坐这列火车前往孟斐斯。他们会在早上 7 点钟抵达，杰德温只在洪灾地区短暂停留，但胡佛和费舍尔要一起在那里待数周，其中一半以上的时间要夜宿船上或火车上。

从一开始起，胡佛的计划就不只是简单地解救和救济数十万灾民。尽管这个任务已经很艰巨，但他的想法是灾后重建这一地区。任何更多的个人志向，则交给满满一车厢记者的文章和刊发的报道吧。胡佛和费舍尔都理解记者对于他们各自的所有目标是多么有用。他们一起提醒红十字会所有人员："在接下来的几周内，刊物、报纸和联合特稿通讯的许多代表会来到洪灾地区……给这些作者以尽可能多的配合。"[3]

费舍尔又单独给华盛顿总部打了电报："为了经济上的收获，在下周或接下来的 10 天中，把所有的宣传角度都全力推出来。""胡佛部长就是宣传的中心和焦点。他在途中接受采访发布的任何有用消息，请尽快电告我们。""具有宣传价值的任何事实，都请告知我们。""给那些挂着红十字会旗帜的海岸警卫队船只及其他船只拍照，马上就把它们发给华盛顿特区的红十字会宣传总监道格拉斯·格里斯摩，同时也提示新闻摄影记者们拍摄类似的照片。"[4]

胡佛的人，尤其是乔治·埃克森，也把故事和照片源源不断地提供给伴随胡佛的记者。与此同时，华盛顿的商务部人员从数百份报纸中采集剪报，用电报发给埃克森。这两个方面合在一起，埃克森和华盛顿的那些人将创造一部强有力的宣传机器。

274　　　胡佛本人集中精力于正事。从他在孟斐斯下车的那一刻起，他就只找那些能够给他提供信息的人。[5]开始时出现了混乱，好几天的时间内，亨利·贝克接到了无数请求救援的疯狂电话，他在一座交由他使用的空办公楼里连续工作了60个小时。木匠、电工、电话和电报技工围着他忙乱干活。曼兹兰汀决堤那天，陆军联络官员已经从部署在南方和中西部的4个陆军团分别赶来了。供给也正在陆续抵达。贝克淹没在琐事之中。最后，一个孟斐斯的银行家把通信线路理清了——他在40个镇子安排了人，这些人每天把自己地区的情况发电上报。[6]

在整个洪灾地区分配给养和提供服务，这仍然是一个巨大的难题。贝克向胡佛和费舍尔提出，政策由他们集中制定，分散执行。如果他们让每个县的红十字会分会来负责本地区的救援，就可以节省管理成本，加快反应速度，并且以建立分会的形式来强化红十字会。有些县已经有红十字会分会了。一般而言，担任红十字会分会主席的是地方名人，比如格林维尔市的就是利莱·珀西的儿子威廉·亚历山大·珀西。为了防止负面新闻被过度渲染，贝克指出分散执行要把责任"直接交给地方社区，而不是全国性的组织……这样，批评就会对症下药"。[7]

胡佛和费舍尔马上就同意了，胡佛还加快了事情的进展。[8]繁文缛节消失了。从陆军到公共卫生署的所有联邦机构代表，以及好几位州长很快就坐到了贝克办公桌周围。贝克需要什么，他就找那个合适的人，由他来处理。30 码之外，一个红十字会的采购人员正在进行几乎是持续不断的逆向拍卖：他站在一个台子上，喊出所需要的物品和数量，数十个供应商喊出他们的报价，采购人员从中选定。红十字会孟斐斯总部启用 4 天之后，它的空间就已经不够用了。4 月 24 日，它搬入一家巨大的福特汽车公司装配厂中。

胡佛不待在这个总部，他在自己管控全局的皮博迪宾馆的套房内接待络绎不绝的访问者。负责孟斐斯地区的陆军工程师康纳利，已把一张地图贴在了套房墙上。孟斐斯市长给胡佛安排了两个调查凶杀案的侦探，他们负责把胡佛想见的人找到并带来。[9] 为了与红十字会协调，胡佛也让阿肯色州、密西西比州和路易斯安那州的州长建立了州救灾委员会，这个委员会要由一个"独裁者"来领导，并有权动用州里的所有资源。每个州长都这样做了。在路易斯安那州，胡佛告诉州长提名约翰·帕克担任救灾委员会主席，此人一战时曾在胡佛手下担任过地区粮食专员。于是，州长就提名了帕克。阿肯色州的这个"独裁者"是哈维·库奇，他领导过"阿肯色电力与电灯公司"（Arkansas Power & Light Company）。密西西比州的救灾"沙皇"是 L.O. 克罗斯比。这个木材商人与三角洲没有什么联系，但他发了财，如同胡佛一样，也想在一张更大的桌子旁有个位置。他在资助默弗里的连任竞选，向他要这个职务，默弗里给了他。[10] 克罗斯比很快会成为最为顺从胡佛的支持者之一。[11]

接下来，在打了几通电话之后，胡佛说服各家铁路公司——"伊利诺伊中央""密苏里太平洋""德克萨斯太平洋""南方"和"弗里斯科"——为灾民提供免费运输，降低紧急时期的货运费用。它们也配合贝克关于货车车厢装货的调配，一节或多节货车车厢可以加到任何一趟火车中，送到需要的地方。

秩序终于形成了。与此同时，胡佛开始组织一支救援船队。不过，在三角洲，救援行动早已开始了。

曼兹兰汀决堤的力量——如果说不是决堤本身，让整个三角洲不知所措。由决口奔涌而入的洪水将建筑、树木、铁路轨道冲垮、拔起和毁坏，淹没了它们，将它们席卷而去。水甚至淹没了"埃及脊"（Egypt Ridge）——这个地名的由来就是因为它以前从未被洪水淹没过。

确确实实有数万民众浑身湿透、精疲力竭，趴在树上或坐在房顶上。所有人都在等待船只，在危险和痛苦中等待。天气不合时令地寒冷，冷得刺骨。一些人在等待中死去。

暴风雨仍在持续。狂风把整个水淹地区吹成了怒海，搅起肮脏的褐色泡沫，放眼望去，白浪滔滔。种植园主和佃户们从未见过这番景象，惊恐不已。水浪击打着建筑，水流侵蚀着墙基，二者汇在一起，将建筑席卷而去。从河边开始，朝东 60 英里，朝南 90 英里，一片汪洋恣肆。

水面上没有什么船。格林维尔全市也只有 35 条平底驳船（一种两端相似的平底船只），一些小艇和几个发动机。格林维尔市只有 6 个人有舷外发动机，三角洲其他地方则更少。[12] 不过，已有的船只和发动机很快就到来了，它们的主人自愿前来，也有被征用来的。决堤后不久，第一条救援船就从市里驶出，它不属于任何组织。那些装配了最好发动机的最快船只来自阿肯色州，从上游怀特河而来。它们是那些私酒贩子们的。这些人沿密西西比河而下，把他们的船抬过河堤，然后冲入现在已变成一片汪洋的三角洲。路易斯·勒罗伊医生从孟斐斯而来，他开来了自己那条或许是整个密西西比河上最快的快艇。从墨西哥湾那些城镇如格尔夫波特、帕斯克里斯琴、比洛克西和圣路易斯湾，那些职业渔民们赶来了，他们将其中 120 艘船用火车北运，然后在灾区边缘的维克斯堡、格林伍德、亚祖城等地卸下；也有一些赶上最后一趟火车运到了格林维尔市，就在洪水于城内街道咆哮时抵达。"河鼠"们也赶来了，这些人住在船屋中，靠打鱼、捕捉皮毛兽和把原木扎成木排，沿河而下，漂到格林维尔市的大型锯木厂去为生。他们也把自己的船只抬过河堤，进入了这片曾是田野的水面。[13]

这是一个个人发挥主动性和英雄主义的时刻。威尔·B.摩尔是一个在格林维尔市一家贮木场干活的黑人，他说："我和一群人合起来，我组织了个委员会，我们造船，出去救本区居民。"[14] 亨特·基姆罗在一个种植园主家长大，与谢尔盖·爱森斯坦（Sergei Eisenstein）在墨西哥拍过电影，当洪水到来时，他是新奥尔良惠特尼银行的一个债券推销员。他请假去救灾。清算协会（Clearing House Association）给他 3 000 美元，祝他好运。他买了两个发动机，坐火车赶到维克斯堡，搭上一艘舷外轮驱动的轮船前往格林维尔市。他在格林维尔市找到了一条政府的大型钢壳船，把它弄过了河堤。在接下来的 10 天中，他晚上就待在珀西的家中，白天则开船出去救人。[15] 赫尔曼·凯卢埃是法国人后裔，住在格林维尔市，为工程兵团工作，有轮船驾驶员执照。他并不属于社会精英阶层，妻子以为初次参加社交舞会的精英阶层少女做衣服为生。然而，他一听到决口的消息，就把一个福特 T 型发动机挂在自己那条 22 英尺长的船上，到这片水深也是 22 英尺的灾区中救人。他第一次救人回到格林维尔市，把救出来的灾民放到河堤上时，正赶上洪水灌入城内。"我走进吉姆咖啡店，说要薄煎饼，"他回忆说，"吉姆说：'水现在正朝这里冲来。''这我可不管。我还没吃饭。'他说：'我是铁定要走了。''把它们放在这里，'我说，'我来做。'当我吃完时，水已经到我膝盖了，但我又做了一些。"[16] 然后，他又回去救人了。决堤两天之后，凯卢埃的妻子生下一个儿子。他撇下妻子，又去水中救人。

他也并不总是成功。一个黑人家中有两桶威士忌，尽管水浪已经在击打墙壁，但他就是不愿走。当凯卢埃第二天再来时，这里已经没有房屋，只有水了。还有一次，他发现有一家7口人被困在一座浮在水面的房子内，顺水而漂，他去追他们。突然，房子撞上了什么东西，也可能是一个浪头击中了它，顷刻间裂成碎片。他就在100码左右之外，但是……"我在那些木板和杂物中寻找……没有看见一个人浮出来，一个也没有。当房子开始破裂和下沉时，你可以看到，水浪压倒了那些木板，这些木板被压在下面，翻不上来……7个人啊……我转了一圈又一圈，一只手都没有看见。"[17] 然而，三天三夜，凯卢埃几乎不停顿地救人，最终救了150人。

弗吉尼亚·普伦还记得她父亲救人回到家时所讲的事："他发现了一家人，有两个幼小孩子。他们从树上把一个孩子递给他。一个女士和两个小孩，还有两个少年男孩。他永远也不知道他们是不是一家人。她把一个孩子递给他，就在她递这孩子时，孩子咽下了最后一口气。这真让这些救人者沮丧——他们为什么没有早一天赶到？为什么没有搜寻得更远一点？"[18]

赫柏·克里斯登夫人是被救者之一——正当急流要掀翻她房屋时被救了，她和自己的十几个佃农已经感觉到房屋在晃动。她回忆说："我们可以听到洪水在房屋底下冲击。黑人开始唱临终前的圣歌了。"[19]

欧内斯特·克拉克就没有这样幸运了。他和他的家人事先没有得到任何通知，牛狂躁地低吼起来。当他开始准备船时，水已经冲到了身上。翻滚的巨浪把他的船击成了碎片，他逃回到房中。洪水把整座房屋推倒，压碎它，把他、他母亲、他妻子和他的4个女儿冲到水中。他挣扎着浮出水面，爬到一棵树上。3天之后他得救了。在格林维尔市医院，他得知自己全家人都淹死了。他4个女儿中有3个的尸首被发现挂在铁丝网上，有一个永远都没找到。

许多救人者都带着枪。有人不止一次开枪，以阻止人们朝他的船上乱跳，导致翻船。另一人曾对一头想要爬到他船上的牛开枪。被放弃救助的狗，只能在周围一片汪洋的房顶上惊恐吠叫。

　　然而，也有一些人毫无救助他人的善心。一个种植园主把他的黑人佃农赶在他的轧棉机里，用钉子钉牢。这些人后来冲破出来。就在曼兹兰汀决口的下面，两个带枪的白人和他们的 200 个黑人佃农站在河堤上。一条轮船停了下来，把上船的跳板降了下来，然而这两个白人拒绝让任何黑人上船——他们担心黑人一去不返。船长与他们争论。最后，轮船上的一个医生走到跳板上。那两个白人挡住他。他怒道："美国红十字会，全能的上帝，让我到这里来。如果你俩谁有足够的胆量开枪，那现在就开，否则给我滚到一边去！我就不信你俩谁有这个胆量！"[20] 这个医生从这两人身边走过，200 个黑人男性、女性和儿童登上了这条船。

　　救援很快就变得有组织了。营救人员组织了一些大的母船，它们通常是用桨轮船推动敞开的驳船，可以装 1 500 人，行驶于各条河流与溪流上，不用担心河道能否通过的问题；另外配备附属于这些母船的汽艇、尾部装上发动机的小艇，甚至是划艇，由它们深入到淹没地区的腹地，寻找幸存者，或者是把那些滞留在河堤上或印第安人坟墩上的人接走。这种工作总是很危险的。即使是那些看起来是静水的地方，水下的围篱桩、树桩或其他众多的障碍物，都可能把小船顶翻，或者是扎一个洞。

　　有的从格林维尔市出发，也有的从格林伍德和维克斯堡出发，每天清晨天刚亮，救援者就开着他们的船进入这片泽国，通常带上一个技工准备修理发动机，再带上一个熟悉乡村道路的邮递员指路，船沿着电力线开。电话还通，人们可以打电话告知自己或者别人被困何处。飞机在天上盘旋，观察搜索。当一条小船装满人后，它就开回去，把人放到格林维尔市河堤上。如果离格林伍德比较近的话——格林伍德距离格林维尔市 50 英里，船从海上过去需要 4 个小时——那么救援者就把人送到格林伍德。

　　格林伍德位于三角洲末端和山区开端的交界之处，还没被淹。

威廉·亚历山大·珀西写道:"36个小时之中,三角洲处于混乱之中、动荡之中、恐惧之中。然后,水覆盖了一切,混乱停止了,巨大的静寂降临……一切都覆盖着沉默,水流撕咬房基发出奇怪的冰冷声音,冲击屋墙发出嘶嘶之声,因障碍物阻挡而有呼啸声和沉闷的声响,这些声音更衬出了极度寂静。"[21]

恐怖情形持续超过了36个小时。决堤之后的第八天,一份绝望的电报这样说:"密西西比河三角洲处于水下2英尺到18英尺,很多很多人淹死了。有250人困在密西西比河的米德莱特附近,路易丝请求救援。如果明天早上不被救走,他们就会淹死。"[22]

然后,就是静默。放眼水面,是难以想象的一片静默。目之所及,全是沉寂的红褐色水。没有狗吠,没有牛叫,没有马嘶。连树木都变得肮脏了,树干和树叶都裹上了已经干燥的泥巴。这片寂静静到极致,令人窒息。

水似乎停滞了,但其实它还在动。当水流冲过铁路轨道或突然间一座建筑坍塌,它的流动就显示出来,而且显得猛烈。在格林维尔市中心的十字街道,洪水曾淹死了人,现在那些原来埋在水下的汽车被拖曳出来,在路口阻挡水流。

决堤的几天之后,天气变热了,三角洲被炙烤。亨利·马斯卡尼回忆道,在格林维尔市城外,数百具牲畜尸体漂浮在水面上,"都泡肿了。我还看见3具人尸漂着,都是黑人,也泡肿了"。[23]决堤一周之后,他开着船出去了。"我们看到的第一个东西,是一头有350磅重的猪——他们把很多猪都赶到了河堤上。我们没有汽船,全靠手划。大家说:'好吧,我们可以把这头猪带回去杀了,这样大家就有东西吃了。'当我们靠近这头猪时,看见它正在啃食一个黑人女性的尸体,已经啃掉不少了。这个黑人女性的尸体被泡胀得很大……这头猪已经把她弄到了水边,想把她拱到岸上去,这样吃起来容易。我永远也忘不了这个场面。我们所做的，能够做的，就是把这头猪射死。这个女人残存的尸首，我们又拖到水里放开，让它漂走了……我们把这头猪带了回来，杀了它，弄干净。因为实在太饿，还没有煮，大家就开始吃起来了……我不知道吃没煮过的猪肉会得什么病，但是我认为有两人因此而死。"

一名记者引用一个可靠的工程兵团雇员的话，他亲眼看到"在维克斯堡和格林维尔市之间的水面上，足足有 200 具死人尸体漂着"。[24]

与此同时，河水仍然通过曼兹兰汀决口灌进来。决堤的 5 周之后，两个工程师由凯卢埃带着，乘坐密西西比河委员会一条 50 英尺长的轮船来查看这处决口。这里仍然还有 12 英尺高的浪头。谨慎起见，在船靠近决口前，这两个工程师告诉凯卢埃先把他们放到河堤上。凯卢埃依此而行，然后再到决堤里面去接他们。这处决口有四分之三英里宽（今天此处仍留下了一个 65 英亩大的湖）。两个工程师用一根 100 英尺长的测深绳来测水深，但没有探到水底。[25]

开始时的自发救援，胡佛没有发挥什么作用。但是，随着洪水席卷向南，淹没大地，他开始倾听灾情，制定政策，派出代表，组织救灾。随着每一天的过去，他的作用越来越明显，由他指挥的红十字会和陆军军官很好地控制了局面。到了 4 月 26 日，负责指挥官方救援船队的乔治·斯伯丁上校，已经指示分散到各地的陆军工程师们谢绝接受那些船况未经仔细检查的志愿者船只了。他还发出了诸如"每艘救援船必须装载"[26]的燃煤数量这样的详尽指示。水已经涨满了路易斯安那州的每条河流、溪流和河口，斯伯丁很快就拥有了一支 826 条船的救援船队，其中包括海军和海岸警卫队的船，另有 27 架海军水上飞机用来寻找被困灾民和巡查堤坝。陆军工程师们每天都把薄弱处河堤的情况报告给红十字会，有了这样的信息，救援船队就在这些地方附近搜救。

4 月 30 日，也就是胡佛查看了卡纳封炸堤处的第二天，他回到孟斐斯。在这里，在一个红十字会呼吁募捐的电台节目中，他对全国发表了讲话。这是他第一次面向全国讲话，也是有史以来第一次有人这样做。"我在救灾临时总部对各位讲话。全国民众正在与这场我们国家从未遭遇过的最为危险的洪水搏斗，这个总部是我们为此而建立的。"他这样开始了，"用语言很难描述洪水时期密西西比河的威力……一个星期前，当它冲决〔曼兹兰汀的〕河堤时，它只有四分之一的水量泄入内陆。然而，一个星期的时间里，一片长达 150 英里、宽达 50 英里的地区，水深达到了 20 英尺……这场洪峰毁灭了 20 万人的生活。成千上万的人在他们的家中坚持，他们楼上的地板才刚刚干。但是，更有成千上万的人必须用船运出来，在地势较高处的大型灾民营安顿。还有成千上万的人在残破的堤坝上露营。这是一场已经输掉的战斗的可怜结局。"[27]

他警告说，战斗现在正沿着南方的战线持续。"凡是人能够做到的事情，人都以巨大的勇气和技能做了。这是一场抵御正在到来之激流的激战，这条战线背后的每个家庭，都充满了恐惧和焦虑。每天晚上，水文监测站都把洪水水位用电报告知至相关各州那些最偏远的地方——通报一支正在迫近、虎视眈眈的敌军走到哪里了。这是一场由工程师们指导的激战，他们已经挡住了洪水之敌对一些重要堤坝的进攻。这场战斗的结果可能无人知晓。但是，南方民众在这场战斗中的坚毅、勤奋、勇气和决心，却做到了让今天晚上的每个美国人感到骄傲……下一周将谱写一部伟大的史诗。我相信这将是胜利的史诗。"

然而，几乎就在他广播讲话的同时，一架在维克斯堡上空巡查的飞机上，有人观察到泛滥于三角洲的水面中，又有大水涌动了。他报告说："一股快速移动的水流……明显可见，它在冲决而开，要回到密西西比河去，这些水绝大部分是两周前格林维尔市北边决堤时泄出来的。"[28]

这股水从内陆的方向冲击河堤，毫不留情，其水量和力量都非同小可。胡佛广播讲话的两天之后，路易斯安那州凯宾蒂尔的河堤就决口了，河水咆哮着涌入西边的内陆。《孟斐斯商业诉求报》很快宣布："今天，从维克斯堡到路易斯安那州的门罗，可能能够坐船了。"[29] 门罗在 75 英里之外。凯宾蒂尔的决堤将这片内海的宽度增加到 125 英里。

《纽约时报》的一个记者这样形容他在这片水域上空飞行时看到的景象："一英里接着一英里，眼睛看到的陆地全是堤坝的顶部，数以千计的人逃到了它们上面。有些地方，巨大柏树和橡树的树尖在风中摇晃，它们是这片画面中唯一可见的绿点。这个大湖已经远远伸入了阿肯色州……距离密西西比河在路易斯安那州的河堤处，可能有 100 英里之远。"[30]

这些水通过平坦的内陆南流，进入水位早已很高的一些河流，流入了田纳西河、伯夫河、沃希托河、红河和阿查法拉亚河。这些河的水位一再增高，冲击着也正在垒高的沙袋墙。

第23章

密西西比河正在征服一切。"首先，开罗市至孟斐斯这一段陷落了，"《纽约时报》这样报道，"接下来，它朝南奔涌，一路攻陷，冲过孟斐斯，到达维克斯堡。它胜利的彻底完成，压倒性地体现在从维克斯堡延伸至红河河口的这一段。现在，战斗已经变为守住红河和此处密西西比河河堤——它西向进入红河长达75英里⋯⋯今天晚上，将有250条救援船集中于红河河口。"[1] "［失败将］导致灾民队伍扩大，他们现在正依赖红十字会提供食品、衣物和住宿，6个州的灾民人数已经接近40万。"[2]

在洪水到来之前，路易斯安那州州立大学的学生就接受了操作舷外发动机的训练。工程师们建了10座无线电台，24架水上飞机和12架飞机被用于寻找受困的灾民。然而，一场冰雹一天就打坏了4架飞机，冰雹如同子弹一样打坏了飞机螺旋桨。已经没有地形图了，每条铁路在州里的通行都要与艾萨克·克莱因合作，他也收集树林和其他地形障碍物的详细信息，设计出一个公式来预测洪水在大地的流向，然后发布每天的简报，有时是一天两次。这些简报直报胡佛，同时也公开发表，广为告知，它们的准确性令人吃惊。

依据克莱因的这些预测，以及陆军工程师们对河堤薄弱点的提示，在事先预测的决堤处，胡佛和费舍尔要提前建立他们所称的"集中营"。他们给市长们或当地红十字会分会的主席发去电报，提醒他们为即将到来的洪水做好准备。来看一个典型例子：路易斯安那州法国人后裔居住的乡村地区有一个小镇叫新伊比利亚，它在密西西比河西边 60 英里。胡佛给这里的 L.G. 波特发来电报："我们希望新伊比利亚的红十字会分会马上着手在新伊比利亚与伯克之间建造一个营地，具体地点可由你们的土地测量员决定，它要能容纳 1 万人。"[3] 电文中包括要建造搭帐篷用的平台、公共厕所、管线，以及打井和架设电线等十分具体的指示。"全国红十字会将承担这些费用，但我们现在需要依赖你们本地公民进行这个工作，并在人们自愿的基础上进行监督。"

胡佛致力于灾民营的建立，与此同时成千上万的人在奋力保住河堤。巴沃多斯格莱斯的河堤是关键。如果它决口，那么其他地方就会如同多米诺骨牌一样倒塌，路易斯安那州的"糖罐"（Sugar Bowl）地区就有可能被水淹没。有几条地脊守护着这一地区，以前的洪水泛滥都被这些地脊遏止了，这一地区的大部分地方从来没有被淹过。

现在，最为紧张、时间最长的同河流的抗争，在这里展开了。此地看来也是最没有希望的。这里的河堤没有设计得足以抵御这个量级的洪水。西边是山区环绕合围，有讽刺意味的是，东边则是密西西比河河堤，二者之间聚积的洪水形成了另外一个内陆之海，水深达到 24 英尺，比河堤要高出 5 英尺，河堤上的沙袋是不可能长期抵挡住这么高的水位的。5月 9 日，水浪开始漫过河堤顶部。数千人进一步垒高沙袋。[4] 简直是奇迹，他们一直守了下来。

又开始下雨了。在两天的时间里，春季的最后一场大暴雨在这一区域泄下了 11 英寸的水。5 月 12 日，巴沃多斯格莱斯河堤有几英里破碎了。数千万吨水开始从这处决口冲出，巨量之水穿过伊文杰琳原野奔腾向海。

在此之前，胡佛已经讲过这一地区的 105 000 人要进行疏散，但没有什么人这样做。不过，胡佛和红十字会也做了准备。就在最早的水浪袭来之前，数千辆卡车驶到这一地区。4列火车满载着小船、发动机，现在已经有了经验的救援人员也从各地赶来了，救援船队也在最早的水浪之后驶入。大部分人，以及他们的大部分牛、马和骡都被以极高的效率撤了出来，死亡人数很少。

克莱因宣布，洪峰本身已经出了密西西比河河道，奔腾于原野之上了。它有 25 英里的宽度和"吓人的体量，高度超过了这个盆地以前遇到过的最高水位，也就是 1882 年那一次"。[5]

这场密西西比河洪水永远也不会抵达新奥尔良了。然而，它却正在覆盖大片区域——那些地方的白人从未见过洪水。它冲向路易斯安那州的梅尔维尔，这是阿查法拉亚河西岸的一个小镇。在巴沃多斯格莱斯决堤之水冲到这里之前，也就是 5 月 17 日早上 5 点半，在梅尔维尔，阿查法拉亚河自身已经决堤了。河堤守卫们冲进镇子，一边鸣枪示警，一边大叫："决堤了！决堤了！"有人一遍又一遍地撞响教堂的钟报警。梅尔维尔的 1 000 名居民逃到了河堤上。

来自巴沃多斯格莱斯的决堤之水，阿查法拉亚河自身的决堤之水，这两股水几乎是在镇中心迎头相撞。这碰撞十分猛烈，如同一个居民所言，发出了"一千辆货运火车的响声"。这碰撞把一座铁路桥冲断，它软弱得完全不堪一击，留下了后来一份红十字会报告所言的："全镇各处以及周围原野全是巨大的沉积物堆聚，〔形成了〕庞大的沙丘，实际上已把这个社区埋掉了……房屋被冲走，其他东西被连根拔起。"[6]《纽约时报》报道说："垂直的水墙……有些地方达到了 30 英尺甚至更高……将它前面的一切扫除一空。"[7]

在路易斯安那州的普莱拉治维尔，这一天稍晚时候，有一家 9 口人因激流冲塌房屋而被淹死。他们的尸体被发现漂在 16 英尺深的水上。[8]

5 月 20 日，关注路易斯安那州麦克雷也可能决堤的胡佛，站在阿查法拉亚河东岸，下令疏散此地的 35 000 人。这一次，人们马上就撤离了。

工程师们坚持认为他们有可能赢得这场战斗，可以保住阿查法拉亚河东岸的河堤。几周以来，他们一直在加固它，而对面河岸的决堤又缓解了一些压力。另外，密西西比河的水位也在下降，它一天只下降 1 英寸，但从圣保罗到新奥尔良这一段，它的确是在下降。大洪峰已经过去了。

现在，有 2 500 人在麦克雷轮班加固河堤，他们使用了各种技术，用木板挡住河堤，堆沙袋支撑河堤，用石料护住河堤。河堤的一些小部分一再坍塌到河水中，但每次都有数百人带着木材、石料和沙袋冲向缺口来填补。胡佛对他们说："你们是战士，每一个人都是英雄。"

然而，5 月 24 日凌晨 3 点半，泥浆突然出现在河堤背后。短时间内，700 英尺长的一段河堤就坍塌到河中。密西西比河冲开了 1927 年这场大洪水的最后一处决口。

决口一带的急流以每小时 30 英里的速度咆哮而来。一个美联社记者说："一道 40 英尺高、几乎 20 英里宽的水墙，今天晚上……正在整个路易斯安那州切开一条废墟之路……就在奔涌向前之水的背后，阿查法拉亚河下游的几十个居民被小船救了出来，这些小船很危险地划过狂暴的水流，把这些人从屋顶上救了下来……在更远的背后，沿着巴沃多斯格莱斯河段，现在只能听到水的嗖嗖声。"[9]

20 英里宽、40 英尺高的水墙，似有些夸张。但是，阿查法拉亚河在它的两岸都冲开了缺口，在路易斯安那州中部铺开了又一片水域。洪水涨到比海平面高 42 英尺，而它流入的这片土地的海拔却是低于海平面 10 英尺。又有 15 万人成为灾民。胡佛告知柯立芝："所有可能被淹的人口都被淹了。"[10]

到了 6 月，最后的打击又来了。另一个洪峰开始从开罗市南下。6 月涨水并不罕见，通常是来自密苏里河。早在 5 月 13 日，胡佛就打电报给陆军部："决不能让灾民因担心 6 月可能的涨水会毁掉农作物而沮丧……需要密西西比河委员会把它的权威运用到最大程度。"[11] 陆军部向胡佛保证，它会保护这一区域免受再次涨水之害。[12] 事实上，它什么也没有做。它也做不了什么。它，以及沿河所有民众，都已筋疲力尽。

3 月和 4 月被淹的许多地方，尤其是密苏里州和阿肯色州，水开始退去。决口处涌进来的河水已经灌进大片的棉田，许多棉花涝死了。

只有一个地方，人们还试图挡住 6 月的涨水。最后这一战将发生在密西西比州的格林维尔市。

从俄克拉荷马州到西弗吉尼亚州各条支流发生的死亡和水淹情况，没有官方统计数字，但是仅在密西西比河下游，洪水深达 30 英尺的那些被淹地区，就曾有 931 159 人居住——当时美国的总人口才一亿两千万。[13] 27 000 平方英里的土地被淹没，这大致相当于马萨诸塞州、康涅狄格州、新罕布什尔州和佛蒙特州面积的总和。直到 6 月 1 日，150 万英亩的土地仍然被水淹没。直到 8 月中旬，也就是密西西比河主河堤第一次决堤的 4 个多月之后，地面上所有的水才退去。

估计有 33 万人是从屋顶、树上、高地之顶和堤坝上救下来的。红十字会在 7 个州设立了 154 个"集中营"[14] 和帐篷城，分别是肯塔基州、田纳西州、密苏里州、伊利诺伊州、密西西比州、阿肯色州和路易斯安那州。多达 325 554 人——主要是黑人——在这些营地住了 4 个月之久。另有 311 922 人不住在这些营地，但仍需红十字会提供食物和衣物，这些人多半是白人。还有 30 万人，大部分逃到别的地方去了。有一些自己照料自己，靠自己的食物和财产生存。

死亡首先发生在堪萨斯州——这里有 32 个镇子和城市被淹，一直到西弗吉尼亚州都有人死亡。就官方统计而言，红十字会的数字是 246 人，美国气象局的数字是 313 人（红十字会曾私下提醒胡佛，它的这个死亡数字"未必可靠")[15]，官方来源将另外250人死亡间接地归于洪灾。然而，死亡总数要远远高得多，这几乎是确定无疑的。厚厚的淤泥之下埋了多少尸体，有多少尸体被冲入墨西哥湾，这是不可能确切知晓的。国家安全委员会（National Safety Council）的负责人估计，单是亚祖—密西西比河三角洲的死亡人数就达1 000人。[16]

红十字会估计，直接经济损失为246 000 000美元。美国气象局认为直接经济损失为355 147 000美元。非官方但却权威的估计认为超过了5亿美元，如果加上间接损失，这个数字可达10亿美元。[17]这在1927年时是足以影响国家经济的巨大数字。

密西西比河自身也留下了后续影响。它仅仅以每秒150万立方英尺的流量经新奥尔良流入大海，而圣伯纳德在人为决堤后的水量达到了每秒25万立方英尺，另有每秒95万立方英尺的水量经阿查法拉亚河流入墨西哥湾——如果密西西比河委员会封闭了阿查法拉亚河的泄流道——它曾经想这样做，所增加的这份水量就可能毁了新奥尔良。[18]

阿查法拉亚河的巨大水流也带来了一个新的问题。内战之前，在低水位时节，人们可以坐一块15英尺长的木板渡过阿查法拉亚河的前端。[19]从那以后，这条河就变宽了。1927年的这场洪水又进一步冲大了河道，让它变宽变深，可以容纳更多的水量。它开始要把密西西比河的水量全部拿过来，诱使密西西比河远离巴吞鲁日和新奥尔良。

这场救灾让胡佛成为了全国英雄。

柯立芝什么也没做。在他第一次拒绝视察洪水灾区后，密西西比州州长又给他打电报："我急切地请求并坚持您在这个时候进行个人来访……我呼吁您前来进行这次视察。"[20]《生产者记录》宣称："你对这一区域的视察，具有最高的政治价值，能够使你得到数不清的、价值难以估计的成果。"[21]费城的一个共和党人请求："如果你马上就去靠近洪水灾区的某个城市……全国都会因此而兴奋。"[22]

柯立芝拒绝了。

芝加哥的共和党人市长、"大个子比尔"[23]汤普森发去了电报，新奥尔良的民主党人市长亚瑟·奥克夫发去了电报，"密西西比州发展董事会"（Mississippi State Board of Development）的主席恳求道："发自内心地恳请您对密西西比州洪灾地区做个人视察……密西西比河流域现在需要您的帮助，您亲自来视察才能了解局势。"[24]

柯立芝又拒绝了。

8个参议员和4个州长联名正式请求他重访南方，强调如果他这样做，美国民众将会更为积极地响应红十字会的捐款呼吁。[25]密西西比州州长从格林维尔市第三次发出请求："超过以往任何时候……我想再次请您亲自前来。您的到来将成为全国关注的焦点，相应的宣传效果将确保灾民们得到数以百万美元计的更多帮助。"[26]

柯立芝还是拒绝了。

美国全国广播公司（NBC）请他做一次史无前例的电台联播，向全国发出救灾呼吁（这件事后来由胡佛做了）。德卢斯大都会俱乐部（Duluth Cosmopolitan Club）请求他拿出十几张签名照片用于拍卖，为受灾民众筹款。威尔·罗杰斯（Will Rogers）[1]请他"给我发一封电报，这样明天晚上我可以向受灾民众宣读它，让灾民振作起来"。[27]

所有这些请求，柯立芝都拒绝了。

几个月的时间内，洪水新闻占据着美国的所有报纸。几个月的时间内，《纽约时报》每天都至少有一篇关于洪水的文章。将近一个月，它每天都在头版报道洪水消息。[28]西雅图的报纸是头版报道，圣迭戈的报纸是头版报道，波士顿的报纸是头版报道，迈阿密的报纸还是头版报道。

---

[1] 美国著名喜剧演员。——译注

在这个国家的腹地，在密西西比河流域，对洪水的报道更是铺天盖地。这些报纸的编辑后来一致认为这场洪水是 1927 年的最大新闻——尽管 5 月 22 日查尔斯·林德伯格（Charles Lindbergh）临时替代了洪水成为头条新闻 [1]。

如果说柯立芝什么也不做，那么胡佛则是什么都做了。几个月的时间内，几乎每天他的名字都以英雄和高效率工作的基调而出现，在拯救美国人的生命。他成了新闻纪录片、杂志人物特写、星期日增刊内容的主角。救灾也改变了人们在其他问题上对他的态度。几乎如同总统，他做的每件事都成为了新闻。不算与洪水有关的那些报道，洪水过去后的 3 个月内，《纽约时报》对他的提及，是洪水之前 3 个月的 3 倍。[29]

胡佛和他的手下认真追踪全国各地的这些报道，一周两次，有时是三次。胡佛要看这些报道的摘要。5 月 14 日，周六这天的摘要是这样的："自 5 月 10 日关于这一主题的前一份报告以来，更大篇幅的宣传和编辑部评论一直源源不断。已接到多达 153 篇对胡佛先生表示赞许和欣赏的编辑部言论……这个数字只代表这里所接到的编辑部言论，无疑其他的文章还会有数百篇……《哈特福德新闻报》（*Hartford Courant*）中有这样的文字：'这个国家钦佩胡佛先生，这是很有道理的。那些政治家看来并不喜欢把他推到前台。许多人都很想看到如果让他做总统他会做什么，尽管他们不容易获得这个机会。'"[30]

5 月 17 日的摘要写道："《纽约时报》的杂志部分有一篇文章，标题是'胡佛再次执行紧急任务'……博伊西《爱达荷州政治家》的社论《胡佛前去救援》中说：'美国民众对胡佛的组织天赋和指挥天赋极感兴

---

[1] 林德伯格是美国飞行员，于 1927 年 5 月 20 日至 21 日驾驶单引擎飞机"圣路易斯精神"号从纽约市飞至巴黎，用时 33.5 小时，完成首次单人不着陆的跨大西洋飞行。——译注

趣……毫不奇怪，这样一个不是熟练政治家，不是吸引听众的演说家，不是竞选家，不是政治派系领袖的人，正顺理成章且稳固而持续地走向那张大桌子背后的那把转椅……白宫！'路易斯维尔《肯塔基州先驱报》……说：'有些人暗示，这个国家今天没有其他人能做这件事，这可能增加了这位先生得到总统提名的机会。'"[31]

5月23日的摘要提到了《纳什维尔旗帜报》的一篇社论："'没有任何由人们给予的荣誉和礼物是［胡佛］不配的。'《奥克兰论坛报》报道了华盛顿关于胡佛先生的新议论，这些新的议论因他越来越多地出现在公共视野中而引发……'他是美国公共生活中最能干、效率最高的那个人……就个人的适合程度而言，没有其他美国人比他更适宜担任总统，即使放在胡佛先生自己那个阶层中来考虑，也是如此。'"[32]

尽管许多报纸在攻击柯立芝，但对于胡佛的角色事实上却没有批评。不过，对于胡佛而言，光有事实是不够的，他必须润色它，他必须是完美的，哪怕这意味着撒谎。在他的第二次全国广播讲话中——也就是路易斯安那州最后一次决堤之后，他说在自己负责救灾之前有300人死亡，然后自夸："我现在就可以宣布一个积极的事实，每个美国人都会因此而感欣慰：就我们现在所知，自从我们对这场大灾难中所有救援机构实行集中控制和协调以来，死亡人数没有超过6个。"[33] 后来他宣布的死亡人数甚至更少，这样说："自从4月20日国家救援组织展开行动以来，只有3人死亡。"[34]

他因拯救生命而值得信赖。如果没有他创建和领导的这个庞大组织，无疑会有数十人，很可能有数百人——甚至可能会有数千人，将会死去。

然而，他的这个宣称是谎言。4月20日之后统计的最低死亡数字超过了150人，其中至少有83人是他本人在孟斐斯实施集中控制之后出现的，很可能还有更多的人死去。费舍尔担心胡佛的这种宣称会损害红十字会的信誉，甚至提醒过他这个错误。可胡佛坚持这样说。

他认为自己就如工程本身一样科学和客观，他认为自己完全是依据事实与真理来决策的。这也是撒谎，而且最重要的是对自己撒谎。这个毛病意味着他做出的每个决定都建立在沙基之上。这将害了他，尽管现在还没有。

与此同时，媒体选择了不与他对抗。他是一个英雄。尽管全国各地报纸在头版报道的死亡人数显然已经超过了他所宣称的，但胡佛下属呈上的那些媒体报道摘要——它们也报告很少的负面评说——却没有记录下一条对胡佛言论的抗议。相反，它引用了《纽约电讯报》（New York Telegram）、《扬斯敦（俄亥俄州）电讯报》和斯克利普斯—霍华德报系其他大部分报纸上的一篇社论："对于商务部长在混乱中建立秩序的工作，可以给予不必吝惜的赞扬……在胡佛接管之后，只有 6 人死去……在胡佛到达现场之前，有 300 条生命失去了。在这两个数字的对比中，包含着对他的致敬。"[35] 胡佛此前曾说"这个世界的运行遵循语言"，并称公共关系是"一门实实在在的科学"。[36] 这部宣传他个人形象而塑造的机器运转得很好。在洪水之前，胡佛甚至不作为总统竞争者被提及；现在，他对自己斯坦福大学的老友威尔·欧文说，如果柯立芝不寻求共和党总统候选人提名的话，"我将会是被提名者，很有可能。这几乎是必然的"，[37] 他说得一点儿也不错。他必然成为被提名者，除非有"机械降神"（deus ex machina）[1]来毁了他的机会。比如，一个丑闻就可能将他赢得的这些赞扬打到他脸上。媒体在创造他的候选资格的同时，也可以毁了它。在密西西比州的格林维尔市，一个潜在的爆炸性丑闻在威胁着，它的中心人物就是利莱·珀西和他的儿子威廉·亚历山大·珀西。

---

[1] 古希腊戏剧中，当剧情陷入胶着，困境难以解决时，突然出现拥有强大力量的神来解决难题，用升降装置将扮演神的演员送至舞台上。——译注

第 六 部

儿 子

第 24 章

威廉·亚历山大·珀西最终会成为一个大人物。他有教养、有魅力，是一战中的英雄，是诗人和作家。他的自传《河堤上的提灯：一个种植园主之子的记忆》，在出版半个世纪之后仍有读者。他到全世界各地旅行，资助年轻艺术家和作家，让格林维尔市的珀西宅第成为一个世界名人来访的沙龙，并资助美国北方对三角洲的学术研究。威廉不满意本地报纸的质量，把霍丁和贝蒂·沃莱·卡特（Betty Werlein Carter）请到格林维尔市来，创办了一份后来赢得全国声誉的报纸。他的影响可以从他养子兼侄子沃克·珀西（后来成为获得国家图书奖的小说家），以及沃克的密友谢尔比·富特（内战史研究专家和小说家）那里，更为直接地感受到。历史学家伯特伦·怀亚特—布朗称威廉是"珀西家族中最杰出者""神秘之物……对威廉·珀西产生崇拜实在太正常不过了"。[1]贝蒂·卡特则直接说："威廉·珀西是个伟大的人物。"[2]

然而，尽管是一个大人物，但威廉·珀西总觉得与父亲相比，自己很渺小。他身材瘦小，甚至显得虚弱，没有父亲的宽厚胸肩，不过他长得金发碧眼，极为英俊，甚至可说是俊美。1927 年时他已 42 岁，但仍长着一张孩子般的可爱面庞。几年之后，沃克·珀西仍然形容他"敏捷得如同年轻人……年轻活力的不变印象"。[3] 他遗传了父亲的魅力，又有自己的特色。他谈起诗和音乐时，富特回忆说："不但让你知道它们的实质，而且欣赏它们的美……让你希望这聊天快快进行，快点结束，这样你就可以快点回家去读济慈的诗。"[4] 威廉·珀西也可以一瞬间变得尖刻而冰冷，富特补充说："他可以变得如同我这一辈子见过的任何人一样狂怒……遇上他愤怒可真让人害怕。"[5]

这种愤怒来自一种深层的痛苦，因为威廉·珀西摆脱不了自己名字的重负，逃脱不了自己父亲带来的压力，逃脱不了一个事实：他在这个世界上占据了一个位置，但这个世界却不是他的，也不是他想要的。他有着"一双美丽而可畏的眼睛，一双让人屏息凝神的眼睛"，沃克·珀西这样说，"然而，当我现在想要忆起它们时，浮现于我脑海的只是一双悲哀阴郁的眼睛。"[6] 大卫·科恩是一个作家，也是 20 世纪 50 年代民主党的一个全国性人物，他对威廉·珀西的回忆是："我所知道的最为孤独的人……有时，当他坐在桌前与大家欢笑聊天时，［孤独］也会如同他头上的光环一样，挥之不去。"[7]

为了保护自己，他一生都围绕着父亲恭敬而又复杂地"跳舞"，以这样的舞步把自己熟悉的那种生活——一个传奇般的过去——与粗粝的现实隔离开来。或者是出于这种象征性的姿态，他一辈子没去学开汽车。然而，密西西比河却会让现实淹没他的这个世界，终结他浪漫化了的那种生活。这也标志着失败，他自己的失败；以他的标准而言，也是他父亲和父辈们那个社会的失败。父亲与儿子的这场终生之舞就是这个故事本身。

年轻时，威廉·珀西就显得既拥抱自己得到的遗产，但也去寻求别的东西。从一出生起——利莱和卡米尔·布尔日结婚两个月后他就匆匆来到人世，父母面对他时心里很矛盾。他后来写道，自己的到来"没有让任何人狂喜"，包括"父亲和母亲"。[8] 父母总是不亲近他，离得很远。威廉则以沉默来回应，表现得不合群，一种抵抗姿态。身为一个男孩，他不去打棒球，不去骑马，不和黑人仆人的孩子们一起淘气。他不喜欢钓鱼，觉得打猎"对〔我的〕心灵更是伤害"。[9] 他爱上了鲜花和书籍。长大一些之后，他也不接管种植园、不赌博、不饮酒、不沾染属于父亲那个社会群体之正常一部分的任何习气。

然而，父亲仍然支配着儿子的生活，不是用命令、规矩或惩罚来控制，而是用儿子眼中的父亲之完美形象来控制。"我并不深爱父亲，但我无限钦佩他，"威廉这样写道，"有这样一个耀眼的父亲是活得很难的，所以我希望做一个隐士。"[10] 多年后，威廉仍然崇拜其他人身上显示出来的像他父亲的一些特质。比如，由于父亲打猎和钓鱼，所以尽管他本身对这二者都颇厌恶，但也称渔夫和猎人为"世界上最文雅和聪明的人，对于不是渔夫或猎人的人，我都有所怀疑"。[11] 威廉把一切问题，包括他与父亲之间的距离感，都归咎于自身："我一定是一个难以接近的冷漠孩子。"[12]

然而，他毕竟是珀西家的人，所以也是一个勇士。在兴趣上他与父亲没有共同之处，但他却展示出自己的立场，下决心要够资格做父亲的儿子。他致力于完美，不达完美绝对不满足。少年时，他就对罪孽大皱眉头，愤恨于父亲的"不虔诚"，对信仰天主教的母亲说长大后要做一个牧师（母亲很感惊骇）。尽管格林维尔市的学校不错，但他还要接受家庭老师辅导，他还拒绝继续读《奥赛罗》[1]，因为它"不道德"。对于他的宗教虔诚，他自己说"是痛苦和狂喜的，但对我却主要是痛苦……即使这会杀了我，我也下决心要诚实……我想做一个纯粹彻底的圣徒，不管是上天堂还是下地狱都无所谓，关键是要做到完美"。[13]

---

[1] 莎士比亚的悲剧作品。——译注

这样一种强度显示着某种受虐狂倾向，某种自我鞭挞，某种对自我血肉的撕裂。这也是激情和残忍。他的人生基本上是内向的，他开始写诗。如同他的宗教虔诚一样，这些诗也与他父亲的期望颇不吻合。威廉15岁时，父母要把他送到塞沃尼的一个军事学校，以期成长为一个男子汉，但也允许他去读附近的塞沃尼南方大学——如果他合格的话。他获得了入学资格，开始读大学了。

当时，他有一个弟弟，利莱，比他小6岁，很像他们的父亲。[14]小利莱到外面去玩，充满活力，威廉不做的每一件事，弟弟都喜欢做：骑在小马的马背上，连马鞍也不要；到城里的黑人区去探险。威廉称他"纯粹一个孩子，有顽皮喧闹的魅力"。[15]父母很宠弟弟，很明显他是继承珀西家传统的那个人，于是也就不再对威廉有所期待了。威廉自己也称利莱是"出色的弟弟，应该由他来代表和保存'珀西'这个名字。"[16]可是，利莱11岁时，父亲给了他一支步枪，另外一个孩子玩枪走火，击中了他，导致他死亡。成群结队的人来到珀西家的院子里参加葬礼，黑人们则排队站在外面的街道上表达悼念。[17]

弟弟的死，并没有拉近威廉与父亲的距离，他们各自悲伤。威廉写了一首诗，里面有这样的句子："我是你的儿子，你杀死了我的弟弟。"[18]对父亲的这样一种批判性思考，对威廉来说是少有的。然而，这只能让父子关系更为复杂起来，因为他仍然崇拜父亲。

他的父母是不怎么宠爱他的。19岁那年，他从塞沃尼南方大学毕业，然后去欧洲待了一年。在写给家人的信中，他抱怨没有接到过他们的问候，抱怨"这种单向的通信"。[19]信中这样写道："亲爱的妈妈，在看似无穷无尽的等待之后，今天晚上接到您的来信，这真好。"[20]后来另一封信则写道："亲爱的妈妈：我这里的一切都很好，只是有一点：我一直没接到您或父亲的一封书信。"[21]

他渴求父母的关爱。欧洲唤醒了他内在的某种东西，某种令他着迷和让他惊恐的东西。在卢浮宫，他"总是见到某个雄雌同体人，它总是小心翼翼地待在壁龛里，我总是带着惊悚和痴迷来体味这种庸俗的戏仿端庄的小小怪物"。[22] 他变得"思念一个我以前从未见过的家乡，渴望一双我以前从未触碰过的手"。[23]

由于这种孤独感，他回到家乡，把自己交给了那个家族传统。他父亲、祖父和两个叔叔都是出色的律师。威廉也去读哈佛法学院，即使父亲并没有强迫他这样做，也并不因他这样做而感到高兴。父子之间这种新的、不同的、而且是更大的距离，在威廉的诗作中表现得最为明显。

虽然威廉的写诗之路未能长久，但他收获了相当的声望。他担任了"耶鲁青年诗人丛书"（Yale Series of Younger Poets）的编辑，他的作品得到了艾伦·泰特和约翰·克劳·兰塞姆这些人的赞扬。这些人是"逃亡者"的领袖，是一些拒绝工业社会、喜欢更为高贵的农业社会的南方诗人。作为编辑，威廉忠告一个诗人："生活最深层揭示给你的痛苦之智慧，或欢乐之智慧，让你的写作只关注这个。其他的东西都不值得浪费你的时间或读者的时间。"[24] 他告诉一个朋友，诗的"第一要求就是诚挚，也是它的唯一目的。写诗时犹如没有读者，只是对作者自己的心灵而写"。[25]

他的诗作中很多是写他的父亲。除了上文提到的那首特例，在其他诗作中，父亲永远是英雄般的存在。在一首题为《L.P.》的诗中，他这样问道："'你的森林中有多少树？'/'一棵'/当暴风雨袭来……这棵树把腰弯下，如同雅各与神摔跤 [1]。'"在另外一首诗中，威廉写道："没有我可依赖的确定之物/我说，'这很好！这正是我所渴望的'/除了我的父亲。"[26] 在去世之前不久，威廉在自传中将自己界定为只是一个映象、一个儿子。正如他这部自传的副标题所云："一个种植园主之子的记忆"。在

---

[1] 此典见《圣经·创世记》第32章。——译注

自传中，他直截了当地说："父亲是我所知道的唯一伟大之人。"[27]

他的诗作也写了别的内容，唯一一首在他看来，能表达最真实的感情而引用的，是《莱夫卡斯岛上的萨福》。[28] 这是一首长诗，长达 17 页。它歌唱激情，也谈到了困惑、踌躇、愤怒、痛苦，以及自己的父亲。在诗中，这位叙说者——表面上是萨福，被一个青年所迷，被这个男孩之美所困，于是跟踪他，梦见他，最后爱上了他。由于爱他，这位叙说者自厌而焦虑。

> 想想自己的高贵犹如
>
> 裂纹之器，已完全破碎
>
> 一个瘦长黝黑的牧童，眼睛闪动
>
> 清泉在他嘴边流动……
>
> 你的双眼夺走了我的激情
>
> 让激情中的赤裸心魔闪烁……
>
> 饮下他可爱的这杯毒酒吧……
>
> 欣赏他舞动时的曼妙身躯……
>
> 这个轻盈而欲望炙烈的少年……
>
> 父亲，那么这也并不显得邪恶——甜蜜如斯
>
> 我，世间最为重要的，爱纯洁而拒欲望
>
> 却变成了嘲笑自己的标志……
>
> 败也好胜也好，都是彻底的毁灭……
>
> 啊，对我永远是一片美丽，
>
> 自己若隐若现地看到，我的父亲……
>
> 这同样的美丽现在离弃了我……
>
> 啊，故乡！啊，莱斯博斯岛！
>
> 啊，诸神，请赐以这恩惠，

带我回到故乡，回到莱斯博斯岛，回到这少年身边！

把我浸在他的爱中，哪怕是短短一个时辰！……

我将发誓放弃歌——美——宙斯，我的父亲……

我将渴望摆脱——

人们称为尊严的孤独。[29]

他表达得很清楚，萨福真实地代表着他的心灵，他的其他一些诗也表达了类似的渴望。在一首诗中，他表达渴望"一位少年之神 / 有着迎风飘扬的，明亮头发和黄金的头带，走了过来 / 伸出了美的鲜花之杖 / 触碰我如同异教的魔咒"。[30] 这样的渴望在折磨着他。

如果不是为了自己的父亲，威廉一定放弃了格林维尔市和自己的名字，会让自己摆脱那种男人为了尊严而忍受的孤独。然而，由于崇拜自己的父亲，他不能那样做。在完成了法学院的学业之后，他必须开始自己的成年生活，他父亲仍然不会拥抱他。尽管父亲曾劝一个年轻律师，格林维尔市是"在三角洲，一个年轻律师开始执业的最好地方"，[31] 但他还是对自己弟弟透露："我在威廉身上很是拿不定主意，是建议他待在这里呢，还是到孟斐斯去？从让他自立的角度考虑，我很倾向于他到孟斐斯去。"[32]

不过，威廉还是于 1910 年回到了格林维尔市，父亲的律所名称变成了"珀西父子"。威廉已经 24 岁了。与此同时，父亲把宠爱投注到了侄子身上，也就是威廉的堂兄利莱·普拉特·珀西——普拉特的父亲当年用猎枪结束了自己的生命。普拉特现在是伯明翰的一个律师。父亲带着侄子一起打猎、赌博和开玩笑。现在父亲期待这个侄子来传承家族传统（然而，如同其父，侄子后来也自杀了）。

父亲和侄子——威廉堂兄之间的亲密，无疑向威廉提醒着他自己的失败。威廉与父母一起住时，紧张和激烈的争吵一直不断。威廉并不软弱，常常会凶猛而刻薄地爆发，那张嘴可以让父亲张口结舌。"不过，这让人不舒服，"威廉说，"我有厌恶自己的感觉，却没有泪水。"[33] 这种紧张关系至少部分是因为威廉对女人不感兴趣。在一份没有发表的手稿中，威廉承认："我父亲和母亲奇怪地看着我……我父亲说：'已经是春天了，种子该渴望发芽了，不是吗？'母亲则用双手捂着嘴，'别说话，'她说，'我们不知道我们要说什么。'"[34] 在格林维尔市，其他人开始琢磨威廉为什么不结婚，别的什么倒也没有多说。

威廉常去欧洲，西西里岛的陶尔米纳小镇是他喜欢去的地方。这里有一个德国摄影家把裸体牧童作为森林之神和古希腊人来表现，拍了一些很出名的照片。这里也有一些崇拜年轻男性裸体的英国人，大多住在镇上。威廉进入了他们这个圈子，但并不能完全拥抱这种生活。[35] 不过，在格林维尔市他看来无事可做。他给自己的表妹和密友珍妮特·德纳·朗科普写信："我开始相信我在这里的用处就要结束了，快乐的所有机会无疑也要结束了。从现在起，将会是一个'逐渐消失'的过程，那全是些我最轻蔑的事情啊。"[36]

第一次世界大战开始时，他正在陶尔米纳爬埃特纳火山。他告诉表妹，这场战争是"这个世界的中心。错失了这场战争，就错失了这个世纪的机会，或者是拒绝了这个机会。"[37]

1916 年，在美国参战之前，威廉就去了比利时，与其他一些美国年轻人一起，帮助管理胡佛的粮食分配项目。31 岁的他，是这群人中年龄最大的。

突然，威廉第一次使得他父亲的光环黯淡了一些，因为父亲从来没去打过仗。他们之间的关系改变了。威廉前往欧洲的那一天，父亲给仍在参议院的约翰·夏普·威廉姆斯写信，建议他策划一个洪水治理法案，在信中承认："我的孩子今天去比利时了，我感到很寂寞。"[38]

美国参战后，威廉回到国内，加入了陆军。在法国期间，他一直写诗，把它们寄回家。父亲很自豪地把其中一些给威廉姆斯看，威廉姆斯又给威尔逊总统看，总统对其评价很高。父亲也把儿子的一些信转给了《孟斐斯商业诉求报》，报纸发表了。

父亲自己保存的儿子的来信更有意思。"亲爱的父亲，"威廉1918年夏天这样写道，"这里的一片片蓝色矢车菊，总是让我想起母亲的眼睛。我对战场已经失去了兴趣……嗅吸着这片空气，看着远方黛山，等着清晨过去，沉醉于其中，由于纯粹未履行职责而几乎丢了差事。当这个世界对你显得特别优美可爱时，要变得冷酷是很困难的……当我走上前线，看到一些就站在我们与敌方之间的年轻人——那般充满活力，那般'全凭他们自己'，我仿佛触到了他们温暖的肉体而返回……我的工作，我想，总是属于顶层棋手之中的，但我的这盘棋永远不会好玩，因为我永远做不到把那些士兵当作棋子。而到现在为止，我尚未见到任何真正的惨状。"[39]

父亲是可以把战士视为棋盘上的兵卒的，对此父子二人都知道。威廉也很快就会目睹真正的惨状了，在战斗中，他也可以做到冷酷、坚定、有控制力。

差不多是一个月之后，他写道："亲爱的父亲……在野外遭受炮击，这是人生体验中最可怕的一种。你听到呼啸撕裂之声，炮弹朝你而来，然后是触地时的巨大爆炸。而更糟的是，你可以看到它的可怕效果：人在踉跄逃命，倒下，在地上挣扎，或者是一动也不动，已经面目全非。有一个连队被炸散了，一个上校想把它重新整队指挥，我与他一起接管了这个连队……这真是一次生动而又狂野的经历。我想，我之所以能够平静地坚持下来，是因为我拒绝承认这一切是真实的。你是不可能看到人在你身边被炸碎被杀死而无动于衷的，不可能承受这一切，除非是走进了某种梦中，如同但丁笔下的地狱。战斗的兴奋？根本没有这东西，或许在一次冲锋之中有。这就是意志的力量。至于不害怕——在这样的炮火中，我还没有遇见过不害怕的人，尽管人们似乎是勇敢无畏地履行自己的职责。"[40]

这是安德鲁·汉弗莱斯在弗雷德里克斯堡感受到的那种狂喜的一声遥远呼喊。威廉以自己的表现为傲，写信给母亲说"我应该得到荣誉"，但他在这里面并不快乐。他只是尽忠职守。停战之后，他在信中写道："亲爱的父亲……这场战争将为今后几代人的伟大文学作品提供材料，但是，恐怕我自己目睹的这一切并没有太多英雄主义的色彩，或者可能因为我看它的距离太近，所以不能将恐惧转化为美感。"[41]

他回国时的军衔是上尉，被授予英勇十字勋章，佩戴金星和银星。父母以他为傲，到纽约的码头去迎接。他终于到达了一个父亲羡慕而不能到达的境地。父子之间的关系发展成熟了，变得密切了。威廉回到家中，重新开始了珀西大街上那座大宅中的生活。他和父亲每天都一起步行去律所上班，边走边谈。威廉后来说："在我所有的人生经历中，我们每天的这种步行……是我最难以忘记的。"

然而，他们只是在两人之间的那条关系裂谷上建起了一座桥而已。父子之间的问题并不是看事物的方式不同，而是关注的事物不同。富有讽刺意味的是，威廉经历了这场让绝大多数知识分子变得愤世嫉俗的战争，却仍然保持着浪漫情怀。似乎是要去弥补他必然视为个人邪恶一面的那些东西，在格林维尔市他继续坚持道德完善和谴责丑恶。父亲或许是记得自己结婚年龄时的情况，容忍人们的弱点，不轻易谴责人。父亲理解人的激情，儿子则是忍受它。

父子对黑人的看法也不同。父亲视所有人——包括黑人——为一个大棋局的棋子，对他而言这几乎完全是一个经济问题。他可以接受把一个黑人当作人对待——尽管可能不会将其视为享有同等的社会地位。然而他也只把少数白人视为可与其对等。在给约翰·夏普·威廉姆斯的信中，利莱这样写道："黑人们正在越来越多地逐渐离开南方，要等到整个南方的工资标准更为接近其他地方的水平时才会停止。一旦黑人们分散到美国各地，就不会再有任何地域或仅限于当地的黑人问题了。将会出现的任何问题，都将是整个美国的白人与黑人之间的问题。"[42]

在种族不同上，威廉没有父亲那样宽容。1921 年，利莱游说自己以前的参议员同事来反对任何移民限制，此时的威廉在给威廉姆斯的信中说："我不懂为什么我们不制定明确的政策以拒绝接收那些来自东方的移民。"[43] 他对黑人的情感要复杂得多，一开始就充满了天真的家长式管控作风。在自传中，他宣称，三角洲的开发是"奴隶拥有者们开始寻找更西边的肥沃土地，以养活依赖于他们的众多黑人"。[44] 奴隶主们迁徙数百英里，是为了他们的奴隶，他父亲会觉得这种想法极其荒唐。

基于一种位高任重的感觉，威廉也的确保护黑人。他后来不戴帽子了，因为这意味着见到白人女性要脱帽致敬，但见到黑人女性就不能。后来又有黑人到他府上做客——比如朗斯顿·休斯（Langston Hughes）这样的黑人诗人，这在当时的南方是异乎寻常之事。然而，不同于父亲，他难以把一个黑人视为完全的人。对于他来说，黑人是不可知的原始之物，他们的神秘吸引着他。他这样猜想："一个无论南方还是北方的白人，在说到黑人时，能有多少话语接近于真相呢？"[45] 他羡慕"他们活在当下的天赋"，说："黑人的道德软弱，既是他们的魅力，也是他们不成功的原因。"[46]

他肯定知道白人男性与黑人女性之间的那些暧昧关系——许多并非永久性的；知道布兰顿大街上称为"大厦"的那座大房子，那些好看而又干净的黑人女性在那里娱乐白人绅士。他对此不喜欢，即使这要压抑自己的欲望，即使他也仍然周游世界各地去寻求——同时也是逃避——自己的幽暗之地以及追逐着身体的饥渴。他写了一首关于陶尔米纳的诗，这是那些黝黑皮肤牧童的家乡。在三角洲，黑人向白人展现的是一张迟钝的微笑面庞，他们无处不在，却无白人在意他们，然而，他们却在意白人的一切事情。有传言说，有些黑人可能很懂威廉。[47]对自己在格林维尔市的那个黑人仆人，威廉称为"我和牧神潘与森林之神以及所有笑得灿烂、不提问题却又善解人意的人间生物之间的唯一联系。"[48]有时，威廉会有强烈的自我厌恶之感。在他的诗歌《美杜莎》中，他谈到"默默无言，面对一面无疵之镜，惊恐得想要变成石头。"[49]

然而，他要求别人的尊重，并且得到了这种尊重。他毕竟是珀西家族的成员。然而，他父亲却从来没要求过别人的尊重，他是掌控着别人的尊重。利莱的父亲，老威廉·亚历山大·珀西——小威廉·亚历山大·珀西是以爷爷的名字来命名的——也是这样。

的确，爷爷42岁时已经在战争中指挥过一个团，重新建立了州里的堤坝系统，当面制止了一群暴民的私刑，领导了本县的"赎回"，创建了一条铁路，做了州议会的议长。父亲42岁时，他把铁路带到了三角洲，与总统一起打猎，运作政治力量来对付密西西比河委员会，掌管总面积达3万英亩的种植园，就意大利移民问题与罗马市长谈判，反驳蛊惑民心的白人政客以保护黑人，给J.P.摩根这样的金融家提出建议，成为三角洲最为强力的人物，而且是南方最为强力的人物之一。

威廉只是作为父亲的儿子而为人所知，可是他这一辈人中其他人已经作为领袖人物出现，比如比利·韦恩，他在战争中也是个上尉，他的法律事务所就与"珀西父子"律所在同一座建筑内。5年前，当父亲面对三K党时，威廉就站在他旁边，坚定，勇敢，然而仍然是处在父亲的暗影之中。即使是在那场战斗之中，他也忙于为他们的藏书室寻找精美高雅的书卷，与纽约的书商们有温情的通信："我得知哈珀出版了《爱利霍艺术史》(Elie Faure's History of Art)的第一卷，由沃尔特·帕克翻译，能不能请你们为我找到此书？你们能不能找到'诺斯特罗姆'？……那种深蓝色羊皮封面版是我最喜欢的。"[50]

他也接受了一些社区任务，比如为慈善事业筹款。新奥尔良"门罗与莱曼"（Monroe & Lemann）的校友蒙特·莱曼已经说服他为哈佛法学院募款。[51] 他也担任了华盛顿县的红十字会分会主席。他不喜欢去劝捐，但这是他的责任，而且他也认识到华盛顿县的人难以拒绝珀西家族的人。

密西西比河突然把这一切都改变了。现在，处于这样的紧急状态中，他突然有了真正的责任感。格林维尔市的市长在与利莱商量之后，提名威廉担任洪灾救援委员会主任。这个任命再加上他红十字会分会主席的身份，就使得威廉几乎可以对这个紧急时期的华盛顿县、对照料数万灾民的事务实施几乎是绝对的控制。这个职务要求威廉在写诗之余的所有付出之外，要有更多的付出，这也让所有那些对他重要的东西都处在危险之中。

这是他证明自己是珀西家族传人的一个机会，并切身体会这究竟意味着什么。他所做事情的影响将远远超越三角洲，甚至对整个国家产生影响。

第 25 章

303 曼兹兰汀的溃堤发生在 4 月 21 日早上 7 点半。当时，格林维尔市正预防洪水袭击其背后的防护堤，全城处于惊慌之中。担心被三角洲平原上的洪水所困，少数人乘坐私家车跑了，而出城的一趟趟火车更是挤满了人。杂货店和批发商们对凡能想到的每一种货物都囤得足足的。这天上午晚些时候，威廉代表红十字会去了歌剧院——这座三层楼建筑距离河堤一个街区——与三角洲的国会众议员威尔·惠廷顿、密西西比州国民警卫队指挥官柯蒂斯·格林将军、当地国民警卫队指挥官 A.G. 帕克斯顿和本县新贵比利·韦恩一起，商议应对这场灾难的计划。尽管格林维尔市还没有进水，但来自县里其他地方的灾民也会淹没它。名义上威廉在主持，但这次会议却无序而混乱。帕克斯顿首先发言。此人身材矮小、爱管事、醉心于军旅事务（朝鲜战争时他是一位将军，他的部下给他起了个绰号"短牛鞭"）。他说自己已经"征用"了此刻大家正在开会的这座建筑，并如同调动军力一样谈论朝各个地点分派劳工营。那位国会众议员无力地承诺要去争取联邦援助。格林将军则安排更多的人员和物资去守后面的防护堤。韦恩所言最为有用：由他负责为灾民设置供食点。会议休会后，威廉回了家，开始写他的诗。他会兴奋地写到深夜，他知道这可能是数周之内自己最后一次有时间写诗了。[1]

正当他还在写作时，水已经到达了大卫·考博在城外的房屋。考博回忆道："我们听到一场暴风雨穿过树林而来。但这不是一场暴风雨，而是一场大水。"它的到来，开始时如同轰响的冲浪，5 英尺高的碎浪冲撞着考博的房屋，房屋在它的攻击下摇动；然后，水上涨了。"我们的房屋距离地面有 6 英尺或 7 英尺高，到来的水有 14 英尺或 15 英尺深。"[2] 他这座房屋只有一层，水进来后，他们只好站到桌子上面，而水还在上涨。在夜色中，考博潜到打旋的水中去找斧子，一潜再潜，终于找到了一把，然后用它在屋顶上砍出一个大洞，家人从这里爬到了屋顶。

格林维尔市的防护堤有 8 英尺高，水在它面前暂停片刻，然后如拉开拉链般轻松地将它冲开。警报声也突然沉寂了，据威廉说，这一时刻"如同归零的宣告"。[3]

然后是一片混乱。水咆哮，翻滚，嘶嘶作响，轰隆隆的水声盖过了汽笛声，教堂的大钟铿锵作声，狗吠、马嘶和牛吼，家畜的叫声中透着惊恐。在距离防护堤最近的黑人街区"新镇"，数百个家庭在上涨的水中跋涉，逃向密西西比河大堤，这里是三角洲地势最高处。另外 2 500 人逃到了县政府，把它挤得满满的。水很快涨到了 3 英尺、5 英尺、8 英尺，一片黑水回旋，红褐色水面上泛着褐色泡沫。水流灌入了城中心，将街道席卷一空。"水翻滚着进来，如同你在格尔夫波特看到的水浪，"杰西·波拉德回忆道，"浪头很高，你可以看到马和牛漂着。如果站在河堤上，你可以看到那些淹死的人漂着。这个场面你永远不会忘记。"[4]

最后一趟火车想要逃出去，但城外的决堤之水已经把铁轨掀翻，整体冲垮，轨道如同尖桩栅栏一样竖立起来。在城区范围外一英里处，这趟火车出轨了。它一直留在那个地方，如同一个被扭曲的巨人，无助瘫倒，长达数月。

在珀西家里，从下半夜开始，父子俩就一直在打电话，收集情况，追踪水的进展，确定食物供应和救援船只的来源，敲定建造船只的合同。现在，在拂晓之中，利莱疲倦地对儿子说："我想你最好现在就走。我再等等。"[5]威廉到"哥伦布骑士会"大厅的扑克室去开救援委员会的会议。接下来，他母亲卡米尔和家里的厨师也外出，看看在最后几家杂货店里还能买到点什么。

最终只剩下利莱一个人了。他尽毕生之力来创建三角洲，他两个最大的对手一直是这条河和劳动力的短缺。现在，河侵入了他的家，在他的街道上——珀西大街上——流进每一个角落，进入他的花园，淹没了他的网球场（这是这座城市中唯一一处），爬上了他门廊的台阶。他也知道，这条河将使黑人潮水般地涌向北方，夺走三角洲的劳动力。

他所熟知的生活正在死去。至少，苦涩地被瓦达曼击败之后，这种死亡就开始了。他知道它会死去。但是，就算他知道这种宿命，他也永远不轻易对命运认输，而要尽自己的全力去做点什么。对于这条河，他什么也做不了；然而对于人，他还可以控制。他拿起了电话。

首先，他找到了州长，告诉州长他想让州里对三角洲那些银行保证：凡用于救灾的资金都会补偿。默弗里同意了。然后，他又接通了纽约银行家们的电话，开始请求资金援助，捐款和贷款都要。

与此同时，威廉和救援委员会正试图建立秩序。他们需要把船只、食品供应、饮用水、供食点、照明、运输、环境卫生、治安都管起来。然而，现在却是多条线各自发号施令，资源不够，食物缺乏，灾民们没有避难所。

救援人员从三角洲各地救起了数千灾民，都安置到了河堤上面，而这座城市本身已经来了数千灾民了。农民们把牛骡马猪也都赶到了堤上。一边是密西西比河，一边是决堤之水。堤顶只有8英尺宽，水面之上的斜坡还有10英尺到40英尺宽。堤上的人群已经从市中心一带朝北排了一英里多。

中午时，利莱给儿子打电话，儿子派了一条船接他去救援总部。他的到来很重要。忙得一团糟的人们顾不上给威廉或帕克斯顿打电话，却给他打电话。名义上是威廉发布命令，但洪水袭来的头 10 天中一直待在珀西家的亨特·基姆罗回忆说："珀西参议员在负责指挥。"[6] 尽管缺乏船只，但利莱有一条指派给他个人使用的 17 英尺长的汽船、一个驾驶员和一个技工。从第一天起，他、威廉、比利·韦恩和帕克斯顿就决定宣布"自愿"戒严法。他们并无法律权威来这样做，市长没有参与，市议会也没有参与，华盛顿县的县议会也没有参与。然而，第二天报纸就宣布："格林维尔市的所有公民、所有灾民……救援所需的所有财产，都须服从来自［国民警卫队］总部内的命令……任何违抗都不会容忍。"[7] 它的权威性来自这些签名：华盛顿县洪灾救援委员会主任威廉、派到本县的红十字会救援专家 T.R. 布坎南和"公民代表"利莱。

戒严法不起什么作用。实际上整个县已经处于水下，水已经有 20 英尺深，到处都是激流汹涌。人们在铁路棚车中存身，在棉花货栈的顶层、榨油厂的楼上、房屋和谷仓的顶层存身。数千人爬到了房顶上或树上，或者是坐在河堤上，等待救援。大雨和寒冷还在持续。决堤之后的第二天，尽管已经有数万人——几乎全是白人——已经逃出了这座城市，但格林维尔市的人口因灾民的到来，已经由平常的 15 000 人增长到将近 25 000人。几乎每个小时还有救援者从周边再带来数百名被救起的灾民。另外还有 25 000 名灾民分布在县里其他地方。城市的供应已经被洪水切断了。国民警卫队只有 5 000 份给养。

5 英里长的狭窄河堤上，已经挤满了灾民，他们几乎全是黑人，而且灾民仍在涌来。几千头家畜占据了更大的地方。灾民和家畜的数量还将增长，可在这持续的雨中没有存身之地或干衣服，气温在晚上降到了华氏 40 度。灾民们吃着发给他们的最低份额的配给，站在泥中，坐在泥中，甚至睡在泥中。《格林维尔民主党人时报》报道说："随着从边远地区把灾民源源不断送来，每个可用空间都已塞满，格林维尔市的洪灾情况持续恶化……这里的食物和饮用水已经匮乏，寒冷的天气更加增添了人们的苦难。"[8]

局势已经恶化到危及灾民的生命。关于疾病和可能暴发传染病的流言不胫而走。申请伤寒疫苗的紧急请求已经发了出去。[9]河堤上有很多狗，由于没有吃的或没有了主人，它们吠叫不止，很快变得野蛮狂躁，狂犬病的威胁已经不远了。河堤上已经成为一个疯人院。驻扎在亚特兰大的陆军第四军指挥官马林·克雷格将军，总体而言对灾民并不同情，迟迟疑疑地、很小量地发送帐篷和野战厨房。然而即使是他，也在警告陆军部："格林维尔地区的情况已经是生死攸关了。"[10]

救援平底船已经开始满载逃到格林维尔市的白人妇女和儿童前往维克斯堡，在那里他们可以搭乘火车到别处去，或者是留在井然有序的灾民营中。平底船也把一部分黑人运到了维克斯堡。然而，由于有更多的灾民到来，格林维尔市的人数还在增加。

此时，这座城市的水源供应被污染了，不能用。[11]美联社的一个特派记者这样报道："由于没有了水供应，大部分食物也被毁，这里的局势……以及在河堤上扎营的上万人……已经濒于绝望。"[12]威廉作为救援委员会主任，曾试图作出回应。他刚刚发出紧急呼吁，请求送来 20 000 个大面包，但即使面包能够送来，也仅能解燃眉之急，长期供应仍是一个问题。洪水将这座城市与外界切断已达数周，可能会长达数月。没有铁路连通，向格林维尔市提供给养几乎是不可能的。

最显而易见的解决办法就是疏散灾民。然而，疏散又可能使华盛顿县失去它的劳动力供应，尤其是佃户，这里没有什么值得他们留恋。他们之中绝大部分人在洪水冲走房屋之前，已经把能抢救出来的那点东西抢救了出来，带上了河堤，留下来的只是对种植园主的欠债了。

找到能接替这些佃户的劳动力需要好几年的时间，甚至可能永远都找不到。

所以，疏散问题就成为威廉在贵族价值、位高任重，甚至是荣誉至上等一系列概念中的试金石。把这些灾民留在河堤上是拿他们的生命冒险。疏散是对的，这并不存在任何问题，所以也不存在选择的问题。

如此重要的决定，至少得有看得见的广泛支持。然而，威廉没有与帕克斯顿这个棉花经纪人商量，也没有与韦恩商量，只与他的红十字委员会做了商量，这些人都是珀西的效忠派。委员会副主任是埃米特·哈蒂法官，他也是一个单身汉，与威廉一起参加了一战，是威廉在格林维尔市最亲密的朋友。红十字委员会中还有珀西棉花打包厂的经理查理·威廉姆斯，以及珀西"特雷尔湖种植园"的经理威尔·哈迪。"珀西参议员想要什么，本县的白人就想要什么。"[13] 委员会另一个成员 B.B. 佩恩的儿子干脆这样说。

威廉告诉他们，灾民必须疏散，他们认为威廉讲的是他父亲的意见。然而，即使这样认为，也有几个委员会成员表示反对。威廉坚持要这样做。他们正面临一个巨大的人道灾难，一个人不能因经济原因而拿成百上千个生命冒险。于是，委员会勉强却又全体一致地认可了威廉的计划。

4 月 23 日，格林维尔市报纸——报纸主人是威廉这个委员会的成员，是珀西的一位长期支持者——宣布："本市将在几天之内几乎被清空。"[14] 威廉告知了州长默弗里，默弗里宣布"州权力机关计划从格林维尔市迁出所有灾民以及其他所有想离开这座城市的人"。[15]

可是，威廉没有与自己父亲讨论过这个计划。

参议员珀西的注意力一直放在那些他能够解决的问题之上，最近忙于说服纽约、新奥尔良和圣路易斯的银行家们兑现开给三角洲银行的支票。威廉认为父亲肯定会支持他，于是自己做出了这个决定。无论如何，疏散是应该去做的正确之事，也是唯一光荣而体面的选择。

308

他们的所作所为将决定着他们那个"社会"的性质。

4月25日，星期一，政府的汽船"控制"号载着500个白人妇女和儿童离开了格林维尔市。[16]"明尼苏达"号满载1 000多个灾民——绝大部分是黑人，在码头上准备启航。另外两条船"沃巴什"号和"卡帕"号也在待命。还有"斯普拉格"号、"托林格"号和"辛辛那提"号正在赶来的路上。它们都是拖曳驳船，每条都能载数千人。事实上，一天之内这座城市就可以清空。

那些居住在格林维尔市的黑人向威廉提出抗议，说他们不想离开自己的家。威廉动用军队把他们围拢起来，他后来解释说："这些黑人他们自己想要什么，我们之中没有一个人受此影响。他们没有能力来谋划自己的福祉，为他们谋划是我们的职责之一。"[17]

然而，他却不能忽略那些愤怒的种植园主，这些人去找利莱，反对任何疏散。利莱告诉他们，现在是威廉在负责。于是，他们又涌进了红十字会总部，要求威廉撤回疏散的决定。威廉毫不客气地回应，指责他们只考虑自己的经济利益，而他考虑的则是黑人的福祉。[18]种植园主们气坏了，又重新去找利莱。利莱也没有让他们满意。然而，当他们走后，利莱去找儿子了。

利莱·珀西一辈子都想要帮助三角洲的黑人，他曾反对剥夺他们的选举权，曾坚持要给予他们体面的教育机会，曾经与瓦达曼和比尔博这样的种族迫害政客对抗过，甚至与华盛顿县的三K党对抗并且取胜。由于这些，他赢得了全国各地的赞扬。然而，他做所有这些并不是简单地因为它们是正义和善之举，这里面也有个人利益的考虑——他需要黑人劳动力。

他在河堤上找到了正在发火的威廉。[19]这里如同战区，一片混杂喧闹，到处是做饭冒出来的烟，人们忙乱不堪，孩子们哭哭啼啼，一些人正在努力建立起秩序。白人妇女和儿童围着登船的跳板，正在等候登上那些汽船，那些驳船则装载黑人和受惊的家畜。有几个白人男人，宣称有病或者是有紧急事情，也想登上汽船，人群对他们发出嘲笑和嘘声，国民警卫队把他们赶了回去。一群群黑人在白人工头带领下，正从船上卸下运来的物资。更多的人在挥锤打桩，要在洪水上面建一条木架通道，以便把红十字会总部、美国退伍军人协会大楼的第二层、歌剧院、考恩宾馆和河堤连通起来。

穿过这片混乱的人群，利莱和威廉朝远处走去，在河堤上一直走到无人处，两代人开始了谈话。父亲简直就像亨利·詹姆斯笔下的人物：衣着考究、正式，走过泥泞仍穿着套装和猎靴，一个厚重而有影响力的人物，对事物不抱幻想。儿子的身材要矮小一些，用三角洲对男性的标准来衡量，在各个方面似乎都差一点，对那个曾经伟大而高贵的南方，对光辉灿烂的贵族气质，对自己身边这个人的完美，都抱有幻想。

利莱温和地提起了疏散之事，问威廉是否认真倾听了种植园主们的抱怨。是的，威廉尖锐地回答，他早就听过这些人更关心钱而不是对错，他不会被他们吓倒的。利莱表示同意。一个人不应该屈服于压力。不过，真的需要把黑人运走吗？汽船不能给河堤上的这些黑人送给养吗？威廉是否真的考虑过把劳动力运走会给三角洲带来的损害？

父子之间的这场谈话紧张而私密。威廉不会动摇，即使是父亲也动摇不了他。尽管人们有大量的事情需要他俩做出决定，但无人前来打扰。两人踱步交谈，靴子上沾满了泥，走远了，又折回来，然后又走远。两人谁也不让步。

最后，利莱说这个决定过于重大，不能仅由威廉一个人做出，他必须征求他那个委员会中其他人的意见。威廉说他已经这样做过了，没有理由再次征求他们的意见。利莱坚持，必须再次征求，哪怕是为了他而这样做。

威廉最终同意了。他们来到红十字会总部的外面，威廉进去了，突然下令灾民暂停上船。船长们愤怒地抗议，他们的汽船和驳船在救灾中是极其可贵的资源，有很多地方要去，不能这样等，时间太宝贵了。威廉毫不让步。他们只好等待。

威廉没有等待，他马上召集委员会成员开紧急会议。然而，在开会之前，利莱已经通知了委员会的每个成员：威廉提议疏散，这只是他自己的意见。利莱让他们这次要反对疏散，为了避免威廉的尴尬，不要让威廉知道自己与他们谈过话。这些人松了一口气，同意了。几个小时后，当威廉开会时，这些人一个接一个地说黑人应该留在河堤上。威廉很震惊：他们怎么可以出尔反尔呢？为什么？他与他们争论了两个小时，但这些人像他一样不让步。最后，威廉认输了。他走出会场，告诉那些愤怒的船长，黑人不走了，留在河堤上。[20]

那些装载白人的汽船不是空载而走的，但能装几千人的拖曳驳船"沃巴什"号只载了33个白人妇女和儿童开走了。[21]

尽管威廉声称自己是数年后才知道父亲当时做了什么，但他其实应该知道的。他太懂这些人了。他知道这些人只有为了他父亲才会放弃他。他父亲为了金钱而背叛了荣誉和自己的儿子。有一个说法：如果一个人必须在真理和父亲之间择一，那么只有傻瓜才会选择真理。威廉选择不做傻瓜。他给一个诗人朋友写信，说自己如何感激父亲的支持，如果没有这种支持，他将会"崩溃"。[22]他已经42岁了，但却被视为不如一个孩子。在他的耻辱中，他开始羞辱河堤上那些命运被掌控在他手中的黑人男女。这将产生全国性的反响。

第二天上午，胡佛和他的巡视团来到了格林维尔市，这是他们首次顺流而下视察的第一站。胡佛很兴奋。他很高兴见到利莱，他听到过关于此人的那么多好话。威廉在比利时服务时，他也与威廉交谈过。

他听取了威廉的汇报。

胡佛此前已经批准了那个疏散计划，现在威廉又拿出了一个似乎是他自己的新计划。这个计划不是要对这座城市进行疏散，反而是把它作为一个集中点。所有物资——供应这个县中所困大约 5 万人所需的食品、衣物、帐篷、建筑材料，都用船运到格林维尔市，同时也由此转运到其他地方。河堤上建一个灾民营，这个营里的黑人就是卸货和转运这些物资的劳动力。

胡佛批准了这个计划，然后继续南下，晚上要到维克斯堡见吉姆·汤姆森。与此同时，威廉发布了一个公告来减轻负担："我们敦促所有白人妇女和儿童离开这座城市。尽管有留下的需要，白人男性也可以走……黑人男性需要留下，修建营地。"[23]

就在胡佛来视察的这一天，第一起灾民死亡事件在格林维尔市发生了。[24] 一个几天没吃东西的黑人男性因暴食香蕉突然瘫倒，死了。他的尸体被放到一条小船上，船朝河中间划去。几千人——白人黑人都有，静静地站在河堤上观看。死者的四肢绑上了石头，一位牧师说了几句，一个船夫把尸体翻过船舷，落入水中，沉了下去。然而，流言传开了，说国民警卫队把这个活人扔进了大河，作为对他偷香蕉的惩罚。

还有其他的流言。当地警长名叫雷德·塔格特，为人粗暴。周六晚上，如果他发现黑人赌博，就冲进去，要求任何人不准动，然后面带喜色地拾起桌子上所有的钱。不过，他在牢里对人们公平，从不打人。这次洪灾，他经常把大街上发现的黑人浮尸拖到河堤上去。于是不真实的流言传播开来，说塔格特抓住了抢劫者，开枪把他们打死，然后把尸体拖过大街，作为警告。[25] 趁乱打劫的确成为一个问题，这个流言对白人有益，他们不去纠正这个流言，而是颁布了只针对黑人的晚上 8 点钟后的宵禁令。

真相是非常严酷的。尽管红十字会开设的灾民"集中营"最终达到了 154 所，分布于伊利诺伊州、密苏里州、肯塔基州、田纳西州、阿肯色州、密西西比州和路易斯安那州，但只有一个营引发了大量的批评，导致了对胡佛的巨大政治压力，这就是格林维尔市河堤上的那个营。他批准了珀西的这个项目，结果让自己困身其中。

在格林维尔市，洪水袭来的一周之后，黑人与白人非常不同的两种生活就形成了。大约有 4 000 名白人留了下来，待在房屋的楼上、办公室里或宾馆中。[26] 几百个白人——比如珀西一家，仍然住在自己家中。对于白人而言，每天的生活变得如同沉闷的假期。报童们用小船送来已经缩减为 4 页的报纸。[27] 木架通道变成了延伸至商业区各处的木板路，小贩们在上面设摊，卖汽水、花生和爆米花。[28] 由这条木板路可以去"弗兰克咖啡馆"，它 24 小时营业。划艇只准在街道中央行驶，两边的较深水流要让给汽艇。[29] 市法院也照常办公。一个技工用木材把他的卡车车身架高到 5 英尺，开进了那些水较浅的街道，其他人于是模仿他。孩子们发明了新游戏：在漂浮的牛尸和骡尸上扎孔，把冒出来的气体点燃。主街上那座有着 125 个房间的考恩宾馆——三角洲最好的宾馆，它的"蓝鸟咖啡厅"、台球房、大厅里的雪茄区和高级餐厅一直开着。在它的中层楼，人们仍然可以弹琴、唱歌和跳舞。它可以轻松地从阿穆尔、斯威夫特或戈耶弄来肉类和其他商品。[30] 一般的民众，或者是从私酒贩子处，或者是从罗斯森宾馆——这里有个兴旺的黑市，可以用合适的价格买到除糖之外的大部分商品——糖确实没什么存量了。[31]

然而，格林维尔市的其他地方，情况就令人绝望了。两个黑人儿童被疯狗咬了，于是传来命令，要求射杀河堤上所有的狗。一位参与了救援工作的著名律师珀西·贝尔（他与珀西家族没有关系），赶在洪水之前把自己的家人送出了城。决堤的 10 天之后，他给家人写信："城里一片悲惨而骇人的景象。那些长满树木和玫瑰的庭院的确好看。然而，当一个人靠近，看到屋子里的水中满是漂着的家具，看到一匹死骡靠在走廊里，这种情形真是吓人。几百匹死骡被拖到河堤上，扔入河中。"[32] 在黑人街区，由于大水来得猛，许多房屋都被撞击成碎片。在纳尔逊大街，"水涨到了

312

所有房屋的屋顶，门廊的顶和二楼的顶都被黑人和猫所占据，一片吓人的混乱"。

大约有 5 000 个黑人挤在仓库、榨油厂和商店里。[33] 另外有 13 000 多名黑人住在河堤这座狭长的容身之地中——它最终延伸至 8 英里多长。[34] 它有电灯、水管，用驳船作厕所。安身的帐篷最终运来了，天气也变暖了，但帐篷下没有铺装地面，也没有运来简易床，所以灾民们还得睡在湿地上。没有餐具，也没有餐厅，黑人们只好使用手指，像动物一样站着或蹲下来吃。在帐篷的漫长阵列外，更远的河堤上有长达数英里的几千头家畜，这里的恶臭难以忍受。

在洪水暴发的头几个小时里，黑人与白人冒着生命危险相互搭救，此时大家都怀有人道情怀，与种族无关。现在，黑人生活与白人生活的不同，显得比正常时期还要明显。那些相信格林维尔市是个特殊地方的黑人，感觉被背叛了。

一些看似琐细的不敬之举激起了更多的怨恨。任何时候，只要"国会大厦"号轮船驶离码头，它的蒸汽笛风琴就会例行公事地奏响"再见了，黑鸟"，[35] 这如同一记耳光打在黑人的脸上，尽管许多白人也感到厌烦。黑人也怨恨威廉的那些命令，它们每天印在报纸的头版。开始时，威廉要求"格林维尔市外边的黑人群体……到河堤上来，在这里可以领到配给"。[36] 对此，黑人社群的领袖有抱怨，白人也不满。贝尔告诉利莱："把所有黑人从乡野弄到河堤上来……这绝对是不可行之事……没有帐篷让他们存身，也没有东西给他们吃。"如果他们待在原来的地方，"只要水一退到一两英尺，他们就可以在水中觅食，捞到点什么东西。"[37] 在报纸发表了他这个命令的几小时之后，威廉又宣布取消它，再次否定了自己原先的决定，而这次在公众面前，进一步损害了他的权威。

还有更多的实质性问题。黑人得到的食物远不如白人领到的，食物的量也是勉强够活下来而已。[38] 运来了桃子罐头，但黑人一份也没有领到，原因是怕"惯坏了"他们。查理·洛布开一家高级餐馆，每天在河堤上的大厨房里杀6头到8头牛，很少有黑人分到牛肉。

不过，最为严重的不满源自对精神的侵犯。黑人不再自由了。国民警卫队带着步枪，枪上有刺刀，在这个河堤营的外面巡逻。黑人出入都需要通行证，他们被囚禁了。

州里每座营地都是如此。密西西比州决心保住自己的劳动力，哪怕需要动用武力，也在所不惜。州长宣称："把这些人送回他们的家乡，这是我们的职责。让每座营地都处于我们的控制之下，就是以此为目的来进行处理。"[39]国民警卫队指挥官格林下令："不管出现什么情况，营地指挥官都不能放出灾民……除非有美国红十字会的书面请求……或者是这个办公室的直接命令。"[40]红十字会也在配合。一份关于"灾民返回"的备忘录这样说："那些渴望劳工从灾民营返回的种植园主，可以向最近处的红十字会代表提出申请。"[41]有了这个申请，他们"将给灾民颁发通行证"。在格林维尔市，威廉告诉种植园主们"提供一个他们的黑人佃农的名单"，"当他们想要这些佃农回到他们家时"，就告知他。[42]

奥斯卡·约翰斯顿可不仅仅是提供名单而已。此人拥有世界上最大的棉花种植园"三角洲与松林地公司"，他的密友不仅包括利莱以及巴特勒和赫克特这样的新奥尔良银行家，而且还有纽约的"化学与大通银行"（Chemical and Chase Banks）的高管以及伦敦的股东们。如同利莱，他也极富个人魅力，爱开玩笑："最近三周，我什么也没看到，只看到了水，我看到的这水太泥浊，无法洗澡；太肮脏，不能饮下解酒。"[43]同样，也如同利莱，一涉及到劳动力，他也没有幽默感了。为了不让佃农从他的种植园流失，他建立了自己的灾民营，由红十字会提供给养，由国民警卫队守卫，由他的工头来管理。[44]然而，他有460个佃农在房顶上被救到了河堤上，运到维克斯堡去了。他让"伊利诺伊中央"铁路公司安排了一趟免费的专列，载着这些人行驶260英里，拉回了他在迪森

314

的营地。[45]

在格林维尔市，控制则更为严密。城里的白人可以住在自己家里，但威廉下令格林维尔市所有黑人必须搬到河堤上。他要使用他们。在那些被派去围捕黑人的人中，有一个名叫萨尔瓦多·西尼亚的白人，带着枪。"'不要给他们任何东西吃，'他们告诉我，'把他们弄到河堤上来……''喂，白人，'一个黑人说，'我很饿。''好啊，'我说，'你饿不了多久了。你只要马上把你的双脚踏到船中，我们马上就把你运到河堤上去，运到厨房去，你想要的食物，我们都会给你。'"[46]

一旦到了堤上，黑人立刻就被分配劳务。想从红十字会得到更多帮助的利莱，向媒体描述了对劳动力的这种需要："这里，一个县就有44万英亩土地完全被淹没，除了西边留下的河堤外，就没有干地方。每一盎司人吃的食物、动物的饲料，都必须先用大船运来，然后再用各种各样的小船分发下去。这些小船要在浑黄的浊水中行驶数英里，水面上时常风浪大作，运到近百个几乎是无法去的地点，这些地方的灾民从25人到3 000人不等，另外还有他们那些幸存的家畜。"[47]

从驳船上卸货——这些货要养活将近5万人以及数千头马牛骡猪等家畜和家禽，这需要持续的劳作；再把货装到那些运往小分发点的小船上，也需要劳作。[48]单是饮用水的供应，就意味着要卸下数千个装有5加仑水的容器，每个的重量都超过40磅。准备人的食物，喂家畜，对各种物资进行归类和分发，所有这些都需要劳动力。将木板路延长，打扫建筑物，修理供水系统，在帐篷下铺装地面，所有这些也需要劳动力。威廉·珀西必须弄到劳动力。两次被迫推翻自己的决定而蒙受耻辱，他已经对批评很敏感了，于是转为冷酷行事。他不再有耐心请求黑人帮忙。他有国民警卫队可调用。

国民警卫队指挥官帕克斯顿给州国民警卫队长官打电报："这里急需增加警卫力量，请立即再派遣200名警卫队员前来此地。"[49]这新增加的

200 人军力抵达了，珀西用他们来对付黑人。尽管有水隔绝，但格林维尔市如何对待黑人的传言仍然传了出去，传到了北方。

在格林维尔市，黑人们曾相信他们与白人的关系，尤其与珀西家族的关系，是与其他地方不同的。利莱曾让他们为之自豪。现在，威廉却在对付他们，将他们当牛用，他发布的每道新命令都让他们曾有的自豪消失掉。威廉宣布："每一个身体健全的黑人都必须领取劳工牌，否则就不发放配给。"[50]

315 领取劳工牌的同时就指派了工作，同时也用它来表明哪些人接受了伤寒疫苗注射。劳工牌很大，如同洗衣店的洗衣牌，戴在衬衫上。戴上它有一种屈辱感，可是不戴它，自己和家人就没有饭吃。

在其他灾民营，即使也是强迫劳动，但劳工们可以挣到工资。威廉却下令凡属红十字会的工作都不付工资，食物就是唯一的补偿。这个河堤营变成了一个奴隶营。[51]

萨尔瓦多·西尼亚分发邮件，他回忆说："我和哈瑞斯都佩带一把很大的枪，比那个［邮］包还要重……我们直接敲那些帐篷找那些黑人……我们告诉他们：'好吧，我们有一些［邮袋］要弄。'哦，他们总是想去弄邮袋，这样就可以不在火热太阳下从驳船上卸苜蓿干草……如果邮袋很重，我就让一个黑人在前面，一个黑人在后面，两个人来抬。"[52]

警卫则要野蛮得多。警卫有最根本的权力，他们有枪，而且负责控制营地中的人。即使没有种族关系带来的复杂性，这种权力也会引诱激发出人的傲慢嚣张，更何况现在还有种族问题夹杂其中。约翰·约翰逊是一个黑人灾民，他回忆说："那里的红十字会没有提供什么太好的食物……有些人在那里遭到了毒打。白人孩子和成年人，每个人都有枪，当然，你还得面对国民警卫队。"[53]

一个白人妇女亨利·兰塞姆夫人回忆道："警卫可以径直走过来说：

'那边有条船正在过来，去卸船。'如果他们不快走，警卫就会踢他们。警卫随随便便就掏出他们的枪，手枪，用枪敲黑人的头。"[54]

一个名叫珀西·麦克雷尼的黑人说："格林维尔一带的黑人日子不好过呀……白人踢他们，殴打他们，打得他们像狗一样到处乱跑。他们也吃不饱饭，白人有时候不给他们东西吃。"[55]

白人乔·赖利回忆："白天在河堤上，你只能看见妇女和孩子……气氛悲凉，一片可怜景象，听不到任何歌声。男人们都到外面干活去了。"[56]

一个黑人妇女艾迪·奥利弗夫人，抱怨黑人受到的待遇"如同对待狗，我告诉你。对待他们就如同待狗"。[57]

黑人约翰·巴特勒从格林维尔市去了维克斯堡，他说自己干了一夜活后被放了，第二天上午被士兵们"抓到"，士兵们"把我们带到那里，用枪带抽打我们"。官方调查承认，很多"黑人……溜出营地时被抓住……被鞭打，那些人使用了从他们步枪上取下的一条枪带"。[58]

国民警卫队中，尤其有两个连——来自密西西比州的科林斯和兰伯特，都不在三角洲地区——士兵殴打黑人灾民，黑人顶嘴就打，想逃出营地就打。这两个连的一些士兵还被指控偷窃——随意进入帐篷，打断黑人的牌局，拿走所有的钱，以及强奸和不止一起谋杀案。[59]威廉把这两个连的兵送了回去，后来承认："国民警卫队有犯罪行为，这使得黑人有理由很害怕他们。"[60]然而，这支两个连的分遣队的离开，并没有让黑人心情平复。威廉的命令已经确立了基调，他不能也不会重新下命令，他仍然需要劳动力。

决堤数周之后，大水仍然通过曼兹兰汀决口和格林维尔市背后防护堤的决口灌进来。威廉向孟斐斯和维克斯堡的红十字会告知食物仍然短缺，[61]然后在给朋友的信中写道，局势如同"阿尔贡战役[1]时的紧张、混

316

———————

[1] 这是一战时美国远征军与德国的一场苦战。——译注

乱和悲痛"。[62] 5 月 12 日，由于没有从红十字会管理者们那里得到满意答复，利莱向媒体抱怨："支支吾吾或干脆不理……现在，这意味着人的生命被牺牲、家畜被饿死、一个曾经被引以为豪的县遭受毁灭和遗弃。这种赌注就是人的生命和一整片区域。"

而这是他的王国。

最终，足够的物资开始运来了。"勇士"驳船航线开始在格林维尔市定期停留，这条航线是联邦政府在一战期间为运输大宗货物而开设的，从那以后它就是铁路的一个竞争者。它使用强力拖船来拉用钢缆连在一起的一些巨大驳船，每条驳船可以装载 300 吨到 400 吨食物，在格林维尔市卸货并分发各处。

威廉更需要劳动力了。最后，他尝试了一种非武力的方式：与 25 个精心挑选出来的黑人牧师开会——格林维尔市大部分黑人斥责这些牧师为白人的工具。他试图说服这些牧师，称黑人的合作"腐烂了"，警告说不去干活的黑人将作为"盲流"送上法庭。[64] 拉夫·J.B. 斯坦顿代表这25 个牧师回答说："我们将站在你这一边来创造条件，这样我们就可以履行我们作为人的职责，因为这里是我们的家园。"[65]

然而，威廉的这种"呼吁"进一步激怒了黑人群体。不久，他发布了一道新命令："那些住在营地之外的市里的黑人，在卸下和运输他们想要并且得到的食物时什么都不做。这是不能容忍的……第一，配给将不再发给格林维尔市各家的黑人妇女和儿童，家里本来就没有男人的除外；家里有无男人，由白人来查证。第二，格林维尔市里的黑人男子若不加入劳动群体或被雇用，不再给他们和他们的家人发放配给。第三，黑人男子……如取得高工资［一天超过 1 美元］，将不再发放配给。"[66]

私人雇主一直在雇用劳工来修理房屋和打捞货物。实际上，威廉等于设定了这些私人雇主一天付 1 美元的工钱标准，因为如果超过了这个

317

标准，就意味着黑人家庭得用钱购买食物和衣物，所以被雇用的黑人宁可不要多的工钱，以获得免费配给。

在其他灾民营中，尽管绝大部分劳动是强迫的，但人们可以选择不干。在其他灾民营，雇主付给黑人的工钱从一天 1.25 美元到 2 美元不等，但红十字会仍然提供免费配给。[67] 在其他灾民营，黑人为红十字会干活，也得到大致相同的工钱。在格林维尔市，黑人为红十字会干活，威廉是不付钱的。这些红十字会的工作包括处理所有的供应物资，黑人是在枪口下干这些活。

5 月初，全国各地的黑人报纸开始发表格林维尔市虐待黑人灾民的报道。"灾民如同牛群被看管，以防逃离奴工偿债"，[68] 这是《芝加哥守卫者报》的醒目标题；"征召劳工团以法律奴役洪水灾民"，[69]《匹兹堡信使报》（Pittsburgh Courier）这样指责，"洪灾受害者吃不到食物，救援组织制定'或干活或挨饿'法条"；《芝加哥守卫者报》又一次谴责"W.A. 珀西……他针对我们种族成员的偏见，让人感觉苦似黄连"。[70]

格林维尔市的情况也传入了白人进步群体中。这是胡佛总统梦想得到最多支持的那些选民，也是最关心黑人待遇的那些人。格林维尔市的情况还没有进入白人媒体，白人媒体正在围绕着胡佛进行报道。

第 26 章

20 世纪 20 年代，黑人在美国共和党政治活动中可以发声。他们的力量不大，但的确存在。这种力量部分是间接得到的，是通过共和党中的一些白人起作用，尤其是共和党内的进步派和知识分子，这些人坚持林肯的传统。泰迪·罗斯福 1904 年的竞选纲领中就曾提出，要减少那些不允许黑人参与选举的州的国会代表人数，到了 1927 年 1 月，参议院的共和党人仍在威胁要对南方黑人被剥夺公民选举权问题进行调查。1927 年 3 月，大部分为共和党人的最高法院宣布一次唯有白人参与的预选为非法。事实上，被所有职业政治家反对的胡佛，较之其他总统候选人，更需要进步派的支持。得到这样一批天然选民，这是他最容易做到的。

黑人也因他们的选票而有一定的力量。在北方，黑人选民的力量已经在几个城市——尤其是芝加哥——让社会无法忽视他们了。尽管黑人只占芝加哥人口的 8%，但 77% 的黑人都参加了选举；相比之下，白人虽然占到全市人口的 68%，但参加选举的人却不到 10%。[1] 选举比拼的是实实在在的力量。比如，对于选出芝加哥任期三年的共和党人市长"大个子比尔"汤普森来说，这成为了关键因素，而 1927 年的选举更是如此。汤普森得到了阿尔·卡彭的支持，他的市政厅被嘲笑为"汤姆叔叔的小屋"[1]。他为了取悦爱尔兰裔选民，曾要求把公共图书馆里的"亲英"书籍烧掉；不过，那一年他能够战胜在任的爱尔兰裔市长，靠的还是来自黑人选民中94%的支持率。[2]同样，1924年的总统选举，北方黑人中超过90%的人投了共和党的票，剩下的人中大部分投了罗伯特·拉夫莱德的进步党（Progressives），没有人投民主党，因为民主党这一年的全国代表大会拒绝谴责三K党。[3]

此外，共和党的总统候选人提名过程也让黑人有了力量。富有讽刺意味的是，这种力量的基础竟是在南方。尽管自"重建"时期后，就没有一个南方州投过共和党总统候选人的票，很少有黑人能在大选中投票*，一场"纯白色"（Lily White）的共和党人运动也已经出现，但黑人仍然控制着几个州的共和党。这种控制在南方本身没有意义。共和党的总统们并没有因黑人支持而分给他们太多在联邦政府的职务，而是把这类职务分给支持自己的白人。因此，密西西比州的黑人共和党人，在联邦职务的人选上就通常征求利莱·珀西的意见。[4]

然而，南方各州构成了总统候选人提名所需代表人数的30%，而黑人则占这些代表中的一个重要比例——当然，这种重要程度会有变化。对于一个总统候选人来说，代表中这样一个群体的支持是努力获得提名的一个强大基础。

对于胡佛来说，黑人的支持或反对尤其重要。对于他应对洪灾的广泛宣传，实际上已经创造了他的候选资格，但这种看似唾手可得的胜利

319

---

[1] 美国作家斯托夫人1852年发表的反奴隶制长篇小说《汤姆叔叔的小屋》，影响深远。据说南北战争爆发后，林肯接见她时说："你就是那位引发了一场大战的小妇人。"——译注

* 仅仅是在孟斐斯，黑人投票才有足够大的数量——常常是5 000名黑人投了票，可以决定选举结果。[5]在这里，一个白人政治大佬爱德华·克伦普——此人弟弟曾运作过利莱·珀西竞选参议员的活动，要与罗伯特·丘奇掌管的黑人机制进行合作。——作者原注

如果因丑闻而炸破，候选资格就会瞬间消失。种族问题上的丑闻更是会让党内的进步派和黑人政治家都抛弃他。胡佛没有地域上的基础可以弥补，党内的职业政治家仍然轻视他。紧要关头他必须展现能力，而这场洪灾就可以证明。

克劳德·巴奈特掌管着"黑人美联社"（Associated Negro Press），这个报业辛迪加向 135 家美国黑人报纸提供稿件。巴奈特是个功名欲熏心的人，致力于自己地位和自己种族阶层的提升，在过去的共和党总统候选人提名竞争中扮演过活跃的角色。5 月初，他在洪灾地区待了一段时间后，就警告胡佛要注意"不公"和许多"丑闻"的流言。[6] 格林维尔市一个匿名的黑人牧师——他害怕国民警卫队，向柯立芝总统寄出了抗议信。十有八九，写信者是拉夫·E.M. 韦丁顿——在利莱发表那场反三 K 党的演讲之后，他曾写信赞扬利莱。这位牧师抱怨白人领到了很好的衣物，而衣不遮体、没有鞋穿的黑人却什么也没得到。另外，黑人"被枪逼着干活，白人则用大枪指着黑人发号施令……对待黑人的这种卑劣和残忍，就是实实在在的奴隶制"。[7]

不久，提醒胡佛注意那些问题的警告就涌来了。堪萨斯州共和党参议员亚瑟·卡珀是全国有色人种协进会的一位主管，他写信给胡佛，"表达托皮卡的有色公民对传说的虐待黑人灾民的抗议……黑人被隔绝在灾民营中，他们事实上成为了囚犯，处于国民警卫队员的看管之下……在分发食品时也受到歧视。"[8] 他还附上了一份《芝加哥守卫者报》，上面有 W.A. 珀西采写的格林维尔市虐待黑人的详细报道，并说这篇报道是"可靠的"。

一位全国知名的社会工作者简·亚当斯——她不久后就荣获诺贝尔和平奖，曾在 1920 年支持胡佛竞选总统——现在也转发来"正在流传着的关于种族歧视的指责"，并且劝说胡佛任命一个"黑人委员会"来进行调查。[9]

一个黑人共和党人活动人士的来信是这样的："据说许多救援船只运载白人，它们去那些危险地区，把所有的白人救出来，黑人却留下了。据说，种植园主们在某些情况下用枪指着他们的黑人劳工，防止他们一去不返。据说，在某些情况下，骡子可以比黑人先上船。"[10]

甚至洪水灾区之外的红十字会专业人士，也询问在孟斐斯和维克斯堡进行救援的同事，密西西比州格林维尔市的真相到底是什么。[11]

不可避免地，在巴奈特首先对胡佛发出警告后的第 10 天，白人记者开始问问题了。与胡佛一起巡视的红十字会副主席费舍尔，打电报给一个下属："《芝加哥守卫者报》领着黑人报纸刊发涉及……格林维尔市……的文章，《芝加哥论坛报》在文章中表示关注，要求做出声明。尽快打电报做出回复。"[12]

胡佛不需要别人来解释媒体的重要性。"这个世界的运行遵循语言"，这正是他说的，他还谈过"公众舆论的大棒"。他并不需要偏执狂和剥削者。于是，他给救援工作的负责人亨利·贝克打电报，命令他与每一个在现场的红十字会工作人员联系，查明首先是否"黑人不情愿地被限制在灾民营中；其次，他们是否被标注为要回到特定的种植园去；第三，他们是否因领取食物而被红十字会收钱。所有这些行为都是对红十字会精神的否定，我不相信它们会存在……确认这类行为的确不存在……马上给我一份报告。"[13]

贝克早就告诉过巴奈特的"黑人美联社"："在自己的救援工作中，美国红十字会没有种族、教义、政治见解或其他任何方面的歧视……在这场灾难中，红十字会对待黑人远胜黑人在正常条件下得到的待遇。"[14]

然后，对胡佛问题的回答开始从救灾现场传回来了。在某些地方，黑人得到了很好的对待。派恩布拉夫的一个黑人领袖兼全国有色人种协

321

进会活动人士回答说："我从未见过种族偏见被排除到如此程度。基本的想法看来就是解除苦难，拯救生命，不分肤色地照顾有需要者……这是在红十字会掌管局面之后。"[15]但是，也有几处红十字会分会的回电不是回答问题，而是"询问消息来源"。[16]还有一些回答的情况并不理想："对有色人种灾民被限制在灾民营中的指控是真的，但我们是想把他们留在这里直至……返回的条件已令人放心时为止，"或者是"我们现在的确是尽力防止灾民去任何地方，然而，之所以这样做，是因为密西西比州健康委员会（Mississippi State Board of Health）有书面命令要求这样做。"[17]也有一些回答直截了当。有一个灾民营的指挥官这样回答："所有有关各方都渴望劳动力回到他们被迫离开的地方去……这是为了整个州的共同利益。"[18]

贝克马上把这些信息转给了华盛顿，它们是保密的。然而，全国有色人种协进会开始公开要求解释了，尤其是密西西比州的情况，尤其是格林维尔市的情况。[19]

胡佛的朋友威尔·欧文是著名的自由派记者，他曾经在洪灾地区采访过，并且在黑人社群中为胡佛做过辩护。他报告说："我设法把我所知道的那些找麻烦的人都安抚了。"然而，他没有办法安抚全国有色人种协进会的沃尔特·怀特，他把怀特称为"一个狂热分子……我长时间地与他争辩……但对他毫无影响……怀特就是居心叵测。如果能安抚怀特或让他闭嘴，我想就不会有什么麻烦了……也许，如果黑人大人物中能有人与他沟通，他们可能能让他安静"。使用"黑人大人物"，这正是胡佛脑中所想的。他需要他们。[20]

怀特是辛克莱·刘易斯、克拉伦斯·丹诺和H.L.门肯的朋友，他曾计划前往欧洲去做古根海姆基金学者，但推迟了计划来调查洪灾情况。怀特碧眼金发，肤色很浅，冒充白人前往密西西比州，开始去问322 各种问题。5月27日，他在纽约召开了一个可能会产生毁灭作用的记者招待会。他一方面赞扬红十字会，另一方面则谴责他在维克斯堡看到的种种虐待，并且抱怨自己未能去成格林维尔市。《纽约时报》《纽约先驱论坛报》和其他北方报纸都刊登了文章，复述他的这些控诉，而《国家报》（The Nation）则刊登了他自己写的一篇文章。如果不应对他的这些揭露，势必引起反响，激起舆论热潮，最终形成反胡佛的知识分子群体。[21]

就在怀特举行记者招待会之前，在孟斐斯的皮博迪宾馆，胡佛在自己住的套房中会见了5位黑人领袖。会见之后，根据他们的建议，胡佛马上给罗伯特·诺萨·莫顿打电报——莫顿接替布克·T.华盛顿担任了塔斯基吉师范及工业学院的院长。电报将莫顿的名字错拼为"莫尔顿"，但由于电报的内容，莫顿对此并不在意。"考虑到确保对集中营内黑人的适宜对待，考虑到对任何批评进行查证，"胡佛在电报中写道，"我希望你任命一个具有代表性的有色公民委员会向我提供意见，他们可去视察这些灾民营，可对任何抱怨或批评进行调查。如果你指定这样一个委员会，或告知你认为可以任命的人选，我将不胜感激。"[22]

5月28日，也就是报纸刊登沃尔特·怀特那些控诉文章的同一天，胡佛任命了一个黑人咨询委员会（Colored Advisory Commission）。它由16位著名的黑人男性和2位黑人女性组成，他们全由莫顿提名，莫顿本人担任委员会主席。

莫顿就是白人心目中黑人群体的头号人物。如果说他缺乏布克·T.华盛顿那样的声望，那么在白人面前就不会有其他人有这种声望了。莫顿不仅继任了华盛顿的院长职务，还承担起了他的责任，比起其他任何黑人来，在权势者的世界中他都更代表自己的种族。尽管有一些更为进步和激进的黑人批评他，但他感觉到了这种分量和责任。早在虐待丑闻尚未抵达黑人报纸之前，莫顿自己就派了一个助手去调查实际情况。现在，他有了胡佛赋予的权力。

莫顿为这个黑人咨询委员会挑选的人，都与他自己类似，是一些知道怎样去引发白人同情的黑人。委员会有 3 个成员就是在塔斯基吉学院为他工作的，其他成员包括从塔斯基吉学院毕业的巴奈特，而且马上就要担任这所学院的受托人，另外还有 J.S. 克提克——巴吞鲁日南方大学的校长以及 L.M. 麦考伊——密西西比鲁斯特学院院长。莫顿没有挑选全国有色人种协进会的任何一个代表，因为它太受布克·T. 华盛顿的对手 W.E.B. 杜波依斯的影响，在种族关系上寻求一种更具有攻击性的思路。就连这个委员会的一个成员也私下说，他的这些同事属于"这个国家中最为保守者中的一些"。[23]

委员会中最为激进的成员是西德尼·雷德蒙，而莫顿对他的任命正表明莫顿的运作风格。雷德蒙是密西西比州杰克逊市的一个律师，两年前曾领导过一个黑人团体，就黑人选举权向密西西比州议会进行过请愿。密西西比州州长默弗里和密西西比州的救灾"沙皇"L.O. 克罗斯比，反对他进入这个委员会。莫顿没有公开让步，但当委员会开会时却没有通知雷德蒙，实际上是排除了他。[24]

胡佛现在告诉威尔·欧文（欧文一直警告他种族问题上的批评会导致负面影响）："在最初的几天之后，警卫除了维持灾民营的秩序外不做其他事。任何人进出灾民营不存在任何限制。为了确保这种事没有发生或不可能发生，我已经让各个营地建立了黑人委员会，并且任命了一个进行广泛调查的委员会，由莫顿博士领导，他们可以向任何调查者报告他们想报告的事情。"[25]

胡佛不仅欺骗了欧文，也欺骗了他自己。与此同时，有了莫顿，胡佛开始玩一个更为重要的游戏，这远比改进灾民营的条件要重要得多。莫顿懂得全国政治，以他的位置，他必须对政治敏感。莫顿建立这个委员会时，已是曼兹兰汀决堤的 5 周之后，报纸上已有大量关于胡佛适合担任总统的言论。莫顿能感觉到胡佛很有可能坐上总统宝座。胡佛给莫顿提供了一个使其变得对他重要的机会。莫顿抓住了这个机会。现在，这两个人都在野心的驱使下跃跃欲试了。

　　格林维尔市开启了这一切，如同化脓感染，格林维尔市仍在这整个故事中起着毒化作用。

第 27 章

　　已经到了 5 月下旬，密西西比河仍然没有降到洪水水位之下，大部分决堤处的河水仍在灌入淹没区。不过，3 月和 4 月被淹的那些地方，已经努力回到貌似正常的状态了。即使大河仍处于泛滥期，伊利诺伊州、密苏里州、田纳西州、阿肯色州的土地，包括华盛顿县那些地势最高的土地，已经开始露出水面了。人们开始在大河形成的淤泥中种棉花。他们用脚踏出一排排田垄，将种子丢入，再用脚把种子踩到深处。

　　格林维尔市也在努力回返正常状态。5 月下旬时，这座城市将近一半的地方已经排干水了。瓦因曼木材厂重新开工，这是那些大雇主中第一家这样做的。吉瓦尼斯俱乐部（Kiwanis）[1] 召开了决堤之后的首次会议。美国退伍军人协会的邮件投票，以压倒性多数决定不取消由格林维尔市承办州退伍军人协会代表大会的计划，大会计划在 7 月 28 日召开。的确，城市领导人打算利用这次会议来宣布城市的再生。利莱·珀西计划邀请美国副总统查尔斯·道斯出席会议。城市负责卫生的官员预料："到 7 月 28 日，我们的城市将会非常干净，看起来会像一个夏日度假地。"[1]

---

[1] 美国工商业人士的一个俱乐部。——译注

然而，密西西比河又开始涨水了。开罗市的水位上涨了 6 英尺，还可以看到有更多的水将要到来。

又一场洪峰在威胁三角洲，这消息激起了人们一种带着愤怒的疲倦感，以及咬紧牙关的决心。一个来到格林维尔市的社会工作者说："焦虑总是会有的，而欢乐、满足、微笑和欢笑如同被淹种植园中的干燥土地一样珍稀，几乎每个人的脸上都显现出一种坚韧的决心。"[2] 这种决心体现于填好那道防护堤上几千英尺的缺口，以抵御河水再次进入城市。填好这处缺口是一项艰巨的工作——水流仍然以每小时 8 英里的速度流过，但一旦成功就可以使城市免除毁灭性的洪水冲击，更可以避免具有损害力的对人们精神的负面影响。填实缺口需要 1 000 人以上的劳动力昼夜不停地工作，而劳动力的主体当然还是黑人。

威廉想把所需的劳动力召集起来，找到了那些他原来就找来开过会的黑人牧师。这些人之中，有几个人同意组织一个委员会，"目的是与红十字会合作……在 W.A. 珀西的指导下工作……我们在这里工作，这就是服务"。然而，《芝加哥守卫者报》称为"奸佞"和"汤姆叔叔"的这些牧师，却没有带来劳动力。[3]

5 月 31 日，利莱、威廉和市长在市政厅召开了一次不同寻常的民众大会——之所以不同寻常，是因为白人和黑人都被明确催促前来参加。一名市议员宣布，本市的财政资源已经耗尽在购买填实缺口的沙袋和其他材料上，已经没有钱来支付劳动力的工钱了。但是，它必须使用这些劳动力，哪怕这意味着采取强制措施。于是，市议会投票通过了一项决议："我们提议在将要到来的涨水之前填好防护堤上的缺口。完成这项工作需要免费的劳力。我们希望有志愿者来做这项工作，今天晚上就征求志愿者。不过，如果征求不到足够的志愿者，那么就必须采取征用的办法。"[4]

征用只针对黑人。那些前来开会的黑人强硬抗议。黑人约翰·麦克米勒经营一家丧葬协会，他站起来说："枪就是问题所在。所有白人都带着枪。如果你们把枪扔下，明天早上就会有一千黑人来到堤上。"[5]

其他黑人也都低声附和。另一个黑人利维·查皮也站了出来。[6]他经营一家印刷厂和一份报纸（报纸需要白人容许才能存在，所以它与《芝加哥守卫者报》大不相同），曾经在种族问题上与利莱·珀西合作过。"我们是格林维尔市的公民，我们有自己的领袖，"他说，"我们觉得这个征用体制不好。如果你们让我们来搞一个计划，我想结果会更好。"[7]

利莱和其他城市领导人同意让黑人自行组织。对于威廉的领导力来说，这又是一次打击。查皮、麦克米勒和其他人召集黑人社群马上到一个教堂去开会，参会的有几百人。麦克米勒首先讲话。他说：我们肯定不喜欢事情发展到现在这个样子，本不应该发生的事情却发生了。但是，密西西比河不会管它淹死的是白人还是黑人，刚刚我们的社区被水淹得最深，我们的家将被洪水覆盖。现在我们已经开始修理和打扫自己的家了，可是水一来，所有这些工作都是白干。如果我们自愿填堤的话，这不是救白人，而是救我们自己。十几个人对此表示同意。也有人提醒在场的每一个人，白人是一定要让黑人来干这个活的。[8]所以，问题就是：是按照自己的意愿来干呢？还是如同奴隶一样被人用枪逼着干？[9]

不理睬威廉任命的那些黑人牧师已经组织的那个委员会，这次会议形成了一个"黑人总务委员会"来处理对劳工的所有需求，并负责与威廉·珀西以及红十字会打交道。这个委员会中没有人是白人的工具，尽管有些人与白人关系挺近。拉夫·C.B.扬担任这个委员会的主席，查皮担任秘书，麦克米勒也是成员，还有Q.利昂·托勒医生——他父亲是一个性情刚烈、有主见的黑人地主，曾经煽动佃农们反抗。利莱曾经指示他的工头："如果你当场发现了他（托勒），我并不反对你对他狠。"[10]委员会的其他成员还包括另外一个医生、一个牙医、两个殡仪员，以及一个名叫J.R.威利的汽车推销员——他曾在"三角洲与松林地种植园"成立一周年那天赶去，在几个小时内卖出了19辆汽车。

这个委员会中还有名不见经传的黑人。伊曼纽尔·史密斯经营赌场和妓院，总是穿条纹裤子，圆头鞋上钉有铜钉，系白鞋带。周日那些行为本分的人去纳尔逊大街的教堂时，要路过小酒吧、毒品窝和妓院，他确保不会骚扰他们。[11] 还有一个名叫 J.H. 比文斯的修鞋匠，他不从白人那里得到任何东西。另有一个木匠叫 J.D. 福勒，他有时替白人干点活，但却很恨白人，愤恨之情往往溢于言表，以致没有什么人接近他，就连其他黑人也担心被人看见与他在一起。[12]

查皮为这个委员会印制了招贴，在全城各处张贴："需要 500 个黑人！"招贴上的文字是："必须马上召齐足够的人数，以避免强迫行动……做出你的选择——周日早上 6 点钟去做志愿者，或者是周日下午 6 点钟被强迫着去。"[13]

周日上午，将近 1 000 名黑人出现在堤上，另有几十个白人作为监工。一个黑人早就不信任的白人佩带了一把手枪，麦克米勒对现场负责的工程师 W.E. 埃兰说："我遵守了我的诺言。可你们却食言了。"[14] 埃兰走向这个佩枪的白人，把枪从枪套中拔出，扔进了河中。

黑人来干活了。他们每天都来干活，一次数百人，昼夜不停，一天接一天地干。在 8 天的时间里，他们顶着恶臭和酷热挥汗如雨，手工打桩，装填沙袋，搭建滑道把沙袋倾倒到决口中，在两条驳船上工作。

到了第 8 天，决口堵上了，垒得与河堤一样高。就在河水开始上涨之前，他们完成了工作。河水在防护堤前上升了 4 个沙袋的高度——比堤高了 2 英尺。[15] 然而，堤守住了。这一年，人与河的这场长期搏斗中，只有格林维尔市这道防护堤决口被堵住，是人取得的唯一胜利。

6 月 7 日，格林维尔市的人们在桑格尔剧院举行庆祝活动，黑人和白人都被请来参加。红十字会的仓库把肉、面粉、桃子罐头，甚至是稀有而珍贵的白糖都翻了出来，宾馆厨房和餐馆忙着准备饭。会场里音乐回响，舞台上有喜剧表演，处处欢声笑语。从 3 月开始与洪水作战以来，这是这个城市最接近于快乐放松的时候。白人对黑人不吝赞扬。威廉公开讲话,不过,他讲得不切题,即使当地报纸是由他组织的委员会中的一个成员掌管,也没有刊登他的这场讲话。市议会通过的一个决议在会上宣读,感谢"我们的黑人公民,作为格林维尔市的公民,在防护堤的工作上,他们心甘情愿地做出了极有价值的服务。他们的公民精神值得赞美"。[16] 一位名叫赫兹尔伍德·法里什的著名律师对黑人说:"你们得到了格林维尔市人民永远的感谢……在三角洲这里,尤其是在华盛顿县,种族之间一直有完美的和谐,这里永远不会有别的其他东西。密西西比河三角洲就是黑人能够找到的最好家园。这里的白人将保护你们的利益,关照你们的家庭。我们想让你们永远有这种合作者的感觉,我们这几天正有这样的感觉。"[17]

这场庆祝活动之后,查皮、麦克米勒和黑人总务委员会的其他成员在县政府召开了一个"所有有色人种公民"的大会。"这次大会不去讨论黑暗的过去,"而是宣布,"我们要往前看。"[18]

然而,格林维尔市已经耗尽了自己,它的压力并没有缓解,生活事实上变得更为严酷了。州里的救灾负责人 L.O. 克罗斯比向胡佛建议:"给灾民和家畜的口粮和饲料可以减半,因为河水正在上涨,人们没什么工作可做。"[19] 这个建议让胡佛震惊,让他再次意识到密西西比是一个不同的世界。他否定了减少人的口粮,但同意减少家畜的饲料。[20] 不过,忧虑于红十字会是否有足够的资金来支撑过冬,给人的配给还是做了调整。密西西比州的所有灾民营,每人每天的食品费用是 21 美分,而华盛顿县的灾民营只有 15 美分。[21] 白人把红十字会的较好食品留给自己。一个白人说,把好食品给黑人,"那就是教他们养成许多昂贵的习惯。把以前他们没有接触过的东西给他们,这完全没有意义。"[22]

然而,还有活得干,而且是更为艰巨的活。防护堤决口填好几周之

328

后，威廉在给朋友的信中写道，华盛顿县"仍然一片废墟，令人忧伤……铁路上的水仍然有4英尺高，与外界的联系切断，41 000人靠红十字会养活"。[23] 随着河里的水和城市里的水都逐渐退去，水变浅而不能使用船只来运送给养了，只好用骡子和大车来运输，在齐膝深的水和齐腰深的泥中行走数英里。黑人来牵骡拉车，在泥浆中跋涉，一身臭汗。

黑人与白人之间的气氛不那么融洽了。防护堤带来的胜利被证明是虎头蛇尾。"我们精疲力竭了，"威廉承认，"［人们］在攫取，每个人都想弄到能弄到的东西，而且还想要更多。民众的这种堕落甚至影响到我们的……委员会成员，他们或大发脾气，或内斗不休，或辞职走人，每个人都在责备别人……我们到处都可以发现实实在在的欺诈。这真是一个卑劣的时期。"[24]

随着人们回到自己的家，开始自己的营生，这种紧张更为加剧。清扫环境显得没有尽头，没有希望，到处都是结了块的泥浆，到处是这种创造出了三角洲的冲积层，厚达4英寸至8英寸。这层厚泥散发出浓烈的恶臭，如同粪肥与沼气搅和在一起。响尾蛇、水蛇、青蛙、虫子和蜘蛛在房屋内出没，到处都是死亡的味道。死鱼和死掉的小龙虾——它们有几千万只，填满了水沟，平铺在街道，腐烂发臭。珀西·贝尔让他的家人离远一点："城里的每家商店，当开门清扫时，气味吓人，走进温伯格大楼的入口，如同走进了阴沟……报纸对商铺开业的报道完全是误导……根本没有新鲜的肉类，也不说什么时候我们能买到新鲜肉类。"[25]

装卸物资是"黑人的活"，打扫卫生是"黑人的活"。在防护堤堵上之后，黑人总务委员会仍然向红十字会提供劳动力，后来，当警察来征用黑人劳工团时，遭到了委员会的拒绝。

胡佛第二次造访格林维尔市时，陪同他视察的有克罗斯比、利莱、威廉和其他一些人。大家乘坐两条船前往利兰。克罗斯比坐的那条船着火了，人们纷纷跳入10英尺深的水中。[26] 另一条船上的人，包括利莱和胡佛，不得不如同船工一样，把这些人拉上船，但还是有一个人因为受伤，后来死去。这次事故在珀西家族与胡佛之间建立了一种更为紧密的联系，胡佛后来尽自己所能为他们做事，也包括这种视察。为了平息种族关系的紧张，在胡佛第三次来访时，利莱请他给黑人社群讲话。

这次集会是在纳尔逊大街的圣马修中心召开的，这是黑人社群的文化中心，朗斯顿·休斯、李奥汀·普莱斯和其他全国知名的黑人名人都曾在这里表演过或发表过讲话。对胡佛来说，今天这里充满了仁慈与博爱。一个红十字会工作人员这样报道："大会的开始就很吉祥。一个黑人兄弟朗读了一段祷文，完全是对那些致力于让他的人民'恢复正常生活'者的快乐赐福……坐在左边的是 25 位歌手，他们未拿曲谱，吟唱的音乐让听众热泪盈眶，台上台下展现出难以形容的和谐，仿佛消解了任何疑虑。"[27] 然后，胡佛讲话，他讲得非常轻柔，声音小得几乎听不见，这与雄浑的黑人声音形成了鲜明对比。然而，胡佛拥有权力。

随后，胡佛出席了一场"扶轮社"的午宴和一场白人集会。"除了那场大战，再也没有过灾难能与这场洪水相比。"[28] 胡佛说。在场者无不同意。然而，他的声音又几乎听不到了，他对人们的英勇和领导能力的赞扬没有让听众激动。

就在胡佛走后，那个曾匿名给柯立芝总统写信的黑人牧师，又匿名给胡佛写信。这位牧师抱怨现在只有黑人的宠物才敢接近他，复述了对格林维尔市白人社群的许多具体控诉。[29] 胡佛把这封信转给了莫顿。此时灾区仍然有着深深的急流，邪恶的急流。

随着洪水退去，针对黑人的暴力潮爆发了。在小石城，因为被指控袭击了两个姑娘，一个黑人被捆在一辆汽车上，在市中心的街道上游行。此时正是交通高峰，后面跟着的那十几辆汽车喇叭齐鸣，仿佛是庆祝一场足球赛的胜利。接下来，这个黑人被扔到一堆着火的木柴上，活活烧死了。现场照片表明，警察在一旁观看。[30]

路易斯安那州的莱克普罗维登斯市，位于格林维尔市下游40英里。这里的市长命令一个黑人保险代理人到河堤上去干活，此人拒绝了。这个新来到三角洲地区的市长就开枪打死了他。[31]

密西西比州的路易斯维尔，两个黑人被控告杀死了一个白人农民。警长逮捕了这两个黑人。一群暴民从警长手中"夺走了"这两个黑人，在火刑柱上烧死了他们。[32]

田纳西州的巴黎市，一个"发狂的黑人"打死了一名推开他小屋门来抓他的警长。一群暴民很快形成。当这个黑人走出自家走廊时，被立马打死。[33]

密西西比州杰克逊市，州长不得不动用军队来制止另外一起私刑，并且马上对所指控的黑人杀人者进行快审——从逮捕到定罪只有5天，才算是平息了动荡。[34]

亚祖城，被指控袭击了一名白人女孩的一个黑人失踪了。几天之后，人们发现一棵树上吊着他满是弹孔的尸体。[35]

珀西家族一直阻止在格林维尔市发生这样的事情。在华盛顿县，历史上只发生过两起私刑事件，最近几十年没有发生过——这两起私刑的被处死者中，还有一人是杀害了一个黑人的白人。珀西家族体现着一家黑人报纸《路易斯安那周刊》（*Louisiana Weekly*）所说的"一个令人吃惊的保护者榜样，表明一个地位很高、拥有权威的南方白人的守法和对黑人的尊重"。[36]然而，时代改变了。

6月14日，莫顿的黑人咨询委员会就它的初步报告写了一个草稿。克劳德·巴奈特对格林维尔市的评价是"麻烦发生之地"。[37]这份报告证实黑人灾民"如果没有来自白人的命令，就不能保证得到配给"，黑人发现这是"压迫"；"黑人男性被士兵殴打，被枪逼着干活。不止一起肆意谋杀是这些士兵所为……黑人妇女和女孩被这些士兵侮辱——强奸。"[38]

在第一次世界大战中,威廉·亚历山大·珀西一直很冷静,战火中的表现令人钦佩;然而那场战争只证明了他的执行能力,而洪水则要证明他诱导其他人去执行任务的能力。这场考试他没通过。平心而论,他的任务相当困难。从伊利诺伊州到墨西哥湾,整个洪灾区域所有的县中,华盛顿县是唯一遭受了最为毁灭性打击的县。它有 2 200 座建筑完全被冲走,数千座建筑被损或被毁。红十字会的官方记录是 120 人淹死,但死亡总数——包括没有记录到的溺水和不为人所知的死亡,很可能至少是这个数字的两倍,可能比这个数字要高得多。根据官方记录,损失了 11 255 头骡、马、牛和猪。总体而言,华盛顿县得到的援助是密西西比州其他任何县所得援助的 2 倍,是路易斯安那州任何县所得援助的 3 倍,是阿肯色州任何县所得援助的 4 倍,也几乎是密苏里州、伊利诺伊州、田纳西州和肯塔基州合起来所得全部援助的 2 倍。[39]

然而,即使考虑到这种挑战的严重性,威廉的领导能力仍显不足。到 6 月中旬时,阿肯色州和密西西比州的所有其他红十字会分会——总数超过 40 个,已经获得了越来越多的权威和独立性,"它们显示了能力,它们的作用得到了证明",红十字会专业人士这样评判它们。[40] 只有威廉·珀西领导的华盛顿县红十字会分会,没有显示出足够的能力。到了 7 月,阿肯色州、路易斯安那州和密西西比州的所有遭灾县域,都得到了洛克菲勒基金会资助的公共卫生项目,只有一个县除外——尽管华盛顿县遭遇了如此大的灾难,却被撇在了外面,因为威廉未能控制住内部政治争论,从而被基金会忽略。[41]

利莱·珀西也帮不了儿子。他在芝加哥,在一个有史以来最大的密西西比河治理大会的执行委员会中工作。他带领兼任纽约欧文信托公司和美国商会主席两职的路易斯·皮尔森、其他一些金融家和美国一些领军制造商，参加了美国商会组织的对整个洪灾地区的巡视。利莱在阿肯色州会见了一些同辈，商讨怎样想办法让联邦政府负责堤坝系统。他还想说服纽约、芝加哥、圣路易斯和新奥尔良的债权人，让他们或是免除种植园主们25%的债务，或是"接管土地……偿还它们的大部分欠税，从而让修复过程得以开始"，以此来重建三角洲的财政。[42]

威廉的命令曾经助长了对黑人的虐待，现在他无法阻止这些虐待了。他也无法阻止欺诈，无法阻止红十字会物资分发者们将那些免费物资囤积起来再出售赚钱，无法阻止对领取这些免费物资的黑人灾民收费。红十字会全国总会决定对华盛顿县的牟取暴利和盗窃行径进行一次秘密调查。[43]威廉得知后非常愤怒，出于自尊，激烈地表示要辞职，他写道："我对此极为憎恶……如果你们想让我继续工作，我就要提出一个条件：我必须得到一个声明，在华盛顿县没有秘密调查，所有的调查者都要向我报告……如果我来负责这个县，那么我就要管控这个县的所有雇员。"[44]

红十字会撤回了调查员。然而，威廉已经无法控制住局势。他通过写诗逃避现实。此前，他曾告诉耶鲁大学出版社的负责人，自己没有时间来做"耶鲁青年诗人丛书"的编辑，建议另择他人。从那以后，尽管格林维尔市的洪水终于开始退去，但它仍然满目疮痍，与世隔绝，在供应灾民的压力上又增加了清理环境的压力。可是，威廉现在主动要求并且得到了35份诗歌集的手稿。[45]

7月7日，为了缓解黑人的敌意，市长终于自决堤之后首次进行安抚了。他任命了一个"黑人救助委员会"（Colored Aid Committee），要在桑格尔剧院组织一次义演，"将这次演出的全部收益交给黑人，用于他们的救济工作"。[46]黑人总务委员会的领导人将管理这笔收益。

然而，这笔收益却永远没有兑现。就在义演当天，名叫詹姆斯·莫斯利和帕特·西蒙斯的两个警察被指派去征用一些劳工，一辆卡车等着将劳工送到河堤上去。这两个警察分头行动。莫斯利是在洪水暴发前不久才加入警队的，他对格林维尔市的传统所知不多，但却很了解几周来是怎样对待黑人的。在德莱赛波斯街口——富有讽刺意味的是，正是珀西大街的街口，莫斯利发现了一个坐在自家门廊前的黑人。此人名叫詹姆斯·戈登，是黑人社群中一个广受尊敬者，珀西家的人也认识他。他昨天晚上已经干了一晚的活。莫斯利命令他上卡车，戈登摇头拒绝。

"黑鬼，你得去干活。"

"不，先生。不，先生，我刚刚干完活。"

"黑鬼，不要顶嘴。"

"不，先生，我不是与你顶嘴。"

戈登从门廊站起身来，走进家里，把门关上。莫斯利跟着他走了进去，并拔出了枪。戈登立在原地。

"黑鬼！把你的黑屁股塞进那辆卡车去。"

"你这白人，不要把枪对着我！"

按照莫斯利的说法，戈登去抢枪，于是他开枪了。然而，戈登对那些抬他去医院的黑人讲述了不同的情况。[47] 为了把他救过来，两个白人医生对他做了截肢手术，但詹姆斯·戈登还是死了。[48]

这个消息传遍了黑人社区。群情激愤的黑人不再干活。驳船的卸货停止了，前往那些内陆灾民点的装货停止了，清理白人商铺污泥的工作停止了。白人社群开始紧张了。格林维尔市的黑人超过 1 万人，白人却不到 4 千。威廉从"我自己的黑人线人"处听说，可能会发生暴力报复。罗兹·沃森回忆："我们对这里发生种族骚乱做了准备……我们觉得黑人会暴动。每个人都在买枪。"[49]

为了安抚黑人社群，莫利斯被逮捕了，据说会进行审判。没有人相信这是真的。县检察官仍然是拉伊·图姆斯，他是本地的三 K 党成员（莫利斯的确从未被起诉）。

全市变成了一个军营，生活在这座城市里的黑人和白人全都有了武器。在河堤上，黑人手边则有铁铲、锄头和砍刀可用。白人和黑人的恐惧都在滋长。这是一种深层的恐惧，不是一种外在的东西，而是渗入到内心的东西，它在一个人的心灵深处萌生，然后弥漫到整个社群，它是一种根本性的恐惧，提醒着每个人自己的身份。然而，威廉却享受这种恐惧氛围。在证明是珀西家族成员的其他一切事情上，他都失败了，但在显示勇气上他却从来没有退缩过。他后来写道："我告诉我的线人，我要在黑人的教堂里召开一次黑人大会，就在那天晚上，我要对他们讲话。他激烈反对我这个想法，说黑人全都有武器，他们全都说是我制造了这起杀人事件。不过，我还是召开了这次大会。"[50]

查皮、麦克米勒和黑人总务委员会的其他成员同意在西奈山教堂听威廉讲话。这是一座有着强烈情感历史的美丽石头教堂，查皮的父亲曾在这里卷入一场激烈争论，结果被人从窗户扔到了外面的街上。[51]这里的牧师 E.M. 韦丁顿受过大学教育，身材魁梧，孔武有力，很可能就是写匿名信给柯立芝和胡佛的当事者。

威廉到来后，教堂几乎是空的。静默地，黑人一个接一个地进来了。这种安静让人有不祥之感。最终，在教堂坐满后，韦丁顿站起来，依威廉所说是"阴冷地说道：'我来读一段圣经'。他不加评说地读了《创世纪》中关于洪水的那段，给人的感觉如同冰水刺骨。然后他说：'随我一起唱圣歌吧。'这圣歌我从来没有听过……是一种带有威胁意味的、有节奏的粗犷吟诵。我可以感受到他们的兴奋和仇恨已经发展为狂暴……牧师转向了我。"[52]

通常而言，任何白人来访者——尤其珀西家的人，在向黑人听众发表讲话之前，都会有一个热情洋溢的介绍。现在，韦丁顿只是简单地说："各位，这是珀西先生，红十字会主席。"没有鼓掌欢迎，他走上了讲道坛，站在那里，代表着他的阶级和种族的全部力量。在他面前，是一片黑色面孔、黑色颈脖、黑色手臂的起伏海洋。

突然，威廉自己不能承认的那一切，似乎一下子让他变得愤怒。他

不是来解释的。珀西家的人不解释。如果他按珀西家族的标准来衡量不够格的话，那么这就更使他冷酷、严厉和易怒。"当被人作弄时，"他曾这样说，"我发现凶狠比众多美德更起作用。"[53]

他的语速迟缓，但充满愤怒："一个守法的黑人被一个白人警察杀了。城里的每个白人心里都感到遗憾，感到羞愧。这个警察已经进了监牢，将受到审判。我看着你们的脸，看到了愤怒和仇恨……在4个月的时间里，我不睡觉地尽力帮助并为你们黑人感到忧虑。城里的每个白人都在这样做……我们白人原本可以走掉，让你们自救。但我们留了下来，与你们在一起，为你们日夜操劳。在所有这段时间中，你们黑人什么也没做，既没有为你们自己也没有为我们做任何事……由于你们罪孽的、可耻的懒惰，你们拒绝为你们的利益而工作，除非有酬劳可拿，于是你们中的一个人被杀了。现在，你们坐在我面前，恼怒而充满仇恨，似乎你们有权利来谴责任何人或评判任何人……觉得我就是杀人者。那么，我来告诉你们，谁是杀人者……我不是！那个愚蠢的年轻警察也不是！杀人者就是你们！你们的双手正在滴血。看看各自的脸吧，看看上帝放在这些面孔上的羞愧和惊恐吧。跪下来吧，杀人者们，祈求你们的神不要去行使你们应该得到的惩罚。"[54]

珀西家族与黑人之间的那根纽带终于断了。三角洲，这片曾经向黑人承诺了那么多馈赠的土地，终于彻底地变成了忧郁悲观之地。

黑人听众的确跪下了，但他们为何而跪却是威廉所不知道的。

洪灾地区一共有154座灾民营，发生过许多虐待。各县的救灾委员会违反红十字会章程，通常把物资交给种植园主们，种植园主们分发给佃农——常常是收钱的。多数时候，黑人灾民得到的食物不如白人；通常

而言——尤其是在密西西比州，佃农没有离开的自由。这些地方也都出现过暴行。然而，唯独在格林维尔市，有这么多的极端控诉；唯独在格林维尔市，虐待看来是系统性的。

"我亲爱的珀西，"在戈登被杀的两天之前，胡佛这样写信给威廉，"我觉得，你承担着洪灾地区那唯一一个最大的重担。我们全都为你所做的那些感到骄傲，我自己尤其感到满意，因为这证明我很久以前对你的最初判断是对的。"[55]

但事实上却不尽然。威廉·珀西是失败的。红十字会专业人士评判邻近的三角洲其他县有"强有力的救灾委员会，以非常务实的态度来运作"，或是做了"毫无疑问的很好工作"，或者至少是"毫无疑问令人满意"。[56] 至于威廉，他们找了一些借口："无人能够讲述最初几天发生了什么。不管可能犯了什么错误，由于惊恐和混乱，绝大部分是可以原谅的……珀西先生在工作中运用了丰富经验。虽然他的计划并非总是很切实，也多少受到本地不同看法的支配，但他是深深执着于诚挚服务之愿望的。"[57]

威廉可以面对一个事实——他永远也成不了父亲那样的人。他甚至可以面对一个事实——他辜负了他的父亲；但他不能接受父亲辜负他。这不是因为父亲的光环曾经笼罩了他，甚至也不是因为父亲曾经推翻过他，而是因为他无法去钦佩父亲所做之事。他无法面对父亲的无情，无法面对父亲拒绝承认他信奉的那些东西。一个人必须面对真实，否则就只能落入滑稽或悲剧的处境，没有办法成为英雄人物。父亲珀西常常扮演着英雄般的角色；在那场战争中，威廉是英雄人物。现在，无论是父亲还是他，都不再是英雄人物了。

开始时，威廉曾把那些逃出城去的人嘲讽为胆小的"兔子"；现在他也不能忍受批评，不能忍受公开的失败，不能忍受被架空，不能忍受真相了。

开始时，威廉曾经退缩到诗歌之中去，要来那些诗人手稿进行审阅。现在，尽管他的编辑工作并没有完成，但却在 8 月 31 日把这些手稿寄回了出版社，解释说自己之所以"推掉责任"是因为"坦白而言，我在精神上和智力上已是那般疲惫厌烦"。[58]

实际上也是在这一天，他辞去了救灾委员会主任的职务。胡佛于 9 月 1 日又来到了格林维尔市，威廉没有见他。9 月 1 日这天，威廉逃离了格林维尔市。他逃离之日，正是华盛顿县最需要帮助之时。当时他父亲曾这样写信给一个朋友："我们这里的人要走一条非常艰难的路。我相信，有些人能够走出来，从而获得某种成功。但是，他们之中的许多人受挫失败，感到沮丧，是走不出去的。"[59]

这次胡佛来，向他介绍情况的是利莱，威廉已经在去日本的路上了。他将在外面待几个月，避开格林维尔市，避开批评，避开斗争——避开这一切。

野心勃勃的胡佛，将要处理珀西家族制造的那些麻烦。

第 七 部

权 力 俱 乐 部

第 28 章

密西西比河洪峰终于走完了它的流程。从 1927 年 1 月 1 日起，这条
大河众多洪峰中的第一波，让伊利诺伊州的开罗市达到了洪水水位，接
下来洪水南流，孟斐斯于 1 月 5 日超过洪水水位，维克斯堡是 1 月 16 日，
巴吞鲁日是 2 月 12 日，新奥尔良是 2 月 13 日，但一直到 6 月 30 日，艾
萨克·克莱因仍然在发布每日水情公报。

在密西西比河最狂暴之时，它翻滚咆哮着冲过冲积平原，冲碎了人
类的建造，而且迫使大自然让步——迫使俄亥俄河这条大河倒流。密西
西比河水域宽广，用牧师们的话来说，宽得如同上帝伸展了手臂。然后，
这条河慢慢下降。如同先前的上涨一样，下降时也向南流去，抵达大海。
直到 6 月 14 日，洪水才在开罗市退去，孟斐斯是在 6 月 22 日，维克斯
堡是在 7 月 11 日，巴吞鲁日是在 7 月 14 日。然而，在新奥尔良，一反常态，
河水竟在一个月之前也就是 6 月 12 日，就降到洪水水位之下了。之所以
如此，是因为对圣伯纳德处的河堤使用了 78 000 磅炸药，事实上，并不
需要这次爆炸来救新奥尔良，但爆炸的确降低了河水水位。

当密西西比河下游区域绝大部分地方都在应对 6 月的涨水时，新奥
尔良却开始了它的商贸活动，如同这次洪水从未发生过一样，感觉到的

只有浓浓夏意。这是一个炎热的夏天，即使对新奥尔良也是如此。高雅的森格尔剧院——它用价值 25 000 美元的枝形吊灯装饰，这些吊灯是从法国一个大城堡运来的；大厅内第一次用了空调，于是演出爆满，应接不暇。在夏夜的炎热中，其他地方，如法国区，如有色人种的那些街区，如延伸至圣伯纳德一线的第九区盒式房屋区，如河对面的阿尔及尔人聚居区，男人和女人们坐在阳台上和门廊里，逃避炎热。沿着贝森街进入斯特利维尔剩下的部分，进入法国区，进入那些蒸汽缭绕的俱乐部，爵士乐曼妙四溢，如同一条河流穿行于城市之中。

已经到了处理善后事宜的时候，这座城市的精英阶层也将以此展示自己。这种展示将具有重大意义。

掌管新奥尔良的那些人成功了。坐在办公室里，新装上的密封的窗户可以隔开热浪和音乐声浪，空调的奇迹能够让室内清凉下来，这些人将判断洪水对圣伯纳德和普拉克明造成了什么样的影响。尤其是詹姆斯·巴特勒，主要由他来做出这个判断。不同于毕业于巴黎大学、成为杜兰大学教授的哥哥，巴特勒不是知识分子，却也自信于处理一些重大问题的能力，诸如处理社会、权力、金钱和个人利益相交织的关键问题。的确，他就坐在这些东西的关联点上：他领导的这家银行，是南方唯一的世界最大银行之一；他的妻子是"神秘俱乐部"的王后；他是新奥尔良市"公民救灾委员会"的主席；他和约翰·帕克在"三州洪水治理委员会"（TriState Flood Control Committee）中代表着路易斯安那州——在这个特别委员会中，利莱·珀西代表着密西西比州，约翰·马蒂诺州长代表着阿肯色州。这几个人将一起与胡佛面对面讨论，筹划联邦政府对这场洪灾的长期处理方案。这种处理将会影响极其深远。

巴特勒也掌控着如何对待炸堤造成的数千名受害者问题。红十字会和胡佛已经撇清了他们所有的责任，宣称责任全在新奥尔良市商界，而新奥尔良市则把责任交给了巴特勒。在没有任何法律授权的情况下，巴特勒从"公民救灾委员会"中挑选出一个执行委员会来决定这座城市该做什么。然而，他发现即使是这个执行委员会也过于累赘。于是，他就与一个更小也更为不正式的小组每天上午 8 点开会，工作日在他的办公室里，周末则去他家。这个小组成员包括爱尔兰银行行长鲁道夫·赫克特、J. 布兰克·门罗和 H. 葛勒斯·杜富尔。巴特勒、赫克特，后来还有门罗——这个律师兼银行家在补偿灾民的事务中代表这座城市，三人都是城市债务清算委员会的成员。杜富尔是赫克特的密友，是清算委员会的律师。

这几个人和他们的同事一直秘密掌管着这座城市，现在行使权力则是不加掩饰了，而且连某种仪式手续都不需要。当著名喜剧演员威尔·罗杰斯提出在新奥尔良搞一场义演时，不是市长而是巴特勒表示接受："我诚挚感谢您如此慷慨的提议。"[1] 现在，他们开始将自己的权重用来反对、紧紧管控和压制那些处于他们控制之下的人与机构。

巴勒特已经创建了"紧急票据交换所宣传委员会"来处理新奥尔良市的公共关系。这个委员会的第一个举措就是威吓新奥尔良市的商界。这种威吓有着悠久的历史。在炸堤之前一个月，商业协会就指责 92 家公司购买本市之外的邮票，希图从本地经济中撤资。[2] 河水上涨时，有几家公司想抛售自己的存货。奥蒂斯红木公司（Otis Mahogany Company）没有弄到洪灾保险，于是告诉自己全国各地的客户："我们业已决定实施几天的减价销售，以便快速运走相当数量的红木。这样，如果发生了任何事情，我们的洪灾损失也会减到最小。"[3] 结果，宣传委员会警告奥蒂斯公司："这种信函……有可能对新奥尔良造成严重的损害。"这威吓之语就写在新奥尔良票据交换所的信笺上，含蓄地威胁银行会让这家公司负起责任。宣传委员会甚至攻击沃尔特·帕克这样的新奥尔良支持者。此人是商业协会的董事，也是"安全河流百人委员会"的执行理事，他给"芬纳与比恩"（Fenner & Beane）这家经纪行的客户送了一份新奥尔良将欠多少补偿款的估算，结果也被警告。[4] 同时，地方报纸的编辑们也被告诫："能够改善公众对本市状况之印象的任何公告和进展，都应该给予醒目大字标题。"这些报纸马上就开始轮番刊登"城市不再危险"之类的头版头条新闻。[5]

接下来，这部公关机器转向外界，以一种异乎寻常的努力来让世界相信新奥尔良从未受到密西西比河的威胁。巴特勒曾向 2 100 家银行和投资公司保证新奥尔良是安全的，宣传委员会已经把他这个保证广为散发，并且安排陆军工程师宣扬城市不再危险的论调，由电台反复播出；它还迫使穆迪投资服务公司（Moody's Investors Service）[1] 对自己发出去的一封电报做了修改。[6] 随着危机缓解，宣传委员会与全国各地 5 月和 6 月将要召开的 265 场大会主办方联系，告诉他们新奥尔良市从未陷于危险，请求这些大会通过治理洪水的决议。[7] 宣传委员会还向 300 家行业杂志发去了专题报道，给美国每一家商会打了电报，寄出了 4 万份杰德温将军声明新奥尔良市安全的复印件，与吉瓦尼斯俱乐部、扶轮社、狮子会（Lions）、几十家房地产董事会进行联系，并且催促本市每一家大型公司给自己世界各地的客户写信，告知他们"事实"。有时，宣传委员会还会进行威胁。糖业经纪人 W.K. 西戈就这样警告一个人："新奥尔良……慷慨帮助洪灾地区那些身陷实际苦难中的人，我们向她的那些诽谤者们推荐她这个美好榜样，提醒他们，审判他们的日子将会到来，诸神之磨将把他们慢慢磨成齑粉。"[8]

与此同时，新奥尔良市委员会也直接对媒体施加压力。《圣伯纳德之声》一直抱怨炸堤没有必要，圣伯纳德和普拉克明因"金融利益"被牺牲，那些人只关心投资者的信心。那些跟随胡佛巡视的记者相信这个说

342

---

[1] 这是美国一家调查商号信用的公司。——译注

法。密西西比河上游远方的自然决堤，证明炸堤没有必要。从马萨诸塞州的斯普林菲尔德市，到密歇根州的卡拉马祖市，各地报纸的社论都开始批评新奥尔良市。[9]《孟斐斯商业诉求报》嘲弄地写道："新奥尔良的'巴比特式作风'（Babbitry）[1]……如果新奥尔良真的淹了，这个世界也不会知道，除非那里有外界的记者。新奥尔良市的报纸没有告诉自己的民众真实情况，它们担心的是商业萧条。这座城市的许多领导人，宁可冒险去损失生命和毁灭财产，也不愿面对谷物市场下滑几个等级、棉花价格跌落 50 到 100 个点，或新奥尔良市股票在压力下跌到最低的可能性。"[10]

新奥尔良市的金融利益方对此反应非常激烈，以至于《孟斐斯商业诉求报》不得不道歉，并同意再也不刊登这类文章了。接下来，这座城市开始出击。巴特勒的宣传委员会已经承诺与全国各家新闻纪录片公司合作，现在它又与覆盖了数百家报纸的两家剪报服务公司签订合同，它们会"仔细地浏览那些错误言论"。宣传委员会则在《纽约时报》《纽约太阳报》（New York Sun）《文学文摘》《亚特兰大日报》（Atlanta Journal）、《辛辛那提问讯报》（Cincinnati Enquirer）、《伯明翰新闻报》（Birmingham News）、合众社（United Press）以及数十家其他报纸刊登纠正声明。[11]《新奥尔良时代花絮报》的一位主管阿尔文·霍华德通知巴特勒，"那位著名作家"理查德·蔡尔德（Richard Child）就在城里，正在为《星期六晚邮报》（Saturday Evening Post）写文章。他建议新奥尔良市商界和新闻界的顶层人物与这位作家接触，对他的写作施加影响。他的建议被采纳了。

委员会还请吉姆·汤姆森帮忙。汤姆森通过遍布全国的政治关系以及在弗吉尼亚和新奥尔良拥有的报纸，在新闻界混得很熟。他说服通讯社的高管们合作，并给《编辑与出版家》（Editor and Publisher）——一

---

[1] 指市侩价值观念或行为态度。——译注

家面向报界高管的行业杂志、"南方报业出版协会"（*Southern Newspaper Publishers Association*）以及其他地方写信，说："代表新奥尔良所有商业利益的一个公民委员会请求我，在美国各地的新闻编辑和图片编辑面前，尽量纠正若干令人遗憾和造成损害的错误印象，即专家们只担心新奥尔良市自身的安全。"[12]

还有其他的努力来改善这座城市的形象。商业协会——它的领导成员均名列巴特勒的公民委员会中，它1927年的预算是13万美元，财库里还有78 000美元的结余；它给红十字会洪灾救济基金捐了500美元，而招待胡佛的午宴则花了605美元。[13]在这次午宴之前，商业协会还要求警察把市中心街道上的乞丐赶走。它后来报告说："警官希利做了主管，在整整一个月内进行了一系列针对乞丐的清除活动，有21人被逮捕。"[14]

然而，如果说这座城市成功地做到了让全国相信它从未陷于危险——尽管它曾强调在下游炸堤是为了解除自身压力，但却在自己的邻居中制造了怨恨。

《新伊比利亚企业报》（*New Iberia Enterprise*）感谢道："我们那些姊妹小镇以高尚而无私的方式回应我们在困境之中的呼吁，那些赶来的卡车，那些使用自己的交通工具的男人和牛仔，义无反顾地一头扎进繁重的救援工作之中……冒着生命危险。"然而，从新奥尔良却什么也没有得到。"这是多么鲜明的对比。这座大都市以拥有南方规模最大的人口而自夸，却以不回应救援让人侧目！没有一辆印有新奥尔良字样的卡车到来！在这场洪水之前，她那些伟大的日报是如何利用我们的灾难向全世界做戏的？她以如此高昂的代价宣告了自己的安全。"[15]

即使是商业协会的董事会也承认，"在这个国家众多人们的心中，新奥尔良在近期大洪水期间只关心自身的安全。"为了回应，商业协会计划搞一个新的宣传攻势："看看我们能否消除这座城市与这个国家之间业已存在的那种感觉……除非我们能够让这座城市为这个国家所接纳，否则遇到立法事宜时，这座城市就永远会是一个失败者。"[16]

这种努力或许至少会取得某些成功，但由巴特勒和他每天见面的那些人掌控的这座城市，却开始对灾民们实施打击了。

第 29 章

J.布兰克·门罗并不高大，但他的触角却遍及整个新奥尔良。他是这座城市的领军律师，惠特尼银行所有重大决定都由他做出——尽管他只是董事会的成员之一。他还作为"科摩斯"掌管着狂欢节。就长相而言，他年轻时颇似利莱·珀西，显得庄重高贵。他的头发刚刚开始变白，虽然个头不高，但胸肩宽厚，衣着考究，因自信和精力饱满而显得神采奕奕。如同利莱·珀西，他也直接、坚韧、暴躁，但如果他愿意的话，也可以变得富有魅力。无论是咄咄逼人还是风度翩翩，他都显示出冷傲和小气，以及对家族的骄傲感。门罗的姐姐基蒂是这座城市的社会仲裁者，是最著名的女主人，她丈夫是威廉·珀西在哈佛大学时的一个朋友，他们的结婚仪式是威廉主持的。

然而，在一些更为重要的方面，门罗与利莱颇为不同。利莱帮助创建了一个社会，门罗只是体现了一个社会；利莱有着创建一个王国的野心，门罗没有这样的野心，也不期待这个世界向自己低头。

门罗的祖辈中，父系和母系各出了一位总统——詹姆斯·门罗和詹姆斯·波尔克。他的父亲弗兰克·阿代尔·门罗，是路易斯安那州高等法院的首席法官，曾做过杰弗逊·戴维斯和詹姆斯·伊兹的代表，也如同自己的朋友、美国最高法院首席法官爱德华·道格拉斯一样，担任过路易斯安那俱乐部的主席。布兰克·门罗经常在父亲面前争辩案情，而父亲从不要求撤换他，以至于州议会曾考虑通过一个法案，如果一个律师在身为近亲的法官面前争辩案情，那么就要取消他的辩护资格。在关于这个法案的一次听证会上，一名州参议员问一个证人："你讲的是布兰克·门罗，对吧？"此人回答："正是！我讲的就是这个狗崽子！"[1]

毫不令人吃惊，由于门罗在自己社交圈中的优越位置，所以他觉得345这个世界几乎是完美的。作为一个年轻人，1899年他在杜兰大学的毕业典礼上讲话，不是去质疑事物的秩序，而是谈美西战争的遗留问题。关于这种遗留问题很有争议，以至于美国众议院议长"沙皇"托马斯·里德——他很可能是美国历史上最有权势的议长——从国会辞职以示抗议。然而，门罗谈它时丝毫没有质疑、展望或深思，而是宣称："在这场争夺帝国殖民地的激烈斗争中，盎格鲁—撒克逊种族的'气流'正劲吹着我们……〔其他〕国家突然作为邻人隐隐出现，在一场贸易竞争中要加入进来，后来居上……国徽上的鹰爪表明了我们对威望和报酬的要求……我们抵挡不住美国主义的精神，这种精神逼着我们不仅仅付出一般的努力，而且要求我们最广泛的民众去尽最大的努力。我们认识到，我们的确必须承担起白人的重负。"[2]

门罗的威权来自他的能力、他的个人力量，以及他的行当和社会关系。他和他的法律合伙人蒙特·雷曼把他们的律所"门罗与雷曼"变成了一家令人敬畏的律所。雷曼是犹太人，有着全国性的声誉，是菲力克斯·法兰克福特（Felix Frankfurter）[1]的密友和哈佛大学同学，在路易斯安那州的政治事务和休伊·朗的问题上可以对富兰克林·罗斯福总统施加影响，曾经拒绝了让他担任美国上诉法院（U.S. Court of Appeals）法

---

[1] 此人曾任美国最高法院大法官。——译注

官的任命。就法律学问和庭辩而言，雷蒙作为律师要好于门罗。然而，门罗支配着这家律所，对那些助手大吼大叫，有一次还公开指责合伙人雷蒙——雷蒙没有征询他的意见，就为律所订购了一本价值几美元的书。[3]

门罗长于"社交"，这在新奥尔良意味着参与狂欢节。他不仅当过一次"科摩斯"，而且就连那些最有声望的"克鲁"中的"亚特兰蒂斯"也被称为"布兰克·门罗的全资附属公司"。[4] 雷曼由于是犹太人，当然也就从来没有接到过参加狂欢节的邀请。

不过，虽然门罗使用自己的人脉和优势，但他并不依赖它们。他工作非常勤奋，在这方面没有人能超过他。他的眼神能让人不寒而栗。去看病时，医生让他等候，他便给人家寄去耗费了他时间的账单。有人把车停在他家门前，他威胁要把车拖走。他驱赶别人，大发脾气。[5] 一个很熟悉他的律师说："我从来没见过他参加的哪场会议不由他支配。"[6]

在补偿灾民的问题上，巴特勒挑选了门罗代表这座城市，代表金钱。门罗不仅体现着这座城市的权力机构，而且他与圣伯纳德区还有一些私交。门罗已经让圣伯纳德区的警长梅罗医生担任了惠特尼银行的董事——惠特尼银行是南方最为保守的银行之一，而这家银行董事会的另外一个成员称梅罗"极其一般"。[7][20 世纪 90 年代，金融刊物《巴伦》(*Barron's*) 谈到惠特尼银行时说："完全如同一个世纪之前那样经营。它不办信用卡，没有自动柜员机……贷款是在握手的过程中完成，一切都严格保密。"][8] 在决定炸堤的那一天，惠特尼银行通过一个中间人给了梅罗 5 000 美元，后来梅罗提出了 235 000 美元的索赔数额。[9]

无论是进行交易还是进行战斗，只要能达到自己的目的，门罗都可以去做。战斗时，门罗冷酷无情，不屈服于任何东西。对付这座城市的那些对手——炸堤的那些受害者——门罗真是巴特勒的一个绝妙选择。

新奥尔良已经公开承诺，圣伯纳德和普拉克明的民众将不会有任何损失。市长、市议会、堤坝董事会、每家银行的行长、每家大商号的负责人、商业协会的领导人、棉花交易所的负责人、贸易委员会的负责人，以及那些知名人士，全都以他们的公民荣誉和个人荣誉担保新奥尔良会兑现承诺。

从理论上讲，补偿委员会中圣伯纳德和普拉克明有 4 票，新奥尔良市只有 3 票，另外 2 人由州长挑选，以保证对受害者的公平补偿。委员会主席叫欧内斯特·李·扬克，是门罗读杜兰大学时的同学，自己拥有一家造船厂。他也是一个很好的水手，是国际奥林匹克委员会中的三个美国代表之一，后来担任了海军部助理部长。比起"部长先生"来，他更喜欢别人称他"海军准将"——南方游艇俱乐部这样称他。扬克是一个有原则的人，1936 年纳粹德国举办奥运会时，他反对派美国代表队参会。在补偿委员会的第一次会议上，扬克宣布："这座城市和这个州的人都曾许诺过，保证给那些失去自己家园和财产以便将新奥尔良从严峻危险中解救出来的人以完全的补偿。本委员会的作用就是保证各种情况都会有充分的公平，委员会将据此执行。"[10]

然而，补偿委员会却没有权力。的确，当它第一次开会时，是巴特勒在张罗，而他并不是委员会成员。接下来，巴特勒就退入幕后了。不过，门罗、赫克特和杜富尔这几个巴特勒挑选并且每天见面的人，决定着这座城市怎样去履行它的道义承诺。既不咨询市长，也不咨询堤坝董事会或市议会的任何一个人，这几个人就决定了一切。

巴特勒、门罗、赫克特和杜富尔决定利用新奥尔良堤坝董事会来进行补偿，这个董事会的成员是由州长任命的。他们决定堤坝董事会将发行债券来支付补偿金，并决定债券的厘计税率（millage）[1]，还决定在所有补偿事宜中由布兰克·门罗来代表新奥尔良市和堤坝董事会。[11] 做出所有

347

---

[1] 按 0.001 美元计算的每美元的税率。——译注

这些决定之后，他们才通知相关机构的公职官员（典型做法是：巴特勒邀请堤坝董事会主席参加一次私人会议，告诉他门罗已经被堤坝董事会聘用。主席于是通知董事会其他成员："商业利益方建议任命 J. 布兰克·门罗先生为本董事会的特别顾问。"[12] 董事会马上就全票通过）。

更为重要的是，巴特勒和他的这些同事决定怎样处理这将近一万名灾民。他们之中约有一半住在朋友或亲属家，剩余的由新奥尔良市安置在摆满简易床的大仓库里。开始时，这座城市还是很好地履行了自己的义务。巴特勒建立了一些分配委员会来管理食物、就业、运输，甚至是灾民儿童的教育。然而，随着费用增加，红十字会又拒绝帮助，决策时就是一种新的现实态度了。

这种现实态度的第一个征兆，表现为食物分配委员会的成员在一次会议上要求有"指导方针"。巴特勒、门罗和赫克特参加了这次会议，开会地点是在运河银行大楼的 326 房间，这个豪华会议室里有皮椅、长桌和闪闪发亮的文物艺术品。食物分配委员会主席解释说，自己这个委员会不把灾民视为慈善的对象："他们绝大部分是勤勉、自立和自尊的公民，他们匆忙之间被迫离开自己的家园和财产，从而解救了新奥尔良市。他们拥挤在这座城市里，没有适当的住所，没有现金，除了这个委员会之外无人提供无私的帮助……把他们圈养在集中营，他们必定会对我们这座城市形成一种苦涩怨恨，这将被长久记忆。"[13] 然而，单是食物开销一项，每周就需要 2 万美元，远远超过了他们的预计。现在才是 5 月中旬，这两个地区的食物供应很可能要持续到 8 月之后，还有 3 个月的时间。

他们的救济政策是什么？巴特勒、赫克特和门罗决定："救济只提供给那些已经处在紧急情况之中的人。"[14] 更为重要的是，为了缩减开支，补偿委员会中一个新奥尔良银行家约翰·莱热又提出一项决议："从个人损失索赔中扣除用于当事人的救济款项。"[15]

花在这些流离失所的灾民身上的任何钱，哪怕是用于食物和住所，

348

也要从他们的安置费用中扣除出来。

补偿委员会马上就通过了这项决议。州长任命的那两个人均来自新奥尔良，他们与新奥尔良市的代表一起投赞同票。虽然圣伯纳德和普拉克明的 4 个代表投反对票，但最终还是以 5 比 4 通过。[16] 现在，巴特勒和门罗已经对整个补偿过程实施了有效的控制。

当一个洪灾受害者提出了索赔时，补偿过程开始了。如果这个索赔者无法与在操作层面代表新奥尔良堤坝董事会的门罗达成协议，补偿委员会理论上就充当仲裁者的角色。还可以就补偿委员会的仲裁决定向法院提起上诉。然而，事实上是门罗支配着这整个体系——因为补偿委员会的规则就是他撰写的。尽管补偿委员会有自己的法律顾问，即路易斯安那州检察长珀西·辛特，也有自己的工作人员，但还是由门罗来操控。程序之中，规则之中，有着权力，而门罗正在使用这种大权。

首先，规则宣布，由门罗和雷曼的律所来决定对索赔要求是驳回还是立案（门罗和两个助手实际上包揽了这项工作，合伙人雷曼基本不参与）。如果一个索赔人抗议门罗的决定，找到了补偿委员会，补偿委员会基本上还是依赖门罗的调查结果。[17]

第二，门罗不让那些力量弱小的索赔者有法律代言人。曾有两个律师偶然对几个索赔人说可以做他们的代理律师，门罗、杜富尔和埃斯蒙德·费尔普斯就让州律师协会威胁取消这两个人的律师资格。州检察长辛特曾公开承诺，那些想找律师的索赔人"可以得到志愿者法律服务"。[18] 于是报纸刊出头条新闻："灾民的法律咨询将是免费的"。然而，当几个律师提出无偿为灾民服务后，门罗、杜富尔、费尔普斯和其他人再次找到州律师协会，让它发布禁令，称这样的工作是"不道德的"，同样也会导致取消律师资格。[19] 由于扬克与圣伯纳德和普拉克明的代表一起投票赞同，补偿委员会投票决定聘请一个律师来帮助索赔人。门罗、巴特勒和杜富尔马上就让辛特"陈述对这个做法的法律反对意见"。[20] 于是，聘请律师来帮助索赔人的想法也就被扼杀了。

第三，也是最为重要的，补偿委员会规定：不能部分补偿。这与补偿委员会在第一次会议上宣布的政策相矛盾。在第一次会议上，补偿委员会认识到灾民很少有存款，有收入的则更少，所以正式决定："只要自己的损失可以证实，一个人就可以提出索赔。"扬克本人承诺："如果一个人现在接到了补偿数额的40%，那么只要有足够人力来处理，他将会接到剩余的60%。"[21]

门罗禁止部分补偿，这是杀伤力极大的武器。索赔要求被分成了"明细表"，明细表中的每一项针对不同的损失，比如农作物、设备、住房等等。细则规定，一旦某一项损失提出来后，就不能再修改，不会对这一项追加更多的补偿。那些想尽快得到补偿的索赔人必须把自己的损失限定在可以证实的范围内，而被水淹没的财产是无法证实的。当水排干，发现了更多的损失，他们也得不到补偿了。如果门罗对某项索赔要求的一部分有疑问，那么索赔人关于这一项的索赔什么也得不到。即使门罗接受了索赔有效的那一部分，索赔人还是什么也得不到。只有一项索赔被完整地接受，索赔人才能得到钱。[22]

绝大多数灾民都着急用钱。靠着拒绝部分补偿，门罗就逼得灾民不得不屈服。

炸堤过后几周，巴特勒估计索赔总额将达到200万美元，赫克特估计为600万美元。[23] 他们两人都错了。索赔总额将超过3 000万美元。[24] 这个数字让门罗和巴特勒变得更严酷，更让人窒息。

西格蒙德·塔诺克的索赔就是一个典型案例。他拥有一家大型托儿所，需要运作资金来重新开业，但他拒绝了调解报价。塔诺克的律师向门罗提出了第三方的损失估计，以证实索赔要求，支撑材料出自门罗认识的两个很有名的年轻商人。律师甚至说服雷曼给门罗写了一张纸条："［塔诺克的］争辩中或许有一些值得重视的事。"[25]

门罗不顾自己合伙人的请求，用一种威胁态度来回答塔诺克："如果这个案子重启……我担保我会使用每一种障碍来阻止向塔诺克公司支付一分钱。"[26] 塔诺克只得接受了索赔数额中每美元只支付 19 美分的方案。

被门罗这样压榨的并非塔诺克一人。门罗对每个人都施压，而且施压得很厉害。决堤淹死或驱走了数百万只麝鼠和貂，毁了至少整整两个皮毛兽捕猎季，几千名猎人，每人一季的收入在 3 000 美元到 8 000 美元之间，老手挣得甚至更多。补偿他们将花费数百万美元。所以，门罗又来施压了。在巴特勒的批准下，他让州保护委员会复审皮毛兽猎人们的索赔要求。皮毛兽猎人每获一张皮毛都要纳税，于是很多人就少报。如果州里验证他们的损失，他们必须少说自己的损失，否则就有逃税带来的风险。第一批被查验的皮毛兽猎人中，有一人被发现把 15 000 条皮毛——价值 25 000 到 35 000 美元，运到了州外去逃税。[27] 一群皮毛兽猎人来法院阻止州里的进一步查验，路易斯安那州就此提起了一场诉讼，门罗亲自来打这场官司，结果打赢了。

门罗施压得如此厉害，而且频频得胜，结果他的这些胜利本身成为了一个问题。6 月 21 日，决堤将近两个月之后，食物管理委员会的主席提出了一个问题，它"体现在一个上了年纪的黑人女性身上"。[28] 她的索赔解决了，收到了 27 美元，然而，"她的家还在水中。虽然索赔得到了钱，但你们委员会还必须向她提供购买食物的钱。"

巴特勒、赫克特和门罗讨论了这个情况，周末在圣查尔斯大街的巴特勒家中开了很长时间的会。他们舒服地坐在巴特勒经常独坐其中的那间阳光房里，房间的陈设让巴特勒常常想起自己的种植园。大街两旁都是高楼大厦，与这些建筑相比，巴特勒的房屋显得低调，但楼上妻子的卧室中那件今年早些时候穿过的狂欢节礼服，却价值 15 000 美元。他们讨论的这个问题的确严峻。一个索赔人的索赔要求解决之后，再在她身上花钱，这可能会开一个危险的先例。然而，他们又不能让这些人饿死。他们觉得自己是慷慨的，于是决定凡是索赔所得少于 100 美元又不能返回家园的灾民，将继续向其提供购买食物的钱。[29]

这样做持续了几周，他们的忍耐就失效了。一群黑人灾民请求延长提供食物费用，解释说他们是从沼泽地里挣钱的——采集那里的苔藓作为床垫填料卖掉，可现在那里是齐腰深的泥浆。然而，对于这些人来说，帮助已经结束了，他们被告知："只要我们给你们食物，你们就不会去干活。"[30]

此前，门罗曾确定了另外一起不同寻常的补偿。这起补偿涉及运河银行，所以巴特勒就主动提出不参与决定。门罗批准向巴特勒这家南方最大的银行补偿 850 美元，原因是使用了运河银行的游艇"乐林"（Lurline）号。[31]

决堤受害者们反击了。并非所有索赔人都无权无势，有些人有律师，有政治人脉。与此同时，补偿委员会本身也开始对门罗的欺凌与过分之举有所害怕了。对于那些被新奥尔良洪水淹没的人来说，首要的就是生存，这座城市曾对他们做过承诺，他们有此作为依据。

新奥尔良的领导人物中，57 人曾保证过对普拉克明和圣伯纳德的民众给予充分补偿，巴特勒自己也称补偿是这 57 个签字者"每个人、所有人的道德责任"。他们每个人确认的这个道德责任，不仅是对州长和受害者，也是对密西西比河委员会、陆军部、商务部长和美国总统的。全州各地，人们都在谴责这座城市背信弃义。辛普森州长在炸堤问题上曾是那样迟疑不决，现在充分意识到了受害者的愤怒。

辛普森已经宣布自己要竞选连任州长了，几天之后休伊·朗也将宣布竞选州长。休伊·朗已经在严厉谴责"富豪"、本州那些"自封的"统治者——巴特勒和门罗这样的人。休伊·朗与门罗早已相互憎恶。5年前，当时是公共事业委员的休伊·朗，曾威胁要以蔑视法庭罪将门罗投入监狱。政治需要使得辛普森对决堤受害者的问题进行干预，他自己的正义感也要求他这样做。然而，巴特勒和门罗仍然握有王牌。他们看来没有意识到玩这场牌局意味着什么。

第 30 章

7月25日，周一，晚上8点钟，运河银行326房间中又开了一次会。这个房间已经见证过很多事情了。现在，在它低调优雅的环境中，本州的政治权力和本市的经济权力聚到一起，这两种权力将在这里对峙。这种对峙将体现新奥尔良市和它那些银行家们的权力顶峰，同样也体现着当时美国的一种权力运作。这种运作尽管不算太普遍，但在一些地方如同在新奥尔良一样显得相当张狂，这已开始要引发一场巨大的政治风暴了。

是辛普森州长要求召开这次会议的，他希望找到解决拒绝部分补偿问题的办法。代表新奥尔良参加会议的是巴特勒、门罗、赫克特、杜富尔、朗尼·普尔、巴特勒那些分委员会的主席们、市议会的3个议员，以及堤坝董事会的人。圣伯纳德和普拉克明的代表有12个人，包括曼纽尔·莫莱罗以及与他的"极点皮毛公司"（Acme Fur Company）有关的4个人——他这家公司拥有世界上最好的皮毛兽捕猎地，面积达127 000英亩。处于这两方之间的是补偿委员会。

辛普森是会议召集人，他开门见山地说："我要求公民救灾委员会的执行委员会和补偿委员会的成员聚在一起，考虑索赔人对补偿委员会所采纳规则和规定之第 7 条所提出的一些反对意见。"[1]

补偿委员会的一个成员 C.A. 哈特曼首先发言。他在布雷思韦特有一家大型工厂，皮毛兽猎人们就是在这里的棒球场开会，试图阻止炸堤。尽管他的工厂仍有一部分处在水下，但现在已有 400 人在开工了。炸堤带来了巨大损失，他现在正急需周转资金。他解释说："我们想得到的完全索赔是指 5 月 31 日之前这一段的。"然而，门罗连这种索赔也拒绝接受。为了得到一些补偿，哈特曼甚至放弃 5 月 31 日之后的损失索赔，尽管直到 7 月 25 日这一天，他的产业仍有部分处在水中。

哈特曼继续说，由于门罗的拒绝，新奥尔良的银行就不会给他任何贷款。可他的企业急需资金，他说，其他许多人都处在类似的困境中。他提醒房间里这些人遵守炸堤之前的承诺。事实上，房间里的每个人都曾保证圣伯纳德和普拉克明的民众不会受到任何损害。然而，损害降临到了他们头上。然后，他转向辛普森："我们请求您，作为本州州长——正是您下令才有了卡纳封的炸堤——在您的权力范围内，代表提出类似索赔的所有个人和企业，尽量给予帮助吧。"

接下来，休·威尔金森发言。威尔金森家族是这座城市权势家族中的败落者。125 年前，詹姆斯·威尔金森和 W.C.C. 克莱本为美国从法国手中拿到了路易斯安那。从那以后，克莱本的名字在本州风头无两，然而詹姆斯·威尔金森却因卷入亚隆·伯尔的叛国罪而被送上军事法庭。尽管他被无罪释放，但无论是他还是他的后代，在这座城市中都没有被完全接纳。现在，休·威尔金森经常代表新奥尔良之外的人来反对新奥尔良的人。这一次，他代表面对着毁灭性损失的莫莱罗。今年不会再有皮毛兽捕猎季了，而且几乎可以肯定明年也不会有。与此同时，莫莱罗的皮毛公司花了数千美元搭建用沼泽禾草覆盖的木排，希望能够救出一些麝鼠。莫莱罗拒绝只补偿他这笔钱。威尔金森争辩说："我发誓所言非虚，提出合理估计这家公司损失程度的完整索赔，这显然是不可能的。

353

我们只需要运作资金来满足我们到期的义务就行"——这家公司欠债124 000美元，"除非这笔款项能够以某种方式提供给我们，否则我们就面临破产。如果这家公司不能提出这样的部分补偿，那我们就完了。"然后，他也转向州长，恳求说："代表路易斯安那州这一部分的所有民众，我们前来寻求您的帮助。"[2]

补偿委员会同意了。委员会主席扬克与受害者和他们的代表站到了一起。这样他们就有了5票，成为多数。然而，这却无济于事。他们看似手握权力，实际上却没有。投票决定改变规定并没有意义。补偿委员会自己没有钱，付给索赔人的钱来自新奥尔良那些银行，补偿款项的80%来自它们的贷款。补偿委员会不能命令这些银行，这些银行只按巴特勒那个执行委员会告诉它们的去做。

辛普森转向巴特勒，看他的回应。巴特勒已经做好了准备。就在今天早上7点半，就在这个会议室旁边他的办公室里——那里可以俯视新奥尔良市——他与自己那个执行委员会的其他成员开会，敲定了他的回答。在这个会议上，他们私下里同意对新奥尔良这座城市负有受托责任，如果他们允许部分补偿，那么索赔人就会无休止地一再提出索赔要求，补偿就会变得越来越困难，没有尽头。补偿委员会可以做出它想要的任何政策宣布，但银行继续对部分补偿一文不付。[3]

巴特勒现在没那么态度生硬了。相反，他大谈自己很想去做该做的事情，谈自己对灾民困难的关切。然而，他并不松口。会议持续了几个小时。瘦高的巴特勒面色苍白，最后严肃地为会议画上了句号："我希望你们所有人都知道，就新奥尔良委员会而言，我们想尽快兑现每一个索赔要求，我们决不想让任何苦难再来折磨任何人。但是，赔付这些索赔的钱并不是我们的钱。我们必须让新奥尔良堤坝董事会的成员们满意。"

巴特勒并不诚实，房间里每个人都知道这一点。巴特勒的那个小组一再做出决定，这些决定直接涉及堤坝董事会，但却没有咨询它的任何成员。就在 5 天之前，堤坝董事会曾"恭敬地"请求巴特勒提供他那些会议的记录，以便董事会有文件证明自己给他用于照料灾民的公款的支出情况。巴特勒拒绝了。堤坝董事会主席后来对同事解释说，巴特勒"不想泄露太多的信息，如果这个国家的公民发现了，选举时可能就会出现麻烦"。[4]董事会不准备冒犯他，马上又投票给了巴特勒的委员会 5 万美元。合在一起，它给了巴特勒 34 万美元。[5]

现在，巴特勒宣称："由于我们在管理公款，我们就必须非常谨慎，我们必须听从门罗先生的指导意见，他代表着新奥尔良这座城市……我只能说，如果我们能够找到对这个问题的解决办法，我们会非常高兴，并将尽一切努力来达到这个目的。但是，我们还是想坦率地对你们说，不管找到什么样的程序，如果以一种与门罗先生的忠告相抵触的方式来做，我们是找不到解决办法的。"

会议结束了。巴特勒和门罗没有任何退让。

这不是一场原则之争，而是一场关乎金钱与控制权的争论。一周不到，巴特勒就同意对一个索赔人部分补偿，这就是英国人拥有的"路易斯安那南方铁路"公司。它的铁路从新奥尔良下游 60 英里处延伸至波伊特阿拉哈赫。这家公司的代表不必参加 7 月 25 日的那次会议，它的律师乔治·詹维尔有更好的办法来索赔。詹维尔的父亲曾担任波士顿俱乐部的主席、路易斯安那州民主党主席，也曾是运河银行的行长，是巴特勒的导师和前任。老詹维尔离开城市债务清算委员会后，也是巴特勒填补了他留下的位置。在巴特勒与上百人通信的档案中，唯有詹维尔以"吉姆"这样的小名称呼他。另外，重建铁路也符合这座城市的利益，没有铁路，圣伯纳德和普拉克明这两个区事实上无人可以开始重建工作。8 月 3 日，巴特勒约詹维尔在他的办公室见面。尽管这家铁路公司提出的并不是完整的一项索赔，新奥尔良的银行还是把修铁路的钱贷给了它。[6]

接下来，出现了最终的结果。9 月初，辛普森让州议会开了一次特别会议，通过了一项州宪法修正案，在法律上批准了补偿委员会——似乎这是可以追溯的——掌管卡纳封决堤补偿事宜的司法程序。7 月 25 日那次会议后的几周内，决堤受害者们一直致力于使用自己的政治力量来让立法机构迫使新奥尔良市公平地补偿他们。就在这次议会开会之前，《圣伯纳德之声》激烈地抱怨："新奥尔良市承诺并保证会承担损失，补偿每个人的实际损失。然而，这座城市并没有这样做。这座城市的补偿委员会对每项索赔要求都缩减和猛砍一刀，砍掉一半甚至一多半的金额，不管这些索赔要求是绝对准确、有正当理由的……没有一个索赔人对'赔付'感到满意。"然后，这份报纸发出请求："现在是新奥尔良报纸的一个机会，不要害怕会在银行家和金融家中失去声望，去查明真正的事实，去刊登这座城市怎样赔付圣伯纳德区居民的真实文章吧。"[7]

《圣伯纳德之声》是一份小报，但这一次它的读者却是州里的立法者们。休·威尔金森是州参议员，他把这一天的《圣伯纳德之声》分发给了州议会的每个议员。

第二天，新奥尔良的报纸不是接受了《圣伯纳德之声》的请求，而是进行反击。汤姆森的《议事报》和《清晨论坛报》刊登了同样的大字新闻："新奥尔良坚守补偿承诺，除了已经说过的话，银行贷款并无附加条件……历史上极少有这样的自愿提供。"[8]《新奥尔良陈述报》自夸："新奥尔良坚守洪灾时的保证，尽管在法律上并无责任，仍然支付索赔要求。"[9]《新奥尔良时代花絮报》宣称："本市信守承诺的负担……尽管没有法律义务，仍然补偿普拉克明和圣伯纳德公民的损失。"[10]

新奥尔良的立法者们也确保所有这些报纸被广泛散发。像《圣伯纳德之声》这样一份周报，自然无法回击。

与此同时，巴特勒让杜富尔和埃斯蒙德·费尔普斯起草一份法律文件，这是新奥尔良一个议员提出来的。它规定在任何诉讼中，补偿委员会的报告都"应该作为事实的初步证据"。[11]另外，任何诉讼都要由奥尔良区——新奥尔良城区——的陪审团审理，任何上诉也必须留在奥尔良区审理。

威尔金森对于这项立法的措辞有自己的想法，他起草的表述说受害者要"因其承受的损失得到公正、公平和充分的补偿"。[12]他想把自己的措辞再进行修改后提交给委员会。新奥尔良的代表们拼命游说反对它，说这样的修改会让这座城市付出1 500万美元。在委员会投票的前一天，一个州参议员在州参议院重复这个数字，威尔金森马上跳起来吼道："这个说法不真实！布兰克·门罗先生到处传播这个说法。我抗议圣伯纳德和普拉克明民众的索赔要求被歧视。"[13]

争斗加剧了。考虑这个修改的委员会出现了一个空缺，副州长任命圣伯纳德的一个代表来填补。威尔金森争得很厉害，要求公平。巴特勒让奥克夫"给新奥尔良的代表们传话，坚定支持这个法案的原稿"。然而，新奥尔良参议员威廉·戴维不满于克扣安置灾民的食物和住处费用，显得摇摆不定。巴特勒和赫克特让罗伯特·尤因——他是新奥尔良选区的领袖、《新奥尔良陈述报》的老板，还拥有门罗市和什里夫波特市的报纸——"对戴维先生施加他的影响"，以及这座城市之外的其他议员。

这天晚上，门罗、赫克特、费尔普斯和杜富尔，与威尔金森和戴维坐到了一起。他们强调他们想避免争斗，想做到公平。威尔金森不知道自己赢不了吗？威尔金森承认这一点。尽管他认为自己在委员会里会赢，但不知道在议院会发生什么。如果在议会他输了，他威胁就要对每个签字承诺了补偿的人提起诉讼。不过，或许他们能够找到某种解决办法。他们一直谈到深夜，最后敲定了一个协议。威尔金森的客户——莫莱罗的"极点皮毛公司"将得到150万美元，另外还替它偿还债务。[14]不过，那些皮毛兽猎手个人就必须自谋生路了。

第二天，威尔金森甚至没有提出自己的修改意见。没有发生任何辩

357

论，以口头投票的方式，委员会通过了杜富尔和费尔普斯起草的法案。州参议院和众议院也没再辩论，也用口头投票方式通过，然后马上就宣布休会。

几天之后，当任何不利的政治反响都已太迟时，门罗又来对付那些皮毛兽猎人了。皮毛兽猎人实际上是在他们的大片土地上经营，饲养他们要去捕猎的皮毛兽，如同农夫的养鸡场一样，照料这些小兽，把它们养大。但是，门罗和巴特勒让州里的保护委员宣布所有捕猎的皮毛兽都是州里的财产。这样，猎人们无法就它们提出任何索赔要求。

对着自己的读者——他们里面没有重要人物，《圣伯纳德之声》嘲笑这种说法："沼泽地的主人或承租人在每个捕猎季可以挣 3 000 美元到 8 000 美元……［但是］'麝鼠是州里的财产'，法律如此规定。新奥尔良城里我们那些炸堤的邻居们，就这样把自己藏在法律的背后。最好是命令皮毛兽猎人滚出他们的家园，把沼泽地上的麝鼠都杀光——尽管猎人们为此付出了高昂的代价，很多人还因此承受着沉重的贷款。因为如果帮助他们渡过难关，让他们的土地重新丰饶，那就会出现另外的问题。因为'布鲁图斯是个可敬的人'[1]，麝鼠是州里的财产呀！"15

在圣伯纳德区和普拉克明区，所有的索赔要求合起来——包括门罗拒绝考虑的那些，金额总数达到了 3 500 万美元。门罗同意提出来考虑的那些，达到了 12 491 041 美元。他同意补偿的金额也达到了 3 897 276 美元——不过，又从这个金额中减去了将近 100 万美元，说是这些流离失所的灾民的食物和住处费。所以，这座城市只支付大约 290 万美元。16 在这笔钱中，有 150 万去了莫莱罗的皮毛公司；另外 5 个大索赔人——其

---

[1] "Brutus is an honorable man"，这是莎士比亚戏剧《尤利乌斯·恺撒》中的台词。布鲁图斯是刺杀恺撒的主谋和执行者之一，曾担任大法官。引语意在讥讽。——译注

中包括"路易斯安那南方铁路",一共得到了 60 万美元;只留下大约 80 万美元分给 2 809 个索赔人,他们每人平均得到 284 美元作为补偿,而其中很多人的房屋和生计都已被毁,艰难度日已是数月。另有 1 024 个索赔人什么也没得到,没有一个皮毛兽猎人因捕猎损失而得到任何补偿。[17]

这两个地区陷入了贫困。1926 年 11 月份,皮毛兽猎人们一天能获取 100 多张皮子。洪灾过去后的一年半,也就是 1928 年的 11 月份,他们如果幸运的话,每天可以弄到 6 张皮子。[18]在捕猎地区的中心"德拉克洛瓦岛",各家各户事实上已经在挨饿了。一个熟悉这一地区的记者要求商业协会帮助这里的人们,威胁说如果不帮助他们,就要写"一篇极好的特写报道给纽约的几家报纸"。[19]

门罗答复了她。门罗只字不提新奥尔良强迫炸堤从而导致他们损失的这个事实,而是大讲新奥尔良如何慷慨:"1927 年这场灾难性洪水,对密西西比河三角洲成千上万的人造成了无法计算的损失,除了圣伯纳德区和普拉克明区的居民们,没有其他灾民的损失得到了补偿。对这两个地区民众的补偿,完全是路易斯安那州和新奥尔良堤坝董事会的自愿行为。"[20]

526 个索赔人就两个问题提起了诉讼。62 起诉讼涉及这样的问题:一项索赔要求已经赔付后,又发现新损失该如何处理。门罗曾拒绝接受任何这样的后续索赔。根据杜富尔和费尔普斯的法案而建立的特别法庭就在新奥尔良,而且法官是新奥尔良人。法庭发布法令说:"我们耐心而容忍地审阅了许多索赔人的要求,他们企图以没有理由的索赔来欺骗新奥尔良人民,但我们也必须承认这些索赔……很让我们纠结。"[21]这个法庭没有给这些原告、这些受害者任何东西,而上诉法庭则维持原判。

其他诉讼涉及的不是损失了财产,而是失去了收入,这里面就包括皮毛兽猎人们。这方面的三起典型案例涉及赫尔曼·伯克哈特、阿尔弗雷德·奥利弗和克劳德·福雷特——一个猎人和两个劳工。基层法庭驳回了他们的索赔要求，说"没有采取行动的理由"。[22]

他们的律师是利安德·佩雷斯。佩雷斯在州高级法院辩论，确证了自己委托人的损失。他给法庭书记员宣读了报纸上引用的巴特勒和其他人确认他们有道德和法律义务来补偿受害人所有损失的话，提交了银行家们、市长和市议会、堤坝董事会签字的那些保证，强调这些保证具有法律合同的效力。

门罗开始讲话了。他引用了辛普森宣布炸堤计划时说的话："'我深感现在的险境，我决定要避免危险。那些受影响地区的民众，将迁移到安全地区，并且得到恰当的照顾。不会有生命牺牲……因这次行动导致的财产损失将会得到补偿。'"门罗强调，这就是说只有"财产"损失才会得到补偿。然后，他又让新奥尔良所有领导人做出的所有保证都可以不算数了，理由是"州宪法的修改明确地规定了这里的原告与被告的权利与义务"。[23]这个修改就优先于道德义务的宣告，优先于荣誉的承诺，优先于签过字的文件。所有那些，门罗都认为"与本案无关"。[24]

1929 年 12 月 2 日，州高级法院宣布了它对这两起案件的判决。法官说，尽管是新奥尔良市要求进行这次炸堤，"但进行这次炸堤的行动仍然由州政府负责，行动通过了州长批准，是州政府政治权力的行使……如同被告律师所看到的那样，奥尔良堤坝区在这次炸堤后果中的责任，也就是本州的立法机构和人民自愿承担的责任，它们通过并采纳了前面所引用的州宪法的修改时就承担了这个责任。"[25]

法院宣布，这个修改只涉及那些因"所指洪水侵入"而导致的损失。于是，法院认为："使用这些措辞，州宪法的修改传递了一个信息：合理补偿将用于赔付因洪水侵入而导致的损失，也就是说，物质性的财产。"

然而，《牛津英语词典》（*Oxford English Dictionary*）的一个当代版本是这样界定"侵入"（encroach）一词的："强行闯入其他人的领地、权利范围或习惯性行为范围。"《布莱克法律词典》（*Black's Law Dictionary*）

和《布维尔法律词典》（*Bouvier's Law Dictionary*）的当代版本也都以几乎一模一样的表述来界定它。远远不只限于物质性损失，"侵入"一词所涵盖的，明确地超过物质性损失的范围。

路易斯安那州高级法院（布兰克·门罗的父亲曾担任首席法官并由此退休的法院），新奥尔良律师协会支配的法院，选择有意误解这样一个简单的词语，将自己的裁决建立在这个有意误解的基础之上。

于是，法院宣布："维持原判。"[26]

原告什么都没有得到。

堤坝董事会马上通过了一项决议向门罗表示感谢，赞扬他"勤勉而巧妙地成功应对上诉……维护了奥尔良区所有纳税人的最大利益，在索赔数额与赔付数额之间节省了大量金钱"。决议还奖励他 25 000 美元作为奖金。[27]

没有一家银行、商号或政府机构对洪水受灾者们做出自愿补偿，以履行它们自己承诺过的道德义务；也没有任何有组织的慈善活动来纾解皮毛兽猎人们的困境。新奥尔良的这些先生们，高级俱乐部的这些先生们，狂欢节的这些先生们，他们的诺言全都变成了与此事"无关"。J. 布兰克·门罗，他属于这些高级俱乐部中最好的一家，曾作为"科摩斯"掌管过狂欢节，自己当时亲自做过这种承诺。然而，清算终将到来。

第 八 部

伟 大 的 人 道 主 义 者

第 31 章

圣伯纳德的皮毛兽猎人们与新奥尔良就补偿问题相搏时，大河上游一场不同的争斗也正在进行之中。这里的洪水滞留数月，直到 9 月份才完全退去。河水最终回到了堤岸之内，重新变得倦怠，如同一条巨蛇吞下了猎物，正懒散地躺着来消化，留在它身后的是废墟与腐烂。

在每个决堤处，洪水都挖出了"蓝色大洞"（"blue holes"）——一个个深水坑形成的湖泊，倒是钓鱼佳处，至今仍存；还有占地数千英亩的沉积沙丘。在整个洪水淹没地区，有一半的动物——所有骡、马、牛、猪和鸡的一半，都被淹死。数千名佃农的棚户消失不见。数百座坚固的谷仓、轧棉机厂和农舍被冲走。数万幢建筑被损坏，城镇的整条街区变成了一片碎木，如同龙卷风过后的废墟。有些地方，巨大的沙丘覆盖了田野和街道。田野、森林、街道、院落、房屋、商铺和谷仓，洪水到处留下了散发着臭气的淤泥。空气中臭气刺鼻，太阳暴晒下的淤泥形成道道裂缝，如同打碎的陶器，大地呈现出一片单调的、粪便般的色泽，一直延伸到地平线。[1]

在整个洪灾地区，随着转向重建，人们精神振奋，决心高涨。1927年 9 月 1 日，看着华盛顿县的一片荒芜，阿尔弗雷德·斯通勇敢地宣布：

"我们会渡过难关。我们将坚守此地，战胜困难。"[2]

然而，重建的任务实在艰巨。利莱·珀西说："有时，你会发现自己过分估计了灾难。然而这次完全不是这样。我们面前的路漫长而又极为崎岖。"[3] 珀西·贝尔在给妹妹的信中写道："我们是不是会回来，无人知道。"[4] 在数周的努力工作之后，连斯通也不得不承认："总体而言，我们放弃了。"

在密西西比州之外，情况也几乎一样没有希望。一个红十字会高层官员抱怨整个洪灾地区，说道："没有真正的齐心协力……来自力更生，相反，弥漫着一种期待外界给予领导上和财力上巨大援助的气氛……只要悲痛还在持续，我们所有人就有一种想从外面得到救助和鼓励的想法。由于需要的东西太多，由于自然变化无常导致的灾害不断，由于人们普遍只看到阴暗的一面，这种想法就更为突出了。人类与生俱来的惰性助长了这种情绪氛围，这在许多地方不仅存在于个人身上，而且存在于整个社群之中。"[5]

在阿肯色州，黑人海古德学院（Haygood College）的院长、黑人咨询委员会的一位助手C.C.尼尔在10月份报告说："昨天我去了阿肯色城，在那里待了一天。我看到了我从未见过的最糟糕景象，到处是洪水留下的残骸和废墟。一路上很少看到庄稼，冬天要做的事情实在太多。"[6]

路易斯安那州也面临同样情况。利莱·珀西10月份来到新奥尔良，看到的是"波士顿俱乐部的氛围如同一个停尸房"。[7] 时间也没有起到治愈作用。即使到了1928年2月，一个红十字会高级官员来到路易斯安那州的梅尔维尔市，他报告说："市政当局和民众自身都没有努力去清理〔倒塌建筑内的〕财产，或者是尽力去平整场地。即使我们从沙砾中把房屋立起来了，打下了坚固的基础，房屋主人们也不去用沙子填平房屋倒塌留下的洼地。"[8]

对于这种荒芜，胡佛采取了奇特的应对方式。一方面，他觉得这种情况让人高兴，因为这向他呈现了他在国内的第一个巨大挑战，他想去迎接这个挑战。此前4月份在孟斐斯时，当红十字会灾难主管亨利·贝克第一次向他通报情况时，曾这样得出结论："公众坚持要某种形式的重建，我们在灾难现场的立场也要求我们这样做。"然而，贝克也警告说，这场灾难十分巨大，红十字会能够提供的任何援助都"十分薄弱，'重建'一词是难以变成现实的"。[9]

胡佛有另外的想法。此前他曾说过繁荣是可以"组织"的，这只是一个"聪明的合作群体的努力"和"计划"的问题。[10] 在美国，很少有其他地方能够像密西西比河这片冲积平原这样，提供一个理性重组的巨大试验场。这里有着世界上最肥沃的土地，却又是这个国家最为贫穷之地。这场洪水把这片土地交到了胡佛的权力范围，现代美国还没有人有他现在的这种权力。他指挥着各个政府部门，包括军方，事实上也控制着各州政府，大部分洪灾地区实施着戒严法或类似的管制，铁路、电台广播网络，以及"标准石油"这样的公司，全都自愿服从他；他还控制着数以百万计的美元。他的权力是暂时的，但他知道怎样使用它。他很快就开发出一个大规模重建的计划，这计划体现着他对这个世界应该怎样运作的感觉，涉及到一个当时尚属时新的概念——"人类工程学"。他打算把这样的管理用在这一区域的近百万民众身上，改变他们的生活方式。

胡佛并没有低估自己面前的困难。1927年5月23日，就在路易斯安那州麦克雷最后的洪水决堤之前数小时，他在新奥尔良一次午宴上对听众说："将要出现在我们面前的，或许是所有阶段中最为困难、最令人沮丧的一段。大灾难带来的兴奋、英雄主义和英勇牺牲的刺激，这些都不复存在了。在所有的灾难中，重建永远是最为艰难的那个阶段。"然而，他也超越了简单的乐观，补充说："我说了'重建'这个词，这是经过深思熟虑的。因为我相信，在南北关系的层面上，我们可以给这个词以一种新的意义。"[11] 后来，他宣布这次洪灾将会是"塞翁失马"。[12]

这样一种看法，体现着他的雄心与高度自信。"我会是被提名者，很有可能，"他曾这样说过，"这几乎是必然的。"考虑到经济的蓬勃发展，他成为美国总统也几乎是必然的。如果他的重建计划成功了，作为总统，他就可以将此作为一个样板，用来解决这个国家的其他问题。

他的经济重建的目标是如此宏大，他甚至有一个更为雄心勃勃的计划，一个涉及到种族、政治和权力的计划。

胡佛以在灾民营中实施他的这些计划作为起步，事无巨细地亲自参与进来。作为自己意志的实施，他看来是要把这整个区域从悲惨肮脏的境况中拔救出来。绝大部分灾民，无论是三角洲的黑人佃农或白人卡津人，都过着令人震惊的原始生活，糙皮病（pellagra）[1] 和各种性病流行。于是，他亲自下令，让红十字会购买了数十万袋蔬菜种子——各种豆类、甜菜、南瓜、番茄，在灾民们离开灾民营时发给他们，这样他们就可以种自己的菜园了——很少佃农有菜园的。[13] 他还确保各个灾民营里要有足够多的家政学专家和农业推广人员，他们可以教这些被困住的听众学习怎样缝纫、制皂、腌制蔬菜、饲养家禽、水池灭蚊、刷牙洗澡、治疗性病。[14]

如果涉及较大的改变，胡佛甚至去关注更具体的细节。他想引进其他作物从而结束三角洲对棉花的依赖。这个想法并不新，但三角洲很少有种植园主对此在意。不过，棉花必须在春季种植，而 6 月的洪水正在毁掉 1927 年棉花种植的所有希望。胡佛要求专家们提出一个"明确的农业项目表……标明不同农作物种植的截止时期"。[15] 然而，尚未接到这方面的明确信息，他就命令红十字会购买了足够 40 万英亩土地播种之用的

---

[1] 该病又被称为癞皮病，是一种维生素缺乏性疾病。——译注

大豆种子。农业科学家们很快就告诉他,这么晚种大豆,"与我们的经验,与三角洲那些最成功的种植园主们的经验,都是完全对立的"。[16] 尽管有这样的劝告,胡佛还是亲自与银行联系,让它们"给大豆作物贷款"。[17]

他认为,重建的关键是贷款。三角洲的棉花种植者和路易斯安那州的甘蔗种植者,总是抵押几乎一切东西来贷款,以种植那些如今已处在水中的农作物。贷款现在已经没了,他决定要提供资金。同样,几乎也是作为意志的实施,他开始要无中生有地创造出一些东西。当工程师们仍在奋力守住巴沃多斯格莱斯河堤时,他正在起草一个计划,要在每个洪灾州中搞私人的非赢利的"重建公司",用比银行宽松的条件向种植者们提供贷款。他把自己这个想法打电报告诉了财政部部长安德鲁·梅隆和尤金·迈耶——这位金融家很快就担任了"联邦农业贷款委员会"(Federal Farm Loan Board)的负责人(后来成为美联储的主席和《华盛顿邮报》的老板)。他对迈耶这位密友说:"比起以往任何时候,我现在更感觉到需要某种贷款来支撑局势。告诉你一个机密"——为了确保机密性,胡佛这封电报特地打到迈耶家里:"外面的一些银行现在已经拒绝洪灾地区银行的支票了。如果这些银行中有一家破产,那么麻烦就会大面积扩散。"[18]

基于胡佛的要求,迈耶马上就安排联邦信贷机构来防止任何这样的破产。[19] 与此同时,胡佛自己也在阿肯色州、路易斯安那州和密西西比州继续组织他的"重建公司"。如同他曾经说过的那样,金钱将不来自政府,而是来自那些"强力人物,他们……带着明确的目的,从外面而不是从里面对局势施加巨大的影响"。如果他的计划能够起作用,那么洪灾地区事实上将用自助法把自身提振起来。如果计划起到了作用,那么他也就有了一个经济改革的样板,可用于几乎所有地方。

他想让三个州的银行家和大商人为自己这个州的"重建公司"购买股票——阿肯色州和密西西比州各买 50 万元,路易斯安那州买 75 万元;

他还期待美国商业领袖们也能购买同样的数额。"重建公司"将使用这些资本来贷款，再以折扣价把这些贷款卖给"联邦中间信贷公司"（Federal Intermediate Credit Corporation），然后用所得之钱来贷更多的款。如此重复操作，直至每家重建公司的贷款组合相当于它资本的4倍为止。[20]

胡佛将自己个人的全部力量投入到融资上。5月中旬，密西西比河在路易斯安那州的肆虐尚未结束，胡佛就在杰克逊市会见了密西西比州的银行家。他解说了自己的计划，要求每家银行和大商号都拿出自己资本的1%来认购股票。默弗里州长提醒每个人："并不是要你们来捐献，而是把你们的一部分钱投资到这些人的诚信之上，我知道你们会这样做的。"[21]三角洲的国会众议员威尔·惠廷顿说："对于任何人的最好帮助，就是帮助他们能够自力更生。"于是，在一场复兴会议的热议之中，在欢呼声和跺脚声之中，人们一个接一个地做出了承诺。然而，这次会议却落空了。一些承诺很快就不算数，新的承诺也没有多少能够兑现。胡佛再次与密西西比州的银行家们见面，这一次他严肃强调："你们是在作战的前线！我们讨论的是经济问题，但实质上我们讨论的是男人、女人和儿童的问题……我们担负着成千上万民众之福祉的责任。这是领导者的职责！"[22]可是，他并没有打动这些人。密西西比州的500家银行，只有115家算是给了点东西。[23]他规定的股票认购金额，实际认购不到一半。[24]在阿肯色州，认购金额的数字更糟糕。[25]

胡佛是不会被挫败的。5月24日，他在皮博迪宾馆召集孟斐斯的30位银行家和商人开会，告诉他们，他们的股票认购额是20万美元，一半用于阿肯色州重建公司，一半用于密西西比州重建公司。那些来开会的人不高兴地骚动了，有一个人表达了抗议。突然，胡佛开口骂人了，如同数十年前他责骂矿工那样粗野。然后，他做了一个简洁的约定：孟斐斯的灾民营中约有25 000名黑人灾民，现在是下午2点钟，他等这些人做出认购承诺，到5点钟为止。"如果不承诺的话，"他警告说，"我就开始把你们手下的黑人送到北方去，今天晚上就开始。"[26]

会议一结束，他就告诉密西西比州重建公司的负责人："我已经与孟斐斯的人谈过了，我肯定他们会协助的。"[27]他说对了。5点钟时，他得到了他要的20万美元。[28]

48小时之后，胡佛已经到华盛顿来融更多的资，只是他现在不愿再冒公开失败的羞辱之险了。在进行融资之前，他请求兼任纽约欧文信托公司和美国商会主席的路易斯·皮尔森帮忙。皮尔森原本就对洪灾地区有浓厚的兴趣，已经建立了一个委员会，就怎样防止密西西比河今后再出现灾难来商讨对策立场。这个委员会有13个成员，包括从洛杉矶到纽约的钢铁公司高管、银行家和制造商，而起决定作用的是4个数十年的老朋友：利莱·珀西、约翰·帕克、雅各·迪金森——原陆军部长和"伊利诺伊中央"铁路公司的高管，以及阿尔弗雷德·斯通。这4人中有3人很久以前曾与泰迪·罗斯福总统一起参与那次猎熊。现在，在胡佛的请求之下，皮尔森发了一些电报来讲胡佛的计划。电报上注明："此电文在你给胡佛打电话……或给我打电话之前，只供你本人阅读。在发表任何声明之前，我们必须对形势做好心理准备。"[29]

一旦确保了回应会成功，胡佛就迅速行动起来。5月30日，柯立芝签署了一份胡佛起草的信件，要求"处于美国商会领导之下的美国商业利益各方……要确保这些贷款公司的资本认购"。[30]仅仅4天后，也就是6月3日，皮尔森就把美国最有权势者中的48人召集到了一起。[31]这些人中有些是胡佛的敌人，比如"美国钢铁"公司的贾奇·E.H.盖里，他对胡佛当年利用媒体迫使他同意钢铁工人8小时工作制相当怨恨。不过，更多的是胡佛的朋友，比如"通用电气"的总裁欧文·扬，他很赞同胡佛那种以工程学为基础的哲学；还有西尔斯百货的朱利叶斯·罗森沃尔德，此人是黑人的一个大捐助者，他的女婿是新奥尔良棉花交易所的主席；另有"伊利诺伊中央"铁路公司的总裁L.A.唐斯，他让胡佛使用他公司最为豪华的私人车厢。参加会议的还有宝洁公司（Proctor & Gamble）、肯纳寇特铜矿公司（Kennecott Copper）、联合化学公司（Allied Chemical）、通用汽车公司（General Motors）、福特汽车公司、道奇汽车公司（Dodge）、新泽西的标准石油公司、马歇尔·菲尔德公司（Marshall Field & Company）、宾夕法尼亚铁路公司（Pennsylvania Railroad），以及纽约、波士顿、费城和芝加哥的领军银行。

这些人的确很有权力，他们的公司在美国全国经济中占相当的比重。胡佛明确告诉这些人，洪灾地区的商人在慷慨购买重建公司的股票。[32]他也提醒这些人，洪灾地区的形势很危急，并警告他们："这场洪水之后，如果那里引燃了一场商业或金融之火，全国都是无法承受的。"[33]然后，他宣读了一封红十字会副主席詹姆斯·费舍尔发给阿肯色州重建公司负责人的电报，强调："许多能够提供租户和佃农的大种植园主，目前发现贷款已经耗尽，而来自联邦中间信贷公司的贷款又难以保证……危机正在加剧。"[34]最后，他告诉这些人，如果他们这些人不与政府的努力进行合作的话，那他们自己差不多什么也得不到。胡佛轻而易举地实现了他的目标：筹款175万美元。

这个数字，加上已在南方筹得的款项，另加联邦信贷机构的再贴现（rediscounting）[1]，胡佛创造出来了1 300万美元的贷款。尽管阿肯色州和密西西比州未能完成它们的筹款配额，但胡佛觉得筹款总数已经够了，因为对比一下，红十字会用于抢救、住宿、食物和衣物的钱不到1 700万美元，这些钱惠及近70万人，对许多人的资助长达10个月，还重建和提供了几千所房屋。

所以，胡佛很肯定，这些重建公司一定会成功的。不过，他的展望

---

[1] 对商业银行而言，再贴现是卖出票据，获得资金；对中央银行而言，再贴现是买进票据，让渡资金。再贴现是中央银行的一项主要的货币政策工具。——译注

很快就撞在了经济和政治的现实之墙上。这些现实之墙的其中一堵，就是资本主义本身；胡佛的想法，其核心就有问题。还有一个因素就是：胡佛的这个计划正好出现于美国人思维中发生质疑之时。政府应当扮演什么角色？政府应对国民承担多少职责？美国人在这些问题上产生了分歧，而胡佛的这个计划加剧了这种分歧。

40 年前，那位民主党人总统格罗弗·克利夫兰，曾经否决过一笔用于救助德克萨斯州干旱区灾民的 1 万美元的紧急拨款，他说政府没有"宪法根据……以挪用公共资金来放任仁慈和慷慨的情绪……减轻个人痛苦的救济与公共服务没有什么关系"。[35]20 年前，泰迪·罗斯福任总统期间，联邦政府曾要求新奥尔良的银行先拿出 25 万美元的保证金，然后美国军医处长才会帮助这座城市去击败黄热病疫情。

从那以后，联邦政府扮演的角色已经大大扩展，但它仍然止步于对陷于苦难的个体进行大规模直接帮助。胡佛自己也并不赞同进行这种直接帮助。然而，胡佛也说过："一个社会的最强力量，就是它的理想。"所以，"建立在放纵私利之上的文明，不可能持续"。[36]他一再预言——比如在对美国商会的一次讲话中，说美国正"处在巨大变革之中"，极端个人主义将被他所称的"协作活动"和"志愿组织"所替代，后者将减缓社会的痼疾。[37]

他认为政府应该间接地帮助个体，通过提供领导而无须强制来做到。他认为，社会中的那些强者——政府之外的人，有责任团结在一起来做好事，他们具有促进一个社会进步的杠杆之力。他信仰一种积极进取和组织起来的意志论。他曾经说过，政府可以"通过组织广泛意义上的各群体之间的合作，从而最好地服务于社群。各个群体难以对其他群体承担责任，正是这种缺陷，使得政府要越来越多地介入民众生活"。

在这场洪灾中，国家的职责证实了他的这种看法——一开始时正是如此。红十字会投入救援工作的有 33 849 人，其中只有 2 438 人领取报酬。胡佛后来说："我创建了 91 个红十字会地方分会来应对密西西比河洪灾。你说：'来了几千人，他们需要住处。小屋、水管、下水道、道路、食堂、膳食、医疗、什么都需要。'……说完你就走了。这些人就去干，完成这些。所有这 91 个地方分会，只有一个出了问题。"[39] 在全国范围内，同情和帮助铺天盖地而来。美国每条主要电影院线都搞了慈善活动，17 000 座影剧院连续几周在演出时进行募捐。慈善互助会（Elks）、共济会（Masons）、美国退伍军人协会，以及事实上这个国家的其他各个互助组织，都进行了募捐。"全国家长和教师大会"（National Congress of Parents and Teachers）发动自己的 18 000 个分会进行捐献。一个牙刷制造商捐了 4 500 把牙刷。辛格缝纫机公司（Singer sewing-machine company）以半价提供它的产品，外带包邮。好莱坞的明星们，尤其是威尔·罗杰斯做了几十场义演。一个波兰裔美国人社团从波兰的几千个学童中募集了款项。美国全国广播公司和全国各地的电台，免费让胡佛发表广播讲话，并且多次促请听众向红十字会捐献。《纽约时报》这样写道："［广播的］各种潜力常常被人们谈论，然而此前从未让它触及过这一领域，把它的潜力开发到如此程度。"[40] 最终，有数千万美国人为救灾捐款。红十字会和胡佛，在洪灾的开始阶段，也做了大量的工作。

　　然而，重建阶段的努力，却显示出这个社会肌理上的一个缺口。那些将要离开灾民营的灾民们已是一无所有——他们或是曾经拥有农场，或是一直租种农场，或者是种植园中的佃农，耕种的土地少于 200 英亩，这些人将得到一些家庭用品、耕种设备、农作物种子。如果他们的家已经被毁，他们还可以得到帐篷和行军床，此外还给他们两周的食品和蔬菜种子，剩下的就全靠他们自己了。大种植园的佃农们，甚至从红十字会都得不到这么多，人们觉得种植园主会提供一些东西。[41] 大种植园"三角洲与松林地公司"的老板奥斯卡·约翰斯顿，曾被要求提供一个单子，列出一个四口之家的佃户在失去一切之后，需要哪些东西。他提供了一个9页的详尽单子，显示出佃农一家是怎样生活的："1个长柄勺、1个烤盘、4把叉子、4把勺子、1把大勺……4个火炉管接头、1个炉具弯头、1个炉灶……1套工作服、4双鞋子……2张床和床垫。"[42] 约翰斯顿估计，为一个四口之家添置衣物、家具和个人物品，需要77.42美元，但他认为绝大部分家庭得不到这么多。事实上，灾民从灾民营所得物品的总值，在阿肯色州平均只有27美元（路易斯安那州和密西西比州的金额不得而知）。即使是佃农，这样一点钱也是难以恢复生活的。[43]

政府自身不为灾民恢复生活提供任何帮助。美国财政部这一年的财政盈余达到了创纪录的6.35亿元，然而，在这场影响到几乎1%美国人口的大灾难中，政府甚至没有去创建一个贷款担保项目来帮助灾民。[44] 的确，陆军部甚至连续几个月一直向红十字会讨债，要它为灾民占用的毯子和回收的卫生用品付钱。[45] 胡佛最终下令陆军部停止讨债，提醒说："政府部门的供应和服务由我来掌管……不是由红十字会来付钱的。"[46]

胡佛的重建公司，可算是恢复过程中唯一的组织项目。这是一个体现他信念的思路。许多人都赞同政府不要介入，对灾民的直接帮助一直被认为是慈善，而慈善是对接受者的一种侮辱。1922年，身为路易斯安那州州长的约翰·帕克，在应对35 000个洪灾灾民时，拒绝了所有的外部帮助，甚至包括美国红十字会的帮助。现在，田纳西州州长奥斯丁·佩伊又在自己这个州拒绝红十字会的重建帮助。"他觉得本地民众应该自力更生，而不是依赖外部的帮助。"一个对佩伊的想法感到厌恶的红十字会官员这样说。[47]

这场灾难的巨大与政府的缺乏作为，犹如一条分界线、一道分水岭。在帮助灾民上的争议，集中于两个问题：一是胡佛这个项目是否适宜；另一个也与此相关，那就是是否召开国会的一次特别会议，商议为洪灾灾民拨款之事。

国会原来的安排是 1928 年 1 月之后才开会，然而各个地区的共和、民主两党议员都催促柯立芝总统召开国会特别会议。柯立芝拒绝了。密苏里州的民主党参议员詹姆斯·里德给他打电报："我觉得有必要询问您现在会不会重新考虑您的决定，将近 50 万民众"——当时这个数字仍在上升——"已被逐出他们的家园……我以最恭敬的态度，请求您进一步考虑这种严峻局势。"[48] 柯立芝拒绝了。柯立芝自己这个党派的里德·史莫特——也是参议院财政委员会的主席，与柯立芝见面后告诉报界，说他相信柯立芝已经改变了主意。柯立芝对此否认。批评者们指出，五年之中有三年，密西西比河到了秋天都要涨大水，即使没有达到洪水水位，也会通过河堤上现有的那些缺口灌入田野，让这一地区陷入无助。红十字会拒绝在河堤上花钱，而柯立芝的首席财政官又控制着陆军——陆军的资金也已耗尽，不能合法地花一分钱来修堤。从法律上，国会必须通过拨款法案，柯立芝告诉密西西比河委员会花钱是非法的。[49]

《纽约时报》赞同柯立芝拒绝召开国会特别会议，认为有胡佛的项目就足够了："幸运的是，没有国会的智慧，没有上帝般的联邦政府，也是可以做一些事情的。"[50]《圣安乐尼奥快报》(San Antonio Express) 这样写道："国会召开特别会议，来应对救助和重建问题，这样的请求时常听到。[胡佛的财政计划]一锤定音地显示出，这样的步骤没有必要。私人资本可以满足所需要的贷款，并且表现出一种跃跃欲试的准备就绪。"[51]《福尔河（马萨诸塞州）全球报》[The Fall River (Massachusetts) Globe] 补充说："今天商业大师们用一种新的精神来考虑公共福利，这体现于美国商会官员们近来的行动上……这是进步之利己的一个出色例证。"[52]《芝加哥商业杂志》也警告道："如果联邦政府拨出资金用于救灾……这个拨款数字可能上升至骇人之巨……如果救助灾民变成了政府的任务，那么这些资金接受者的自尊就会明显受损。在此后的生活中，这些接受者的物质财富一定会受到精神伤害的影响……［导致］他主动性的快速丧失，他可能在余生把要求更多的援助作为自己的权利。"[53]

然而，美国的大部分报纸，对此并不认同。胡佛创造了1 300万美元用于贷款，分到每个灾民身上不到20美元。《艾姆斯（爱荷华州）论坛及时事报》[Ames（Iowa）Tribune & Times]争辩说："这个总金额不值一提……实在难以理解，为什么总统拒绝让自己成为唯一的渠道，通过这种渠道来提供足够的救援措施，或者是重建需要的财政贷款——也就是召开国会特别会议。"[54]《卡姆登（新泽西州）信使报》[Camden（New Jersey）Courier]这样说："［胡佛的计划］很好，是的，然而它无足轻重……它只是权宜之计。"[55]诺福克的《弗吉尼亚领航者报》（Virginian Pilot）写道，求助于私人资本，"是一个有价值的想法，应该能取得成功。然而，不去考虑如果有政府行为参与应对局势，效果更为明显，那么这种安排就不可能是深思熟虑的。"[56]《普罗维登斯（罗得岛州）论坛报》[Providence（Rhode Island）Tribune]认为："政府的漠不关心与它经常宣称的理想、与因这种理想而崇高的政府，这二者并不吻合。"[57]《杰克逊号角—账目报》质问："为什么要把慈善从本来的责任中剥离出去？……政府连足够的款都没有拨。事情的实质就是：要一天接一天地教会柯立芝总统，让他接近于认识到这场灾难的巨大……个体公民和公司在得到帮助上提出了新要求，而财政部部长梅隆刚刚宣布财政部有千百万美元的盈余。当政府有足够的力量来承担之时，这种沉重的负担为什么要压在这些民众身上？"[58]《萨克拉门托蜜蜂报》（Sacramento Bee）呼吁马上召开国会特别会议，"不要拖延，哪怕这破坏了柯立芝总统想过个无忧无虑夏季假日的计划。"[59]《休斯顿纪事报》（Houston Chronicle）质问："为什么我们要让美国商会来承担洪灾救助的责任？"[60]《帕迪尤卡（肯塔基州）民主党人新闻报》[Paducah（Kentucky）News-Democrat]这样评说："私人贷款的安排能让70万灾民恢复到正常的生活、工作状态，这几乎是不可能的……［柯立芝总统］到底有美国最冷酷的心灵，还是最迟钝的想象力呢？我们大约可以想到，他是二者兼具。"[61]

全美各地的报纸，都在猛烈批评政府。斯克里普斯—霍华德报系（Scripps–Howard）的每家报纸都刊发社论，要求召开国会特别会议。赫斯特报系（Hearst）的各家报纸也这样做。富兰克林·罗斯福对很多报纸都这样说："出于对胡佛先生的尊重，我无法相信他真的认为［红十字会基金］就足以满足不仅仅是接下来几周所需的巨大需求。"[62]

《圣路易斯星条报》（*St. Louis Star*）、《纽约世界晚报》（*New York Evening World*）、《伯明翰新闻报》（*Birmingham News*）和数十家其他报纸，都在呼应这种要求。报纸还对两党要求召开国会特别会议的呼吁表示支持。胡佛的下属警告他："报纸社论中至少有五分之四都在主张召开特别会议。"同样，"在国会特别会议问题上的报社评论，一直一边倒地倾向于召开……对于总统的拒绝态度，一直有大量的批评。"[63]

这种情绪界定了一个分水岭：美国人首次要求联邦政府对自己的国民承担一种新的责任。然而，政府并没有做好准备来承担这样的责任。

利莱·珀西也在呼吁召开国会特别会议者之列，他的声音在整个密西西比河流域引起了共鸣。5月19日，胡佛在巴吞鲁日与他会面，说柯立芝态度很强硬，任何压力都不会迫使他召开国会特别会议。胡佛承诺，红十字会将会负责满足三角洲当下的那些需要。更为重要的是，他还承诺要进行重大的立法，由联邦政府来承担治理密西西比河的责任。然后，他请求珀西减弱他的批评。珀西多年来一直想要这样的立法，然而胡佛的认可中也包含着一种隐藏的威胁：如果珀西不收敛他的攻击，胡佛就不会承诺这样的立法会成为法律。柯立芝可能会否决它，而等到新总统入主白宫后，国会可能就没有现在这种紧迫感了。这次会面之后，珀西告诉美联社："我们认为事情已定，现在不会有国会特别会议了。我们认为，在这个问题上继续鼓动是极为有害的。"[64]

第二天,在新奥尔良,胡佛要求巴特勒对召开国会特别会议公开表示反对。巴特勒同意了,并确保这座城市的其他领袖也加入反对阵营。不久,《纽约时报》给洪灾地区的30个人打电报——其中包括珀西和新奥尔良的这些领袖们,请求"收集你们在召开国会特别会议上的意见,发给我们"。[65] 所有这些人都是权势人物,是珀西和巴特勒这样的人物,是与胡佛打交道的人物,他们一边倒地反对召开国会特别会议。《纽约时报》在显著位置刊登了他们的反对意见,政府则利用这些意见作为自己的弹药。与此同时,密西西比州那位救灾"独裁者"L.O.克罗斯比,向胡佛报告:"自从珀西参议员见到光明之后……支持您的计划的情绪正在大大增强。"[66] 于是,胡佛告诉柯立芝:"[我]看来至少是临时阻止了要求就救灾问题马上召开国会特别会议的报界攻势。"[67]

他说对了。要求召开特别会议的浪潮消散了,同时消散的还有对重建公司的批评。这样,胡佛就宣布胜利了。他谴责辛克莱·刘易斯,对新奥尔良的一个扶轮社组织说:"我们用'大街'救了大街……'大街'的合作精神,就是使密西西比河流域在洪灾之后重新站稳的精神。这片流域的民众在没有大量外部援助的情况下,正在解决自己的重建问题。这样的独立和自治造就了美国的伟大,人们现在仍然依靠它。"[68]

新闻界已经转移话题了,但胡佛没有。首先,哪怕是对于他的行动的间接批评,他也加以反驳。没有报纸批评他个人,相反,许多要求召开国会特别会议、批评柯立芝总统的报纸,比如斯克里普斯—霍华德报系的报纸,都专门针对他有"不吝惜的赞扬之言"。然而,胡佛什么都不放过。任何一家称他那个计划不充分的报纸,以及同样批评这个计划的几十个人,胡佛都写了相同但极具个人特色的长篇回应,这种回应文章常常作为专稿刊出。[69] 没有哪家报纸因为小而被他放过。即使如亚利桑那州的博伊、印第安纳州的不来梅、华盛顿州的布莱恩、德克萨斯州的爱勒克特、内布拉斯加州的哈特伍德等这类小地方的周刊，也接到了他的反驳文章。他对每一个编辑都强调，每一个灾民都得到了照料，当重建公司决定向那些大种植园主、锯木厂主、制造商发放大额贷款时，他本人就在那些会场上。他的结论是："我想到了要进行解释，你们或许愿意去纠正任何误解。"[70]

对于这个国家而言，他是一个英雄，再次获得了他在那次欧洲救援行动中所获得的称号——"伟大的人道主义者"。在一次巡视受灾各州之后，他回到华盛顿，喜剧演员威尔·罗杰斯打趣他："伯特（Bert）[1]只是在一场场灾难的间隙中间才休息一下呀！"[71]

然而，胡佛的胜利宣告并不等同于胜利，他并没有解决真正的问题。他只是创建了贷款；贷款就有风险，私人资本或是要求有足够的抵押来减少风险，或是有足够的回报来补偿风险。这些洪水所毁之地，既不能提供高额回报，种植者们也没有什么可资抵押，因为他们已经抵押了他们的土地来种植那些已被洪水毁掉的农作物了。所以，就出现了具有讽刺意味的现象：重建公司筹款进来易，然而贷款出去难。

在格林维尔，胡佛的计划遭到了直接的批评。比利·韦恩公开批评这个计划："报纸宣称这个计划可以满足需要，我们对此质疑。"[72]尽管珀西自己在公开场合什么也没说，但他拒绝为这个计划进行辩护，这并没有逃过人们的眼睛。私下里，格林维尔第一国民银行的行长 W.H. 尼加斯——珀西是这家银行的董事——清晰地对密西西比州重建公司的领导人描述了目前的局势："事实上，有着充足而且过多的银行资金，现在缺乏的是银行抵押物，而这却正是'重建'的理由和必要之处。除非你们的公司能够提供这种必需之物——这看来不大可能，否则就做不了什么

---

[1] 这个名称有全身散发出荣耀和光辉之意。——译注

生意。"[73]

胡佛再次拒绝受挫，他进行了干预。首先，他说服"圣路易斯中间信贷公司"（St.Louis Intermediate Credit Bank）不顾自己的规定，对新的农作物抵押贷款进行打折，哪怕这些农作物已经有了前面抵押所规定的优先留置权（prior lien），只要留置权人同意在新的农作物收获之前不止赎就行。[74] 为了让贷款更顺利，他还让红十字会承诺对重建公司的任何损失都补偿一半。[75] 在新奥尔良银行家赫克特和普尔请求帮助之后，珀西和阿尔弗雷德·斯通也给予了帮助。他们说服珀西的老友和大学同学汤姆·戴维斯——他是新奥尔良联邦中间信贷银行的领导人，暂停了水淹土地的应付款。[76]

与此同时，克罗斯比以对记者撒谎来回应批评。他说密西西比州重建公司——它刚刚成立两周，而且洪水仍然覆盖着几乎整个三角洲——已经贷出了10万美元。[77] 事实上，在他说了这番话的数月之后，这家公司才贷出5万美元，而且有一半贷给了密西西比州，州里用这钱来支付国民警卫队的费用。[78] 人们对贷款并没有什么渴求，因为他们没有抵押物。克罗斯比私下告诉胡佛："我有一个深深的忧虑，对您所提供的巨大服务的欣赏……并没有如我想看到的那样鲜明地显示出来……由于某些原因，洪灾地区的民众难以被激发起来，去抓住他们的机会。"[79] 在阿肯色州和路易斯安那州，对于贷款也没有多少需求。

胡佛既不会承认错误，也不会承认失败。此前，尽管农业专家们表示反对，他还是进行了大规模的大豆种植。现在，他告诉巴特勒："我有一种感觉，尽管对［贷款公司的］服务没有很大需求……但是，它的存在就已经实现了我们要做之事的三分之二。"[80]

事实上，他的大规模金融努力基本上是劳而无功。最终，密西西比州重建公司的贷款只实现了胡佛所期待数额的仅仅5%，而阿肯色州和路易斯安那州的重建公司也好不了多少。[81] 就私人部门独自应对危机的能

377

力而言，这件事是很有启示意义的，然而胡佛没有这样去想。相反，在宣布了胜利之后，他又朝向了更为雄心勃勃、远远超出了单纯经济重建的事情。这件事也会直接助长他自己的野心。

第 32 章

红十字会对种族问题处理得很谨慎。比如，1921 年的一场种族骚乱，在俄克拉荷马州塔尔萨导致 9 000 名黑人无家可归，詹姆斯·费舍尔曾命令被派去帮助这些人的一个红十字会专业人员"尽快撤出"。[1] 可是，这个人拒绝了，反而是请假，继续不要报酬地去帮助这些黑人，引起费舍尔和红十字总会的"极大不安"。

在这次洪灾的最初几天，红十字会总部也同样命令现场救灾负责人亨利·贝克，要避免卷入使用国民警卫队把灾民扣留于灾民营这件事中。[2] 胡佛尽管对灾民营的其他细节很关注，但开始时也避免卷入种族问题。红十字会中的一个助手向费舍尔建议，可以告诉那些种植园主，如果他们豁免所有佃户 1927 年的债务，那么红十字会就可以负责这一种植年度佃户们的食物开销。费舍尔马上就否定了这个建议，回答说："过分卷入地方事务是不明智的。"[3]

不过，随着灾民营中虐待黑人的传言传到北方，胡佛于是着手创建了黑人咨询委员会，任命罗伯特·莫顿担任主席。费舍尔没有反对，他相信莫顿不会让任何人尴尬，会证明自己是可用之人。当然，莫顿也有自己的一番打算。

罗伯特·诺萨·莫顿身高超过了 6 英尺，比大多数人都要高，然而他肩膀耷拉、满脸皱纹、体形粗胖，一点儿也不威严。他看起来像是书斋中的学者，吸着烟斗，陷入沉思，然而他却可以说是美国最有影响力的黑人，他沉思的是自己这个种族在美国社会中的未来。这是

珀西家族和他们这个阶层所要赞扬的一个人，他体现着珀西他们想要去阐明的种族神话。内战时，莫顿的父亲是一个奴隶，但并未去争取自由，而是站在了南军战线内，投入到蓄奴阵营。对此，莫顿赞许地解释说，父亲"做了明确的承诺，要与［他的主人］沃马克上校站在一起，直到战争结束"。[4]

不管他父亲是不是真的以付出自由为代价去信守自己的诺言，抑或是莫顿讲述一个故事来取悦南方白人，莫顿都相信高尚行为的道德力量最终将迫使白人也行事高尚。他并非甘地，甘地是铁砧终将磨损铁锤般地使用道德力量，莫顿却不针对任何人，而是相信富有力量的白人，让自己对这些白人有用，耐心地等待着他们的善心。然而，以自己这种方式，莫顿做了一切可能之事来提升自己的种族。在一个极为困难的时代，他跳出了最为微妙的舞蹈。因此，黑人中的激进人士就称他幼稚，甚至是危险。

莫顿是靠能力、勤奋工作和他几个强有力导师的影响而在这个世界中崭露头角的。他既有尊严感，也有种族感。他没有傲慢之气。他在汉普顿学院（Hampton Institute）的同学是美洲印第安人，他不能理解他们的傲慢。一次，一位来访的美军将领，想与一位印第安酋长的儿子见面——他在战斗中杀死了这位酋长。莫顿把这个学生领来，以"对这位将军地位的最大尊重"把这个学生介绍给他，"将军非常真诚地与这个 17 岁的男孩打招呼，对于这位美国陆军高级将领而言，这是不同寻常的……保罗看着将军的眼睛，没有行礼，拒绝与他握手。我以为，他没有注意

到将军伸出的手，于是小声对他说：'将军想与你握手。'但是，他用一种典型的印第安人派头说：'知道的。'"莫顿承认，他因这个场面而感到"非常羞辱"。[5]

　　他觉得，傲慢是一种奢侈，过于昂贵，不能沉溺于其中。印第安人的经历不就证明了这一点吗？白人把他们抹掉了。在白人的强大力量前屈服，去进步，去生存，哪怕这意味着把自己的想法藏在心里，这难道不更好一点？所以他隐藏自己的想法。在他那本题为《黑人在想什么》(*What the Negro Thinks*)的书中，他甚至也是这样写的。他告诉白人："黑人总是遇到那种熟悉的宣称：'我懂黑人。'这话带着某种模糊、心照不宣的微笑……黑人生活和思想的广阔，白人对此一无所知，即使是与黑人接触了那么长的时间，有时候还是在最为密切的关系之中，也仍然如此……这反映着黑人要隐藏自己思想和情感的那种持久与稳固……在把自己的全部想法展示给白人的问题上，黑人总是非常谨慎。对于这些，他极少讲出全部的真实，其中一大部分在本书中也不能表达。"[6]

　　作为布克·T.华盛顿的门徒，莫顿是一个调解者，而且不仅仅是与白人调解，他曾经想让黑人种族中那两位伟大的对手布克·华盛顿与 W.E.B. 杜波依斯和解。布克·华盛顿死后，莫顿接任了阿拉巴马州塔斯基吉学院的院长，也掌管了所谓的"塔斯基吉机器"（"Tuskegee machine"）——一部建立在与白人权力结构合作而非对抗之上的机器。泰迪·罗斯福总统帮助创建了这部机器，让布克·华盛顿在相关的联邦资助工作上几乎是掌握全权。尽管莫顿永远也没有达到布克·华盛顿的声望或影响，但他对白人仍然是有用的。在第一次世界大战期间，即使伍德罗·威尔逊总统对联邦官僚机构做了拆分，并赞扬电影《一个国家的诞生》，但当驻法美军中的黑人士兵因法国人待他们远胜于美国白人对他们的态度而感到愤怒时，他还是要依赖莫顿来安抚。在威尔逊的请求下，莫顿去了法国，平息了这场骚乱，就黑人士兵"在法国期间的行

380

为……［以及］当他们回到我们自己的土地后应该怎样做"作了报告。威尔逊感谢莫顿就此给予的"有益忠告"。[7]

在阿拉巴马州，莫顿也谨慎地不去冒犯白人。不同于其他一些黑人学院，白人来访塔斯基吉学院是完全分隔开的，进教堂也走另外一道小门，在教堂中也不与黑人坐在一起。其他黑人领袖，包括一些温和派，都因此而谴责莫顿。白人请莫顿做一个广播讲话，劝说黑人留在南方，他也这样做，说："不管有与之相反的什么说法，但南方的白人是爱黑人的。许多去了北方的黑人，发现他们的境遇并不像之前所期待的那样……较之从前，黑人现在更没有理由离开南方，因为今天南方的基本情感——无论是官方还是民间，都决定了黑人的根本愿望会得到保障。"[8]

他与白人只有过一次对抗，是因为在塔斯基吉市为黑人退伍老兵建一座医院而聘用黑人医生的事情。全国许多黑人领袖，包括杜波依斯，发出了他们响亮的声音。莫顿也把他拥有的影响力全部发挥出来——私下地，然而也是成功地发挥了作用。很少有黑人领袖知道他是如何艰苦工作的，也很少有人给他任何赞扬。不过，对于白人领导者来说，他证明了自己的可靠，证明自己不会去做损害他们的事情。

381　　作为自己所有这些努力的回报，莫顿可以对美国政治家们私下进言。1922 年，当利莱·珀西正与三 K 党对抗时，当数万名三 K 党成员准备到华盛顿大街上去游行示威时，威廉·霍华德·塔夫脱总统挑选了莫顿，让他在林肯纪念堂的典礼上发表主旨演讲，这可以说明莫顿在白人眼中的地位。这部"塔斯基吉机器"即使在布克·华盛顿死后稍有损坏，也仍然让莫顿拥有力量。远在这场洪水暴发之前，胡佛就告诉莫顿："无论你什么时候来华盛顿，都很乐意与你会面。"[9]柯立芝也愿意会见莫顿或他的代表。

同样重要的是，莫顿还能够对慈善家们进言。他与安德鲁·卡内基一起担任一些董事会的职务；威廉·霍华德·塔夫脱和约翰·D.洛克菲勒、小乔治·伊士曼——伊士曼柯达公司（Eastman Kodak）的创始人，给了塔斯基吉 500 万美元。而更大的馈赠者则是西尔斯百货的朱利叶斯·罗森沃尔德，他的许多慈善行为中，就包括为南方乡村黑人建造了 6 000 多所"罗森尔德学校"（"Rosenwald schools"），而这至少部分是因莫顿的影响力所致。

正是这种能够获得资金支持的能力，给莫顿以最大的力量。当黑人的基雷特尔学院（Kittrell College）急需 15 000 美元来"拯救一种窘境"时，它请求莫顿为它募集了这笔款项。[10] 当密西西比州那个全是黑人居民的三角洲小镇芒德拜尤要沉没时，莫顿向它的领导人尤金·布兹承诺，为他们募款 10 万美元。[11] 布兹后来请莫顿搭建"一条通向约翰·D. 洛克菲勒先生的适宜通道"，争取到了 100 万美元的捐助。[12]

现在，他与胡佛有了亲密关系，有了一些更大的计划来帮助黑人。如果胡佛当上了总统，那将带来什么样的可能性？现在，莫顿使用的杠杆，已经超过了布克·华盛顿的高度，对黑人种族具有最高的潜在利益。莫顿的责任是把这场游戏玩好。

6 月初，在孟斐斯，黑人咨询委员会召开了第一次会议。莫顿将委员会成员分成了小组，让每个小组进入不同的洪灾区域。这些小组的行程很艰苦。一个调查者报告说："我们的火车 6 个小时只走了 11 英里。水淹没了车厢入口处下面的踏板，车行驶在一片漆黑之中，灯光根本不起作用。黑人车厢被白人占领了一半，其余一半挤满黑人，有些是 3 个黑人挤在一个座位上。通道里站满了人，可以听到水流的声音在铁轨上哗哗作响。一个妇女被吓坏了，尖叫起来，赶紧关上窗户，挡住这声音。黑人们拒绝唱歌，以此作为对自己遭遇的一种愠怒抗议。这个经历我久久难忘。"[13]

尽管有这些困难，这几个小组还是很快地走访了数十个灾民营。在一些营中，当他们提交由红十字会高级官员签署的文件时，那些白人却表示不屑，管他们叫"黑鬼"，不让他们单独与灾民交谈。至少有一次，小组成员不得不匆忙离开灾民营，因为他们担心自己会被扣在那里强迫干活。在另外一些灾民营，包括格林维尔的灾民营，白人则是极为殷勤地接待他们。

10天之后，委员会成员重新集合起来，准备一份初步报告，并于6月14日将它提交给了胡佛和费舍尔。这份报告证实了那些指控：黑人的意愿被违背，他们被有组织地扣留在灾民营中，被迫干活。在一些偏远地方，国民警卫队偷窃、强奸，很可能还杀了人。一位调查者亲自向司法部送了一份摘要，要求进行刑事调查。然而，莫顿只把删除了大部分内容的这份报告的节略版提供给媒体，其中有一些琐碎的改进建议，比如"格林维尔灾民营中有挡板结构的桌椅要扶正，这样用餐才方便"。[14]莫顿还写了一篇不得罪人的文章用于美联社发布消息，并且告诉胡佛："你可以任意改动或增加。"[15]

克劳德·巴奈特的确曾通过他的"黑人美联社"，给上百家黑人报纸群发了一篇文章，说："这个委员会的成员对几个灾民营，尤其是密西西比州格林维尔灾民营的情况，印象很坏。"不过，他又带有歉意地对胡佛解释说，格林维尔已经是如此引人注意，所以"必须承认它的真实情况"，否则他们的报道就没有可信性；他还强调，自己的文章赞扬了红十字总会"工作中的高度公平和正义"。[16]胡佛让他放心，说他这篇文章是"建设性的"。[17]

所以，第一阶段对每个人都好。胡佛和费舍尔很高兴，很好地使用了莫顿的新闻稿来平息批评。对于莫顿来说，国民警卫队的最坏的虐待已经结束，胡佛和费舍尔已经承诺去实施这份报告建议的那些改进。巴奈特也向莫顿保证，他们已经战胜了自己的对手："《芝加哥守卫者报》要求'对洪灾状况的调查'，这只是一种软弱和空洞的叫喊，不过是想以此来巩固他们的信用。"[18]

然而，莫顿心中有一个更大的目标，而不仅仅是在黑人社群中与那些激进派竞争者斗争。他之所以愿意去平息对红十字会的公开批评、对胡佛的间接批评，是因为有一个更长远的目标。他告诉巴奈特："某种具有实质意义的事情是可以做到的。"[19] 胡佛也曾暗示过南方大学的校长 J.S. 克拉克，他会做一件事。克拉克告诉莫顿："我有一个看法：我们这个委员会的工作将会是意义深远。"[20] 莫顿自己也从胡佛那里得到了相似信息。兴奋之下，他告诉一位密友："我有一种强烈的看法：这次洪灾的意外结果是，黑人作为独立的农场拥有者的地位，将会在很大程度上得到强化。"[21]

莫顿希望的实质，并不在于他那份委员会报告中所提具体建议的实施，而是一种更具普遍性的诉求。"我们现在面对的是美国最大的劳工问题之一，即种植园主与那些佃户的关系，"莫顿写道，"我们对人们在堤坝营中唱的一首歌很感兴趣——有句歌词唱道：洪水冲走了旧账。他们觉得，洪水将他们从一种劳役偿债的状态中解放出来了……我们坚信，应该做一些永久之事来解除那种没有希望的状态。人们在这种绝望状态中已经生活了那么多年，他们不应该再被送回去……如果真有重建的话。"[22]

胡佛鼓励这个委员会去幻想他将帮助黑人，反过来，他想要、也需要委员会的帮助。到现在为止，委员会也一直在帮助胡佛。洪灾让人们对南方黑人的困境有了新的关注，阿肯色州、田纳西州、密西西比州和路易斯安那州 5 月和 6 月突然爆发的私刑浪潮，与人们对洪水灾民的同情融合在一起，引发了人们对联邦反私刑立法的新呼吁，以及对红十字会的新批评。莫顿和他的委员会以他们的第一份报告平息了部分批评，然而，胡佛注意到："就与有色人种的关系而言……我们在北方遇到了极大的困难。"

7月8日，也就是格林维尔市一名警察杀害一个黑人的一天之后，莫顿、巴奈特以及这个委员会的其他几个成员，再次与胡佛和费舍尔见面。这次会面是在费舍尔位于华盛顿的办公室里。他们提交了更为完整的第二份报告，它比早先的新闻稿、甚至比第一份报告要严峻得多。莫顿与胡佛和费舍尔一起评估它，主要是莫顿在谈。他温和地表示，自从第一份报告以来，所做的事情太少了。他说明哪些地方需要做什么，并回答问题。巴奈特和其他人保持沉默。莫顿既没明说也没暗示他或许会将这份可能引发轩然大波的文件交给新闻界。相反，为了保护红十字会和胡佛，莫顿只准备了3份副本，甚至拒绝委员会其他成员掌握它。他自己保存2份，1份给了胡佛。[23] 不过，他也询问了重建之事，含蓄地提到了胡佛那些雄心勃勃的计划。[24]

第二天，胡佛在自己的办公室私下会见莫顿。此时，他们二人都知道胡佛极有可能成为下任美国总统。的确，胡佛当选的机会每天都在增加。从法律上讲，柯立芝可以再次竞选，但美国的传统限定总统只任两届。柯立芝已经连任两届了。有流言到处传播，说柯立芝的敌人打算发起一场运动，逼迫他退休。不久，一个大佬党（共和党）参议员就公开宣布了他对连任三届的反对，而新闻报道也宣称："各种地下力量正针对卡尔文发难，'胡佛热'正在增长……与柯立芝先生拉开距离的隐性疏远正在扩散，在共和党职业政治家中存在已久的这种疏远，在接二连三的爆发中将被摆上台面……只要参议院再次开会，就将考虑一项反对总统连任三届的决议。"[25]

现在，莫顿单独与胡佛坐在一起。这是一种兴奋的感觉，一种有着对未来之承诺的感觉。当胡佛开始谈论一个他不想在别人面前讨论的想法时，莫顿的这种感觉就更强烈了。胡佛说，洪灾地区因"破产经济的背景"[26] 而遭受苦难。种植园体系和对种植棉花的依赖，浪费了世界上这片最肥沃的土地。然后，他勾勒了一个全面而且是革命性的计划，这个计划将重塑三角洲的面貌。这一天，7月9日，他写下了一份备忘录，提议"将这片土地划分为小片，建构小农场所有权"（几乎可以肯定，无论是胡佛还是莫顿，都没有想到，就在不到30年前，黑人曾经拥有过三角洲农场的三分之二）。那些经历着困境的大种植园将会消失，最终被成千上万的小农场所替代。这个项目名义上将"服务于白人与黑人农民"，但实际上它就是为黑人而设计。"土地重置公司"将建立起来，发放第一批抵押贷款来购买20英亩的农场，然后是用于购买牲畜和设备、提供生产资金的第二批贷款。胡佛估计最初的资金需要450万美元，加以适当的再贴现，可以让将近 7 000 户家庭去购买和装备自己的农场。还款和收益可以投入到新的贷款中，这样就会形成快速的扩展。从理论上讲，这个项目会以指数级增加，最终改变这整个区域。胡佛推断，白人种植园主将会支持这个计划，因为它会减少可用土地的供应量，因此也就抬高了所有土地的价值。[27]"如果有可能从密西西比河洪灾资金中省出几百万美元的数额，"胡佛说，"我们就有理由将钱用于这个目的，作为洪灾区域整体重建的一部分。"[28]

莫顿欣喜若狂地离开了胡佛的办公室。他相信胡佛的提议将使大量黑人摆脱贫困，为密西西比河三角洲创造出黑人中产阶级和一片乐土。他还相信，胡佛有力量来实施这个计划，而且非常可能很快就会有更大的力量来实施它。

8月2日，柯立芝宣布他不寻求再次竞选。

在这次洪灾之前，南方共和党的显要人物既有白人，也有黑人，曾说他们的大会代表团在任何情况下都不会支持对胡佛的总统竞选人提名。现在，这些人中的多数正在向胡佛承诺他们的支持，抛弃了胡佛的竞选对手。[29]

与此同时，莫顿开始在演讲中暗示这个土地重置计划。8月下旬，黑人商人们聚集在圣路易斯，出席"全国黑人商业联盟"（National Negro

Business League）的年会。这个组织与那部"塔斯基吉机器"关系密切，是由布克·T.华盛顿创建的，由莫顿来负责。与会者中有许多人，靠着经营小规模储蓄银行，或者是殡仪馆，或者是后来变成了保险公司的丧葬费保险协会，从黑人的贫困和死亡之中挖出了一座小小的钱山。他们中间极少有激进派，即使用当时的标准来衡量也是少有。他们许多人是共和党的积极分子，如同莫顿一样，是抱有希望的。现在，莫顿给了他们真正的希望。在这次会议之后，他们分散到全国各地，坚定支持胡佛，这是因为莫顿告诉他们的话。

"我不能随意告诉你们细节，但你们很快就会知晓。"莫顿说。他的话激起了人们的好奇和兴趣。"不过，红十字会资金无疑会是做一些事情的工具，这件事比起解放黑奴（Emancipation）之后发生的任何事情，对黑人都更具意义。"[30]

然而，胡佛只是悬挂了一根撩人的胡萝卜。他已经知道，红十字会资金不会用于这种目的，只有莫顿不知道这一点。莫顿认定红十字会必然支持这个土地重置的想法，于是邀请费舍尔来到这次黑人商界大会上。费舍尔已经明确地告诉胡佛，红十字会不会支持这个计划，但他坐在会场上，一个白人处于一群黑人之中，以微笑来面对吹捧他的介绍，接受人们狂热的欢呼。接下来，他给胡佛写了一封愤怒的信件。

386　　在这封信中，他罗列了对这个计划的十项反对意见，以一个事实来作为开始："来自参议员珀西这类人的新闻宣传，已经造成了一种心理，即使是满足我们作为自己责任而接受的那些事项，资金也是不足的。"红十字会必须节俭地使用它的资金，因为它原来的政策是当灾民离开灾民营后，向他们提供两周的食物，但现在已经"可以肯定……有相当数量的灾民整整一冬都必须依赖食物援助"。最后，如果他们去实施这个土地重置计划，那么就"有可能出现一场大猩猩般的［原文如此］战争（gorilla warfare），或者导致经济剥削，或者引发排斥，这将导致黑人受益者被逐出这片土地"。费舍尔坦率地宣布："红十字会不可能去承担这样一个项目。"[31]

莫顿永远也不知道费舍尔的立场。[32] 胡佛继续提出土地重置计划的承诺，莫顿也继续回应它。亚瑟·凯洛格当时是一份领军的进步杂志《调查》（*Survey*）的总编辑，也是胡佛的支持者。他同情黑人，认识莫顿，对他的评价不留情面，但可能很准确。他这样告诉胡佛："有许多人希望引进北方的劳工、资金和观念，它们将炸开三角洲的惰性之壳。我觉得现在还不是时候……也许，委员会［应该］用比莫顿更为有力的人物来领导。莫顿，这个可怜的人，为自己学校募款，跑遍北方和南方，结果发现自己只是个胖乎乎的中年绅士，危险地骑行在一条窄路的边上。"[33]

莫顿则有不同的感觉。他相信自己在胡佛身上找到了岩石般的坚定，找到了真正的力量。"我会成为被提名者。"胡佛这样说过。这几乎是必然的。基于对胡佛的信任，在1927年整个秋季，莫顿利用每一个机会来推进胡佛的总统候选人资格，使出自己掌握的全部影响力来平息黑人之中对胡佛的所有批评，确保黑人对胡佛获得提名的支持。莫顿下定决心，要保证不会有任何洪灾丑闻突然流传开来，以免以任何方式损害了胡佛的形象。可是，胡佛还在继续利用他。

第 33 章

　　胡佛和莫顿都在追逐自己的目标。然而大自然对灾民施加的伤害尤为突出——灾民们现在被各种疫病困扰。

　　第一场疫病落到了他们的农作物身上。灾民离开灾民营后，种植了苜蓿、小麦、豌豆以及种植量最大的大豆。胡佛曾坚持要种大豆，虽有农业科学家强烈反对，但胡佛坚持己见。开始时，农作物长势很好，红十字会官员们骄傲地面露喜色。然而，干旱来了，接下来虫害来袭，再加上一场早霜，天灾连连。所种植的有限农作物，只收获了 20% 到 25%，大豆几乎绝收。[1] 三角洲民众这一年做的每一件事情，上帝都加以作弄。

　　第二场疫病降到了人的头上。成千上万的人感染了糙皮病。这种病由饮食恶劣而导致，开始时表现为患病者乏力（南方白人总说黑人"懒"，这至少是部分原因）。而且，这种病还会让人变得丑陋，而且危险。病人身上会出现疮疡，皮肤上形成厚厚的黑壳，病人会变得郁闷，产生幻觉，觉得脑袋和脊柱中有火在燃烧。得不到治疗的话，糙皮病会致人死亡。每年冬季要结束时，南方各地的佃农，无论白人黑人，都很可能会感染这种病。不过，到了春天，当他们的饮食有了改善之后，这种病通常就没了。1927 年，在红十字会的灾民营里，因灾民们的饮食恶劣，糙皮病蔓延开来。开始时，红十字会官员否认他们有任何责任，但随着病人数量单是在三角洲一地就超过了 5 万人，他们就找来了专家应对。专家分发了数以吨计的酵母（华盛顿县得到了给密西西比州总量的三分之一）。[2] 酵母起到了极大的作用，不过，美国公共卫生署（U.S. Public Health Service）的一份报告认为："想要去除导致糙皮病流行的根本原因，这涉及饮食习惯的变革，以及现有经济和金融体系的整体变革。"[3]

最后一个大麻烦就是种族问题。灾民营中存在着种族歧视，灾民营的关闭也与种族歧视有关。比如，在维克斯堡，红十字会为白人和黑人分别修建了灾民营。比起白人灾民营来，黑人灾民营提前几周就关闭了，地面上仍有 1 英尺深的水时，黑人就被送回去干活了。[4] 接下来，歧视变得更为张狂。到了此时，洪灾开始时那种共赴灾难和共通的人性的感觉就消散了，又回到了这一区域旧有的普遍态度。

胡佛和费舍尔曾专门下令，"所有的援助都要直接给受灾者"，灾民们应该得到足够的食物、种子、工具、衣物、基本用品，以便从头开始。一无所有的人们中，那些失去了牲畜的人，甚至可得到一匹骡子或一头猪，或者是几只鸡。然而，胡佛的政策受到了破坏。在整个洪灾地区，各县红十字会分会的主席们——有时还得到了红十字总会工作人员的明确认可，把救灾物资交给种植园主，由他们分发给灾民。一些种植园主把这些物资免费发给自己的佃农，有些人则要收费，或用这些物资来抵扣自己原来的欠债，或者是用红十字会提供的骡子替代被淹死的骡子，原来买骡子所欠的抵押贷款不变；还有一些人偷这些物资供自己用。那些黑人农场主，他们的佃户，以及园主在外地的种植园的佃户，几乎什么也得不到。[5] 红十字会的官方政策，甚至也歧视园主在外地的种植园的佃户，认定凡生活在三角洲之外的园主都不贫困，可以自己照管佃户。[6]

从夏末到初秋，莫顿致力于为处境艰难的佃农弄到救灾物资，不断地给胡佛打报告，详尽谈到了各种歧视虐待。胡佛则一直否认有任何系统性的问题，告诉莫顿把每份报告都交给红十字会，由他们进行个案处理。

11月，杜波依斯在全国有色人种协进会的刊物《危机》(Crisis)上发表文章说："我们对［莫顿的］委员会有深深的怀疑……它极有可能被诱而去洗白整个局势，在背后向胡佛先生大献其媚，并没有真正努力去调查我们国家这一区域那种绝望和可怕的状况……他们所做的一件致命之事，一件美国黑人永远也不会原谅他们的事情，就是没有骨头地向政府投降，对有罪的红十字会诌媚。"[7]这样的话刺耳而伤人。杜波依斯以这样的承诺来结束他的文章："到下个月，我们将有更多的话可说。"[8]

现在，莫顿处在信任危机之中了。巴奈特警告他："《危机》有一个白人女性调查者，最近正在对洪灾地区进行调查……［她］对于调查那种特别糟糕的情况很有经验。我觉得，无论好坏情况的宣传，我们都必须赢过他们。"[9]于是，莫顿再次敦促胡佛，请求他再搞一次调查，在电报中这样说："建议红十字会马上宣布关于调查委员会的消息。"[10]

胡佛烦躁地对费舍尔说："黑人问题又出来了。"[11]不过，他也意识到，如同可以想象到的那样，杜波依斯将搅动白人媒体和黑人共和党人物。所以，他最终同意授权黑人咨询委员会在11月进行一次巡视调查。12月12日，这份最终报告交给了胡佛、费舍尔及其在华盛顿的办公室里的6个红十字会官员。莫顿没有来亲自提交，他出了车祸，不能前来，所以克劳德·巴奈特和莫顿的助手阿尔比恩·哈尔西代替他来。莫顿已经习惯于见大人物了，但巴奈特不是。也许是由于这一点，也许是要显示他并不怯场，或者是因为他觉得是在朋友圈里，所以他讲话就很直言不讳，甚至是莽撞——如果不是这些原因，他可能并不如此。

从下午五六点开始，一直持续到晚上，3个小时的时间里，巴奈特和哈尔西谈了这份报告。它说地方官员"常常不理睬"[12]红十字会的那些政策，原本是给佃户的救灾物资，土地所有者们偷盗不止；黑人土地拥有者被拒发救灾物资，数以千计的黑人灾民还需要过冬的衣物，那些想要离开种植园的佃农受到了鞭打。黑人拒绝与调查委员会的人交谈，因为"他们有生命危险……［但］一些社群中的红十字会官员知道并承认这些事实……我们急切希望红十字会自己组织调查，来确认这些报告中所谈的情况……由华盛顿进行秘密调查，将会有一些令人感兴趣的发现"。

胡佛和费舍尔原本期待着赞扬，所以刚开始的反应是惊愕，然后变得越来越愤怒。他们竟被指责——这两个人极少被这样指责过——况且，还是被黑人指责，而且是被一个黑人的助手指责。不过，他们压住了自己的怒火。

巴奈特满意地离开了会议室，对一个同事透露说："我认为，在洪灾问题上，我们已经击败了［全国有色人种协进会］。他们现在要咆哮了，胡佛先生周围的我们这些人，已经尽了我们的职责了。"¹³ 几天之后，胡佛对莫顿承诺，报告中的那些指控将得到"积极调查和及时补救"。¹⁴ 巴奈特天真地告诉莫顿："我觉得胡佛部长将会很好地应对，这比我最乐观的希望还要好。"¹⁵

然而，胡佛并不是一个从善如流的人。尽管他向莫顿承诺要采取行动，但他也表达了极度的不悦。

尽管有着车祸带来的痛苦，莫顿还是决定马上前往华盛顿。不仅是灾民的命运，而且他自己与胡佛的个人关系，都处在危险之中。胡佛看来与总统宝座日益接近，但土地重置计划却并未日益落实。莫顿也知道，自己误判了胡佛。报告的撰写者期待阅读者会从同样的角度看问题，但胡佛显然不是从同样的角度来看。这样一个错误，不是莫顿这样地位的人可以常犯而无所谓的。

莫顿到达华盛顿时，已是夜里。第二天一大早，当大多数人尚在吃早饭时，他就去了胡佛的办公室。胡佛没有让他久等。胡佛不屑于用这种小气方式来摆布人，然而，现在是他来一点小小反击的时候了。胡佛冷冷地告诉莫顿，那份报告让他"失望"——这个词很有分量。"失望"一词是难以反驳的。然后，胡佛详尽地批驳这份报告，尤其报怨它未能赞扬红十字会做的好事。

莫顿的回答低三下四，赞扬了胡佛"一贯的智慧和爱国服务"。对提交那份报告时的未能到场，他表示歉意，解释说："我们之中某些人的缺席，可能给那次会议带来了有所不同的氛围，但我向您保证，参加会议的我们这一方，绝无以任何方式指责全国红十字会的意思。"然后，莫顿做了一个难以置信的声明："呈交给您的那份报告，我事先没有看过，我是事后才看到的。"[16]

即使莫顿可能事先没怎么读过这份报告全文，但他一定读过报告的摘要。这份摘要有 7 页长，里面就包括了一些最为直率的批评，而且采取了他致胡佛信函的形式。他签署了这封信，这是在他出车祸之前。这样一种否认，实在是让他不自重地彻底贬低了自己。

胡佛听了莫顿的解释，告诉他要确保重新撰写这份报告，并且再写一份新闻稿，然后冷淡地让他走了。莫顿走后，胡佛给费舍尔打电话，他带着某种得意和仍然郁积的怒火，告诉费舍尔，他让"莫顿博士认输了"。[17]尽管莫顿温顺地屈服了，但胡佛仍然告诉一个助手，要把"黑人世界中的另一种因素考虑进来"。[18]

几天之后，不知道胡佛已经别有关注的莫顿，又给他写了一封进一步的道歉信，并且附上他对一份新闻稿的批准。这份新闻稿满是对红十字会工作的赞扬。胡佛回信说："我接到了你的来信……很高兴读到了这种声明。"[19]

后来，巴奈特请求费舍尔："我强烈感觉，［新报告中］提出的那些修改不应该有……这是因为这个国家的有色人种在洪灾问题上的心理状态……我恭敬地抗议这种修改，强烈要求使用原来的报告。"[20]莫顿没有支持他的抗议，费舍尔和胡佛也置之不理。

与此同时，调查委员会成员 J.S. 克拉克告诉费舍尔："无论是莫顿博士还是我，都没有看过提交的那份最终报告……红十字会理应因它所做的服务而得到无限的赞扬。"然后，克拉克也提醒费舍尔，"这个项目不仅能够让民众有吃的、有穿的、有住处，而且还能够让他们较之从前更为坚实地站稳脚跟。"[21] 当然，他讲的是胡佛的土地重置计划。

除了莫顿对胡佛的提醒外，这个计划已经几个月不提了。莫顿仍然不知道费舍尔认为这个计划"不可能"而反对它，但他却明白，与黑人咨询委员会调查使命相关的每一个人，费舍尔现在都对其变得冷淡相待了。他也知道，土地重置计划是胡佛自己的想法；也知道尽管一直提醒，但胡佛没有做任何事来推动它。他最终明白了从来没有说出来的东西：红十字会不会做任何事情来实现它。志忑却又抱着希望，莫顿告诉胡佛，他计划以胡佛的名义去找一些慈善家。胡佛同意了，并告诉他可以去请威廉·希费林。此人拥有一家化学公司，是塔斯基吉学院的一位受托人，让他在纽约举办一场午宴，胡佛可以来给那些慈善捐助巨头讲讲他的计划。

莫顿这样做了。希费林邀请了一些挑选出来的人，其中包括 J.C. 潘尼（J.C.Penney）、银行家保罗·沃伯格（Paul Warburg）[1] 和约翰·D. 小洛克菲勒。于是，希费林告诉胡佛，他们全都期待听他"勾勒那个让黑人佃户能够得到良田的计划"。[22]

胡佛很熟悉这些被邀请者——这一年他当选总统后不久，就到潘尼位于佛罗里达的别墅去参加深海钓鱼。然而，在 1928 年 1 月 12 日这天，他这样回答说："我觉得，举行一场午宴，目的就是与我面对面讨论你提到的这样一个计划，这可能是不受欢迎的。"[23]

---

[1] 美联储第二任副主席，被认为是"美联储的总设计师"。——译注

希费林把胡佛的这个回答转告了莫顿，莫顿呆住了：胡佛正在放弃他。不过，他什么也没说，而是转向了塔斯基吉学院的另外一位受托人朱利叶斯·罗森沃尔德。罗森沃尔德个头不高，身材魁梧，铁灰色头发，从来不因梦想而轻易施舍钱财，对自己要去支持的企业有很高标准的要求，不过却为修建乡村黑人学校捐助了数百万美元，最终累计捐赠6 000所校舍。罗森沃尔德与胡佛的关系也由来已久，他们在一起工作过，其中就包括让二次抵押成为了一种切实可行的金融工具。胡佛也对他很好，比如在柯立芝总统的就职典礼上给他安排很好的座位。更为重要的是，就在胡佛拒绝希费林邀请的同时，罗森沃尔德拿出了500万美元用于在农场重新安置欧洲难民。由于这个举动，胡佛称赞他说："这是人类工程学上的伟大试验，你和我共同看到了那么多事业的实现，它们都基于一种认识：他们的幸福就是我们所有人的关切。"[24]

相似的数额也可以用于三角洲的这整个项目，这个前景让莫顿兴奋地感到前景光明。现在，莫顿把自己的命运交托到了胡佛的手中，希望胡佛可以亲自请求罗森沃尔德资助这个项目。尽管胡佛并不是在自己关心的项目上以个人名义要钱，尽管如果他直接要求提供资金别人也难以拒绝，但他还是不朝罗森沃尔德开口。尽管罗森沃尔德是塔斯基吉学院的一个受托人，但莫顿从未得到机会把这个计划——胡佛的这个计划，完全依据胡佛的想法所写——直接面交罗森沃尔德。相反，这个计划交给了罗森沃尔德的助手爱德温·恩布里，而恩布里的答复是："罗森沃尔德先生对此的反应，至少是不那么看好。在其他有些类似的项目中，他有过一些不那么成功的经历，其中有一个，我相信就是塔斯基吉附近的'鲍德温农场'（Baldwin Farms）项目。"[25]

莫顿有自己的尊严，但他从不被自尊羁绊。他来到汉普顿学院的第一天，生活就教会他放下骄傲。当时一个教师给了他一场入学考试，看他能把一间教室打扫得多干净，而不是他能在里面学习得多好。在罗森沃尔德不表赞同之后，他温柔地提醒胡佛，土地重置计划和希费林的午宴，这都是胡佛自己的主意，请求他让这个计划复活。"在我看来，您跟五六位绅士说句话，这个计划所需的金融目标，在一个小时内就能实现。"他在给胡佛的信中这样写道，"我知道，您会原谅我在这件事上显得如此固执，如果您能够前往纽约——如同您有一次说过的那样。那么就能保证这件事成功启动。"[26]

胡佛终于同意出席希费林的午宴，但后来又搁置了。现在，绝望的莫顿开始逆风而行，他再次给胡佛写信："出席这次午宴的人可以轻松地资助这个项目……我不能肯定您是否希望我进一步推动此事。在这件事上，我愿意得到吻合您希望的指示。"[27]

作为回复，胡佛寄给他一封罗森沃尔德助手反对这个计划的信函的副本，其他什么也没说，也没有再提午宴之事。这场午宴不了了之。[28]

终其一生，莫顿被逼出了一种面带微笑地逆来顺受的忍耐。他仍然没放弃希望，给洛克菲勒写信："您是每当我脱帽仰望星条旗时都会想到的那种美国公民，我也可以很合适地把洛克菲勒夫人归入这类人中。这不是因为您所拥有的世俗财产，而是因为您在人类进步的每一个阶段所显示出来的精神。"[29]

洛克菲勒感谢了他的这番好意，但没有胡佛的认可，他是不会为土地重置计划出钱的。这个算是解放黑奴以来黑人一直等待的最大福音的提议，或许正在死去——或者它已经死了。

现在已经是1928年的3月，莫顿可以推断出，胡佛已经深深沉浸在争取总统候选人提名的活动之中，现在他不会花时间来考虑土地重置问题了。但是，如果他当了美利坚合众国的总统……

莫顿决心去做自己能够做到的一切事情，来帮助赫伯特·胡佛实现这个雄心。他的帮助是可以起作用的。1928 年整个春季，尽管在共和党候选人中取得了初步胜利和遥遥领先的优势，但在共和党职业政治家那里，胡佛仍然是不祥之人。如果共和党全国代表大会不在第一轮投票中提名他，那么就可能根本不会提名他了。胡佛的对手们——领头的是伊利诺伊州前州长弗兰克·洛德，他一直是提名的热门人选，直至洪灾使胡佛声名鹊起——想要结盟来阻挡胡佛。1928 年 3 月 31 日，《纽约时报》谈到，有一个"让大会陷入僵局，选一个折中的候选人来挤掉胡佛先生的计划"。[30] 利莱·珀西懂得这一套，当年在密西西比州议会，他就以这种战略战胜了瓦达曼。数月来，他一直观察这种运作，看到了其他候选人"因接触而名气上升，胡佛的影响却在下降"。[31] 他得出判断："所有的常规共和党人都会反对他。我不相信他会得到提名。当然，如果得到了提名，他会当选。"[32] 他还认为："公共生活中，谁的敌人也没有胡佛那样多。"[33]

胡佛以他的一贯风格来反击：假装超越于政治（这种假装也在愚弄他自己），让自己双手保持干净。然而，他的那些助手，尤其是乔治·埃克森，在做那些必须去做之事。他们强硬，甚至是无情地做各种交易，违反那些明确的道德标准。这些为胡佛工作的人违反了法律，但看起来却不是这样。[34] 他们利用人，他们利用莫顿。

在黑人社群中，莫顿、巴奈特和那部"塔斯基吉机器"护卫着胡佛，回应关于胡佛允许虐待黑人灾民的指控，做一切可能之事来推他。这些人的作用可以感觉到。"我们有没有可能于 3 月 30 日在纽约让尼尔做一场演讲？"[35] 埃克森这样问，他指的是 C.C. 尼尔，这是"塔斯基吉机器"中的一个小齿轮，此人此前帮助把密苏里州黑人共和党人送入了胡佛的阵营。干得最起劲的黑人就是巴奈特，他在芝加哥选区政治中有经验，在总统竞选活动中也有经验。早在 1928 年 1 月，他就成为了一个向埃克森汇报的竞选助手。他不停地去各个地方，全身心地投入到竞选之中，同时也在他的"黑人美联社"群发新闻,对这场战斗发挥自己的影响。[36]
共和党全国代表大会召开前夕,埃克森告诉巴奈特:"胡佛部长和我都知
道你全身心投入的兴趣,他和我一样欣赏你正为他所做的持续工作。战
斗几乎要结束了……请记住,你是这个组织中最亲密朋友的一员,我们
非常高兴有你的帮助。"[37]

　　然而,莫顿是关键,莫顿举足轻重。胡佛招募的一个黑人政治活动
人士告诉莫顿,自己不想"为了这个人的利益而有损自己的种族",征询
"你对他怎样看"。[38]新泽西州的一个黑人政治家,也向莫顿打听"胡佛
先生与密西西比河洪灾之关系,为黑人做过哪些好事"。[39]随着全国代表
大会临近,埃克森对莫顿的要求也变得持续不断。不属于胡佛阵营的奥
斯卡·德普莱斯特,主宰着芝加哥的黑人选区,这一年他将成为本世纪
选出的美国第一位黑人国会众议员。埃克森指示莫顿来做他的工作;[40]同
时也与"J.C. 米切尔先生联系……[他]对来自圣路易斯的3个黑人代表
很有影响力";[41]还要联系西皮奥·琼斯,这是一个黑人律师,是整个阿
肯色州代表团的关键人物,要"发现他到底是怎样站在胡佛一边",[42]要
向"芝加哥的黑人媒体发布一个声明……让人们关注南方的黑人领袖对
胡佛先生密西西比河救灾工作的满意"。[43]在共和党全国代表大会上,由
莫顿来协调那些黑人代表。

　　胡佛赢得了第一轮投票的提名。洪灾把他推了上来,国民以对他的
知晓来作为回报,让他再次成为了英雄,再次成为一位伟大的人道主义
者。靠了莫顿的帮助,没有爆发丑闻,共和党黑人代表站在了一条线上。
几个月后将是总统大选。莫顿愿意去等待那个土地重置计划和黑人种族
的其他福音,也是这部"塔斯基吉机器"的福音,并且愿意等得时间长
一点。

395

第 九 部

洪 水 退 去

第 34 章

从伊利诺伊州的开罗市到墨西哥湾，从新奥尔良到华盛顿特区，在
密西西比河冲积平原各地以及其他地方，1927年这场洪水都留下了水灾
的印记。它改变了很多东西。有些改变是直接和明显的，马上就到来；有
些改变不那么直接，不那么明显，到来得较慢。

第一个变化的到来，甚至在洪水最为肆虐之前，是新奥尔良下游炸
堤之时。这次炸堤，不仅炸掉了河堤，而且炸掉了堤防万能的政策，永
远地结束了单靠堤防可否控制密西西比河的争论，使得即便是军方工程
师也得承认，没有什么东西能够控制住密西西比河。所以，人们就只能
是找到某种方式去适应它。

找到这种方式，是这场洪水之战的最后一役，这场战斗是在华盛顿
打响的。所有党派都开始同意一个观点——联邦政府必须承担起在这条
河上的责任。但仅仅取得这种共识却几乎什么问题都没解决，因为大河
与人类的较量就如同权力本身，本质上是一种零和博弈：如果一方多得，
那么另一方必定少得。堤防万能政策掩盖了这个真相，这个政策的主要
吸引力之一，正在于它承诺可以保护此河冲积平原的所有土地。可是，
任何新的计划都不得不允许河水在某些地方淹没部分土地。国会必须做

出决定，谁的土地将会被淹。做这样的决定将不得不把工程学与政治学结合起来。

这项法案所涉及的范围也必须界定清楚，谁将为此支付代价也要明确。无论如何，这项法案要把密西西比河下游包纳进来；无论如何，它将成为国会所通过的立法中最为雄心勃勃、也最为昂贵的单项立法。许多人想让它涉及的范围更大更广，包括更多的东西，甚至把整个密西西比河流域都包纳进去。新墨西哥州州长想让这项法案把加拿大河的防汛事务包纳进去；俄克拉荷马州的一个参议员和两个市长要求这个法案解决阿肯色河、西马伦河（Cimarron）和加拿大河的防汛及航运问题；北达科他州州长要求治理密苏里河；蒙大拿州的一个国会众议员要求治理米尔克河（Milk）；堪萨斯州州长提出他的州有 32 个市镇被淹，其中有些从 1926 年 9 月到 1927 年 4 月被淹了 7 次；匹兹堡和辛辛那提的国会众议员想把俄亥俄河的洪水问题纳入议程。

然而，不是国会或白宫来决定这些事情，由"三州洪水治理委员会"掌控着更为私密的讨论并做出决定。如同许多其他行使权力的机构一样，这个委员会是一个特别小组，由来自阿肯色州、路易斯安那州和密西西比州的若干人组成。这是一些为人所熟知的名字，他们做出的决定对本州议员有约束作用，他们的影响也远远超出了自己所在的州。约翰·帕克是这个委员会的副主席，他和吉姆·巴特勒[1]代表路易斯安那州。利莱·珀西代表密西西比州，并担任这个委员会的秘书。阿肯色州州长约翰·马蒂诺代表自己这个州，同时担任委员会主席。这些人，再加上胡佛，就是做出决定之人。

1927 年 9 月 12 日，也就是柯立芝总统宣布不再谋求连任之后一个月，这些人开会了，地点是在约翰·福代斯上校位于阿肯色州温泉城的

---

[1] 即小詹姆斯·皮尔斯·巴特勒。——译注

家里。此时，要求这项立法的各派政治力量早已聚集起来了。6月时，曾有数千人——其中有将近150位参议员、州长和众议员，已经出席了芝加哥洪水治理大会（Chicago Flood Control Conference）。这次大会的唯一目的，就是为一项立法造势和施压。大会休会后，组织了一个小型的包括珀西在内的执行委员会，负责进行游说活动。从那以后，珀西就一直出差，私下会见北方一些州长和国会议员，到华盛顿去见柯立芝总统和杰德温将军，在格林维尔接待副总统查尔斯·道斯，引导一个美国商会代表团巡视整个洪灾地区。如同美联社报道的那样，似乎每个地方"都有三角洲的那个老罗马人——格林维尔的利莱·珀西，他在讲这些问题的关键"。[1]

现在，在温泉城，珀西和"三州洪水治理委员会"的这些同事们，要来定出一个他们将会一致支持的法案纲要了。参加这次会议的有胡佛、珀西、马蒂诺、巴特勒和另外两人——二人都在南方最富有者之列。除胡佛之外，这些人都能展现出超凡的优雅和魅力，但现在他们是来做决定的。对于旅程安排之难，他们略谈几句，没有多说，兴趣全放在了这条河上。他们所要决定的东西，比起后来柯立芝、众议院或者是参议院所提出的一些初步建议，更接近于成为了实际法律的东西。[2]

福代斯上校的这所住宅富丽堂皇，有高耸的科林斯式圆柱，安静的黑人仆人面带微笑；不过它也有一种乡村气息，屋后不远处就有一群猎狗吠叫。屋外阳光灿烂，但屋前有着舒服的树荫，高高的天花板和呼呼转动的电扇也让室内很凉快。温泉城这座小镇，主要街道旁有不少旅馆，其中一些颇为高雅，已是一座在大片山林中开发出来的度假胜地了。这里的温泉引来了游客，但附近也有很好的狩猎场。珀西对这里的狩猎场难以忘怀。25年前，他无能为力地看着自己的幼子小利莱·珀西在打猎事故造成伤口感染的极度痛苦中死去。从那以后，他就不来温泉城。然而现在不是伤感的时候。

很快，当他们讨论联邦对于灾民的援助时，这一点就很清楚了。珀西警告说，给灾民以援助，这是"开一个先例"，将使得法案的通过更为困难。这也会在一些国会成员中激发嫉妒，因为这些人的州过去也曾遭遇洪灾，但没有得到过联邦援助。这些人可能会表示对这项法案丧失兴趣，以此来宣泄他们的嫉妒。所以，珀西接着说："我不打算支持任何会让政府在接管河堤上分心的事项。"

马蒂诺对此表示同意，并且从另一个角度加以阐述："我认为，如果国会通过对灾民的援助措施，就会觉得他们已经履行了自己的责任……那么这个〔河流立法的〕大方案……就不得不再等待几个月甚至是几年。"

对此，无人不同意。这个问题算是解决了。后来，胡佛本人为各州重建委员会的领导人起草了一份以供发表的声明："并不需要由国会采取行动来援助洪灾灾民；相反，所有努力都应集中于制定和通过足够的洪水治理措施之上。"[3]

接下来的问题就是：谁来为需要进行的巨量工程支付费用？从历史上看，与联邦政府所花之钱相配套，各州或地方实体一直也得为此付出金钱、土地或地役权。然而，要求地方做出贡献，这可能会损害在治河上的任何努力。1927年，就在这次洪灾之前，密西西比河委员会手头有500万美元用于河堤抢险工作，但其中40%却没有用上，这正是因为那些地方堤坝董事会未去做它们的配套贡献所致。[4]现在，更多的河堤区已陷入贫困，在可以预见的将来会一直贫困，无力去做它们的配套贡献；然而，河堤系统的那些最薄弱处也必须修筑坚固，否则一个河堤区决口，就可能威胁到其他河堤区的数十万人。

珀西、巴特勒、马蒂诺和其他人都催促胡佛同意放弃对任何地方贡献的要求。胡佛同意这个目标，但警告说国会和白宫都会"犹豫于放弃对地方贡献的要求，因为担心未来会有更多的这种要求……这是一个要讲策略的问题"。

巴特勒提出一个解决方案："我们先来考虑已经花掉的开销是不是好一些？也就是已经做出的那些贡献，这样我们就能算出未来要做的贡献。"

珀西重重点头："我给你一个河堤区的数字。"他讲了自己那个密西西比河堤坝董事会的情况。"到 1926 年 7 月时，政府在 5 年内花了 1 350 万美元，而地方上 5 年中花了 22 537 000 美元。"他补充说，总体而言，阿肯色州、路易斯安那州和密西西比州一共花了 1.68 亿美元，而联邦政府只给了 6 100 万美元。

于是，大家决定采取这种策略。他们可以这样来争辩：由于过去各州和地方堤坝董事会所花之钱已经超过了联邦政府的开支，地方贡献就已经做出了，所以，在这个事情上免除地方贡献并没有开一个先例，它只是补偿了已经花掉的钱而已。

接下来，他们转向最后一个问题：这个法案所要涉及的范围。对此，大家出现了分歧。马蒂诺想要一个涉及范围较大的法案，把各条支流都包括进去。他这样想是有将自己州的利益考虑在内的。他这个州的许多水患问题并非来自密西西比河本身，而是来自它的那些支流，主要是来自阿肯色河、怀特河和圣弗朗西斯河。马蒂诺还争辩说："我认为，如果我们把整个密西西比河和它所有支流都包纳进来，从政治上讲机会更大……在这个法案中，你关注的问题越多，你得到的支持就越多；如果你能够关注足够多的问题，就能够得到国会中多数人的支持。"

不过，这样一个巨大项目，胡佛表示反对，警告说："我想要去做的是把堪萨斯州、伊利诺伊州、田纳西州和其他地方的河漫滩都拿掉……匹兹堡正准备把自己加进来，堪萨斯州也这样做，北达科他州已经有了计划，它们全都急于挂到你们这个帽架上来……我担心，整个国家都会起而反对一个庞大的计划。"无疑，柯立芝就会反对。如果他们想搞一个全面的法案，那么，终将一无所获。所以，胡佛向马蒂诺保证，涉及范围较小的法案也能保护他的州："阿肯色州的所有溢流，都将纳入我所界定的密西西比河下游洪泛平原范围……从工程角度来看，这片洪泛平原是界定准确的。"

马蒂诺并不放弃。他争辩说，如果他们限定了这个法案所涉及的范围，就会被视为自私，而这也会导致立法的失败。

仍然是巴特勒。他再次介入，提出了一个解决方案：陆军部正在制定一个只覆盖密西西比河下游的洪水治理法案，让陆军部来限定这个法案涉及的范围，排除对其他地方的援助。巴特勒建议，如果房间里的每个人都同意使用陆军部的那个计划作为这个法案的框架，那么他们的手就干净了。"对我而言，"他说，"这就是我们的回答：'这并不是我们的法案，而是一个经过研究的法案，是工程师们现在正准备去做的事情……'我们可能不得不承诺支持某个法案，但那并不是我们法案的一部分。与密西西比河下游洪泛平原打交道，权宜之计可能要求承受一些额外的东西……比如将伊利诺伊河纳入，会带来选票角度的叫好声，这就可以添上。尽管是权宜之计，如果有必要，就可以去做。"

"我同意巴特勒先生。"胡佛说。珀西也说同意。

最后，马蒂诺也认可了。没有要解决的其他问题了，因为他们并不打算亲自去讨论那些技术性的工程问题。现在，他们只需传递他们的信息就可以了。珀西说："美国商会已确定在纽约召开一个委员会会议，制定一些计划，我是这个委员会的成员。"

马蒂诺说，芝加哥洪水治理大会的执行委员会也安排了一个会议来制定立法策略，并且指出："参议员珀西也要参加这个会议的。"

赫克特和汤姆森也要参加这次会议，巴特勒将对这两人面授机宜。与珀西一道，他们将说服这两个群体在刚刚取得同意的这些问题上团结起来。所以，在阿肯色州的这个房间里，这五六个人——没有一个是国会成员，却基本上决定了国会有史以来所考虑的一项最全面、最昂贵立法的命运。

所用时间，也就半个小时。

进展并不顺利，但立法仍在推进。1927 年的这个秋天，巴特勒和珀
西开始在华盛顿一待就是数周，他们都住康涅狄格大街的"五月花宾馆"
（Mayflower Hotel），它就在白宫和陆军部北边几个街区外。密西西比州
州长指定珀西而非别的议员，代表官方在密西西比州讲话。[5] 这两个人一
次次地会见陆军部长和柯立芝总统，都得到了支持此事的保证。[6] 也是在
这个秋天，吉姆·汤姆森，尽管未被巴特勒邀请，也带着妻子吉纳维芙
到了华盛顿。他们二人在这里如鱼得水，周旋于国会那些最高层圈子中。
然而，汤姆森仍然不是新奥尔良的圈内人之一，尽管他已经花了几乎 6
年的时间来推动白宫、陆军部和国会在治河问题上立法，但他还是被忽
略了。他愤怒地强调："赫克特和巴特勒等各位先生在报纸采访中所说
的内容，正是在复述我所解说的东西。"[7] 然而，尽管不高兴，他也把自
己的游说精力投入到支持胡佛、珀西、巴特勒和马蒂诺决定的那个计划
之上。

一切都在协调着。如同关于此事的一份战略文件所说的那样："［国
会听证会的］前三天，将专注于一场巨大的展示，也就是美国各种商业
利益要求国会进行洪水控制立法，这要优先于一切事情。"[8] 巴特勒、珀西，
或者是汤姆森，每天都与参议院领导层和来自自己这个州的参议员们见
面，或者是在众议院与众议院洪水控制委员会主席、伊利诺伊州的弗兰
克·里德见面，或者是与这个委员会中领头的民主党人、路易斯安那州
的赖利·威尔逊见面——巴特勒和新奥尔良其他金融领袖现在正支持他
竞选州长。

唯一的障碍就是白宫和工程兵团。杰德温代表柯立芝总统向国会提
交了一份由陆军制定、后被称为"杰德温方案"的提议。这是一个花钱

最少的提议，所以柯立芝喜欢它，然而密西西比河下游各个堤坝董事会的主任工程师们却共同签署了一封信猛烈批评它，国会听证会上作证的300人中，94%的人也表示反对。[9] 在国会听证中，杰德温轻蔑地反驳所有批评，以及所有与他这个方案相竞争的想法。[10] 一个众议员问道："你不要我们接受其他任何方案，就是因为你提出了这个，因此就要让我们的头脑对其他任何想法都关闭吗？"

"是的，"杰德温坦率地说，"我觉得你们应该这样。"

议员们不满地大摇其头。此时，来自三角洲的国会议员威尔·惠廷顿注意到，杰德温向这个委员会提交的信息中，宣称当密西西比河处于自然状态，没有任何堤防时，并没有在亚祖河—密西西比河三角洲发洪水。惠廷顿问道："这是不是告诉我：［三角洲］不是密西西比河任何洪水泛滥的对象？……从历史上讲，整个亚祖河流域不是密西西比河洪水泛滥的对象？"

杰德温说："这些［数据］就是我所依赖的最好权威，由此得出判断，它表明当处在自然状态时，它不是泛滥的对象。"

惠廷顿哄笑："这对我们可真是个新闻！"

然而，巴特勒的警告是有先见之明的。尽管显得很吝啬，但这个"杰德温方案"对国会将注意力只集中于密西西比河下游有用。有河流注入密西西比河的31个州，每个州看来都想得到点利益。即使那些河水并不流入密西西比河的州，也想弄到点利益。加利福尼亚州的一个众议员说："来自因皮里尔河流域（Imperial valley），［远在］科罗拉多河那不受控制的水流之下，我有幸欣赏着洪水的威胁，丝毫不亚于国会中的任何人……［然而］顽石大坝（Boulder Dam）[1] 的问题并没有使你们窘迫或困扰，你

---

[1] 即著名的胡佛水坝，为科罗拉多河的关键工程，于1931年动工兴建，1936年建成。水坝经费由政府资助，此时处在立项争论之中。——译注

们还是在推进你们的立法。"听众听到这番话大鼓其掌，跺脚欢呼。此人继续说："我们想对你们密西西比河的问题表达同情、认真和热心帮助的关注，正如我们也期待密西西比河流域的你们，当轮到这个国家其他地方的问题提交国会时，也表达同样的同情、认真和热心帮助的关注。"[11]

"杰德温方案"把法案涉及的范围限制得很小，柯立芝威胁要否决涉及范围很大的法案。这项立法在缓慢地推动着。最终，也就是 1928 年 3 月 28 日那天，一项巴特勒和珀西支持的法案在参议院进行投票表决了。尽管如《纽约时报》所说的那样，它要求着"仅次于参加世界大战的最大的政府支出"，但不到一个半小时，就得到了一致通过。《纽约时报》还说："就其重要性而言——这无疑是几年来国会遇到的最为重要的事项之一，参议院表决速度之迅速，相信是创造了一个纪录……无论如何，如今车轮已经加上了润滑油，两党领袖们都要求迅速行动来拿下它。"[12]

然而，尽管众议院和参议院消除了分歧，但柯立芝还是威胁要否决任何不对地方贡献做出要求的法案。在接下来的 6 周中，国会就这个问题与柯立芝相持不下。《纽约时报》写道："对于一项国会正在审议的法案，柯立芝总统以前从未表现过如此的反对。"[13]《华尔街日报》（*Wall Street Journal*）则说："白宫以前从未或极少如此激动……现在，这位总统显现出了一幅新形象，其身姿和色彩都颇为好战。"[14]

406

这种局势需要有一种决定性影响的干预。密西西比河流域的所有利益方都来施加压力。巴特勒、赫克特和珀西也帮助外界那些力量将此视为符合他们的利益，也来施加压力。各地的堤坝董事会发行的债券已达 819 642 000 美元，如果这里的经济不能恢复的话，那么这些债券就难以偿还。[15]"美国投资银行家协会"（Investment Bankers Association of America）也在起劲地游说总统来签署这个法案。美国银行家协会则强调："1927 年密西西比河流域遭遇的这场灾难性洪水，是我们国家几代人中所经历的最具破坏力的毁灭之灾……代表着两万家美国银行的美国银行家协会坚信，治理密西西比河是国家之事，应该由国家来处理。所以，不管将要付出什么样的代价，它都必须完全由国家来承担。这项法案……应该尽快成为法律。"[16]

柯立芝最终缓和了。他接受了巴特勒在温泉城提出的那个观点，宣布考虑到相关各州和地方政府已经支出的资金，他将免除它们今后的投入。这个方案的开销总额定为3亿美元，但即使是引用这个估计数字的人，也承认真正的开支将达10亿。[17]

1928年5月15日，柯立芝吃完午饭，要离开白宫去度假。他的秘书提醒他曾承诺在离开华盛顿之前会签署这项法案，遂将法案递给了他。总统签了字，没有仪式，没有纪念性的签字笔，没有微笑的众议员、参议员、相关各方和摄影记者们聚集在周围。

然而，这仍然引发了关注。伊利诺伊州的国会众议员弗兰克·里德，这位曾抵制住白宫压力长达数周而招致普遍不满的坚忍不拔者，用夸张的口吻宣布："这项立法改变了联邦政府业已存在150年之久的政策。这可能是世界上从未有过的最伟大的工程壮举……它是国会有史以来通过的最伟大的立法。"[18]

这项立法有许多缺陷。事实上，平民工程师们一致谴责它的工程设计，以及对使用私人土地的吝啬补偿。胡佛私下也"撇清"自己，说它表明了"军方工程师们的恶毒"。[19]然而，那些控制着密西西比河下游流域的人，还是接受了它，他们将去确定随后需要确定的那些东西；在接下来的10年中，这项立法几乎一直在变。最为重要的是，这项立法宣布联邦政府对密西西比河承担完全的责任。

这样一种宣布，即使从狭义上讲，也奠定了一个先例：联邦政府对地方事务进行直接、广泛和规模庞大的参与。从广义上讲，这个先例反映了美国人在联邦政府应担当之角色和义务上的一个重大改变。这个改变既是不久后将会出现的一些更大变化的前兆，也是它们的基础。

在柯立芝签署的这项法案成为法律的第二天，运河银行董事会就在326房间开会——这个房间里发生过那么多事情。董事们投票通过决议，对詹姆斯·皮尔斯·巴特勒表示感谢，对他盛赞不已。他显然被感动了，回答说："我没有想到董事会会有这个举动……我原本可能会离开，而不是去承受，但在战斗之中，我觉得我必须做到底。我想为你们所说的这些称誉而感谢你们。我还要说，我永远也不会让另外的事情把我从我在本银行这种令人愉悦的职责上夺走，直至这项工作结束。"[20] 随后，《新奥尔良时代花絮报》把每年一次的"爱心杯"授予巴特勒。这个奖励是授予本年度对本市贡献最大者的。

与此同时，新奥尔良市长亚瑟·奥克夫这个体重300磅的政客依附者兼杂货店主，宣布接下来的周日将成为本市的感恩和祈祷日。法国区的圣路易斯大教堂中，唱响了专门的感恩颂，上城的圣查尔斯基督教会、花园区的基督教堂，以及其他数十座教堂和犹太教会堂，都举行了专门的仪式。有传言说，三一教堂的牧师将号召参加仪式的人们向汤姆森这位在华盛顿待了7个月，专门为这项立法的通过进行游说，这时刚刚回到这座城市的功臣喝彩感谢。汤姆森从前几乎没有去过教堂，但这一次来了。牧师谈到了这项立法，却没有提汤姆森。汤姆森安静地坐着，仪式结束后他与妻子迅速离开，什么也没说。

在总统签署这项法案一周之后，国会众议员里德与那位神气活现而作风腐败的芝加哥市长、"大个子比尔"汤普森一道，来到新奥尔良。约有数千人迎接他们，城市汽笛和汽船汽笛都向他们鸣响致敬，警察局和消防队的铜管乐队演奏起来，由这座城市政治机器发动的这群人发出一片欢呼。里德说，如果没有吉姆·汤姆森，就不会有这项立法。

对里德而言，今天晚上将为他举行一场有500位宾客出席的宴会，高雅的市政厅有一场招待会，汤姆森的报馆也举行招待会，还要坐游艇

408

游庞恰特雷恩湖。但波士顿俱乐部没有宴会邀请。[21]

不过，那些俱乐部的权力已经减弱了，尽管出席招待里德宴会的宾客们尚未意识到。里德和"大个子比尔"是 5 月 20 日晚上 7 点 50 分抵达新奥尔良的，是出席了这一天在巴吞鲁日举行的州长就职典礼后而来。新的州长不是辛普森，也不是那位把自己的政治前途押在这项洪水控制法案和巴特勒支持之上的国会众议员赖利·威尔逊，而是休伊·朗。

休伊·朗代表着一种新的"洪水"，这座城市从未面对过这样的洪水。巴特勒告诉赫克特、杜富尔和门罗，自己"与朗先生有过交谈，他似乎对事实和法律的一些特征有一些错误的印象"——这指的是那次炸堤和圣伯纳德与普拉克明的情况。就对灾民的补偿而言，没有什么变化，但权力的方程式却改变了。与新奥尔良一起在国会享有一个议席的圣伯纳德区与普拉克明区，对休伊·朗所做的每件事情都表示支持，甚至帮助他从新奥尔良市赢得了对这座城市事务的控制。[*22]

新奥尔良的银行家们、律师们、波士顿俱乐部的会员们、"科摩斯""莫墨斯""雷克斯"和其他狂欢节的"克鲁"成员们，突然发现自己因休伊·朗而惊慌失措了，休伊·朗对待他们就如同他们对待圣伯纳德那样。他们鄙视休伊·朗，晚上曾坐在自己的客厅里，实实在在地讨论过用什么方式来暗杀休伊·朗。休伊·朗嘲笑他们，剥夺了他们的权力，让新奥尔良跪在了地上。门罗领导的城市债务清算委员会，曾经告

---

* 在圣伯纳德的一次选举中，休伊·朗支持的 8 个候选人，分别竞选国家层面、州层面和地方层面的公职，共计得到了 25 216 张票，而他们的对手一张票也没有得到——此前，梅罗大夫曾预言那些对手可以得到 2 张选票。休伊·朗问梅罗："你说的那 2 张票怎么没有？"梅罗回答说："这两人在最后一刻改变了主意。"在另外一次选举中，休伊·朗给梅罗打电话，问选举结果，梅罗的回答是："我们还在选举之中。"休伊·朗开始吼他："我们已经赢了！看在上帝的份上，不要再计票了！"普拉克明区的领导人利安德·佩雷斯也帮助休伊·朗渡过了一次弹劾危机。——作者原注

诉休伊·朗，委员会不能批准休伊·朗想要发行的一种债券，因为委员会发现一个技术问题，这会使债券的发行不合法。[23] 休伊·朗回答说，如果是这样，那么他们这个新发现肯定也可用于那些已经发行的债券，所以那些债券也因违法而不必偿付了。委员会召开了执行会议，研究这个新出现的问题，结果发现是错误的。

与此同时，吉姆·汤姆森也从未停止想去帮助这座城市，或者是让自己进入它的核心圈子。他在吸引外资、扩大城市影响和招徕游客方面已经有所成功，基本上已在负责"砂糖碗"（Sugar Bowl）[1] 的创建了，但却一直未被邀请加入波士顿俱乐部或路易斯安那俱乐部，或者是任何专属性的狂欢节"克鲁"。尽管他的编辑激烈反对，他还是让自己的两家报纸支持休伊·朗，结果州政府的雇员也不得不订阅他的报纸。支持休伊·朗，这恰好证明了他的局外人地位。几年之后，一个朋友问了他一个那类通常会引发调侃、有时会引发渴望的问题：如果他重活一遍，哪些事情他会做得不同？汤姆森苦涩地答道："那我永远也不会去新奥尔良。"[24]

当洪水控制立法通过之后，新奥尔良商业协会打算搞一场造势来引导将要到来的繁荣，因为繁荣的到来已是毫无疑问了。新奥尔良曾是美国最富有的城市之一，商业协会对它的再次繁荣很有信心。然而，这座城市并没有再现繁荣；相反，到来的却是衰退，首先倒下的就是那些银行。

第一家倒闭的是海运银行。这家银行的总裁是当过"雷克斯"的列奥尼达斯·普尔，他曾经让艾萨克·克莱因去说服州长同意炸堤，炸堤之前圣伯纳德的一些人曾带着猎枪去找过他。1927年初，普尔在甘蔗种

---

[1] 在新奥尔良举办的每年一次的全美大学生橄榄球赛，于 1935 年开始。——译注

植贷款上放款数百万美元来赌一把，结果洪水把他自己所称的这些"甘蔗纸"变得一文不值。1928年6月，一个周六之夜，没有任何事先通知，运河银行与海运银行"合并了"。[25]不久，普尔死去。他那个搬到格林维尔去住的女儿——父亲曾对她说"你就要和这个世界上极有贵族派头的人在一起了"——认为是银行破产和洪灾杀了他。[26]

巴特勒的运河银行本已是南方最大的，在这次合并之后变得更大了。然而，运河银行的扩大却类似伤口感染处的肿胀，普尔的损失如此之巨，即使运河银行也难以消化。当大萧条袭来时，它也举步维艰了。1931年，运河银行董事会再次选举巴特勒担任行长，然而不到一个月，在代表大通曼哈顿的控制派系的要求之下，又解雇了他。[27]巴特勒回到了密西西比州那切兹的自家种植园，也是年纪轻轻就死去。后来担任大通曼哈顿总裁的乔治·钱皮恩，来掌管运河银行。然而，即使是他，也未能拯救运河银行，它终于倒闭。

新奥尔良其他银行也变得脆弱，可能比美国其他任何城市的银行都要脆弱。大萧条期间，1933年那场银行"放假"[1]之后，新奥尔良只有一家银行作为同一家机构重新开门，这就是惠特尼银行。这家很保守的银行，由布兰克·门罗执掌，它的董事会成员中包括梅罗大夫。

鲁道夫·赫克特幸存下来，担任了美国银行家协会的主席。这个角色在华盛顿非常重要，以至于"烤架俱乐部"（Gridiron Club）[2]围绕着他搞了一个滑稽短剧。不过，他的爱尔兰银行消失了，在银行"放

---

[1] 1933年初，美国许多州宣告银行放假，允许银行关门，以暂时躲避给付存款的责任。3月4日富兰克林·罗斯福就任总统之时，这种现象已十分普遍。次日，总统宣布全国银行休假4天。3月13日，财政部长开始颁发许可证，让银行重新开业。这场危机引发了银行业多项重大改革，最重要的一项就是由《格拉斯—斯蒂格尔法案》推行的联邦存款保险制度。——译注
[2] 华盛顿历史最悠久、最有名的新闻记者俱乐部，成立于1885年。——译注

假"之后未能重新开门——虽然一家新银行还用这个名称重新开门，而且也是在他的控制之下。老爱尔兰银行的倒闭，以及赫克特那些令人质疑的交易，导致了新奥尔良历史上一场卷入人数最多的诉讼，半个世纪之后，在新奥尔良的律师中，仍在相互质证，而休·威尔金森证明赫克特作了伪证。不过，赫克特没有受到影响，镇定自若，周游世界，做起了国际生意。1939 年，他告诉自己位于密西西比州帕斯克里斯琴（Pass Christian）那座别墅的看门人，可以让来访的银行家参观他那日本风格的园子，然后就开车回新奥尔良，路上撞倒了一个 3 岁男孩，但他没有停车。这个孩子死了。目击者描绘了肇事汽车的模样，交给警方一块撞碎的车牌残片。事发不到一个小时，警察就截停了他，在他的汽车上发现了人的血迹。这些目击者是黑人，赫克特辩解说，他们说肇事车是黑色，而他的车是蓝色——他的车子颜色是深蓝色。"我对这次事故绝对一无所知，"他说，"说我的车撞到了这个孩子，这对我来说不可思议……［警方］觉得依据这个黑人的陈述来起诉我，是他们的职责，当时是我在格尔夫波特的朋友给我签了 5 000 美元的债券，我正要回新奥尔良去。"[28] 密西西比州的一个大陪审团否决了对他的起诉。[29]

新奥尔良从来就不开放。它既不像西部那些城市，在那里，旧贵族（"old money"）几个月就可以出现；也不像东部城市，移民在东部可以首先获得政治权力，然后是经济权力。新奥尔良从一开始就是排外的。美国获得了这座城市的主权之后，城里的法国和西班牙精英阶层就嘲弄美国人，而美国人反过来又创造了自己的事物，包括狂欢节的"克鲁"。在接下来的一个世纪中，美国人带着他们的金钱压倒了那些欧洲社会的残余，但也接收了那个社会的自负。不过，在这场洪水之前，新奥尔良至少还接收新鲜血液的注入；但在这场洪水之后，这座城市就变得更加封闭了。波士顿俱乐部和那些最好的狂欢节"克鲁"，都更为严密地把自己封闭起来，似乎用排斥那些新来者来体现自己的与众不同，尤其是排斥那些石油公司的高管。这座城市的精英们有怨恨的对象：罗素·朗，他是休伊·朗的儿子，曾 6 次被选入美国参议院，担任参议院财政委员会主席好多年，但却从未被邀请参加科摩斯舞会。[30]

这种社会保守意识与金融保守风气交织在一起，加剧着彼此的效果。到了 20 世纪 70 年代，一份本地经济研究报告得出结论说："［这里的］社会体系排斥那些新近来到新奥尔良的管理人员，阻止他们参与社群事务……一个财富拥有者的狭小圈子……代表着一个封闭的社会，它的目标是保住他们的财富，而不是为扩大财富而甘冒风险……这种势头减少了此地的机会。"[31] 与此同时，身为银行行长和波士顿俱乐部成员的伊兹·波伊德文特也承认："长期建立起来的新奥尔良金融社群常常被指责为一种保守的贵族体制，相当吝啬，总想保持事物的一贯模样。在某种意义上，确实如此。"[32] 于是，这座城市的商业就没有扩展，而是收缩。本地公司发现自己难以成长。那些想建立总部，甚至是区域总部的大公司，都在休斯顿或亚特兰大设立，只有一家"财富 500 强"公司（Fortune 500 company）[1]，也就是弗里波特·麦克莫兰公司（Freeport McMoran），把自己的总部设在了新奥尔良。

这座城市衰败了。在这场洪水之前，新奥尔良的经济活动大大超过了南方其他任何城市。几十年后，当最新的"新南方"（New South），诸如夏洛特和迈阿密这样的城市——且不提亚特兰大、达拉斯和休斯顿，都在繁荣发展时，新奥尔良已经远远落后于那些老竞争对手了，如今连孟斐斯的银行也盖过了新奥尔良的银行。同样，这座城市的社会精英和商业精英也越来越分道扬镳。20 世纪 90 年代初期，已经没有一家银行的行长是波士顿俱乐部的成员。[33]

---

[1] 美国《财富》杂志每年评出的全美 500 家最大企业。——译注

新奥尔良变得更为内向封闭，正慢慢死去。唯有它的港口，由这条大河和伊兹创造的这个港口，还保持着活力。这座城市已经变成了一座游客之城、美术明信片之城。所有这些也许与 1927 年的这场洪水无关，也许有关。

第 35 章

　　卡尔文·柯立芝总统签署那项治理密西西比河的法案，使之成为法律的一个月后，共和党全国代表大会挑选了赫伯特·胡佛作为自己的总统候选人。他被提名，是这场洪水留下的另一项遗赠。

　　莫顿一直抱着很大的希望，觉得胡佛会帮助他的种族，因此，把自己的副手阿尔比恩·哈尔西派去为胡佛的竞选活动全职工作，并且告诉胡佛，塔斯基吉学院继续支付哈尔西的工资，"以此作为塔斯基吉对您竞选工作的一份贡献"。[1] 共和党全国代表大会之后，胡佛会见了莫顿。莫顿当时这样告诉自己的秘书："胡佛说，我说的任何事情都会认可。"[2] 胡佛和他讨论了在共和党全国委员会中创建一个新的黑人选民部门。莫顿强调有一点非常重要，这就是"选择合适人选来担任这个黑人部门的领导"，并推荐"全国黑人律师协会"（National Negro Bar Association）的主席来担任这个职务。[3]

　　然而，胡佛不过是再一次地利用他罢了。此前，在接到了黑人咨询委员会最后那份报告之后，胡佛就告诉一位助手要把"黑人世界中的另一种因素考虑进来"。现在，胡佛不理睬莫顿的建议，安排属于这"另一种因素"的一个成员担任了这个新部门的领导，并让哈尔西和克劳德·巴奈特向这个对手汇报工作。莫顿的其他建议也常常不被认可。胡佛已经得到了提名，共和党认为黑人选票属于他们是毋庸置疑的。在总统选战中，黑人选票总是投给共和党的候选人。林肯解放了黑人奴隶，民主党摧毁了南方的"重建"，制定了种族隔离法律（Jim Crow laws），剥夺了黑人的选举权，反对阻止私刑立法。仅仅是在 4 年之前，民主党全国代表大会还否决了一项谴责三 K 党的决议，它这样做，就再次强化了黑人与共和党之间的历史联系。

另外，由于那些支持三 K 党的南方人不会把票投给一个天主教徒，所以阿尔·史密斯（Al Smith）的被提名 [1] 既提供了一个让共和党大获全胜的历史性机会，也有助于在南方创造一个富有竞争力的共和党——一个"纯白色"的共和党。确保提名得到了黑人的支持之后，胡佛现在就转向去建造这样一个党。这并不是共和党人第一次这样做，但却是一位总统候选人在自己竞选之始第一次这样做。

这样做的第一步，就是在共和党全国代表大会上与密西西比州的白人做交易。当胡佛会见莫顿时，他是知道这个交易的。密西西比州的白人一直想得到代表资格，然而，主持代表资格审查委员会的首席检察官助理安排了佩里·霍华德。这位来自密西西比州的黑人共和党全国委员是个知名人物，他支持胡佛。不过，白人并没有抗议。几周之后，安排了佩里·霍华德的这个首席检察官助理，却指控佩里卖官谋利。（后来密西西比州的一个白人陪审团无罪开释了他。）4

这件事，再加上《芝加哥守卫者报》不断攻击胡佛在洪灾救援中的表现，于是，激起了黑人的愤怒。巴奈特和哈尔西前往那些黑人选票举足轻重的州去救火，注意到"对［胡佛在］密西西比河洪灾中对待黑人的态度，很多地方的黑人都有不确定性"。5 他们警告说，必须马上展开

---

[1] 信仰天主教的阿尔·史密斯是 1928 年民主党的总统候选人。——译注

一场巩固支持率的运动，否则"黑人的选票会出现重大反水"。

这样一场运动并没有展开，相反，随着胡佛的助手实行新的南方竞选战略——这种战略很久以后又被仿效，黑人与共和党之间的一道裂口打开了。如果胡佛的助手是两面派，那么黑人在玩双面把戏上，在呈现一张笑脸上，则较白人要高明得多。巴奈特看到他自己和莫顿的忠告都被忽略，在 7 月份——也就是霍华德事件的几天之后，给民主党全国委员会的一个成员乔治·布伦南写信："比起我见过的无论白人或黑人，你都更懂得如果黑人把自己的选票分开，在民主党内也占有一席之地，会获得什么优势……对于阿尔·史密斯，黑人中有一种可观的潜在感情，一场启发性的运动就可以将此转化为实实在在的支持……我本人不能服务，但我可以给你介绍两位这个国家中最好的宣传者，珀西瓦尔·L.普拉蒂斯和 R.欧文·约翰逊，他们将把这封信带给你……他们是内行。"[6]

仅仅一周之前，巴奈特在"黑人美联社"中的这个助手普拉蒂斯，就告诉巴奈特："我对胡佛绝无好感……我可以使用自己的假期……让胡佛困窘不堪，相信我。"[7] 现在，为了黑人种族的利益，巴奈特命令普拉蒂斯带上约翰逊，一起去找布伦南，去为阿尔·史密斯工作。这两人这样做了。

在 1920 年的总统竞选中，哈丁估计得到了 95% 的黑人选票，在哈莱姆区[1] 还要更高。1924 年的竞选，柯立芝得到的黑人选票要稍少一点，但他失去的黑人选票，有三分之二并不是投给了民主党，而是投给了进步党候选人罗伯特·拉夫莱德。对比之下，1928 年的这场竞选，胡佛估计失去了 15% 的黑人选票。《芝加哥守卫者报》、《巴尔的摩非裔美国人报》（ *Baltimore Afro-American* ）、《波士顿保卫者报》（ *Boston Guardian* ）、《路易斯维尔新闻报》（ *Louisville News* ）、《诺福克引导日报》（ *Norfolk Journal*

---

[1] 这是纽约的黑人居住区。——译注

and Guide）这些黑人报纸，全都支持阿尔·史密斯。一位政治学家这样说："较之以前任何一场全国性竞选，民主党这次是更深地吞食了黑人选民的共和党倾向。"[9]

胡佛以一场历史性的压倒优势赢得了总统大选。他甚至在德克萨斯州、田纳西州、佛罗里达州、北卡罗莱纳州和弗吉尼亚州都赢了，这是"重建"之后第一次有南方州投共和党的票。

胡佛的当选，的确给了莫顿一件他努力想得到的东西：进入白宫——除白宫的一个黑人仆人外，他进入白宫的次数比其他任何黑人都多。他甚至还在白宫有过一次进餐，这是具有政治意味的事情。在接下来的几年中，他一直与胡佛总统有交流，在南方白人和北方黑人担任从联邦法官到"一位能干的女士到儿童福利部全职工作"[10]这类职务上提了很多建议。在一段 4 个月的时间内，他们通信 21 封。然而，胡佛很少听从莫顿的那些建议，在自己的任期内为黑人做事很少。没有土地重置的安排，也没有任何类似的事情，只有一再重复的承诺。胡佛甚至提名一个人去担任最高法院的法官，此人是彻头彻尾的种族主义者，就连他自己这个党控制的参议院也都起而反对。莫顿拒绝了胡佛让他支持这个提名的要求，此人被参议院否决。即使如莫顿，最终也受够了，他指责胡佛，告诉这位总统，黑人怀疑"你本人对十分之一美国公民之福利与进步的关切程度"。[11]胡佛用更多的承诺来回复他，然后是批准大量缩编第 10 骑兵团——这是一支著名的黑人战斗部队，这种缩编将迫使黑人战士成为白人军官的仆人。莫顿宣布，这是与"所有自尊的黑人作对"。[12]

莫顿对富兰克林·德拉诺·罗斯福的用处不大。他说就算罗斯福"作为纽约州的州长为黑人做过任何事情的话，我也从来没听说过其中之一"。[13]巴奈特也觉得如果罗斯福当选总统，那对黑人种族将会是"严重的"（fatal）。

即使是这样，在 1932 年的总统选举中，莫顿仍然拒绝支持胡佛竞选连任。这一年，胡佛仍然得到了黑人选票的压倒性多数支持，但他已经在共和党与即使是最为忠诚的黑人领袖之间造成了裂缝，这种裂缝严重地分裂了这些黑人领袖。

格林维尔也变了。在这里，当1928年治河法案成为法律时，利莱·珀西没有发表讲话，也没必要讲话。人们举行了几天的聚会和庆祝，州里最好的餐馆"穆夫莱图"生意兴隆。鼓手们幸运地来到城里，在考恩宾馆的展示厅里打开他们的行头，卖艺赚钱。来自怀特河的私酒贩子们坐着高速铁船沿河而下，他们曾用这些船在洪灾中救了数千人，现在也用它来挣钱。男男女女们在河堤上下游行庆祝，俯瞰这条大河，把空瓶和烟蒂扔入这条他们仍感到害怕的敌对之河中，有些人甚至大胆想象，早晚有一天，人们将征服这条河。

然而，这样的庆祝有点空洞。格林维尔改变了。在此之前，也就是1927年圣诞节之前两周，胡佛回到了这座城市，在"乐土俱乐部"会见了三角洲各县的红十字会分会主席。这座富丽堂皇的圆柱建筑，回廊深长，黄砖墙面，前面的树篱是举行舞会时人们藏酒的地方，它是格林维尔社会肌理的一部分。夏天，它举办舞会时，电扇前放上300磅重的冰块来吹风降温。它的牌室里充满回忆，种植园主们在这里赌钱，赌注就是他们为一年庄稼刚刚贷来的整笔款项。所以，这家俱乐部里可以闻到恐惧的气息，似乎妻子们的恐惧就蜷缩在墙边。胡佛来访的几天之后，这家俱乐部举办了一场圣诞节舞会，从此就永远关门了。

三角洲被一种它从未遇到过的方式击倒了。迟至1928年3月，几乎是曼兹兰汀决堤的一年之后，单是华盛顿县一地，红十字会就在继续为12 000人提供食物。[14] 人们没钱了。在"乐土俱乐部"关门之后，"青年男子希伯莱协会"（Young Men's Hebrew Association）也成为了回忆。那些最大的巡游表演如"水牛比尔荒野西部表演"来格林维尔，恩里科·卡鲁索到这里的歌剧院演出，这样的日子一去不复返了。

格林维尔也出现了它未曾有过的沉闷。黑人曾经承受的那些事情造成了改变，詹姆斯·戈登的被杀造成了改变。那个曾组织过"黑人总务委员会"、与珀西家族关系密切的黑人利维·查皮，离开格林维尔，去了芝加哥。尽管他后来又回来了，但离开此地的数千人中，大部分人都没有回来。令人尊敬的 E.M. 韦丁顿——在利莱那场反三 K 党的演讲之后，他曾写信赞扬和感谢利莱；在他担任牧师的西奈山教堂里，威廉·珀西曾经严斥黑人领导层——也去了芝加哥，一去不返。一次一个人，或一次一个家庭，在越来越大的离乡潮中，黑人们离开了格林维尔和三角洲，再也没有回来。他们工作满一周，拿到报酬，然后走人。即使是周六的晚上，成群的黑人也聚在"亚祖河与密西西比河流域铁路"公司的车站观看那些走的人，说声再见。[15] 这比看电影便宜，而且要感人得多。这样的场面也令人兴奋，即使是那些留下来的人，也可以感受到这个世界的各种可能性。

白人种植园主忧虑于这种离乡潮。1927 年 7 月，利莱·珀西那位老盟友查尔斯·斯科特的儿子亚历克斯·斯科特，发出警告说："洪灾地区的大批劳动力，在回到了种植园之后，现在又离开去往北方。所以，这是一种严重的威胁，会对我们所有人造成极大的问题。"[16] 他说得对。3个月后，利莱·珀西告知"伊利诺伊中央"铁路公司总裁 L.A. 唐斯："这片被淹土地上，种植园主们面临的最严峻之事，就是劳动力的流失，这种流失巨大且持续。华盛顿县劳动力流失数量的准确估计，我不是很清楚，但我很肯定这远远超过了 30%。如果我们最终只面对 50% 的劳动力流失，我就会觉得相当幸运了。"[17] 奥斯卡·约翰斯顿那个 6 万英亩的种植园，在 1927 年只出产了 44 大包棉花（全靠他在洪水早期进行的积极的棉花期货交易，才避免了数百万美元的损失）。他的种植园中，几乎所有的桥梁和建筑都被冲走了，沟渠和排水运河都被泥沙堵塞。工人们不想去面对如此繁重的重建工作，即使他取消了他们所有的旧债，即使他在自己种植园附近建了一个灾民营来让工人不走远，即使让"伊利诺伊中央"铁路公司从 260 英里之外的维克斯堡灾民营把数百个他的佃农运到了这个营，他还是缺少重建的劳动力。"劳工们士气极其低落，种植园几乎是完全没有劳动力。"[18] 他向自己的股东这样报告。

到了 1928 年年初，华盛顿县黑人大批出走，像三角洲其他地区一样，出走率达到了 50%。从"重建"时期结束以来，黑人就一直离开南方，移民北上和西去，但那只是一股缓慢之流：从 1900 年到 1910 年，南方流失的黑人大约是 20 万；在第一次世界大战期间及前后，"大移民"（"Great Migration"）开始了，1910 年到 1920 年，南方流失了 522 000 名黑人，大部分是 1916 年到 1919 年之间走的。现在，离开密西西比河这片洪泛平原，离开阿肯色州，离开路易斯安那州，离开密西西比州，更多的黑人北上。整个 20 世纪 20 年代，离开南方的黑人比回到南方的黑人多出 872 000 人。[19]（到了 20 世纪 30 年代，离开人数大幅度减少，离开阿肯色州、路易斯安那州和密西西比州的黑人减少了几乎三分之二，恢复到了 20 世纪初期的程度。）[20]

三角洲黑人的目的地是芝加哥。他们把布鲁斯音乐带到了那座城市，那里的黑人人口激增，从 1910 年的 44 103 人猛增到 1920 年的 109 458 人，单是 1930 年就涌入 233 903 人。当然，并非所有这些人都来自密西西比河的那片洪泛平原。即使是在那个冲积帝国中，1927 年的这场大洪水也很难说是黑人放弃他们家园的唯一原因。但是，对于密西西比河三角洲的数万黑人来说，这场洪水无疑是最终原因（final reason）。

格林维尔还有其他变化。对于珀西家族而言，格林维尔变成了一个黑暗之地。1929 年，利莱的妻子卡米尔已经来日无多。即使是这样，利莱依然离开她的病房，到伯朝翰去看自己的侄子利莱·普拉特·珀西——

他陷入了深深的抑郁。这个侄子比堂兄威廉·珀西小几岁，与利莱自己那个早已死去的小儿子差不多同龄。利莱曾和这个侄子一起打猎，一起赌博，一起开玩笑，甚至一起谈论法律。利莱与这个侄子的亲近超过了与自己儿子的关系。1929 年 7 月，利莱·普拉特·珀西做了自己父亲 12 年前做过的同样之事：用一把猎枪结束了生命。侄子之死让利莱震惊。他不仅痛惜侄子的死亡，而且觉得未能防止它是自己的过错。侄子留下了遗孀和 3 个男孩。

利莱自己的儿子威廉·利莱又出走了。在自己父母悲伤之时，他去了科罗拉多大峡谷，在那里待了数月。他回来后不久，母亲于 1929 年 10 月死去。3 天之后，威廉和父亲去了印第安纳州弗伦奇利克的度假地。这里是珀西家爱来的地方，只是这一次它死气沉沉。回来的路上，利莱就病了，威廉带着父亲下了火车，直奔孟斐斯浸信会医院（Memphis Baptist Hospital）。一位老友来看利莱，笑道："我从来没想到你会待在浸信会教徒之中啊！"此人后来回忆："我想，那大概是他最后一次微笑。"[21]

利莱恢复得不错，回到了格林维尔，但却一直情绪低落。他很少吃东西，很少说话。胡佛总统发来了哀悼他妻子之死的慰问电，还补充说："得知你恢复得很好，我很高兴。"[22] 然而，他并没有恢复。他的老同事约翰·夏普·威廉姆斯——多年前曾击败了瓦达曼的这位勇士，最终也从参议院退休。他对利莱讲，自己决心留在这个世界，"哪怕是待在它的郊外也行"，请求利莱与他做伴。[23]

利莱没有。在自己那个因寂静而充满回声的家里，利莱和儿子一起等待死亡。1929 年圣诞节前的平安夜，利莱·珀西，"灰鹰"的儿子，平静地死去。随着他的离去，一个时代也由此终结。

格林维尔市所有白人都陷入深深的悲伤之中。不过，黑人之间却在传言，说利莱临终时曾说："不管你做什么，都要把你的脚踩在黑蛇的头上。如果把脚拿开，它就爬走了。"[24]

父亲死后，威廉·珀西写道："家乡附近最让人欣慰的地方之一，就是它的墓地。我常常来这里，因为这里宁静而舒适。在这里，我与家人在一起。"²⁵

威廉总是在旧日时光中找到抚慰，他能够在那里编织出个人的神话，而不是在当下或未来之中，因为当下或未来要求他去面对现实。父亲之死既给威廉留下了需要他付出的遗物，又给他以自由。他现在不那么逃避到自己的世界之中去了，这或许是因为不那么必要了。他写诗曾很高产，但洪水来了之后，他基本上没写任何诗。现在，他完全停止写诗了。

在大萧条时期，他花了 25 000 美元在墓地建造了一个神殿。²⁶他委托马尔维纳·霍夫曼刻了一个雕像：一位骑士穿着盔甲站立，显得疲惫而虚弱，然而并未被击败，他的双手放在一把阔剑之上。一块碑上刻着马修·阿诺德（Matthew Arnold）[1] 的诗句："他们说话压倒你，嘘你，撕扯你……/ 指控又来了，保持沉默！/ 让开那些胜利者，当他们到来时，/ 当那些愚蠢的堡垒倒塌，/ 在墙边发现了那尸首！"

现在，令人尊敬地活着，这成了威廉的责任。他堂弟的遗孀和三个孩子从伯明翰搬到了珀西家。现在，威廉是独自一人了，在堂弟的遗孀死去之后——这或许是又一起自杀，或许是死神的一次无预谋的袭击，或许就是一次事故。他收养了这 3 个堂侄：沃克、利莱和菲力兹。他仍然还是一点也不像父亲，不过他的家总是高朋满座，父亲的那些盟友成为了他的盟友。他有金钱的力量，在这个大萧条的年代，一个家庭一年只要 1 500 美元就可以过得很好的年代，他的个人支票本余额高达 19 829 美元，从未低于 3 700 美元。²⁷他开始谱写自己的成就。

威廉本是一个卓越的人，只是与父亲的卓越相比，在方式上不一样

---

[1] 英国维多利亚时代的诗人和文学评论家。——译注

而已。他父亲曾经说过："伪善是美国人最宠爱的一种人性缺点，说空话是他们最喜欢的消遣方式。"[28] 威廉的生活没有变得伪善，但却变得充满悖论。如同他的养子、小说家沃克所言："尽管他热爱自己的祖国，但他必须常常离开它来保持这种爱。"[29] 他不断旅行，逃避三角洲，也把外边的世界带给三角洲。他不喜欢本地报纸的庸常——尽管这家报纸的主人在与三K党斗争时支持过他父亲，在洪灾时期支持过他。于是他聘请霍丁·卡特和他的妻子贝蒂·韦雷恩·卡特，来创办一份新的报纸。新的报纸很快就取代了旧的，后来成为了新闻勇气的一面全国性旗帜。威廉的家变成了一个沙龙，里面摆满了来自意大利、日本和塔希提岛的器物与艺术品。客厅里有一个很少使用的巨大卡彭哈特电唱机，它能够自动将唱片翻面。桃乐丝·帕克尔来过，威廉·福克纳来过，斯蒂芬·文森特·贝尼特来过，甚至朗斯特·休斯这位哈莱姆文艺复兴（Harlem Renaissance）的桂冠诗人也来过。沃克·珀西回忆，威廉介绍休斯时说他"超越了种族"，但休斯接下来却读了一首"你能够想象得到的意识形态上最为咄咄逼人的诗歌"。[30]

威廉也把自己的力量用于其他的战斗。随着 20 世纪 30 年代逐渐变得越来越沉重，威廉反对奥斯卡·约翰斯顿要把多余的棉花卖给日本，抗议道："给日本提供战争物资，这是愚蠢的最可恶行为……它是这样下流，我简直无法理解……我们国家所能教的最为危险的观念，就是现在奥斯卡·约翰斯顿正在教的这种观念，即在同盟国被击败之后，美国还能如同往常一样，还可以与德国做生意。"[31]

然后就是黑人问题。在三角洲，每一件事情都可以归结到这个问题上。威廉以父亲不会去考虑的一些方式来资助黑人，他父亲那种理解黑人的方式，他不能理解。一次，几个黑人牧师请他为建造一所黑人基督教青年会捐钱。威廉说可以帮助建造一座美丽的设施，但有一个条件：格林维尔的黑人要把他们的近 50 个浸礼教会合并为一个。[32] 这些人再也不来找他了。"他们的美德，对于威廉先生来说，几乎与自由毫无关系，"谢尔比·富特回忆道，"它与尊严有关，以一种比大多数人要好的方式来承受不公。"[33]

威廉也如同父亲那样用自己的方式为黑人遮风挡雨。1937 年，密西西比河又一次涨水，考验着新的洪水控制方案。最终大河被遏制住了，但在涨水期间，白人想调动国民警卫队来保护河堤，看住黑人在堤上干活。威廉阻止这样做。他回忆了 1927 年时国民警卫队的暴虐，警告道："如果这个国家的黑人知道国民警卫队又来了，那将会出现大逃亡……我已经向他们保证，我现在将尽我的一切力量把国民警卫队挡在本县之外，在整个洪水期间，只要他们表现得如同正派的公民，也会一直这样做。"[34]

黑人犯罪嫌疑人被警察殴打，他表示抗议，甚至至少为一个受害者争取到了损害赔偿。他与自己种植园"路湖"（Trail Lake）的佃农签订合同，向工头们下令必须正派地对待他们（但他的工头基本上不理睬他的这个命令），甚至还提议联邦政府充当审计者，以确保佃农们没有受到欺骗。他对另外一个种植园主辩解这个提议，争辩说："地主们在自己的地盘上对他们的佃农进行欺骗……这很普遍，对于种族之间的关系是一种破坏……这会让佃农不信任甚至憎恨白人。"

当黑人男性与情愿的白人女性发生了性关系，威廉也保护这些黑人，确保他们只是被逐出格林维尔，而不是被鞭打或遭受私刑。白人在布兰顿大街上可以去有黑人女性的妓院，但整个白人三角洲都愤怒地不能容忍白人女性有可能想与黑人男性有性接触。因为在这个问题上，不仅是爱和愉悦，而且还象征着权力，在三角洲的纵情声色中，性代表着一切。

威廉一直憎恶自己的这个取向，早在欧洲时，他就以诗记述，不无自嘲："想想自己的高贵犹如／裂纹之器，已完全破碎／一个瘦长黝黑的牧童，眼睛闪动／清泉在他嘴边流动……／我，世间最为重要的，爱纯洁而拒欲望／却变成了嘲笑自己的标志。"他一直都有欲望，曾经在远离格林维尔之地放纵它们，但父亲已经死了，也许父亲已经因他墓前竖立的雕像而安息了。

关于威廉的流言在城里到处传播，说他喜欢女性和园林俱乐部，而不是男人们热爱的打猎，不是纸牌，也不是高尔夫。他带着年轻男子——白人黑人都有，前往欧洲和塔希提岛旅行，或者是给他们买汽车，出钱让他们学开飞机。"你是知道的，他一辈子没结婚。"人们这样说他，说着挑起眉毛。

有些流言难以接受，它们说黑人对威廉有一种控制力，说他那些年轻黑人的专职司机，就显示了他们对他的这种力量。其中有一个叫福特·阿特金斯的，威廉称他为"我和牧神潘与森林之神以及所有笑得灿烂、不提问题却又善解人意的人间生物之间的唯一联系"。阿特金斯的母亲是威廉的厨子，后来变得因郁闷和酗酒，威廉解雇了她。[35] 阿特金斯有次用过于随便的方式跟他打招呼，威廉也马上解雇了他。随后，威廉雇了一个名叫塞纳托尔·加纳达的司机，此人绰号"蜂蜜"，这绰号来自他的魅力，而不是他的肤色。"蜂蜜"肤色深黑，牙齿闪亮，系高档领带。也有一些关于威廉和"蜂蜜"的流言，"蜂蜜"自己也加以传播，他来到纳尔逊大街的台球厅，把珀西那辆黑色豪车停在门口，自己进去打台球。人们传说，威廉就在车里，卧在后排座位上，避免被人看到。打台球的"蜂蜜"这时会说"我得带我的大人物回家"，说着大笑，扔掉他的台球杆，钻入车中，扬长而去。[36]

421

威廉·珀西那部题为《河堤上的提灯：一个种植园主之子的记忆》的自传，第一句话就是："我的家园就是密西西比河三角洲，是这个大河家园。"[37] 这条河创造了三角洲，那些白人——珀西家族和类似他们的那些白人，把黑人带到了三角洲，来清理它，驯服它，将它转变为一个帝国。他们共同做到了这一点：建造这个帝国。

威廉相信，自己正目睹这个帝国的解体。在他的这部自传要结束时——他于 1941 年死去之前的几个月完成了这部自传——他这样写道："我在其中长大的那个古老的南方生活方式，已经不复存在，它的那些价值观念已被忽略或嘲弄。那个光明的世界上，一片黑暗落下，耻辱和堕落获胜，我那些强健的人民变成了贪图安逸者，这里又一次遭遇到失败。这是最后的失败，最为可恶的失败。"[38]

他看来接受了这种失败，这或许就是因为他接受了这荒诞——最终是接受了他自己。他的自传最后一章题名为"家"，讲的是那片墓地。他写道："我希望有几个人来到那里，到那几株香柏之下，可以进入我们的这个情节之中……我想从远处那个角落走出来，那里的可怜人睡得很好，有一个棕色眼睛的少年独自睡在那里，他曾经爱过我。"[39] 他接着写道："我知道，人的邪恶和失败根本不算什么，他们的英勇、悲怆和努力才是一切。"[40]

一个社会，不会以突飞猛进的幅度改变；相反，它在众多的小小步伐中走向宽广的前方。这些小小的步伐，如果不是很同步的话，绝大多数也是平行的。有些人比其他人走得远一些，有些人却走的是相反的方向。这种前行颇类似于阿米巴变形虫的蠕动：它身子的一部分把自己伸展开去，然后是另一部分，其主体可能保持着不动，直到身子有足够的部分已经移动，这样才有整个虫身的蠕动。

1927 年密西西比河的这场大洪水，促使人们迈出了许多微小的步伐。即使是在最狭窄和最直接的意义上，这场洪水的遗赠在华盛顿、新奥尔良、格林维尔，在这条大河和它那些支流两岸的每一个社群中，在这个国家的黑人中，都可以感觉到。即使就自然环境而言，1927 年这场大洪水也留下了一些新的遗赠，至今，工程师们仍必须来应对。然而，这场洪水也留下了更大更多——或许更为隐性、不那么明显的遗赠。

422

如同诞生于三角洲的布鲁斯音乐，既倦怠又涌动，这条大河渗透到这个国家的核心，冲走了表面，揭示了这个国家的性格；然后，它来考验这种性格，改变了它。它标志着一种看待世界方式的结束，或许是那个世界自身的结束。

它改变了人们对美国联邦政府之角色和责任的认知——呼唤一种大的扩展；它打碎了三角洲黑人与南方贵族之间那种准封建纽带的神话——在这个神话中，前者对后者忠诚，而后者保护前者；它加速了黑人前往北方的大迁移；它改变了南方和北方的政治。这些变化并非全都来得很快，但它们终将到来。

1927 年，这条密西西比河在自己创造的这片土地上再一次地咆哮奔涌，席卷而过，夺回了珀西们夺走的那个帝国。然后，水退去了。三角洲的黑人佃农们，在自我觉醒中北望芝加哥，西眺洛杉矶，注视这片又被重新填满的土地。在这片土地上，密西西比河在大地之上又沉积下了新的一层。

大河的今天

今天，工程兵团所称的"治洪工程"保护着密西西比河下游流域，按照他们的说法，这可以抵御远大于 1927 年那场水灾的大洪水。以现在这样一种形式，它终于用一种折中方式，终结了那么多年前詹姆斯·伊兹、安德鲁·汉弗莱斯和查尔斯·埃利特开始的那场巨大而激烈的竞争。不过，这个项目自身也造成了一个重大的新问题，它也有严重的缺陷。

这些年中，这个治洪工程经历了很多改变，但它的工程框架仍然依据 1928 年那部法律，也就是"杰德温方案"。这个方案规定的河堤建造标准，其高度和厚度远超 1927 年时的河堤标准，但它并不单纯依赖堤防。相反，它把埃利特阐释的主要原则——河不可能用河堤来束缚住——收纳进来了。于是，作为补充，工程兵团在密西西比的几条支流上修建了水库，同时，也给密西西比河本身以空间，让它通过一系列不同的洪水控制措施溢流出来。

在这条大河上，最北边的洪水控制措施就是一条"行洪道"。它基本上是一条平行的河道，有 5 英里宽、65 英里长，从密苏里州的"鸟点"（Birds Point）朝南通到密苏里州的新马德里（New Madrid）。密西西比河通过一段"熔断式"（"fuse-plug"）河堤进入这条行洪道，这段河堤低于周围的河堤，出现大洪水时，它会被冲决，河水由此流入行洪道（如果它未被洪水冲决，工程兵团就把它炸开）。这条行洪道转移洪水的最大量是每秒 55 万立方英尺。它只在 1937 年使用过一次。行洪道里的水，到了新马德里后，又流回密西西比河。

接下来的 250 英里，一直到阿肯色河河口，"杰德温方案"原来是想建造更为坚固的河堤来束住河水。正是在阿肯色河的河口，1927 年的洪水在这里达到了最大的体量。杰德温想在这里修建第二条大型行洪道，长达 155 英里，要淹没 130 万英亩土地。毫不令人吃惊，这个方案在阿肯色州和路易斯安那州引发了非常强烈的反对，于是不得不寻找其他方案。

伊兹曾提出过办法。他一直强调通过开挖"取直"来缩短河道，把河道中那些马蹄形弯道的颈部挖通，让水流得较快，从而降低洪水高度。几十年来，工程兵团和绝大多数平民工程师都反对伊兹的这个想法，但在 1927 年的洪水之后，格林维尔堤坝董事会的工程师威廉·埃兰采纳了伊兹的想法。工程兵团和密西西比河委员会都反对，但当时担任总统的胡佛认为这个想法值得一试。杰德温于 1929 年退休之后，陆军部长对工程兵团主任工程师一职先后推荐了 10 个人选。胡佛拒绝任命这 10 个人中的任何一个，最终亲自选择了他想要的人——莱特尔·布朗将军。[1] 工程兵团原来反对建造的水力学试验室建起来了，这里进行的试验和对一处自然取直的观察，都证明伊兹的想法是有道理的。20 世纪 30 年代和 40 年代，密西西比河委员会开挖取直，基本上消除了那些被称为"格林维尔式弯道"的急弯，使河道缩短了 150 英里以上。这些取直大奏其效，把洪水高度降低了 15 英尺，从而消除了杰德温提议的开挖第二条行洪道的必要。[2]

治洪工程的另一项措施出现在一个叫作"老河"（Old River）的地方，位于那切兹与巴吞鲁日之间。就是在这里，阿查法拉亚河开始从密西西比河流入大海。在这个地点，治洪工程以分水的办法来应对最大量为每秒 303 万立方英尺的洪水流量。

为了引导这股水流，工程兵团修建了"老河控制枢纽"（Old River Control Structure），另外，在南边 20 英里处又修了莫甘扎行洪道（Morganza floodway），使用了巨量的水泥和钢铁来把大约每秒 60 万立方英尺的水分入阿查法拉亚河。1963 年，一道大坝封闭了密西西比河与阿查法拉亚河之间的自然河道，从那以后，"老河控制枢纽"就控制着这两条河之间的水流。莫甘扎行洪道也只在 1973 年的洪水中打开过一次。

总体而言，治洪工程把每秒 150 万立方英尺的水——从密西西比河分出来的水，以及红河所有的水——送入了阿查法拉亚河和平行于它的两条行洪道，由此流入大海。这个方案让每秒 150 万立方英尺的水量继续流动在密西西比河中，流到新奥尔良。这与 1927 年大洪水之前依据堤防万能理论的原有政策正好相反。工程兵团当年曾打算将阿查法拉亚河与密西西比河完全分开，让所有的洪水都流经新奥尔良。

最后一项洪水控制措施，就是邦内特卡尔的一条混凝土溢洪道。这个地方位于新奥尔良上游 30 英里处，目的是洪水期间能够从密西西比河分走最大量为每秒 25 万立方英尺的水量，引导这股水穿越 7 英里土地后流入庞恰特雷恩湖。这条溢洪道的首次使用是在 1937 年，当时它的溢洪量达到每秒 318 000 立方英尺，是它处理过的最大水量。在那以后，1945 年、1950 年、1973 年、1975 年、1979 年和 1983 年都使用过它。按照治洪方案，流经新奥尔良市的水量不会超过每秒 125 万立方英尺。

不过，这个方案也有几个薄弱点，它的那些解决办法至少造成了一个新的问题。首先，工程兵团宣称它的方案可以应对超过 1927 年的大洪水，在曼兹兰汀决口处一带可以多抵御 11% 的洪水量。这个宣称依据的是工程兵团 1927 年对阿肯色河河口洪水量的官方数据为每秒 2 544 000 立方英尺。然而，实际上詹姆斯·坎伯和其他几个平民工程师的独立测量表明，当时这里的洪水流量超过了每秒 300 万立方英尺。[3] 即使是军方工程师，在被杰德温命令设计一个不昂贵的治洪方案之前，也非正式地把这里的洪水流量定在每秒 300 万立方英尺以上。比起治洪方案设计的行洪能力，这个流量要多出每秒 10 万立方英尺以上。

另外，河堤系统也未能达到设计规范。1996 年，密西西比河干流的河堤长度为 1 608 英里，其中 304 英里没达到设计高度。[4] 这些未达到原定高度的河堤，比起规定高度来，大部分只低 1 英尺到 2 英尺，但从格林维尔到维克斯堡河堤系统的几英里，无论是东岸还是西岸，比起规定高度都要低 6 英尺。

另外一个问题与取直有关。大河并不按照人工的取直来定型。取直缩短了河道 150 英里之后的 50 年中，大河又夺回了这个长度的大约三分之一，取直带来的益处也失去了一些。

不过，现在更大的问题是阿查法拉亚河。比起密西西比河主水道来，它提供着短得多的流向大海的水道，坡度也更大。1927 年的洪水，把大量水灌于这条河中，冲刷了它，加深了它，造成了一条能够容纳——也是渴望能容纳——更多水量的水道，超过了它以往的水量。治洪工程又把更多的水送了进来。坎伯警告说，这种思路的"不可避免的后果"就是：阿查法拉亚河将"很快变成［密西西比河的］主流，流经新奥尔良的河会变成一条退化的排水道"。[5]

坎伯不仅仅是进行理论推断。密西西比河的河口改变过很多次。在坎伯发出警告的 25 年之后，时间证明他是对的，这已经很是明显。1954 年，美国国会通过紧急立法，给工程兵团拨款，以防止阿查法拉亚河夺走整个密西西比河。让密西西比河留在自己原有的河道中，这已经成为工程兵团目前面对的最为严峻的工程问题。修建"老河控制枢纽"是为了解决这个问题，但 1973 年的洪水在靠近它的水下冲出了一个 75 英尺深的大洞，几乎导致这座枢纽倒塌，差不多是毁了它。许多工程师认为，不管人做什么，或早或晚，密西西比河将把它的水道改入阿查法拉亚河。伸向大海的一条像手指般的水道将绕过新奥尔良向北，北向巴吞鲁日。

　　所以，尽管人们决心把自己的意志强加给大河，但故事的结局却恰如它的开始。

注 释

引文出处

引文出处中频繁引用来源的缩写全称：

AAH　　　安德鲁·阿特金森·汉弗莱斯

AAHP　　 "安德鲁·阿特金森·汉弗莱斯档案"，费城：宾夕法尼亚州历史学会

ACP　　　"商业协会档案"，新奥尔良大学朗伯爵图书馆特藏

ALP　　　詹姆斯·布坎南·伊兹：《詹姆斯·布坎南·伊兹演讲、书信与档案》（*Addresses, Letters, and Papers of James B.Eads*）

CBP　　　"克劳德·巴奈特档案"，芝加哥历史学会

CP　　　 "卡普兰档案"，新奥尔良：路易斯安那州博物馆历史部

D&PLCP　 "三角洲与松林地公司档案"，斯塔克维尔：密西西比州立大学米切尔图书馆特藏

ECHPC　　"紧急票据交换所宣传委员会"，见"卡普兰档案"，新奥尔良：路易斯安那州博物馆历史部

ECP　　　"埃尔默·库塞尔档案"，罗得岛州普罗维登斯：布朗大学约翰·海伊图书馆特藏

EP　　　 "伊兹档案"，圣路易斯：密苏里州历史学会

FC　　　 "市政厅的朋友们"，新奥尔良公共图书馆路易斯安那厅"口述历史"特藏

GD–T　　《格林维尔民主党人时报》

HFCCH　 "国会洪水治理委员会听证会记录"，第 70 届国会第 1 次会议，1927 年 11 月至 1928 年 1 月

HHPL　　 赫伯特·胡佛总统图书馆，爱荷华州西布兰奇

JBE	詹姆斯·布坎南·伊兹
JC L	《杰克逊号角—账目报》
LC	美国国会图书馆，华盛顿特区
LL	威廉·亚历山大·珀西：《河堤上的提灯：一个种植园主之子的记忆》（*Lanterns on the Levee: Recollections of a Planter's Son*）
LP	利莱·珀西
MC–A	《孟斐斯商业诉求报》
MDAH	杰克逊：密西西比州档案和历史部
M&LP	"门罗和莱曼档案"，新奥尔良：门罗和莱曼办公室
NA	国家档案馆，华盛顿特区
NOCA	"新奥尔良城市档案"，新奥尔良公共图书馆路易斯安那厅
NOI	《新奥尔良议事报》
NOS	《新奥尔良陈述报》
NOT	《新奥尔良论坛报》
NOT–P	《新奥尔良时代花絮报》
NYT	《纽约时报》
P&H	安德鲁·阿特金森·汉弗莱斯和亨利·阿博特：《关于密西西比河之物理学和水力学的报告》（*Report on the Physics and Hydraulics of the Mississippi River*）
PFP	"珀西家族档案"，杰克逊：密西西比州档案和历史部
RCP	"红十字会档案"，华盛顿特区：国家档案馆，记录组（Record Group）200
RRMP	"罗伯特·鲁萨·莫顿档案"，阿拉巴马州塔斯基吉：塔斯基吉学院图书馆特藏
SBV	《圣伯纳德之声》
TUL	新奥尔良杜兰大学霍华德—蒂尔顿图书馆特藏
WAP	威廉·亚历山大·珀西

序　言

1. *MC–A*，1927 年 4 月 15 日。

2. 亨利·华林·鲍尔日记，MDAH。

3. 同上。

4. *GD–T*，1927 年 4 月 16 日。

5. "Report of the Sewage and Water Board of New Orleans, July 1927"；*GD–T*，1927 年 4 月 16 日；
NYT，1927 年 4 月 16 日；鲍尔日记，MDAH，1927 年 4 月 15 日和 16 日。

6. 密西西比公共电视台对弗洛伦斯·西勒斯·奥格登关于"1927 年的洪水"的采访，完整
文字记录见于 MDAH；1992 年 12 月 16 日对弗兰克·霍尔的采访。

7. 1993 年 3 月 2 日对威廉·琼斯的采访；1993 年 3 月 1 日对摩西·梅森的采访；1928 年 4
月 21 日，*GD–T*。

8. *Bulletin of the American Railway Engineering Association* 29, no.297（1927 年 7 月）；军方工
程师的报告引自 1927 年 4 月 25 日，*NOT–P*。

第 1 章

1. 转引自 Todd Shallat, *Structures in the Stream*, p.175.

2. 转引自 David McCullough, *The Great Bridge*, p.347.

3. *Universal Engineer 55,* no.1(1932)，转引自 Florence Dorsey, *Road to the Sea:The Story of James
B.Eads and the Mississippi River*, p.307n.

4. Charles van Ravensway, *St.Louis:An Informal History of the City and Its People,1764–1865*,
p.208.

5. Emerson Gould, *Fifty Years on the Mississippi*, p.485.

6. 转引自 Floyd Clay, *A Century on the Mississippi*, p.11.

7. Mentor Williams, "The Background of the Chicago River and Harbor Convention", p.223.

8. 可参见 *Webster's Biographical Dictionary* (Springfield, Mass.:G.&C.Merriam & Co.,1956), p.460.

9. Louis How, *James B.Eads*, pp.54–57.

10. Dorsey, p.130.

11. Dorsey, p.16; How, pp.3–8.

12. Eads, ALP, p.153.

13. How, p.19.

14. Dorsey, p.30.

15. 1948 年 8 月 17 日发表于 *Davenport Gazette*, EP.

16. 伊兹致妻子，1852 年 8 月 16 日，Churchill Library.

17. Dorsey, pp.32–33.

18. 转引自 Joseph Gies, *Bridges and Men*, p.150.

19. How, p.55.

20. 同上, pp.54–57.

21. How, p.11.

22. 同上, pp.54–57.

23. 同上, p.57.

24. Gould, p.592.

25. L.U.Reavis, *St.Louis:The Future Great City of the World*, p.177; Dorsey, p.49.

26. 贝茨致伊兹，1861 年 4 月 16 日，EP。

27. 转引自 Dorsey, p.65.

28. 同上, p.84.

29. John Kouwenhoven, "The Designing of the Eads Bridge," p.547.

30. James McCabe, *Great Fortunes and How They Were Made*, pp.209–220.

第 2 章

1. Henry Humphreys, *Andrew Atkinson Humphreys*, p.26.

2. 同上, p.35.

3. 汉弗莱斯致 C. 格拉哈姆，1858 年 11 月 21 日，"汉弗莱斯档案"；Gary Ryan, "War Department Topographical Bureau,1831–1863," Ph.D.diss., p.201.

4. 艾伯特致陆军部长，转引自 Ryan, p.188.

5. Ryan, p.199.

6. Henry Humphreys, p.190.

7. Catton, *Grant Takes Command*, p.231.

8. Henry Humphreys, p.190.

9. 同上, p.57.

10. 汉弗莱斯致查尔斯·莱伊尔,1866 年 5 月 28 日，AAHP.

11. 关于早期工程的简要讨论见特里·雷诺兹的文章 "The Engineer in 19th Century America," 收入特里·雷诺兹编著的 *The Engineer in America*；也可参看 Richard Kirby and Philip

Laurson, *Early Years of Modern Civil Engineering*.

12. Gene Lewis, *Charles Ellet, Jr.:The Engineer as Individualist*, p.10.

13. 转引自 McCullough, *The Great Bridge*, p.77.

14. 同上，p.77.

15. *P&H*, p.94.

16. James Gleick, *Chaos*, p.121.

17. 采访詹姆斯·塔特尔（James Tuttle），密西西比河委员会，维克斯堡，1993 年 10 月 14 日。

18. 汉弗莱斯致 J.J. 李上尉，1851 年 3 月 18 日，AAHP.

19. D.O.Elliott, *The Improvement of the Lower Mississippi River for Flood Control and Navigation*, vol.1, p.94.

20. 马丁·雷乌斯，工程兵团汉弗莱斯工程中心（弗吉尼亚州斯普林菲尔德）提供这些数据。

21. Philip King, *The Evolution of North America*, p.77.

22. Harold Fisk, *Geological Investigation of the Alluvial Valley of the Lower Mississippi*, p.11.

23. Elliott, vol.1, p.17.

24. William Elam, *Speeding Floods to the Sea*.

25. 路易斯安那州参议院堤坝与排水执行委员会的报告，1850 年 3 月 21 日。

26. 汉弗莱斯致 J.J. 李，1851 年 3 月 18 日，HP。

27. 埃利特致母亲，1851 年 3 月 2 日，转引自 Lewis, p.139.

28. 汉弗莱斯致 J.J. 李，1851 年 3 月 [具体日期难以辨认]；也可参看 Todd Shallat, *Structures in the Stream*, p.176.

29. 汉弗莱斯致 J.J. 李，1851 年 11 月 12 日，"汉弗莱斯档案"。

30. 未标明日期的便条，"汉弗莱斯档案"。

31. *P&H*, p.98.

32. 汉弗莱斯致 J.J. 李，1851 年 3 月 18 日，"汉弗莱斯档案"。

33. 同上。

34. 汉弗莱斯致 J.J. 李，1851 年 4 月 1 日，"汉弗莱斯档案"。

35. 汉弗莱斯致 J.J. 李，1851 年 5 月 2 日，"汉弗莱斯档案"。

36. 可见于汉弗莱斯致 J.J. 李，1851 年 4 月 6 日，"汉弗莱斯档案"。

37. 兰德尔医生的诊断，密西西比河三角洲调查测量记录，NA，记录编组（此后简称为

RG）77 号。

38. 同上，pp.32–33.

39. Charles Ellet, *Report on the Overflows of the Delta of the Mississippi*,32nd Cong.1st sess.,1852, Sen.Exec.Doc.20; 也可参见 House Doc., vol.24, 63rd Cong., Doc.918, p.27，重印了埃利特的这份报告。

40. 同上，p.28.

41. 同上。

42. 同上，pp.32–33.

43. 同上，p.24.

第 3 章

1. 汉弗莱斯在给查尔斯·莱伊尔的一封信中这样讲。1866 年 5 月 28 日，"汉弗莱斯档案"。

2. 同上。

3. Henry Humphreys, p.324.

4. Harold Round, "A.A.Humphreys," *Civil War Times Illustrated 4*(1966 年 2 月)。

5. Catton, *Grant Takes Command*, p.231.

6. Bruce Catton, *Glory Road* (Garden City, N.Y.:Doubleday,1952), pp.72,280.

7. 汉弗莱斯致妻子，1862 年 12 月 14 日，"汉弗莱斯档案"。

8. 转引自 Henry Humphreys, p.190.

9. 同上，p.179.

10. 同上。

11. Round, "A.A.Humphreys."

12. Henry Humphreys, p.182.

13. Richard Wheeler, *Witness to Gettysburg*, p.207.

14. Henry Humphreys, pp.200–202.

15. 同上 , p.190.

16. 同上 , pp.200–202.

17. 同上 , p.202.

18. 汉弗莱斯致妻子，1865 年 2 月 26 日，"汉弗莱斯档案"。

19. 汉弗莱斯致妻子，1864 年 11 月 25 日，"汉弗莱斯档案"。

20. 汉弗莱斯致 J. 德·佩斯特，1883 年 6 月 1 日，"汉弗莱斯档案"。

21. Henry Humphreys, p.219.

22. *New Orleans Daily Crescent*,1866 年 1 月 30 日。

23. 它的完整标题是 *Report upon the Physics and Hydraulics of the Mississippi River; upon the Protection of the Alluvial Region Against Overflow; and upon the Deepening of the Mouths: Based upon Surveys and Investigations Made Under the Acts of Congress Directing the Topographical and Hydrographical Survey of the Delta of the Mississippi River, with Such Investigations as Might Lead to Determine the Most Practicable Plan for Securing It from Inundation, and the Best Mode of Deepening the Channels at the Mouths of the River.*

24. 转引自 Steve Rosenberg and John M.Barry, *The Transformed Cell* (New York: Putnam, 1992), p.7.

25. *P&H*, p.324.

26. 同上，扉页。

27. 同上，p.30.

28. 同上，pp.404–407.

29. 同上，pp.30,186,387.

30. 同上，p.381.

31. 同上，p.394.

32. 同上，p.310.

33. 同上，pp.120,199,219.

34. 同上，p.219.

35. Hunter Rouse and Simon Ince, *History of Hydraulics*, pp.177–79.

36. *Report of the Joint Committee on Levees*, Louisiana State Legislature, 1850, Louisiana State Museum, History Division, New Orleans.

37. *P&H,* p.417.

第 4 章

1. 汉弗莱斯致亨利·威尔逊参议员，1869 年 1 月 26 日，"汉弗莱斯档案"。

2. 汉弗莱斯致陆军部长约翰·斯科菲尔德，1869 年 3 月 9 日和 3 月 13 日，"汉弗莱斯档案"。

3. 汉弗莱斯致陆军部长，1876 年 11 月 2 日，"汉弗莱斯档案"。

4. 关于此事的详细情况，见 Arthur Frazier, "Daniel Farrand Henry's Cup Type 'Telegraphic' River Current Meter," pp.541–565.

5. *Missouri Republican*，1854 年 6 月 25 日。

6. Wyatt Belcher, *The Economic Rivalry Between St.Louis and Chicago,1850–1880*, p.23.

7. 圣路易斯轮船利益方提起了一场著名的诉讼，想拆毁这座桥。这将会阻碍铁路和西部的发展。亚伯拉罕·林肯支持铁路方，陪审团未做决定。这座桥保住了，其他桥也兴建起来。

8. Belcher, p.157.

9. 霍华德·米勒和昆塔·斯科特在《伊兹大桥》(*The Eads Bridge*) 中认为，伊兹选择使用钢材完全是幸运，在铬钢的开发上也是如此。但更有可能的是他相当懂这种金属，这主要因为他在欧洲旅行获得了相关知识；他很可能参观过克虏伯工厂，以及火炮试验。也可参看 John Kouwenhoven, "The Designing of the Eads Bridge" 中的相关记载。

10. Dorsey, p.96.

11. McCullough, *The Great Bridge*, p.390.

12. Calvin Woodward, *History of the St.Louis Bridge*, pp.15–16.

13. Dorsey, p.105.

14. Elmer Corthell, "Remarks to the Western Society of Engineers"，1890 年 6 月 4 日，密苏里州历史学会。

15. Miller and Scott, pp.78–85.

16. Frederick Finley 致编辑的信件，*St.Louis Globe-Democrat*,1950 年 7 月 9 日；Gies, pp.165–166.

17. How, p.15.

18. Kouwenhoven, "The Designing of the Eads Bridge", p.535.

19. Dorsey, p.130.

20. John Kouwenhoven, "James Buchanan Eads," p.86.

21. Walter Lowrey, "Navigational Problems at the Mouth of the Mississippi River,1689–1880," Ph.D.diss., p.203.

22. *NYT*,1873 年 5 月 15 日。

23. 汉弗莱斯致赛勒斯·康斯托克，1873 年 3 月 2 日，"康斯托克档案"，LC.

24. Corthell，"Remarks."

25. Calvin Woodward, p.265.

26. 同上。

27. 同上。

28. 同上，p.270.

29. 见伊兹 1874 年 7 月 1 日手稿中的备忘录，收入 EP。

30. 对这次会见的叙述，见 William Taussig, "Personal Recollections of General Grant," *Missouri Historical Society Publications* 2 (1903), pp.1–13；也可参看 Dorsey, p.152; Calvin Woodward, pp.262–286.

31. Woodward, p.270.

32. Kirby and Laurson, p.162.

33. Carl Condit, "Sullivan's Skyscrapers as the Expression of Nineteenth Century Technology," pp.78–93.

第 5 章

1. Robert Brandfon, *The Cotton Kingdom of the New South* (Cambridge:Harvard University Press,1967), pp.24–29.

2. U.S.Grant, *Personal Memoirs of U.S.Grant*, pp.266–271.

3. 转引自 Benjamin G.Humphreys, *Floods and Levees on the Mississippi River*, p.39.

4. Letter from Secretary of War,43rd Cong.,1st sess., House Doc.220, p.109.

5. Lowrey, "Navigational Problems at the Mouth of the Mississippi River,1698–1880," Ph.D.diss., p.376.

6. 汉弗莱斯信件，1874 年 1 月 15 日，转引自 Corthell, *A History of the Jetties at the Mouth of the Mississippi*, p.34.

7. Lowrey, "Navigational Problems," p.11.

8. *P&H*, p.442.

9. *De Bow's Review* 18 (1855 年 4 月), p.512.

10. 富勒上尉致斯蒂芬·朗上校，1859 年 1 月 24 日 NA, RG77。

11. Lowrey, "Navigational Problems," p.201.

12. Dorsey, p.91.

13. Lowrey, "Navigational Problems," p.289.

14. 麦卡莱斯特致佩恩，1868 年 10 月 10 日，转引自 Lowrey, "Navigational Problems," p.276.

15. *New Orleans Picayune*,1869 年 3 月 6 日。

16. Lowrey, "Navigational Problems," p.313.

17. 同上。

18. 海格比致查尔斯·豪厄尔斯上尉，转引自 Lowrey, "Navigational Problems," p.313.

19. 豪厄尔致汉弗莱斯，1871 年 7 月 20 日，NA, RG77。

20. Lowrey, "Navigational Problems," p.303.

21. *New Orleans Daily Times*,1874 年 2 月 14 日。

22. *New Orleans Picayune*,1874 年 2 月 8 日。

23. *New Orleans Daily Times*,1874 年 2 月 15 日；*New Orleans Picayune*,1874 年 2 月 15 日。

24. Corthell, "Remarks."

25. Lowrey, "Navigational Problems," p.378.

26. *New Orleans Times–Democrat*，1887 年 3 月 18 日。

27. 见于伊兹 1874 年 7 月 1 日手稿中的谅解备忘录；詹姆斯·威尔逊致伊兹的信，1876 年 7 月 6 日；伊兹备忘录，1876 年 7 月 22 日，均见于 EP。后来约翰·柯文采收集了这些材料以及关于伊兹的丰富的其他补充材料；感谢弗吉尼亚大学的约翰·布朗（John Brown）向我提供这些资料。

28. Lowrey, "Navigational Problems," p.391.

29. 巴纳德致康斯托克，1874 年 4 月 14 日、18 日、22 日和 7 月 5 日，"康斯托克档案"，*LC*。

30. 可参见马丁·罗伊斯（Martin Reuss）那篇优秀的论文"Politics and Technology in the Army Corps of Engineers," *Technology and Culture* 26, no.1 (1985 年 1 月).

31. Corthell, *A History of the Jetties*, p.239.

32. *Congressional Record*,43rd Cong.,1st sess., pp.5367–5368.

33. 转引自 Corthell, *A History of the Jetties*, p.21.

34. 同上，p.98.

35. 同上，p.21.

36. 伊兹致 S.A. 赫尔伯特，美国众议院，1874 年 5 月 29 日，伊兹攻击汉弗莱斯的报告，*ALP*, p.153.

37. Dorsey, p.173.

38. Eads, *ALP*, p.153.

39. Dorsey, p.176.

40. 莱特致汉弗莱斯，1874 年 11 月 30 日，House Exec.Doc.25,43rd Cong.,1st sess., pp.1–2；以及 Report, Board of 1874,43rd Cong.,1st sess., Exec.Doc.114, 1875 年 1 月 13 日；转引自 Lowrey, "Navigational Problems", p.404.

41. R.E. 麦克马思致汉弗莱斯，1874 年 5 月 7 日，NA，RG77。

42. 伊兹在圣路易斯为他举行的宴会上的讲话，1875 年 3 月 23 日，EP。

43. 同上。

第 6 章

1. 可见于 *Annual Report of the Chief of Engineers for 1875*, pp.540–550,尤其是第 542 页的内容。

2. Corthell, *A History of the Jetties*, pp.28–34.

3. 在新奥尔良，克里奥耳人是法国或西班牙定居者的后代。

4. 转引自 *New Orleans Picayune*,1875 年 5 月 12 日。

5. 转引自 Mark Twain, *Life on the Mississippi* (New York: Bantam,1990), p.134.

6. Corthell, *A History of the Jetties*, pp.70–71.

7. 伊兹致勒奥韦，1875 年 6 月 11 日和 1876 年 1 月 24 日，"亨利·勒奥韦档案"，新奥尔良历史特藏。

8. *New Orleans Picayune*,1875 年 6 月 13 日。

9. 伊兹致考赛尔,1875 年 6 月 11 日，"柯文采特藏"。

10. Lowrey, "Navigational Problems," pp.416–417.

11. Corthell, *A History of the Jetties*, pp.75–83.

12. *New Orleans Democrat*，1876 年 5 月 3 日、5 日和 7 日；*New Orleans Picayune*，1876 年 5 月 10 日。

13. *New Orleans Democrat*，1876 年 5 月 3 日、5 日、6 日和 10 日；*New Orleans Picayune*，

1876 年 5 月 10 日。

14. 康斯托克致陆军部长乔治·麦克格拉里，1877 年 5 月 2 日，"康斯托克档案"，*LC*。

15. 伊兹致塔夫脱，1876 年 5 月 9 日，转引自 Corthell, *A History of the Jetties*, p.100.

16. 同上。

17. 关于此事的叙述取自 Corthell, pp.107–109.

18. 同上，p.108.

19. 详情见于 Lowrey, "Navigational Problems," p.460.

20. Corthell, *A History of the Jetties*, p.156.

21. 同上，p.137.

22. 伊兹致博勒加德，1877 年 1 月 2 日，"博勒加德档案"，路易斯安那州州立大学。

23. 汉弗莱斯致国会众议员 E.W. 罗伯特森，1878 年 5 月 1 日，"汉弗莱斯档案"。

24. 小册子 *Review of Humphreys and Abbot Report*，密苏里州历史学会。

25. 汉弗莱斯致阿博特，1877 年 10 月 20 日，"汉弗莱斯档案"。

26. 阿博特致汉弗莱斯，1878 年 11 月 21 日和 26 日，"汉弗莱斯档案"。

27. *New Orleans Daily Times*,1879 年 7 月 11 日。

28. Corthell, *A History of the Jetties*, pp.235–238; J.Thomas Scharf, *History of St.Louis City and County*, vol.2, p.1126；也可参看"柯文采特藏"。

29. Arthur Morgan, *Dams and Other Disasters*, p.129.

30. 转引自 Morgan, pp.147,172,175.

31. Lansing Beach, "The Work of the Corps of Engineers on the Lower Mississippi," 收录于 American Society of Chemical Engineers, *Transactions*,1924.

32. HFCCH, p.1710.

33. Elliott, vol.2, p.44.

第 7 章

1. Percy, *LL*, p.272.

2. Twain, pp.134–135.

3. 转引自 John C.Willis, "On the New South Frontier," Ph.D.diss.,1991, p.18.

4. James Cobb, *The Most Southern Place on Earth*, p.15.

5. 同上，p.44.

6. 同上，p.14.

7. Alfred Stone, "The Negro in the Yazoo–Mississippi Delta," *Publications of the American Economic Association* 3, no.3(1902), p.236.

8. 转引自 Brandfon, *The Cotton Kingdom of the New South*, pp.24–29。这本书已经成为经典，对铁路在三角洲开发中的作用阐述得尤为透彻。

9. *De Bow's Review*,1858 年 10 月 , pp.438–440.

10. Willie Halsell, "Migration into and Settlement of Leflore County, 1833–1876," *Journal of Mississippi History*,1947, p.238.

11. *RP&H*, p.24.

12. Cobb, p.6.

13. Willis, "On the New South Frontier," Ph.D.diss., pp.13–17; Florence Sillers 编辑的 *History of Bolivar County*, p.156.

14. Willis, "On the New South Frontier," p.221n.

15. *Memphis Daily Appeal*,1881 年 1 月 6 日。

16. Brandfon, p.10.

17. 转引自 Brandfon, p.14.

18. Brandfon, p.20.

19. 伊兹在圣路易斯商人汇兑所大礼堂落成典礼上的讲话，1875 年 12 月 5 日，EP。

20. Brandfon, p.76.

21. 菲什致约翰·帕克，1922 年 5 月 31 日，转引自 Matthew Schott, "John M.Parker of Louisiana," Ph.D.diss., Parker Papers at USLL, p.60.

22. Brandfon, p.46.

23. C.Vann Woodward, *Origins of the New South,1877–1913*, p.119; 也可参见 Brandfon, pp.49–63.

24. Sillers, pp.272,277,321.

25. Robert Harrison, *Alluvial Empire*, p.117.

26. Brandfon, p.80.

27. 关于密西西比州的"黑人法令"，详情可参看 Cobb; 以及 Eric Foner, *Reconstruction*.

28. Percy, *LL*, pp.275–276; Foner, p.174.

29. Foner, p.174; Cobb, p.70.

30. Vernon Wharton, *The Negro in Mississippi,1865–1890*, pp.107–109; Cobb, p.83.

31. Willis, "On the New South Frontier," pp.333–335.

32. *Greenville Times*,1877 年 3 月 24 日，转引自 Willis, "On the New South Frontier," p.335.

33. 转引自 Cobb, p.82.

34. Wharton, p.115; Cobb, p.70.

35. 利莱·珀西致卧车公司，1907 年 10 月 24 日。也可参看利莱·珀西致里格公司，1909
年 2 月 16 日；利莱·珀西发给 I. 艾肯的电报，1905 年 7 月 22 日。所有材料见于 PFP。

36. 例如，可见于利莱·珀西致里格公司,1909 年 2 月 16 日；利莱·珀西发给 I. 艾肯的电报,
1905 年 7 月 22 日；发给卧车公司的电报，1907 年 10 月 24 日。

37 利莱·珀西致他的兄弟沃克·珀西，1927 年 10 月 11 日，PFP。

38. 利莱·珀西致乔治·埃思里奇法官，1929 年 5 月 4 日，PFP。

39. 利莱·珀西致威廉·亚历山大·珀西，1929 年 5 月 31 日，PFP。

40. 利莱·珀西致沃克·珀西，1907 年 11 月 18 日，PFP。

41. Percy, *LL*, p.57.

42. 同上，p.57.

第 8 章

1. Brandfon, p.114.

2. *Twelfth Census of the United States*, vol.5, *Agriculture*, pp.96–97, 转引自 Willis, "On the New
South Frontier," pp.5,9; 作者采访，1994 年 6 月 9 日。

3. *Outlook*,1907 年 8 月 3 日，pp.730–732.

4. 转引自 Robert Brandfon, "The End of Immigration to the Cotton Fields," *Mississippi Valley
Historical Review* 第 50 期 (1964 年 3 月), p.600.

5. Brandfon, *Cotton Kingdom*, p.93.

6. 同上，p.153。布兰德芬引用了菲什、珀西、珀西的律所合伙人威廉·斯科特，以及美国
移民专员弗兰克·萨金特之间 20 世纪初期在这个问题上的一系列通信。

7. 同上。

8. 同上 , pp.104–111; 小册子 *The Call of the Alluvial Empire*, TUL.

9. 对弗兰克·霍尔的采访，1992 年 3 月 24 日；也可参看 James Loewen, *The Mississippi Chinese*, 1971.

10. Ernesto R.Milani, "Sunnyside and the Italian Government," *Arkansas Historical Quarterly*, Summer 1991, p.38; Schott, "John M. Parker of Louisiana," pp.132–133.

11. Schott, "John M. Parker of Louisiana," p.22.

12. 威廉·亚历山大·珀西致卡米尔·珀西，1905 年 1 月 9 日，PFP。

13. Lewis Baker, *The Percys of Mississippi*, p.25.

14. *JC–L*, 1902 年 11 月的多个日子；帕克致雅各·迪金森，1924 年 2 月 25 日，"帕克档案"，USLL；罗斯福致菲利普·斯图尔特，1902 年 11 月 4 日，见于 Elting E.Morison 编辑的 *Letters of Theodore Roosevelt* (Cambridge:Harvard University Press,1951), vol.3, pp.377–380.

15. 帕克致斯科特，1904 年 5 月 30 日，转引自 Schott, p.104；利莱·珀西致菲什，1905 年 11 月 25 日，PFP。

16. *Manufacturer's Record*，1904 年 4 月 7 日，p.250.

17. Randolph Boehm, "Mary Grace Quackenbos and the Federal Campaign Against Peonage:The Case of Sunnyside Plantation," *Arkansas Historical Quarterly*, Summer 1991, p.41.

18. Alfred Stone, "The Negro in the Yazoo–Mississippi Delta," pp.236–278 各处。

19. 转引自 Rowland Berthoff, "Southern Attitudes Toward Immigration, 1865–1914," p.346.

20. Brandfon, "End of Immigration," p.611.

21. 密西西比州司法部 Hall W.Sanders 的报告，State Department peonage files, NA, RG59, M862, reel687, case9500.

22. J.霍兰德致利莱·珀西，1907 年 11 月 11 日；利莱·珀西致霍兰德，1907 年 10 月 15 日，PFP。

23. 小册子 *Don't Go to the Mississippi*，PFP。

24. Boehm, "Mary Grace Quackenbos," p.42.

25. 利莱·珀西致翁贝托·皮耶里尼，1907 年 3 月 9 日，PFP。

26. 利莱·珀西致威尔·多克里，1907 年 3 月 8 日，PFP。

27. 利莱·珀西致德斯·普兰契大使，1907 年 2 月 14 日，PFP。

28. 转引自 Milani, "Sunnyside and the Italian Government," p.36.

29. Boehm, "Mary Grace Quackenbos," p.45.

30. 利莱·珀西致斯科特，具体时间不详。

31. 奎坎波丝致司法部长，1907 年 8 月 14 日，NA，RG60，100937。

32. Mark Sullivan, *Our Times: The United States 1900–1925*, vol.4, *The War Begins*, 1909–1914, p.386.

33. Schott, "John M. Parker of Louisiana," p.125.

34. 转引自 Boehm, "Mary Grace Quackenbos," p.49.

35. Charles Russell, "Report on Peonage," 1908, Justice Department peonage file, NA, RG60.

36. 奎坎波丝致利莱·珀西，1907 年 10 月 16 日，NA，RG60。

37. 同上。

38. 利莱·珀西致 J.B. 拉伊，1906 年 12 月 26 日，PFP。

39. 利莱·珀西致 H.B. 邓肯，1907 年 3 月 27 日，PFP。

40. 利莱·珀西致 J.R. 泰勒，1907 年 5 月 20 日，PFP。

41. Sullivan, *The War Begins*, p.384.

42. Mark Sullivan, *Our Times:The United States, 1900–1925*, vol.3, *Pre-War America*, pp.128,133, 136.

43. 利莱·珀西致 H. 霍金斯和利莱·珀西致刘易斯·利瓦伊，1906 年 7 月 17 日。

44. 利莱·珀西致 J.S. 麦克奈利，1906 年 3 月 9 日，PFP。

45. Albert K.Kirwan, *Revolt of the Rednecks*, pp.144,146.

46. *Outlook*，1907 年 8 月 3 日，pp.730–732.

47. 利莱·珀西致约翰·夏普·威廉姆斯，1907 年 11 月 30 日。

48. 利莱·珀西致威廉·亚历山大·珀西，1907 年 4 月 19 日。

49. 罗斯福致利莱·珀西，1907 年 8 月 11 日，PFP。

50. 利莱·珀西致 J.S. 麦克奈利，1907 年 11 月 19 日。

51. 利莱·珀西致劳伦斯·刘易斯，1907 年 3 月 9 日，PFP。

52. 利莱·珀西致帕克，1907 年 11 月 7 日，PFP。

53. Schott, "John N.Parker of Louisiana", p.125; *NOT–P*，1919 年 1 月 7 日。

54. 下文对这次会见的叙述主要来自两封信：利莱·珀西致 J.S. 麦克奈利，1907 年 11 月 19 日；利莱·珀西致罗斯福，1907 年 11 月 13 日，司法部反劳役偿债档案，NA，RG60，

100937。

55. 利莱·珀西致罗斯福，1907 年 11 月 13 日，司法部反劳役偿债档案，NA，RG60，
   100937。

56. Boehm,"Mary Grace Quackenbos," p.57.

57. 利莱·珀西致 J.S. 麦克奈利，1907 年 11 月 19 日，PFP；利莱·珀西致罗斯福，1907 年
   11 月 13 日，司法部反劳役偿债档案，NA, RG60,10937.

58. 利莱·珀西致 J.S. 麦克奈利，1907 年 11 月 20 日。

59. 同上。

60. 利莱·珀西致迪金森，1907 年 12 月 23 日，PFP。

61. 罗斯福致哈特，1908 年 1 月 13 日，"艾伯特·布什内尔·哈特档案"，哈佛大学，
   Boehm,"Mary Grace Quackenbos," p.56. 中引用。

62. Brandfon, *Cotton Kingdom*, p.104.

63. 利莱·珀西致 M.B. 特莱兹凡特，1913 年 12 月 26 日，PFP。

64. 利莱·珀西致威廉·亚历山大·珀西，1907 年 4 月 19 日，PFP。

第 9 章

1. W.E.B.Du Bois, *Souls of Black Folk*，这个版本中包括 3 首黑人经典作品：*Up From Slavery;
   The Souls of Black Folk; The Autobiography of an Ex-Colored Man* (New York: Avon,1976),
   p.329.

2. 威廉·亨普希尔未注明标题的手稿，1905 年 6 月，"亨普希尔家族档案"，杜克大学图书
   馆特藏。

3. 同上。

4. 关于堤坝劳工营情况的更多细节，可参看美国劳工联合会对堤坝劳工营的调查报告，
   1931 年 12 月 5 日；也可参看海伦·博德曼（Helen Boardman）关于堤坝劳工营的报告，
   1932 年 8 月。这两份报告都收录在 NAACP 档案，*LC*；还可参见 Alan Lomax, *The Land
   Where the Blues Began*，具体内容散见于 pp.212-255。

5. Lomax, p.256.

6. *Twelfth Census of the United States*, vol.5, *Agriculture*, pp.96-97，转引自 Willis,"On the
   New South Frontier," pp.5,9；作者对 Willis 的采访，1994 年 6 月 9 日。

7. Stone, "The Negro in the Yazoo–Mississippi Delta," p.263.

8. Brandfon, *Cotton Kingdom*, p.130.

9. 较好的待遇是否会促成佃农较高的继续服役率，斯通做了详细记录来观察。结果是否定的。可参见 Cobb, p.105.

10. 具体内容散见于 William Holmes, "Whitecapping in Mississippi," pp.165–185.

11. Kirwan, pp.144,146; McMillen, p.224.

12. 利莱·珀西致约翰·夏普·威廉姆斯，1907 年，未注明具体日期，PFP。

13. 瓦达曼致利莱·珀西，1905 年 5 月 19 日，PFP。

14. 约翰·夏普·威廉姆斯致利莱·珀西，1919 年 4 月 20 日，"威廉姆斯特藏"，*LC*。

15. 利莱·珀西致罗斯福，1908 年 3 月 27 日；利莱·珀西致安塞姆·麦克劳林夫人，1908 年 3 月 27 日，PFP; Baker, p.35, p.210.

16. 利莱·珀西致 J. 贝尔将军，1909 年 11 月 2 日，PFP。

17. 见利莱·珀西致菲什，1905 年 11 月 25 日，PFP。

18. William Holmes, "William Alexander Percy and the Bourbon Era in Mississippi Politics," p.76.

19. 利莱·珀西致亚瑟·赖斯，1910 年 6 月 18 日，"赖斯档案"，密西西比州州立大学档案馆，转引自 Hester Ware, "A Study of the Life and Works of William Alexander Percy," M.A.thesis, p.38.

20. Percy, *LL*, p.145.

21. 转引自 Bertram Wyatt–Brown, *House of Percy*, p.181.

22. Percy, *LL*, p.146.

23. William Sallis, "The Life and Times of LeRoy Percy," M.A.thesis, pp.90–96.

24. 承蒙伯特伦·怀亚特 – 布朗（Bertram Wyatt–Brown）允许引用。

25. 转引自 Kirwan, p.197.

26.《纽约时报》，1910 年 4 月 17 日。

27. Sallis, "LeRoy Percy," p.133.

28. 这个见解，来自于我 1995 年 10 月 11 日对波士顿马萨诸塞大学教授威廉·阿姆斯特朗·珀西（William Armstrong Percy）的采访，谨致谢意。

29. Percy, *LL*, p.149.

30. Kirwan, p.212.

31. Percy, *LL*, pp.150–151.

32. Kirwan, pp.220–221.

33. Percy, *LL*, p.152.

34. 罗斯福致利莱·珀西，1911 年 11 月 11 日，PFP。

35. Sullivan, *Pre-War America*, p.136.

36.《纽约时报》，1912 年 4 月 11 日。

37. 利莱·珀西致 W.W. 卡因，1912 年 11 月 12 日，转引自 Percy, *LL*, pp.152–153.

第 10 章

1. Willis, "On the New South Frontier," p.226; Ogden, p.166.

2. Hortense Powdermaker, *After Freedom*, p.169.

3. Stone, "The Negro in the Yazoo–Mississippi Delta"; *Homicidal Deaths in Mississippi*, MDAH.

4. Percy Bell, "Child of the Delta," 未刊手稿，第 2 章第 3 页。

5. 对利拉·克拉克·怀恩的采访，1993 年 3 月 17 日。

6. 对珀尔·普尔·阿摩司的采访，1993 年 1 月 27 日。

7. 对弗兰克·霍尔的采访，1992 年 3 月 29 日；宣传册 *Washington County the Pride of the Delta*，很可能出自 1910 年，未标页码，格伦·艾伦市（密西西比州）公共图书馆特藏；利莱·珀西致 [收信人姓名难以辨认]，1906 年 11 月 22 日，PFP。

8. 对弗兰克·霍尔的采访，1992 年 3 月 29 日。

9. 宣传册 *Washington County the Pride of the Delta*。

10. 承蒙伯特伦·怀亚特 – 布朗告知这一信息。

11. 对约翰·威利的采访，1993 年 10 月 22 日。

12. *History of Blacks in Greenville*,1863–1975；黛西·格林口述史，1975，MDAH；对西尔维亚·杰克逊的采访，1993 年 2 月 20 日；对大卫·科贝尔的采访，1993 年 2 月 22 日。

13. Powdermaker, p.8；对弗兰克·霍尔的采访；*Washington County the Pride of the Delta*.

14. "The Negro Common School, Mississippi," *Crisis*,1926 年 9 月, p.91.

15. 对谢尔比·富特的采访，1994 年 3 月 9 日。

16. "The Negro Common School, Mississippi," p.91.

17. 对莱塞·霍姆斯的采访，1993 年 3 月 2 日。

18. 黛西·格林的口述史，1975 年，27 页。

19. 利莱·珀西致劳伦斯·麦克米金，PFP。

20. 对莫里斯·西森的采访，1993 年 10 月 22 日。

21. 见于伊斯拉·鲍恩（Ezra Bowen）编辑的 *This Fabulous Century,1920–1930*, pp.105,244.

22. Herbert Spencer, *Social Statics* (New York:D.Appleton,1864), p.79.

23. Ellis Hawley, *The Great War and the Search for a Modern Order*, p.112.

24. Sullivan, *Pre–War America*, p.337.

25. 见于罗纳德·戴维斯（Ronald Davis）编辑的 *The Social and Political Life of the 1920s*, p.16.

26. Sullivan, *The War Begins*, p.182.

27. Kenneth Harrell, "The Ku Klux Klan in Louisiana,1920–1930," Ph.D.thesis, p.82.

28. Robert Murray, *Red Scare:A Study in National Hysteria* (Minneapolis:University of Minnesota,1955), p.12.

29. Wade, p.149.

30. 利莱·珀西致迪金，1916 年 5 月 22 日，PFP。

31. 利莱·珀西致博尔顿·史密斯，1918 年 6 月 19 日，PFP。

32. Walter White, *A Man Called White*, p.48; Tindall, *The Emergence of the New South*, pp.152–154; O.A.Roberts, "The Elaine Race Riots of 1919," pp.142–150.

33. Murray, pp.67,74.

34. 同上。

35. 同上。

36. Sullivan, *The Twenties*, p.168.

37. Murray, pp.51–53.

38. 同上，p.89.

39. Sullivan, *The Twenties*,具体内容散见于 pp.156–180; Ralph Chaplin, *The Centralia Conspiracy*, p.66.

40. Arthur Schlesinger, Jr., *The Crisis of the Old Order 1919–1933*, p.42.

41. Murray, p.193.

42. William Katz, *The Invisible Empire*, p.27; Murray, p.219.

43. 利莱·珀西致约翰·夏普·威廉姆斯，1919 年 7 月 11 日；利莱·珀西致帕特·哈里森，1919 年 8 月 4 日。两封信均见于 PFP。

44. F.Scott Fitzgerald, *This Side of Paradise* (New York:Scribners,1920), p.304.

45. Ronald Davis, p.47.

46. 转引自 Ethan Morden, *That Jazz*, p.103.

47. Bowen, p.218.

48. Katz, p.87.

49. Wade, p.138.

50. 同上，p.124.

51. Wade, p.140; Chalmers, David, *Hooded Americanism*, p.25.

52. Stanley Coben, *Rebellion Against Victorianism*, p.140; 也可参见 Tindall, George, *The Emergence of the New South*, p.189.

53. 同上，p.191.

54. 同上，p.194.

55. Harrell, "The Ku Klux Klan in Louisiana,1920–1930," p.66.

56. "Historical Interpretations of the 1920s Klan," p.352.

57. 转引自 Ronald Davis, *The Social and Political Life of the 1920s*，p.126.

第 11 章

1. 见于一本名为 *History of Blacks in Greenville,1863–1975* 的小册子；也可参见 Irvin Mollison, "Negro Lawyers in Mississippi."

2. 对 Gatewood Hamm 的采访，1992 年 12 月 15 日；对 Frank Hall 的采访，1992 年 3 月 27 日。

3. Percy, *LL*, p.228.

4. Percy, *LL*, p.232.

5. 利莱·珀西致阿尔弗雷德·斯通，1922 年 2 月 27 日，PFP。

6. 坎普的讲话没有文字记录留存下来，但有几家报纸，包括 1922 年 3 月 2 日的《维克斯堡先驱报》和 1922 年 3 月 19 日的《休斯顿纪事报》，对其讲话内容有转述。珀西在随后数周的一些通信中，尤其是 1922 年 3 月 10 日写给 H.H. 加伍德的信中，也回忆了他讲话的部分内容，见于 PFP。《格林维尔民主党人时报》也有记载，威廉·亚历山大·珀西的《河堤上的提灯：一个种植园主之子的记忆》中也有，见于 232–233 页；另外也可见于 Sallis, "The Life and Times of LeRoy Percy," pp.150–154.

7. Sallis, p.154.

8. Houston Chronicle，1922 年 3 月 19 日。

9. 同上。

10. E.M. 韦丁顿等人致利莱·珀西，1992 年 3 月 4 日，PFP。

11. 邀请珀西和珀西谢绝邀请的信件如 B. 麦吉致利莱·珀西，1922 年 3 月 2 日；R.E. 蒙哥马利致利莱·珀西，1922 年 3 月 9 日；威廉·麦金利致利莱·珀西，1922 年 6 月 2 日；R.L. 图利斯致利莱·珀西，1922 年 8 月 25 日；利莱·珀西致伊利诺伊州"哥伦布骑士会"的马顿，1922 年 8 月 23 日。均见于 PFP。

12. 利莱·珀西致"作者剪报局"，利莱·珀西致艾伯特·罗梅克公司，利莱·珀西致亨利·罗梅克有限公司。三封信均写于 1922 年 3 月 7 日，PFP。

13. 利莱·珀西致 A.D. 詹金斯小姐，1922 年 7 月 21 日。

14. 利莱·珀西致 A.P. 威尔斯，1923 年 1 月 20 日。

15. *Leland Enterprise*，1922 年 3 月 18 日，PFP。

16. Schott, "John M. Parker of Louisiana," p.423.

17. William Hair, *The Kingfish and His Realm*, pp.66,130.

18. 关于巴斯特罗普镇三 K 党的记述取自 Schott, "John M.Parker of Louisiana," 尤其可见于 423–443 页；John Rogers, *The Murders of Mer Rouge*; Baker, *The Percys of Mississippi*, pp.99–111；以及 1922 年 9 月至 1923 年 1 月的《新奥尔良时代花絮报》相关报道。

19. *NOT–P*，1922 年 4 月 29 日；*NOI*，1922 年 5 月 2 日。

20. *NOT–P*，1922 年 10 月 31 日；Schott, "John M. Parker of Louisiana," p.436.

21. Schott, "John M. Parker of Louisiana," p.431.

22. Thomas Dabney, *One Hundred Great Years*, pp.415–422.

23. 帕克致利莱·珀西，1923 年 2 月 20 日，"帕克档案"，西南路易斯安那大学（拉斐特市）杜普雷图书馆特藏。

24. 利莱·珀西致迪金森，1923 年 5 月 4 日；也可参看利莱·珀西致 R. 珀迪，1923 年 5 月 14 日，PFP。

25. 利莱·珀西致威尔·麦考伊，1923 年 5 月 16 日，

26. Nancy McLean, *Behind the Mask of Chivalry* (New York: Oxford University Press,1994), p.17.

27. *GD–T*，1923 年 6 月 21 日。

28. 珀西手稿中未注明日期的便条，PFP。

29. 见于人民剧院演讲的副本，1923 年 4 月 23 日，PFP。

30. 利莱·珀西致阿尔弗雷德·斯通，1923 年 7 月 6 日，PFP。

31. 见于阿尔弗雷德·斯通的名为 *As to Senator Percy* 小册子，PFP。

32. Percy, *LL*, p.236；*GD–T*，1923 年 5 月 14 日。

33. Will Percy, 手稿 "The Fifth Autumn,"，收入 PFP。特别是威廉谈到他母亲警告他父亲不要谈性的话题。

34. Percy, *LL*, p.236.

35. *GD–T*，1923 年 5 月 14 日。

36. *GD–T*，1923 年 8 月 6 日。

37. *GD–T*，1923 年 8 月 8 日。

38. Percy, *LL*, pp.238–241.

39. 同上。

40. 威廉·霍华德·塔夫脱致利莱·珀西，1923 年 8 月 30 日，PFP。

41. 利莱·珀西致威廉·霍华德·塔夫脱，1923 年 9 月 25 日。

42. 利莱·珀西致迪金森，1923 年 5 月 14 日，PFP。

43. Wade, *The Fiery Cross*, p.196.

44. 利莱·珀西致威廉·亚历山大·珀西，1924 年 6 月 16 日，PFP。

45. 利莱·珀西致迪金森，1924 年 6 月 17 日，PFP。

46. Mordden, *That Jazz*, p.64.

47. 林德赛致利莱·珀西，1925 年 4 月 25 日，PFP。

48. 见于 John Braeman, Robert Bremner 和 David Brody 等人编辑的 *Change and Continuity in Twentieth Century America:The Twenties* (Columbus: Ohio State University Press,1968), pp.240–41.

49. 玛丽·布兹致约翰·奥弗顿，1926 年 11 月 22 日，PFP。

第 12 章

1. "Eisenhower's General Lee," *Time*,1944 年 9 月 25 日，p.21.

2. E.F.Dawson, *Notes on the Mississippi River*, pp.91–92.

3. 詹姆斯·坎伯在"圆桌俱乐部"的讲话，1937 年 4 月 18 日，新奥尔良路易斯安那州博物馆历史部"坎伯特藏"。

4. 宣传册 *Government Control with Cooperation of Riparian States and Cities*, (New Orleans, 1912), p.17.

5. 见于 1913 年 3 月 28 日至 3 月 31 日《纽约时报》的相关报道。

6. 利莱·珀西致威廉·亚历山大·珀西，1916 年 12 月 27 日，PFP。

7. 转引自 Morgan, *Dams and Other Disasters*, pp.260–261.

8. Clarke Smith, *Survey for Spillways at or Near New Orleans*, p.14.

9. J.A.奥克森（J.A.Ockerson）以名为 *Outlets for Reducing Flood Heights* 的小册子对 R.S.Taylor 的答复。

10. *P&H*, p.186.

11. HFCCH, pp.1789–1792; James Kemper, *Floods in the Valley of the Mississippi*, p.35.

12. *NOT*，1927 年 4 月 5 日。

13. 比奇致陆军部长，1922 年 8 月 8 日，转引自 Morgan, p.189.

14. 詹姆斯·坎伯在新奥尔良"圆桌俱乐部"的讲话，1937 年 4 月 18 日，新奥尔良路易斯安那州博物馆历史部"坎伯特藏"。

15. *NOT–P*，1922 年 4 月 10 日。

16. *NOT–P*，1922 年 4 月 11 日。

17. *NOT–P*，1922 年 4 月 17 日。

18. 票据交换所、J.D. 斯迈思、J.A. 亨特和 R.P. 克伦普等发给约翰·夏普·威廉姆斯的电报，1922 年 4 月 20 日，"约翰·夏普·威廉姆斯档案"，LC。

19. 格林伍德商会发给约翰·夏普·威廉姆斯的电报，1922 年 4 月 25 日，"约翰·夏普·威廉姆斯档案"，LC。

20. 约翰·克劳尔（John Klorer）"给市长安德鲁·麦克沙恩的河堤线检查情况的报告"，1922 年 4 月 21 日，NOCA。

21. 同上。

22. J.E. 韦尔登致约翰·帕克，1922 年 4 月 30 日；帕克致 J.E. 韦尔登，1922 年 5 月 2 日，"帕克档案"，西南路易斯安那大学（拉斐特市）杜普雷图书馆特藏。

23. 对路易斯·克拉弗里的采访，1993 年 2 月 10 日；对沃尔特·巴奈特的采访，1992 年 11 月 15 日。

24. 相比之下，其他报纸进行了报道，比如 *NOI*，1922 年 4 月 10 日；*NOT-P*，1922 年 4 月 10 日，等等。

25. 相比之下，其他报纸进行了报道，比如 *NOI*，1922 年 4 月 14 日；*NOT-P*，1922 年 4 月 15 日。

26. *NOT-P*，1922 年 4 月 18 日。

27. *NOT-P*，1922 年 4 月 25 日。

28. *NOI*，1922 年 4 月 19 日。

29. *NOT-P*，1922 年 4 月 29 日。

30. *NOT-P*，1922 年 4 月 27 日。

31. *Report of Board of [Louisiana] State Engineers,1922 to 1924*, pp.58–59.

32. *NOI*，1922 年 4 月 29 日。

33. 约翰·克劳尔在第 67 届国会的证词，1922 年 12 月 11 日、12 日、13 日、14 日，见于 HFCCH; report of Board of Louisiana State Engineers,1924,p.58.

34. Kemper, *Floods in the Valley*, p.36.

35. 沃尔特·西勒斯爵士致查尔斯·韦斯特上校，1925 年 10 月 20 日；西勒斯致利莱·珀西，1927 年 5 月 31 日，"西勒斯档案"，三角洲州立大学图书馆。

36. 坎伯的证词，HFCCH, p.1710.

37. W.L. 海德致密西西比河委员会，1927 年 3 月 8 日，NA, RG77, case 2620, entry 521.

38 "安全河流百人委员会"的工程报告，未标日期（很可能是 1923 年），NOCA。

39. 比奇致哈罗德·纽曼，1922 年 5 月 12 日，"爱德温·布鲁萨尔档案"中的副本，西南路易斯安那大学（拉斐特市）杜普雷图书馆特藏。

40. 比奇在新奥尔良听证会上评说的文字记录，1922 年 8 月 20 日和 21 日，工程兵团档案，NA, RG 77, entry 521；也可参看与新奥尔良商业协会的通信摘要，NA，RG77，entry 521。

41. 同上。

42. 利莱·珀西发给帕克的电报，1922 年 8 月 19 日。"帕克档案"，USL。

43. 转引自 1922 年 12 月 11 日至 14 日 *House Flood Control Committee Hearings*,67th Cong.,

p.164.

44. 见诸如标题为"新奥尔良商业协会抗洪活动"的通信记录，NA, RG 77, case 2891.

第 13 章

1. Garcilaso de la Vega, *The Florida of the Incas*，转引自 H.C.Frankenfield, "The Floods of 1927 in the Mississippi Basin," *Monthly Weather Review*, Supplement 29 (Washington, D.C., 1927), p.10.

2. *Annual Report of the Chief of Engineers for 1926*, p.1793.

3. 同上，p.16.

4. John Lee, "A Flood Year on the Mississippi," *Military Engineer*, July–August 1928.

5. 同上。

6. Report of Charles Ellet, 重录于 *U.S.House of Representatives Documents*, vol.24, 63rd Cong., doc.918, pp.32–120.

7. D.O.Elliott, *The Improvement of the Lower Mississippi River for Flood Control and Navigation*, vol.1, p.91.

8. 同上。

9. 同上，p.92.

第 14 章

1. *MC–A*，1927 年 1 月 4 日。

2. *JC–L*，1927 年 2 月 2 日。

3. *JC–L*，1927 年 2 月 18 日。

4. *JC–L*，1927 年 2 月 3 日。

5. *MC–A*，1926 年 12 月 9 日。

6. *NOT–P*，1927 年 3 月 1 日和 2 日。

7. 同上。

8. Frankenfield, "The Floods of 1927," p.28.

9. 同上，p.37.

10. *NOT*，1927 年 2 月 3 日；*JC–L*，1927 年 2 月 4 日。

11. *NOT*，1927 年 2 月 14 日；*JC–L*，1927 年 2 月 19 日。

12. *NOI*，1927 年 2 月 10 日。

13. *MC–A*，1927 年 3 月 1 日和 3 日。

14. *JC–L*，1927 年 3 月 15 日和 16 日。

15. *NOI*，1927 年 3 月 18 日和 21 日。

16. J.S. 艾伦致沃尔特·西勒斯爵士，1927 年 3 月 1 日，"沃尔特·西勒斯档案"，密西西比州克拉克斯代尔市三角洲州立大学图书馆。

17. 密西西比河堤坝委员会记录，1927 年 3 月 23 日，格林维尔密西西比河堤坝董事会。

18. 美联社电讯报道，1927 年 3 月 24 日。

19. Isaac Cline, *Storms, Floods, and Sunshine*, p.124.

20. Lomax, *The Land Where the Blues Began*, pp.225–229.

21. Lee，"A Flood Year on the Mississippi"；Frankenfield，"The Floods of 1927," p.29.

22. *JC–L*，1927 年 2 月 5 日和 7 日；*MC–A*，1927 年 2 月 5 日和 4 月 7 日。

23. 沃尔特·西勒斯爵士致 W.L. 汤普森，1927 年 9 月 20 日，"西勒斯档案"，三角洲州立大学图书馆；Lee，"A Flood Year on the Mississippi."

24. 马塞尔·加赛德致詹姆斯·汤姆森，1927 年 3 月 16 日，NOCA。

25. 克劳尔致汤姆森，1927 年 4 月 10 日，NOCA。

26. 詹姆斯·坎伯致沃尔特·帕克，1927 年 2 月 1 日，NOCA。

27. *MC–A*，1927 年 3 月 30 日。

28. *MC–A*，1927 年 3 月 28 日、30 日和 31 日。

29. *JC–L*，1927 年 4 月 5 日。

30. *SBV*，1927 年 3 月 26 日。

31. 约翰·李致国民警卫队指挥官，1927 年 4 月 18 日，NA，RG94。

32. 马林·克雷格致国民警卫队指挥官，1927 年 4 月 6 日，NA，RG200。

33. *MC–A*，1927 年 4 月 8 日。

34. 同上。

35. *NYT*，1927 年 4 月 9 日。

36. *NOI*，1927 年 4 月 10 日。

37. Frankenfield，"The Floods of 1927," p.28.

38. *MC-A*，1927 年 4 月 12 日；*JC-L*，1927 年 4 月 10 日。

39. 盖伊·蒂诺致约翰·克劳尔，1927 年 4 月 14 日，NOCA。

40. *GD-T*，1927 年 4 月 14 日；*NYT*，1927 年 4 月 14 日。

41. *NYT*，1927 年 4 月 15 日。

42. *MC-A*，1927 年 4 月 15 日。

43. T.H. 卡拉韦致德怀特·戴维斯，1927 年 4 月 14 日，NA，RG94。

44. "Report of the Superintendent of the Sewerage and Water Board on the April 15 Flood," p.10,
   NOCA.

45. 见于 1927 年 4 月 15 日和 16 日的鲍尔日记，MDAH；*NYT*，1927 年 4 月 14 日至 16 日。

第 15 章

1. HFCCH, Committee Doc.1, p.25.

2. "The Mississippi Valley Flood,1927," *Bulletin of the American Railway Association* 29, no.297
   (1927 年 6 月), pp.9,29.

3. 对威廉·琼斯（William Jones）的采访，1993 年 3 月 2 日。

4. *GD-T*，1927 年 4 月 6 日和 16 日。

5. 利莱·珀西致埃勒里·塞奇威克，1922 年 4 月 27 日。

6. 对威廉·琼斯的采访，1993 年 3 月 2 日。

7. 来自于邓肯·科布的讲述，"1927 年的洪水"，可见于密西西比州公共电视台，文字记录
   见于 MDAH。

8. 这种言论的例子，可见于 *House Flood Control Committee Hearings*,64th Cong., March 8,1916,
   p.26.

9. *MC-A*，1927 年 4 月 17 日。

10. 卡拉韦致戴维斯，1927 年 4 月 18 日，NA，RG94。

11. 密西西比河洪水治理联盟致戴维斯，1927 年 4 月 18 日，NA，RG94。

12. *NYT*，1927 年 4 月 17 日。

13. T.R. 布坎南发给詹姆斯·费舍尔的电报，1927 年 4 月 16 日，RCP。

14. 利莱·珀西致丹尼斯·默弗里，1927 年 3 月 24 日，PFP。

15. 肯尼思·麦克凯拉致德怀特·戴维斯，1927 年 4 月 15 日，NA，RG94。

16. 来自于维维安·布鲁姆（Vivian Broom）的讲述，"1927 年的洪水"，密西西比州公共电视台，文字记录见于 MDAH。

17. 弗洛伦斯·西勒斯·奥格登的讲述，"1927 年的洪水"，密西西比州公共电视台，文字记录见于 MDAH。

18. 密西西比州、路易斯安那州和阿肯色州，至少有 3 起得到证实的黑人拒绝到河堤上干活，结果被杀的事情。见《路易斯安那周刊》，1927 年 3 月 14 日；*GD-T*，1927 年 7 月 6 日。

19. 对温·戴维斯（Wynn Davis）的采访，1993 年 2 月 28 日。

20. 弗兰克·霍尔的讲述，"1927 年的洪水"，密西西比州公共电视台，文字记录见于 MDAH。

21. *GD-T*，1927 年 4 月 20 日。

22. *MC-A*，1927 年 4 月 19 日；*NYT*，1927 年 4 月 19 日。

23. *MC-A*，1927 年 4 月 22 日。

24. 查尔斯·埃利特的报告，重印于 *House Documents*, vol.24,63rd Cong., doc.918, p.45.

25. *MC-A*，1927 年 4 月 22 日。

26. 查尔斯·波特的证词，HFCCH, p.1874; James Kemper, HFCCH, p.2869; "The Mississippi Valley Flood,1927," *Bulletin of the American Railway Engineering Association* 29, no. 297(1927 年 7 月).

27. 对弗兰克·霍尔的采访，1992 年 3 月 27 日。

28. J.S. 艾伦致 J.C.H. 李少校，1927 年 6 月 23 日；"High Water Report East Central Sector," 格林维尔密西西比河堤坝董事会。

29. *NYT*，1927 年 4 月 20 日。

30. 鲍尔日记，1927 年 4 月 20 日，MDAH。

31. 弗洛伦斯·西勒斯·奥格登的讲述，"1927 年的洪水"，密西西比州公共电视台，文字记录见于 MDAH。

32. 同上。

33. *JC-L*，1927 年 4 月 21 日。

34. Lee, "A Flood Year on the Mississippi," p.112；*MC-A*，1927 年 4 月 20 日和 21 日。

35. 对 M.L. 佩恩的采访，1993 年 3 月 4 日。

36. 对威廉·琼斯的采访，1993 年 3 月 2 日。

37. 对摩西·梅森的采访，1993 年 3 月 1 日。

38. Lee, "A Flood Year on the Mississippi," p.112.

39. 弗洛伦斯·西勒斯·奥格登的讲述，"1927 年的洪水"，密西西比州公共电视台，文字记录见于 MDAH。

40. *GD–T*，1927 年 4 月 21 日。

41. E.C.Sanders, "Report of Activities at Camp Rex," 收录于密西西比州国民警卫队指挥官办公室的 *Report of Flood Relief Expedition*，MDAH。

42. *GD–T*，1927 年 4 月 21 日。

43. 对威廉·琼斯的采访，1993 年 3 月 2 日。

44. A.G.Paxton, *Three Wars and a Flood*, p.24.

45. 路易斯·亨利·考恩的日记，密西西比州格林维尔市威廉·亚历山大·珀西图书馆。

46. 小约翰·霍尔，口述史项目录音，1977 年 4 月 13 日，密西西比州格林维尔市威廉·亚历山大·珀西图书馆。

47. 采访录音。承蒙皮特·丹尼尔向作者提供。

48. 约翰·李少校发给埃德加·杰德温的电报，1927 年 4 月 21 日，NA，RG94。

第 16 章

1. *MC–A*，1927 年 4 月 22 日。

2. *JC–L*，1927 年 4 月 24 日。

3. *JC–L*，1927 年 4 月 22 日。

4. *JC–L*，1927 年 4 月 24 日。

5. Paxton, "National Guard Activities in Connection with Levee Fight and Flood Relief Expedition, Greenville, Mississippi," 见于 *Report of Flood Relief Expedition*，密西西比州国民警卫队指挥官办公室，MDAH；可参看 1927 年 4 月 25 日《华盛顿邮报》刊载的美联社报道；*JC–L*，1927 年 4 月 22 日；Fred Chaney, "A Refugee's Story," 未刊手稿，MDAH；对弗兰克·霍尔的采访，1992 年 3 月 27 日。

6. 对弗兰克·霍尔的采访，1992 年 3 月 27 日。

7. 奥斯卡·约翰斯顿致 H.W. 李，Fine Cotton Spinners and Doublers Association，1927 年 5 月 31 日，D&PLCP。"三角洲与松林地公司"为世界上最大的棉花种植园，其田地就在

此次决口处。约翰斯顿是它的首席执行官。

8. 对威廉·琼斯的采访，1993 年 3 月 2 日。

9. *MC–A*，1927 年 4 月 22 日；也可参看弗洛伊德·克雷（Floyd Clay）的文章，*MC–A*，1973 年 7 月 22 日。

10. E.M. 巴里（E.M.Barry）的口述史，MDAH。

11. *Vicksburg Evening Post*，1985 年 9 月 15 日。

12. Louise Henry Cowan, "Essay on Greenville,1927," WAPL.

13. D.S. 弗拉纳根的讲述，"1927 年的洪水"，密西西比州公共电视台，文字记录见 MDAH。

14. 萨姆·哈金斯的讲述，"1927 年的洪水"，密西西比州公共电视台，文字记录见 MDAH。

15. 对纽曼·博尔斯的采访，1993 年 3 月 2 日。

16. Chaney, "A Refugee's Story."

17. *JC–L*，1927 年 4 月 26 日。

18. Chaney, "A Refugee's Story."

19. 对 L.T. 韦德的采访，"1927 年的洪水"，密西西比州公共电视台，文字记录见 MDAH。

20. *MC–A*，1927 年 4 月 22 日。

21. *NOT–P*，1927 年 4 月 23 日。

22. American National Red Cross, *The Mississippi Flood Disaster of 1927:Official Report of the Relief Operations*, p.47.

23. Chaney, "A Refugee's Story."

24. *JC–L*，1927 年 4 月 26 日。

25. 对弗兰克·霍尔的采访，1992 年 3 月 27 日。

26. 利维·查皮的口述史，文字记录见于 MDAH。

27. 对拉马尔·布里顿的采访，1993 年 3 月 1 日。

28. 亨利·兰塞姆夫人的讲述，"1927 年的洪水"，密西西比州公共电视台，文字记录见 MDAH。

29. 康纳利致埃德加·杰德温将军，1927 年 4 月 23 日，NA，RG77。

30. *MC–A*，1927 年 4 月 23 日。

31. *JC–L*，1927 年 4 月 18 日；*NYT*，1927 年 4 月 29 日。

32. *NOT*，1927 年 4 月 23 日。

第 17 章

1. George Reynolds, *Machine Politics in New Orleans,1904–1926*, p.11.

2. S.Frederick Starr, *Southern Comfort*, p.261.

3. S.Frederick Starr, *New Orleans Unmasqued*, pp.79,142.

4. Starr, *New Orleans Unmasqued*, p.127.

5. 马克·安东尼的口述史, FC。

6. Sherwood Anderson, "Certain Things Last," 1992 年 12 月 29 日《纽约时报》重新刊登。

7. 艾伯特·戈德斯坦的口述史, FC。

8. 利昂·曼的口述史, FC。

9. 弗吉尼亚·巴奈特的口述史, FC。

10. 新奥尔良艺术展览馆"路易斯·阿姆斯特朗生平展"的引语, 1996 年 1 月至 4 月展出。

11. David Cohn, *Where I Was Born and Raised*, pp.61–62.

12. 新奥尔良艺术展览馆"路易斯·阿姆斯特朗生平展"的引语。

13. 转引自 Al Rose, *Storyville*, New Orleans (Tuscaloosa: University of Alabama Press, 1974), p.94.

14. 同上。

15. 对福特·T.哈迪夫人的采访, 1993 年 2 月 11 日。

16. Perry Young, *The Mistick Krewe*, pp.212–213.

17. Walker Percy, "New Orleans, Mon Amour," *Harper's Magazine*, September 1968, p.90.

18. 对沃尔特·巴奈特的采访, 1993 年 1 月 28 日。

19. 对 F.埃文斯·法韦尔夫人的采访, 1993 年 1 月 23 日。

20. Phyllis Raabe, "Status and Its Impact: New Orleans Carnival, the Social Upper Class, and Upper Class Power," Ph.D.diss., p.63.

21. 见于由约翰·R.肯普（John R.Kemp）编辑的 *Martin Behrman of New Orleans, Memoirs of a City Boss*, p.270.

22. 转引自 Landry, *History of the Boston Club*, pp.115,211; Angelo Miceli, *The Pickwick Club of New Orleans*, p.70.

23. 对露丝·德雷弗斯的采访, 1993 年 1 月 5 日。

24. 同上。

25. 查尔斯·卡恩的口述史，FC。

26. Robert Tallant, *Mardi Gras as It Was*, pp.179–180.

27. Landry, p.7.

28. 利莱·珀西致查尔斯·克莱本，1917 年 4 月 9 日，PFP。

29. M. 华特曼致利莱·珀西，1923 年 1 月 9 日，PFP。

30. 以个人账户的借记来衡量，转引自 *Association of Commerce News Bulletin*，1923 年 1 月 23 日，ACP。

31. 利莱·珀西致 L.M. 普尔，1926 年 10 月 12 日；利莱·珀西致芬纳，1926 年 10 月 14 日，PFP。

32. *Association of Commerce News Bulletin*，1923 年 1 月 9 日，ACP；政府研究部（一个地方组织）1936 年报告，新奥尔良大学朗伯爵图书馆特藏。

33. 排水与水务委员会具有发行债券的法定权力，但城市债务清算委员会的成员也自动地列席它的会议，所以前者发行债券事实上需要后者的批准。

34. Raabe, "Status and Its Impact," pp.140–141.

35. Young, p.208.

36. *NOT-P*，1927 年 2 月 27 日。

第 18 章

1. *SBV*，1927 年 1 月 1 日。

2. 对查尔斯·杜富尔（Charles Dufour）的采访，1992 年 12 月 20 日。

3. *NOI*，1927 年 2 月 11 日。

4. 密西西比河洪水治理联盟给军方联络办公室和红十字会的备忘录，1927 年 4 月 23 日，RC。

5. 见一份提交给国家洪水委员会的未注明日期（很可能是 1927 年 1 月末或 2 月初）的报告，NOCA。

6. 见坎伯致沃尔特·帕克，1927 年 2 月 1 日；坎伯致汤姆森，1927 年 2 月 4 日和 3 月 27 日，NOCA；一份未署名的关于河堤情况的报告，1927 年 3 月 16 日，NOCA；坎伯在圆桌俱乐部的讲话，1937 年 4 月 18 日，新奥尔良路易斯安那州博物馆历史部"坎伯特藏"。

7. 港务局主任工程师 S. 扬提交给加萨德的报告，1927 年 3 月 12 日，NOCA。

8. 克劳尔致汤姆森，1927 年 4 月 10 日，NOCA。日期疑似有误，它里面含有一份较早前的检查结果。

9. *SBV*，1927 年 4 月 9 日。

10. 亨利·贝克致罗伯特·邦迪，1927 年 5 月 3 日；另见洪水紧急救援妇女分部（Women's Division Emergency Flood Relief）总干事查尔斯·巴克夫人两份未注明日期的报告；以及本·比克曼致 W.P. 辛普森的信，1927 年 7 月 22 日。以上材料均见于 RCP。

11. Schoot, "John M. Parker of Louisiana," Ph.D.diss., p.104; Dabney, *One Hundred Great Years*, p.462.

12. 宣传部 1924 年 12 月 16 日、1925 年 12 月 18 日、1926 年 10 月 10 日和 1927 年 3 月 6 日的相关报告；查尔斯·邓巴致三家出版商的信，1926 年 10 月 12 日；以上材料均见于 ACP。

13. 汤姆森致"安全河流百人委员会"的信，1927 年 4 月 8 日。

14. 见 *NOT*、*NOI*、*NOT–P* 和 *NOS*，1927 年 4 月 9 日。

15. *NOT–P*，1927 年 4 月 23 日。

16. 对杜富尔的采访。

17. John Weems, *A Weekend in September* (College Station:Texas A&M University Press, 1993), pp.114–115.

18. Cline, p.114.

19. 同上，pp.197–200.

20. *NOI*，1927 年 4 月 14 日。

21. *NOT*，1928 年 4 月 28 日。

22. 盖伊·蒂诺致约翰·克劳尔，[1927？]4 月 14 日，NOCA。

23. Sebastian Junger, "The Pumps of New Orleans," *Invention and Technology* (Fall 1992), p.47.

24. 坎伯致加萨德，1925 年 12 月 24 日，NOCA。

25. 奥尔良河堤董事会记录，1927 年 4 月 20 日。

26. 见肯普编辑的 *Martin Behrman of New Orleans, Memoirs of a City Boss*，p.143.

27. Landry, p.105.

28. Pierce Butler, *The Unhurried Years*, p.128,162.

29. Pierce Butler, *Laurel Hill and Later*, p.102.

30. 对劳拉·巴扬的采访，1993 年 2 月 10 日。

31. 同上。

32. 对哈里·凯莱赫的采访，1992 年 12 月 1 日。凯莱赫本人既是"雷克斯"，又是波士顿俱乐部的主席，他的女儿曾是"科摩斯"王后。

33. 对赫尔曼·科尔迈尔的采访，1992 年 12 月 10 日。

34. 同上。

35. *NOT–P*，1996 年 1 月 12 日。

36. 这次会议的情况，来自几场采访，包括 1993 年 1 月 27 日对珀尔·普尔·阿摩斯的采访，1993 年 2 月 2 日对迈耶·德雷斯纳的采访，1992 年 11 月 26 日对查尔斯·杜富尔的采访；在 *Proceed–ings of the Mississippi River Commission for 1926–1928* 中也可看到，具体见于 pp.4355–4411，资料存于弗吉尼亚州贝尔沃堡汉弗莱斯工程中心；还可参看由运河银行总裁秘书哈里·卡普兰保存的关于洪水紧急情况的会议记录及巴特勒的半官方角色。这份"卡普兰档案"（简称 CP）是"公民救灾委员会"执行委员会的详尽会议记录，里面还收录了"公民救灾委员会"本身的会议记录，以及其他相关会议的记录，还有文档、通信和新闻剪报，里面一些最重要会议的记录就是现场速记。

37. 赫克特与伯恩哈德的持续争斗，可参看相关的商业协会会议记录，比如 1927 年 4 月 21 日和 7 月 20 日的记录，ACP；以及沃尔特·帕克 1927 年 7 月 27 日致阿尔弗雷德·丹齐格的信，NOCA。

38. 对珀尔·普尔·阿摩斯的采访，1993 年 1 月 27 日；也可看 Isaac Cline, *Storms, Floods and Sunshine*, pp.197–200.

39. Butler, *The Unhurried Years*, p.73.

40. 见上文出处，353 页的注释谈到了这次会议的情况。

41. 对查尔斯·杜富尔的采访，1993 年 4 月 1 日。

42. 约翰·莱吉尔致亚瑟·奥克夫，1926 年 5 月 12 日，NOCA。

43. CP.

44 伦纳德·基弗的证词，HFCCH，255 页。

45. 见于 *NOT* 和 *NOT–P*，1927 年 4 月 16 日。

46. *NOT*，1927 年 4 月 16 日。

第 19 章

1. 关于圣伯纳德区的情况，主要来自对威廉·海兰（William Hyland）的采访，1993 年 1 月 4 日；对马修·罗伊特（Matthew Reuter）的采访，1993 年 2 月 11 日；对莉娜·托雷斯和曼尼·费尔南德斯的采访，1992 年 12 月 10 日；以及对赫尔曼·科尔迈尔的采访，1992 年 12 月 30 日。

2. "Historical Sketch, Inventory of the Parish Archives," 1938, p.6, NOCA.

3. Saxon, p.331；*SBV*，1926 年 8 月 21 日，转引自 Glenn Jeansonne, *Leander Perez*, p.32.

4. 关于捕猎皮毛兽和"德拉克洛瓦岛"的描述，主要来自对约瑟夫·坎波的采访，1992 年 11 月 23 日；对莉利·西拉韦尔·洛佩斯·莱伯恩的采访，1992 年 11 月 18 日；对威廉·海兰的采访，1993 年 1 月 4 日；对马修·罗伊特的采访，1993 年 2 月 11 日。

5. 对威廉·海兰的采访，1993 年 1 月 4 日。

6. *NOT-P*，1938 年 10 月 7 日；*NOI*，1938 年 10 月 7 日；*SBV*，1938 年 10 月 9 日。

7. 对一位梅罗前雇员的采访，受访者本人要求匿名，1993 年 2 月 11 日。

8. *SBV*，1924 年 1 月 29 日。

9. 对一位圣伯纳德区前雇员的采访，受访者本人要求匿名，1993 年 2 月 11 日。

10. 对瓦尔·多特里夫（Val Dauterive）的采访，1993 年 2 月 16 日。

11. *SBV*，1923 年 4 月 21 日；*SBV* 引用的证词，1923 年 5 月 19 日。

12. 特工 A. 尼达姆（A.Needham）的备忘录，1925 年 5 月 29 日，Justice Department records, NA, RG60，档案查阅号 23-32-105.

13. Justice Department records，NA，RG60，档案查阅号 23-32-105；斐迪南·伊斯托皮纳尔致司法部部长助理，1926 年 6 月 29 日；伊斯托皮纳尔致司法部部长，1926 年 8 月 10 日和 9 月 13 日，司法部记录，NA。

14. 对科尔迈尔的采访。

15. 对新奥尔良一个律师的采访，受访者本人要求匿名，1992 年 12 月 29 日。

16. 关于这场战斗的最好简介，可参看 Jeansonne, *Leander Perez: Boss of the Delta*。

17. 密西西比河委员会主席查尔斯·波特（Charles Potter）上校的证词，HFCCH，2069 页。

18. *NYT*，1927 年 4 月 19 日。

19. 欧文·冈贝尔致汤姆森，1927 年 4 月 22 日，NOCA。

20. 见于 *NOI*、*NOT* 和 *NOT-P*，1927 年月 4 月 22 日。

21. *NOT*, 1927 年 4 月 21 日。

22. 欧文的证词，HFCCH, p.161.

23. *NOT*, 1927 年 4 月 23 日。

24. 同上；CP，同一日期。

25. *NOT*, 1927 年 4 月 22 日。

26. 转引自 Lyle Saxon, *Father Mississippi*, p.317.

27. 转引来源同上。

28.《华盛顿邮报》刊登的美联社报道，1927 年 4 月 25 日和 26 日。

29. 对贝蒂·卡特（Betty Carter）的采访，1995 年 4 月 5 日。

30. *NOT-P*, 1927 年 4 月 25 日。

31. *NOS* 和 *NOT*，日期都是 1927 年 4 月 25 日。

32. *NOT-P*, 1928 年 1 月 9 日和 1927 年 4 月 27 日；*NOT*, 1927 年 4 月 22 日和 27 日。

33. *NOT*, 1927 年 4 月 27 日；Cline, p.199.

34. *NOT*, 1927 年 4 月 27 日；*NOT-P*, 1927 年 4 月 27 日。

35. *NOS*, 1927 年 4 月 24 日。

36. Cline, pp.197–200.

37. 同上。

38. 密西西比河洪水治理联盟和国民警卫队指挥官办公室的备忘录，1927 年 4 月 23 日，NA，RG94。

39. 见 CP 中对 1927 年 4 月 24 日至 27 日的叙述。

第 20 章

1. Saxon, pp.322,324；对哈里·凯莱赫（Harry Kelleher）的采访。

2. 刘易斯上校在密西西比委员会于新奥尔良举行的听证会上的证词，1927 年 7 月 8 日，NA，RG77。

3. 密西西比河委员会主席查尔斯·波特上校的证词，*HFCCH*，2069 页。

4. CP 中的副本，也可参看 *NOT* 和 *NOT-P*，1927 年 4 月 27 日。

5. 关于这次决定性会议的情况，"卡普兰档案"是主要来源。也可参看这几天内新奥尔良 4 家报纸全部刊登的长篇报道，尤其是 *NOT-P*、*NOT*、*NOS* 和 *NOI* 在 1927 年 4 月 27 日这天对这些事情的报道。

6. 同上。

7. 见于 1927 年 12 月 1 日的波士顿俱乐部成员名单，见于 TUL；也可参看 Landry, *History of the Boston Club*。

8. 见 CP；也见 *NOT–P*、*NOT*、*NOS* 和 *NOI*，1927 年 4 月 27 日。

9. *SBV*，1927 年 4 月 30 日。

10. 同上。

11. *NOT–P*、*NOT*、*NOI* 和 *NOS*，1927 年 4 月 27 日；*MC–A*，1927 年 4 月 26 日；*JC–L*，1927 年 4 月 27 日。

12. CP；*NOT–P*、*NOT*、*NOI* 和 *NOS*，1927 年 4 月 27 日；也可参看 *MC–A*，1927 年 4 月 26 日；*JC–L*，1927 年 4 月 27 日和 28 日。

13. 佩雷斯和努涅斯致陆军部长，1927 年 4 月 26 日，国民警卫队指挥官记录，NA，RG94。

14. CP。

15. CP，1927 年 4 月 26 日。

16. 这几次讨论的情况，在 CP 中有非常详细的叙述，实际上有一个简要的文字记录并附带其他信息，刊登于 1927 年 4 月 27 日的 *NOT–P*、*NOT*、*NOI* 和 *NOS*，以及 1927 年 4 月 20 日的 *SBV*。

17. *MC–A*，1927 年 4 月 28 日。

18. *NOT*，1927 年 4 月 27 日。

19. 戴维斯致辛普森，国民警卫队指挥官记录，NA，RG94。

20. CP。

21. 特纳·卡特利奇（Turner Catledge）的口述史，HHPL。

22. *MC–A*，1927 年 4 月 27 日。

23. *NOT*，1927 年 4 月 27 日。

24. 对利昂·夏皮（Leon Sarpy）的采访，1993 年 2 月 18 日。

25. *NOT*，1927 年 4 月 28 日。

26. *MC–A*，1927 年 4 月 28 日。

27. 普尔致奥克夫，1928 年 4 月 27 日，*NOCA*。

28. *NOT*，1927 年 4 月 28 日。

29. 巴特勒致众多银行，1927 年 4 月 28 日，副本见于 CP。

30. 同上。

31. 戈登·威尔逊夫人的口述史，FC。

32. 被广泛刊登的美联社报道，比如 1927 年 4 月 29 日的《达拉斯早间新闻报》。

33. *MC-A*，1927 年 4 月 29 日。

34. 对罗斯·门罗夫人的采访，1993 年 2 月 17 日。

35. Saxon，p.322.

36. *SBV*，1927 年 5 月 7 日。

37. "紧急票据交换所宣传委员会"会议记录，1927 年 4 月 29 日，CP。

38 加萨德的报告，CP。

39. Saxon，p.339.

40. 同上，p.324.

41. Isaac Cline, "Special Flood and Warning Bulletin," 1927 年 5 月 1 日，"路易斯安那特藏"，TUL。

第 21 章

1. Calvin Coolidge, *The Autobiography of Calvin Coolidge*, pp.228–229.

2. Donald McCoy, *Calvin Coolidge*, pp.119–121; Mark Sullivan, *The Twenties*, pp.65–66.

3. Coolidge, p.190.

4. Coolidge Papers, *LC*.

5. Richard Smith, *An Uncommon Man*, p.107.

6. Craig Lloyd, *Aggressive Introvert*, p.4.

7. George Nash, *The Life of Herbert Hoover*, p.15.

8. 转引自 Joan Hoff Wilson, *Herbert Hoover*, p.11.

9. Smith, p.30.

10. Nash, p.345.

11. 转引自 Carol Wilson, *Herbert Hoover*, p.52.

12. Nash, p.411.

13. Schlesinger, *The Crisis of the Old Order 1919–1933*, pp.79–85.

14. Joan Hoff Wilson, p.23.

15. Hoover to George Bancroft, 引自 Nash, p.504.

16. Nash, pp.504,513.

17. 同上，p.482.

18. 同上。

19. Smith, p.80.

20. Edwin Layton, *The Revolt of the Engineers*, p.3.

21. Robert Wohl, *A Passion for Wings* (New Haven:Yale University Press, 1994), 转引自 A. Alverez, "Lonely Passion," *New York Review of Books*, February 2,1995, p.7.

22. Andrew Carnegie, *The Autobiography of Andrew Carnegie*, p.174.

23. Layton, p.143.

24. 转引自 David McCullough, *The Path Between the Seas*, p.563.

25. 同上，p.59.

26. 同上，p.67.

27. 伊兹在圣路易斯一场宴会上的讲话，1875 年 3 月 23 日，*ALP*，p.47.

28. Samuel Hays, *Conservation and the Gospel of Efficiency*, p.124.

29. 见于由 Terry Reynolds 编辑的 *The Engineer in America*, p.408.

30. Herman Bernstein, *Herbert Hoover*, pp.40–41.

31. Layton, p.147.

32. 比如，可见于 Thorstein Veblen, *Engineers and the Price System* (New York:Viking,1921), p.141.

33. Joan Hoff Wilson, p.43.

34. 同上，p.59.

35. Schlesinger, p.85.

36. Bernstein, *Herbert Hoover*, pp.21–22.

37. Schlesinger, p.83.

38. Joan Hoff Wilson, p.37.

39. Smith, p.93.

40. Joan Hoff Wilson, p.7.

41. William Appleman Williams, "What This Country Needs," *New York Review of Books*,

November 5,1970, p.8.

42. Hoover, *American Individualism*, pp.19,22–23.

43. 同上，p.58.

44. 转引自 Layton, pp.189–190; Hoover, *American Individualism*, pp.22,58.

45. Henry Pringle, "Hoover:An Enigma Easily Misunderstood," *World's Work* 56(1928 年 6 月), pp.131–143.

46. Smith, p.53.

47. Lloyd, p.82.

48. Schlesinger, pp.79–85.

49. Schlesinger, pp.79–85; Gary Best, "The Hoover–for–President Boom," pp.228,244.

50. Joan Hoff Wilson, p.80.

51. 见于罗伯特·默里（Robert Murray）的文章 "Herbert Hoover and the Harding Cabinet"，收录于 Ellis Hawley, *Herbert Hoover as Secretary of Commerce*, p.20.

52. Lloyd, p.92

53. 见于 Ellis Hawley 的文章 "Herbert Hoover and Economic Stabilization 1921–22"，收录于 Hawley, *Herbert Hoover as Secretary of Commerce*, p.65.

54. Layton, p.203.

55. Joan Hoff Wilson, p.111.

56. 同上；也可参见 Ellis Hawley, *The Great War and the Search for a Modern Order*, p.114.

57. 罗森沃尔德致胡佛，未注明日期，HHPL。

58. Joan Hoff Wilson, p.68.

59. Lloyd, p.66.

60. *NYT*，1922 年 12 月 17 日。

61. *Literary Digest*，1927 年 5 月 14 日；要注意，这本刊物标明的期号比它的实际出版日期要提前得多。

62. *NYT*，1927 年 4 月 16 日。

63. Joan Hoff Wilson, p.124.

64. 转引自 Richard Smith, *An Uncommon Man*, p.144.

65. Joan Hoff Wilson, p.121.

第 22 章

1. 未署名的红十字会备忘录"总统会议红十字委员会"，1927 年 4 月 22 日；这次会议后德怀特·戴维斯的陈述，1927 年 4 月 22 日；二者均见于 RCP。

2. 亨利·贝克致 J.D. 克雷默，1928 年 8 月 1 日，RCP。

3. 转引自 Bruce Lohof, "Hoover and the 1927 Mississippi Flood," Ph.D.diss., p.106.

4. 费舍尔致詹姆斯·麦克林托克，1927 年 5 月 5 日；费舍尔致亨利·贝克，1927 年 5 月 6 日；费舍尔致 T.R. 布坎南，1927 年 5 月 9 日，均见于 RCP。

5. 特纳·卡特利奇的口述史，HHPL。

6. F.D. 贝内克致埃德加·杰德温，1927 年 4 月 30 日，国民警卫队指挥官办公室中心档案，NA，RG94。

7. 见亨利·贝克给费舍尔的备忘录，1927 年 5 月 2 日，RCP。

8. 亨利·贝克致 J.D. 克雷默，1928 年 8 月 1 日，RCP。

9. 特纳·卡特利奇的口述史，HHPL。

10. William McCain, "The Life and Labor of Dennis Murphree," 未刊手稿，1950, MDAH.

11. 辛普森发给胡佛的电报，1927 年 4 月 27 日，HHPL。

12. 对弗兰克·霍尔的采访，1992 年 3 月 24 日和 12 月 18 日。

13. 福斯特·戴维斯致罗伯特·邦迪，1927 年 5 月 4 日，RCP。

14. 历史学家皮特·丹尼尔（Pete Daniel）记录的采访。他为撰写自己的书《深渊突来》（Deep'n as It Come）进行这些采访，并慷慨地将采访录音与我分享。

15. 对亨特·基姆罗的采访，1992 年 11 月 27 日。

16. 丹尼尔的采访录音。

17. 同上。

18. 对维克斯堡的弗吉尼亚·普伦的采访，1975 年 5 月 13 日。

19. 密西西比州格林维尔市第二次决堤纪念专题讨论会录音，由杰克·加努恩提供。

20. 转引自 Daniel, p.17；奥斯卡·约翰斯顿致 H.W. 李, Fine Cotton Spinners and Doublers Assoc., 1927 年 5 月 2 日，D&PLCP。

21. 珀西，*LL*，250 页。

22. 凡·德·沃特曼致商务部，1927 年 4 月 29 日，RCP。

23. 亨利·马斯卡尼的口述史，1977 年 8 月 8 日，MDAH。

24. 费舍尔致 A.L. 谢弗，1927 年 5 月 7 日，HHPL。

25. 对弗兰克·霍尔的采访，1992 年 12 月 23 日；也可见于丹尼尔 1975 年对凯卢埃的采访。

26. 例如，可见于斯波尔丁致肯塔基州路易斯维尔的地区工程师，1927 年 4 月 26 日，RC，RG2，box 740。

27. 电台讲话，1927 年 5 月 1 日，HHPL。

28. *NYT*，1927 年 5 月 6 日。

29. *MC-A*，1927 年 5 月 5 日。

30. *NYT*，1927 年 5 月 6 日。

第 23 章

1. *NYT*，1927 年 5 月 9 日。

2. 同上；*NYT*，1927 年 5 月 10 日。

3. 转引自 Bruce Lohof, "Herbert Hoover, Spokesman for Human Efficiency," p.694.

4. *Report of Board of [Louisiana] State Engineers*, 1929, pp.98–99.

5. Isaac Cline, "Daily Flood Bulletin," 1927 年 5 月 12 日，Louisiana Collection, TUL.

6. Paul Dettmer, "Final Melville Report," 1928 年 5 月 15 日，RCP, box737.

7. *NYT*，1927 年 5 月 19 日。

8. *NYT*，1927 年 5 月 17 日。

9. *MC-A* 刊登的美联社报道，1927 年 5 月 24 日。

10. 胡佛致柯立芝，1927 年 5 月 24 日，HHPL。

11. 胡佛致杰德温，1927 年 5 月 13 日，RCP。

12. 见杰德温致胡佛，1927 年 5 月 17 日；胡佛致杰德温，1927 年 6 月 5 日，RCP。

13. 见美国红十字会 *The Mississippi Valley Flood Disaster of 1927:Official Report of Operations* (Washington, D.C.,1928), pp.39–46.

14. 同上。

15. 德威特·史密斯致胡佛，1928 年 1 月 21 日，RCP。

16. H.C.Frankenfield, "The Floods of 1927 in the Mississippi Basin," *Monthly Weather Review*, Supplement 29 (Washington, D.C.,1927), p.35; *MC-A*，1927 年 5 月 30 日。

17. 美国红十字会 *The Mississippi Valley Flood Disaster*; Frankenfield, "The Floods of 1927 in

the Mississippi Basin," p.35.

18. *Report of Board of [Louisiana] State Engineers*，p.101.

19. B.B.西姆斯致路易斯安那州主任工程帅杰夫·汤普森将军，1874年1月12日，NA，RG77，查阅号522。

20. 默弗里致柯立芝，1927年4月29日，"柯立芝档案"，微缩胶卷181卷，LC。

21. 理查德·埃德蒙兹致柯立芝，1927年4月30日，"柯立芝档案"，微缩胶卷181卷，LC。

22. 托马斯·里奇韦致柯立芝，1927年4月25日，"柯立芝档案"，微缩胶卷181卷，LC。

23. 奥克夫致柯立芝，1927年4月27日，"柯立芝档案"，微缩胶卷181卷，LC。

24. L.O.克罗斯比致柯立芝，1927年4月29日，"柯立芝档案"，微缩胶卷181卷，LC。

25. *NYT*，1927年5月1日。

26. 默弗里致柯立芝，1927年4月29日，"柯立芝档案"，微缩胶卷181卷，LC。

27. 罗杰斯致埃弗雷特·桑德斯，1927年4月30日，"柯立芝档案"，微缩胶卷181卷，LC。

28. *NYT*，从1927年4月18日至5月10日。

29. 不算与洪水有关的那些报道，从1927年4月到6月，《纽约时报》对他的提及多达64次；此前的1月到3月，是22次。

30. "The Mississippi Flood and Mr.Hoover's Part in Relief Work,"1927年5月14日的新闻摘要，HHPL。

31. "The Mississippi Flood and Mr.Hoover's Part in Relief Work,"1927年5月17日的新闻摘要，HHPL。

32. "The Mississippi Flood and Mr.Hoover's Part in Relief Work,"1927年5月23日的新闻摘要，HHPL。

33. 转引自 *NYT*，1927年5月29日。

34. 胡佛致怀特，1927年6月21日，HHPL。

35. 同上，1927年6月17日。

36. Joan Hoff Wilson, p.82.

37. Lloyd, p.84.

第 24 章

1. 对伯特伦·怀亚特 – 布朗的采访，1993 年 3 月；也可参看伯特伦·怀亚特 – 布朗《珀西家族》（*The House of Percy*）的 192–193 页。

2. 对贝蒂·卡特的采访，1996 年 1 月 16 日。

3. 沃克·珀西，对 *LL* 的介绍，p.viii.

4. 谢尔比·富特的口述史，MDAH。

5. 同上。

6. 沃克·珀西，对 *LL* 的介绍，p.viii.

7. 转引自 Richard King, *A Southern Renaissance*, p.82; David Cohn, "Eighteenth Century Chevalier," pp.562–563.

8. Percy, *LL*, p.26.

9. 同上，pp.58,95.

10. 同上，pp.57,141.

11. 同上，p.58.

12. 同上，p.141.

13. 同上，p.79.

14. Hester Ware, "A Study of the Life and Works of William Alexander Percy," M.A.thesis, p.17.

15. Percy，*LL*，126 页。

16. Percy，*LL*，346 页。

17. Ware, "A Study," p.17.

18. William Alexander Percy, "A Legend of Lacedcaemon," 收录于 *Selected Poems* (New Haven: Yale University Press, 1943), p.380.

19. 威廉·亚历山大·珀西致卡米尔·珀西，10 月 6 日（未写清楚具体年份），PFP。

20. 威廉·亚历山大·珀西致卡米尔·珀西，8 月 15 日（未写清楚具体年份），PFP。

21. 威廉·亚历山大·珀西致卡米尔·珀西，1922 年 7 月 24 日，PFP。

22. Percy, *LL*, pp.110–111.

23. 同上，p.112.

24. 威廉·亚历山大·珀西致奥德利·邦奇，1927 年 9 月 4 日，PFP。

25. 威廉·亚历山大·珀西致杜波西·海沃德，1923 年 7 月 14 日，PFP。

26. 同上，"L.P.," p.235；"Enzio's Kingdom," p.171.

27. Percy, *LL*, p.270.

28. 威廉·亚历山大·珀西致杜波西·海沃德，1923 年 7 月 14 日，PFP。

29. William Alexander Percy, "Sappho in Levkas," 收录于 *Selected Poems*, pp.40–56.

30. 同上，"To Lucrezia," p.15.

31. 利莱·珀西致 C.B. 亚当斯，1917 年 8 月 17 日，PFP。

32. 利莱·珀西致弟弟沃克·珀西，1908 年 7 月 8 日，PFP。

33. Percy, *LL*, p.126.

34. William Alexander Percy, "The Fifth Autumn," PFP。

35. 关于威廉与这个群体的交往概况，见 Wyatt-Brown, pp.208,218–222.

36. 威廉·亚历山大·珀西致珍妮特·德纳·朗科普，未注明日期，路易斯安那州图书馆特藏。

37. 威廉·亚历山大·珀西致珍妮特·德纳·朗科普，未注明日期，路易斯安那州图书馆特藏。

38. 利莱·珀西致约翰·夏普·威廉姆斯，1916 年 11 月 14 日，"约翰·夏普·威廉姆斯档案"，LC。

39. 威廉·亚历山大·珀西致利莱·珀西，1918 年 8 月 31 日，PFP。

40. 威廉·亚历山大·珀西致利莱·珀西，1918 年 10 月 4 日，PFP。

41. 威廉·亚历山大·珀西致卡米尔·珀西，1918 年 11 月 11 日，PFP。

42. 利莱·珀西致约翰·夏普·威廉姆斯，1916 年 8 月 4 日，"约翰·夏普·威廉姆斯档案"，LC。

43. 见威廉·亚历山大·珀西致约翰·夏普·威廉姆斯，1921 年 2 月 16 日，"约翰·夏普·威廉姆斯档案"，LC。

44. Percy, *LL*, p.5.

45. 同上，p.22.

46. 同上，p.309.

47 对大卫·考博的采访，1993 年 2 月 25 日。

48. Percy, *LL*, p.296.

49. William Alexander Percy, "Medusa," 收录于 *Selected Poems*, p.244.

50. 威廉·亚历山大·珀西致布里克·罗书店，1922 年 2 月 25 日和 3 月 7 日，PFP。

51. 见于莱曼致威廉·亚历山大·珀西，1926 年 10 月 21 日；威廉·亚历山大·珀西致莱曼，1926 年 10 月 26 日，PFP。

第 25 章

1. Percy, *LL*, p.247.

2. 对大卫·考博的采访，1993 年 2 月 25 日。

3. Percy, *LL*, p.250.

4. 对杰西·波拉德的采访，1993 年 3 月 3 日。

5. Percy, *LL*, p.251.

6. 对亨特·基姆罗的采访，1993 年 1 月 5 日；对弗兰克·霍尔的采访，1992 年 12 月 18 日；也可参看 Paxton, *Three Wars and a Flood*, p.24.

7. Mississippi National Guard, *Report of Flood Relief Expedition*, MDAH; Paxton, p.25.

8. *GD–T*，1927 年 4 月 23 日。

9. *JC–L*，1927 年 4 月 24 日。

10. 马林·克雷格将军致 A.G.，1927 年 4 月 23 日，NA，RG94，国民警卫队指挥官办公室。

11. Mississippi National Guard, *Report of Flood Relief Expedition*, MDAH.

12. *NOT*，1927 年 4 月 25 日。

13. 对 M.L. 佩恩的采访，1993 年 3 月 4 日。

14. *GD–T*，1927 年 4 月 23 日。

15. *NOS*，1927 年 4 月 23 日。

16. *NOT*、*GD–T* 和 *NOT–P*，1927 年 4 月 25 日。

17. Percy, *LL*, p.258.

18. 同上，p.257.

19. 下面的叙述主要来自 Percy, *LL*, p.257；从 4 月 23 日到 29 日的 *GD–T* 报道；以及乔·赖斯·多克里 (Joe Rice Dockery) 的口述史，1979 年 12 月 13 日，MDAH。

20. Percy, *LL*, pp.257–258.

21. *GD–T*，1927 年 4 月 26 日。

22. 威廉·亚历山大·珀西致格斯尔·麦克，1927 年 5 月 15 日，PFP。

23. *GD–T*，1927 年 4 月 26 日。

24. 珀西·贝尔致"亲爱的民众",1927 年 4 月 30 日,承蒙查尔斯·格林利夫·贝尔 (Charles Greenleaf Bell) 提供了相关资料。

25. 对大卫·考博的采访,1993 年 2 月 25 日;萨尔瓦多·西尼业的口述史,1976 年 12 月 1 日,MDAH。

26. Mississippi National Guard, *Report of Relief Expedition*, MDAH.

27. 里德·邓恩的口述史,密西西比口述史项目,南密西西比大学。

28. 弗兰克·西奥里奥的口述史,1978 年 8 月 22 日,MDAH。

29.《孟斐斯商业诉求报》,1927 年 4 月 29 日。

30. 希欧多尔·潘顿的口述史,MDAH。

31. 萨尔瓦多·西尼亚的口述史,1976 年 12 月 1 日,MDAH。

32. 珀西·贝尔致"亲爱的民众",1927 年 4 月 30 日。

33. Mississippi National Guard, *Report of Flood Relief Expedition*, MDAH.

34. C.P. 多伊致德威特·史密斯的备忘录,1928 年 1 月 6 日,RCP。

35. 欧内斯特·沃尔多尔的口述史,MDAH。

36. *GD–T*,1927 年 4 月 28 日。

37. 珀西·贝尔致"亲爱的民众",1927 年 4 月 30 日。

38. 对弗兰克·卡尔顿的采访,1993 年 2 月 24 日;欧内斯特·布勒的口述史,1977 年 3 月 17 日,MDAH。

39. *MC–A*,1927 年 4 月 28 日。

40. *JC–L*,1927 年 4 月 30 日。

41. A.L. 谢弗未注明日期的备忘录,标题为"Return of Refugees,"致红十字总会驻密西西比州代表,RCP。

42. *JC–L*、《孟斐斯商业诉求报》,1927 年 5 月 18 日。

43. "Statement to Shareholders," 1928 年 4 月 1 日,D&PLCP;约翰斯顿致希克斯公司,1927 年 5 月 9 日,D&PLCP。

44. 约翰斯顿致 H. 李,1927 年 4 月 26 日,D&PLCP。

45. 约翰斯顿致 H. 李,1927 年 5 月 2 日,D&PLCP。

46. 萨尔瓦多·西尼亚的口述史,MDAH。

47. *MC–A*,1927 年 5 月 12 日。

48. 欧内斯特·沃尔多尔的口述史，MDAH。

49. 帕克斯顿致格林，1927 年 4 月 27 日，转引自 *JC–L*，1927 年 4 月 28 日。

50. *GD–T*，1927 年 5 月 9 日。

51. 在自传中，威廉认为自己这样做是对的，因为红十字会禁止向接受红十字会捐赠者付钱。但此处并不属于那种情况。见于 Percy, *LL*, pp.258–269.

52. 萨尔瓦多·西尼亚的口述史，MDAH。

53. 约翰·约翰逊的口述史，MDAH。

54. 亨利·兰塞姆夫人的口述史，MDAH。

55. 珀西·麦克雷尼的口述史，MDAH。

56. 对乔·托马斯·赖利的采访，1992 年 12 月 16 日。

57. 艾迪·奥利弗的口述史，MDAH。

58. Mississippi National Guard, *Report of Flood Relief Expedition*, MDAH.

59. 对大卫·考博的采访，1993 年 2 月 25 日；对拉马尔·布里顿的采访，1993 年 3 月 1 日；黑人咨询委员会的报告草稿，1927 年 6 月 4 日，HHPL；"最终报告"，1928 年 4 月 6 日，NA，RC, box744。

60. 威廉·亚历山大·珀西致约翰斯顿，1937 年 2 月 11 日，D&PLCP。

61. *GD–T*，1927 年 5 月 9 日。

62. 威廉·亚历山大·珀西致格斯尔·麦克，1927 年 5 月 15 日，PFP。

63. *MC–A*，1927 年 5 月 12 日。

64. *GD–T*，1927 年 5 月 16 日。

65. 同上。

66. *GD–T*，1927 年 5 月 24 日；注意：5 月 23 日刊登的命令中有印刷错误。

67. 见诸如奥斯卡·约翰斯顿致 V.E. 卡特利奇，1927 年 6 月 30 日，D&PLCP。

68.《芝加哥守卫者报》，1927 年 5 月 6 日。

69.《匹兹堡信使报》，1927 年 5 月 14 日。

70.《芝加哥守卫者报》，1927 年 6 月 4 日。

第 26 章

1. Henry Lee Moon, *Balance of Power:The Negro Vote* (Garden City, N.Y.:Doubleday,1948),

pp.48–50.

2. 同上。

3. Harold Gosnell, *Negro Politicians*, pp.28–30; 也可参看 Harold Gosnell, *Champion Campaigner*, p.212; 以及 Nancy Weiss, *Farewell to the Party of Lincoln*, pp.11,31.

4. 见诸如共和党全国委员会委员玛丽·布兹致约翰·奥弗顿、共和党州委员会和佩里·霍华德的信，1926 年 1 月 22 日，PFP。

5. Moon, p.176.

6. 巴奈特致胡佛，1927 年 5 月 4 日，HHPL。

7. 匿名者致柯立芝，1927 年 5 月 9 日，RCP。

8. 卡珀致胡佛，1927 年 5 月 10 日，HHPL。

9. 简·亚当斯致胡佛，1927 年 5 月 16 日，转引自劳伦斯·里奇发给乔治·埃克森的电报，1927 年 5 月 18 日，HHPL。

10. 西德尼·雷德蒙致柯立芝，1927 年 4 月 30 日，"柯立芝档案"，LC。

11. 露丝·托马斯致厄尔·基尔帕特里克，1927 年 5 月 20 日，RCP。

12. 费舍尔发给亨利·麦克林托克的电报，1927 年 5 月 14 日；也可参看威廉·巴克斯特致亨利·贝克，1927 年 5 月 19 日，RCP。

13. 胡佛致贝克，1927 年 5 月 13 日，HHPL。

14. 贝克致威廉·皮肯斯，1927 年 5 月 13 日，RCP。

15. 全国有色人种协进会派恩布拉夫财务主管 L.M. 摩尔夫人致全国有色人种协进会总部，1927 年 5 月 18 日，"全国有色人种协进会档案"，LC。

16. 见于贝克致麦克林托克，summary of responses，1927 年 5 月 14 日，RCP, box 743.

17. 见诸如密西西比州迪森的 N.R. 班克罗夫特、阿肯色州蒙蒂塞洛未署名者给贝克的信，1927 年 5 月 13 日，RCP。

18. 阿肯色州蒙蒂塞洛未署名者致贝克；亚祖城灾民营指挥官致贝克，均为 1927 年 5 月 13 日，RCP。

19. 见诸如怀特发给博尔顿·史密斯和约翰·克拉克的电报，均为 1927 年 5 月 12 日，"全国有色人种协进会档案"，LC。

20. 欧文的这封信转引自胡佛助手劳伦斯·里奇发给乔治·埃克森的电报，1927 年 6 月 9 日，HHPL。

21.《纽约时报》和《纽约先驱论坛报》，1927 年 5 月 28 日。

22. 胡佛致 R.R. 莫顿，1927 年 5 月 24 日，HHPL；亨利·贝克撰写的回忆录，RCP；胡佛致
    罗伯特·邦迪，1927 年 5 月 21 日，HHPL。

23. 西德尼·雷德蒙致司法部长约翰·萨金特，1927 年 7 月 5 日，美国司法部记录，反劳
    役偿债档案，NA。

24. 雷德蒙致胡佛，1928 年 1 月 5 日，HHPL。

25. 胡佛致威尔·欧文，1927 年 6 月 10 日，HHPL。

第 27 章

1. *GD–T*，1927 年 5 月 25 日。

2. 公共卫生讲师玛格利特·威尔斯·伍德致瓦莱里娅·帕克医学博士的"专项报告"，1927
   年 7 月 10 日，RCP；也可参看 "Social Hygiene and the Mississippi Flood Disaster," *Journal
   of Social Hygiene* 13, no.8, pp.455–457.

3. *GD–T*，1927 年 5 月 31 日。

4. 同上。

5. 对莫里斯·西森的采访，1993 年 10 月 22 日；对约翰·杰克逊的采访，1993 年 3 月 9 日。

6. 对利维·查皮的外孙女凯瑟琳·布拉德伯里·汤普森的采访，1993 年 3 月 9 日。

7. 黑人咨询委员会的报告草稿，1927 年 6 月，RCP；对莫里斯·西森的采访，1993 年 10 月
   22 日；对约翰·威利的采访，1993 年 10 月 22 日。

8. *GD–T*，1927 年 6 月 1 日；对约翰·威利的采访，1993 年 10 月 22 日；对莫里斯·西森
   的采访，1993 年 10 月 22 日；对约翰·杰克逊的采访，1993 年 3 月 9 日；黑人咨询委员
   会的报告草稿，1927 年 6 月，RCP；对麦克米勒的女儿米尔德里德·康姆多尔的采访，
   1995 年 8 月 3 日。

9. 对约翰·威利的采访，1993 年 10 月 22 日；对莫里斯·西森的采访，1993 年 10 月 22 日；对
   约翰·杰克逊的采访，1993 年 3 月 9 日；黑人咨询委员会的报告草稿，1927 年 6 月，RCP。

10. 利莱·珀西致 J.B. 雷，1906 年 12 月 28 日，PFP；也可参看 Willis, "On the New South
    Frontier," pp.147–149.

11. 对约翰·威利的采访，1993 年 10 月 22 日；对莫里斯·西森的采访，1993 年 10 月 22 日。

12. 同上。

13. 黑人咨询委员会的报告草稿，1927 年 6 月，RCP。

14. 对米尔德里德·康姆多尔的采访，1995 年 8 月 3 日。

15. *JC–L*，1927 年 6 月 17 日。

16. 市议会 1927 年 6 月 7 日的记录。

17. *GD–T*，1927 年 6 月 13 日。

18. 同上。

19. 克罗斯比致胡佛，1927 年 6 月 15 日，HHPL。

20. 同上；胡佛致克罗斯比，1927 年 6 月 16 日，HHPL。

21. "Report of the Special Committee," 1927 年 6 月 22 日，RCP。

22. C.P. 多伊给德威特·史密斯的备忘录，1928 年 1 月 6 日；珀西·贝尔致"亲爱的民众"，1927 年 4 月 30 日。

23. 威廉·亚历山大·珀西致 L.P. 苏尔，1927 年 6 月 22 日和 27 日，PFP。

24. Percy, *LL*, p.26.

25. 珀西·贝尔致贝茜·贝尔，1927 年 5 月 15 日，由查尔斯·格林利夫·贝尔提供。

26. 克罗斯比致胡佛，1927 年 11 月 10 日，HHPL；也可参看 *MC–A*，1927 年 6 月 30 日。

27. A.L.Shafer, "Narrative Report of Flood Conditions," 1927 年 7 月 2 日，RCP。

28. 同上；*JC–L*，1927 年 6 月 14 日。

29. 见匿名者写给胡佛的信，日期为 1927 年 7 月 2 日，HHLP。可将此信与 1927 年 5 月 14 日一个匿名者写给柯立芝的那封信进行对比。两封信的作者对自己的描述类似，所使用的打字机、拼写错误和语法结构都显得一致。

30. *MC–A*，1927 年 5 月 5 日。

31. 《路易斯安那周刊》，1927 年 5 月 14 日。

32. *GD–T*，1927 年 6 月 13 日。

33. *JC–L*，1927 年 6 月 18 日。

34. 见 1927 年 6 月 18 日至 22 日的 *JC–L*。

35. *JC–L*，1927 年 7 月 8 日。

36. 《路易斯安那周刊》，1927 年 4 月 23 日。

37. 巴奈特 1927 年秋天在芝加哥的讲话，未注明日期，CBP。

38. 黑人咨询委员会的报告草稿，1927 年 6 月 4 日，HHLP；"Final Report," 1928 年 4 月 6 日，

NA，RC744。

39. "损失统计汇总"，RCP。

40. 贝克致费舍尔，1927 年 6 月 16 日，RCP。

41. 迈琳达·哈韦的报告，资助目录，密西西比河流域洪灾，1927 年 7 月 13 日，RCP。

42. 利莱·珀西致 L.A. 唐斯，1927 年 9 月 10 日，PFP。

43. 乔治·斯特里克林致孟斐斯红十字总部，1927 年 5 月 25 日，RCP。

44. 威廉·亚历山大·珀西致克罗斯比，1927 年 7 月 15 日，NA，RG2。

45. 威廉·亚历山大·珀西致耶鲁大学出版社的 L.P. 苏尔，1927 年 5 月 19 日、6 月 22 日和
27 日，PFP。

46. *MC–A*，1927 年 7 月 8 日。

47. 对弗兰克·霍尔的采访；对 R.T. 斯特朗的采访，1993 年 2 月 26 日；黑人咨询委员会提
交给胡佛的报告草稿，1927 年 12 月 12 日，RCP。

48. 格林维尔市议会记录，1927 年 9 月 6 日。

49. 对罗兹·沃森的采访，1992 年 12 月 16 日；公共卫生讲师玛格利特·威尔斯·伍德致瓦
莱里娅·帕克医学博士的"专项报告"，1927 年 7 月 10 日，NA，RG2；也可参看 "Social
Hygiene and the Mississippi Flood Disaster," *Journal of Social Hygiene* 13, no.8, pp.455–457.

50. Percy, *LL*, p.267.

51. 对西尔维亚·杰克逊的采访，1993 年 3 月 7 日。

52. 同上，pp.267–268.

53. Percy, *LL*, p.126.

54. 同上，pp.267–268.

55. 胡佛致威廉·亚历山大·珀西，1927 年 7 月 5 日，HHPL。

56. A. 谢弗和 R. 思拉什的总结报告，1928 年 9 月 8 日，RCP。

57. 同上。

58. 威廉·亚历山大·珀西致乔治·戴，1927 年 8 月 31 日，PFP。

59. 利莱·珀西致贺拉斯·奥克利，1927 年 8 月 22 日，PFP。

第28章

1. 紧急票据交换所宣传委员会会议记录，1927 年 5 月 11 日，CP。

2. 商业协会董事会议记录，1927 年 3 月 16 日，ACP。

3. 见紧急票据交换所宣传委员会与奥蒂斯红木公司之间的来往信函，1927 年 5 月 13 日，CP。

4. 紧急票据交换所宣传委员会会议记录，1927 年 5 月 13 日，CP（此后缩写为 ECHPC 的会议记录）。

5. 商业协会董事会议记录，1927 年 5 月 3 日，ACP。

6. ECHPC 记录，1927 年 5 月 16 日，CP。

7. 见商业协会档案，尤其是《商业协会新闻公报》（*News Bulletin*），1927 年 5 月 10 日。

8. 同上。

9. 见 ECHPC 记录，1927 年 5 月 19 日，CP。

10. *MC–A*，1927 年 5 月 2 日。

11. ECHPC 记录，1927 年 5 月 11 日，CP。

12. ECHPC 记录副本，1927 年 5 月 11 日，CP。

13. 这个数字来自财务委员会 1927 年 12 月 31 日的报告，ACP。

14. 商业协会民事部的报告，1927 年 8 月 1 日，ACP。

15.《新伊比利亚企业报》（*New Iberia Enterprise*）未写清楚日期的社论，很可能是 1927 年 6 月中旬，ACP。

16. 商业协会董事会议执行委员会会议记录，1927 年 10 月 5 日，ACP。

第 29 章

1. 对哈里·凯莱赫的采访，1992 年 12 月 10 日。

2. 1899 年毕业演讲，剪报收录于威廉姆斯、门罗和布兰克家族档案，HNOC。

3. 对斯蒂芬·莱曼的采访，1992 年 11 月 7 日。

4. 对斯蒂芬·莱曼的采访，1995 年 4 月 6 日。

5. 对哈里·凯莱赫的采访，1992 年 12 月 10 日。

6. 对斯蒂芬·莱曼的采访，1995 年 4 月 6 日。

7. 对玛丽安·巴顿·阿特金森的采访，1993 年 2 月 20 日。

8. Andy Zipser, "Hidden Value in the Bayou," *Barron's*，1993 年 10 月 4 日。

9. 圣伯纳德警察评判委员会记录，1927 年 4 月 27 日；"各项要求的摘要"，M&LP。感谢奥尔良堤坝董事会主席罗伯特·哈维和斯蒂芬·莱曼，让我得以接触这些档案。

10. 公民救灾委员会执行委员会会议记录中的记述，未注明日期（以下简称"执行委员会会议记录"）。

11. 见诸如执行委员会会议记录，1927 年 5 月 13 日，CP。

12. 奥尔良堤坝董事会会议记录，1927 年 5 月 10 日，奥尔良堤坝董事会。

13. 执行委员会会议记录，1927 年 5 月 11 日，CP。

14. 同上。

15. 同上。

16. 执行委员会会议记录中的记述，1927 年 5 月 17 日，CP。

17. 执行委员会会议记录，1927 年 5 月 14 日，CP。

18. 报纸未能确认的剪报，很可能是 1927 年 5 月 8 日的 *NOI*，见 CP。

19. 见执行委员会会议记录，1927 年 5 月 11 日，CP。

20. 执行委员会会议记录，1927 年 6 月 14 日，CP。

21. 执行委员会会议记录中的记述，未注明日期，CP。

22. 同上，1927 年 7 月 25 日。

23. 同上，1927 年 5 月 17 日和 18 日。

24. *SBV*，1929 年 8 月 15 日。

25. 雷曼致门罗，1927 年 6 月 11 日。

26. "奥尔良'卡纳封赔款事宜'组织"档案，M&LP。

27. 执行委员会会议记录，1927 年 6 月 27 日和 29 日，CP。

28. 约翰·韦格曼致执行委员会，1927 年 6 月 21 日，CP。

29. 韦格曼致执行委员会，1927 年 7 月 20 日；执行委员会会议记录，1927 年 8 月 1 日，CP。

30. 韦格曼致巴特勒，1927 年 8 月 13 日，CP。

31. 奥尔良堤坝董事会会议记录，1927 年 5 月 23 日，奥尔良堤坝董事会。

第 30 章

1. 辛普森这次会议的讲话和随后的引语，都来自执行委员会对这次会议的详细记录，1927 年 7 月 25 日，CP。

2. CP 中这次会议（1927 年 7 月 25 日）记录的补充，见于门罗口述的他与威尔金森的谈话，1927 年 6 月 3 日，M&LP。

3. 执行委员会会议记录，1927 年 6 月 29 日，CP。

4. 奥尔良堤坝董事会会议记录，1927 年 7 月 20 日和 1928 年 5 月 26 日，奥尔良堤坝董事会。

5. 奥尔良堤坝董事会会议记录，1928 年 5 月 26 日，奥尔良堤坝董事会。

6. 执行委员会会议记录，1927 年 8 月 3 日，CP。

7. *SBV*，1927 年 9 月 3 日。

8. *NOI* 和 *NOT*，1927 年 9 月 4 日。

9. *NOS*，1927 年 9 月 4 日。

10. *NOT–P*，1927 年 9 月 4 日。

11. 执行委员会会议记录，1927 年 9 月 7 日和 8 日，CP；也可参看门罗口述的他此前与威尔金森的谈话，1927 年 6 月 3 日，M&LP。

12. 执行委员会会议记录，1927 年 9 月 7 日和 8 日，CP；也可参看德拉克洛瓦公司——原来的"极点皮毛公司"的会议记录（感谢曼纽尔·莫莱罗的外孙女桃乐丝·本奇，让我阅读资料），1927 年 11 月 11 日至 1928 年 12 月 12 日；对休·小威尔金森的采访，1992 年 12 月 30 日；*NOT* 和 *NOT–P*，从 1927 年 9 月 7 日到 11 日。

13. *NOT* 和 *NOT–P*，1927 年 9 月 8 日。

14. 执行委员会会议记录，1927 年 9 月 8 日至 10 日，CP。

15. *SBV*，1927 年 9 月 24 日和 1928 年 7 月 7 日。

16. 这些数字来自"1928 年 12 月 31 日提出之要求的摘要"，M&LP；也可参看门罗致堤坝董事会；1929 年 6 月，二者均见于 ML。*NOT–P*，1928 年 12 月 30 日。

17. "Summary of Claims Filed," M&LP。

18. *NOT*，1929 年 1 月 14 日；*SBV*，1929 年 1 月 14 日。

19. 卢·怀利致商业协会，1919 年 1 月 22 日和 30 日，ACP。

20. 门罗致怀利，1929 年 1 月 25 日，M&LP。

21. 卷宗号 175097，*Mumphrey Bros. v. Orleans Levee Board*，文字记录见于 M&LP。

22. 典型案例包括"赫尔曼·伯克哈特起诉奥尔良堤坝董事会委员"（*Herman Burkhardt v. Board of Orleans Levee Commissioners*），卷宗号 178420，地区民事法庭；查尔斯·阿杜勒起诉堤坝董事会委员"（*Charles Aduler v. Board of Levee Commissioners*），卷宗号

175991，ODC；以及"约翰·威廉姆斯起诉堤坝董事会"（*John Williams v.Levee Board*），卷宗号 175463，ODC。也可参看"阿尔弗雷德·奥利弗起诉奥尔良堤坝董事会委员"（*Alfred Oliver v.Board of Orleans Levee Commissioners*），卷宗号 30134；"福雷特起诉堤坝董事会委员"（*Foret v.Board of Orleans Levee Commissioners*），卷宗号 30063；"法布尔起诉堤坝董事会"（*Fabre v.Levee Board*），卷宗号 30088。

23. 见门罗致怀利，1929 年 1 月 25 日，M&LP；*Burkhardt v.Board of Orleans Levee Commissioners; Oliver v.Board of Orleans Levee Commissioners; Foret v.Board of Orleans Levee Commissioners.*

24. *Burkhardt v.Board of Orleans Levee Commissioners.*

25. 见"福雷特起诉堤坝董事会委员"的辩护意见，M&LP。

26. 同上。

27. 奥尔良堤坝董事会决议，1930 年 1 月 7 日，M&LP。

第 31 章

1. "Economic Effects of the Mississippi Flood," *Editorial Research Reports*, 转引自 Arthur Frank, *The Development of the Federal Program of Flood Control on the Mississippi River*, p.194.

2. 斯通致克罗斯比，1927 年 9 月 1 日，RCP。

3. 利莱·珀西致 D.H. 迈纳法官，1927 年 5 月 31 日，PFP。

4. 珀西·贝尔致贝茜·贝尔，1927 年 5 月 12 日，承蒙查尔斯·格林利夫·贝尔（Charles Greenleaf Bell）提供。

5. 麦卡蒂给胡佛和费舍尔的备忘录，1927 年 9 月 1 日，RCP。

6. C.C. 尼尔致门罗夫人，1927 年 10 月 7 日，RRMP。

7. 利莱·珀西致 L.L. 迈尔斯，1927 年 10 月 11 日，PFP。

8. 麦卡蒂给罗伯特·邦迪的备忘录，1928 年 2 月 28 日，RCP。

9. 见亨利·贝克给费舍尔的备忘录，1927 年 5 月 2 日，RCP。

10. Ellis Hawley, *Herbert Hoover as Secretary of Commerce*, p.65.

11. "Summary of Secretary Hoover's Statement at the First Meeting of the Louisiana Reconstruction Commission," 1927 年 5 月 23 日，HHPL。

12. *NOS*，1927 年 9 月 7 日。

13. 罗伯特·邦迪致约翰·克雷默，1927 年 5 月 24 日，RCP。

14. 罗伯特·邦迪致约翰·克雷默，1927 年 5 月 24 日，RCP；也可参看一个黑人农业推广人员 T.M. 坎贝尔的几份报告，农业部档案，NA，RG16，查阅号 17。

15. "Inter-office Memorandum," 1927 年 6 月 10 日，HHPL。这是一份打字稿，上面有胡佛手写的笔记。

16. R.S. 威尔逊致 C.W. 沃伯顿，1927 年 6 月 25 日，NA，RG16，农业部记录，查阅号 17。

17. 胡佛致克里斯蒂·贝尼特，1927 年 6 月 13 日，HHPL；贝尼特致胡佛，1927 年 6 月 14 日，HHPL；胡佛致德威特·史密斯，1927 年 6 月 14 日，HHPL。

18. 胡佛致迈耶，1927 年 5 月 8 日，HHPL。

19. 乔治·斯科特发给胡佛的电报，1927 年 5 月 8 日，HHPL。

20. Hoover, "Memorandum for Credit Arrangement for Mississippi Flood Region," 1927 年 5 月 5 日，HHPL。

21. *JC-L*，1927 年 5 月 10 日和 11 日。

22. 见胡佛为密西西比州杰克逊市 1927 年 6 月 13 日会议手写的内容要点，HHPL。

23. *JC-L*，1927 年 5 月 19 日。

24. 在密西西比州最终筹到的总数是 315000 美元，包括来自孟斐斯的 10 万美元。见约翰·克雷默给柯立芝秘书斯图尔特·克劳福德的备忘录，1927 年 9 月 17 日，RCP。

25. 克雷默致胡佛，1927 年 9 月 17 日，RCP。克雷默说在阿肯色州筹到的总数为 672000 美元，但这个数字中包括来自孟斐斯银行家的 10 万美元，以及来自政府的 5 万美元。见下条。

26. 特纳·卡特利奇的口述史，HHPL。注意：卡特利奇所说数额有误。胡佛发电报说总数是 20 万美元，见胡佛致柯立芝，1927 年 5 月 24 日，HHPL。

27. R.E. 肯宁顿致胡佛，1927 年 5 月 12 日，以及胡佛手写的答复（未注明日期），HHPL。

28. *MC-A*，1927 年 5 月 27 日和 30 日。

29. 皮尔森致罗伯特·埃利斯，1927 年 5 月 26 日，HHPL。

30. 柯立芝致皮尔森，1927 年 5 月 30 日，HHPL。

31. 同上。

32. 胡佛致 W.H. 沙利文，1927 年 5 月 30 日；胡佛致克罗斯比，1927 年 5 月 30 日，二者均见于 HHPL。

33. 见胡佛致皮尔森，1927 年 5 月 28 日，HHPL。

34. 费舍尔致 H.C. 库奇，1927 年 5 月 26 日，HHPL。

35. 转引自 Bruce Lohof, "Herbert Hoover and the 1927 Mississippi Flood Disaster," Ph.D.diss., p.160.

36. 同上。

37. 转引自 Joan Hoff Wilson, *Herbert Hoover*, p.68.

38. 转引自 William Appleman Williams, "What This Country Needs," *New York Review of Books*, 1970 年 11 月 5 日，pp.7–8.

39. 转引自 Lohof, "Herbert Hoover, Spokesman for Human Efficiency," p.693.

40. *NYT*，1927 年 5 月 15 日。

41. 德威特·史密斯的备忘录，1927 年 9 月 3 日，RCP。

42. 约翰斯顿致罗伯特·邦迪，1927 年 5 月 9 日，D&PLCP。

43. 德威特·史密斯的备忘录，1927 年 9 月 3 日，RCP。

44. 美联社报道，1927 年 6 月 1 日，见 *MC-A*。

45. 见诸如陆军部代理秘书 C.P. 萨姆罗尔致约翰·巴顿·佩恩，1927 年 7 月 12 日，国民警卫队指挥官档案，NA，RG94。

46. 胡佛致约翰·巴顿·佩恩，转呈 E.E. 布思将军，1927 年 6 月 7 日，NA，RG94。

47. "Lower Mississippi River Flood, May–July 1927," 美国农业部记录，NA，RG16，查阅号 16；E. 道格拉斯给亨利·贝克的备忘录，1927 年 5 月 20 日，RCP。

48. 里德致柯立芝，1927 年 5 月 14 日，"柯立芝档案"，LC。

49. *NOT-P*，1927 年 6 月 23 日；劳伦斯·里奇致埃克森，日期相同，HHPL。

50. *NYT*，1927 年 5 月 31 日。

51.《圣安东尼奥快报》，1927 年 6 月 5 日。

52.《福尔河（马萨诸塞州）全球报》，1927 年 6 月 1 日。

53. 见于红十字会的约翰·巴顿·佩恩致埃弗雷特·桑德斯，1927 年 5 月 4 日，"柯立芝档案"，LC。

54.《艾姆斯（爱荷华州）论坛及时事报》，1927 年 5 月 31 日。

55.《卡姆登（新泽西州）信使报》，1927 年 6 月 6 日。

56.《弗吉尼亚领航者报》（诺福克），1927 年 5 月 31 日。

57.《普罗维登斯（罗得岛州）论坛报》，1927 年 6 月 5 日。

58. *JC–L*，1927 年 5 月 31 日。

59.《萨克拉门托蜜蜂报》，1927 年 5 月 19 口。

60.《休斯顿纪事报》，1927 年 5 月 31 日。

61.《帕迪尤卡（肯塔基州）民主党人新闻报》，1927 年 6 月 8 日。

62. 转引自 5 月 17 日的报纸摘要，HHPL。

63. 报纸摘要，未注明日期，也见于 1927 年 6 月 7 日和 17 日，HHPL。

64. 美联社报道，见于 *JC–L*，1927 年 5 月 19 日；也可参看密西西比州参议员帕特·哈里森
发给胡佛的两封电报，1927 年 5 月 18 日，HHPL。

65.《纽约时报》致约翰·克劳尔，1927 年 5 月 20 日，NOCA。

66. 克罗斯比致胡佛，1927 年 5 月 20 日，HHPL。

67. 胡佛致柯立芝，1927 年 7 月 5 日，HHPL。

68. *NOS*，1927 年 9 月 7 日。

69. 可见于诸如胡佛致本杰明·马什，1927 年 6 月 15 日；他在一段时间内给报界写了这些
信函，很多于 1927 年 7 月 12 日发出，它们的副本见于 HHPL。

70. 胡佛致华盛顿的《刊物 – 报纸》（*Journal-Press*）的编辑布莱恩，1927 年 7 月 12 日，
HHPL。

71. 转引自 Richard Norton Smith, *An Uncommon Man*, p.17.

72. *MC–A*，1927 年 6 月 22 日。

73. W.H. 尼加斯致 R.E. 肯宁顿，1927 年 5 月 24 日，HHPL。

74. 胡佛致克罗斯比，1927 年 5 月 31 日，HHPL。

75. 胡佛致 R.E. 肯宁顿，1927 年 5 月 24 日，HHPL。

76. 斯通致胡佛，1927 年 9 月 23 日，HHPL。

77. *MC–A*，1927 年 6 月 23 日。

78. 约翰·克雷默给柯立芝秘书斯图尔特·克劳福德的备忘录，1927 年 9 月 17 日，RCP。

79. 克罗斯比致胡佛，1927 年 7 月 2 日，HHPL。

80. 胡佛致巴特勒，1927 年 7 月 5 日，HHPL。

81. "Report of Mississippi Rehabilitation Corporation," 1929，RCP。

第 32 章

1. Carol Fennelly,"History of the National Red Cross,"未刊手稿,p.6, American Red Cross Archives, Wash., D.C.

2. 同上,p.33.

3. 德威特·史密斯致费舍尔,1927年6月17日;费舍尔致德威特·史密斯,1927年6月20日,RCP。

4. Robert Russa Moton, *Finding a Way Out*, p.12.

5. 同上,p.128.

6. Robert Russa Moton, *What the Negro Thinks*, pp.1,9,67.

7. 转引自 Moton, *Finding a Way Out*, p.265.

8. 见于由威廉·休斯(William Hughes)和弗雷德里克·帕特森(Frederick Patterson)编辑的 *Robert Russa Moton*, p.182.

9. 乔治·埃克森致莫顿,1926年9月21日,RRMP。

10. C.C. 斯波尔丁致莫顿,1928年11月26日,RRMP。

11. 莫顿致布兹,1930年2月20日,RRMP。

12. 布兹致莫顿,1929年7月2日,RRMP。

13. 第一个黑人咨询委员会的报告草稿,未注明日期,RRMP。

14. 西德尼·雷德蒙致约翰·萨金特,1927年7月5日,司法部记录,反劳役偿债档案,NA, RG60。

15. 莫顿致胡佛,1927年6月14日,RCP。

16. 巴奈特致胡佛,1927年6月14日,HHPL。

17. 巴奈特致阿尔比恩·哈尔西,1927年6月17日,RRMP。

18. 巴奈特致莫顿,1927年6月18日;巴奈特致阿尔比恩·哈尔西,1927年6月17日。二者均见于 RRMP。

19. 同上。

20. 克拉克致莫顿,1927年6月14日,RRMP。

21. 莫顿致莱斯特·沃尔顿,1927年7月13日,RRMP。

22. 莫顿的报告草稿,1927年6月13日,RRMP。

23. 杰西·托马斯致哈尔西,1927年7月9日;哈尔西致托马斯,1927年7月23日。二者均见于 RRMP。

24. 关于这次会见的背景，见于 "Memorandum of Conference Between Officials of the Red Cross and Members of Colored Commission," 1927 年 7 月 8 日，RCP。也可参看胡佛致克罗斯比，1927 年 7 月 8 日和 12 日，HHPL；莫顿致克拉克，1927 年 7 月 2 日；哈尔西致托马斯，1927 年 7 月 23 日。几处均可见于 RRMP。

25. 联合新闻社报道，1927 年 7 月 23 日，比如刊登于 *MC–A*。

26. 备忘录打字稿，上有胡佛手写改动，1927 年 7 月 9 日，HHPL。

27. 同上；也要注意在这份备忘录中，胡佛使用了 100 万美元到 200 万美元的一个数字，每 100 万美元可满足 1500 个家庭之用。在 7 月 12 日给克罗斯比的一封信中（副本见 HHPL），他希望有 450 万美元的启动资金。

28. 1927 年 7 月 9 日的备忘录，HHPL。

29. 联合新闻社报道，1927 年 7 月 23 日，比如刊登于 *MC–A*；也可参看 *NYT*，1927 年 8 月 4 日、5 日和 16 日。

30. 费舍尔致胡佛，1927 年 8 月 27 日，HHPL。

31. 同上。

32. 无论是莫顿与胡佛的通信、与黑人咨询委员会成员的通信，或者与他助手的通信中，都没有谈到费舍尔对此事的立场。

33. 亚瑟·凯洛格致胡佛，1927 年 7 月 13 日，HHPL。

第 33 章

1. 利莱·珀西致 L.A. 唐斯，1927 年 9 月 10 日；威廉·亚历山大·珀西致利莱·珀西，1928 年 2 月 9 日，二者均见于 PFP。

2. 美国公共卫生署的报告，1927 年 7 月 16 日，NA, RG90, Mississippi Flood, box3, p.9；韦塞利斯致贝克和史密斯，1927 年 7 月 23 日；休·卡明医生和威廉·迪克莱恩医生致当地卫生官员，1927 年 8 月 23 日；迪克莱恩致德威特·史密斯，1927 年 9 月 23 日。所有信件均见于 RCP。

3. 美国公共卫生署的报告，1927 年 7 月 16 日，NA, RG90, Mississippi Flood, box3, p.34.

4. 维克斯堡的黑人灾民营于 7 月 1 日关闭，白人灾民营一直开到 8 月 22 日。见于《危机》（*Crisis*），1928 年 2 月，p.42.

5. 莫顿致罗伯特·邦迪，1927年6月18日，RCP；黑人咨询委员会的报告草稿，1927年12月，RRMP；典型例子见洪水灾民致胡佛，1927年7月25日，HHPL。

6. 见胡佛和费舍尔1927年6月26日签署的备忘录，它规定"只在居住于本地之所有者的土地上建造小屋"，RCP。

7. *Crisis*，1927年11月。

8. 同上。

9. 巴奈特致莫顿，1927年11月19日，RRMP。

10. 莫顿致胡佛，1927年11月16日，RCP。

11. 莫顿致胡佛，1927年10月1日，RRMP；胡佛、德威特·史密斯致罗伯特·思拉什，1927年10月13日，RCP；胡佛致史密斯，1927年11月3日，RCP；史密斯的备忘录，1927年11月7日，RCP，box734。

12. 莫顿签署的送给胡佛的情况摘要，无标题，1927年12月12日，RRMP；另一份副本见RCP。

13. 巴奈特致托马斯，1928年1月6日，CBP。

14. 胡佛致莫顿，1927年12月17日，HHPL。

15. 巴奈特致莫顿，1928年1月6日（签署的日期不对），CBP。

16. 莫顿致胡佛，1928年1月4日，RRMP。

17. 费舍尔致德威特·史密斯，1927年12月19日，RCP。

18. 胡佛致费舍尔，1927年12月22日，RCP。

19. 莫顿致胡佛，1928年1月8日和9日；胡佛致莫顿，1928年1月13日，二者均见HHPL。

20. 巴奈特致费舍尔，1928年3月20日，CBP。

21. 克拉克致费舍尔，1928年1月11日，RCP。

22. 威廉·希费林致胡佛，1928年1月9日，HHPL。

23. 胡佛致希费林，1928年1月12日，HHPL。

24. 胡佛致罗森沃尔德，1928年2月13日，HHPL。

25. 爱德温·恩布里致胡佛，1928年3月1日，HHPL。

26. 莫顿致胡佛，1928年1月18日，RRMP。

27. 莫顿致胡佛，1928年2月27日，RRMP。

28. 胡佛致莫顿，1928 年 3 月 11 日，HHPL。

29. 莫顿致约翰·D. 小洛克菲勒，1928 年 6 月 16 日，RRMP。

30. *NYT*，1928 年 3 月 31 日。

31. 利莱·珀西致帕特·哈里森，1928 年 8 月 30 日，PFP。

32. 利莱·珀西致威尔·斯蒂米尔，1927 年 9 月 15 日，PFP。

33. 利莱·珀西致"威利"（这很可能是他的侄子威廉·阿姆斯特朗·珀西），1928 年 6 月 30 日，PFP。

34. 见诸如《阿肯色州公报》记者弗莱彻·切诺特与埃克森之间从 1927 年 10 月 6 日到 1928 年 5 月 6 日的通信，HHPL。这些信件详细讲述了切诺特为胡佛竞选所进行的间谍活动，用他的报道来帮助胡佛。在大选结束后，切诺特向埃克森要个职位。就非法支付报酬而言，尤其是在南方，参看 Donald Lisio, *Hoover, Blacks and Lily–Whites* 的各处记述。

35. 埃克森致哈维·库奇，1928 年 3 月 22 日；也可参看尼尔致库奇，1928 年 2 月 22 日。二者均见于"埃克森档案"，HHPL。

36. 巴奈特致埃克森，1928 年 1 月 17 日，CBP。

37. 埃克森致巴奈特，1928 年 5 月 15 日，HHPL。

38. J.M. 李致莫顿，1928 年 1 月 11 日，RRMP。

39. 伯尼向莫顿提到此事，1928 年 8 月 29 日，RRMP。

40. 哈尔西致埃克森，1928 年 6 月 6 日，HHPL。

41. 埃克森致莫顿，1928 年 5 月 1 日，HHPL。

42. 埃克森致莫顿，1928 年 3 月 27 日，HHPL。

43. 埃克森致莫顿，1928 年 9 月 24 日，HHPL。

第 34 章

1. 密西西比河洪水治理联盟的报告中引用的剪报，PFP。

2. 关于这次会议的所有信息和引语，均来自关于这次会议的速记稿，CP。

3. 这份声明的签署日期是 1927 年 9 月 30 日，HHPL。

4. Arthur Frank, *The Development of the Federal Program of Flood Control on the Mississippi River*, p.195.

5. 利莱·珀西致默弗里州长，1927 年 12 月 21 日，PFP。

6. 执行委员会会议记录，1927 年 10 月 25 日，CP。

7. 汤姆森备忘录，1927 年 10 月 22 日，见于 CP。

8. 密西西比河洪水治理联盟 1927 年 10 月 24 日的保密通告，见于 CP。

9. 州长当选人休伊·朗致爱德温·布鲁萨尔，1928 年 2 月 22 日，"爱德温·布鲁萨尔档案"，
   西南路易斯安那大学（拉斐特市）杜普雷图书馆特藏；Frank, p.229.

10. HFCCH，1928 年 1 月，p.3723.

11. 同上，p.25.

12. *NYT*，1928 年 2 月 22 日和 3 月 29 日。

13. *NYT*，1928 年 2 月 22 日。

14.《华尔街日报》，1928 年 4 月 24 日。

15. Frank, p.237.

16. 美国银行家协会决议，1928 年 4 月 18 日，副本见 CP。

17. *NYT*，1928 年 2 月 22 日和 3 月 29 日。

18. *NOS*，1928 年 5 月 15 日。

19. L.T. 贝尔特致约翰·克劳尔，1929 年 2 月 22 日，NOCA。

20. 运河银行董事会会议记录，1928 年 5 月 16 日，CP。

21. 见 *NOT-P*、*NOI* 和 *NOT*，1927 年 5 月 20 日至 24 日。

22. 见于 Glen Jeansonne, *Leander Perez:Boss of the Delta*, pp.71–72; T.Harry Williams, *Huey Long*,
    pp.539–540, 589–590.

23. 对城市债务清算委员会秘书奥蒂斯·亚历山大的采访，1996 年 1 月 25 日。

24. 对贝蒂·卡特的采访，1993 年 11 月 25 日。

25. *NOT-P*，1928 年 6 月 24 日。

26. 对珀尔·阿摩司的采访，1993 年 2 月 12 日。

27. *NOT-P*，1931 年 1 月 22 日和 2 月 20 日。

28. *NOI*，1939 年 5 月 11 日。

29. *NOT-P*、*NOI* 和 *NOT*，1939 年 5 月 11 日和 12 日。

30. 对罗素·朗的采访，1996 年 4 月 4 日。

31. Task Force on the Economy, "The Economy," *Framework for the Future*, vol.2(New
    Orleans:Goals to Grow,1971), p.207; 转引自 Raabe, "Status and Its Impact,"Ph.D.diss., p.189.

32. Raabe, p.162.

33. 对第一国民银行前行长弗朗西斯·道尔的采访，1992 年 12 月 23 日。

第 35 章

1. 莫顿致胡佛，1928 年 8 月 7 日，HHPL。

2. 转引自 Lisio, p.98.

3. 莫顿致胡佛，1928 年 6 月 22 日，RRMP。

4. 关于霍华德的细节，见于 Liso, *Hoover, Blacks and Lily-Whites*，尤其是作品的 50-71 页。

5. Barnett and Holsey, "Report of Survey of Sentiment Among Negro Voters," 1928 年 7 月 18 日，CBP。

6. 巴奈特致乔治·布伦南，1928 年 7 月 20 日，CBP。

7. 普拉蒂斯致巴奈特，1928 年 7 月 18 日，CBP。

8. Harold Gosnell, *Negro Politicians*, pp.28–30.

9. Henry Moon, *Balance of Power:The Negro Vote*, p.49.

10. 见于 1929 年 7 月 3 日的备忘录，归入莫顿和"农场事项"（Farm Matters）档案，HHPL；1930 年 1 月 15 日的备忘录，归入莫顿和"黑人问题"（Colored Question）档案，HHPL；也可参看 1930 年 1 月 1 日至 4 月 30 日的莫顿档案，HHPL。

11. 莫顿致胡佛，1931 年 3 月 9 日，RRMP。

12. 转引自 Lisio, p.248.

13. 转引自 Lisio, p.269.

14. *GD-T*，1928 年 3 月 1 日。

15. 对西尔维亚·杰克逊的采访。

16. 亚历克斯·斯科特致约翰斯顿，1927 年 7 月 4 日，D&PLCP。

17. 利莱·珀西致 L.A. 唐斯，1927 年 9 月 10 日，PFP。珀西经常向银行、经纪行及相关行业的高管们提供这类信息。他的评估代表着客观的商业判断，而不是花言巧语。

18. 给股东的报告，1928 年 4 月 1 日，D&PLCP。

19. E.Marvin Goodwin, *Black Migration in America from 1915–1960*, p.10; 也可参看 C.Horace Hamilton, "The Negro Leaves the South," pp.273–295; Carter Woodson, *A Century of Negro Migration*.

20. 见于西蒙·库兹涅茨（Simon Kuznets）等人编辑的 *Population Redistribution and Economic Growth, United States,1870–1950:Demographic Analysis and Interrelations* (Philadelphia: American Philosophical Society,1964), vol.1, pp.88–99; vol.3, p.106.

21. 转引自 Wyatt–Brown, p.256.

22. 胡佛致利莱·珀西，1929 年 11 月 12 日，PFP。

23. 约翰·夏普·威廉姆斯致利莱·珀西，1929 年 12 月 21 日，PFP。

24. 对摩西·梅森的采访，1993 年 3 月 1 日。

25. Percy, *LL*, pp.344–345.

26. Wyatt–Brown, p.258.

27. 见 PFP 中的支票本总账。

28. 利莱·珀西致帕特·哈里森，1928 年 8 月 24 日，PFP。

29. Percy, *LL*, p.ix.

30. 沃克·珀西的口述史，MDAH。

31. 威廉·亚历山大·珀西致奥斯卡，1940 年 6 月 7 日；威廉·亚历山大·珀西致比利·韦恩，1940 年 6 月 22 日，D&PLCP。

32. 见于 Cohn, *Where I Was Born and Raised*, pp.270–293 各处。

33. 谢尔比·富特的口述史，MDAH。

34. 威廉·亚历山大·珀西致约翰斯顿，1937 年 2 月 22 日，D&PLCP。

35. Wyatt–Brown, pp.265–267；也可参看 Percy, *LL*, pp.285–297.

36. 对大卫·考博的采访，1993 年 2 月 23 日；考博是为比利·韦恩开车的黑人。约翰·麦克米勒的女儿米莉·康姆多莱谈到有持续的流言，说威廉与黑人司机有暧昧关系。在不同的采访中，另有 4 人谈到威廉与福特·阿特金斯有暧昧关系的流言，但他们坚持匿名。

37. Percy, *LL*, p.3.

38. 同上，pp.312,343.

39. 同上，p.346.

40. 同上，p.347.

附　录

1. Arthur Morgan, *Dams and Other Disasters*, p.211.

2. William Elam, *Speeding Floods to the Sea*, p.83；对纽曼·博尔斯（Newman Bolls）的采访——他在 20 多年前担任过密西西比河堤坝董事会的工程师，1993 年 2 月 22 日。

3. HFCCH，2869 页；Association of Railway Engineers, *The Flood of 1927*, pamphlet, NOCA.

4. 对斯坦·麦克尔宾（Stan McAlpin）的采访，工程兵团，维克斯堡办公室，1996 年 7 月 25 日。

5. HFCCH，2881 页。

参考文献

MAJOR COLLECTIONS OF PRIMARY SOURCES

CHICAGO HISTORICAL SOCIETY

Claude Barnett Collection

WINSTON CHURCHILL MEMORIAL AND LIBRARY, WESTMINSTER

COLLEGE, FULTON, MISSOURI

Eads Letters

DELTA STATE UNIVERSITY LIBRARY, CLEVELAND, MISSISSIPPI

Walter Sillers Jr. Papers

DUPRE LIBRARY, SPECIAL COLLECTIONS,

UNIVERSITY OF SOUTHWESTERN LOUISIANA, LAFAYETTE

Edwin Broussard Papers

John Parker Papers

JOHN HAY LIBRARY, BROWN UNIVERSITY, PROVIDENCE, RHODE ISLAND

Elmer Corthell Papers

HISTORIC NEW ORLEANS COLLECTION

Henry P. Leovy Papers

Mississippi Flood Insurance Collection

Williams, Monroe, and Blanc Family Papers

HISTORICAL SOCIETY OF PHILADELPHIA

Andrew Atkinson Humphreys Papers

HERBERT HOOVER PRESIDENTIAL LIBRARY, WEST BRANCH, IOWA

George Akerson Papers

Hoover Papers

HOWARD–TILTON LIBRARY, TULANE UNIVERSITY

Louisiana Collection:

Isaac Cline, "Official Stage Forecasts 1927"

Special Collections:

P. G. T. Beauregard Papers

Rudolph Hecht Papers

John Klorer Papers

Lyle Saxon Papers

Stern Family Papers

LIBRARY OF CONGRESS, WASHINGTON, D.C.

Cyrus B. Comstock Papers

Coolidge Papers

Warren G. Harding Papers

NAACP Papers

John Sharp Williams Papers

EARL LONG LIBRARY, SPECIAL COLLECTIONS, UNIVERSITY OF NEW ORLEANS

Association of Commerce Papers

Henry Dart Papers

Task Force on the Economy, "The Economy," *Framework for the Future,*vol. 2

LOUISIANA STATE MUSEUM, HISTORICAL DIVISION, NEW ORLEANS

Harry B. Caplan Collection

James Kemper Collection

MISSISSIPPI DEPARTMENT OF ARCHIVES AND HISTORY, JACKSON

Fred Chaney, "A Refugee's Story," Unpublished Manuscript

"The Flood of 1927," Mississippi Public Television, Transcripts of Interviews

National Guard Report on Activities During Flood of 1927

Oral History Collection

Percy Papers

Henry Waring Ball Diaries

MISSISSIPPI STATE UNIVERSITY LIBRARY, STARKVILLE

Delta & Pine Land Company Papers

MISSOURI HISTORICAL SOCIETY, ST. LOUIS

James B. Eads Papers

NATIONAL ARCHIVES, WASHINGTON, D.C.

Agriculture Department Papers, Record Group 16, Entries 16 and 17

Commerce Department Miscellaneous Records, Record Group 40, Box 615

Red Cross Papers, Record Group 200, Boxes 733–745

State Department Archives, Record Group 59, Microfilm Roll 539, Microcopy M862

U.S. Army, Corps of Engineers, Record Group 77

U.S. Army, Office of the Adjutant General, Record Group 94, Box 2417

U.S. Public Health Service, Record Group 90, Box 3

NEW ORLEANS PUBLIC LIBRARY, LOUISIANA ROOM

Martin Behrman Papers

Walter Carey Papers

Friends of the Cabildo Oral History Collection

John Klorer Papers

New Orleans City Archives

Arthur O'Keefe Papers

Safe River Committee of 100 Papers

ORLEANS PARISH LEVEE BOARD, NEW ORLEANS

Levee Board Minutes

Orleans Organization Caernarvon Reparations Records, at Law Offices of Monroe & Lemann

WILLIAM ALEXANDER PERCY LIBRARY, GREENVILLE, MISSISSIPPI

Oral History Collection

TUSKEGEE INSTITUTE LIBRARY, TUSKEGEE, ALABAMA

Albion Holsey Collection

Robert Russa Moton Collection

UNIVERSITY OF NORTH CAROLINA LIBRARY, CHAPEL HILL

John Parker Papers

PRINCIPAL NEWSPAPERS

Chicago Defender

Greenville Democrat–Times

Jackson Clarion–Ledger

Louisiana Weekly (New Orleans)

Memphis Commercial–Appeal

Missouri Republican (St. Louis)

New Orleans Daily Times

New Orleans Item

New Orleans Picayune

New Orleans States

New Orleans Times–Picayune

New Orleans Tribune

New York Daily Tribune

New York Herald

New York Times

Pittsburgh Courier

St. Louis Globe–Democrat

BOOKS

Abbott, Henry. *Memoir of Andrew Atkinson Humphreys, 1810–1883*. Washington, D.C.: National
    Academy of Sciences, Biographical Memoirs 2, 1886.

Abert, J. W. *Report of Lieutenant J. W. Abert of His Examination of New Mexico in the Years
    1846–47*. Albuquerque, 1962.

Alexander, Charles. *The Ku Klux Klan in the Southwest*. Lexington: University of Kentucky Press,
    1965.

Arthur, Stanley. *Old Families of Louisiana*. Baton Rouge: Louisiana State University Press, 1971.

Ayres, Quincy, and Daniels Scoates. *Land Drainage and Reclamation*. New York: McGraw–Hill,
    1939.

Baker, Lewis. *The Percys of Mississippi*. Baton Rouge: Louisiana State University Press, 1983.

Barber, William. *From New Era to New Deal: Herbert Hoover, The Economists, and American
    Economic Policy, 1921–1933*. Cambridge, Eng.: Cambridge University Press, 1985.

Baritz, Loren, ed. *The Culture of the Twenties*. Indianapolis: Bobbs–Merrill, 1970.

Belcher, Wyatt. *The Economic Rivalry Between St. Louis and Chicago, 1850–1880*. New York:
    Columbia University Press, 1947.

Bell, Percy. "Child of the Delta." Unpublished ms. courtesy of Charles Bell.

Beman, Lamar. *Flood Control*. New York: H. W. Wilson Co., 1928.

Bernstein, Herman. *Herbert Hoover: The Man Who Brought America to the World*. New York:
    Herald–Nathan Press, 1928.

Birmingham, Stephen. *Our Crowd*. New York: Harper & Row, 1967.

Boeger, E. A., and E. A. Goldenweiser. *A Study of Tenant Systems of Farming in the Mississippi*

Delta. USDA Bulletin 337, January 13, 1916.

Bowen, Ezra, ed. *This Fabulous Century, 1920–1930*. Alexandria, Va.: Time–Life Books, 1985.

Brandfon, Robert. *The Cotton Kingdom of the New South*. Cambridge, Mass.: Harvard University Press, 1967.

Bullock, Henry. *A History of Negro Education in the South*. Cambridge, Mass.: Harvard University Press, 1967.

Burner, David. *Herbert Hoover: A Public Life*. New York: Knopf, 1979.

Butler, Pierce. *Laurel Hill and Later*. New Orleans: Crager, 1954.

——. *The Unhurried Years*. Baton Rouge: Louisiana State University Press, 1948.

Carnegie, Andrew. *The Autobiography of Andrew Carnegie*. Northeastern University Press, 1986.

Carter, Hodding. *The Lower Mississippi*. New York: Rinehart, 1942.

——. *Where Main Street Meets the River*. New York: Rinehart, 1953.

Cash, W. H. *The Mind of the South*. New York: Vintage, 1969.

Catton, Bruce. *Grant Takes Command*. Boston: Little, Brown, 1968.

——. *A Stillness at Appomattox*. Garden City, N.Y.: Doubleday, 1957.

Chalmers, David. *Hooded Americanism: The History of the Ku Klux Klan*. New York: New Viewpoints, 1981.

Chapin, Elizabeth. *American Court Gossip, or Life in the National Capital*. Marshalltown, Iowa: Chapin & Hartwell Bros., 1887.

Chaplin, Ralph. *The Centralia Conspiracy*. 1920. Reprint, Seattle: Shorey Book Store, 1971.

Clay, Floyd. *A Century on the Mississippi: A History of the Memphis District*. Washington, D.C.: U.S. Army Corps of Engineers, 1986.

Cline, Isaac. *Storms, Floods, and Sunshine*. New Orleans: Pelican Publishing, 1945.

Cobb, James. *The Most Southern Place on Earth*. New York: Oxford University Press, 1992.

Coben, Stanley. *Rebellion Against Victorianism: The Impetus for Cultural Change in 1920s America*. New York: Oxford University Press, 1991.

Cohn, David. *Where I Was Born and Raised*. Boston: Houghton Mifflin, 1948.

Conaway, James. *Judge: The Life and Times of Leander Perez*. New York: Knopf, 1973.

Coolidge, Calvin. *The Autobiography of Calvin Coolidge*. New York: Cosmopolitan Book Co.,

1929.

Cooper, William J., et al., eds. *A Master's Due: Essays in Honor of David Herbert Donald*. Baton Rouge: Louisiana State University Press, 1985.

Corthell, Elmer. *A History of the Jetties at the Mouth of the Mississippi*. New York: J. Wiley, 1881.

Cowdrey, Albert. *Land's End*. Washington, D.C.: U.S. Army Corps of Engineers, 1977.

Coyle, Elinor. *St. Louis: Portrait of a River City*. St. Louis: Folkstone Press, 1966.

Dabney, Thomas. *One Hundred Great Years: The Story of the Times–Picayune from Its Founding to 1940*. Baton Rouge: Louisiana State University Press, 1944.

Daniel, Pete. *Deep'n as It Come: The 1927 Mississippi River Flood*. New York: Oxford University Press, 1977.

——. *Shadow of Slavery*. Urbana: University of Illinois, 1972.

Data in the State Engineer's Office Relating to Irrigation, Water Supply, Hydrology, and Geology of the Canadian River Basin. Santa Fe, 1925.

Davis, Allison; Burleigh Gardner; and Mary Gardner. *Deep South: An Anthropological Study of Caste and Class*. Chicago: University of Chicago Press, 1959.

Davis, Ronald, ed. *The Social and Cultural Life of the 1920s*. New York: Holt, Rinehart & Winston, 1972.

Dawson, E. F. *Notes on the Mississippi River*. Calcutta: Thacker, Spink & Co., 1900.

Dickins, Dorothy. *A Nutritional Investigation of Tenants in the Yazoo–Mississippi Delta*. Mississippi Agricultural Experiment Station Bulletin 254. Mississippi A&M College, Starkville, 1928.

Dollard, John. *Caste and Class in a Southern Town*. New Haven: Yale University Press, 1937.

Dorsey, Florence. *Road to the Sea: The Story of James B. Eads and the Mississippi River*. New York: Rinehart, 1947.

Eads, James B. *Physics and Hydraulics of the Mississippi River*. Pamphlet. New Orleans, 1876.

——. *Review of Humphreys and Abbot Report*. Pamphlet. Washington, D.C., 1878.

Elam, William. *Speeding Floods to the Sea*. New York: Hobson Book Press, 1946.

Elliott, D. O. *The Improvement of the Lower Mississippi River for Flood Control and Navigation*. 3 vols. Vicksburg: Mississippi River Commission, 1932.

Embree, Edwin, and Julia Waxman. *Investment in People: The Story of the Julius Rosenwald Fund.* New York: Harper, 1949.

Emerson, Edwin. *Hoover and His Times: Looking Back Through the Years.* Garden City, N.Y.: Doubleday, 1932.

Faulkner, John. *Dollar Cotton.* New York: Harcourt Brace & Co., 1942.

Faulkner, William. *The Wild Palms.* New York: Random House, 1939.

Fenn, Charles. *Ho Chi Minh.* New York: Scribners, 1973.

Ferrell, John. *From Single to Multi–Purpose Planning: The Role of the Army Engineers in River Development Policy, 1824–1930.* Washington, D.C.: U.S. Army Corps of Engineers, 1976.

Final Report of the Colored Advisory Commission, The. Washington, D.C.: American National Red Cross, 1929.

Fisk, Harold. *Fine Grained Alluvial Deposits and Their Effects on Mississippi River Activity.* Vicksburg: Mississippi River Commission, 1947.

——. *Geological Investigation of the Alluvial Valley of the Lower Mississippi.* Vicksburg: Mississippi River Commission, 1944.

Foner, Eric. *Reconstruction.* New York: Harper & Row, 1988.

Foote, Shelby. *The Civil War: A Narrative.* Vol. 1. New York: Vintage, 1986.

Frank, Arthur. *The Development of the Federal Program of Flood Control on the Mississippi River.* New York: Columbia University Press, 1930.

Frankenfield, H. C. "The Floods of 1927 in the Mississippi Basin." *Monthly Weather Review,* Supplement 29. Washington, D.C., 1927.

Franklin, John Hope, ed. *Three Negro Classics: Up from Slavery by Booker T. Washington, Souls of Black Folk by W. E. B. Du Bois, Autobiography of an Ex–Colored Man by James Weldon Johnson.* New York: Avon, 1976.

Fuess, Claude. *Calvin Coolidge: The Man from Vermont.* Boston: Little, Brown, 1940.

Garsaud, Marcel. *Removal of Eleven Miles of Levee on the Mississippi River Below Point à la Hache.* St. Louis, 1925.

Gleick, James. *Chaos.* New York: Viking, 1989.

Glymph, Thavolia, and John Kushna, eds. *Essays on the Post–Bellum Southern Economy.* College

Station: Texas A&M Press, 1985.

Goodwin, E. Marvin. *Black Migration in America from 1915–1960*. Lewiston, N.Y.: Edwin Mellen Press, 1990.

Gosnell, Harold. *Champion Campaigner*. New York: Macmillan, 1952.

———. *Negro Politicians*. Chicago: University of Chicago Press, 1935.

Gould, Emerson. *Fifty Years on the Mississippi*. St. Louis: Nixon–Jones, 1889.

Grant, U. S. *Personal Memoirs of U. S. Grant*. New York: C. L. Webster, 1885.

Green, A. Wigfall. *The Man Bilbo*. Baton Rouge: Louisiana State University Press, 1963.

Grossman, James. *Land of Hope: Chicago, Black Southerners, and the Great Migration*. Chicago: University of Chicago, 1989.

Haas, Edward. *Political Leadership in a Southern City: New Orleans in the Progressive Era, 1896–1902*. Ruston: McGinty Publications, Louisiana Tech University, 1988.

Hair, William. *The Kingfish and His Realm: The Life and Times of Huey P. Long*. Baton Rouge: Louisiana State University Press, 1991.

Harrison, Robert. *Alluvial Empire*. Little Rock: Delta Fund, in cooperation with U.S. Department of Agriculture, 1961.

———. *Levee Districts and Levee Building in Mississippi*. Stoneville, Miss., 1951. (In cooperation with the Bureau Agricultural Economics, U.S. Department of Agriculture, USDA.)

Hawley, Ellis. *The Great War and the Search for a Modern Order: A History of American People and Their Institutions, 1917–1933*. New York: St. Martin's, 1979.

———. *Herbert Hoover and the Historians*. West Branch, Iowa: Hoover Library, 1989.

———. *Herbert Hoover as Secretary of Commerce: Studies in New Era Thought and Practice*. Iowa City: University of Iowa Press, 1981.

Hays, Samuel. *Conservation and the Gospel of Efficiency: The Progressive Conservation Movement, 1890–1920*. Cambridge, Mass.: Harvard University Press, 1959.

Hewson, William. *Principles and Practices of Levee Building*. New York, 1860.

Hicks, J. D. *The Populist Revolt*. Minneapolis: University of Minnesota, 1931.

History of Blacks in Greenville, 1863–1975. Pamphlet. National Homecoming, July 1975, W. A. Percy Library, Greenville, Miss.

Hobbs, G. A. *Bilbo, Brewer, and Bribery in Mississippi Politics*. Memphis: Dixon–Paul Printing Co., 1917.

Hofstadter, Richard. *Age of Reform*. New York: Knopf, 1956.

——. *Social Darwinism in American Thought, 1860–1915*. Boston: Beacon Press, 1967.

Holmes, Williams. *The White Chief: James Kimble Vardaman*. Baton Rouge: Louisiana State University Press, 1970.

Hoover, Herbert. *American Individualism*. Garden City, N.Y.: Doubleday, 1922.

——. *Challenge to Liberty*. New York: Scribners, 1934.

——. *Memoirs of Herbert Hoover*. New York: Macmillan, 1952.

Hoover, Irwin. *Forty-two Years in the White House*. New York: Houghton Mifflin, 1934.

How, Louis. *James B. Eads*. Boston: Houghton Mifflin, 1900.

Hughes, William, and Frederick Patterson, eds. *Robert Russa Moton*. Chapel Hill: University of North Carolina Press, 1956.

Humphreys, Andrew Atkinson and Henry Abbot, *Report upon the Physics and Hydraulics of the Mississippi River*. Philadelphia: Lippincott, 1861.

Humphreys, Benjamin G. *Floods and Levees on the Mississippi River*. Washington, D.C., 1914.

Humphreys, Henry. *Andrew Atkinson Humphreys*. Philadelphia: John C. Winston Co., 1924.

——. *Andrew Atkinson Humphreys at Fredericksburg*. Philadelphia: John C. Winston Co. 1896.

Irwin, Will. *Herbert Hoover: A Reminiscent Biography*. New York: Century Co., 1928.

Jackson, Kenneth T. *The Ku Klux Klan in the City, 1915–1930*. New York: Oxford University Press, 1967.

Jahncke Service, Inc. *The First 75 Years*. Pamphlet. New Orleans, 1950.

Jeansonne, Glenn. *Leander Perez: Boss of the Delta*. Baton Rouge: Louisiana State University Press, 1977.

Katz, William. *The Invisible Empire*. Seattle: Open Hand Publishing, 1987.

Kemp, John R., ed. *Martin Behrman of New Orleans: Memoirs of a City Boss*. Baton Rouge: Louisiana State University Press, 1977.

Kemper, James. *Floods in the Valley of the Mississippi*. New Orleans: National Flood Commission, 1928.

——. *Rebellious River*. Boston: Humphries, 1949.

Key, V. O. *Southern Politics in State and Nation*. New York: Vintage, 1949.

King, Philip. *The Evolution of North America*. Princeton: Princeton University Press, 1959.

King, Richard. *A Southern Renaissance: The Cultural Awakening of the American South*. New York: Oxford University Press, 1980.

Kirby, Richard, and Philip Laurson. *Early Years of Modern Civil Engineering*. New Haven: Yale University Press, 1932.

Kirwan, Albert K. *Revolt of the Rednecks: Mississippi Politics 1877–1925*. Lexington: University of Kentucky Press, 1951.

Korn, Bertram. *Early Jews of New Orleans*. Waltham, Mass.: American Jewish Historical Society, 1969.

La Cour, Arthur. *New Orleans Masquerade: Chronicles of Carnival*. New Orleans: Pelican Publishing, 1952.

Laborde, Adras. *A National Southerner: Ransdell of Louisiana*. New York: Benziger, 1951.

Landry, Stuart. *History of the Boston Club*. New Orleans: Pelican Publishing, 1938.

Langsford, E. L., and R. H. Leavell. *Plantation Organization in Operation in the Yazoo–Mississippi Delta*. USDA Bulletin no. 682. Washington, D.C., May 1939.

Layton, Edwin. *The Revolt of the Engineers: Social Responsibility and the American Engineering Movement*. Cleveland: Case Western Reserve University Press, 1971.

Lemann, Nicholas. *The Promised Land: The Great Black Migration and How It Changed America*. New York: Knopf, 1991.

Lewis, Gene. *Charles Ellet, Jr.: The Engineer as Individualist*. Urbana: University of Illinois Press, 1968.

Liggett, Walter. *The Rise of Herbert Hoover*. New York: H. K. Fly Co., 1932.

Lisio, Donald. *Hoover, Blacks, and Lily–Whites: A Study of Southern Strategies*. Chapel Hill: University of North Carolina Press, 1985.

Lloyd, Craig. *Aggressive Introvert: A Study of Herbert Hoover and Public Relations Management, 1912–1932*. Columbus: Ohio State University Press, 1972.

Loewen, James. *The Mississippi Chinese: Between Black and White*. Cambridge, Mass.: Harvard

University Press, 1971.

Lomax, Alan. *The Land Where the Blues Began*. New York: Pantheon, 1993.

Losses and Damages Resulting from the Flood of 1927. Memphis: Mississippi River Flood Control Association, 1927.

Louisiana Engineering Society. *Government Control with Cooperation of Riparian States in Construction of Levees*. Pamphlet. New Orleans, 1912.

Luthin, James. *Drainage Engineering*. New York: Wiley, 1966.

Marks, Carole. *Farewell, We're Good and Gone: The Great Black Migration*. Bloomington: Indiana University Press, 1989.

McCabe, James D. *Great Fortunes and How They Were Made*. Philadelphia, New York, and Boston, 1871.

McCoy, Donald. *Calvin Coolidge*. New York: Macmillan, 1967.

McCullough, David. *The Great Bridge*. New York: Simon & Schuster, 1972.

——. *The Path Between the Seas*. New York: Simon & Schuster, 1977.

McHenry, Estill, ed. *Addresses, Letters, and Papers of James B. Eads*, together with a biographical sketch. St. Louis: Slawson & Co., 1884. (This is a collection of primary sources of Eads' papers.)

McMillen, Neil. *Dark Journey*. Urbana: University of Illinois Press, 1990.

McPhee, John. *Control of Nature*. New York: Farrar, Straus & Giroux, 1989.

Miceli, Angelo. *The Pickwick Club of New Orleans*. New Orleans: Pickwick Press, 1964.

Miller, Howard, and Quinta Scott. *The Eads Bridge*. Columbia: University of Missouri Press, 1979.

Mills, Gary B. *Of Men and Rivers: The Story of the Vicksburg District*. Vicksburg, Miss.: U.S. Army Corps of Engineers, 1976.

Mississippi Valley Flood Disaster of 1927: Official Report of Relief Operations, The. Washington, D.C.: American National Red Cross, 1927.

Mitchell, Broadus. *The Rise of Cotton Mills in the South*. Baltimore: Johns Hopkins University Press, 1921.

Moffit, M. E. *Twenty Years of Progress in Public Education in Mississippi*. Pamphlet. Jackson,

1931.

Moon, Henry Lee. *Balance of Power: The Negro Vote*. Westport, Conn.: Greenwood Press, 1977.

Moore, D. D. *Louisianans and Their State*. New Orleans: Louisiana Historical and Biographical Association, n.d. (c. 1919).

Moore, Leonard. *Citizen Klansmen: The Ku Klux Klan in Indiana, 1921–1928*. Chapel Hill: University of North Carolina Press, 1991.

Moore, Norman. *Improvement of the Lower Mississippi River and Its Tributaries 1931–1972*. Vicksburg: Mississippi River Commission, 1972.

Mordden, Ethan. *That Jazz*. New York: Putnam, 1978.

Morgan, Arthur. *Dams and Other Disasters: A Century of the Army Corps of Engineers in Civil Works*. Boston: Little, Brown, 1971.

Morgan, Chester. *Redneck Liberal: Theodore Bilbo and the New Deal*. Baton Rouge: Louisiana State University Press, 1970.

Morrill, Park. *Floods of the Mississippi River*. Washington, D.C.: U.S. Weather Bureau, 1897.

Moton, Robert Russa. *Finding a Way Out*. Garden City, N.Y.: Doubleday, 1921.

——. *What the Negro Thinks*. Garden City, N.Y.: Doubleday, 1929.

Myrdal, Gunnar. *An American Dilemma*. New York: Harper, 1944.

Nash, George. *The Life of Herbert Hoover*. Vols. 1 and 2. New York: Norton, 1983.

Nash, Lee. *Understanding Herbert Hoover: Ten Perspectives*. Stanford, Calif.: Hoover Institution Press, 1987.

Nash, Roderick. *The Nervous Generation: American Thought 1917–1930*. Chicago: Rand McNally, 1970.

Noble, David F. *America by Design*. New York: Knopf, 1977.

Ockerson, J. A. *Outlets for Reducing Flood Heights*. Pamphlet. Mississippi River Commission, 1915.

Osborn, George. *John Sharp Williams*. Baton Rouge: Louisiana State University Press, 1943.

Paxton, A. G. *Three Wars and a Flood*. Pamphlet. Greenville, Miss., n.d.

Percy, William Alexander. *Enzio's Kingdom and Other Poems*. New Haven: Yale University Press, 1924.

———. *Lanterns on the Levee*. New York: Knopf, 1941.

———. *Sappho in Levkas and Other Poems*. New Haven: Yale University Press, 1915.

———. *Selected Poems*. New Haven: Yale University Press, 1930.

Powdermaker, Hortense. *After Freedom: A Cultural Study in the Deep South*. New York: Viking, 1939.

Price, Daniel. *Changing Characteristics—Negro Population*. Washington, D.C.: Department of Commerce, 1965.

Price, Willard. *The Amazing Mississippi*. New York: John Day Co., 1963.

Prothro, James. *Dollar Decade: Business Ideas in the 1920s*. Baton Rouge: Louisiana State University Press, 1954.

Pursell, Carroll, ed. *Technology in America: A History of Individuals and Ideas*. Cambridge, Mass.: MIT Press, 1981.

Reavis, L. U. *St. Louis: The Future Great City of the World*. St. Louis: Nixon–Jones Publishing Co., 1876.

Redfern, Ron. *The Making of a Continent*. New York: Times Books, 1983.

Reynolds, George. *Machine Politics in New Orleans: 1897–1926*. New York: AMS Press, 1968.

Reynolds, Terry, ed. *The Engineer in America*. Chicago: University of Chicago Press, 1991.

Roberts, B. S. *On a Plan for Reclaiming the Waste Lands of the Mississippi River*. Washington, D.C., 1870.

Rogers, John. *The Murders of Mer Rouge*. St. Louis: Security Publishing, 1923.

Rouse, Hunter, and Simon Ince. *History of Hydraulics*. New York: Dover, 1957.

Rowland, Dunbar. *History of Mississippi: The Heart of the South*. Chicago: S. J. Clarke Publishing, 1925.

Sandburg, Carl. *The Chicago Race Riots, July, 1919*. New York: Harcourt, Brace & World, 1919.

Saxon, Lyle. *Father Mississippi*. New York: Century Co., 1927.

Scharf, J. Thomas, *History of St. Louis City and County*. St. Louis, 1883.

Schlesinger, Arthur, Jr. *The Crisis of the Old Order 1919–1933*. Boston: Little, Brown, 1957.

Schriftgiesser, Karl. *This Was Normalcy*. Boston: Little, Brown, 1948.

Schubert, Frank. *Vanguard of Expansion: Army Engineers in the Trans–Mississippi West, 1819–*

1879. Washington, D.C.: U.S. Army Corps of Engineers, 1980.

Shallat, Todd. *Structures in the Stream*. Austin: University of Texas, 1994.

Sillers, Florence. *History of Bolivar County*. Jackson, Miss.: Behrman Bros., 1946.

Sindler, Allan. *Huey Long's Louisiana: State Politics 1920–1952*. Baltimore: John Hopkins University Press, 1966.

Sitterson, J. Carlyle. *Sugar Country: The Cane Industry in the South, 1873–1950*. Lexington: University of Kentucky Press, 1953.

Smith, Clarke. *Survey for Spillways At or Near New Orleans*. Pamphlet. Mississippi River Commission, 1914.

Smith, Richard. *An Uncommon Man*. New York: Simon & Schuster, 1984.

Souchon, Edmond. *Reminiscences of Captain James B. Eads of Jetties Fame*. Pamphlet. New Orleans, 1915.

Southern Alluvial Land Association. *The Call of the Alluvial Empire*. Pamphlet. Jackson: Mississippi Department of Archives and History, 1919.

Stackpole, Edward. *The Fredericksburg Campaign*. Harrisburg, Pa.: Military Service Publishers, 1957.

Starr, S. Frederick. *New Orleans Unmasqued*. New Orleans: Dedeaux, 1985.

——. *Southern Comfort*. Cambridge, Mass.: MIT Press, 1989.

Stearn, Colin, et al. *Geological Evolution of North America*. New York: Ronald Press, 1979.

Steinman, David, and Sharon Watson. *Bridges and Their Builders*. New York: Dover, 1957.

Stone, Alfred. *Studies in American Race Relations*. New York: Doubleday, 1908.

Sullivan, Mark. *Our Times: The United States 1900–1925*. 6 vols. New York: Scribners, 1932–35.

Tallant, Robert. *Mardi Gras as It Was*. Gretna, La.: Pelican Publishing, 1989.

——. *Romantic New Orleans*. New York: Dutton, 1950.

Tatum, Elbert. *The Changed Political Thought of the Negro, 1915–1940*. 1951. Reprint, Westport, Conn.: Greenwood Press, 1974.

Tindall, George. *The Emergence of the New South, 1913–1945*. Baton Rouge: Louisiana State University Press, 1967.

Tolson, Jay. *Pilgrim in the Ruins*. New York: Simon & Schuster, 1992.

Townsend, Col. C. McD. *Flood Control of the Mississippi River*. Pamphlet. St. Louis, 1913.

———. *The Flow of Sediment in the Mississippi River and Its Influence on the Slope and Discharge*. Pamphlet. St. Louis, 1914.

Turwitz, Leo, and Turwitz, Evelyn. *Jews in Early Mississippi*. Jackson: University Press of Mississippi, 1983.

Tuttle, William. *Race Riot: Chicago in the Red Summer of 1919*. New York: Atheneum, 1970.

Twain, Mark. *Life on the Mississippi*. New York: Harper, 1903.

Underwood, Felix. *Health Progress Among Mississippi Negroes*. Pamphlet. Jackson, Miss., 1939.

U.S. Department of Commerce, Bureau of the Census. *Historical Statistics of the United States, Colonial Times to 1970*. Pt. 1.

U.S. House Committee on Flood Control. *House Flood Control Committee Hearings*. 6 vols. 70th Cong., 1st sess.

van Ravensway, Charles. *St. Louis: An Informal History of the City and Its People, 1764–1865*. St. Louis: Missouri Historical Society, 1991.

Vance, Rupert. *Human Geography of the South*. Chapel Hill: University of North Carolina Press, 1935.

Wade, Wyn Craig. *The Fiery Cross*. New York: Simon & Schuster, 1987.

Ware, Caroline. *Greenwich Village, 1920–1930*. Boston: Houghton Mifflin, 1935.

Waskow, Arthur. *From Race Riot to Sit–In: 1919 and the 1960s*. Garden City, N.Y.: Doubleday, 1967.

Weiss, Nancy. *Farewell to the Party of Lincoln: Black Politics in the Age of FDR*. Princeton: Princeton University Press, 1983.

Wharton, Vernon. *The Negro in Mississippi, 1865–1890*. Chapel Hill: University of North Carolina Press, 1947.

Wheeler, Richard. *Witness to Gettysburg*. New York: Harper & Row, 1987.

Whipple, A. W. *Explorations and Surveys, 1853–54*. Extract from the Preliminary Report for a Railway Route Near the 35th Parallel from the Mississippi River to the Pacific Ocean. Vol. 3. Washington, D.C.: U.S. Army Corps of Engineers.

White, Walter. *A Man Called White: The Autobiogrpahy of Walter White*. London: Victor Gollancz,

1948.

——. *Rope and Faggot*. Reprint, New York: Arno Press, 1968.

White, William Allen. *A Puritan in Babylon: The Story of Calvin Coolidge*. New York: Macmillan, 1938.

Williams, T. Harry. *Huey Long*. New York: Knopf, 1969.

Wilson, Carol. *Herbert Hoover: A Challenge for Today*. New York: Evans Publishing, 1968.

Wilson, Joan Hoff. *Herbert Hoover: Forgotten Progressive*. Boston: Little, Brown, 1974.

Wilson, Tippy Pool. *In the Bend of the River*. New Orleans: Pelican, Gretna, La., 1984.

Wolfe, Harold. *Herbert Hoover: Public Servant and Leader of the Loyal Opposition*. New York: Exposition Press, 1956.

Woodman, Harold. *King Cotton and His Retainers: Financing and Marketing the Cotton Crop of the South, 1800–1925*. Lexington: University of Kentucky Press, 1968.

Woodson, Carter. *A Century of Negro Migration*. New York: Russell & Russell, 1969.

Woodward, C. Vann. *Origins of the New South, 1877–1913*. Baton Rouge: Louisiana State University Press, 1951.

——. *The Strange Career of Jim Crow*. New York: Oxford University Press, 1965.

——. *Tom Watson, Agrarian Rebel*. New York: Macmillan, 1938.

Woodward, Calvin M. *History of the St. Louis Bridge*. St. Louis: G. I. Jones & Co., 1881.

Wright, Gavin. *Old South, New South: Revolutions in the Southern Economy Since the Civil War*. New York: Basic Books, 1986.

Wright, Richard. *Eight Men*. Cleveland: World Publishing, 1961.

——. *12 Million Black Voices*. New York: Thunder's Mouth Press, 1988.

——. *Uncle Tom's Children*. New York: Harper, 1938.

Wyatt–Brown, Bertram. *The House of Percy*. New York: Oxford University Press, 1994.

Yeo, Herbert. *Canadian River Investigation*. Pamphlet. Santa Fe, 1928.

Young, Perry. *The Mistick Krewe*. New Orleans: Carnival Press, 1931.

ARTICLES

Adams, Holmes. "Writers of Greenville." *Journal of Mississippi History* 32 (August 1970).

Berthoff, Rowland. "Southern Attittudes Toward Immigration, 1865–1914." *Journal of Southern History* 17 (August 1951).

Best, Gary. "The Hoover–for–President Boom." *MidAmerica* 53 (October 1971).

Brandfon, Robert. "The End of Immigration to the Cotton Fields." *Mississippi Valley Historical Review* 50 (March 1964).

Cohn, David. "Eighteenth Century Chevalier." *Virginia Quarterly Review* 31 (Fall 1955).

——. "How the South Feels." *Atlantic Monthly* 177 (January 1944).

——. "I Kept My Name." *Atlantic Monthly* 181 (April 1948).

——. "The River I Knew." *Virginia Quarterly Review* 35 (Spring 1959).

Condit, Carl. "Sullivan's Skyscrapers as the Expression of Nineteenth Century Technology." *Technology and Culture* 1 (April 1959).

Creel, George. "The Carnival of Corruption in Mississippi." *Cosmopolitan Magazine*, 1911.

De Peyster, John Watts. "A. A. Humphreys." *Magazine of American History* 16 (October 1886).

Drumm, S. M. "Robert E. Lee and the Improvement of the Mississippi River." *Missouri Historical Society Collections, 1929*.

Frazier, Arthur. "Daniel Farrand Henry's Cup Type 'Telegraphic' River Current Meter." *Technology and Culture* 5 (Fall 1964).

Ginzl, David. "Lily Whites versus Black and Tans: Mississippi Republicans During the Hoover Administration." *Journal of Mississippi History* 42 (August 1980).

Godfrey, Stuart. "Notes from a Mississippi Flood Diary." *Military Engineer*, November–December 1927.

Hamilton, C. Horace. "The Negro Leaves the South." *Demography* 1 (1964).

Harrison, Robert. "Formative Years of the Yazoo–Mississippi Delta Levee District." *Journal of Mississippi History* 13 (March 1952).

Hartley, C. W. S. "Sir Charles Hartley and the Mouth of the Mississippi." *Louisiana History* 24, no. 3 (Summer 1983).

Hofstadter, Richard. "Herbert Hoover and the Crisis of American Individualism." In *The American Political Tradition*. New York: Knopf, 1949.

Holmes, William. "Vardaman." *Journal of Mississippi History*, 1969.

——. "Whitecapping in Mississippi." *Journal of Southern History* 35 (May 1969).

——. "William Alexander Percy and the Bourbon Era in Mississippi Politics." *Mississippi Quarterly* 26 (Winter 1972–1973).

Kazin, Michael. "The Grass–Roots Right: New Histories of U.S. Conservatism in the Twentieth Century." *American Historical Review* 97 (February 1992).

Kelley, Arthell. "Levee Building and the Settlement of the Yazoo Basin." *Southern Quarterly* 1 (July 1963).

Kirby, Jack Temple. "The Southern Exodus, 1910–1960: A Primer for Historians." *Journal of Southern History* 49 (November 1983).

Kouwenhoven, John. "The Designing of the Eads Bridge." *Technology and Culture* 23 (October 1982).

——. "The Eads Bridge: The Celebration." *Missouri Historical Society Bulletin*, April 1974.

——. "Downtown St. Louis as James Eads Knew It." *Missouri Historical Society Bulletin*, April 1977.

——. "James Buchanan Eads: The Engineer as Entrepreneur." In Carroll Pursell, eds., *Technology in America: A History of Individuals and Ideas*.

Lee, John. "A Flood Year on the Mississippi." *Military Engineer*, July–August 1928.

Lohof, Bruce. "Herbert Hoover, Spokesman for Human Efficiency: The Mississippi Flood of 1927." *American Quarterly* 22 (Fall 1970).

——. "Herbert Hoover's Mississippi Valley Land Reform Memorandum." *Arkansas Historical Quarterly* 24 (Summer 1970).

May, Henry F. "Shifting Perspectives on the 1920s." *Mississippi Valley Historical Review* 63 (December 1956).

McMillen, Neil. "Perry Howard, Boss of Black–and–Tan Republicanism in Mississippi, 1924–1960." *Journal of Southern History* 48 (May 1981).

"Memoir of James B. Eads." *Transactions of the American Society of Civil Engineers* 17 (March 1887).

Mills, Gary. "New Life for the River of Death: Development of the Yazoo River Basin, 1873–1977." *Journal of Mississippi History* 41 (November 1979).

Mollison, Irvin. "Negro Lawyers in Mississippi." *Journal of Negro History* 15 (January 1930).

Moore, Leonard. "Historical Interpretations of the 1920s Klan." *Journal of Social History* 24 (Winter 1990).

Mowry, George. "The South and the Progressive Lily White Party of 1912." *Journal of Southern History* 6 (1940).

Murfree, W. L. "The Levees of the Mississippi." *Scribner's Magazine*, July 1881.

"Negro Common School in Miss., The." *Crisis* 32 (December 1926).

"Negro Migration from Mississippi." In *Negro Migration 1916–1917 Reports*. Washington, D.C.: U.S. Department of Labor, 1919.

Olson, James. "The End of Voluntarism." *Annals of Iowa* 41 (Fall 1972).

Osborn, George. "John Sharp Williams Becomes a United States Senator." *Journal of Southern History* 6 (May 1940).

Percy, LeRoy. "A Southern View of Negro Education." *Outlook* 86 (August 3, 1907).

Rable, George. "The South and the Politics of Anti–Lynching Legislation, 1920–1940." *Journal of Southern History* (May 1985).

Rainwater, P. L. "The Autobiography of Benjamin G. Humphreys, 1808–1882." *Mississippi Valley Historical Review*, 1934.

Reuss, Martin. "Politics and Technology in the Army Corps of Engineers." *Technology and Culture* 26 (January 1985).

Roberts, O. A., Jr. "The Elaine Race Riots of 1919." *Arkansas Historical Quarterly* 19 (Summer 1960).

Round, Harold. "A. A. Humphreys." *Civil War Times Illustrated* 4 (February 1966).

Satchfield, Lamar. "Those Famous Bobo Bear Hunts." *Delta Scene Magazine* 1, no. 2 (Spring 1974).

Schofield, Kent. "The Public Image of Herbert Hoover in the 1928 Campaign." *MidAmerica* 51 (October 1969).

Schuyler, George. "Freedom of the Press in Mississippi." *Crisis*, October 1936.

Shallat, Todd. "Andrew Atkinson Humphreys." *APWA Reporter* 49, no. 1 (January 1982).

Shideler, James H. "Herbert Hoover and the Federal Farm Board Project, 1921–25." *Mississippi*

Valley Historical Review 41 (March 1956).

Sillers, Walter. "Flood Control in Bolivar County, 1883–1924." *Journal of Mississippi History*, 1947.

"Sketch of James B. Eads." *Popular Science Monthly* 28 (October 1884), pp. 544–552.

Smith, John David. "Alfred Holt Stone: Mississippi Planter and Archivist/ Historian of Slavery." *Journal of Mississippi History* 45 (November 1983).

Snyder, Howard. "Negro Migration and the Cotton Crop." *North American Review* 219 (January 1924).

——. "Plantation Pictures." *Atlantic Monthly*, February 1921.

Stone, Alfred. "The Negro Farmer in the Mississippi Delta." *Southern Workman*, October 1903.

——. "The Negro in the Yazoo–Mississippi Delta." *Publications of the American Economic Association*, 3rd series, vol. 3. New York, 1902.

——. "A Plantation Experiment." *Quarterly Journal of Economics* 19 (February 1905).

Thoburn, James. "The Naming of the Canadian River." *Chronicles of Oklahoma* 6 (December 1928).

Thomson, T. P. "The Story of the Canal Bank, 1831–1915." Baton Rouge: Louisiana Historical Society Publications, vol. 7, 1924.

Williams, Mentor. "The Background of the Chicago River and Harbor Convention." *MidAmerica*, October 1948.

Zipser, Andy. "Hidden Value in the Bayou." *Barron's*, October 4, 1993.

DISSERTATIONS AND THESES

Balsamo, Larry. "Theodore Bilbo and Mississippi Politics, 1874–1932." Ph.D. diss., University of Missouri, 1967.

Dileanis, Leonard. "Herbert Hoover's Use of Public Relations in the U.S. Food Administration, 1917–1919." M.A. thesis, University of Wisconsin, 1969.

Garcia, George. "Herbert Hoover's Southern Strategy and the Black Reaction." M.A. thesis, University of Iowa, 1972.

Harrell, Kenneth. "The Ku Klux Klan in Louisiana, 1920–1930." Ph.D. thesis, Louisiana State

University, 1966.

Hathorn, Guy. "The Political Career of C. Bascom Slemp." Ph.D. diss., Duke University, 1950.

Jones, Mina. "The Jewish Community in New Orleans: A Study of Social Organization." B.A. thesis, Tulane University, 1925.

Lohof, Bruce. "Herbert Hoover and the 1927 Mississippi Flood Disaster." Ph.D. diss., Syracuse University, 1968.

Lowrey, Walter. "Navigational Problems at the Mouth of the Mississippi River, 1698–1880." Ph.D. diss., Vanderbilt University, 1956.

Raabe, Phyllis. "Status and Its Impact: New Orleans Carnival, the Social Upper Class, and Upper Class Power." Ph.D. diss., Pennsylvania State University, 1972.

Ryan, Gary. "War Department Topographical Bureau, 1831–1863." Ph.D. diss., American University, 1968.

Sallis, William. "The Life and Times of LeRoy Percy." M.A. thesis, Mississippi State University, 1957.

Schott, Matthew. "John M. Parker of Louisiana." Ph.D. diss., Vanderbilt University, 1969.

Sherman, Audry. "A History of the New Orleans Cotton Exchange." M.A. thesis, Tulane University, 1934.

Ware, Hester. "A Study of the Life and Works of William Alexander Percy." M.A. thesis, Mississippi State University, 1950.

White, John. "The Port of New Orleans Since 1850." M.A. thesis, Tulane University, 1924.

Williams, Robert. "Martin Behrman." M.A. thesis, Tulane University, 1952.

Willis, John C. "On the New South Frontier: Life on the Yazoo–Mississippi Delta 1865–1920." Ph.D. diss., University of Virginia, 1991.

Wrighton, Fred. "Negro Migration and Income in Mississippi." Ph.D. diss., Mississippi State University, 1972.

致谢与写作方式

本书写作开始于 1977 年。那里我住在新奥尔良，为《法国区信使报》(*The Vieux Carre Courier*) 写专栏。这是菲尔·卡特拥有的一家周刊，他也参与了密西西比州格林维尔市他的家族档案的整理工作。这年 4 月，菲尔在周刊上搞了一期 1927 年洪水五十周年纪念的专号。我是在罗德岛州长大的，从来没听说过这场大洪水，然而它更增添了我对密西西比河已有的痴迷。我还记得，读了一些关于这场洪水的材料之后，我从位于迪凯特街的报社步行几百码来到河堤上，眺望大河滚滚而去。从那之后，我就想为这次洪水写点东西。5 年后，我终于下决心开始写了，于是把自己的全部时间投入其中。

我想解释一下我的写作方式，尤其是我引用那些几乎是发生在四分之三世纪之前的对话的地方。我的确幸运，这些对话中的许多内容，都能够找到详细的会议记录甚至是确切的文字记录稿。在这方面，一个异乎寻常丰富的来源，就是新奥尔良市路易斯安那州的"哈里·B. 卡普兰档案"。依据当时那些人写下的札记、备忘录和书信，我也采用了引语；一些公共会议，我则采用报刊记述而使用引语。另外，我大约采访了 125人，对于他们，我深致谢意。这些人中大部分人提供了本书中那些重要人物、地点和时间的背景信息，也有一些采访对象回忆了本书中一些人对一些难忘事件的评说，我也使用了这些引语。

我要特别感谢年事已高的赫尔曼·科尔迈尔和弗兰克·霍尔。他们尽力给我以帮助，其智慧以及对事件与人物个性的熟悉，让我获益良多。他们的帮助，使得本书尽可能地提高了质量。

498 接下来，我想感谢菲尔·卡特，在我写作本书的过程中，他热心诚挚，给予我莫大的帮助。无论是他或其他人，都不对本书中的任何内容承担责任，如果出现错误，那是我的错误；如果有冒犯之处，那是我的冒犯。这并非只是一个纸上的免责声明，菲尔其实意识到我走上一条他并不赞同的道路，但那正是我的研究之路，我相信是让事实来支配我。然而，我还是感谢他和每一位帮助我的人。

在华盛顿，我的好友鲍勃·道森（杜兰大学足球队的老朋友了），将我介绍给一些熟悉情况的人，让我的写作得以展开。马丁·罗伊斯这位专门研究工程兵团历史的史学家，无论是他本人而言，还是读他的著述，都对我极有帮助。史密森学会的皮特·丹尼尔，是《深渊突来》一书的作者，此书也是讲述1927年的这场大洪水，而他慷慨地将自己收集的信息、照片和采访录音分享给我。在维克斯堡，现在已经到了密西西比河委员会的迈克尔·罗宾逊，领着我实地考察，教给我很多东西。佛罗里达大学的伯特伦·怀亚特–布朗，将自己写作《珀西家族》一书的研究与我分享。弗吉尼亚大学的约翰·K.布朗，为我用了大量时间翻阅约翰·柯文采晚年收集的文档，查找詹姆斯·布坎南·伊兹的材料，我期待他的伊兹传记早日面世。西南路易斯安那大学的I.布鲁斯·特纳，也对我帮助甚大。圣路易斯的密苏里州历史学会的温迪·佩里女士，为我查找了许多文档，我深致谢意。爱荷华州西布兰奇的胡佛图书馆，帕特·维尔登伯格引导我查找馆内收藏，后来又回答我的电话咨询，我铭感在心。

新奥尔良的贝蒂·卡特帮助我去了解这座城市和格林维尔。桃乐丝·本奇对我格外关照，领着我去了解圣伯纳德区。新奥尔良公共图书馆的城市档案管理员韦恩·埃瓦拉德给予我很多帮助，我也要对这里的艾琳·韦恩怀特和安德里亚·杜克罗斯表示感谢。杜兰大学霍华德－蒂尔顿图书馆的琼·考德威尔，已经成了我的朋友。奥尔良堤坝董事会的盖里·贝努瓦对我帮助良多，新奥尔良大学朗伯爵图书馆的克莱夫·哈迪和玛丽·温德也是如此。劳拉·巴扬与我分享了家族的传说与照片。工程兵团地区办公室的罗伯特·布朗，美国挖泥船"明轮汽船"号的指挥官爱德华·莫尔豪斯船长，陪伴我顺河而下，去看了密西西比河河口和伊兹港的遗迹。年迈的斯蒂芬·雷曼让我敬爱而难忘，与我合作并加以引导。路易斯安那州博物馆的詹姆斯·赛弗西克馆长，待我仁厚。

在格林维尔，我对克林特·巴格利和弗兰基·基廷深表感谢，还要特别感谢华盛顿县的图书馆系统，让我使用它那出色的口述史收藏。最为重要的是：西尔维亚·杰克逊牵着我的手，把我介绍给一些人，如果没有她对我的认可，这些人是不会敞开谈的。纽曼·博尔斯和他的儿子帕特里克·博尔斯慷慨地贡献了他们的时间和知识。在密西西比州的杰克逊市，密西西比州档案和历史部的汉克·霍尔姆斯和所有研究同人，都给我以协助，他们还允许我使用他们收藏的材料。

我的经纪人拉斐尔·赛格林恩，做了出色的工作，为本书找到了最好的编辑，我也感谢他适应了我一些不太寻常的要求。

我诚挚感谢西蒙和舒斯特出版公司的本书编辑爱丽丝·梅休，她做的工作超过了一位优秀编辑所做的。我第一次与她接触，她对我这本书想要传递什么的把握，就让我印象深刻。事实上，她有时看得比我还要清楚，让我从不偏离。现在大概只能称为助理编辑的伊丽莎白·斯坦，是本书得以出版的一个举足轻重者，她将自己的出色才华献给了本书，她的那些建议都是深思熟虑而来。

我要感谢我的妻子玛格丽特·安妮·赫金斯，她每天都与我一起翻阅档案材料，在发掘细节上的执着超过了我（我希望她原谅我未能把圣诞老人基金的事纳入本书）。她对世界运转的特性和普遍意义的洞察，为本书增加了剖析的维度，否则就会有所欠缺。安妮，谢谢你（必须要感谢）。最后，我要对我的表妹罗斯·富尔福德·赫金斯和简·富尔福德·沃伦表示感谢，她们的爱和支持一直陪伴着我。

约翰·M.巴里

新奥尔良

1997 年 1 月

索　引

604

译后记

　　无论人与自然打交道，还是人与人打交道，真实的历史亦白亦黑、一言难尽。翻译本书的过程中，一个深切感受就是：作者在这部人与自然相争的宏大叙事中，尽力烛照历史深处，写出诸多因素的复杂、关联与互动。

　　密西西比河三角洲的广袤沃土吸引着资本的力量，它的开发需要三件事：运输进入腹地、引进充足的劳动力和防御洪灾。在南方，劳动力问题不可避免地与种族问题相关联。那位想在三角洲创建自己帝国的"老南方"精英人物利莱·珀西，从美国中西部和欧洲招募白人农民失败后，懂得了三角洲的未来离不开黑人，懂得让劳动力满意从而提高效率的重要。为了留住和吸引黑人劳动力，他提出了分成制，阻止三K党在华盛顿县活动，向黑人提供县里的低级公职，鼓励银行向黑人提供农业贷款。这样的地方士绅，精明而又有远见，塑造着一种三角洲黑人与白人关系的神话：后者保护前者，前者对后者忠诚，吸引了数以千计的黑人奔向三角洲。

　　然而，大自然的严酷会考验种族关系的本质。抗洪期间，累活险活都由黑人来做，警察从街上抓黑人送往河堤，不止一个黑人因拒绝上堤而被枪杀。黑人在堤上搬运沙袋，滑入河中，不会被救，抢工不能中断。

　　洪水决堤的头几个小时里，有些黑人与白人曾冒着生命危险相互搭救。一艘汽船在一处决口"如同在尼亚加拉大瀑布上跌落下去"，一个黑人独自跳入小船去救，急流冲得他的船腾空，他从水中救出了两个人。两个白人和两百个黑人佃农站在被洪水围困的河堤上，一条轮船停了下来，带枪的白人挡住跳板，不让黑人上船——担心这些劳动力一去不复返。船上一个白人医生喝斥他们："如果你俩谁有足够的胆量开枪，那现在就开，否则给我滚到一边去！我就不信你俩谁有这个胆量！"

可是，当这样的时刻过去后，种族差别就鲜明地显示出来。黑人领到的食物远不如白人，黑人必须去干重活，否则就得不到食物。黑人失去了自由，国民警卫队带着上刺刀的步枪，在黑人灾民营外巡逻。黑人出入需要通行证——他们被囚禁了。白人决心保住自己的劳动力，哪怕是动用武力来这样做。作者认为，1927年这场大洪水给美国带来的重大变化之一，就是打碎了三角洲黑人与南方贵族之间那种准封建纽带的神话，加速了黑人前往北方的大迁移。

这场大洪水，也改变了人们对美国联邦政府之角色和责任的认知，要求联邦负起更大责任。洪水暴发后，柯立芝总统提名，胡佛担任由5个内阁部长组成的特别委员会主席，处理洪灾事务。他在洪灾地区度过了60天，倾听灾情，制定政策，派出代表，组织救灾，占据了全国媒体的头版，也将他送上下一届总统宝座。

这位商务部长就任美国第31任总统时，《华尔街日报》认为："政府从来没有像今天这样与商业打成一片。毫无疑问，胡佛是一个很有活力的商业总统，他将是美国第一个商业总统。"（这个评价让人联想起今日美国总统特朗普。）本书鲜活而深刻地描写了美国历史上第一位"商业总统"的特性。作者认为，胡佛既聪明又愚蠢：聪明表现在他能够抓住和努力克服问题，有能力完成艰巨任务；愚蠢则在于他欺骗自己，认为自己如同科学家一样客观和善于分析，但却排斥那些与他的偏见不相吻合的证据和真相。书中写他与黑人领袖人物打交道，既尊重又利用，既坦诚又欺骗，既想给予帮助又不触动社会的根本性质，深入还原了这位历史人物。

社会生活远非几条定律即可说明，密西西比河更有着自身的奥秘。这条河的特征是湍流效应的动态组合。河水表面流速、中层流速、底部流速的不同，沿岸与中间流速的不同，众多支流、庞大体积、巨量泥沙、河水深度和河底情况的千变万化，乃至于气温、风力和潮汐的影响，让它从不循规蹈矩，水域和水流从不始终如一，洪水的高水位更让它反复无常、桀骜不驯。

怎样免于洪灾？工程师们有筑堤或泄流的对立思路。筑堤代表着人的力量要战胜自然，泄流代表着人顺应自然。堤坝建造一直没有停止，有些河段，堤的高度达到了 38 英尺。按照密西西比河委员会和美国陆军工程兵团标准修筑的河堤，在 1927 年这场洪水之前、之中和之后，都发挥了相当的作用。洪水期间，护堤如同打仗。书中一位陆军工程师，后来曾作为二战中的重要将领上过《时代》杂志封面，他认为："就身体和精神紧张而言，洪水威胁堤坝带来的持久战斗，完全可以与真正的战争相比。"

新奥尔良市的炸堤，炸掉了"堤防万能"的防洪政策，永远地结束了单靠堤防能否控制密西西比河的争论。即使军方工程师也承认，没有什么东西能够控制住密西西比河。所以，人们只能是找到某种方式去适应它。更有力度的人工干预则可能带来更出人意料而难以弥补的后果。比起密西西比河主水道来，阿查法拉亚河提供着短得多的流向大海的水道，坡度也更大。1927 年的大洪水，巨量河水灌于此河，冲刷并加深了它。人们觉得，利用它是治理密西西比河水患的一条捷径，于是用工程把更多的水送进来。有远见的工程师当时就警告，这种思路不可避免的后果，就是阿查法拉亚河会变成密西西比河的主流，流经新奥尔良的河会变成一条退化的排水道。在这个警告的 25 年后，美国国会通过紧急立法，给工程兵团拨款，以防止阿查法拉亚河夺走整个密西西比河。许多工程师认为，不管做什么弥补，或早或晚，密西西比河将把它的水道改入阿查法拉亚河。所以，尽管人决心把自己的意志强加给自然，也取得了可观的成功，但事情的结果往往是人算之外更有天算。

我译过几部关于生态环境的著述。不过，这本《大浪涌起》将生态学放在工程学和政治学的背景中，把大河的历史、大河流域开发与大河肆虐，放在社会权力结构和种族冲突的时代中叙述，显得更为丰满和具有吸引力。正如本书的一位美国评论者所言："如同密西西比河本身一样，约翰·巴里的这本书也征服了他的读者。狂妄与高贵、堕落与努力，它将美国的这样一部历史编织起来，恰与这条大河的壮丽相映生辉。"

王毅

2018 年 5 月 11 日于南国